高等学校规划教材

近代化学基础

学习指导

第三版

鲁厚芳　高　峻　何菁萍　主编

JINDAI
HUAXUE JICHU
XUEXI ZHIDAO

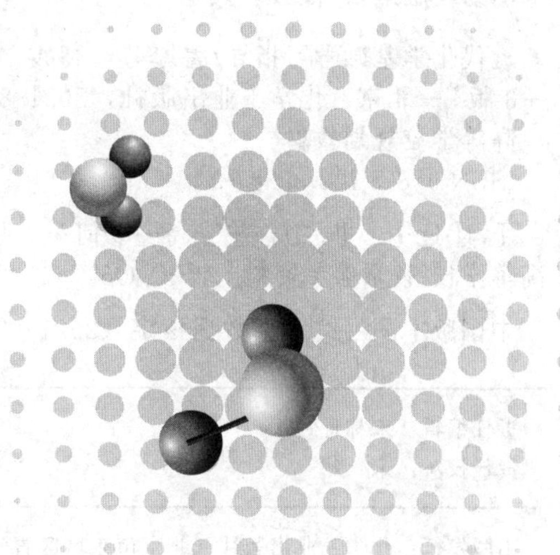

化学工业出版社
·北京·

内 容 简 介

本书是与四川大学主编的《近代化学基础》（第四版）一书配套的学习指导。全书共分两部分：学习指导和综合检测。学习指导与理论课本对应，共分 30 章，每章包括：基本要求、内容概要、同步例题、习题选解、思考题和自我检测题等，思考题和自我检测题均给出了解题思路或参考答案。内容涉及物质结构、化学反应原理、化学平衡、化学分析、元素化学、配位化学、有机化学、金属有机化合物等。综合检测一共十套题目，包含了物质结构和化学反应原理、化学平衡和化学分析、元素化学、有机化学四个版块的内容。

《近代化学基础学习指导》（第三版）可作为高等院校化工、材料、轻纺、食品、环境工程、制药、生物工程等专业的化学基础辅导教材或供考研参考，也可供其他专业的读者选用。

图书在版编目（CIP）数据

近代化学基础学习指导/鲁厚芳，高峻，何菁萍主编.
—3 版.—北京：化学工业出版社，2021.8（2025.1重印）
高等学校规划教材
ISBN 978-7-122-39287-9

Ⅰ.①近… Ⅱ.①鲁…②高…③何… Ⅲ.①化学-高等学校-教学参考资料 Ⅳ.①O6

中国版本图书馆 CIP 数据核字（2021）第 108710 号

责任编辑：宋林青　　装帧设计：史利平
责任校对：宋　玮

出版发行：化学工业出版社（北京市东城区青年湖南街 13 号　邮政编码 100011）
印　　刷：北京云浩印刷有限责任公司
装　　订：三河市振勇印装有限公司
787mm×1092mm　1/16　印张 25¼　字数 665 千字　　2025 年 1 月北京第 3 版第 5 次印刷

购书咨询：010-64518888　　售后服务：010-64518899
网　　址：http://www.cip.com.cn
凡购买本书，如有缺损质量问题，本社销售中心负责调换。

定　　价：60.00 元

前　言

本书与四川大学主编的《近代化学基础》（第四版）配套，相较前两版，新增了“综合测试”模块。“学习指导”模块仍按前两版的体系，按章编写，内容包括：基本要求、内容概要、同步例题、习题选解、思考题和自我检测题等。本次主要根据理论教材第四版进行了相应的修订，修订内容主要表现在：

1. 按理论教材《近代化学基础》（第四版）的编排内容和顺序，更新了本书各章节内容，文字上进行了适当增删、精炼，使全书结构更加严谨，表述逻辑性更强。

2. 新增的“综合检测”板块分四大主题：物质结构和化学原理、化学平衡和化学分析、元素化学、有机化学，每一主题给出了综合检测题目，供读者学习检测使用。

3. 在“学习指导”模块，除了补充完善同步例题、习题选解、增加解题思路外，在思考题和自我检测题部分都增加了非标准答案题目或一题多解题目及参考答案，供读者拓宽视野、理论联系实际。

本书可作为基础无机化学、有机化学、分析化学课程学习的辅导教材，也可作为考研的参考资料。

参加本书修订的有：鲁厚芳（第 1、2 章），何菁萍（第 3、13、14 章），张涛（第 4 章），谭光群（第 5、6 章），章洁（第 7、9 章），龙沁（第 8 章），赖雪飞（第 10、11、12 章），王倩（第 15 章、19 章），李赛（第 16、18、30 章），陈彦道（第 17、21 章），李万舜（第 22、23、29 章），张鑫（第 20、24 章），高峻（第 25、27、28 章），王春玲（第 26 章）。全书由鲁厚芳、高峻、何菁萍统稿。

四川大学教务处、化学工程学院对本书的编写给予了大力支持，教研室老师、使用该书的读者对本书的编写提出了中肯的意见和建议，在此表示衷心的感谢。我们对《近代化学基础》教材的所有编者、化学工业出版社也谨致谢忱。

由于各种原因，书中的疏漏和不妥之处在所难免，诚请读者赐教，不胜感激。

编　者

2021 年 4 月于四川大学

目　　录

第一部分　学习指导

第二部分　综合测试

第一部分 学习指导

第 1 章　原子结构和元素周期系

1.1　基本要求

了解微观粒子运动的特点，了解电子云和原子轨道的概念，掌握四个量子数的取值范围，会用量子数确定原子轨道，理解 s、p、d 原子轨道的角度分布图。了解屏蔽效应和钻穿效应，会用鲍林近似能级图排布多电子原子核外电子。理解原子结构同周期系的关系。熟悉原子结构同有效核电荷、原子半径、电离能、电子亲和能及电负性变化的周期性之间的关系。

重点： 四个量子数及原子轨道角度分布图；多电子原子核外电子的排布；原子结构与周期系的关系。

难点： 微观粒子运动的特殊性；四个量子数和原子轨道的角度分布。

1.2　内容概要

1.2.1　微观粒子运动的特殊性

(1) 玻尔理论：电子在核外只能沿着某些特定能量的圆形轨道运动。只有电子在不同轨道之间发生跃迁时，原子才会吸收或发射出能量。光子的能量与其频率 ν 成正比，而且取决于电子跃迁前、后两个轨道的能级差。

(2) 原子核外电子的运动具有量子化、波粒二象性、统计性三大特性。物质波是一种具有统计性的概率波，其统计规律用概率和概率密度表示。

1.2.2　单电子体系核外电子运动状态的描述

(1) 量子数　在量子力学中用波函数 Ψ 来描述微观粒子的运动状态。Ψ 是空间坐标函数(称定态波函数)。Ψ 和与之对应的能量 E 可以通过解薛定谔方程得到，每一个合理的 Ψ 和 E，就代表体系中电子运动的一种状态。解出有合理物理意义的波函数，必然引入一套参数 n、l、m 作为限定条件。这一套参数在量子化学中称为量子数，其取值有一定的制约关系：

即　$n=1,\ 2,\ 3,\ \cdots,\ \infty$　　n 为自然数

$l \leqslant n-1$　$l=0,\ 1,\ 2,\ \cdots,\ n-1$

$|m| \leqslant l$　$m=0,\ \pm1,\ \pm2,\ \cdots,\ \pm l$

只有当三个量子数符合上述关系时，方程的解 Ψ 才有意义。

(2) 波函数和原子轨道　Ψ——波函数是量子化学中描述核外电子运动状态的数学表达式。把三个量子数都有确定值的波函数称为一个原子轨道。如：

$$n=1,\ l=0,\ m=0 \qquad \text{即 } \Psi_{1,0,0}\text{——1s 轨道}$$

(3) 概率密度和电子云　根据量子力学原理，电子在核外某空间单位微体积出现的概率大小（概率密度）与波函数绝对值的平方成正比，$\rho \propto |\Psi|^2$。若不考虑比例常数，可直接用（$|\Psi|^2$）代表电子的概率密度。

电子云：电子在核外空间各处出现概率密度大小的形象化描述。把占 90%～95%的概率分布用框线框起来，形成电子云的界面图，故也可用电子云的界面图来表示电子出现的概

率分布。

1.2.3 原子轨道及电子云的角度分布图

(1) 原子轨道的角度分布图　原子轨道 $\Psi(r,\theta,\phi)=R(r)\cdot Y(\theta,\phi)$，$Y$ 取决于方位角 θ、ϕ，其随 θ、ϕ 变化的空间图像即为原子轨道角度分布图。

轨道名称：	s	p	d	f
轨道形状：	圆球形	双球形	花瓣形	橄榄形
轨道方向：	1	3	5	7

(2) 电子云的角度分布图　$|\Psi|^2$ 的图像称为电子云。$|Y(\theta,\phi)|^2$-θ,ϕ 作图即得到电子云的角度分布图。其图形与原子轨道角度分布图相似，不同之处有两点：

① 由于$|Y|\leqslant 1$，故 $Y^2\leqslant|Y|$，所以电子云的角度分布图瘦些；

② 原子轨道的角度分布图有正、负号之分，电子云的角度分布图没有正、负号之分。

1.2.4 四个量子数

(1) 主量子数（n）　描述电子离核的远近，确定单电子原子的能级或轨道能量的高低。一般，n 值越大，电子离核越远，能量越高：

$$n=1，2，3，4，\cdots，\infty$$

电子层符号：　　　　　　　K，L，M，N，…

(2) 角量子数（或副量子数）(l)　确定同一电子层中不同原子轨道的形状（角度分布的基本图像）。在多电子原子中，与 n 一起决定轨道的能量。

$$l=0，1，2，3，4，\cdots，n-1\quad（共可取\ n\ 个值）$$

符号：　　　　　s，p，d，f，g，…

(3) 磁量子数（m）　确定原子轨道在空间的伸展方向。

$m=0$，±1，±2，±3，…，$\pm l$，共可取（$2l+1$）个值

角量子数（l）：	0	1	2	3	…
空间伸展方向数：	1	3	5	7	…

(4) 自旋量子数（m_s）　描述电子自旋运动的方向，$m_s=\pm\frac{1}{2}$。

1.2.5 多电子原子结构和周期表

(1) 屏蔽效应和钻穿效应

① 屏蔽效应：因电子之间的相互排斥而减弱核电荷对指定电子的作用。

有效核电荷 Z^*：屏蔽后剩下来实际作用于指定电子的核电荷。

$$Z^*=Z-\sigma$$

式中　σ——屏蔽常数（实际经验值）。

对于多电子原子的每个电子来说，都归纳为只受到有效核电荷势场的作用。在多电子原子中：

a. l 相同，n 不同，则 $n\uparrow$，$E\uparrow$；

b. n 相同，l 不同，则 $l\uparrow$，$E\uparrow$。

② 钻穿效应：外层电子穿过内层钻入原子核附近，使屏蔽作用减弱，受到的有效核电荷数增多，能量降低的作用。因此，对于多电子原子来说，轨道能量不仅与 n 有关，也与 l 有关。由于钻穿效应，当 n、l 都改变时，便出现能级交错现象。例如：$E_{3d}>E_{4s}$。

(2) 多电子原子的轨道能级图　鲍林近似能级图；($n+0.7l$) 近似规律。

对于 n 相同，l 也相同的轨道，能量相同，叫做简并轨道或等价轨道。

(3) 核外电子排布　原子核外电子排布的三原则如下：

① Pauli 不相容原理：同一原子中，一个原子轨道上最多只能容纳两个自旋方向相反的电子。

② 能量最低原理：电子总是最先排布（占据）在能量最低的轨道。

③ 洪特规则

a. 在等价轨道上，电子总是尽先占据不同的轨道，而且自旋方向相同（平行）；

b. 当等价轨道上全充满（p^6，d^{10}，f^{14}），半充满（p^3，d^5，f^7）和全空（p^0，d^0，f^0）时，能量低，结构较稳定。

应用鲍林近似能级图，并根据能量最低原理，可以设计出核外电子填入轨道的顺序图。

(4) 原子的电子层结构与周期表的关系

① 外层电子排布与元素的分区

s 区元素：$ns^{1\sim2}$　最后一个电子填充到 ns 中。

p 区元素：$ns^2np^{1\sim6}$　最后一个电子填充到 np 中（He 无 p 电子）。

d 区元素：$(n-1)d^{1\sim8}ns^{1\sim2}$　最后一个电子填充到 $(n-1)d$ 中。

ds 区元素：$(n-1)d^{10}ns^{1\sim2}$　最后一个电子填充到 $(n-1)d$ 中。

f 区元素：$(n-2)f^{0\sim14}(n-1)d^{0\sim2}ns^2$。

② 核外电子排布与周期表的关系

周期表有七个横行，表示七个周期；18 个纵行。共包括上述 5 个部分。

每周期的元素数目（每出现一个新的能级组，便开始一个新的周期）等于相应能级组所容纳的电子总数。

元素在周期表中的位置：

周期数＝最大能级组数＝最大主量子数（钯例外）

族数　主族（除 0 族）：族数＝最外层电子数＝价电子数

0 族：最外层电子数为 2 或 8

副族：ⅠB、ⅡB 族数＝最外层电子数

ⅢB～ⅦB 族数＝最外层电子数＋次外层 d 电子数＝价电子数

Ⅷ（三个纵行）最外层 s 电子数＋次外层 d 电子数＝8、9、10

1.2.6　原子结构与元素性质变化的周期性

(1) 有效核电荷的周期性　随着元素原子序数增加，有效核电荷呈现周期性变化。

① 同周期从左至右有效核电荷数增加

对短周期，从左到右有效核电荷数增加显著。对长周期，主族元素和短周期元素一样，增加显著；副族元素由于新增加的电子排在次外层 d 轨道上，屏蔽作用较大，有效核电荷数增加不多；镧系和锕系元素新增加的电子排在次次外层的 f 轨道，有效核电荷数增加极少，故 15 种元素性质极为相似。

② 同族元素从上到下，随着元素原子序数增加，电子层数增加，原子半径增大，有效核电荷数增加很少，甚至没有增加。

(2) 原子半径的周期性

① 同一周期的主族元素，自左向右原子半径变化的总趋势是逐渐减小的。

② 同一周期的 d 区过渡元素，从左向右过渡时，原子半径只是略有减小，而且，从ⅠB 族元素起原子半径反而有所增大。

③ 主族元素从上往下原子半径是显著增大的。但副族元素除ⅢB族外，从上往下过渡时原子半径一般增大幅度较小，尤其是第五周期和第六周期的同族元素之间，由于镧系收缩，原子半径非常接近。

(3) 电离能（I）

① 同一主族各元素从上到下电离能递减，金属活泼性增强。

② 同一周期的主族元素，从左到右总的趋势是电离能递增，金属活泼性减弱。

③ 副族元素电离能的变化幅度不大，规律性较差。一般同一周期从左到右或同一副族从上到下，电离能略有增加。

(4) 电子亲和能（A） 一般来说，元素的电子亲和能越大，表示该元素的原子越易获得电子，非金属性也就越强。

(5) 电负性（X） 元素的原子吸引成键电子的相对能力用该元素的相对电负性来表示，简称电负性。原子吸引成键电子的能力越强，其电负性越大；原子吸引成键电子的能力越弱，其电负性就越小。

同一周期的元素从左到右电负性逐渐增大。同一主族元素从上到下电负性递减。但是副族元素电负性的变化较复杂。由于镧系收缩使同一副族第五周期和第六周期元素的电负性很接近。

1.3 同步例题

例 1. 如果一原子的基态和激发态的能量差为 4.4×10^{-19} J，电子从基态跃迁到激发态会吸收多大波长的光子？

解题思路： 电子所处的轨道具有量子化的特征，根据波尔原子轨道的能级概念，电子在两轨道之间跃迁就会吸收或发射频率 $\nu=\Delta E/h$ 的光子。

解：

$$\lambda=\frac{hc}{\Delta E}=\frac{(6.63\times10^{-34}\,\mathrm{J\cdot s})\times(3.00\times10^{8}\,\mathrm{m\cdot s^{-1}})}{4.4\times10^{-19}\,\mathrm{J}}=4.5\times10^{-7}\,\mathrm{m}$$

例 2. 重 25g，飞行速率为 $9.0\times10^{2}\,\mathrm{m\cdot s^{-1}}$ 的子弹，其物质波的波长为多少？

解题思路： 物质波产生于任何物体的运动，根据德布罗意关系即可求出。

解：

$$\lambda=\frac{h}{p}=\frac{h}{mv}=\frac{6.63\times10^{-34}\,\mathrm{J\cdot s}}{0.025\mathrm{kg}\times9.0\times10^{2}\,\mathrm{m\cdot s^{-1}}}=2.94\times10^{-35}\,\mathrm{m}$$

注意：质量的 SI 基本单位是 kg。

由此可看出，宏观物质的物质波长极短，不能觉察，其波动性可以忽略。

例 3. 某元素的原子序数小于 36，当此元素原子失去 3 个电子后，它的副量子数等于 2 的轨道内电子数恰好半满。试写出此元素原子的电子排布式。并写出其元素符号，指明此元素在周期表中的位置。

解题思路： 由元素的原子序数小于 36 及出现了副量子数，可判断此元素应处在第四周期。再根据电子总是从最外层失去即可推断出原子序号。

解： 此元素为铁 Fe，其电子分布式为：$[\mathrm{Ar}]3d^{6}4s^{2}$，处于周期表中第四周期第Ⅷ族。

例 4. 下列元素中非金属性最强的是哪个？

(1) Na (2) Si (3) Ga (4) La

解题思路： 越靠近周期表右上角的元素非金属性越强。

解： (2) Si

1.4 习题选解

2. 假若 H 原子核外有一系列轨道的能量分别为：

(1) -5.45×10^{-19}J　　(2) -2.42×10^{-19}J

(3) -1×10^{-19}J　　(4) 0J

(5) $+5.45\times10^{-19}$J

问：哪些轨道是合理的，这些合理轨道分别是第几能级？

解法 1：H 原子的能级公式为：$E_n=-\dfrac{2.179\times10^{-18}}{n^2}$J　　$n=1, 2, 3, \cdots$

当　$n=1$ 时，$E_1=-2.179\times10^{-18}$J

$n=2$ 时，$E_2=-\dfrac{2.179\times10^{-18}}{2^2}=-5.448\times10^{-19}$J

同理　$n=3$ 时，$E_3=-2.421\times10^{-19}$J

$n=4$ 时，$E_4=-1.362\times10^{-19}$J

$n=5$ 时，$E_5=-8.761\times10^{-20}$J

$n=\infty$时，$E_\infty=0$J

所以（1）、（2）、（4）都是合理的，分别是第二能级、第三能级和电离态（$n=\infty$）。

解法 2：满足 $E_n=-\dfrac{2.179\times10^{-18}\text{J}}{n^2}=\dfrac{E_1}{n^2}$　　$n=1, 2, \cdots, \infty$的能量的轨道是合理的，不同的轨道取不同的 n 值。

(1) $n=\sqrt{\dfrac{E_1}{E_n}}=\sqrt{\dfrac{-2.179\times10^{-18}}{-5.45\times10^{-19}}}=2$

(2) 同理：$E=-2.42\times10^{-19}$J 时，$n=3$

(3) 同理：$E=-1\times10^{-19}$J 时，$n=4.67$

(4) 同理：$E=0$J 时，$n=\infty$

(5) 同理：$E=+5.45\times10^{-19}$J 时，$n=\sqrt{\dfrac{E_1}{E_n}}=\sqrt{\dfrac{-2.179\times10^{-18}}{+5.45\times10^{-19}}}=$虚数

故（3）、（5）非正整数是不合理的，（1）、（2）、（4）都是合理的，分别是第二能级、第三能级和电离态（$n=\infty$）。

3. 若电子的质量为 9.1×10^{-28}g，运动速度为 $3.0\times10^7\text{cm}\cdot\text{s}^{-1}$，求其波长为多少？

解：

$$\lambda=\frac{h}{mv}=\frac{6.63\times10^{-34}\text{J}\cdot\text{s}}{9.1\times10^{-31}\text{kg}\times3.0\times10^5\text{m}\cdot\text{s}^{-1}}=2.42\times10^{-9}\text{m}=2.42\text{nm}$$

4. 当氢原子的一个电子从第二能级跃迁到第一能级时，发射出光子的波长是 121.6nm；当电子从第三能级跃迁到第二能级时，发射出光子的波长是 656.3nm，试回答：

(1) 哪一种光子的能量较大？说明理由。

(2) 求氢原子中电子的第三能级和第二能级的能量差及第二能级和第一能级的能量差。说明原子中的能量是否连续。

解：(1) 第一种光子的能量大，因为 $E=h\nu=h\dfrac{c}{\lambda}$，波长越短，能量越高。

(2) $$\Delta E_{2,1}=\frac{hc}{\lambda_1}=\frac{6.63\times10^{-34}\times3\times10^8}{121.6\times10^{-9}}\text{J}=1.63\times10^{-18}\text{J}$$

$$\Delta E_{3,2}=\frac{hc}{\lambda_2}=\frac{6.63\times10^{-34}\times3\times10^8\text{J}}{656.3\times10^{-9}}=3.03\times10^{-19}\text{J}$$

因此，原子中的能量是不连续的。

15. 某元素原子X的最外层只有一个电子，其X^{3+}的最高能级三个电子的主量子数n为3，角量子数为2，写出元素符号，说明该元素处于第几周期，第几族？

解： 由题意可知，X^{3+}的电子构型为$3d^3$，由多电子核外电子排列规则可知，该元素的价电子构型为$3d^5 4s^1$，故该元素为铬（Cr），是第四周期，ⅥB族元素。

16. 已知甲、乙、丙、丁四种元素，其中甲为第四周期元素，与丁元素能形成原子比为1∶1的化合物。乙为第四周期d区元素，其最高正化合价为+7。丙与乙同周期，并具有相同的最高正化合价。丁为所有元素中电负性最大的元素。试：

(1) 填写下表（表略）

(2) 推测四种元素电负性高低顺序。

解： (1)

元　素	价电子层构型	周　期	族	金属或非金属
甲	$4s^1$	4	ⅠA	金属
乙	$3d^5 4s^2$	4	ⅦB	金属
丙	$4s^2 4p^5$	4	ⅦA	非金属
丁	$2s^2 2p^5$	2	ⅦA	非金属

(2) 电负性高低顺序：丁＞丙＞乙＞甲

1.5 思考题

1-1 是非题

(1) 原子光谱是连续光谱。

(2) 主量子数为3时，有3s、3p、3d、3f四条轨道。

(3) 主量子数为4时，轨道总数为16，电子层的最大容量为32。

(4) 4s轨道能量小于3d轨道能量是因为屏蔽效应。

(5) Cr的电子排布式为[Ar]$3d^4 4s^2$，符合能量最低原理。

(6) ⅠB族元素属ds区。

(7) 由于镧系收缩，Fe、Co的半径相似。

(8) 电离能的大小可反映出元素金属性的强弱。

(9) 玻尔原子轨道可用$\Psi(n,l,m)$来表示。

(10) 电子云是电子在核外空间各处出现概率密度大小的形象化描述。

1-2 选择题

(1) 多电子原子的能量E由（　　）决定。

A. 主量子数n　　B. n和l　　C. n，l，m　　D. l

(2) 下列原子中哪一个的半径最大（　　）。

A. Na　　B. Al　　C. Cl　　D. K

(3) $n=3$的电子，其l值可能为（　　）。

A. 0，1，2　　B. 1，2，3　　C. 0，±1，±2　　D. 0，1，2，3

(4) 将碳原子的电子排布式写为 $1s^2 2s^1 2p^3$ 违背了（　）原则，写成 $1s^2 2s^2 2p_x^2$ 违背了（　）原则。

A. 能量最低原理　B. 泡利不相容原理　C. 洪特规则 1　D. 洪特规则 2

(5) 下列元素原子第一电离能最大的是（　）。

A. Na　　B. K　　C. Mg　　D. Al

(6) 元素 Pd(原子序数为 46) 在周期表中的位置及价层电子构型是（　）。

A. 第四周期Ⅷ族，$4d^{10}$　　B. 第五周期Ⅷ族，$4d^{10}$

C. 第五周期Ⅷ族，$4d^8 5s^2$　　D. 第五周期Ⅷ族，$4d^9 5s^1$

(7) 某+3 价阳离子的价层电子排布式为 $3d^3$，此元素原子价层电子排布式为（　）。

A. $3d^4 4s^2$　　B. $3d^5 4s^1$　　C. $3d^6$　　D. $3d^3 4s^3$

(8) 原子轨道符号为 5d 时，说明该轨道有（　）种空间取向。

A. 1　　B. 3　　C. 5　　D. 7

(9) 下列各组元素中性质最相似的是（　）。

A. Na、K　　B. K、Ca　　C. Nb、Ta　　D. Ag、Au

(10) 下列波函数表示原子轨道正确的是（　）。

A. $\Psi_{1,2,3}$　　B. $\Psi_{2,1,0}$　　C. $\Psi_{2,1,0,\frac{1}{2}}$　　D. $\Psi_{2,-1,1}$

1-3　填空题

(1) 第一个电子进入 $n=4$ 层前的 $n=3$ 层上填充的电子数为________。Cu 原子 $n=3$ 层上填充的电子数为________。

(2) 4f 亚层上能容纳的最多电子数为________。

(3) 角量子数为 2，其磁量子数可为________。

(4) 第________主层最先具有 g 亚层。

(5) 原子序数为 47 的元素处在周期表中第________周期，第________族，其价层电子排布为________。

(6) 在 Mn^{2+} 中有________未成对电子。

(7) Sn^{2+} 是________电子构型。

(8) S 的电负性为 2.58，As 的电负性比该值________（大、小）。

(9) 第四周期有 7 个 d 电子的中性原子是________。

(10) Pb^{2+} 的电子构型为 [Xe]________。

1-4　计算氢原子中电子从 $n=5$ 轨道跃迁到 $n=3$ 轨道时发射出的光的频率。

1-5　原子结构与元素性质变化的周期性蕴含了哪些辩证唯物主义观点？

自我检测题

1-1　填空题

(1) 原子的 3p 轨道形状相同，但它们的________不同。

(2) 能量相等的轨道叫做________。

(3) 3d 符号表示主量子数为_____，角量子数为________，有________个原子轨道，最多可容纳电子数为_____。

(4) 原子序数为 52 的元素，其原子核外电子排布为____________________，未成对电子数为________，有_____个能级组，最高氧化值是________。

(5) 同一短周期的元素从左到右，有效核电荷数__________，电负性________。

1-2 选择题

(1) 下列哪一个元素第一电离能最低（　　）。

A. Ba　　B. Cu　　C. N　　D. Br

(2) 下列哪个元素离子半径最小（　　）。

A. Li^{+}　　B. Be^{2+}　　C. Mg^{2+}　　D. Na^{+}

(3) 某元素+3价的电子排布式为 $[Xe]4f^{14}5d^{8}$，该元素属（　　）族。

A. Ⅷ　　B. ⅠB　　C. ⅡB　　D. ⅥB

(4) 碳原子成键时采用不同的杂化轨道形式，以下几种杂化形式，哪种碳原子的电负性最大（　　）。

A. sp^3 杂化　　B. sp^3 不等性杂化　　C. sp 杂化　　D. sp^2 杂化

(5) 下列各套量子数中，可描述元素碘I最外层一个s电子的是（　　）。

A. 4，0，0，$+\frac{1}{2}$　　B. 5，0，0，$-\frac{1}{2}$

C. 5，1，0，$+\frac{1}{2}$　　D. 5，1，1，$+\frac{1}{2}$

1-3 简述量子化的概念。

1-4 量子力学中如何描述微观粒子的运动状态及概率分布。

1-5 根据玻尔理论推导氢光谱频率公式，并与里德伯经验公式进行比较。

1-6 从德布罗意提出微观粒子的波粒二象性、薛定谔建立薛定谔方程，如何看待联想、类比、归纳、总结等科学方法的作用？

思考题参考答案

1-1 是非题

(1) 错。原子光谱是线状光谱。

(2) 错。主量子数为3时，不会出现f轨道。

(3) 对。

(4) 错。是因为钻穿效应。

(5) 错。违背洪特规则b。

(6) 对。

(7) 错。镧系收缩的结果是镧系后第六周期与同族第五周期元素半径相似。

(8) 对。

(9) 错。玻尔原子模型中的轨道为固定轨道，不是波函数。

(10) 对。

1-2 选择题

(1) B　(2) D　(3) A　(4) A、C　(5) C　(6) B　(7) B　(8) C　(9) C　(10) B

1-3 填空题

(1) 8(4s电子比3d电子先占据)、18　　(2) 14(f 亚层的轨道数为7)

(3) 0、±1，±2 ($l=2$)　　(4) 5(g 亚层 l 值为4)

(5) 5、ⅠB、$4d^{10}5s^{1}$　　(6) 5(Mn原子外层电子排布为 $3d^{5}4s^{2}$)

(7) 18+2　　(8) 小（电负性 S>Se>As)

(9) Co　　(10) $4f^{14}5d^{10}6s^{2}$

1-4 **解：**由里德伯方程可计算出：

$$\frac{1}{\lambda}=R\left(\frac{1}{3^2}-\frac{1}{5^2}\right)=109737\text{cm}^{-1}\times0.0711=7803\text{cm}^{-1}$$

$$\nu=\frac{c}{\lambda}=3.00\times10^{10}\text{cm}\cdot\text{s}^{-1}\times7803\text{cm}^{-1}=2.34\times10^{14}\text{s}^{-1}$$

1-5　解题思路：

可以从以下几个方面分析：

(1) 化学元素周期律不是把自然界的元素看作是彼此孤立、不相依赖的偶然堆积，而是把各种元素看作是有内在联系的统一体；

(2) 事物的发展都是一个从量变到质变的过程；

(3) 事物的变化都是从简单到复杂、从低级到高级的发展过程。

自我检测题参考答案

1-1　填空题

(1) 空间伸展方向　(2) 等价轨道或简并轨道　(3) 3，2，5，10

(4) [Kr] $4d^{10}5s^25p^4$，2，5，+6　　　　(5) 增加，增大

1-2　选择题

(1) A　(2) B　(3) B　(4) C　(5) B

1-3　**答：**量子化即是物理量的不连续变化特点。

1-4　**答：**量子力学中用波函数 Ψ 描述微观粒子的运动状态，$|\Psi|^2$ 描述微观粒子概率分布。

1-5　**解：**根据玻尔理论，氢原子核外电子能量

$$E_n=-2.179\times10^{-18}\frac{1}{n^2}\text{J}$$

对于氢原子：$\Delta E=h\nu$

$$h\nu=-2.179\times10^{-18}\frac{1}{n_2^2}-\left(-2.179\times10^{-18}\times\frac{1}{n_1^2}\right)$$

$$\nu=\frac{2.179\times10^{-18}}{6.626\times10^{-34}}\left(\frac{1}{n_1^2}-\frac{1}{n_2^2}\right)$$

$$=3.289\times10^{15}\left(\frac{1}{n_1^2}-\frac{1}{n_2^2}\right)$$

可见，从玻尔假设导出的结果与氢原子光谱实验归纳的里德伯经验公式结果完全一致。

注意：常数 $3.289\times10^{15}\text{s}^{-1}$ 是 $\nu=R\left(\frac{1}{n_1^2}-\frac{1}{n_2^2}\right)$ 表示式中的 R。如以 $\frac{1}{\lambda}=R\left(\frac{1}{n_1^2}-\frac{1}{n_2^2}\right)$ 表示，常数 R 则为 109737cm^{-1}，因为光速 $c=\lambda\nu$，$c=3.0\times10^8\text{m}\cdot\text{s}^{-1}$。

1-6　解题思路：

可以从以下几个方面分析：

(1) 人们认识光是从其波动性开始的，当认识到光的粒子性后才对光有了完整的、科学的认识。

(2) 人们认识微观粒子是从其粒子性开始的，对原子光谱实验现象不能很好地解释，由此猜测是否和人们对光的认识一样，没有认识到它的波动性？

(3) 既然微观粒子具有波动性，那么微观粒子的运动是否具有和电磁波类似的波动方程呢？

(4) 事实证明假说的正确性。

第 2 章　分子结构和晶体结构

2.1　基本要求

了解晶体的类型，理解其特征。了解 AB 型离子晶体的三种晶格类型。理解离子键、共价键、金属键及分子间力和氢键的形成及特征。会用价键理论处理一般分子的成键及结构问题。能用离子极化理论解释键型、晶型的过渡及其物理性质的变化。理解分子轨道理论、能带理论的基本要点，能处理第二周期同核双原子分子的成键问题，理解能带理论与固体物理性质的关系。

重点： 共价键理论及其应用、晶体类型及其特征、离子极化理论。

难点： 用杂化轨道理论处理分子的成键及构型问题；分子轨道理论。

2.2　内容概要

2.2.1　离子键和离子晶体

(1) 离子键的形成及特征　由正、负离子间靠静电引力作用结合在一起而形成的化学键称为离子键。离子键的特征：

① 由正、负离子靠静电引力形成；②无方向性和饱和性；③键的离子性大小取决于电负性差值大小，一般 $\Delta\chi > 1.7$ 为离子键（但 HF 例外，$\Delta\chi = 1.78$）。

(2) 晶体的特征　晶体是具有规则几何外形的固体，其微观粒子的排列具有周期性，能表现晶体一切特征的最小单位称为晶胞。

具体特征：a. 有固定几何形状；b. 有固定熔点；c. 各向异性；d. 能产生清晰的 X 射线衍射图。

(3) 离子晶体　离子晶体的晶格结点上交替地排列着正离子和负离子，正、负离子间靠离子键结合。

在离子晶体中，正、负离子按一定的配位数在空间排列着。这种排列情况是多种多样的，常见的 AB 型离子晶体的结构类型有三种：NaCl 型、CsCl 型及立方 ZnS 型。

AB 型离子晶体配位数和半径比及晶体构型的关系：

$r_+/r_- = 0.225 \sim 0.414$ 时，配位数 4，立方 ZnS 型；

$r_+/r_- = 0.414 \sim 0.732$ 时，配位数 6，NaCl 型；

$r_+/r_- = 0.732 \sim 1$ 时，配位数 8，CsCl 型。

(4) 晶格能　不同类型晶体的组成和构型不同，其熔点、沸点、硬度及热稳定性等亦不同。晶体的这些性质与晶格微粒间作用力的大小有关，可以用晶格能来衡量。对于离子晶体，晶格能定义为：在标准状态下，从相互远离的正、负气态离子结合成 1mol 离子晶体时所释放出的能量。一般说来，晶格能的绝对值越大，晶体的熔点、沸点、硬度及热稳定性越高。

2.2.2 价键理论（VB法）

(1) 共价键的形成及类型

① 共价键的成键条件

a. 成键的两原子中要有成单电子，而且自旋方向必须相反。若成键原子中各有两个或三个未成对电子，则可分别两两成对形成共价双键和三键。

b. 成键电子的原子轨道发生最大程度的重叠。核间电子云密度增大，形成牢固的共价键（最大重叠原理）。

② 共价键的键型和特征

a. 共价键的键型　根据原子轨道重叠的对称性来分，可分为σ键和π键。

σ键特点：原子轨道重叠部分对键轴具有圆柱形对称性。轨道重叠程度大、键强、稳定。

π键特点：原子轨道重叠部分对键轴所在的某一特定的平面具有反对称性。轨道重叠程度小、键弱、不稳定。

在共价双键和共价三键中，除σ键外，还有π键。

b. 共价键的特征：饱和性和方向性。

(2) 配位共价键　如果共用电子对是由一个成键的原子单方面提供的，这类共价键称为配位共价键，简称配位键。形成配位键必须具备两个条件：①一个原子的价电子层要有孤电子对；②另一个原子的价电子层要有空轨道。

2.2.3 共价分子的空间构型——杂化轨道理论

(1) 杂化轨道理论的要点

① 同一原子内，能量相近、形状不同的各原子轨道（s、p、d、f）成键时混合起来组成成键能力更强的新轨道（杂化轨道），这种原子轨道重新组合的过程称为原子轨道的杂化。

② 杂化轨道数目等于参与杂化的原子轨道数目。若形成的杂化轨道能量相同、成分相同，叫等性杂化。若形成的杂化轨道能量不同、成分不同，叫不等性杂化。

③ 杂化轨道的成键能力更强，与其他轨道重叠时，重叠得更多，形成的共价键更牢固。

(2) 杂化类型与分子空间构型的关系

① sp杂化：1个ns轨道与1个np轨道杂化形成2个sp杂化轨道。杂化后两轨道在同一直线上，分子形状为直线形。

② sp^2杂化：1个ns轨道和2个np轨道杂化形成3个sp^2杂化轨道。杂化轨道间夹角为120°，分子形状为平面三角形。如BF_3，3个sp^2杂化轨道与3个F原子的轨道重叠形成3个键（B原子处于中心，3个F处于平面三角形三个顶点上）。

③ sp^3杂化和不等性sp^3杂化：1个ns轨道和3个np轨道杂化形成4个sp^3杂化轨道。

若4个杂化轨道能量相等、成分相同，则是等性sp^3杂化，4个轨道伸向四面体的四个顶点，其空间构型为正四面体。若4个杂化轨道的成分或能量不同（如杂化轨道中有孤电子对存在等）则是不等性sp^3杂化。通常情况是：有一个孤电子对形成的sp^3杂化轨道空间构型为三角锥形（如NH_3分子）；有两个孤电子对形成的sp^3杂化轨道空间构型为“V”字形（如H_2O分子）。

2.2.4 共价分子的空间构型——价层电子对互斥理论（VSEPR）

(1) VSEPR法的要点

① 共价分子或原子团的几何构型，主要决定于中心原子价电子层中电子对（包括成键

电子对和孤电子对）的排斥情况。

② 电子对间相互排斥力的大小，主要取决于电子对间的夹角或成键情况。斥力大小的一般规律如下：

a. 电子对之间的夹角越小，排斥力越大；

b. 各种电子对斥力大小的顺序为：孤电子对-孤电子对＞孤电子对-成键电子对＞成键电子对-成键电子对，简写为：LP-LP＞LP-BP＞BP-BP。

根据电子对相互排斥最小的原则，分子的几何构型与电子数目和类型有关。

(2) 用 VSEPR 法判断简单分子构型的一般原则

① 确定中心原子价层的电子对数：

$$电子对数=\frac{1}{2}\left(中心原子的价电子数+配位原子提供的价电子数\pm\begin{matrix}负离子所带电荷数\\正离子所带电荷数\end{matrix}\right)$$

a. 当出现单电子时，单电子算作一对，如 9/2=5。

b. 作为配位体，H 提供 1 个电子，卤素原子提供一个电子。

c. 氧族原子作为配位原子时，不提供电子，但氧族原子作中心原子时，价电子数为 6。

② 确定成键电子对和孤电子对的数目，以此确定中心原子价电子对的排列方式和分子的空间构型。

2.2.5 分子轨道理论（MO 法）

(1) 分子轨道理论的要点

① 分子中每个电子都在整个分子中运动，其电子运动状态也可用波函数 Ψ 来描述，这个 Ψ 就称为分子轨道。

② 分子轨道由能量相近的不同原子轨道线性组合而成，分子轨道的数目等于组成分子轨道的原子轨道数目。

a. 同号波函数叠加，两核间电子云密度增大，能量降低，形成成键分子轨道；

b. 异号波函数叠加，两核间电子云密度降低，能量升高，形成反键分子轨道。

③ 成键三原则：a. 能量近似原则；b. 最大重叠原则；c. 对称性匹配原则。

④ 原子轨道用光谱符号 s，p，d，f 表示，而分子轨道用对称符号 σ，π，δ…表示，填入 σ 与 σ^* 轨道上的电子称为 σ 电子，构成的键叫 σ 键；填入 π 和 π^* 轨道上的电子称为 π 电子，构成的键称为 π 键。

⑤ 在分子轨道中，填充电子的原则也服从能量最低原理、Pauli 不相容原理和洪特规则。

(2) 分子轨道能级及其应用　分子轨道的能量从理论上推算是很复杂的，目前主要是借助于光谱实验来确定的。如果把分子内各轨道的能量按由低到高的顺序排列起来，就可以得到分子轨道能级图。

对于第一、第二周期同核双原子分子，其分子轨道能级图有以下两种情况。

① 2s 和 2p 原子轨道能量相差较大的情况：适用于 O_2、F_2。其能级由低到高的顺序排列为：

$$\sigma_{1s}<\sigma_{1s}^*<\sigma_{2s}<\sigma_{2s}^*<\sigma_{2p}<\pi_{2p_y}=\pi_{2p_z}<\pi_{2p_y}^*=\pi_{2p_z}^*<\sigma_{2p}^*$$

② 2s 和 2p 原子轨道能量相差较小的情况（$\Delta E<11.59$eV）：适用于 N_2 和 N 以前的元素同核双原子分子。其能级由低到高的顺序排列为：

$$\sigma_{1s}<\sigma_{1s}^*<\sigma_{2s}<\sigma_{2s}^*<\pi_{2p_y}=\pi_{2p_z}<\sigma_{2p}<\pi_{2p_y}^*=\pi_{2p_z}^*<\sigma_{2p}^*$$

用分子轨道理论可以分析某些物种的存在、键的强弱和顺、反磁性。

2.2.6 原子晶体和混合型晶体

(1) 原子晶体　晶格结点上的原子通过共价键结合形成的晶体。

如：单质 C、Si、Ge；化合物 SiC、B_4C、SiO_2（原子半径小、性质相似的元素组成）。

特点：大分子、熔点高、沸点高、硬度大、热膨胀系数小、不导电。

(2) 混合型晶体　晶体内部晶格微粒间包含有两种以上的键型时，称为混合型晶体。

如石墨是典型的混合型晶体。

2.2.7　金属键和金属晶体

(1) 金属键的自由电子理论

① 金属原子的价电子比较容易电离而形成正离子，而每个正离子也容易捕获自由电子还原成原子。

② 金属原子和离子紧密堆积在一起构成金属晶体。

由于晶体中金属原子在不断地变成离子，而金属离子又不断地变成原子，所以，任何时候都有足够数量的自由电子成为整个金属的共用电子，这些共用自由电子也叫自由电子气。

这种自由电子将金属原子和离子胶黏在一起，形成少电子多中心键，叫做金属键。这种金属键没有饱和性和方向性，共用电子可以在整个晶体内运动，所以是一种改性共价键。

(2) 金属键的能带理论（分子轨道理论）

① 在金属晶格中原子十分靠近，这些原子的价层轨道可以线性组合成许多分子轨道。这些分子轨道的集合称为能带。

② 能带中各分子轨道间能量差很小，把能带中能量差很小的轨道看作是一种连续的能谱。

③ 按照组成能带的原子轨道和电子在能带中分布的不同，将能带分为满带、导带和禁带等多种。

a. 满带：充满电子的低能量能带。

b. 导带：未充满电子的能带。有空的分子轨道。

c. 禁带：相邻能带之间的空隙，又叫带隙。带隙是电子的禁区，所以叫做禁带。

④ 金属中相邻的能带有时可以重叠。

(3) 金属晶体　金属晶体中晶格结点上排列的粒子是金属原子或金属正离子，微粒间的相互作用力是金属键。金属晶体有三种密堆积方式：体心立方密堆积、六方密堆积、面心立方密堆积。

2.2.8　分子间力和氢键

(1) 分子极性的量度——偶极矩

① 分子的极性

a. 正、负电荷中心重合的分子没有极性，称为非极性分子。

b. 正、负电荷中心不重合的分子有极性，称为极性分子。

c. 对于双原子分子：键有极性，分子就有极性，而且键的极性越强，分子的极性也越强。

d. 对于多原子分子：键有极性的分子不一定是极性分子，它还与分子的空间结构是否对称有关系。

② 偶极矩　正、负电荷中心分别形成了正、负两极，又称偶极。偶极间的距离 d 叫偶极长度。偶极长度 d 与正极（或负极）上电荷（q）的乘积叫做分子的偶极矩($\mu=q\cdot d$)。

偶极矩是一个矢量，其方向是从正极到负极。偶极矩大小的数量级为 10^{-30}C·m。

(2) 分子间作用力　瞬时偶极间产生的分子间力叫做色散力。同族元素单质及其化合物，随分子量的增加，分子体积越大，瞬时偶极矩也越大，色散力越大。

诱导偶极与极性分子固有偶极间的作用力叫诱导力。

由固有偶极的取向而引起的分子间的力叫取向力。

在非极性分子间只存在着色散力；极性分子与非极性分子间存在着诱导力和色散力；极性分子间既存在着取向力，还有诱导力和色散力。分子间力就是这三种力的总称。

(3) 氢键　氢键结合的情况可写成通式 X—H…Y。式中，X、Y 代表 F、O、N 等电负性大而原子半径较小的非金属原子，X 和 Y 可以是两种相同的元素，也可以是两种不同的元素。

氢键形成的条件是：

① 有与电负性（X）大的原子相结合的氢原子；

② 有一个电负性也很大，含有孤电子对并带有部分负电荷的原子（Y）；

③ X 与 Y 的原子半径都要较小。

绝大多数氢键有方向性和饱和性。

(4) 分子晶体　凡靠分子间力（有时还可能有氢键）结合而成的晶体统称为分子晶体。分子晶体中晶格结点上排列的是分子（也包括稀有气体那样的单原子分子）。

2.2.9　离子的极化作用

(1) 离子的极化力和变形性　离子在外电场作用下产生诱导偶极的过程叫离子的极化。离子被极化的结果，是离子的外层电子云发生变形。离子的变形性大小用极化率来表示。

在离子晶体中，每个离子对另外的相邻离子来说都是外电场，因此，正、负离子间发生相互极化。

正离子主要表现为极化力（即使其他离子变形的能力），极化力的强弱主要取决于：

① 离子的半径。r 越小，极化力越强；

② 离子电荷多少。电荷越多，极化力越强；

③ 当 r 相近，电荷相等时，极化力主要取决于离子类型。不同类型离子的极化力强弱顺序是：18＋2 电子型、18 电子型＞9～17 电子型＞8 电子型及 2 电子型。

负离子主要表现为极化率，极化率的大小取决于：

① 离子的半径，r 越大，极化率（变形性）越大；

② 当半径相近、离子电荷相等时，取决于离子的外层电子结构，不同负离子的变形性顺序为：18 电子型和 18＋2 电子型＞9～17 电子型＞8 电子型＞2 电子型。

(2) 离子极化作用对化学键性质的影响　正负离子相互极化，键的极性减弱，化学键性质变化，使离子键向共价键过渡。

(3) 离子极化作用对晶体结构的影响　离子间相互作用的增强，使晶体结构改变，依如下顺序变化：CsCl 型→NaCl 型→立方 ZnS 型，配位数减小。离子极化导致键型的过渡，相应地也产生晶体类型的过渡，这在同一周期内化合物的晶型变化中体现出来。例如第三周期元素最高价态的氯化物，从 NaCl 的离子键向 PCl_5 典型的共价键过渡，晶体类型也由离子型经混合型过渡到分子晶体。

(4) 离子极化对物质性质的影响　离子极化对无机固体的颜色、溶解度及稳定性等均有影响。

2.3　同步例题

例 1. 按由小到大的顺序排列键的极性：SbH_3，AsH_3，PH_3，NH_3

解题思路： 键的极性与成键元素的电负性差有关，电负性差越大，键的极性越大。

解：H(2.20) 分别与 P(2.19)，As(2.18)，Sb(2.05)，N(3.04) 的电负性差呈由小到大排列，因此键的极性顺序为 $PH_3<AsH_3<SbH_3<NH_3$。

例 2. 已知 PF_5 分子中有两个不同长度的键，而 SF_6 中键长都相同。为什么？

解题思路：键长与分子空间构型有关。

解：在 PF_5 分子中，P 采取 sp^3d 杂化，PF_5 分子为三角双锥形，三角双锥有两种不同的键，垂直于平面的轴键和平面内的平面键，因此有两种不同的键长。在 SF_6 分子中，S 采取 sp^3d^2 杂化，SF_6 是正八面体，所有六个键都相同。

例 3. 试用价层电子对互斥理论预测 $SnCl_2$ 和 XeF_4 的几何构型。

解题思路：根据价层电子对互斥理论，价层电子对数与分子几何构型对应关系判断。

解：在 $SnCl_2$ 分子中，Sn 有 4 个价电子，两对成键电子对，一对孤电子对，所以 $SnCl_2$ 分子呈"V"字形。在 XeF_4 分子中，Xe 有 8 个价电子，4 对成键电子对，两对孤电子对，所以 XeF_4 分子呈平面正方形。

例 4. 按偶极矩由小到大排列 CS_2、H_2S、H_2O。

解题思路：考虑键的极性和分子结构对称性与偶极矩的关系。

解：偶极矩大小顺序 $CS_2<H_2S<H_2O$。由于 CS_2 分子为对称结构，键的极性相互抵消，分子为非极性分子，所以其偶极矩为 0。而 H_2S，H_2O 为非对称结构，硫的电负性比氧小，H—S 键的极性比 H—O 键小，所以 H_2S 比 H_2O 偶极矩小。

例 5. 第二周期元素的同核双原子分子中除了 O_2 之外，还有无顺磁性的分子？

解题思路：按分子轨道能级图排布分子中的电子，如有未成对电子，则分子具有顺磁性。

解：B_2 分子中含有未成对电子，因而具有顺磁性。B_2 分子中电子排布为：

$[KK](\sigma_{2s})^2(\sigma_{2s}^*)^2(\pi_{2p_y})^1(\pi_{2p_z})^1$，有两个未成对电子。

例 6. 预测下列分子的几何构型，并说明中心原子的轨道杂化类型。

(1) $PbCl_4$　(2) $HgCl_2$　(3) PCl_3　(4) OF_2

解：(1) $PbCl_4$ 分子结构类似于 CCl_4，Pb 采取 sp^3 杂化，分子为正四面体形。

(2) $HgCl_2$ 分子结构类似于 $BeCl_2$，Hg 采取 sp 杂化，分子为直线形。

(3) PCl_3 分子结构类似于 NH_3，P 采取不等性 sp^3 杂化，分子为三角锥形。

(4) OF_2 分子结构类似于 H_2O，O 采取不等性 sp^3 杂化，分子为"V"字形。

2.4 习题选解

9. 试用价层电子对互斥理论写出下列各分子的结构。

CCl_4　CS_2　BF_3　NH_3

解：CCl_4 中 C 的价层电子对数为 $(4+4)/2=4$，成键电子对数为 4，孤电子对数为 0，故分子为正四面体构型。

CS_2 中 C 的价层电子对数为 $(4+0)/2=2$，成键电子对数为 2，孤电子对数为 0，故分子为直线形。

BF_3 中 B 的价层电子对数为 $(3+3)/2=3$，其中成键电子对数为 3，孤电子对数为 0，分子构型为正三角形。

NH_3 中 N 的价层电子对数为 $(5+3)/2=4$，其中成键电子对数为 3，孤电子对数为 1，分子为三角锥形。

11. 试用分子轨道理论解释为什么 N_2 的解离能比 N_2^+ 的解离能大，O_2 的解离能比 O_2^+ 的解离能小？

解：据分子轨道理论，N_2 分子的电子分布为：$[KK](\sigma_{2s})^2(\sigma_{2s}^*)^2(\pi_{2p_y})^2(\pi_{2p_z})^2(\sigma_{2p})^2$，键级为 $(8-2)/2=3$，而 N_2^+ 中成键电子数比 N_2 少 1，键级为 $(7-2)/2=2.5$，故其解离能比 N_2 小。

O_2 的电子排布：$[KK](\sigma_{2s})^2(\sigma_{2s}^*)^2(\sigma_{2p})^2(\pi_{2p_y})^2(\pi_{2p_z})^2(\pi_{2p_y}^*)^1(\pi_{2p_z}^*)^1$，键级为 $(8-4)/2=2$。而 O_2^+ 的反键电子数比 O_2 少 1，其键级 $(8-3)/2=2.5$ 比 O_2 大，故 O_2 的解离能比 O_2^+ 的解离能小。

12. 写出 O_2^+、O_2、O_2^-、O_2^{2-} 各分子或离子的分子轨道中的电子排布式，计算其键级，比较它们的稳定性大小，并说明其磁性。

解：O_2 的电子排布式为：$[KK](\sigma_{2s})^2(\sigma_{2s}^*)^2(\sigma_{2p})^2(\pi_{2p_y})^2(\pi_{2p_z})^2(\pi_{2p_y}^*)^1(\pi_{2p_z}^*)^1$，键级为 $(8-4)/2=2$，分子中单电子数为 2，故 O_2 为顺磁性分子。

O_2^+：$[KK](\sigma_{2s})^2(\sigma_{2s}^*)^2(\sigma_{2p})^2(\pi_{2p_y})^2(\pi_{2p_z})^2(\pi_{2p_y}^*)^1$，键级为 $(8-3)/2=2.5$，为顺磁性分子。

O_2^-：$[KK](\sigma_{2s})^2(\sigma_{2s}^*)^2(\sigma_{2p})^2(\pi_{2p_y})^2(\pi_{2p_z})^2(\pi_{2p_y}^*)^2(\pi_{2p_z}^*)^1$，键级为 $(8-5)/2=1.5$，为顺磁性分子。

O_2^{2-}：$[KK](\sigma_{2s})^2(\sigma_{2s}^*)^2(\sigma_{2p})^2(\pi_{2p_y})^2(\pi_{2p_z})^2(\pi_{2p_y}^*)^2(\pi_{2p_z}^*)^2$，键级为 $(8-6)/2=1$，为抗磁性分子。

由键级大小知它们的稳定性大小顺序为：$O_2^+ > O_2 > O_2^- > O_2^{2-}$。

17. 试从离子极化观点解释：

（1）$FeCl_2$ 的熔点高于 $FeCl_3$ 的熔点；

（2）$ZnCl_2$ 的沸点、熔点低于 $CaCl_2$；

（3）$HgCl_2$ 为白色、溶解度较大；HgI_2 为黄色或红色，溶解度较小。

答：（1）由于 $FeCl_3$ 中正离子 Fe^{3+} 的电荷数为 3，比 $FeCl_2$ 中 Fe^{2+} 电荷数多，且外层电子为 9～17 型，故极化力强，使其离子键向共价键过渡，晶型向分子晶体过渡，故其熔点比 $FeCl_2$ 低；后者因极化作用较弱，键的离子性较强，故熔点较高。

（2）Zn^{2+} 是 18 电子构型，极化力强，Ca^{2+} 为 8 电子构型，极化力弱，故 $ZnCl_2$ 的化学键具有相当的共价性，晶型也更靠近分子晶体，故沸点、熔点低；$CaCl_2$ 是典型的离子晶体，沸点、熔点比 $ZnCl_2$ 高。

（3）$HgCl_2$ 中 Hg^{2+} 的 5d 电子全满，无 d-d 跃迁，呈白色。又因 Cl^- 较小，变形性（极化率）较小，故为离子晶体，易溶于水。HgI_2 中由于 I^- 较大，极化率大，18 电子构型的 Hg^{2+} 极化力又强，离子极化的结果导致原子轨道重叠，核间距变小，键型向共价键过渡，故溶解度较小。由于原子轨道重叠，I^- 的核外电子容易失去，具还原性；Hg^{2+} 容易得到电子，具氧化性，故电子容易从 I^- 的原子轨道向 Hg^{2+} 的轨道转移，形成电荷转移跃迁，这种跃迁能量较小，对应于可见光区，故 HgI_2 有色。

2.5 思考题

2-1 是非题

（1）在 NaCl 晶体中存在单个 NaCl 分子。

（2）如果一个分子没有极性共价键，也就没有偶极矩；如果一个分子有极性共价键，就有偶极矩。

(3) PCl_3 分子是三角锥形，这是因为 P 原子采取不等性 sp^3 杂化的结果。

(4) 1 个 C═C 双键的键能等于 2 个 C—C 单键键能之和。

(5) 诱导力存在于所有分子之间。

(6) B_2 分子具有顺磁性。

(7) CO_2 和 SiO_2 都是分子晶体。

(8) HNO_3 分子中存在着分子间氢键。

(9) 由于离子极化的作用，AgI 晶体结构不符合晶格中离子的配位数和半径比规则。

(10) 根据价层电子对互斥理论，由于 BF_3 分子中 B 原子采取 sp^2 杂化，所以 BF_3 分子为平面三角形。

2-2 选择题

(1) 下列分子中哪个的偶极矩值最大（　　）。

A. BCl_3　　B. H_2S　　C. H_2O　　D. H_2Se

(2) 预测下列物质哪个的沸点最高（　　）。

A. F_2　　B. Cl_2　　C. Br_2　　D. ICl

(3) 下列分子中哪个的键级最大（　　）。

A. He_2^+　　B. H_2^+　　C. O_2　　D. N_2

(4) 下列物质中哪个的熔点最高（　　）。

A. SiC　　B. Zn　　C. KBr　　D. 干冰

(5) 下列哪种物质中存在分子间氢键（　　）。

A. CH_3OCH_3　　B. CH_3CH_2OH　　C. HCl　　D. CH_4

(6) 下列分子中分子间力最大的是（　　）。

A. Ar　　B. HI　　C. HCl　　D. H_2O

(7) 下列离子中极化率最大的是（　　）。

A. Na^+　　B. K^+　　C. S^{2-}　　D. Se^{2-}

(8) 下列离子中极化力最大的是（　　）。

A. Cu^+　　B. Zn^{2+}　　C. K^+　　D. Na^+

(9) 某晶体物质熔点低，难溶于水，易溶于 CCl_4 溶液，不导电，该物质可能是（　　）。

A. 分子晶体　　B. 金属晶体　　C. 离子晶体　　D. 原子晶体

(10) 下列物质中中心离子采取 dsp^2 杂化的是（　　）。

A. CO_2　　B. CO_3^{2-}　　C. $PtCl_4^{2-}$　　D. PCl_3

2-3 填空题

(1) 在 PCl_5 分子中，P 采取______杂化形式，分子为__________结构。

(2) 在 H_2O 和 NH_3 分子中，哪个的键角更大______。

(3) CO_2 的偶极矩为 0，说明它的分子形状是_________。

(4) 水具有反常高的沸点，是因为分子间存在_________。

(5) He_2^+ 的分子轨道排布式为__________。

(6) NaOH 是___________晶体，石棉是___________晶体。

(7) Ne 固体是___________晶体，晶格结点上占据的微粒是___________，微粒间的作用力是___________。

(8) 对同类型分子，其分子间色散力随着分子量的增大而__________。分子间色散力越大，物质的熔点、沸点就越__________。

(9) 在 ClF_3 分子中，Cl 有__________对成键电子对，__________对孤电子对，分子的几何构型是__________。

(10) 根据能带理论，参加组合的原子轨道如未充满电子，则形成的能带也是未充满的，称之为__________。

2-4 试解释石墨软而导电，而金刚石坚硬且不导电的原因。

2-5 试用离子极化的观点解释 $CuCl_2$ 浅绿色，$CuBr_2$ 深棕色，CuI_2 不存在的原因。

2-6 多人跳伞可以在空中组成不同的美丽图案，由此联想一下分子结构与其相似性。

自我检测题

2-1 选择题

(1) 下列说法哪个是错的（　　）。

A. 氢键具有饱和性和方向性

B. 氢键强弱与元素电负性有关

C. 氢键属于共价键

D. 分子间氢键使化合物的熔点、沸点显著升高

(2) 下列有关偶极矩的说法哪个是正确的（　　）。

A. 偶极矩没有方向性

B. 偶极矩可以提供有关分子结构的参考资料

C. CS_2 的偶极矩值不为 0

D. 偶极长和偶极上电荷可通过实验分别测定

(3) SiC 属于何种类型的晶体（　　）。

A. 原子晶体　　B. 离子晶体　　C. 分子晶体　　D. 混合型晶体

(4) 下列哪种物质具有顺磁性（　　）。

A. N_2　　B. F_2　　C. Be_2　　D. O_2^-

(5) $[Ni(CN)_4]^{2-}$ 的杂化形式和空间构型是（　　）。

A. sp^3，四面体

B. sp^3，平面正方形

C. dsp^2，平面正方形

D. 不等性 sp^3，三角锥形

2-2 填空题

(1) 晶格能可用__________循环法通过热化学计算求得。

(2) 晶格中最小的重复单元叫__________。

(3) 当两个元素电负性差值为__________时，单键约具有 50% 的离子性。

(4) 根据价层电子对互斥理论，在 IF_5 分子中，I 具有____对成键电子对，____对孤电子对，因此其空间构型是__________。

(5) 已知 $HgCl_2$ 是直线形，按杂化理论，Hg^{2+} 可能采取的杂化形式是__________。

2-3 试解释为什么室温下 CCl_4 是液体，CH_4 和 CF_4 是气体，而 CI_4 是固体。

2-4 计算下列物质的键级并预测其稳定性顺序：He_2，H_2^+，H_2，N_2。

2-5 通过调研文献，举例说明氢键对物质性质的影响，并理解其对实际应用的作用。

思考题参考答案

2-1 是非题

(1) 错。

(2) 错。如果分子中所有极性键对称分布，则极性抵消，无偶极矩。

(3) 对。

(4) 错。C═C 双键中含一个 σ 键和一个 π 键。

(5) 错。诱导力存在于极性分子与非极性分子之间，存在于极性分子与极性分子之间。

(6) 对。按分子轨道理论，B_2 分子中有两个单电子。

(7) 错。SiO_2 是原子晶体。

(8) 错。HNO_3 分子中存在着分子内氢键。查阅资料了解 HNO_3 分子结构。

(9) 对。

(10) 错。按价层电子对互斥理论，中心原子 B 有三对成键电子对，无孤电子对。

2-2 选择题

(1) C (2) D (3) D (4) A (5) B (6) D (7) D (8) B (9) A (10) C

2-3 填空题

(1) sp^3d，三角双锥　　(2) NH_3

(3) 直线形　　(4) 氢键

(5) $(\sigma_{1s})^2$ $(\sigma_{1s}^*)^1$　　(6) 离子，混合型

(7) 分子晶体，原子，分子间力　　(8) 增大，高

(9) 三，两，T 形　　(10) 导带

2-4 **解：** 石墨晶体是混合型晶体，层状结构，层内 C 原子采取 sp^2 杂化，以 σ 键结合；层间形成大 π 键，电子并不定域在两个原子间，可以在同一层上自由运动。因此石墨晶体软而导电。金刚石属原子晶体，C 原子采取 sp^3 杂化，与周围四个 C 形成 4 个 σ 键，此共价键牢固，强度高。因此金刚石坚硬且不导电。

2-5 **解：** Cu^{2+} 为 9～17 电子构型，具有较强的极化力和较大的变形性，阴离子的变形性越大，相互极化作用越强。在化合物中，阴、阳离子相互极化的结果，使电子能级改变，致使激发态和基态间的能量差变小，物质吸收可见光部分较长波长的光即可激发，从而呈现一定的颜色。极化作用越强，激发态和基态间能量差越小，化合物的颜色越深。因此，由 $CuCl_2$ 浅绿色到 $CuBr_2$ 深棕色颜色加深，正是极化加强的结果。而 CuI_2 不存在是因为强烈极化发生氧化还原反应。

2-6 **解题思路：**

可以从以下几个方面分析：

(1) 不同人数在空中组成不同的图案，类似于不同数目的原子组成分子；

(2) 不同的图案，类似于不同的分子空间构型；

(3) 不同的连接方式，类似于不同的化学键。

自我检测题参考答案

2-1 选择题

(1) C (2) B (3) A (4) D (5) C

2-2 填空题

(1) 玻恩-哈伯　(2) 晶胞　(3) 1.7　(4) 5，1，四角锥　(5) sp

2-3 **解：** 同类型的分子，分子量越大，分子变形性越大，分子间的色散力越大，色散力越大，物质的熔点、沸点越高。因此在室温下呈现 CCl_4 是液体，CH_4 和 CF_4 是气体，而 CI_4 是固体。

2-4　解：He_2，$(\sigma_{1s})^2(\sigma_{1s}^*)^2$，其键级为0。

H_2^+，$(\sigma_{1s})^1$，其键级为$\frac{1}{2}$。

H_2，$(\sigma_{1s})^2$，其键级为1。

N_2，$[KK](\sigma_{2s})^2(\sigma_{2s}^*)^2(\pi_{2p_y})^2(\pi_{2p_z})^2(\sigma_{2p})^2$，其键级为3。

根据键级大小可判断，四种物质的稳定性顺序是$N_2>H_2>H_2^+>He_2$。

2-5　解题思路：

可以从氢键的形成额外增加了分子内或分子间的相互作用力，从而对物质的熔点、沸点、黏、密度、溶解度等性质产生影响。不局限于书上的举例，可以从科研论文中去开拓视野。

第3章 配位化合物的结构

3.1 基本要求

理解配位化合物的基本概念，掌握简单配合物的命名方法；理解配位化合物的价键理论和晶体场理论，能解释配位化合物的成键特征、几何构型、稳定性、磁性及颜色，了解分子轨道理论。

重点： 配位化合物的基本概念；配位化合物的价键理论和晶体场理论。

难点： 杂化轨道类型与配合物的成键特征和几何构型的关系；晶体场理论。

3.2 内容概要

3.2.1 配合物的基本概念

(1) 配合物的定义及组成　由中心离子或原子和围绕在它周围的一组负离子或分子以配位键相结合而成的配位个体均称为配合物。若配位个体带电荷，称为配离子，带正电荷的叫配阳离子；带负电荷的叫配阴离子。配位个体不带电荷则称为配合分子。

① 中心离子（或原子）：又称配合物形成体。不同外层电子构型的中心离子或原子形成配合物的能力不同。具有 9～17 电子构型，即 d 轨道未充满的过渡金属离子或原子，生成配合物的能力最强。

② 配体和配位原子：与中心离子（或原子）直接配位的分子或离子叫配体。作配体的物质可以是非金属的单原子离子，也可以是非金属的多原子离子或分子。配体中直接与中心离子（或原子）成键的原子称为配位原子。

③ 配位数：与中心离子（或原子）配位成键的配位原子总数叫做该中心离子（或原子）的配位数。

(2) 配体的类型　主要可分为以下几类。

① 单齿配体：一个配体中只能提供一个配位原子与中心离子或原子成键的叫单齿配体。

② 多齿配体：配体中含有两个或两个以上配位原子的叫多齿配体。

如同一配体中两个或两个以上的配位原子直接与同一金属离子配位成环状结构的配体称为螯合配体。螯合配体与中心离子形成具有环状结构（螯环）的配位个体，即螯合物。五元环和六元环结构具有特殊的稳定性。

③ π 键配体：能提供 π 键电子与形成体配位的配体称为 π 键配体，简称 π 配体。例如乙烯（C_2H_4）、丁二烯（$CH_2{=}CH{-}CH{=}CH_2$）等。由 π 配体形成的配合物称为 π 配合物。π 配合物通常出现在过渡金属配合物中。

(3) 配合物的命名　配合物的命名与一般无机化合物的命名原则相似。

3.2.2 配合物的价键理论

(1) 价键理论的基本要点

① 配合物的中心离子（或原子）M 与配体 L 之间的结合，是由中心离子（或原子）提

供与配位数相同数目的空轨道来接受配体提供的孤电子对，形成配位键。

② 中心离子（或原子）采取杂化轨道与配体中配位原子形成 σ 配位键，杂化轨道的类型与配位个体的配位键型和空间构型相对应。

(2) 外轨型配合物与内轨型配合物　配体的孤电子对只是填入形成体的外层（ns，np，nd）杂化轨道中，这种配位键叫外轨配键，含有外轨配键的配合物叫外轨型配合物。

有部分（$n-1$)d 轨道参与杂化形成的配位键叫内轨配键，含有内轨配键的配合物叫内轨型配合物。

形成体采取 sp^3d^2 杂化或 d^2sp^3 杂化，配位个体的空间构型都是八面体；形成体采取 sp^3 杂化，配位个体的空间构型是四面体；形成体采取 dsp^2 杂化，配位个体的空间构型是平面四方形。

(3) 配合物的键型与磁性的关系　通过测定物质的磁矩可估计一种配合物是内轨型还是外轨型。物质磁性强弱，常用磁矩值的大小来度量，用符号 μ 表示，单位为玻尔磁子，符号为 B. M.。物质磁矩值的大小与不成对电子数有关，它们之间有如下近似关系：

$$\mu \approx \sqrt{n(n+2)}\ \text{B.M.}$$

(4) 配合物的空间构型和立体异构　配合物的空间构型是指配体在形成体周围按一定空间位置排列而形成的立体几何形状。配合物的化学式相同，不同配体在形成体周围空间排布位置不同而产生的异构现象称为立体异构，包括几何异构和旋光异构。

价键理论成功地说明了形成体与配体结合力的本质、配合物的配位数、空间构型、稳定性和磁性等。

3.2.3　配合物的晶体场理论

(1) 晶体场理论的基本要点　晶体场理论是一种静电作用模型，基本要点如下。

① 配合物的中心离子与配体之间的化学键是纯静电相互作用。配体负电荷对中心离子产生的静电场称为晶体场。

② 中心离子的价层电子构型和轨道能量因配体产生的晶体场的影响而发生变化，使价层中五个简并 d 轨道发生能级分裂，形成几组不同的轨道。

③ d 轨道能级分裂导致 d 电子重新排布，优先占据低能级 d 轨道使体系总能量下降，产生晶体场稳定化能，在中心离子与配体间出现附加成键效应。

在自由过渡金属离子中，五个 d 轨道是简并的。当形成配合物时，由于晶体场是非球形对称的（如八面体场、四面体场、平面正方形场等，对称性比球形场差），五个 d 轨道受到配体的作用不同，因而发生能级分裂，分裂的形式取决于晶体场的对称性即配合物的立体构型。

对于正八面体配合物，六个配体与中心离子之间的作用可以分为以下两种情况。

① $d_{x^2-y^2}$ 及 d_{z^2} 轨道由于在坐标轴上正指向配体，因而受配体的排斥作用较大，能量较高。

② d_{xy}、d_{xz}、d_{yz} 轨道由于未正指向配体，而是指向两坐标轴夹角的平分线上，因而受到配体的排斥作用较小，能量较低。

(2) 分裂能及其影响因素　分裂能 Δ_o 是指在晶体场中 d 轨道分裂后的最高能量的 d 轨道与最低能量的 d 轨道之间的能量差。一般将八面体场中 d 轨道分裂后的两组轨道能量差 Δ_o 分为 10 等分，用 $\Delta_o = 10Dq$ 表示。

$$\Delta_o = E_{d_\gamma} - E_{d_\varepsilon} = 10Dq$$

此外，按照量子力学的重心不变原则：分裂后所有轨道能量改变的代数和为零。对正八面体场而言，存在下述关系：

$$2E_{d_\gamma}+3E_{d_\varepsilon}=0$$

八面体场中 d 轨道分裂的结果：相对于球形场，d_γ 轨道能量比分裂前上升 6Dq，d_ε 轨道能量比分裂前下降 4Dq。

影响分裂能的因素主要有中心离子的电荷、元素所在周期和配体的性质。对于相同立体构型的配合物，其变化规律大体如下。

① 中心离子电荷：同一过渡元素形成的配合物，中心离子正电荷数越高，分裂能越大。

② 元素所在周期：对于相同配体，带相同正电荷的同族金属离子形成配合物时，分裂能随中心离子所在周期数的增加而增大。

③ 配体的性质：对于同一中心离子、不同配体的配合物，其分裂能随配体形成的晶体场的强弱不同而不同。场的强度越大，分裂能越大。

配合物构型不同，中心离子、配体都相同时，分裂能与构型的关系是：平面四方形＞八面体形＞四面体形。

(3) 高自旋和低自旋配合物及磁性 当一个电子进入轨道，与先进入该轨道的电子偶合成对需克服电子之间的排斥作用，所消耗的能量称为电子成对能，它的大小只与中心离子有关，用符号 P 表示。

若 $\Delta_o>P$，d 电子跃迁进入 d_γ 轨道需要的能量较高，因此，电子先成对充满 d_ε 轨道，然后再占据 d_γ 轨道，采取低自旋排布，形成低自旋配合物。

若 $\Delta_o<P$，电子成对需要的能量较高，d 电子将尽量分占分裂后的各个轨道，然后再成对，采取高自旋排布，形成高自旋配合物。

(4) 晶体场稳定化能 配合物的中心离子在晶体场作用下，产生能级分裂，d 电子在分裂后的 d 轨道中重新分布，导致体系总能量下降，体系总能量的降低值就称为晶体场稳定化能，以 CFSE 表示。

(5) 配合物的吸收光谱 由 $d^1\sim d^9$ 构型的中心离子形成的配合物，由于 d 轨道没有充满，轨道内的电子吸收光子后，在分裂后的轨道间发生跃迁，称为 d-d 跃迁。一个原处于低能量的 d_ε 轨道的电子进入高能量的 d_γ 轨道，必须吸收相当于分裂能 Δ_o 的能量，因此存在如下关系：

$$E_{d_\gamma}-E_{d_\varepsilon}=\Delta_o=h\nu=hc/\lambda$$

光能与波数成正比，$1cm^{-1}=1.24\times10^{-4}eV=1.19\times10^{-2}kJ\cdot mol^{-1}$。

3.2.4 配合物的分子轨道理论

中心离子与配体价电子运动是离域的，它们在整个配位个体的分子轨道上运动。在形成配合物时，所有配体轨道线性组合成配体群轨道。中心离子价轨道与配体群轨道根据对称性匹配原则组合成分子轨道。计算出各分子轨道能量，建立分子轨道能级图。电子将按能量最低原理、泡利不相容原理和洪特规则进入分子轨道中。

3.3 同步例题

例 1. 给下列各配合物命名：

(1) $[FeCl_2(H_2O)_4]^+$　(2) $[PtCl_2(NH_3)_4]^{2+}$　(3) $[CrCl_2(en)_2]Cl$

(4) $[Pt(Py)_4][PtCl_4]$　(5) $[PtBr(NH_3)_3]NO_2$　(6) $[Co(SO_4)(NH_3)_5]Br$

(7) $[CoBr(NH_3)_5]SO_4$　(8) $[CoCl_3(H_2O)(en)]$　(9) $K_3[CoCl_3(NO_2)_3]$

解：(1) 二氯·四水合铁(Ⅲ)配阳离子　(2) 二氯·四氨合铂(Ⅳ)配阳离子
(3) 氯化二氯·二乙二胺合铬(Ⅲ)　(4) 四氯合铂(Ⅱ)酸四吡啶合铂(Ⅱ)
(5) 亚硝酸溴·三氨合铂(Ⅱ)　(6) 溴化硫酸·五氨合钴(Ⅲ)
(7) 硫酸溴·五氨合钴(Ⅲ)　(8) 三氯·水·乙二胺合钴(Ⅲ)
(9) 三氯·三硝基合钴(Ⅲ)酸钾

例 2. 配离子$[CrCl_3(OH)_2(NH_3)]^{2-}$可能有多少种几何异构体？

解题思路：分别从相同配体都处于邻位，相同配体都处于对位，部分相同配体处于邻位考虑。

解：有三种，如图

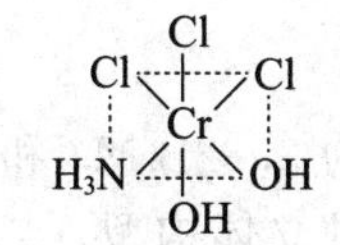

Cl^-、OH^-均为顺式

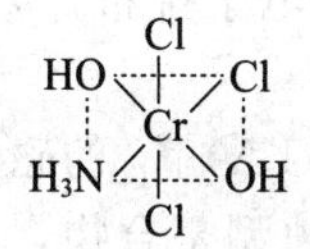

Cl^-、OH^-均为反式

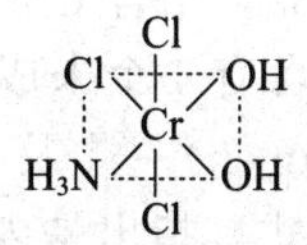

Cl^-反式、OH^-顺式

例 3. (1) 某金属离子六配位配合物的磁矩为 4.90B.M.，其另一同氧化态的六配位配合物的磁矩为 0B.M.，则此金属离子可能为下列的哪一个？Cr^{3+}、Mn^{2+}、Mn^{3+}、Fe^{2+}、Fe^{3+}、Co^{2+}。(2) 如果某金属离子六配位配合物的磁矩为 4.90B.M. 和 2.83B.M.，则其可能是上述离子中的哪一个？

解：(1) 因为未成对电子数要么为 4，要么为 0，因此是 Fe^{2+}，为 d^6 构型；

(2) 因为未成对电子数要么为 4，要么为 2，因此是 Mn^{3+}，为 d^4 构型。

例 4. 运用配合物价键理论：(1) 说明配离子$[Ag(CN)_2]^-$、$[Ni(CN)_4]^{2-}$、$[Fe(CN)_6]^{3-}$、$[Zn(CN)_4]^{2-}$中各中心离子的杂化轨道类型；(2) 预测几何构型；(3) 预测磁矩值。

解：

配合物	$[Ag(CN)_2]^-$	$[Ni(CN)_4]^{2-}$	$[Fe(CN)_6]^{3-}$	$[Zn(CN)_4]^{2-}$
(1)	sp	dsp^2	d^2sp^3	sp^3
(2)	直线形	平面正方形	正八面体形	四面体形
(3)	0B. M.	0B. M.	1. 73B. M.	0B. M.

例 5. 配离子$[Cr(H_2O)_6]^{2+}$的电子成对能 $P=23500cm^{-1}$，分裂能 $\Delta_o=13900cm^{-1}$，求算该配离子处于高自旋和低自旋时的晶体场稳定化能，并指出哪个更稳定？分裂后的 d 轨道上电子如何排布？

解：对于处于高自旋态的 d^4 离子：

$$CFSE=-0.6\Delta_o=-0.6\times13900=-8340cm^{-1}$$

对于处于低自旋态的 d^4 离子：

$$CFSE=-1.6\Delta_o+P=-1.6\times13900+23500=+1260cm^{-1}$$

一般来说能量越低的状态越稳定。配体 H_2O 不能产生足够强的晶体场以生成低自旋态的 Cr(Ⅱ)的配合物。因为 $\Delta_o<P$，可以看出高自旋的结构更稳定。中心离子 Cr^{2+} 的 d 电子构型为 $3d^4$，电子在分裂后的 d 轨道上的排布为 $d_\varepsilon^3d_\gamma^1$。

3.4　习题选解

2. 写出下列配合物的化学式。

(1) 四氰合镍(Ⅱ)配阴离子　　(2) 氯化二氯·三氨·水合钴(Ⅲ)

(3) 五氯·氨合铂(Ⅳ)酸钾　　(4) 二羟基·四水合铝(Ⅲ)配阳离子

(5) 四氯合铂(Ⅱ)酸四氨合铜(Ⅱ)

解：

(1) $[Ni(CN)_4]^{2-}$　　(2) $[CoCl_2(NH_3)_3(H_2O)]Cl$

(3) $K[PtCl_5(NH_3)]$　　(4) $[Al(OH)_2(H_2O)_4]^+$

(5) $[Cu(NH_3)_4][PtCl_4]$

4. 分析 $\mu=5.26$B.M.的配离子 $[CoF_6]^{3-}$ 含有几个未成对电子。

解： 根据 $\mu\approx\sqrt{n(n+2)}$ B.M.　　而 $\mu=5.26$B.M.

计算得 $n\approx4.35$，结合 Co^{3+} 的价层电子排布，n 值取 4

即 $[CoF_6]^{3-}$ 含有 4 个未成对电子。

6. 螯合物 $[Co(en)_3]^{2+}$ 及 $[Fe(EDTA)]^{2-}$ 的磁矩分别为 3.82B.M. 和 0B.M.，画出它们的价层电子排布式，指出是内轨或外轨型螯合物，各为何种立体构型。

解： 因为 $[Co(en)_3]^{2+}$ 的磁矩 $\mu=3.82$B.M.，所以成单电子数 $n=3$。

价层电子排布

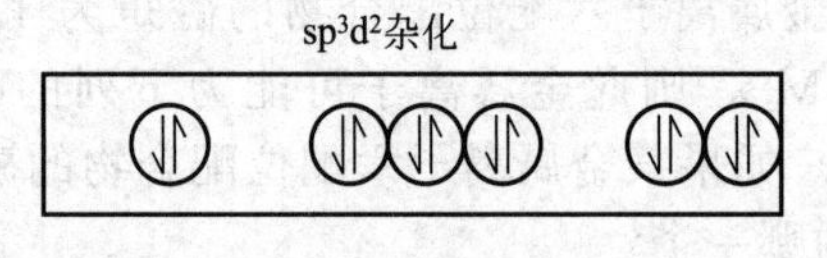

外轨型八面体螯合物

又因为 $[Fe(EDTA)]^{2-}$ 的磁矩 $\mu=0$ B.M.，所以成单电子数 $n=0$。

价层电子排布

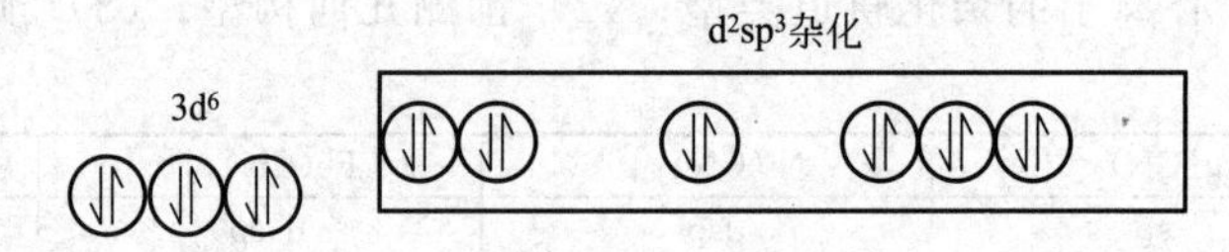

内轨型八面体螯合物

7. 有配合物 $[Fe(H_2O)_6]^{3+}$、$[Co(NH_3)_6]^{3+}$ 及 $[Co(NH_3)_6]^{2+}$，试比较它们的 Δ_o 与 P 值，写出它们的 d 电子排布式，估算它们的磁矩值。

解： 查表得到 Δ_o 与 P 值

配合物	Δ_o/cm^{-1}	P/cm^{-1}	d 电子排布式	μ 估算值/B.M.
$[Fe(H_2O)_6]^{3+}$	13700	30000	$d\varepsilon^3d\gamma^2$	5.92
$[Co(NH_3)_6]^{3+}$	23000	21000	$d\varepsilon^6d\gamma^0$	0
$[Co(NH_3)_6]^{2+}$	10100	22500	$d\varepsilon^5d\gamma^2$	3.87

9. 试用晶体场理论说明：

(1) Cu(Ⅰ)无色、Cu(Ⅱ)显色；

(2) $[Cr(H_2O_6)]^{3+}$(紫色)、$[Cr(NH_3)_2(H_2O)_4]^{3+}$(紫红色)、$[Cr(NH_3)_3(H_2O)_3]^{3+}$(浅红色)颜色变化的原因。

解：(1) Cu(Ⅱ) 的外层电子构型为 $3d^9$，基态分布为 $d_\varepsilon^6d_\gamma^3$，在吸收光能后可变成激发态 $d_\varepsilon^5d_\gamma^4$。

$$d_\varepsilon^6d_\gamma^3(\text{基态})\xrightarrow{E=h\nu}d_\varepsilon^5d_\gamma^4(\text{激发态})$$

一个原处于低能量的 d_ε 轨道的电子，吸收相当于分裂能 Δ_o 的光能，进入高能量的 d_γ 轨道：

$$E_{d_\gamma}-E_{d_\varepsilon}=\Delta_o=h\nu=hc/\lambda$$

计算得出吸收光的波长在可见光的范围内，因此 Cu(Ⅱ) 显色。而 Cu(Ⅰ) 的外层电子构型为 d^{10}，$d_\varepsilon^6d_\gamma^4$ 全充满，电子不能发生 d-d 跃迁，因此不显色。

(2) 同一中心离子、不同配体的配合物，其分裂能随配体形成的晶体场的强弱不同而不同。配体对同一中心离子产生的分裂能的大小顺序，即光谱序列为：$H_2O<NH_3$，因此，配合物中心离子的分裂能大小顺序为：

$$\Delta_{o[Cr(NH_3)_3(H_2O)_3]^{3+}}>\Delta_{o[Cr(NH_3)_2(H_2O)_4]^{3+}}>\Delta_{o[Cr(H_2O)_6]^{3+}}$$

当中心离子 Cr^{3+} 的 dε 轨道上的电子吸收光子发生跃迁时，吸收可见光的频率：

$$\nu_{[Cr(NH_3)_3(H_2O)_3]^{3+}}>\nu_{[Cr(NH_3)_2(H_2O)_4]^{3+}}>\nu_{[Cr(H_2O)_6]^{3+}}$$

因为配合物的颜色为吸收光的补色，因此$[Cr(H_2O)_6]^{3+}$（紫色）、$[Cr(NH_3)_2(H_2O)_4]^{3+}$（紫红色）、$[Cr(NH_3)_3(H_2O)_3]^{3+}$（浅红色），由短波方向移向长波方向。

3.5 思考题

3-1 是非题

(1) 在配合物中，与中心离子形成配位键的配体数目叫配位数。

(2) 配合物必定是含有配离子的化合物。

(3) 已知配离子$[M(CN)(NO_2)(NH_3)(H_2O)]^+$具有旋光性，则其配位层不会是平面结构。

(4) 配合物形成体的轨道进行杂化时，其轨道必须是能量相近的空轨道。

(5) 中心离子配位数为 2 的简单配合物均为直线形。

(6) 配离子既可以处于溶液中，也可以处于晶体中。

(7) 配离子$[Ni(CN)_4]^{2-}$的空间构型为平面四方形，所以它是高自旋物质。

(8) 主族金属离子不能作为配合物的中心离子，因为它的价轨道上没有 d 电子。

(9) 多齿配体与形成体生成的配合物一定成环，所以生成的配合物都是螯合物。

(10) 中心离子电子构型为 $d^1\sim d^9$ 的配离子大多具有颜色。

3-2 选择题

(1) 下列叙述中正确的是（　　）。

A. 配合物中的配位键必定是由金属离子接受电子对形成的

B. 配合物都有内界和外界

C. 配位键的强度低于离子键或共价键

D. 配合物中，形成体与配位原子间以配位键结合

(2) 下列配离子中磁矩最大的是（　　）。

A. $[CoF_6]^{3-}$　　B. $[FeF_6]^{3-}$　　C. $[Fe(CN)_6]^{3-}$　　D. $[Fe(CN)_6]^{4-}$

(3) 结构为平面四方形的配离子$[Pt(NO_2)(NH_3)(NH_2OH)Py]^+$可能有（　　）种异构体。

A. 1　　B. 2　　C. 3　　D. 4

(4) 比较配合物$[Cr(H_2O)_6]^{2+}$和$[Cr(H_2O)_6]^{3+}$的分裂能 Δ_o，相对大小应是（　　）。

A. $[Cr(H_2O)_6]^{2+}$的较大　　B. $[Cr(H_2O)_6]^{3+}$的较大

C. 二者几乎相等　　D. 无法比较

(5) 下列配合物中，不存在几何异构体的是（　　）。

A. $[MA_4B_2]$（八面体）　　B. $[MA_3B_3]$（八面体）

C. $[MA_2B_2]$（平面四边形）　　D. $[MA_2B_2]$（四面体）

(6) 下列配体中能作螯合剂的是（　　）。

A. SCN^-　　B. NO_2^-

C. OH^-　　D. $H_2N—CH_2—CH_2—NH_2$

(7) $[Co(NH_3)_6]^{3+}$ 是内轨型配合物，则其中心离子未成对电子数和杂化轨道类型是（　　）。

A. 4，sp^3d^2　　B. 0，sp^3d^2　　C. 4，d^2sp^3　　D. 0，d^2sp^3

(8) $[Co(NH_3)_4(H_2O)_2]^{3+}$ 的几何异构体有（　　）。

A. 1 种　　B. 2 种　　C. 3 种　　D. 4 种

(9) 某金属离子在八面体弱场中磁矩为 4.9B.M.，在八面体强场中磁矩为零，该离子是（　　）。

A. Mn^{3+}　　B. Cr^{3+}　　C. Co^{3+}　　D. Fe^{3+}

(10) 下列基团中，哪一组均可以作为配体？（　　）

A. CN^- 和 NH_4^+　　B. NH_3 和 NH_4^+

C. CN^- 和 H_2O　　D. $H_2N—CH_2—CH_2—NH_2$ 和 Ag^+

3-3　填空题

(1) 价键理论认为形成配位键时，中心离子（或原子）要有__________，可接受由配体的配位原子提供的__________，而形成________键。

(2) 许多过渡元素在形成八面体配合物时，既能形成低自旋配合物又能形成高自旋配合物，这些过渡元素的 d 电子数应当为________。

(3) 所有为八面体的镍(Ⅱ)的配合物一定是______轨型配合物。

(4) $K_3[Fe(CN)_6]$是低自旋配合物，$K_3[FeF_6]$是高自旋配合物，按晶体场理论，这两个配合物的中心离子上的 d 电子的排布分别是______和______。

(5) 八面体强场中，d^7 电子的排布是______，晶体场稳定化能是________。

(6) 某 d^6 配合物的 Δ_o 为 $25000cm^{-1}$，其中心离子的电子成对能 P 为 $15000cm^{-1}$，则此配合物若处于高自旋态时的晶体场稳定化能是______ cm^{-1}，若处于低自旋态时的晶体场稳定化能是______ cm^{-1}，计算结果说明______自旋态的结构更稳定。

(7) 已知$[Ni(CN)_4]^{2-}$ 的磁矩为零，$[Ni(NH_3)_4]^{2+}$ 的磁矩为 2.87B.M.，则前者的空间构型是________，杂化方式是______；后者的空间构型是________，杂化方式是______。

(8) 已知$[Co(NH_3)_6]^{2+}$ 的磁矩为 4.2B.M.，按价键理论该配离子的轨道杂化类型为________，空间构型为________。

(9) 羰合物$[Fe(CO)_5]$的磁矩为零，它的杂化轨道类型为______，空间构型为________。

(10) $K[PtCl_3(C_2H_4)]$的系统命名是__________，其空间构型是平面四方形，则其中心离子的杂化轨道类型是________，属______轨型配合物。

3-4　这一章我们学习了三种关于配合物的化学键理论：价键理论、晶体场理论和分子轨道理论。总结这三种理论各自的基本要点，比较它们适用领域的异同。

自我检测题

3-1 填空题

(1) 配合物$[Fe(CN)_6]^{4-}$、$[Ru(CN)_6]^{4-}$、$[Os(CN)_6]^{4-}$和$[FeF_6]^{4-}$的分裂能由大到小的顺序是________________________________。

(2) 八面体弱场中，d^8 电子的排布是________，晶体场稳定化能是________________。

(3) 已知$[Fe(C_2O_4)_3]^{3-}$的磁矩为5.9B.M.，则其空间构型为______________，中心离子的杂化轨道类型是________，是____轨型配离子。$[Mn(CN)_6]^{3-}$的磁矩为2.8B.M.，则其空间构型为______________，中心离子的杂化轨道类型是________，是____轨型配离子。

(4) 已知$[Co(NH_3)_6]Cl_x$ 呈反磁性，$[Co(NH_3)_6]Cl_y$ 呈顺磁性，则 $x=$______，$y=$______。

(5) 配合物$[Cu(NH_2—CH_2—CH_2—NH_2)_2]SO_4$ 中，Cu^{2+}的配位数是______。

3-2 选择题

(1) M为形成体，L、A、B为三种不同的单齿配体，则下列配合物中具有顺、反几何异构体的是（　　）。

A. $[ML_6]$(M采用 sp^3d^2 杂化)　　B. $[ML_2A_4]$(M采用 d^2sp^3 杂化)

C. $[ML_2A]$(M采用 sp^2 杂化)　　D. $[ML_2B_2]$(M采用 dsp^2 杂化)

(2) 下列配离子中具有平面正方形空间构型的是（　　）。

A. $[NiCl_4]^{2-}$，$\mu=2.8$B.M.　　B. $[HgCl_4]^{2-}$，$\mu=0$B.M.

C. $[Zn(NH_3)_4]^{2+}$，$\mu=0$B.M.　　D. $[Ni(CN)_4]^{2-}$，$\mu=0$B.M.

(3) 下列配体中，与过渡金属离子只能形成高自旋八面体配合物的是（　　）。

A. F^-　　B. NH_3　　C. CN^-　　D. CO

(4) 下列各组离子在八面体强场和八面体弱场中，d电子分布方式均相同的是（　　）。

A. Cr^{3+}，Fe^{3+}　　B. Fe^{2+}，Co^{3+}　　C. Co^{2+}，Ni^{2+}　　D. Cr^{3+}，Ni^{2+}

(5) 下列配合物中，有顺磁性的是（　　）。

A. $[ZnF_4]^{2-}$　　B. $[Ag(CN)_2]^-$　　C. $[Fe(CN)_6]^{3-}$　　D. $[Fe(CN)_6]^{4-}$

3-3 用价键理论说明 $[Fe(CN)_6]^{3-}$与 $[FeF_6]^{3-}$在稳定性和磁性方面的差异。

3-4 画出 d^4 在八面体场中的分裂方式和电子排布情况，分别计算在强场和弱场中的晶体场稳定化能的大小。

3-5 钴的反磁性配合物如$[Co(NH_3)_6]^{3+}$、$[Co(en)_3]^{3+}$、$[Co(NO_2)_6]^{3-}$呈橙黄色，而顺磁性配合物如$[CoF_6]^{3-}$、$[CoF_3(H_2O)_3]$呈蓝色，说明它们为什么呈不同的颜色。

3-6 化学式相同的配合物的不同异构体可能具有不同的性质和应用，举例说明，并从结构角度对其作出解释。

思考题参考答案

3-1 是非题

(1) 错　(2) 错　(3) 对　(4) 对　(5) 对　(6) 对　(7) 错　(8) 错　(9) 错　(10) 对

3-2 选择题

(1) D　(2) B　(3) C　(4) B　(5) D　(6) D　(7) D　(8) B　(9) C　高自旋排布时未成对电子数为4，低自旋排布时未成对电子数为0，因此该离子价层d电子数为6　(10) C

3-3 填空题

(1) 空轨道 电子对 配位 (2) 4～7个

(3) 外 (4) $d_\varepsilon^5 d_\gamma^0$ $d_\varepsilon^3 d_\gamma^2$ (5) $d_\varepsilon^6 d_\gamma^1$ $-18Dq+P$

(6) -10000 -30000 低

(7) 平面正方形 dsp^2 正四面体形 sp^3

(8) sp^3d^2 正八面体形

(9) dsp^3 三角双锥形

(10) 三氯·η-乙烯合铂(Ⅱ)酸钾 dsp^2 内

自我检测题参考答案

3-1 填空题

(1) $[Os(CN)_6]^{4-}>[Ru(CN)_6]^{4-}>[Fe(CN)_6]^{4-}>[FeF_6]^{4-}$

(2) $d_\varepsilon^6 d_\gamma^2$ $-12Dq$

(3) 八面体形 sp^3d^2 外 正八面体形 d^2sp^3 内

(4) 3 2 (5) 4

3-2 选择题

(1) BD (2) D (3) A (4) D (5) C

3-3 答：$[Fe(CN)_6]^{3-}$因CN^-中C的电负性小，给出电子对的能力强，对Fe^{3+}的价层电子结构有强烈的影响，Fe^{3+}以d^2sp^3杂化，形成内轨型配合物，能量低，稳定性相对较好；5个d电子挤入3个d轨道，只有一个单电子，顺磁性，磁矩值小。$[FeF_6]^{3-}$中F的电负性大，给出电子对的能力差，Fe^{3+}以sp^3d^2杂化，形成外轨型配合物，能量高，稳定性相对较差；5个d电子占据5个d轨道，均是单电子，顺磁性，磁矩值大。

3-4 解：d^4

	高自旋	低自旋
d_γ	↿ —	— —
d_ε	↿ ↿ ↿	⥮ ↿ ↿
	高自旋 $d_\varepsilon^3 d_\gamma^1$	低自旋 $d_\varepsilon^4 d_\gamma^0$

弱场中，d^4离子处于高自旋态：

$$CFSE=-4Dq\times n_\varepsilon+6Dq\times n_\gamma=-4Dq\times 3+6Dq\times 1=-6Dq$$

强场中，d^4离子处于低自旋态：

$$CFSE=-4Dq\times n_\varepsilon+6Dq\times n_\gamma+aP=-4Dq\times 4+6Dq\times 0+1\times P=-16Dq+P$$

3-5 答：反磁性配合物中N配位是强场配位，Co^{3+}的6个d电子处于d_ε轨道上，即$d_\varepsilon^6 d_\gamma^0$。顺磁性配合物中F、O配位是弱场配位，$Co^{3+}$电子分布为$d_\varepsilon^4 d_\gamma^2$。这两类物质呈现颜色均由一个电子从$d_\varepsilon$轨道跃迁到$d_\gamma$轨道上所致，但前者的分裂能大于后者，所以跃迁时需要吸收更多的能量，吸收的为可见光中波长较短的紫、蓝区光，从而物质呈橙黄色，而后者相反，吸收的为可见光中波长较长的橙、黄区光，从而物质呈蓝色。

3-6 答：例如，$[PtCl_2(NH_3)_2]$有顺式和反式两种几何异构体，医学上只有顺式$[PtCl_2(NH_3)_2]$具有抑制肿瘤的作用，具有抗癌活性，顺铂先将所含的处于邻位的氯解离，然后与DNA上的碱基鸟嘌呤、腺嘌呤和胞嘧啶形成DNA单链内两点的交叉连接，也可能形成双链间的交叉连接，从而破坏DNA的结构和功能。

第 4 章　化学反应的基本原理

4.1　基本要求

了解物理量的表示和运算方法，了解溶液浓度的表示方法，掌握理想气体状态方程、分压定律。理解热力学基本概念及术语，热力学第一定律的表述及在封闭系统中的数学表达形式，热力学能和焓。

理解反应进度、等压反应热和等容反应热、盖斯定律、标准摩尔生成焓，了解热力学标准态的概念，掌握用标准摩尔生成焓计算标准摩尔反应焓变的方法。

了解熵的概念和物理意义，掌握用标准熵计算标准摩尔反应熵变的方法，了解吉布斯函数的定义，掌握标准摩尔吉布斯函变的计算方法，掌握吉布斯函数判据判断化学反应的方向及限度的方法。正确理解等温方程、标准平衡常数的定义，掌握有关化学平衡的计算。理解平衡移动的原则，掌握 $K^{\ominus}$ 与温度的关系并能进行相关计算。熟练掌握多重平衡规则。

了解化学反应速率的定义及表示方法，理解温度对反应速率的影响，了解活化能的概念，掌握阿仑尼乌斯公式计算，了解催化剂和催化反应。

重点：热力学第一定律在封闭系统中的表达形式，热力学能及焓；标准摩尔反应焓变、标准摩尔反应熵变和标准摩尔反应吉布斯函变的计算方法；有关化学平衡的计算（包括温度对标准平衡常数的影响），平衡移动的原理，多重平衡规则；温度对反应速率的影响，活化能的概念。

难点：熵的概念；吉布斯函数判据判断化学反应的方向及限度；平衡组成的计算；温度对化学平衡影响的计算。

4.2　内容概要

4.2.1　溶液和气体

(1) 物理量的表示及运算　物理量 $A=\{A\}\cdot[A]$。物理量的符号用斜体拉丁文字母或希腊字母表示，用下标、上标或侧标说明其性质。物理量的计算应用量方程式。

(2) 溶液组成的表示方法　溶液组成常用 $x_B(y_B)$、w_B、c_B 和 b_B 表示。

(3) 理想气体状态方程　严格遵守理想气体状态方程的气体称为理想气体。即微观上分子之间作用力可忽略不计，且分子本身不占有几何空间的气体称为理想气体。理想气体状态方程：

$$pV=nRT$$

(4) 分压定律　具体如下：

$$p_B=py_B$$

组分 B 的分压 p_B 等于混合气体的总压 p 与组分的摩尔分数 y_B 的乘积。

4.2.2　基本概念

(1) 系统和环境　热力学研究的对象称为系统，又称体系。系统以外与其密切相关的其他部分，称为环境。根据系统与环境之间有无物质交换和能量交换的关系，可将系统分为三种：敞开系统、封闭系统、隔离系统。

(2) 状态和状态函数 系统的状态决定系统的性质，是系统性质的综合表现。系统的性质描述系统的状态。

系统的状态一定，系统的性质确定，与系统到达该状态的经历无关。系统的热力学性质称为状态函数。状态一定值一定，殊途同归变化等，周而复始变化零。系统的各个状态函数之间是互相联系、互相制约的。

(3) 过程和途径 系统的状态的变化称为过程。完成这样一个变化所经历的具体步骤称为变化的途径。常见的过程有：等温过程、等压过程、等容过程、循环过程、绝热过程。

(4) 热和功 系统与环境间由于存在着温度差别而交换的能量称为热。热不是系统的状态函数。热总是与过程相联系的，热用符号 Q 表示，单位为 J。规定：系统吸热，Q 为正；系统放热，Q 为负。

系统与环境间除热以外其他各种形式交换的能量都叫做功，以 W 表示，功分为体积功和非体积功（如电功）。规定：系统对环境做功，功为负值，$W<0$；环境对系统做功，功为正值，$W>0$。

(5) 热力学能 系统的热力学能即系统除整体势能及动能外，内部各种形式能量的总和，又称内能，用 U 表示。热力学能是系统的状态函数，绝对值不能确定。

4.2.3 热化学

(1) 热力学第一定律 把能量守恒与转化定律应用于热力学中即称热力学第一定律。对于封闭系统其数学表达式为：

$$\Delta U = U_2 - U_1 = Q + W$$

(2) 化学反应热与焓 在等温不做非体积功的条件下系统进行化学反应时与环境交换的热称为化学反应热。如果是等压过程，则相应的反应热称为等压反应热。用符号 Q_p 表示。如果是等容过程，则相应的反应热称为等容反应热。用符号 Q_V 表示。根据热力学第一定律，可得：

等容过程 $\Delta U = Q_V$

等压过程 $\Delta H = Q_p$

焓的定义 $H = U + pV$

焓和内能一样是系统的性质，在一定状态下系统都有一定的值。但不能测得焓的绝对值。

(3) 热化学方程式 表示化学反应与反应热关系的方程式称为热化学方程式。热化学方程式中应注明参加反应的各物质的温度、压力、相态、组成及反应热等。习惯上，若不特别注明温度、压力，则都是指 298.15K、100kPa。

(4) 标准态 在热力学中，规定 100kPa 为标准压力，记为 $p^{\ominus}$。各物质的热力学标准状态：对于气体，是 $p^{\ominus}$ 下表现出理想气体性质的纯气体状态；对于混合气体中某组分，是分压为 $p^{\ominus}$ 单独存在的状态；对于纯固体或纯液体物质，是 $p^{\ominus}$ 下的纯物质；对于溶质，则是 $p^{\ominus}$ 下，浓度为 $1\text{mol}\cdot\text{kg}^{-1}$（常用 $1\text{mol}\cdot\text{L}^{-1}$）具有无限稀释特性的溶质状态。

(5) 化学反应的标准摩尔焓变 化学反应进度 ξ：对于一般的化学反应，反应方程式写为 $0=\sum_{\text{B}}\nu_{\text{B}}\text{B}$，反应进度为 $\text{d}\xi=\dfrac{\text{d}n_{\text{B}}}{\nu_{\text{B}}}$。

标准状态下反应进度为 1mol 时化学反应的焓变称为化学反应的标准摩尔焓变，用

$\Delta_r H_m^\ominus$ 表示，单位为 $kJ \cdot mol^{-1}$。

(6) 盖斯定律 在等压或等容条件下，不管化学反应是一步完成，还是分几步完成，其反应热总是相同的，这就是盖斯定律。根据该定律可以利用已知反应的焓变去求算一些未知的或难以直接测定的反应的焓变。

(7) 由标准生成焓 $\Delta_f H_m^\ominus$ 计算反应焓变 在温度为 T 的标准状态下，由参考态单质生成 1mol 某物质的反应标准焓变，称为该物质的标准生成焓。同一物质的不同聚集态，它们的标准生成焓不同。

$$\Delta_r H_m^\ominus = \sum \nu_B \Delta_f H_m^\ominus (B)$$

等压反应热与等容反应热：$\Delta_r H_m^\ominus = \Delta_r U_m^\ominus + RT \sum \nu_B (g)$

4.2.4 化学反应的方向和限度

(1) 熵 熵用来描述系统的混乱度，即熵是系统混乱度的量度，用符号 S 表示。

系统的混乱度越大，熵值越大，反之亦然。而系统的混乱度是系统本身所处的状态的特征之一。系统的状态确定后，系统的混乱度也就确定了，从而熵就有确定的值。如果系统的混乱度改变了，则系统的状态也随之改变，因此熵是系统的状态函数。从系统混乱度的观点看，对处于不同聚集态的同一物质，有：

$$S(g) > S(l) > S(s)$$

同一物质的同一聚集态，温度升高，热运动增强，体系混乱度增加，熵也增加。

$$S(\text{高温}) > S(\text{低温})$$

不同物质熵值的大小与分子的种类和结构有关，一般来说，分子越大，结构越复杂，其运动形态也越复杂，混乱度也越大，其熵值也就越大。

热力学第三定律指出：在绝对零度（0K）时，任何纯物质完整晶体的熵值等于零。

将 1mol 纯物质的完整晶体从 0K 升温至 T，该过程的熵变 $\Delta S = S_T - S_0$，即为 1mol 物质在 T 时的熵值，称它为该物质在 T 时的摩尔规定熵 $S_m(T)$。

在热力学标准状态下，某物质的摩尔规定熵叫做此物质的标准摩尔规定熵，记为 $S_m^\ominus(T)$，简称标准熵。单位是 $J \cdot K^{-1} \cdot mol^{-1}$。应当强调，任何单质的标准熵都不等于零。

在标准状态下，298.15K 时的标准摩尔反应熵变可由下式计算：

$$\Delta_r S_m^\ominus = \sum \nu_B S_m^\ominus (B)$$

化学反应的熵变是与温度有关的，当温度变化范围不太大时，可作近似处理，忽略反应熵变 ΔS 随温度的变化。

(2) 吉布斯函数 吉布斯函数的定义：$G = H - TS$

吉布斯函数像内能和焓一样是物质的一个基本性质，是状态函数。在等温、等压只做体积功的条件下，系统自发地由吉布斯函数高的状态变到吉布斯函数低的状态，直到吉布斯函数取极小值。因此在此条件下凡是系统吉布斯函数减少的过程都能自发进行，称为吉布斯判据。

$$\Delta G \leqslant 0 \quad (\text{小于为正向自发过程,等于为平衡态})$$

(3) 化学反应的等温方程

对于理想气体的反应：$\Delta_r G_m = \Delta_r G_m^\ominus + RT \ln J_p$

对于理想稀溶液的反应：$\Delta_r G_m = \Delta_r G_m^\ominus + RT \ln J_c$

在等温、等压、无非体积功的条件下，其 $\Delta_r G_m$ 与化学反应的方向和限度的关系是：

$$\Delta_r G_m < 0 \quad \text{反应正向进行}$$

$$\Delta_r G_m = 0 \qquad \text{反应达平衡}$$

$$\Delta_r G_m > 0 \qquad \text{反应逆向进行}$$

(4) $\Delta_r G_m^\ominus$ 和 $K^\ominus$ 的计算 标准平衡常数的定义：$\Delta_r G_m^\ominus = -RT\ln K^\ominus$

$$\Delta_r G_m^\ominus = \Delta_r H_m^\ominus - T\Delta_r S_m^\ominus$$

$$\Delta_r G_m^\ominus = \sum \nu_B \Delta_f G_m^\ominus(B)$$

(5) 化学平衡的移动

① 浓度对化学平衡的影响

温度不变，$K^\ominus$ 不变，当浓度改变时，浓度商会改变，平衡移动。

增加反应物浓度或减少生成物浓度，平衡向右移动。

减少反应物浓度或增加生成物浓度，平衡向左移动。

② 压力对化学平衡的影响

温度不变，$K^\ominus$ 不变，当系统总压力改变时，压力商会改变，平衡移动。

反应系统的总压力增大，则平衡向气体分子数减少（$\sum\nu<0$）的方向移动。

反应体系的总压力减小，则平衡向气体分子数增加（$\sum\nu>0$）的方向移动。

③ 温度对化学平衡的影响

a. 微分形式 $\quad \mathrm{d}\ln K^\ominus/\mathrm{d}T = \Delta_r H_m^\ominus/RT^2$

当 $\Delta_r H_m^\ominus<0$（放热反应），温度增加，$K^\ominus$ 减小；

当 $\Delta_r H_m^\ominus>0$（吸热反应），温度增加，$K^\ominus$ 增大。

b. 定积分形式 $\quad \ln\dfrac{K_2^\ominus}{K_1^\ominus} = \dfrac{\Delta_r H_m^\ominus}{R}\left(\dfrac{1}{T_1} - \dfrac{1}{T_2}\right)$

c. 不定积分形式 $\quad \ln K^\ominus = -\Delta_r H_m^\ominus/RT + C$

4.2.5 化学反应速率

(1) 化学反应速率的定义 如下：

$$\frac{\mathrm{d}\xi}{\mathrm{d}t} = \frac{1}{\nu_B}\cdot\frac{\mathrm{d}n_B}{\mathrm{d}t}$$

通常用
$$v = \frac{1}{\nu_B}\cdot\frac{\Delta c_B}{\Delta t} \quad \text{或} \quad v = \frac{1}{\nu_B}\cdot\frac{\mathrm{d}c_B}{\mathrm{d}t}$$

(2) 影响化学反应速率的因素

① 浓度对化学反应速率的影响 对于一般的化学反应，$a\mathrm{A} + b\mathrm{B} \longrightarrow$ 产物，其速率方程可表示为：

$$v = kc_A^\alpha c_B^\beta$$

式中，比例系数 k 为反应速率常数。

② 温度对化学反应速率的影响 阿仑尼乌斯公式，反应的速率常数与温度的关系为：

$$k = A\mathrm{e}^{-E_a/RT}$$

$$\ln\frac{k}{[k]} = -\frac{E_a}{RT} + \ln\frac{A}{[k]}$$

式中，E_a 为活化能，是活化分子所具有的最低能量与反应物分子的平均能量之差。

③ 催化剂对化学反应速率的影响 催化剂是一种能改变化学反应速率，而其本身在反应前后质量和化学性质均没有变化的物质。催化剂只能改变化学反应的速率而不能改变热力学的结论。

4.3 同步例题

例 1. 25℃时在等压（$p^{\ominus}$）条件下燃烧，反应按下式进行：

$$B_2H_6(g)+3O_2(g)═B_2O_3(s)+3H_2O(g)$$

放热 2035.4kJ。在相同条件下，1mol 元素硼氧化生成三氧化二硼放热 636.8kJ，已知 $H_2O(g)$ 的 $\Delta_f H_m^{\ominus}(298.15K)=-241.8kJ\cdot mol^{-1}$，求 25℃时 $B_2H_6(g)$ 的 $\Delta_f H_m^{\ominus}$。

解题思路： 需先求 $B_2O_3(s)$ 的 $\Delta_f H_m^{\ominus}$。

解：

$$2B+\frac{3}{2}O_2(g)═B_2O_3(s)$$

1mol 元素硼氧化生成 $B_2O_3(s)$ 放热 636.8kJ，2mol 元素硼氧化生成 $B_2O_3(s)$ 应放热 1273.6kJ，所以

$$B_2O_3(s)\text{的 }\Delta_f H_m^{\ominus}=-1273.6kJ\cdot mol^{-1}$$

$$\Delta_r H_m^{\ominus}=\Delta_f H_m^{\ominus}(B_2O_3)+3\Delta_f H_m^{\ominus}(H_2O,g)-\Delta_f H_m^{\ominus}(B_2H_6)$$

$$-2035.4kJ\cdot mol^{-1}=-1273.6kJ\cdot mol^{-1}+3\times(-241.8kJ\cdot mol^{-1})-\Delta_f H_m^{\ominus}(B_2H_6)$$

$$\Delta_f H_m^{\ominus}(B_2H_6)=-1273.6kJ\cdot mol^{-1}+3\times(-241.8kJ\cdot mol^{-1})+2035.4kJ\cdot mol^{-1}$$

$$=36.4kJ\cdot mol^{-1}$$

例 2. 1000K 时反应 C(石墨)$+2H_2(g)═CH_4(g)$的 $\Delta_r G_m^{\ominus}=19.6kJ\cdot mol^{-1}$。现与石墨反应的气体中：$CH_4$ 体积分数为 10%，H_2 为 80%，N_2 为 10%。试问在 1000K 及 100kPa 压力下有无甲烷生成？

解题思路： 这是一个反应进行方向的问题，因而只需确定 $\Delta_r G_m$ 的值或比较 $K^{\ominus}$ 与 J_p 的大小即可。

解： 题给条件下　$p(CH_4)=0.1\times p^{\ominus}, p(H_2)=0.8\times p^{\ominus}$

$$J_p=\frac{p(CH_4)/p^{\ominus}}{[p(H_2)/p^{\ominus}]^2}=\frac{0.1}{0.8^2}=0.156$$

解法 1：$K^{\ominus}=\exp[-\Delta_r G_m^{\ominus}/RT]=\exp[-19.6\times10^3/8.314\times1000]=0.095<0.156$

$K^{\ominus}<J_p$，反应逆向进行，无甲烷生成。

解法 2：

$$\Delta_r G_m=\Delta_r G_m^{\ominus}+RT\ln J_p$$
$$=(19.6\times10^3+8.314\times1000\times\ln0.156)J\cdot mol^{-1}$$
$$=4.15\times10^3 J\cdot mol^{-1}>0$$

$\Delta_r G_m>0$，反应逆向进行，无甲烷生成。

例 3. 五氯化磷分解反应为 $PCl_5(g)═PCl_3(g)+Cl_2(g)$。200℃时 $K^{\ominus}=0.312$。计算（1）在 200℃、200kPa 条件下 PCl_5 的解离度；（2）组成为 1∶5 的 PCl_5 和 Cl_2 混合气体在 200℃、100kPa 条件下 PCl_5 的解离度。

解题思路：（1）这是一个气体物质分解的反应，为求得解离度，首先应找到达到平衡时各物质的分压，这需要确定各物质变化的量。（2）题给出了两个不同的反应初始条件，这会影响到 PCl_5 的转化率。

解：（1）

	$PCl_5(g)═$	$PCl_3(g)+$	$Cl_2(g)$	
原始　n_B/mol	1	0	0	
平衡　n_B/mol	$1-\alpha$	α	α	$\sum n_B=(1+\alpha)mol$　$p=200kPa$

平衡时组分的压力　$p(PCl_5)=(1-\alpha)p/(1+\alpha)=200(1-\alpha)/(1+\alpha)kPa$

$$p(PCl_3)=\alpha p/(1+\alpha)=200\alpha/(1+\alpha)kPa$$

$$p(Cl_2)=\alpha p/(1+\alpha)=200\alpha/(1+\alpha)kPa$$

$$K^{\ominus}=\frac{p(PCl_3)p(Cl_2)}{p(PCl_5)p^{\ominus}}=\frac{2\alpha^2}{1-\alpha^2}=0.312$$

解得：

$$\alpha=0.367$$

(2)

$$PCl_5(g) \Longrightarrow PCl_3(g)+Cl_2(g)$$

原始 n_B/mol　　1　　0　　5

平衡 n_B/mol　　$1-\alpha$　　α　　$5+\alpha$　　$\sum n_B=(6+\alpha)mol$　　$p=100kPa$

平衡时组分的压力　$p(PCl_5)=(1-\alpha)p/(6+\alpha)=100(1-\alpha)/(6+\alpha)kPa$

$$p(PCl_3)=\alpha p/(6+\alpha)=100\alpha/(6+\alpha)kPa$$

$$p(Cl_2)=(5+\alpha)p/(6+\alpha)=100(5+\alpha)/(6+\alpha)kPa$$

$$K^{\ominus}=\frac{p(PCl_3)p(Cl_2)}{p(PCl_5)p^{\ominus}}=\frac{\alpha(5+\alpha)}{(1-\alpha)(6+\alpha)}=0.312$$

解得 $\alpha=0.268$

计算结果表明，尽管第二问的压力减小，有利于分解，但由于初始产物的浓度变大，会使反应物的转化率降低。

例 4. 已知 25℃时，$Ag_2O(s)$ 的 $\Delta_f H_m^{\ominus}(298.15K)=-31.1kJ\cdot mol^{-1}$，$Ag_2O(s)$，$Ag(s)$，$O_2(g)$ 在 25℃时 $S_m^{\ominus}$ 分别为 $121.3J\cdot K^{-1}\cdot mol^{-1}$，$42.6J\cdot K^{-1}\cdot mol^{-1}$ 和 $205.2J\cdot K^{-1}\cdot mol^{-1}$。

(1) 求 25℃时 $Ag_2O(s)$ 的分解压力；

(2) 纯 $Ag(s)$ 在 25℃，101325Pa 的空气中能否被氧化？已知空气中氧气的含量为 0.21(摩尔分数)。

解题思路：(1) $Ag_2O(s)$ 的分解压力就是 $Ag_2O(s)$ 的分解反应的分解压，要求得分解压，只需求得 $K^{\ominus}(25℃)$，通过 $\Delta_r H_m^{\ominus}(298.15K)$ 和 $\Delta_r S_m^{\ominus}(298.15K)$ 可算得 $\Delta_r G_m^{\ominus}(298.15K)$，从而得到 $K^{\ominus}$；(2) 只需比较氧化银分解反应的 J_p 和 $K^{\ominus}$ 的大小即可。

解：(1)

$$Ag_2O(s) \Longrightarrow 2Ag(s)+\frac{1}{2}O_2(g)$$

$$\Delta_r H_m^{\ominus}=\sum\nu_B\Delta_f H_m^{\ominus}(B)=-\Delta_f H_m^{\ominus}(Ag_2O)=31.1kJ\cdot mol^{-1}$$

$$\Delta_r S_m^{\ominus}=\sum\nu_B S_m^{\ominus}(B)=2S_m^{\ominus}(Ag)+0.5S_m^{\ominus}(O_2)-S_m^{\ominus}(Ag_2O)=66.5J\cdot K^{-1}\cdot mol^{-1}$$

$$\Delta_r G_m^{\ominus}=\Delta_r H_m^{\ominus}-T\Delta_r S_m^{\ominus}=31.1\times10^3J\cdot mol^{-1}-298.15\times66.5J\cdot mol^{-1}$$

$$=1.13\times10^4J\cdot mol^{-1}$$

$$K^{\ominus}=\exp(-\Delta_r G_m^{\ominus}/RT)=\exp[-1.13\times10^4/(8.314\times298.15)]=0.0105$$

$$K^{\ominus}=[p(O_2)/p^{\ominus}]^{\frac{1}{2}}$$

$$p(O_2)=(K^{\ominus})^2p^{\ominus}=0.0105^2\times p^{\ominus}=11.0Pa$$

(2) 空气中氧气的分压为 $p(O_2)=0.21\times101.325kPa$

$$J_p=[p(O_2)/p^{\ominus}]^{\frac{1}{2}}=(0.21\times101.325/100)^{\frac{1}{2}}=0.461>K^{\ominus}$$

氧化银的分解反应逆向进行，纯 $Ag(s)$ 在 25℃，101325Pa 的空气中能被氧化。

例 5. (1) 已知某反应的活化能为 $100kJ\cdot mol^{-1}$，试估算：①温度由 300K 上升 10K，速率常数 k 增大几倍；②温度由 400K 上升 10K，速率常数 k 又增大几倍？

(2) 活化能为 $150kJ\cdot mol^{-1}$，再做同样计算，比较两者增大的倍数，说明原因。对比活化能的估算中，可设指前因子 A 相同。

解题思路：这是讨论温度与活化能对反应速率的影响的问题，因此利用阿仑尼乌斯公式。

解：(1) $E_a=100\text{kJ}\cdot\text{mol}^{-1}$，设 k_T 代表温度 T 下的反应速率常数，则

$$① \frac{k_{310}}{k_{300}}=\frac{A\text{e}^{-\frac{E_a}{310R}}}{A\text{e}^{-\frac{E_a}{300R}}}=\text{e}^{-\frac{E_a}{R}\frac{(300-310)}{310\times300}}=\text{e}^{-\frac{100000}{8.314}\times\frac{(-10)}{310\times300}}\approx3.64$$

$$② \frac{k_{410}}{k_{400}}=\text{e}^{-\frac{100000}{8.314}\times\frac{(-10)}{410\times400}}=2.08$$

同是上升 10K，原始温度高的反应的 k 值增大得少，因为 $\ln k$ 随 T 的变化率与 T^2 成反比。

(2) $E_a=150\text{kJ}\cdot\text{mol}^{-1}$

$$① \frac{k_{310}}{k_{300}}=\text{e}^{-\frac{150000}{8.314}\times\frac{(-10)}{310\times300}}=6.96 \qquad ② \frac{k_{410}}{k_{400}}=\text{e}^{-\frac{150000}{8.314}\times\frac{(-10)}{410\times400}}=3.00$$

同是上升 10K，原始温度高的 k 值仍然增大较少，但与①对比，②的活化能高，k 增大的倍数更多一些，即活化能高的反应对温度更敏感一些。

例 6. C_2H_5Cl 的气相分解反应为 $C_2H_5Cl \longrightarrow C_2H_4+HCl$，反应速率常数与温度的关系为

$$\lg(k/\text{min}^{-1})=-13.3\times10^3/(T/\text{K})+41.6$$

求反应的活化能 E_a 和指前因子。

解题思路：题目给出的 k 与温度的关系式，与教材中的阿仑尼乌斯公式形式不一样，只需作一变换就可以了。

解：先将 k 与温度的关系换成下式：$\ln(k/\text{min}^{-1})=-30.6\times10^3/(T/\text{K})+95.8$

与公式 $\ln\frac{k}{[k]}=-\frac{E_a}{RT}+\ln\frac{A}{[k]}$ 比较，可得

$$E_a=-30.6\times10^3\times R\,\text{J}\cdot\text{mol}^{-1}=254.4\text{kJ}\cdot\text{mol}^{-1}$$

$$\ln(A/\text{min}^{-1})=95.8 \qquad A=4.03\times10^{41}\,\text{min}^{-1}$$

4.4 习题选解

4. 300K 时，A 气体在 6.0×10^4Pa 下，体积为 $1.25\times10^{-4}\,\text{m}^3$，B 气体在 8.0×10^4Pa 下，体积为 0.15dm^3，现将这两种气体在 300K 下混合（彼此不发生反应）于 0.50dm^3 容器内，求混合气体的总压是多少？

解：
$$n_A=\frac{p_AV_A}{RT} \qquad n_B=\frac{p_BV_B}{RT} \qquad n=n_A+n_B=\frac{p_AV_A+p_BV_B}{RT}$$

$$n=\frac{pV}{RT}=\frac{p_AV_A+p_BV_B}{RT}$$

$$p=\frac{p_AV_A+p_BV_B}{V}=\frac{6\times10^4\times1.25\times10^{-4}+8\times10^4\times1.5\times10^{-4}}{5.0\times10^{-4}}=3.9\times10^4\,\text{Pa}$$

5. 已知(1) $C(s)+O_2(g) = CO_2(g)$　　$\Delta_rH_m^{\ominus}(1)=-393.5\text{kJ}\cdot\text{mol}^{-1}$

(2) $H_2(g)+\frac{1}{2}O_2(g) = H_2O(l)$　　$\Delta_rH_m^{\ominus}(2)=-285.8\text{kJ}\cdot\text{mol}^{-1}$

(3) $CH_4(g)+2O_2(g) = CO_2(g)+2H_2O(l)$　　$\Delta_rH_m^{\ominus}(3)=-890.5\text{kJ}\cdot\text{mol}^{-1}$

试求反应 $C(s)+2H_2(g) = CH_4(g)$ 的 $\Delta_rH_m^{\ominus}$。

解：(1)+2×(2)−(3)

$$\begin{aligned}\Delta_r H_m^{\ominus} &= \Delta_r H_m^{\ominus}(1) + 2\Delta_r H_m^{\ominus}(2) - \Delta_r H_m^{\ominus}(3)\\ &= -393.5\text{kJ}\cdot\text{mol}^{-1} + 2\times(-285.8\text{kJ}\cdot\text{mol}^{-1}) - (-890.5\text{kJ}\cdot\text{mol}^{-1})\\ &= -74.6\text{kJ}\cdot\text{mol}^{-1}\end{aligned}$$

14. 若将 1.00mol $SO_2(g)$ 和 1.00mol $O_2(g)$ 的混合物，在 600℃和 100kPa 下缓慢通过 V_2O_5 催化剂，使生成 $SO_3(g)$。当达到平衡后总压仍为 100kPa，测得混合物中剩余的 O_2 为 0.615mol。试计算反应 $2SO_2(g)+O_2(g) \xlongequal{} 2SO_3(g)$ 的标准平衡常数 $K^{\ominus}(873K)$。

解： $2SO_2(g) \quad + \quad O_2(g) \quad \xlongequal{} \quad 2SO_3(g)$

初始：　1.00mol　　1.00mol　　0

变化量：　$2\times(1-0.615)$　　$1-0.615$　　$2\times(1-0.615)$

平衡时：　0.230mol　　0.615mol　　0.770mol　　$\sum n = 1.615$mol

平衡时分压：$(0.230/1.615)p^{\ominus}$　$(0.615/1.615)p^{\ominus}$　$(0.770/1.615)p^{\ominus}$

$$K^{\ominus} = \frac{(p_{SO_3}/p^{\ominus})^2}{(p_{SO_2}/p^{\ominus})^2(p_{O_2}/p^{\ominus})} = \frac{(0.770/1.615)^2}{(0.230/1.615)^2(0.615/1.615)} = 29.4$$

15. 有反应　$PCl_5(g) \xlongequal{} PCl_3(g)+Cl_2(g)$

(1) 计算在 298.15K 时该反应的 $\Delta_r G_m^{\ominus}(298.15K)$ 和 $K^{\ominus}$ 的值各是多少。

(2) 计算在 800K 时该反应的 $K^{\ominus}$。

解： 查表得　PCl_5 的　$\Delta_f G_m^{\ominus} = -305.0\text{kJ}\cdot\text{mol}^{-1}$　　$\Delta_f H_m^{\ominus} = -374.9\text{kJ}\cdot\text{mol}^{-1}$

PCl_3 的　$\Delta_f G_m^{\ominus} = -267.8\text{kJ}\cdot\text{mol}^{-1}$　　$\Delta_f H_m^{\ominus} = -287.0\text{kJ}\cdot\text{mol}^{-1}$

(1) $\Delta_r G_m^{\ominus} = -267.8\text{kJ}\cdot\text{mol}^{-1} - (-305.0\text{kJ}\cdot\text{mol}^{-1}) = 37.2\text{kJ}\cdot\text{mol}^{-1}$

$$K^{\ominus} = \exp(-\Delta_r G_m^{\ominus}/RT) = \exp(-37.2\times10^3/8.314\times298.15) = 3.04\times10^{-7}$$

(2) $\Delta_r H_m^{\ominus} = -287.0\text{kJ}\cdot\text{mol}^{-1} - (-374.9\text{kJ}\cdot\text{mol}^{-1}) = 87.9\text{kJ}\cdot\text{mol}^{-1}$

$$\ln\frac{K_2^{\ominus}}{K_1^{\ominus}} = \frac{\Delta_r H_m^{\ominus}}{R}\left(\frac{1}{T_1}-\frac{1}{T_2}\right) = \frac{87.9\times10^3}{8.314}\left(\frac{1}{298.15}-\frac{1}{800}\right) = 22.24$$

$$K_2^{\ominus} = 1.39\times10^3$$

16. 试求反应 $MgCO_3(s) \xlongequal{} MgO(s)+CO_2(g)$ 的下列物理量：

(1) 在 298.15K，100kPa 下的 $\Delta_r H_m^{\ominus}(298.15K)$，$\Delta_r S_m^{\ominus}(298.15K)$，$\Delta_r G_m^{\ominus}(298.15K)$；

(2) 在 1123K，100kPa 下的 $\Delta_r G_m^{\ominus}(1123K)$ 和 $K^{\ominus}(1123K)$；

(3) 在 100kPa 压力下（即 $p_{CO_2}=100$kPa）进行分解的最低温度。

解： 298.15K 时 MgO(s) 的 $\Delta_f H_m^{\ominus} = -601.6\text{kJ}\cdot\text{mol}^{-1}$，$S_m^{\ominus} = 27.0\text{J}\cdot\text{K}^{-1}\cdot\text{mol}^{-1}$

$\Delta_f G_m^{\ominus} = -569.3\text{kJ}\cdot\text{mol}^{-1}$

$CO_2(s)$ 的 $\Delta_f H_m^{\ominus} = -393.5\text{kJ}\cdot\text{mol}^{-1}$，$S_m^{\ominus} = 213.8\text{J}\cdot\text{K}^{-1}\cdot\text{mol}^{-1}$，$\Delta_f G_m^{\ominus} = -394.4\text{kJ}\cdot\text{mol}^{-1}$

$MgCO_3(s)$ 的 $\Delta_f H_m^{\ominus} = -1095.8\text{kJ}\cdot\text{mol}^{-1}$，$S_m^{\ominus} = 65.7\text{J}\cdot\text{K}^{-1}\cdot\text{mol}^{-1}$，

$\Delta_f G_m^{\ominus} = -1012.1\text{kJ}\cdot\text{mol}^{-1}$

$$\begin{aligned}(1)\ \Delta_r H_m^{\ominus}(298.15K) &= -601.6\text{kJ}\cdot\text{mol}^{-1} - 393.5\text{kJ}\cdot\text{mol}^{-1} - (-1095.8\text{kJ}\cdot\text{mol}^{-1})\\ &= 100.7\text{kJ}\cdot\text{mol}^{-1}\end{aligned}$$

$$\begin{aligned}\Delta_r S_m^{\ominus}(298.15K) &= 27.0\text{J}\cdot\text{K}^{-1}\cdot\text{mol}^{-1} + 213.8\text{J}\cdot\text{K}^{-1}\cdot\text{mol}^{-1} - 65.7\text{J}\cdot\text{K}^{-1}\cdot\text{mol}^{-1}\\ &= 175.1\text{J}\cdot\text{K}^{-1}\cdot\text{mol}^{-1}\end{aligned}$$

$$\begin{aligned}\Delta_r G_m^{\ominus}(298.15K) &= -569.3\text{kJ}\cdot\text{mol}^{-1} - 394.4\text{kJ}\cdot\text{mol}^{-1} - (-1012.1\text{kJ}\cdot\text{mol}^{-1})\\ &= 48.4\text{kJ}\cdot\text{mol}^{-1}\end{aligned}$$

(2) $\Delta_r G_m^\ominus(1123K)=\Delta_r H_m^\ominus(298.15K)-T\Delta_r S_m^\ominus(298.15K)$

$=100.7\times10^3 J\cdot mol^{-1}-1123\times175.1 J\cdot mol^{-1}=-95937 J\cdot mol^{-1}$

$K^\ominus(1123K)=\exp(-\Delta_r G_m^\ominus/RT)=\exp(95937/8.314\times1123)=2.90\times10^4$

(3) 在 100kPa 压力下，$J_p=p(CO_2)/p^\ominus=1$，$K^\ominus\geqslant J_p=1$

$\Delta_r G_m^\ominus(T)=\Delta_r H_m^\ominus(298.15K)-T\Delta_r S_m^\ominus(298.15K)\leqslant0$

$T\geqslant\Delta_r H_m^\ominus(298.15K)/\Delta_r S_m^\ominus(298.15K)$

$=100.7\times10^3 J\cdot mol^{-1}/175.1 J\cdot K^{-1}\cdot mol^{-1}=575.1K$

19. 在 301K 时，鲜牛奶大约在 4h 后变酸。但在 278K 时，鲜牛奶在 48h 后才变酸。假定反应速率与牛奶变酸时间成反比，求牛奶变酸的活化能。

解： 根据动力学结论，同一反应当达到相同变化时，速率常数与所需时间成反比。即

$$k_2t_2=k_1t_1$$

$$\ln\frac{t_1}{t_2}=\ln\frac{k_2}{k_1}=\frac{E_a}{R}\left(\frac{1}{T_1}-\frac{1}{T_2}\right)$$

$$E_a=R\ln\frac{t_1}{t_2}\left(\frac{1}{T_1}-\frac{1}{T_2}\right)^{-1}=8.314\left(\ln\frac{4}{48}\right)\left(\frac{1}{301}-\frac{1}{278}\right)^{-1}J\cdot mol^{-1}=75.16kJ\cdot mol^{-1}$$

4.5 思考题

4-1 是非题

(1) 当系统状态一定时，所有的状态函数都有一定的数值。当系统状态变化时，系统所有的状态函数都发生变化。

(2) 因 $Q_p=\Delta H$、$Q_V=\Delta U$，所以 Q_p 与 Q_V 都是状态函数。

(3) 系统温度升高则一定会从环境吸热，系统温度不变就不与环境换热。

(4) 在同一温度、压力下，同一物质的熵的值一定。

(5) $\Delta_r G_m^\ominus$ 是反应进度的函数。

(6) 在等温等压条件下，$\Delta_r G_m>0$ 的反应一定不能进行。

(7) 标准平衡常数的值与化学反应方程式的写法有关。

(8) 若某化学反应的 $\Delta_r G_m$ 大于零，则 $K^\ominus$ 一定小于 1。

(9) 标准平衡常数仅是温度的函数，因此温度不变，平衡不会移动。

(10) 放热化学反应的活化能一定小于零。

(11) 当温度一定时，两个化学反应中活化能大者，反应速率小。

(12) 催化剂在反应前后所有的性质都相同。

4-2 选择题

(1) 某体系经历一循环过程后，下列关系式中不一定能成立的是（ ）。

A. $Q=0$ B. $\Delta S=0$ C. $\Delta U=0$ D. $\Delta T=0$

(2) 若空气的组成是 21.0%的氧气和 79.0%的氮气，当大气压力为 98658.5Pa 时，氧气的分压为（ ）。

A. 39997Pa B. 73327Pa C. 20718Pa D. 37864Pa

(3) 已知反应 $H_2(g)+\frac{1}{2}O_2(g)=\!=\!=H_2O(g)$ 的 $\Delta_r H_m^\ominus$，下列说法中不正确的是（ ）。

A. $\Delta_r H_m^\ominus$ 是 $H_2O(g)$ 的 $\Delta_f H_m^\ominus$ B. $\Delta_r H_m^\ominus<\Delta_r U_m^\ominus$

C. $\Delta_r H_m^\ominus$ 的值小于零　　　　　　　　D. $\Delta_r H_m^\ominus$ 是 $H_2O(l)$ 的 $\Delta_f H_m^\ominus$

(4) 热力学第一定律以 $\Delta U=Q+W$ 的形式表示时，其使用条件是（　　）。

A. 任意系统　　B. 隔离系统　　C. 封闭系统　　D. 敞开系统

(5) 同一温度和压力下，一定量物质的熵值是（　　）。

A. $S(g)>S(l)>S(s)$　　　　B. $S(g)<S(l)<S(s)$

C. $S(g)=S(l)=S(s)$　　　　D. 与物质的化学性质有关

(6) 在温度为 T 时，某化学反应的 $\Delta_r H_m^\ominus<0$，$\Delta_r S_m^\ominus>0$，则该反应的平衡常数 $K^\ominus$ 为（　　）。

A. $K^\ominus>1$，且随温度升高而增大　　B. $K^\ominus>1$，且随温度升高而减小

C. $K^\ominus<1$，且随温度升高而增大　　D. $K^\ominus<1$，且随温度升高而减小

(7) 在一定的温度压力下，对于一个化学反应，能用以下哪个函数的值判断反应方向（　　）。

A. $\Delta_r G_m^\ominus$　　B. $\Delta_r G_m$　　C. $\Delta_r H_m^\ominus$　　D. $K^\ominus$

(8) 气相反应 $2NO+O_2 \longrightarrow 2NO_2$ 是一放热反应，达到平衡后要使平衡向右移动，应（　　）。

A. 降温降压　　B. 升温升压　　C. 升温降压　　D. 降温升压

(9) 某分解反应转化率达 30% 所需的时间在 300K 为 12.6min，340K 为 3.2min，则该分解反应的活化能为（　　）。

A. $58.2\text{kJ}\cdot\text{mol}^{-1}$　　　　B. $42.5\text{kJ}\cdot\text{mol}^{-1}$

C. $29.1\text{kJ}\cdot\text{mol}^{-1}$　　　　D. $15.0\text{kJ}\cdot\text{mol}^{-1}$

(10) 反应 $CO(g)+2H_2(g) \longrightarrow CH_3OH(g)$ 不存在催化剂时，正反应的活化能为 E_1，平衡常数为 K_1。加入催化剂之后，反应速率明显增大，此时的正反应的活化能为 E_2，平衡常数为 K_2，则（　　）。

A. $E_1=E_2$　$K_1=K_2$　　　　B. $E_1>E_2$　$K_1<K_2$

C. $E_1<E_2$　$K_1=K_2$　　　　D. $E_1>E_2$　$K_1=K_2$

4-3　填空题

(1) ________________________的系统称为封闭系统。

(2) 已知 $2SO_2(g)+O_2(g) \longrightarrow 2SO_3(g)$ 的反应中有 0.40mol $SO_2(g)$ 生成 $SO_3(g)$，则此反应的反应进度 $\Delta\xi=$______。

(3) 1mol 25℃的液体苯在刚性容器中完全燃烧，放热 3264kJ，则反应

$$2C_6H_6(l)+15O_2(g) \longrightarrow 12CO_2(g)+6H_2O(l)$$

的 $\Delta_r U_m(298.15\text{K})=$________ $\text{kJ}\cdot\text{mol}^{-1}$，$\Delta_r H_m(298.15\text{K})=$________ $\text{kJ}\cdot\text{mol}^{-1}$。

(4) 已知 25℃时，$Ag_2O(s)$ 的 $\Delta_f H_m^\ominus(298.15\text{K})=-31.1\text{kJ}\cdot\text{mol}^{-1}$，则反应

$$2Ag_2O(s) \longrightarrow 4Ag(s)+O_2(g) \text{的} \Delta_r H_m^\ominus=\_\_\_\_\_\_ \text{kJ}\cdot\text{mol}^{-1}。$$

(5) 在等温等压条件下某吸热化学反应能自发进行，则 $\Delta_r S_m$______ 0。

(6) 某化学反应的 $K^\ominus$ 与温度的关系为：$\ln K^\ominus=1.00\times10^4/(T/\text{K})-8.0$，则该反应的 $\Delta_r H_m^\ominus=$________ $\text{kJ}\cdot\text{mol}^{-1}$。$\Delta_r S_m^\ominus=$__________ $\text{J}\cdot\text{K}^{-1}\cdot\text{mol}^{-1}$。

(7) 某放热化学反应的 $\Delta_r S_m(298.15\text{K})>0$，则 25℃时该化学反应的 $K^\ominus$ ______ 1。

(8) 已知某温度下反应 $2NH_3(g) \longrightarrow N_2(g)+3H_2(g)$ 的 $K_1^\ominus=0.25$，则同一温度下反应 $\frac{3}{2}H_2(g)+\frac{1}{2}N_2(g)=NH_3(g)$ 的 $K_2^\ominus=$______。

(9) 298.15K 时 $NH_4HS(s)$ 分解达平衡时的压力为 60kPa，则该温度下 $NH_4HS(s)$ 分解反应的 $K^{\ominus}=$______。

(10) 某化学反应在一定的条件下进行，平衡转化率为 30%，若加入催化剂，则平衡转化率为____%。

4-4 在一刚性绝热容器中进行的碳氧化生成二氧化碳的反应，若气体可视为理想气体，以下说法何者正确？若不正确，指出正确的结论。

(1) 反应后容器内温度升高；

(2) 因系统温度升高，有 $\Delta U>0$；

(3) 因反应是放热反应，有 $\Delta H<0$；

(4) 因该反应能自发进行，有 $\Delta S>0$，$\Delta G<0$。

4-5 什么是多重平衡规则？在使用多重平衡规则时应注意些什么问题？

4-6 热机是利用燃料燃烧发出的热转化为机械功的装置，如蒸汽机、汽轮机、内燃机等。如热机获得燃料的热为 Q，所做的机械功为 W，则热机效率可定义为 $-W/Q$。显然提高热机效率可以利用一定量的燃料获得尽可能多的机械功，从而显著提高热机的经济性。有人试图发明热机效率为 100%的热机，试利用热力学理论分析此想法是否可行？

自我检测题

4-1 填空题

(1) 碘在 137℃时的蒸气压为 26.66kPa，被碘饱和的空气的压力为 100kPa，此时混合气体中空气的摩尔分数是______。

(2) 某均相化学反应 $A+B \longrightarrow C$ 在恒压、绝热、$W'=0$ 的条件下进行，系统的温度，由 T_1 升高到 T_2，则此过程的 ΔH ______ 0；如果此反应是在恒温、恒压、$W'=0$ 的条件下进行，则 ΔH ______ 0。

(3) 已知 $H_2(g)+S(s) = H_2S(g)$ 的 $K_1^{\ominus}=1.0\times10^{-3}$，$S(s)+O_2(g) = SO_2(g)$ 的 $K_2^{\ominus}=5.0\times10^{6}$，则反应 $H_2(g)+SO_2(g) = H_2S(g)+O_2(g)$ 的 $K^{\ominus}=$________。

(4) 已知在温度为 T 时，反应 $CO_2(g)+4H_2(g) = CH_4(g)+2H_2O(g)$ 的

$\Delta_r G_m^{\ominus}=-112.1kJ\cdot mol^{-1}$，$H_2O(g)$ 的 $\Delta_f G_m^{\ominus}=-228.0kJ\cdot mol^{-1}$。则反应

$CO_2(g)+2H_2(g) = CH_4(g)+O_2(g)$ 的 $\Delta_r G_m^{\ominus}=$________ $kJ\cdot mol^{-1}$。

(5) $NH_4Cl(s)$ 置于抽空的容器中，加热到 597K 时分解，反应 $NH_4Cl(s) = NH_3(g)+HCl(g)$ 达到平衡时系统的压力为 100kPa，则 $K^{\ominus}=$______。

4-2 选择题

(1) 在定温下，向一个容积为 $2dm^3$ 的抽空的容器中依次充入始态为 100kPa，$1dm^3$ 的 N_2 和 100kPa，$1dm^3$ 的 Ar。若两种气体均可视为理想气体，则容器中的总压为(　　)。

A. 300kPa　　B. 200kPa　　C. 150kPa　　D. 100kPa

(2) 已知 25℃时，$HgO(s)$ 的 $\Delta_f H_m^{\ominus}=-90.8kJ\cdot mol^{-1}$，反应 $2HgO(s) = 2Hg(l)+O_2(g)$ 的 $\Delta_r H_m^{\ominus}$ 为(　　) $kJ\cdot mol^{-1}$。

A. -90.8　　B. 90.8　　C. -181.6　　D. 181.6

(3) 已知 25℃时，$HgO(s)$、$Hg(l)$、$O_2(g)$ 的 $S_m^{\ominus}$ 分别为 $70.3J\cdot K^{-1}\cdot mol^{-1}$，$75.9J\cdot K^{-1}\cdot mol^{-1}$ 和 $205.2J\cdot K^{-1}\cdot mol^{-1}$，则反应 $2HgO(s) = 2Hg(l)+O_2(g)$ 的 $\Delta_r S_m^{\ominus}$ 为(　　)$J\cdot K^{-1}\cdot mol^{-1}$。

A. 286.7　　B. 216.4　　C. 345.7　　D. 210.8

(4) 已知反应 $H_2O(g) == H_2(g) + \frac{1}{2}O_2(g)$ 的 $\Delta_r H_m^\ominus$，下列说法中错误的是（　　）。

A. $\Delta_r H_m^\ominus$ 是 $-\Delta_f H_m^\ominus(H_2O, g)$　　B. $\Delta_r H_m^\ominus > \Delta_r U_m^\ominus$

C. $\Delta_r H_m^\ominus$ 的值大于零　　D. $\Delta_r H_m^\ominus$ 是 $-\Delta_f H_m^\ominus$ (H_2O, l)

(5) 某反应在 25℃ 时的速率常数为 $2.30 \times 10^{-3}\ min^{-1}$，该反应的活化能为 $150kJ \cdot mol^{-1}$，35℃时此反应的速率常数为（　　）。

A. $0.0164min^{-1}$　　B. $0.912h^{-1}$

C. $2.034 \times 10^{-3}min^{-1}$　　D. $0.145min^{-1}$

4-3 反应 $CaO(s) + H_2O(l) == Ca(OH)_2$ 在 298.15K 的标准状态下能自发进行。其逆反应在高温下变为自发进行的反应，试确定在标准状态下，298.15K 时正反应的 $\Delta_r H_m^\ominus$ 和 $\Delta_r S_m^\ominus$。

4-4 在 100℃下，反应 $COCl_2(g) == CO(g) + Cl_2(g)$ 的 $K^\ominus = 8.1 \times 10^{-9}$，$\Delta_r S_m^\ominus = 125.6J \cdot K^{-1} \cdot mol^{-1}$。计算：

(1) 100℃下，总压为 200kPa 时 $COCl_2(g)$ 的解离度；

(2) 100℃下，上述反应的 $\Delta_r H_m^\ominus$；

(3) 总压为 200kPa，$COCl_2$ 的解离度为 0.1%时的温度。

4-5 已知某反应的速率常数在 60℃ 和 10℃ 时分别为 $5.484 \times 10^{-2}\ s^{-1}$ 和 $1.080 \times 10^{-4} s^{-1}$，求该反应的活化能以及该反应的 k-T 关系式。

4-6 为了建设美丽中国，需要加强空气污染治理。汽油机动车尾气含有一氧化碳、氮氧化物和碳氢化合物等污染物，如能将这些成分转化为无害的二氧化碳、氮气和水，则可以消除其对环境的影响。请查阅文献，完成以下问题：(1) 以 CO、NO、C_3H_8、O_2为尾气模拟组分，写出消除污染物时可能发生的反应方程式；(2) 如反应在 298.15K 的标准状态下进行，通过计算分析以上反应能否自发；(3) 如针对汽油机的实际运转情况，从理论说明如何分析反应的自发性？

思考题参考答案

4-1 是非题

(1) 第一句话正确。第二句话错，如等温过程、等压过程。

(2) 错。Q_p 与 Q_V 都是过程中交换的能量，不是某一状态的函数。

(3) 错。在绝热压缩过程中，环境对系统做功温度升高，但不从环境吸热，在等温化学反应中系统温度不变，但与环境换热。

(4) 错。同一物质的气体和液体在同一温度、压力下熵的值不同。

(5) 错。$\Delta_r G_m^\ominus$ 仅是温度的函数。

(6) 错。未考虑非体积功，在等温等压条件下电解水，$\Delta_r G_m > 0$ 的反应就可以进行。

(7) 正确。

(8) 错。$K^\ominus$的大小与 $\Delta_r G_m$ 无关。

(9) 错。温度不变 $K^\ominus$不变，但压力、惰性组分会影响平衡。

(10) 错。活化能一定大于零。

(11) 错。还应比较指前因子。

(12) 错。催化剂在反应前后的物理性质有可能改变。

4-2 选择题

(1)A (2)C (3)D (4)C (5)A (6)B (7)B (8)D (9)C (10)D

4-3 填空题

(1) 与环境只有能量交换而无物质交换 (2) $\Delta\xi = \Delta n_B/\nu_B = 0.20\text{mol}$

(3) -6528、-6535($\Delta_r H_m = \Delta_r U_m + RT\sum\nu_B$) (4) 62.2(=31.1×2)

(5) > (6) -83.14，-66.5

(7) > (8) 2

(9) 0.09 (10) 30

4-4 (1) 正确。碳氧化生成二氧化碳的反应在等温、等压条件下是一放热反应，由于绝热，能量未传给环境，所以系统温度升高。

(2) 错。因反应在刚性绝热容器中进行，所以体积不变，$W=0$，$Q=0$，由热力学第一定律，热力学能不变。

(3) 错。$\Delta H = \Delta U + \Delta pV = V\Delta p > 0$(体积不变，压力升高)。

(4) $\Delta S>0$ 正确，$\Delta G<0$ 错，不是在等温、等压下进行，不能用吉布斯判据。

4-5 如果一个反应是各分步反应之和，则这个反应的标准平衡常数等于各分步反应的标准平衡常数的乘积，这就是多重平衡规则。需注意的是，若总反应是某分反应的倍数，则平衡常数为分反应的倍数方次幂。应用多重平衡规则时，所有的反应都必须在相同的温度和压力下进行，且各反应的物质必须是在相同状态下才能加和。

4-6 此想法违背了热力学第二定律，是不可行的。热机效率为100%的热机，可以看作是从单一热源吸热使之全部转化为功而不产生其他变化，因此无法实现。

自我检测题参考答案

4-1 填空题

(1) 0.7334 (2) =，< (3) 2.0×10^{-10} (4) 343.9 (5) 0.25

4-2 选择题

(1) D (2) D (3) B (4) D (5) A

4-3 **解**：反应 $CaO(s) + H_2O(l) = Ca(OH)_2$ 在 298.15K 标准状态下能自发进行，

则 $\Delta_r G_m^\ominus = \Delta_r H_m^\ominus - T\Delta_r S_m^\ominus < 0$

其逆反应在高温下变为自发进行的反应，则 $\Delta_r G_m^\ominus = \Delta_r H_m^\ominus - T\Delta_r S_m^\ominus > 0$

又因 $\Delta_r H_m^\ominus$ 和 $\Delta_r S_m^\ominus$ 都不随温度改变，则必有 $\Delta_r H_m^\ominus < 0$ 和 $\Delta_r S_m^\ominus < 0$。

4-4 **解**：(1) 在100℃下 $COCl_2(g) = CO(g) + Cl_2(g)$

	$COCl_2(g)$	$CO(g)$	$Cl_2(g)$	
初始时	1mol	0	0	
平衡时	$(1-\alpha)$mol	αmol	αmol	$\sum n = (1+\alpha)$mol

$$K^\ominus = \frac{\alpha^2}{1-\alpha}\left(\frac{p/p^\ominus}{1+\alpha}\right) = \frac{2\alpha^2}{1-\alpha^2} = 8.1\times10^{-9} \quad 得\ \alpha = 6.36\times10^{-5}$$

(2) $\Delta_r G_m^\ominus = -RT\ln K^\ominus = [-8.314\times373.15\times\ln(8.1\times10^{-9})]\text{J}\cdot\text{mol}^{-1}$
$= 57.80\text{kJ}\cdot\text{mol}^{-1}$

$\Delta_r H_m^\ominus = \Delta_r G_m^\ominus + T\Delta_r S_m^\ominus = (57.80\times10^3 + 373.15\times125.6)\text{J}\cdot\text{mol}^{-1}$
$= 104.7\text{kJ}\cdot\text{mol}^{-1}$

(3)
$$K^\ominus = \frac{2\alpha^2}{1-\alpha^2} = \frac{2\times0.001^2}{1-0.001^2} = 2.0\times10^{-6}$$

由
$$\ln\frac{K_2^{\ominus}}{K_1^{\ominus}}=\frac{\Delta_r H_m^{\ominus}}{R}\left(\frac{1}{T_1}-\frac{1}{T_2}\right)$$

代入数据 $\ln\frac{2.0\times10^{-6}}{8.1\times10^{-9}}=\frac{104700}{8.314}\left(\frac{1}{373.15}-\frac{1}{T_2}\right)$ 解得 $T_2=446\text{K}$

4-5 解：将已知数据代入阿仑尼乌斯公式

$$\ln\frac{1.080\times10^{-4}}{5.484\times10^{-2}}=\frac{-E_a}{8.314}\left(\frac{1}{283.15}-\frac{1}{333.15}\right)$$

由此式可求得 $E_a=97720\text{J}\cdot\text{mol}^{-1}$

将求得的 E_a 和 10℃时的 k 值代入阿仑尼乌斯公式

$$\ln(1.080\times10^{-4})=-\frac{97720}{8.314\times283.15}+\ln(A/\text{s}^{-1})$$ 得 $\ln(A/\text{s}^{-1})=32.377$

该反应的 k-T 关系式为： $\ln k=-\frac{11754}{T}+32.377$

或 $k=1.15\times10^{14}\text{e}^{-11754/T}$

4-6 解题思路：

（1）汽车尾气中污染物的消除反应复杂，目前对于反应机理的研究仍在不断完善之中。从原理分析，若要使污染物转变为 CO_2、N_2 和 H_2O，则必然涉及到 CO 和 C_3H_8 的氧化过程以及 NO 的还原过程，事实上由于反应物和生成物之间还可能存在反应，过程中也会涉及水煤气转化、烷烃裂解等复杂过程。

主要的方程式可能包括：

$$CO+\frac{1}{2}O_2 = CO_2$$

$$CO+NO = CO_2+\frac{1}{2}N_2$$

$$C_3H_8+5O_2 = 3CO_2+4H_2O$$

$$CO+H_2O = CO_2+H_2$$

$$NO+H_2 = \frac{1}{2}N_2+H_2O$$

$$2NO = N_2+O_2$$

$$C_3H_8+10NO = 3CO_2+5N_2+4H_2O$$

（2）通过热力学数据计算各反应在 298.15K 时的 $\Delta_r G_m^{\ominus}$，若 $\Delta_r G_m^{\ominus}<0$，则反应可以自发进行。

（3）实际运转中的汽油机，其尾气中各组分并不处于标准状态，温度也不为 298.15K，此时需要测定或计算获得尾气中各组分的分压和实际的温度，应用等温方程计算 $\Delta_r G_m$，用来判断反应的自发性。

第5章 酸碱反应

5.1 基本要求

理解酸碱定义、共轭酸碱对及酸碱反应的实质。理解溶剂的酸碱性，掌握水的质子自递反应及其常数，了解非水溶剂的质子自递反应。掌握一元弱酸和弱碱的解离，多元弱酸和弱碱的解离，共轭酸碱对的 K_a 和 K_b 的关系。了解拉平效应和区分效应。理解中和反应和水解反应。掌握解离度和稀释定律。理解分布系数和分布曲线，了解溶液平衡的基本关系式。掌握酸碱水溶液中 $[H^+]$ 计算的最简式，能计算其他条件下酸碱水溶液的 pH 值。理解缓冲溶液的组成、缓冲原理及应用，掌握缓冲溶液的计算。

重点： 酸碱质子理论；弱酸和弱碱的解离反应；酸碱水溶液中的平衡关系；分布系数；分布曲线；酸碱水溶液中 $[H^+]$ 的计算；缓冲溶液的有关计算。

难点： 酸碱水溶液中的平衡关系；有关平衡常数的计算；分布曲线及其应用；缓冲作用原理。

5.2 内容概要

5.2.1 酸碱理论

(1) 酸碱定义 凡是能提供质子的物质就是酸，凡是能接受质子的物质就是碱。酸是质子的给予体，碱是质子的接受体。因一个质子的得失而相互转变的一对酸碱称为共轭酸碱对。

(2) 酸碱反应 酸碱反应的实质就是质子的转移（得失）——质子转移反应。

(3) 溶剂的酸碱性 溶剂可分为水和非水溶剂。溶剂的酸碱性是指溶剂的质子活性，是溶剂给出或得到质子的能力的表现。凡能结合或给出质子的溶剂称为质子溶剂。

5.2.2 酸（碱）的解离反应常数

(1) 水的质子自递反应及其常数

$$H_2O + H_2O \rightleftharpoons OH^-(aq) + H_3O^+(aq)$$

$$K_w^\ominus(298.15K) = [H_3O^+][OH^-] = 1.0\times10^{-14}$$

$pH = -\lg[H_3O^+]$，表示溶液的酸性；$pOH = -\lg[OH^-]$，表示溶液的碱性。$pK_w = -\lg K_w$。

$$pK_w = pH + pOH = 14$$

(2) 酸（碱）的解离反应常数

酸的解离反应：$HA + H_2O \rightleftharpoons A^- + H_3O^+$

常简写为：$HA \rightleftharpoons A^- + H^+$

$$K_a = [H^+][A^-]/[HA]$$

式中，K_a 为酸（HA）的解离常数，又称酸常数。K_a 越大，酸性越强。酸越强，越易解离出 H^+，而其共轭碱得到 H^+ 的能力越弱。同理，K_b 为碱（A^-）的解离常数，又称碱常数。K_b 越大，碱性越强。

酸碱的强弱还与溶剂的性质有关，以 HOAc 为例，由于氨结合质子的能力强于水，因而 HOAc 在液氨中易给出质子，是强酸。能够区分不同酸给出质子能力强弱的溶剂称为区分性溶剂，这种效应称为区分效应。将各种不同强度的酸拉平到溶剂化质子水平的效应叫做拉平效应，具有拉平效应的溶剂称为拉平性溶剂。

(3) 多元酸（碱）的解离（逐级解离） 多元酸（碱）在水溶液中的解离是逐级进行的，每一步的实质都是一个质子转移的反应，因而有多个平衡常数，称为逐级解离常数。通常多元酸（碱）的 $K_{a_1}(K_{b_1})$ 比 $K_{a_2}(K_{b_2})$ 大得多，所以近似计算时，常常只算一级解离。

(4) 解离度（α）和稀释定律 弱酸（碱）在水溶液中的平衡转化率称为解离度，用 α 表示。解离度的大小表示了弱电解质的相对强度。在相同的条件下，α 越小，酸（碱）越弱。

$$K_a=\frac{(c\alpha)^2}{c(1-\alpha)}=\frac{c\alpha^2}{1-\alpha}$$

若 α 很小，$1-\alpha\approx1$，可得：$K_a\approx c\alpha^2$

5.2.3 中和反应常数

中和反应是最常见的一类酸碱反应，反应的平衡常数 K 可由 K_w、K_a、K_b 计算得到。

(1) 强酸与强碱反应

$$H^+ + OH^- \longrightarrow H_2O \qquad K=1/K_w$$

(2) 强酸与弱碱反应

$$H_3O^+ + A^- \longrightarrow H_2O + HA \qquad K=K_{b,A^-}/K_w=1/K_{a,HA}$$

(3) 强碱与弱酸反应

$$OH^- + HA \longrightarrow H_2O + A^- \qquad K=K_{a,HA}/K_w$$

(4) 弱碱与弱酸反应

$$NH_3 + HOAc \longrightarrow NH_4^+ + OAc^- \qquad K=K_{a,HOAc}K_{b,NH_3}/K_w$$

5.2.4 水解反应常数

(1) 强酸弱碱盐 如 NH_4NO_3

$$NH_4^+ + H_2O \longrightarrow NH_3 + H_3O^+ \qquad K_h=K_w/K_{b,NH_3}$$

(2) 强碱弱酸盐 如 NaOAc

$$OAc^- + H_2O \longrightarrow HOAc + OH^- \qquad K_h=K_w/K_{a,HOAc}$$

(3) 弱酸弱碱盐 如 NH_4OAc，阴、阳离子都可发生水解

$$NH_4^+ + OAc^- \longrightarrow NH_3 + HOAc \qquad K_h=K_w/K_{a,HOAc}K_{b,NH_3}$$

5.2.5 酸碱水溶液 pH 值的计算

(1) 分布系数 定义：指平衡体系中某种存在形式的平衡浓度在总浓度中所占分数，用 δ 表示。

① 一元酸（碱） 以 HOAc 为例，达到平衡时，[HOAc]+[OAc^-] $=c$

$$\delta_{HOAc}=\delta_1=\frac{[HOAc]}{c}=\frac{[H^+]}{[H^+]+K_a} \qquad \delta_{OAc^-}=\delta_0=\frac{[OAc^-]}{c}=\frac{K_a}{[H^+]+K_a}$$

② 二元酸（碱） 以 $H_2C_2O_4$ 为例，在草酸溶液中存在的形式是：$H_2C_2O_4$、$HC_2O_4^-$、$C_2O_4^{2-}$。$c=[H_2C_2O_4]+[HC_2O_4^-]+[C_2O_4^{2-}]$

$$\delta_{H_2C_2O_4}=\delta_2=\frac{[H^+]^2}{[H^+]^2+K_{a_1}[H^+]+K_{a_1}K_{a_2}}$$

$$\delta_{HC_2O_4^-}=\delta_1=\frac{K_{a_1}[H^+]}{[H^+]^2+K_{a_1}[H^+]+K_{a_1}K_{a_2}}$$

$$\delta_{C_2O_4^{2-}}=\delta_0=\frac{K_{a_1}K_{a_2}}{[H^+]^2+K_{a_1}[H^+]+K_{a_1}K_{a_2}}$$

(2) 分布曲线　从分布系数的表达式可以看出，δ 与总浓度 c 无关，只与酸的强度 K_a 和溶液的 pH 值有关。当酸一定时，δ 只是 pH 值的函数，这种函数关系的图形称为分布曲线，简称分布图，以表示不同 pH 值时，各种组分的相对量的大小。

(3) 溶液平衡的基本关系式

① 物料平衡方程（MBE）　化学平衡系统中，任一组分的总浓度等于该组分的各种存在形式的平衡浓度之和。

② 电荷平衡方程（CBE）　电解质溶于水形成离子达到平衡时，溶液保持电中性，即溶液中正离子的总电荷数与负离子的总电荷数相等。CBE 必须包括溶液中所有的离子，水的质子自递反应也应包括在内。

③ 质子平衡方程（PBE）　简称质子平衡或质子条件。酸碱反应达平衡后，碱所获得的质子与酸所失去的质子的量必然相等。常用下面的方法得到质子平衡方程：

a. 利用 MBE 和 CBE 导出 PBE；

b. 零水准法，先选择大量存在并参与质子转移的物质作为质子参考水准，通常选择原始组分，直接列出 PBE。

(4) 酸碱水溶液 pH 值的计算（也可用 $[H^+]$ 表示，$pH=-\lg[H^+]$）

① 一元弱酸

$$[H^+]=\sqrt{K_a[HA]+K_w} \qquad \text{(精确式)}$$

a. 当总浓度 $c/K_a \geqslant 105$ 时（解离度<10%），可略去酸的解离，用 c 代替 $[HA]$：

$$[H^+]=\sqrt{cK_a+K_w} \qquad \text{(近似式)}$$

b. 当 $cK_a \geqslant 10K_w$ 时，可略去水解离产生的 H^+：

$$[H^+]=\sqrt{(c-[H^+])K_a} \qquad \text{(近似式)}$$

c. 当同时满足 $c/K_a \geqslant 105$ 和 $cK_a \geqslant 10K_w$ 时，

$$[H^+]=\sqrt{cK_a} \qquad \text{(最简式)}$$

② 多元弱酸　若 $[H_2A]K_{a_1} \gg K_{a_2}$，可按一元弱酸近似处理，得：

$$[H^+]=\sqrt{K_{a_1}[H_2A]+K_w} \qquad \text{(近似式)}$$

当同时满足 $c/K_{a_1} \geqslant 105$ 和 $cK_{a_1} \geqslant 10K_w$ 时，

$$[H^+]=\sqrt{cK_{a_1}} \qquad \text{(最简式)}$$

对于弱碱，方法与弱酸相同。

③ 两性物质　当 $c/K_{a_1} \geqslant 10$ 和 $cK_{a_2} \gg 10K_w$ 时，

$$[H^+]=\sqrt{K_{a_1}K_{a_2}} \qquad \text{(最简式)}$$

④ 弱酸与其共轭碱的混合溶液

$$[H^+]=\frac{c_{HA}-[H^+]+[OH^-]}{c_{A^-}+[H^+]-[OH^-]}K_{a,HA} \qquad \text{(精确式)}$$

$$[H^+]=\frac{c_{HA}}{c_{A^-}}K_{a,HA} \qquad \text{(最简式)}$$

$$pH=pK_a-\lg(c_{HA}/c_{A^-})$$

上式为缓冲溶液 pH 值的计算公式。

(5) 酸碱缓冲溶液　酸碱缓冲溶液是一种对溶液的酸度起稳定作用的溶液。向溶液中加入少量的酸、碱或将溶液稍加稀释，溶液的酸度（pH 值）基本不变。由弱酸及其共轭碱组成的缓冲溶液：

$HA+H_2O \rightleftharpoons A^-+H_3O^+$，分析其 pH 的计算公式可知，溶液的 pH 值由 $[HA]/[A^-]$ 决定。

① 当加入少量酸时，平衡左移，减小 A^- 的浓度，使 $[HA]/[A^-]$ 增大，由于 H^+ 加入量小，浓度变化不大，$\lg([HA]/[A^-])$ 的变化极小，pH 值几乎不变。当加入碱时，类似。

② 当稀释时，两者浓度比几乎不变，pH 值不变。

③ 缓冲溶液有效缓冲 pH 值范围：$pK_a \pm 1$。

④ 缓冲溶液的缓冲能力（容量）与总浓度和 $[HA]/[A^-]$ 有关。

配制缓冲溶液时应注意三点：缓冲组分总浓度大；$[HA]/[A^-]=1$；pK_a 尽可能等于所需的 pH。

5.3　同步例题

例 1. 写出下列碱：（a）CH_3COOH，（b）HCO_3^-，（c）$N_2H_5^+$，（d）C_5H_5N，（e）OH^- 的共轭酸的化学式。

解题思路： 共轭酸是由碱获得一个质子而得到的。

解：（a）$CH_3COOH_2^+$，是在液态醋酸中加入强酸后所得，质子由羰基氧获得（$-C=O$）。

（b）H_2CO_3，质子由氧获得。注意：HCO_3^- 既可作为酸，也可作为碱。

（c）$N_2H_6^{2+}$。注意：碱也像酸一样可以是多元的。此例中，第二个质子是由 $N_2H_5^+$ 中的氮获得的，但非常困难。

（d）$C_5H_5NH^+$，质子由氮获得。

（e）H_2O。

例 2. 苯胺（$C_6H_5NH_2$）在水溶液中是一种弱碱，在下列哪一种溶剂中成为强碱？（a）液氨，（b）甲醇，（c）醋酸，（d）乙二胺。

解题思路： 选择的溶剂酸性应比水强。

解：（a）液氨和（d）乙二胺为碱性溶剂，（b）甲醇与水一样为两性溶剂，而（c）醋酸为酸性溶剂，其酸性显著地比水强，因此在醋酸溶剂中，苯胺就是强碱。

例 3. 在生理温度 37℃时，$K_w=2.4\times10^{-14}$，计算在该温度下水的中性点的 pH 值。

解题思路： 中性水溶液中 $[H^+]=[OH^-]$

解： $[H^+][OH^-]=K_w=2.4\times10^{-14}$，得 $[H^+]=1.55\times10^{-7}\,mol\cdot L^{-1}$

$$pH=-\lg(1.55\times10^{-7})=6.81$$

例 4. $0.020\,mol\cdot L^{-1}$ 的苯甲酸溶液中 $[H^+]=1.1\times10^{-3}\,mol\cdot L^{-1}$，则其 K_a 为多少？

解题思路： 酸性溶液中可以忽略水解离产生的 $[H^+]$

解法（一）： 苯甲酸解离方程式为 $C_6H_5COOH \rightleftharpoons H^+ + C_6H_5COO^-$

$$[H^+]=[C_6H_5COO^-]=1.1\times10^{-3}\,mol\cdot L^{-1}$$

$$[C_6H_5COOH]=(0.020-1.1\times10^{-3})\,mol\cdot L^{-1}=0.019\,mol\cdot L^{-1}$$

$$K_a=\frac{[H^+][C_6H_5COO^-]}{[C_6H_5COOH]}=\frac{(1.1\times10^{-3})^2}{0.019}=6.4\times10^{-5}$$

解法（二）：已知弱酸的初始浓度 c 及达平衡时 $[H^+]$，可先用一元弱酸计算 $[H^+]$ 的最简式计算 K_a，然后再验证使用最简式是否合理。

由 $[H^+]=\sqrt{cK_a}$，解得 $K_a=6.05\times10^{-5}$

验证：因 $cK_a>10K_w$，$c/K_a>105$，所以用最简式计算是可行的。

两种方法算出的 K_a 有差异，同学们要能够分析产生差异的原因。

例 5. 25℃时，$0.0100mol\cdot L^{-1}$ 氨溶液有 4.1%解离，计算：(a) NH_4^+ 的浓度；(b) 氨分子的浓度；(c) 氨的解离常数 K_b；(d) 溶液的 pH 值；(e) 1L 上述溶液中加入 0.0090mol NH_4Cl 后 OH^- 的浓度。

解：$NH_3+H_2O \rightleftharpoons OH^-+NH_4^+$

(a) $[OH^-]=c\alpha=0.041\times0.0100mol\cdot L^{-1}=0.00041mol\cdot L^{-1}=4.1\times10^{-4}mol\cdot L^{-1}$

$[NH_4^+]=[OH^-]=0.00041mol\cdot L^{-1}$

(b) $[NH_3]=0.0100mol\cdot L^{-1}-0.00041mol\cdot L^{-1}=0.0096mol\cdot L^{-1}$

(c) $K_b=[NH_4^+][OH^-]/[NH_3]=(0.00041)^2/0.0096=1.75\times10^{-5}$

(d) $[H^+]=K_w/[OH^-]=1.00\times10^{-14}/4.1\times10^{-4}=2.4\times10^{-11}mol\cdot L^{-1}$

$pH=-\lg[H^+]=10.62$

(e) 加入 NH_4Cl 后形成缓冲溶液，则

$[OH^-]=K_b[NH_3]/[NH_4^+]=1.75\times10^{-5}\times0.0100/0.0090=1.94\times10^{-5}mol\cdot L^{-1}$

例 6. 已知草酸的 K_{a_1} 和 K_{a_2} 分别是 5.6×10^{-2} 和 1.6×10^{-4}，则 pH 值为 4.00 的 $0.0050mol\cdot L^{-1}$ 的草酸溶液中 $C_2O_4^{2-}$ 和 $HC_2O_4^-$ 的分布系数及平衡浓度分别为多少？

解题思路：在确定的酸碱体系中，已知 pH 值则可以求算各种酸碱体系的分布系数 δ。

解：$pH=4.00$，$[H^+]=1.0\times10^{-4}mol\cdot L^{-1}$

$\Delta=[H^+]^2+K_{a_1}[H^+]+K_{a_1}K_{a_2}$

$=(1.0\times10^{-4})^2+1.0\times10^{-4}\times5.6\times10^{-2}+5.6\times10^{-2}\times1.6\times10^{-4}=1.456\times10^{-5}$

$\delta_0=[C_2O_4^{2-}]/c=K_{a_1}K_{a_2}/\Delta=8.96\times10^{-6}/1.456\times10^{-5}=0.62$

$[C_2O_4^{2-}]=c\delta_0=0.0050\times0.62=0.0031mol\cdot L^{-1}$

$\delta_1=[HC_2O_4^-]/c=K_{a_1}[H^+]/\Delta=5.6\times10^{-6}/1.456\times10^{-5}=0.38$

$[HC_2O_4^-]=c\delta_1=0.0050\times0.38=0.0019mol\cdot L^{-1}$

例 7. 当 $0.00100mol\cdot L^{-1}$ 的 Na_2CO_3 溶液水解反应达平衡后，$[CO_3^{2-}]$ 为多少？已知 H_2CO_3 的 K_{a_1} 和 K_{a_2} 分别是 4.5×10^{-7} 和 4.7×10^{-11}。

解题思路：酸碱体系中计算 pH 值时，要进行判别以确定应当使用的计算公式。

解：$CO_3^{2-}+H_2O \rightleftharpoons HCO_3^-+OH^-$

$CO_3^{2-}: K_{b_1}=K_w/K_{a_2}=1.00\times10^{-14}/4.7\times10^{-11}=2.13\times10^{-4}$

$K_{b_2}=K_w/K_{a_1}=1.00\times10^{-14}/4.5\times10^{-7}=2.22\times10^{-8}$

$cK_{b_1}=0.00100\times2.13\times10^{-4}>10K_w$

$$2K_{b_2}/[OH^-]\approx2K_{b_2}/\sqrt{cK_{b_1}}=\frac{2\times2.22\times10^{-8}}{\sqrt{0.00100\times2.13\times10^{-4}}}\ll1$$

而 $c/K_{b_1}=0.00100/2.13\times10^{-4}=4.69<105$

故使用近似式计算，即 $[OH^-]=\sqrt{K_{b_1}(c-[OH^-])}$

$$[OH^-]=\frac{-K_{b_1}+\sqrt{K_{b_1}^2+4cK_{b_1}}}{2}=3.7\times10^{-4}mol\cdot L^{-1}$$

$[HCO_3^-]=[OH^-]$

$[CO_3^{2-}]=1.00\times10^{-3}-3.7\times10^{-4}=6.3\times10^{-4}\text{mol·L}^{-1}$

该题也可用分布系数法计算，请同学自己演练。

例 8. 用足量的水溶解 0.0200mol 丙酸及 0.0150mol 丙酸钠，并将其稀释成 1L 的体积，就得到缓冲溶液，计算此缓冲溶液的 pH 值。如果把 1.0×10^{-5}mol HCl 加入 10mL 缓冲溶液中，pH 值改变多少？如果把 1.0×10^{-5}mol NaOH 加入 10mL 缓冲溶液中，pH 值改变多少？已知丙酸的 $K_a=1.34\times10^{-5}$。

解： $pH=pK_a-\lg(c_a/c_b)$

此缓冲溶液 $pH=-\lg(1.34\times10^{-5})-\lg(0.0200/0.0150)=4.75$

把 1.0×10^{-5}mol HCl 加入 10mL 缓冲溶液中

$$n_{HA}=0.0200\times10+1.0\times10^{-5}\times10^3=0.210\text{mmol}$$

$$n_{A^-}=0.0150\times10-1.0\times10^{-5}\times10^3=0.140\text{mmol}$$

在同一溶液中 $c_{HA}/c_{A^-}=n_{HA}/n_{A^-}$

$$pH=-\lg(1.34\times10^{-5})-\lg(0.0210/0.0140)=4.70$$

$$\Delta pH=4.70-4.75=-0.05$$

把 1.0×10^{-5}mol NaOH 加入 10mL 缓冲溶液中

$$n_{HA}=0.0200\times10-1.0\times10^{-5}\times10^3=0.190\text{mmol}$$

$$n_{A^-}=0.0150\times10+1.0\times10^{-5}\times10^3=0.160\text{mmol}$$

$$pH=-\lg(1.34\times10^{-5})-\lg(0.0190/0.0160)=4.80$$

$$\Delta pH=4.80-4.75=+0.05$$

5.4 习题选解

2. 已知某温度下，0.1mol·L^{-1} $NH_3·H_2O$ 溶液的 pH 值为 11.13，求氨水的 K_b。

解： $pOH=14.00-pH=2.87$

$$[OH^-]=10^{-2.87}\text{mol·L}^{-1}$$

解法一： $\alpha=[OH^-]/c=10^{-2.87}/10^{-1.0}=10^{-1.87}<0.05$　　可作近似计算

$$K_b=c\alpha^2=10^{-1.0}\times10^{-1.87\times2}=10^{-4.74}$$

解法二： 已知 $[OH^-]=(cK_b)^{\frac{1}{2}}$，故

$$K_b=[OH^-]^2/c=10^{-2.87\times2}/10^{-1.0}=10^{-4.74}$$

验证： 因 $cK_b>10K_w$，$c/K_b>105$，所以，用最简式计算是可行的。

3. 已知某温度下 HClO 的 $K_a=3.5\times10^{-8}$，计算 0.05mol·L^{-1} HClO 溶液中的 $[H^+]$ 及解离度 α。

解： $c/K_a=0.05/(3.5\times10^{-8})>105$，$cK_a=0.05\times3.5\times10^{-8}>10K_w$　　可用最简式计算 $[H^+]$。

$$[H^+]=\sqrt{cK_a}=\sqrt{0.05\times3.5\times10^{-8}}=4.2\times10^{-5}\text{mol·L}^{-1}$$

$$\alpha=[H^+]/c=4.2\times10^{-5}/0.05=8.4\times10^{-4}=0.084\%$$

5. 已知 0.01mol·L^{-1} $NaNO_2$ 溶液的 $[H^+]=2.1\times10^{-8}\text{mol·L}^{-1}$。计算：

(1) NO_2^- 的碱常数（即水解常数）；(2) HNO_2 的酸常数；(3) $NaNO_2$ 的解离度。

解： (1) $NO_2^-+H_2O \rightleftharpoons HNO_2+OH^-$

$$K_{b,NO_2^-}=K_h=[OH^-][HNO_2]/[NO_2^-]$$

忽略水的质子自递反应，则：

$$K_h=\frac{[OH^-]^2}{[NO_2^-]}=\frac{(4.76\times10^{-7})^2}{0.01-4.76\times10^{-7}}=2.3\times10^{-11}$$

（2）HNO_2 的酸常数 $K_a = K_w / K_b = 1.0\times10^{-14}/2.3\times10^{-11} = 4.3\times10^{-4}$

（3）$NaNO_2$ 的解离度即 NO_2^- 的水解度

$$\alpha_h = [OH^-]/c = 4.76\times10^{-7}/10^{-2.0} = 4.76\times10^{-5} = 0.0048\%$$

10. 已知室温下 H_2CO_3 饱和溶液的浓度为 $0.034mol\cdot L^{-1}$，求此溶液的 pH 值及 CO_3^{2-} 浓度。假定 CO_2 在 $0.01mol\cdot L^{-1}$ HCl 溶液中的溶解度近似于在纯水中的溶解度，计算此时 H_2CO_3 溶液的 CO_3^{2-} 浓度降低为上述饱和溶液的百分之几？（H_2CO_3 的 $K_{a_1} = 4.5\times10^{-7}$，$K_{a_2} = 4.7\times10^{-11}$）

解法一：分布系数法

因 $cK_{a_1} = 0.034\times4.5\times10^{-7} > 10K_w$，$c/K_{a_1} > 105$，可用最简式计算碳酸饱和溶液的 $[H^+]$：

$[H^+] = \sqrt{cK_{a_1}} = \sqrt{0.034\times4.5\times10^{-7}} = 1.24\times10^{-4}$

pH=3.91

当 pH=3.91 时，CO_3^{2-} 的分布系数为

$$\delta_0 = \frac{K_{a_1}K_{a_2}}{[H^+]^2 + K_{a_1}[H^+] + K_{a_1}K_{a_2}} = 1.38\times10^{-9}$$

CO_3^{2-} 的平衡浓度 $[CO_3^{2-}] = c\delta_0 = 0.034\times1.38\times10^{-9} = 4.7\times10^{-11}(mol\cdot L^{-1})$

在 $0.01mol\cdot L^{-1}$ HCl 溶液中时，pH=2.0，此时

$$\delta_0 = \frac{K_{a_1}K_{a_2}}{[H^+]^2 + K_{a_1}[H^+] + K_{a_1}K_{a_2}} = 2.12\times10^{-13}$$

总浓度不变时，CO_3^{2-} 的平衡浓度之比即为其分布系数之比：

$\frac{1.38\times10^{-9}}{2.12\times10^{-13}} = 6.5\times10^3$，即在 $0.01mol\cdot L^{-1}$ HCl 溶液中 CO_3^{2-} 浓度降低了 6500 倍。

解法二：多重平衡规则

$H_2CO_3 \rightleftharpoons HCO_3^- + H^+$ $\quad K_{a_1} = 4.5\times10^{-7}$

$HCO_3^- \rightleftharpoons CO_3^{2-} + H^+$ $\quad K_{a_2} = 4.7\times10^{-11}$

总反应为：$H_2CO_3 \rightleftharpoons CO_3^{2-} + 2H^+$ $\quad K = K_{a_1}K_{a_2}$

$$K_{a_1}K_{a_2} = \frac{[CO_3^{2-}][H^+]^2}{[H_2CO_3]}$$

$$[CO_3^{2-}] = \frac{K_{a_1}K_{a_2}[H_2CO_3]}{[H^+]^2} \approx \frac{K_{a_1}K_{a_2}c}{cK_{a_1}} = K_{a_2} = 4.7\times10^{-11}(mol\cdot L^{-1})$$

CO_2 溶解于 $0.01mol\cdot L^{-1}$ HCl 溶液中时：

$$[CO_3^{2-}] = \frac{K_{a_1}K_{a_2}[H_2CO_3]}{[H^+]^2} \approx \frac{K_{a_1}K_{a_2}c}{0.01^2} = \frac{4.5\times10^{-7}\times4.7\times10^{-11}\times0.034}{0.01^2}$$

$$= 7.2\times10^{-15}(mol\cdot L^{-1}) \quad \frac{4.7\times10^{-11}}{7.2\times10^{-15}} = 6.5\times10^3$$

即在 $0.01mol\cdot L^{-1}$ HCl 溶液中 CO_3^{2-} 浓度降低了 6500 倍。

17. 计算 $0.05mol\cdot L^{-1}$ K_2HPO_4 溶液的 pH 值。

解：H_3PO_4 $\quad pK_{a_1} = 2.16 \quad pK_{a_2} = 7.21 \quad pK_{a_3} = 12.32$

K_2HPO_4 为两性物质

$$[HPO_4^{2-}] \approx c，[H^+] = \sqrt{\frac{K_{a_2}(cK_{a_3} + K_w)}{K_{a_2} + c}} = \sqrt{\frac{cK_{a_3} + K_w}{1 + c/K_{a_2}}}$$

$$cK_{a_3}=0.05\times10^{-12.32}=2.4\times10^{-14}<10K_w，因此 K_w 不能忽略$$

$$c/K_{a_2}=0.05/10^{-7.21}=8.1\times10^5\gg10，因此 1 可以忽略$$

可使用近似式计算

$$[H^+]=\sqrt{\frac{cK_{a_3}+K_w}{c/K_{a_2}}}=\sqrt{\frac{2.4\times10^{-14}+1\times10^{-14}}{8.1\times10^5}}=2.05\times10^{-10}\quad pH=9.69$$

如果直接用最简式计算，即 $[H^+]=\sqrt{K_{a_2}K_{a_3}}$，$pH=\frac{1}{2}(pK_{a_2}+pK_{a_3})=9.76$

计算结果相差不大。所以，在准确度要求不高的情况下，对于两性物质溶液，其 pH 值的计算可直接用最简式。

23. 某一元弱酸与 36.12mL 0.100mol·L^{-1}的 NaOH 溶液中和，两者物质的量相等。此时再加入 18.06mL 0.100mol·L^{-1}的 HCl 溶液，测得溶液的 pH 值为 4.92。计算该弱酸的解离常数。

解：设一元弱酸化学式为 HA

中和反应生成 NaA，　$n_{NaA}=36.12\times0.100=3.612(mmol)$

再加 HCl 溶液　$n_{NaA}=3.612-18.06\times0.100=1.806(mmol)$

$n_{HA}=18.06\times0.100=1.806(mmol)$

因为 $n_{NaA}=n_{HA}$　　所以 $pK_a=pH=4.92$

得 $K_a=10^{-4.92}=1.2\times10^{-5}$

5.5 思考题

5-1 是非题

(1) 已知 HOAc 和 HCN 的 pK_a 分别为 4.76 和 9.21，其共轭碱的碱性强弱顺序是 $OAc^->CN^-$。

(2) 中和 0.1mol·L^{-1}的 HCl 10.0mL 和 0.1mol·L^{-1}的 HOAc 10.0mL，所需 0.1mol·L^{-1}的 NaOH 溶液的体积相同。

(3) 相同温度下，纯水或 0.1mol·L^{-1} HCl 或 0.1mol·L^{-1} NaOH 体系中，$[H^+]$ 与 $[OH^-]$ 的乘积都相等。

(4) 已知 HOAc 的 K_a 是 1.75×10^{-5}，NH_3 的 K_b 是 1.75×10^{-5}，则0.0100mol·L^{-1}的 NH_4OAc 的 pH 值为 7.00。

(5) 根据稀释定律，弱酸溶液越稀，其解离度就越大，故溶液中 $[H^+]$ 也越大。

(6) 两种酸 HX 和 HY 的水溶液具有相同的 pH 值，则这两种酸的浓度必然相等。

(7) H_3PO4_4 是三元酸，在水溶液中有三级解离平衡。达平衡时，H_3PO_4 有三种存在形式。

(8) 弱酸或弱碱的解离常数 K_i 只与溶液温度有关，而与其浓度无关。

(9) 0.2mol·L^{-1}的 HOAc 和 0.2mol·L^{-1}的 NaOH 溶液等体积混合，混合溶液是缓冲溶液。

(10) 将缓冲溶液无限稀释时，其 pH 值基本不变。

5-2 选择题

(1) 0.2mol·L^{-1}的甲酸溶液中有 3.2%的甲酸解离，则甲酸的酸常数为（　　）

A. 1.25×10^{-6}　B. 4.8×10^{-5}　C. 2.05×10^{-4}　D. 9.6×10^{-3}

(2) HOAc 在下列溶剂中解离常数最大的是（　）。

A. 液氨　B. 液态 HF　C. H_2O　D. CCl_4

(3) 0.020mol·L^{-1}的苯甲酸溶液中 $[H^+]=1.1\times10^{-3}$ mol·L^{-1}，其解离方程式为 $C_6H_5COOH \rightleftharpoons H^+ + C_6H_5COO^-$，则其 $K_a=$（　）。

A. 1.21×10^{-6}　B. 5.5×10^{-5}　C. 6.1×10^{-6}　D. 6.4×10^{-5}

(4) 设氨水的解离常数为 K_b。浓度为 c 的氨水溶液，将其用水稀释一倍，则溶液中 OH^- 的浓度为（　）mol·L^{-1}。

A. $0.5c$　B. $0.5(cK_b)^{\frac{1}{2}}$　C. $(0.5cK_b)^{\frac{1}{2}}$　D. $2c$

(5) 已知 H_2S 的 $K_{a_1}=8.9\times10^{-8}$，$K_{a_2}=1.0\times10^{-19}$，则浓度为 0.050mol·L^{-1}的 H_2S 溶液的 $[S^{2-}]$ 为（　）mol·L^{-1}。

A. 1.0×10^{-7}　B. 8.9×10^{-8}　C. 6.0×10^{-15}　D. 1.0×10^{-19}

(6) 5.0×10^{-8}mol·L^{-1}盐酸和 5.0×10^{-10}mol·L^{-1}盐酸的 pH 值各为多少？（　）

A. 6.89，7.00　B. 7.30，9.30　C. 7.00，7.00　D. 6.11，6.99

(7) 0.1mol·L^{-1} $NaHCO_3$溶液的 pH 约为（　）。已知 H_2CO_3的 pK_{a_1}和 pK_{a_2}分别为 6.35 和 10.33。

A. 6.35　B. 7.51　C. 8.34　D. 10.33

(8) 已知草酸的 pK_{a_1}和 pK_{a_2}分别为 1.25 和 3.81，则在 pH 为 5.0 的草酸溶液中，主要的型体为（　）

A. $H_2C_2O_4$　B. $HC_2O_4^-$　C. $C_2O_4^{2-}$　D. 无法确定

(9) 下列各组溶液中，能用于配制缓冲溶液的是（　）。

A. HCl 和 NH_4Cl　B. NaOH 和 HCl

C. HF 和 NaOH　D. NaOH 和 NaCl

(10) 欲配制 pH=9.00 的缓冲溶液，最好应选用（　）。

A. $NaHCO_3$-Na_2CO_3　B. NaH_2PO_4-Na_2HPO_4

C. HOAc-NaOAc　D. $NH_3\cdot H_2O$-NH_4Cl

5-3　填空题

(1) 根据酸碱质子理论，NH_4^+ 是______，其共轭______是______；CO_3^{2-} 是______，其共轭______是______。酸碱反应的实质是______________。

(2) 写出下列酸：HCN，HCO_3^-，$N_2H_5^+$，C_2H_5OH，HNO_3 的共轭碱的化学式：______________________________。

(3) 写出下列碱：$H_2BO_3^-$，HCO_3^-，$N_2H_5^+$，C_5H_5N，OH^- 的共轭酸的化学式：______________________________。

(4) 25℃ 时，0.0100mol·L^{-1} 氨溶液有 4.1% 解离，则氨水中氨分子的浓度为__________，氨水的解离常数 K_b=__________。

(5) 解离度为 4.1%的 0.0100mol·L^{-1}乙酸溶液中的 $[OH^-]$ 为______________。

(6) 当醋酸的初始浓度为______时，$[H^+]$ 等于 3.5×10^{-4} mol·L^{-1}。已知醋酸的 $K_a=1.75\times10^{-5}$。

(7) 在0.100mol·L^{-1} HOAc 和 0.050mol·L^{-1} HCl 混合溶液中，$[H^+]$ 为__________，$[OAc^-]$ 为____________。已知 HOAc 的 $K_a=1.75\times10^{-5}$。

(8) 某人胃液的 $[H^+]=4\times10^{-2}$mol·L^{-1}，其 pH=____；人体血液的 $[H^+]=4\times$

10^{-8}mol·L^{-1}，其 pH=______。

(9) 已知 H_3PO_4 的 $pK_{a_1}=2.16$、$pK_{a_2}=7.21$、$pK_{a_3}=12.32$，则在 pH 为 7.0 的 0.1mol·L^{-1} H_3PO_4溶液中，$H_2PO_4^-$ 的分布系数为______、HPO_4^{2-} 的分布系数为______。

(10) 在 0.06mol·L^{-1}醋酸溶液中，加入一定量的醋酸钠晶体，使其浓度达 0.2mol·L^{-1}，则溶液中 [H^+] 为______。已知醋酸的 $K_a=1.75\times10^{-5}$。

5-4 请推导磷酸溶液中计算 [H^+] 的精确式、近似式、最简式及其使用条件（忽略水的解离）。

自我检测题

5-1 是非题

(1) 苯胺（$C_6H_5NH_2$）在醋酸溶剂中是强碱。

(2) 根据 pK_a 的大小可判断酸的强弱，pK_a 越大，酸越强。

(3) 相同温度下，HCl 溶液中的 [H^+] 与 [OH^-] 的乘积大于 NaOH 溶液中 [H^+] 与 [OH^-] 的乘积。

(4) 多元弱酸的 $K_{a_1}>K_{a_2}$。

(5) 当温度一定时，某种酸的分布系数仅是 pH 值的函数。

5-2 选择题

(1) 在稀 HOAc 溶液中，加入等物质量的固体 NaOAc，在混合溶液中不变的量是（　）。

A. pH 值　　B. OH^- 的浓度　　C. 解离常数　　D. 解离度

(2) 下列说法正确的是（　）。

A. 盐溶液的活度通常比它的浓度大

B. 配制 pH=5 的缓冲体系，最好选 pK_a 约为 5 的酸及其盐

C. 在任意溶剂中，共轭酸碱对的 $K_aK_b=K_w$

D. 加入一种相同的离子到弱酸溶液中，弱酸的解离度增加

(3) 氨在下列溶剂中的解离常数最大的是（　）。

A. 冰醋酸　　B. NaOH 溶液　　C. H_2O　　D. CCl_4

(4) 在液氨中，NH_4^+ 和 NH_2^- 的平衡浓度为 1.0×10^{-15} mol·L^{-1}，液氨的离子积 K_s 为（　）。

A. 1.0×10^{-15}　　B. 1.0×10^{-14}　　C. 1.0×10^{-30}　　D. 2.0×10^{-8}

(5) 某温度下，0.10mol·L^{-1}的弱酸 HA，平衡时的解离度为 2.0%，则该弱酸的 K_a 值为（　）。

A. 2.1×10^{-3}　　B. 2.0×10^{-5}　　C. 4.0×10^{-5}　　D. 5.0×10^{-4}

5-3 (1) 在 20mL 0.1mol·L^{-1} HCl 溶液中加入 10mL 0.1mol·L^{-1} $NH_3\cdot H_2O$，求溶液的 pH；

(2) 在 20mL 0.1mol·L^{-1} HCl 溶液中加入 30mL 0.1mol·L^{-1} $NH_3\cdot H_2O$，求溶液的 pH。

5-4 将 0.050mol 甲酸及 0.060mol 甲酸钠溶于足量的水中制得 1L 缓冲溶液，已知甲酸的 $K_a=1.8\times10^{-4}$，计算溶液的 pH 值。如果将此溶液稀释 10 倍，其 pH 值为多少？如果将上述已稀释的溶液再稀释 10 倍，其 pH 值为多少？

5-5 计算 1.0mol·L^{-1} Na_3PO_4 溶液的 pH 值。

5-6 酸（或碱）的强弱，不仅与酸（或碱）本身的性质有关，还与溶剂的酸碱性有关。所以，在不同的条件下，“强酸可以变弱酸，弱酸可以变强酸，酸可以变成碱，碱可以变成酸”。试讨论这一现象的思想内涵。

思考题参考答案

5-1 是非题

（1）错　（2）对　（3）对　（4）对　（5）错

（6）错　（7）错　（8）对　（9）错　（10）错

5-2 选择题

（1）C　（2）A　（3）D　（4）C　（5）D　（6）A　（7）C

（8）C　（9）C　（10）D

5-3 填空题

（1）酸　碱　NH_3　碱　酸　HCO_3^-　质子传递过程

（2）CN^-　CO_3^{2-}　N_2H_4　$C_2H_5O^-$　NO_3^-

（3）H_3BO_3　H_2CO_3　$N_2H_6^{2+}$　$C_5H_5NH^+$　H_2O

（4）$0.0096mol\cdot L^{-1}$　1.75×10^{-5}

（5）$2.4\times10^{-11}mol\cdot L^{-1}$　（6）$7.0\times10^{-3}mol\cdot L^{-1}$

（7）$0.050mol\cdot L^{-1}$　$3.5\times10^{-5}mol\cdot L^{-1}$　（8）1.4　7.4

（9）0.62　0.38　（10）$5.25\times10^{-6}mol\cdot L^{-1}$

5-4 **解答思路：**首先写出磷酸水溶液的质子条件，然后将相应的平衡常数式带入、整理，得到计算$[H^+]$的精确式。经过合理的近似，即可得到计算$[H^+]$的近似式和最简式。

自我检测题参考答案

5-1 是非题

（1）对　（2）错　（3）错　（4）对　（5）对

5-2 选择题

（1）C　（2）B　（3）A　（4）C　（5）C

5-3 **解：**（1）反应达平衡时，溶液为由剩余的 HCl 和反应生成的 NH_4Cl 组成的混酸体系。此时，溶液中氢离子浓度主要考虑剩余 HCl 的贡献。HCl 的浓度为：

$c=\dfrac{10\times0.1}{30}=0.0333mol\cdot L^{-1}$，$[H^+]=0.0333mol\cdot L^{-1}$，pH=1.48

（2）反应达平衡时，溶液为由剩余的 NH_3 和反应生成的 NH_4Cl 组成的缓冲体系。此时，$n(NH_3)=10\times0.1=1mmol\cdot L^{-1}$，$n(NH_4^+)=20\times0.1=2mmol\cdot L^{-1}$，则：

$$[H^+]=K_{a,NH_4^+}\frac{n_{NH_4^+}}{n_{NH_3}}=\frac{K_w n_{NH_4^+}}{K_{b,NH_3}n_{NH_3}}=\frac{10^{-14}\times2}{1.8\times10^{-5}\times1}=1.11\times10^{-9}(mol\cdot L^{-1})$$

pH=8.95

5-4 **解：**此缓冲溶液 $pH=pK_a-\lg(c_{HA}/c_{A^-})$

$$=-\lg(1.8\times10^{-4})-\lg(0.050/0.060)=3.82$$

稀释10倍：　$HCOOH \rightleftharpoons H^+ + HCOO^-$

平衡时：　$0.0050-x$　　x　　$0.0060+x$

$$K_a=[H^+][HCOO^-]/[HCOOH]$$

$$1.8\times10^{-4}=x\times(0.0060+x)/(0.0050-x)$$

解得：$x=1.4\times10^{-4}\text{mol}\cdot\text{L}^{-1}$，$pH=-\lg(1.4\times10^{-4})=3.85$

再稀释10倍：　$HCOOH \rightleftharpoons H^+ + HCOO^-$

平衡时：　　$0.00050-y$　　y　　$0.00060+y$

$$K_a=[H^+][HCOO^-]/[HCOOH]$$

$$1.8\times10^{-4}=y\times(0.00060+y)/(0.00050-y)$$

解得：$y=1.0\times10^{-4}\text{mol}\cdot\text{L}^{-1}$，$pH=-\lg(1.0\times10^{-4})=4.00$

5-5　解：$1.0\text{mol}\cdot\text{L}^{-1}$ Na_3PO_4 溶液中

PO_4^{3-}：　$pK_{b_1}=1.68$　$pK_{b_2}=6.79$　$pK_{b_3}=11.84$

$cK_{b_1}=1.00\times10^{-1.68}>10K_w$，$c/K_{b_1}=1.00/10^{-1.68}<105$

可使用近似式计算：

$$[OH^-]=\sqrt{K_{b_1}(c-[OH^-])}$$

$$[OH^-]=[-K_{b_1}+\sqrt{K_{b_1}^2+4cK_{b_1}}]/2$$

$$=[-10^{-1.68}+\sqrt{10^{-1.68\times2}+4\times1.00\times10^{-1.68}}]/2=0.134(\text{mol}\cdot\text{L}^{-1})$$

$pOH=0.87$　$pH=13.13$

5-6　解题思路：“相对的思想”，事物都是相对的，而不是绝对的；“具体问题具体分析的思想”，等等。

第6章 沉淀反应

6.1 基本要求

了解沉淀-溶解平衡，掌握溶度积规则；理解溶解度的定义，掌握影响溶解度的因素和计算方法；理解同离子效应和盐效应；掌握分步沉淀及沉淀的转化；掌握溶液中其他化学反应对沉淀反应的影响（酸碱反应、阴离子的水解和配位反应）。

了解活度和活度系数的概念；了解沉淀反应的应用：硫化物沉淀分离法、氢氧化物沉淀分离法。

重点：会用溶度积规则判断沉淀的产生、溶解；定量计算溶液中其他反应对沉淀溶解平衡的影响。

难点：副反应存在时，有关沉淀溶解平衡系统的计算。

6.2 内容概要

6.2.1 溶度积

(1) 沉淀-溶解平衡　电解质按其溶解度的大小，可分为易溶电解质和难溶（微溶）电解质两大类。在一定温度下，将电解质放入水中，电解质晶格表面上的离子会脱离表面而进入溶液中，成为水合离子，这一过程称为溶解；另一方面，溶液中的离子会相互结合而从溶液中析出回到晶格表面，这一过程称为沉淀。当两者的速度相等时，达到平衡，称为沉淀-溶解平衡。

(2) 溶度积　设 A_mB_n 为一难溶的电解质

$$A_mB_n(s) \rightleftharpoons mA^{n+} + nB^{m-} \quad K^{\ominus} = K_{sp} = [A^{n+}]^m[B^{m-}]^n = f(T)$$

K_{sp}称为溶度积常数，简称溶度积。严格地讲，K_{sp}应是活度积，即：

$$K_{sp} = a^m(A^{n+})a^n(B^{m-})$$

对于难溶电解质，其饱和溶液中离子的浓度是很低的，溶液的离子强度（I）也很小，这时活度积和浓度积差别很小，一般不予区分。

当难溶电解质溶液中有大量的其他强电解质时，溶液的离子强度增加，活度系数减小，这时会显著地影响难溶电解质的溶解度，这种现象称为盐效应。为了简便，除盐效应以外，不再强调活度积与浓度积的区别。

6.2.2 沉淀的生成和溶解——溶度积规则

根据 $\Delta_r G_m = -RT\ln K_{sp} + RT\ln J_c$，其中 J_c 为浓度商，用浓度积 Q 表示。

当 $Q < K_{sp}$时，为不饱和溶液，无沉淀析出或沉淀溶解。

当 $Q > K_{sp}$时，为过饱和溶液，有沉淀析出，直到达到新的平衡。

当 $Q = K_{sp}$时，为饱和溶液，无沉淀析出也无沉淀溶解，达平衡。以上三点称为溶度积规则，是判断沉淀生成和溶解的判据。溶度积规则只适用于难溶电解质。

6.2.3 影响沉淀-溶解平衡的因素

溶解度：在一定的温度下，某溶质在一定量的溶剂中溶解达平衡时溶解的量。溶解度有多种表示方法，常用的有100g溶剂中可溶解的溶质的质量或每升溶液中所含溶质的物质的量。影响溶解度的因素有很多，如沉淀的组成、晶粒大小、晶粒结构、温度、介质以及同离子效应、盐效应等。

(1) 同离子效应和盐效应 溶液中含有与难溶电解质相同的阳（阴）离子时，会使难溶电解质的溶解度降低。这种因加入含有共同离子的强电解质而使难溶电解质的溶解度降低的效应，称为同离子效应。实际工作中，含有共同离子的强电解质称为沉淀剂。

另一方面，强电解质的加入会使难溶电解质的溶解度增大，这种现象称为盐效应。产生盐效应的原因是离子的活度系数减小。

加入含有共同离子的沉淀剂时两种效应都存在，加入沉淀剂，适量时主要表现为同离子效应，过量时盐效应不能忽略。

(2) 酸碱反应对沉淀反应的影响 对难溶电解质MA，根据溶度积的定义，$K_{sp}=[M^{n+}][A^{n-}]$，若溶液中有其他离子或化学反应存在，都可能对沉淀-溶解平衡产生影响。

① 酸效应 溶液酸度对难溶电解质溶解度的影响称为酸效应。在酸性溶液中 H^+ 与阴离子的中和反应，使溶液中 $[A^{n-}]$ 降低，从而使平衡向溶解方向移动，MA的溶解度增加。

② 水解效应 阴离子 A^{n-} 在碱性水溶液中可能发生水解反应，导致 $[A^{n-}]$ 降低，MA的溶解度增加。以难溶硫化物中 S^{2-} 的水解为例：

$$S^{2-}+H_2O \rightleftharpoons HS^-+OH^- \qquad K_{b_1}$$

$$HS^-+H_2O \rightleftharpoons H_2S+OH^- \qquad K_{b_2}$$

水解的结果，会使 S^{2-} 的浓度发生变化，从而使沉淀平衡移动。同时水解产生的 OH^- 也会带来溶液pH值的变化，其影响要根据 K_{sp} 的大小决定。若溶解度大，S^{2-} 水解会使pH值增大，则必须加以考虑。而 S^{2-} 的 $K_{b_2} \ll K_{b_1}$，因而只考虑一级水解。

6.2.4 沉淀的转化和分步沉淀

(1) 沉淀的转化 由一种沉淀转化为另一种沉淀的过程称为沉淀的转化。一般来说，溶解度大的沉淀易转化为溶解度小的沉淀，但当溶解度小的沉淀在有较多量的沉淀剂的情况下也会使沉淀发生转化。

(2) 分步沉淀 同一种沉淀剂使不同的离子先后沉淀的现象称为分步沉淀。分步沉淀的原理是溶度积规则。通过比较溶度积的大小可判断是否生成沉淀，并判断沉淀的先后次序。

6.2.5 沉淀分离法简介

利用沉淀反应将混合物各组分彼此分离的方法称为沉淀分离法。

6.3 同步例题

例1. 计算AgCl在纯水和 $0.01mol \cdot L^{-1}$ HNO_3 溶液中的溶解度。[$K_{sp}(AgCl)=1.77\times10^{-10}$]

解： 设AgCl在纯水中的溶解度为 s，因溶解的AgCl基本上都以解离形式存在，因此可以忽略固有溶解度。

故 $[Ag^+]=s$，$[Cl^-]=s$

$$K_{sp}(AgCl)=[Ag^+][Cl^-]=s^2$$

$$s=\sqrt{K_{sp}(AgCl)}=\sqrt{1.77\times10^{-10}}=1.33\times10^{-5}(mol\cdot L^{-1})$$

因 AgCl 为强酸盐，若不计离子强度的影响，其溶解度将不受酸的影响，所以 AgCl 在 $0.01mol\cdot L^{-1}$ HNO_3 溶液中的溶解度与其在纯水中的溶解度相同，为 $1.33\times10^{-5}mol\cdot L^{-1}$。

例 2. 试问在 100mL pH=10.0、$[PO_4^{3-}]=0.0010mol\cdot L^{-1}$ 的磷酸盐溶液中能溶解多少克 $Ca_3(PO_4)_2$？已知 $Ca_3(PO_4)_2$ 的溶度积 $K_{sp}=2.07\times10^{-29}$，$M[Ca_3(PO_4)_2]=310.18\ g\cdot mol^{-1}$。

解： 因题中已指定 $[PO_4^{3-}]$ 为 $0.0010mol\cdot L^{-1}$，故不需考虑酸效应和 PO_4^{3-} 的存在形式等，只需考虑同离子效应。设其溶解度为 s，在 100mL 溶液中能溶解 $Ca_3(PO_4)_2$ 的质量为 m，由其溶解平衡可知，在上述 $Ca_3(PO_4)_2$ 饱和溶液中

$$[Ca^{2+}]=3s,\quad [PO_4^{3-}]=0.0010+2s$$

而 $K_{sp}=[Ca^{2+}]^3[PO_4^{3-}]^2=2.07\times10^{-29}$

故 $(3s)^3\times(0.0010+2s)^2=2.07\times10^{-29}$

$s=9.15\times10^{-9}mol\cdot L^{-1}$

$m=s\times M[Ca_3(PO_4)_2]\times100\times10^{-3}=9.15\times10^{-9}\times310.18\times0.1=2.84\times10^{-7}(g)$

例 3. 计算 CaC_2O_4 在 pH=3.0、$c(C_2O_4^{2-})=0.010mol\cdot L^{-1}$ 的溶液中的溶解度。已知 $K_{sp}(CaC_2O_4)=2.32\times10^{-9}$。$H_2C_2O_4$ 的解离常数为：$K_{a_1}=5.6\times10^{-2}$，$K_{a_2}=1.6\times10^{-4}$。

解： 溶液中存在有 $C_2O_4^{2-}$，因此要考虑同离子效应。另外，$H_2C_2O_4$ 为弱酸，而溶液的酸度又较大，因此还需考虑酸效应。设 CaC_2O_4 的溶解度为 s，根据溶解平衡可知

$$[Ca^{2+}]=s,\quad [C_2O_4^{2-}]=\delta_0\times[c(C_2O_4^{2-})+s]=\delta_0\times(0.010+s)$$

$$K_{sp}(CaC_2O_4)=[Ca^{2+}][C_2O_4^{2-}]=s\times\delta_0\times(0.010+s)$$

因 s 相对 0.010 来说很小，$0.010+s\approx0.010$

$$K_{sp}(CaC_2O_4)\approx0.010\times\delta_0\times s \qquad 即 \qquad s=2.32\times10^{-9}/0.010\times\delta_0$$

$$而\ \delta_0=\frac{K_{a_1}K_{a_2}}{[H^+]^2+K_{a_1}[H^+]+K_{a_1}K_{a_2}}$$

$$=\frac{5.6\times10^{-2}\times1.6\times10^{-4}}{(1.0\times10^{-3})^2+1.0\times10^{-3}\times5.6\times10^{-2}+5.6\times10^{-2}\times1.6\times10^{-4}}=0.14$$

$$故\quad s=\frac{2.32\times10^{-9}}{0.010\times0.14}=1.66\times10^{-6}(mol\cdot L^{-1})$$

例 4. 某废液 $[SO_4^{2-}]=6.0\times10^{-4}mol\cdot L^{-1}$，在 40L 该溶液中加入 1.0L $0.10mol\cdot L^{-1}$ $BaCl_2$ 溶液是否有 $BaSO_4$ 沉淀生成。如有沉淀生成，生成多少克的 $BaSO_4$ 沉淀？最后溶液中 $[SO_4^{2-}]$ 为多少？

解： 已知 $BaSO_4$ 的 $K_{sp}=1.08\times10^{-10}$

(1) 溶液混合后各有关成分的浓度为：

$[SO_4^{2-}]=6.0\times10^{-4}\times(40/41)=5.8\times10^{-4}(mol\cdot L^{-1})$

$[Ba^{2+}]=0.10\times(1/41)=2.4\times10^{-3}(mol\cdot L^{-1})$

$$Q=[Ba^{2+}][SO_4^{2-}]=5.8\times10^{-4}\times2.4\times10^{-3}>K_{sp}(BaSO_4)$$

故有 $BaSO_4$ 沉淀生成。

(2) 设沉淀达平衡后溶液中 $[SO_4^{2-}]$ 的浓度为 $x\,mol\cdot L^{-1}$，则沉淀生成前后溶液中有关浓度变化如下：

$$BaSO_4(s)\rightleftharpoons Ba^{2+}(aq)+SO_4^{2-}(aq)$$

沉淀前 $\qquad 2.4\times10^{-3}\quad 5.8\times10^{-4}$

沉淀后　　　　　　　　$2.4\times10^{-3}-(5.8\times10^{-4}-x)\ x$

平衡时 $K_{sp}(BaSO_4)=[Ba^{2+}][SO_4^{2-}]=[2.4\times10^{-3}-(5.8\times10^{-4}-x)]x$

$=1.08\times10^{-10}$

解得 $x=5.9\times10^{-8}$

最后溶液中 $[SO_4^{2-}]$ 为 $5.9\times10^{-8}\text{mol·L}^{-1}$。

(3) 析出沉淀 $BaSO_4$ 的质量为：

$$m=\Delta c\cdot V\cdot M(BaSO_4)=(5.8\times10^{-4}-5.9\times10^{-8})\times41\times233=5.5\text{g}$$

例 5. 将 $BaSO_4$ 和 $PbSO_4$ 固体加入到 pH=2.5 的 HNO_3 溶液中，待其达到溶解平衡后，溶液中 SO_4^{2-} 的总浓度为多少？[$K_{sp}(BaSO_4)=1.08\times10^{-10}$，$K_{sp}(PbSO_4)=2.53\times10^{-8}$，$H_2SO_4$ 的 $K_{a_2}=1.0\times10^{-2}$]

解： 设 $BaSO_4$ 和 $PbSO_4$ 在此条件下的溶解度分别为 s_1 和 s_2。根据溶解平衡可知

$$[Ba^{2+}]=s_1,\ [Pb^{2+}]=s_2$$

$$[HSO_4^-]+[SO_4^{2-}]=s_1+s_2,\ [SO_4^{2-}]=(s_1+s_2)\delta_0$$

$$K_{sp}(BaSO_4)=[SO_4^{2-}][Ba^{2+}]=s_1(s_1+s_2)\delta_0 \tag{1}$$

$$K_{sp}(PbSO_4)=[SO_4^{2-}][Pb^{2+}]=s_2(s_1+s_2)\delta_0 \tag{2}$$

$$\frac{K_{sp}(BaSO_4)}{K_{sp}(PbSO_4)}=\frac{[Ba^{2+}]}{[Pb^{2+}]}=\frac{s_1}{s_2}=\frac{1.08\times10^{-10}}{2.53\times10^{-8}}$$

即　$s_2=234s_1$

又 $\delta_0=\dfrac{K_{a_2}}{[H^+]+K_{a_2}}=\dfrac{1\times10^{-2}}{10^{-2.5}+1\times10^{-2}}=0.76$

将数值代入式(1) 和式(2) 得

$$s_1=7.78\times10^{-7}\text{mol·L}^{-1}$$

$$s_2=1.82\times10^{-4}\text{mol·L}^{-1}$$

故 $c(SO_4^{2-})=s_1+s_2=1.82\times10^{-4}\text{mol·L}^{-1}$

由此可知，对于 K_{sp} 相差较大的同类型难溶化合物，当它们溶于同一溶液并达到溶解平衡时，其中共同离子的平衡浓度主要取决于 K_{sp} 大的物质。

例 6. 通过计算解释 CaF_2 在 pH=3.0 的溶液中的溶解度较其在 pH=4.0 的溶液中的溶解度大。[HF 的 $K_a=6.3\times10^{-4}$，$K_{sp}(CaF_2)=5.3\times10^{-9}$]

解： 设 CaF_2 的溶解度为 s，由 CaF_2 的溶解平衡可知

$$K_{sp}(CaF_2)=[Ca^{2+}][F^-]^2=s\times(2s\delta_{F^-})^2=4s^3\times\left(\frac{K_a}{[H^+]+K_a}\right)^2$$

故
$$s=\sqrt[3]{\frac{5.3\times10^{-9}\times([H^+]+6.3\times10^{-4})^2}{4\times(6.3\times10^{-4})^2}}$$

当 pH=3.0 时　$\delta_{F^-}=0.39$　$s=2.1\times10^{-3}\text{mol·L}^{-1}$

当 pH=4.0 时　$\delta_{F^-}=0.86$　$s=1.2\times10^{-3}\text{mol·L}^{-1}$

由于酸效应，CaF_2 溶解时产生的 F^- 将有一部分质子化。溶液酸度越强，这种质子化的程度也就越大，这样因 F^- 的质子化使 CaF_2 的溶解平衡向溶解方向移动越多。

6.4　习题选解

3. 已知某温度下 CaF_2 的溶度积为 5.3×10^{-9}，求 CaF_2 的溶解度（g·L^{-1}）。$M(CaF_2)=$

78.08g·mol^{-1}。(1) 在纯水中；(2) 在 0.10mol·L^{-1} NaF 溶液中；(3) 在 0.20mol·L^{-1} $CaCl_2$ 溶液中。

解：(1) 在纯水中：$CaF_2 \rightleftharpoons Ca^{2+} + 2F^-$

平衡时 s $2s$

$$K_{sp}(CaF_2) = [Ca^{2+}][F^-]^2 = 4s^3 = 5.3\times10^{-9}$$

$$s = (5.3\times10^{-9}/4)^{\frac{1}{3}} = 1.1\times10^{-3}(\text{mol}\cdot\text{L}^{-1})$$

$$s = 1.1\times10^{-3}\text{mol}\cdot\text{L}^{-1}\times78.08\text{g}\cdot\text{mol}^{-1} = 0.086\text{g}\cdot\text{L}^{-1}$$

(2) 在 0.10mol·L^{-1} NaF 溶液中：由于溶液中存在 F^-，有同离子效应，会使溶解度降低。

$$CaF_2 \rightleftharpoons Ca^{2+} + 2F^-$$

平衡时 s_1 $0.10+2s_1$

$$K_{sp}(CaF_2) = [Ca^{2+}][F^-]^2 = s_1\times(0.10+2s_1)^2 = 5.3\times10^{-9}$$

$$s_1 = 5.3\times10^{-9}/0.10^2 = 5.3\times10^{-7}(\text{mol}\cdot\text{L}^{-1})$$

$$s_1 = 5.3\times10^{-9}\times78.08 = 4.1\times10^{-5}(\text{g}\cdot\text{L}^{-1})$$ 溶解度大大降低。

(3) 在 0.20mol·L^{-1} $CaCl_2$ 溶液中：

$$CaF_2 \rightleftharpoons Ca^{2+} + 2F^-$$

平衡时 $0.20+s_2$ $2s_2$ 又 $(0.20+s_2)\approx0.20$

$$K_{sp}(CaF_2) = [Ca^{2+}][F^-]^2 = (2s_2)^2\times(0.20+s_2) = (2s_2)^2\times0.20 = 5.3\times10^{-9}$$

$$s_2 = (5.3\times10^{-9}/0.20\times4)^{\frac{1}{2}} = 8.1\times10^{-5}(\text{mol}\cdot\text{L}^{-1})$$

$$s_2 = 8.1\times10^{-5}\times78.08 = 6.3\times10^{-3}(\text{g}\cdot\text{L}^{-1})$$

6. 向 20mL$[Ag^+]$=0.0020mol·L^{-1}的溶液中加入 20mL 0.020mol·L^{-1} NaCl 溶液，可得多少克 AgCl 沉淀？此时溶液中 $[Ag^+]$ 为多少？$K_{sp}(AgCl) = 1.77\times10^{-10}$

解：这是等体积溶液的混合，所以浓度降低一半。即 40mL 混合溶液中：

$$[Ag^+] = 0.0010\text{mol}\cdot\text{L}^{-1} \qquad [Cl^-] = 0.010\text{mol}\cdot\text{L}^{-1}$$

因 $[Ag^+][Cl^-] > K_{sp}(AgCl) = 1.77\times10^{-10}$，有 AgCl 沉淀，又因为初始时 $[Cl^-] > [Ag^+]$，溶液中 Cl^- 过剩。

$$AgCl \rightleftharpoons Ag^+ + Cl^-$$

平衡时 s $0.010-(0.0010-s) = 0.0090+s \approx 0.0090$

$$[Ag^+] = s = K_{sp}(AgCl)/[Cl^-] = 1.77\times10^{-10}/0.0090 = 1.97\times10^{-8}(\text{mol}\cdot\text{L}^{-1})$$

AgCl 沉淀的质量 $= (0.0010-1.97\times10^{-8})\times(40/1000)\times143.3 = 5.73\times10^{-3}(\text{g})$

8. 将 H_2S 气体通入 0.075mol·L^{-1} $Fe(NO_3)_2$ 溶液中达饱和，计算 FeS 开始沉淀时的 pH 值。

解：饱和溶液中 $[H_2S]$=0.1mol·L^{-1}，$K_{sp}(FeS) = 6.3\times10^{-18}$，$H_2S$ 的 $K_{a_1} = 8.9\times10^{-8}$，$K_{a_2} = 1\times10^{-19}$。根据溶度积规则，当 FeS 开始沉淀时，

$$[S^{2-}] > K_{sp}(FeS)/[Fe^{2+}] = 6.3\times10^{-18}/0.075 = 8.4\times10^{-17}(\text{mol}\cdot\text{L}^{-1})$$

H_2S 在水溶液中存在逐级离解平衡：

$$H_2S \rightleftharpoons H^+ + HS^- \quad K_{a_1}$$

$$HS^- \rightleftharpoons H^+ + S^{2-} \quad K_{a_2}$$

总反应： $$H_2S \rightleftharpoons 2H^+ + S^{2-} \quad K_{总} = K_{a_2}K_{a_1}$$

在 H_2S 饱和水溶液中，$[S^{2-}]$ 受溶液酸度控制

$$K_{a_2}K_{a_1} = [S^{2-}][H^+]^2/[H_2S]$$

$$[S^{2-}]=K_{a_2}K_{a_1}[H_2S]/[H^+]^2=0.1\times8.9\times10^{-8}\times1\times10^{-19}/[H^+]^2$$

欲使 $[S^{2-}]>8.4\times10^{-17}\mathrm{mol\cdot L^{-1}}$，须满足

$$[H^+]<3.26\times10^{-6}\mathrm{mol\cdot L^{-1}}$$

当 FeS 开始沉淀时，$pH=-\lg(3.26\times10^{-6})=5.49$

13. 向含有 NaCl、NaBr 和 NaI 的混合溶液中，滴加 $AgNO_3$ 溶液。当沉淀析出后，溶液中 $[Cl^-]=0.10\mathrm{mol\cdot L^{-1}}$，$[Br^-]=1.0\times10^{-4}\mathrm{mol\cdot L^{-1}}$，$[I^-]=1.0\times10^{-8}\mathrm{mol\cdot L^{-1}}$，生成的沉淀是什么?

解： AgCl、AgBr 和 AgI 的 K_{sp} 分别为 1.77×10^{-10}、5.35×10^{-13}、8.52×10^{-17}。

AgCl、AgBr、AgI 三种沉淀同时析出的条件是：

$$[Ag^+][I^-]=8.52\times10^{-17},[Ag^+][Br^-]=5.35\times10^{-13},[Ag^+][Cl^-]=1.77\times10^{-10}$$

滴加 $AgNO_3$ 溶液，三种沉淀同时析出时，应有：

$$[I^-]/[Br^-]=1.59\times10^{-4};[Br^-]/[Cl^-]=3.02\times10^{-3}$$

即 $$[I^-]:[Br^-]:[Cl^-]=(4.80\times10^{-7}):(3.02\times10^{-3}):1$$

而题给混合溶液中

$$[I^-]:[Br^-]:[Cl^-]=(1.0\times10^{-7}):(1.0\times10^{-3}):1$$

比较上面两个比例可知：混合溶液中 $[Cl^-]$ 的相对值更大，所以生成的沉淀是 AgCl。

此时 $[Ag^+]=1.77\times10^{-10}/[Cl^-]=1.77\times10^{-9}\mathrm{mol\cdot L^{-1}}$

$[Ag^+][Br^-]=1.77\times10^{-9}\times1.0\times10^{-4}=1.77\times10^{-13}<5.35\times10^{-13}$，无 AgBr 沉淀生成。

$[Ag^+][I^-]=1.77\times10^{-9}\times1.0\times10^{-7}=1.77\times10^{-17}<8.52\times10^{-17}$，无 AgI 沉淀生成。

16. 在 100mL $0.20\mathrm{mol\cdot L^{-1}}$ $MnCl_2$ 溶液中加入 100mL 含有 NH_4Cl 的 $0.010\mathrm{mol\cdot L^{-1}}$ 氨水溶液，此氨水中含有多少克 NH_4Cl 才不会生成 $Mn(OH)_2$ 沉淀。

解： 查表得：$K_b(NH_3)=1.8\times10^{-5}$，$K_{sp}[Mn(OH)_2]=1.9\times10^{-13}$

这是等体积溶液的混合，所以浓度降低一半。即 200mL 混合溶液中

$$[Mn^{2+}]=0.10\mathrm{mol\cdot L^{-1}}\qquad [NH_3]=5.0\times10^{-3}\mathrm{mol\cdot L^{-1}}$$

$Mn(OH)_2$ 沉淀不生成的条件是 $[Mn^{2+}][OH^-]^2\leqslant K_{sp}=4.0\times10^{-14}$，即

$$[OH^-]\leqslant(K_{sp}/[Mn^{2+}])^{\frac{1}{2}}=(1.9\times10^{-13}/0.1)^{\frac{1}{2}}=1.38\times10^{-6}(\mathrm{mol\cdot L^{-1}})$$

因氨水中含有 NH_4Cl，所以

$$[OH^-]=K_b\frac{c(NH_3)}{c(NH_4^+)}\leqslant1.38\times10^{-6}$$

$$c(NH_4^+)\geqslant K_b\frac{c(NH_3)}{1.38\times10^{-6}}=1.8\times10^{-5}\times5.0\times10^{-3}/1.38\times10^{-6}=0.065(\mathrm{mol\cdot L^{-1}})$$

NH_4Cl 的质量：$m=c(NH_4^+)\cdot V\cdot M(NH_4Cl)=0.065\times0.200\times53.5=0.7(g)$

6.5 思考题

6-1 是非题

(1) 常温下，$K_{sp}(Ag_2CrO_4)=1.12\times10^{-12}$，$K_{sp}(AgCl)=1.77\times10^{-10}$，所以 AgCl 的溶解度大于 Ag_2CrO_4 的溶解度。

(2) 溶液中难溶强电解质离子浓度的乘积就是其溶度积。

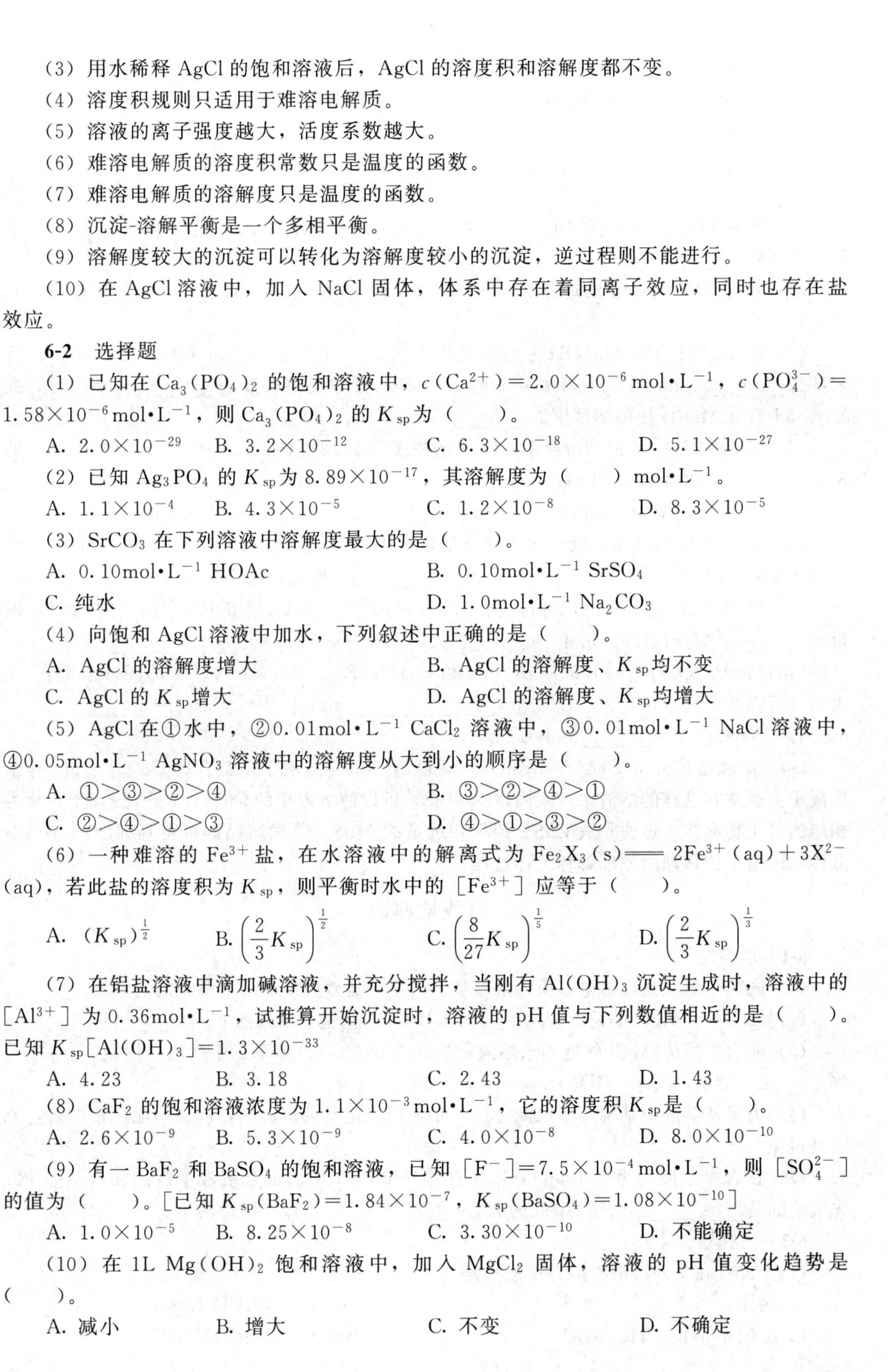

（3）用水稀释 AgCl 的饱和溶液后，AgCl 的溶度积和溶解度都不变。

（4）溶度积规则只适用于难溶电解质。

（5）溶液的离子强度越大，活度系数越大。

（6）难溶电解质的溶度积常数只是温度的函数。

（7）难溶电解质的溶解度只是温度的函数。

（8）沉淀-溶解平衡是一个多相平衡。

（9）溶解度较大的沉淀可以转化为溶解度较小的沉淀，逆过程则不能进行。

（10）在 AgCl 溶液中，加入 NaCl 固体，体系中存在着同离子效应，同时也存在盐效应。

6-2 选择题

（1）已知在 $Ca_3(PO_4)_2$ 的饱和溶液中，$c(Ca^{2+})=2.0\times10^{-6}mol\cdot L^{-1}$，$c(PO_4^{3-})=1.58\times10^{-6}mol\cdot L^{-1}$，则 $Ca_3(PO_4)_2$ 的 K_{sp} 为（　　）。

A. 2.0×10^{-29}　　B. 3.2×10^{-12}　　C. 6.3×10^{-18}　　D. 5.1×10^{-27}

（2）已知 Ag_3PO_4 的 K_{sp} 为 8.89×10^{-17}，其溶解度为（　　）$mol\cdot L^{-1}$。

A. 1.1×10^{-4}　　B. 4.3×10^{-5}　　C. 1.2×10^{-8}　　D. 8.3×10^{-5}

（3）$SrCO_3$ 在下列溶液中溶解度最大的是（　　）。

A. $0.10mol\cdot L^{-1}$ HOAc　　B. $0.10mol\cdot L^{-1}$ $SrSO_4$

C. 纯水　　D. $1.0mol\cdot L^{-1}$ Na_2CO_3

（4）向饱和 AgCl 溶液中加水，下列叙述中正确的是（　　）。

A. AgCl 的溶解度增大　　B. AgCl 的溶解度、K_{sp} 均不变

C. AgCl 的 K_{sp} 增大　　D. AgCl 的溶解度、K_{sp} 均增大

（5）AgCl 在①水中，②$0.01mol\cdot L^{-1}$ $CaCl_2$ 溶液中，③$0.01mol\cdot L^{-1}$ NaCl 溶液中，④$0.05mol\cdot L^{-1}$ $AgNO_3$ 溶液中的溶解度从大到小的顺序是（　　）。

A. ①>③>②>④　　B. ③>②>④>①

C. ②>④>①>③　　D. ④>①>③>②

（6）一种难溶的 Fe^{3+} 盐，在水溶液中的解离式为 $Fe_2X_3(s) \rightleftharpoons 2Fe^{3+}(aq)+3X^{2-}(aq)$，若此盐的溶度积为 K_{sp}，则平衡时水中的 $[Fe^{3+}]$ 应等于（　　）。

A. $(K_{sp})^{\frac{1}{2}}$　　B. $\left(\frac{2}{3}K_{sp}\right)^{\frac{1}{2}}$　　C. $\left(\frac{8}{27}K_{sp}\right)^{\frac{1}{5}}$　　D. $\left(\frac{2}{3}K_{sp}\right)^{\frac{1}{3}}$

（7）在铝盐溶液中滴加碱溶液，并充分搅拌，当刚有 $Al(OH)_3$ 沉淀生成时，溶液中的 $[Al^{3+}]$ 为 $0.36mol\cdot L^{-1}$，试推算开始沉淀时，溶液的 pH 值与下列数值相近的是（　　）。已知 $K_{sp}[Al(OH)_3]=1.3\times10^{-33}$

A. 4.23　　B. 3.18　　C. 2.43　　D. 1.43

（8）CaF_2 的饱和溶液浓度为 $1.1\times10^{-3}mol\cdot L^{-1}$，它的溶度积 K_{sp} 是（　　）。

A. 2.6×10^{-9}　　B. 5.3×10^{-9}　　C. 4.0×10^{-8}　　D. 8.0×10^{-10}

（9）有一 BaF_2 和 $BaSO_4$ 的饱和溶液，已知 $[F^-]=7.5\times10^{-4}mol\cdot L^{-1}$，则 $[SO_4^{2-}]$ 的值为（　　）。[已知 $K_{sp}(BaF_2)=1.84\times10^{-7}$，$K_{sp}(BaSO_4)=1.08\times10^{-10}$]

A. 1.0×10^{-5}　　B. 8.25×10^{-8}　　C. 3.30×10^{-10}　　D. 不能确定

（10）在 1L $Mg(OH)_2$ 饱和溶液中，加入 $MgCl_2$ 固体，溶液的 pH 值变化趋势是（　　）。

A. 减小　　B. 增大　　C. 不变　　D. 不确定

6-3 填空题

(1) 已知 $PbSO_4$（$M=303.26g\cdot mol^{-1}$）在水中的溶解度是 $0.048g\cdot L^{-1}$，它的 K_{sp}=_______。

(2) Ag_2CrO_4（$M=331.73g\cdot mol^{-1}$）在水中的溶解度是 $0.022g\cdot L^{-1}$，它的 K_{sp}=_______。

(3) 在有 PbI_2 固体共存的饱和溶液中，加入 KNO_3 固体，PbI_2 的溶解度将______，这种现象叫做________。

(4) 向含有固体 AgCl 的饱和水溶液中加入 $AgNO_3$，$[Cl^-]$ 将_______。(增加，减小，不变)

(5) 已知 298K 时，$Mg(OH)_2$ 的溶度积为 5.61×10^{-12}，则 $Mg(OH)_2$ 在纯水中的溶解度为_________ $mol\cdot L^{-1}$，在 $0.01mol\cdot L^{-1}$ NaOH 中的溶解度为________ $mol\cdot L^{-1}$，在 $0.01mol\cdot L^{-1}$ $MgCl_2$ 中的溶解度为________ $mol\cdot L^{-1}$。

(6) 在 $Cr(OH)_3$ 的饱和溶液中，Cr^{3+} 的浓度为 $1.23\times10^{-8}mol\cdot L^{-1}$，则 $Cr(OH)_3$ 的 K_{sp}=______，该饱和溶液的 pH=______。

(7) 已知 AB_2 型物质的溶解度为 $s\,mol\cdot L^{-1}$，则 K_{sp}=______（s 与 K_{sp} 的关系）。

(8) 在 $BaSO_4$ 的饱和溶液中加水使溶液体积增大一倍（溶液中仍有 $BaSO_4$ 固体）。待达到平衡后，$[Ba^{2+}]$ 将______，$[SO_4^{2-}]$ 将______。(增加，减小，不变)

(9) 已知 298K 时，$SrCO_3$ 的溶度积为 5.6×10^{-10}，则 1L 溶液中所能溶解的 $SrCO_3$ 质量为______ g($M=147.6g\cdot mol^{-1}$)。

(10) 将 $BaSO_4$（$K_{sp}=1.08\times10^{-10}$）和 $CaSO_4$（$K_{sp}=4.93\times10^{-5}$）的固体溶解在 1L 水中直至固体不再溶解，则 $[Ba^{2+}]$=____________ $mol\cdot L^{-1}$，$[Ca^{2+}]$=____________ $mol\cdot L^{-1}$，$[SO_4^{2-}]$=______ $mol\cdot L^{-1}$。

6-4 从软锰矿（主要成分为 MnO_2）制得的 $MnCl_2$ 溶液中，常含有 Cu^{2+}、Pb^{2+} 等杂质离子。通常在这样的溶液中加入固体的 MnS，可以使溶液中的 Cu^{2+}、Pb^{2+} 等离子转化为相应的硫化物沉淀。过滤除去 CuS、PbS 和过量的 MnS，蒸发结晶即可得到纯净的 $MnCl_2$ 晶体。试用平衡移动的原理解释上述过程。

自我检测题

6-1 填空题

(1) 同离子效应使难溶电解质的溶解度______，盐效应使难溶电解质的溶解度______。

(2) 25℃时，$Mg(OH)_2$ 的 $K_{sp}=5.61\times10^{-12}$，则饱和溶液的 pH=______。

(3) 向含有固体 AgCl 的饱和水溶液中加入 $AgNO_3$，待体系达平衡后，$[Ag^+][Cl^-]$ 将______。(增加，减小，不变)

(4) 为了使溶液中某种离子沉淀完全，必须加入过量的沉淀剂，但又不能过量太多，原因是避免_________。

(5) 在含有浓度均为 $0.100mol\cdot L^{-1}$ 的 Cl^- 和 CrO_4^{2-} 的混合溶液中逐滴加入 Ag^+ 时，先沉淀的是_________。已知 AgCl 的 $K_{sp}=1.77\times10^{-10}$，$Ag_2CrO_4$ 的 $K_{sp}=1.12\times10^{-12}$。

6-2 选择题

(1) AgCl 在下列溶液中溶解度最小是（　　）。

A. 纯水　　B. $0.05mol\cdot L^{-1}$ $CaCl_2$ 溶液

C. $0.01mol\cdot L^{-1}$ HCl 溶液　　D. $0.05mol\cdot L^{-1}$ $AgNO_3$ 溶液

(2) 已知 $K_{sp}(Ag_2CrO_4)=1.12\times10^{-12}$，在 $0.10mol\cdot L^{-1}$ Ag^+ 溶液中，若产生 Ag_2CrO_4 沉淀，CrO_4^{2-} 浓度应至少大于（　　）。

A. $1.1\times10^{-11}mol\cdot L^{-1}$　　B. $6.5\times10^{-5}mol\cdot L^{-1}$

C. $0.10mol\cdot L^{-1}$　　D. $1.12\times10^{-10}mol\cdot L^{-1}$

(3) 为使锅垢中难溶于酸的 $CaSO_4$ 转化为易溶于酸的 $CaCO_3$，常用 Na_2CO_3 处理，反应式为 $CaSO_4+CO_3^{2-} \rightleftharpoons CaCO_3+SO_4^{2-}$，此反应的标准平衡常数为（　　）。

A. $K_{sp}(CaCO_3)/K_{sp}(CaSO_4)$　　B. $K_{sp}(CaSO_4)/K_{sp}(CaCO_3)$

C. $K_{sp}(CaSO_4)\times K_{sp}(CaCO_3)$　　D. $[K_{sp}(CaSO_4)\times K_{sp}(CaCO_3)]^{\frac{1}{2}}$

(4) 已知 Ag_2S 的分子量为 248，$K_{sp}=1.3\times10^{-49}$，则 1LAg_2S 饱和溶液中可溶解 Ag_2S（　　）克。

A. 3.17×10^{-17}　B. 7.91×10^{-17}　C. 7.91×10^{-15}　D. 1.25×10^{-14}

(5) $La_2(C_2O_4)_3$ 饱和溶液中，$La_2(C_2O_4)_3$ 的浓度为 $1.1\times10^{-6}mol\cdot L^{-1}$，该化合物的 K_{sp} 为（　　）。

A. 1.2×10^{-12}　B. 1.6×10^{-30}　C. 1.6×10^{-34}　D. 1.7×10^{-28}

6-3 已知 $K_{sp}(PbI_2)=9.8\times10^{-9}$，$K_{sp}(PbSO_4)=2.53\times10^{-8}$。在含有 $0.10mol\cdot L^{-1}$ NaI 和 $0.10mol\cdot L^{-1}$ Na_2SO_4 的混合溶液中，逐滴加入 $Pb(NO_3)_2$ 溶液（忽略体积变化）。

(1) 通过计算判断哪一种物质先沉淀。

(2) 当第二种物质开始沉淀时，先沉淀离子浓度为多大？

6-4 已知 $K_{sp}(Ag_2CrO_4)=1.12\times10^{-12}$，在水中的溶解度为多少？在 $0.10mol\cdot L^{-1}$ Ag^+ 溶液中，若要不产生 Ag_2CrO_4 沉淀，应如何控制 CrO_4^{2-} 的浓度？

6-5 某 pH=9.0 的溶液中含有 $0.050mol\cdot L^{-1}$ CrO_4^{2-} 和 $0.010mol\cdot L^{-1}$ Cl^-，当向其中滴加 $AgNO_3$ 溶液时，哪一种沉淀先析出？当第二种离子开始生成沉淀时，第一种离子的浓度还有多大？[$K_{sp}(AgCl)=1.77\times10^{-10}$，$K_{sp}(Ag_2CrO_4)=1.12\times10^{-12}$，$H_2CrO_4$ 的离解常数 $K_{a_1}=1.8\times10^{-1}$，$K_{a_2}=3.2\times10^{-7}$。忽略 $HCrO_4^-$ 转化为 $Cr_2O_7^{2-}$ 的量]

6-6 试利用沉淀溶解平衡解释含氟牙膏为什么能防止蛀牙。

思考题参考答案

6-1 是非题

(1) 错　(2) 错　(3) 对　(4) 对　(5) 错

(6) 对　(7) 错　(8) 对　(9) 错　(10) 对

6-2 选择题

(1) A　(2) B　(3) A　(4) B　(5) A

(6) C　(7) B　(8) B　(9) C　(10) A

6-3 填空题

(1) 2.5×10^{-8}　　(2) 1.2×10^{-12}

(3) 增大，盐效应　　(4) 减小

(5) 1.12×10^{-4}，5.61×10^{-8}，1.18×10^{-5}　　(6) 2.13×10^{-29}，7.08

(7) $4s^3$　　(8) 不变，不变

(9) 0.0035　　(10) 1.5×10^{-8}，7.0×10^{-3}，7.0×10^{-3}

6-4 **提示**：写出相应的沉淀溶解平衡进行解释。

自我检测题参考答案

6-1 填空题

(1) 减小、增大　(2) 10.35　(3) 不变

(4) 盐效应　(5) Cl^-

6-2 选择题

(1) B　(2) D　(3) B　(4) C　(5) D

6-3 **解**：(1) 使 I^- 沉淀的条件是 $[Pb^{2+}] \geqslant \frac{K_{sp}(PbI_2)}{[I^-]^2} = \frac{9.8\times10^{-9}}{0.10^2} = 9.8\times10^{-7}$ $(mol\cdot L^{-1})$，使 SO_4^{2-} 沉淀的条件是 $[Pb^{2+}] \geqslant \frac{K_{sp}(PbSO_4)}{[SO_4^{2-}]} = \frac{2.53\times10^{-8}}{0.10} = 2.53\times10^{-7}$ $(mol\cdot L^{-1})$，故 SO_4^{2-} 先沉淀。

(2) 当 I^- 开始沉淀时，Pb^{2+} 浓度达到 $9.8\times10^{-7}\,mol\cdot L^{-1}$ 时，此时 SO_4^{2-} 浓度为

$$[SO_4^{2-}] = \frac{K_{sp}(PbSO_4)}{[Pb^{2+}]} = \frac{2.53\times10^{-8}}{9.8\times10^{-7}} = 0.026(mol\cdot L^{-1})$$

6-4 **解**：设 Ag_2CrO_4 在水中的溶解度为 x，则 $[Ag^+]=2x$　$[CrO_4^{2-}]=x$

由 $K_{sp}(Ag_2CrO_4)=[Ag^+]^2[CrO_4^{2-}]=4x^3=1.12\times10^{-12}$

得
$$x=6.5\times10^{-5}\,mol\cdot L^{-1}$$

要不产生 Ag_2CrO_4 沉淀，则 $[Ag^+]^2[CrO_4^{2-}]<K_{sp}(Ag_2CrO_4)$

$$[CrO_4^{2-}]<K_{sp}(Ag_2CrO_4)/[Ag^+]^2=1.12\times10^{-10}\,mol\cdot L^{-1}$$

6-5 **解**：要判断哪种沉淀先析出，也就是要看哪些离子的浓度积最先达到或超过相应沉淀的溶度积常数。因此，要使溶液中析出 AgCl 沉淀，则要求

$$[Ag^+][Cl^-]>K_{sp}(AgCl)$$

即　$0.010\times[Ag^+]>1.77\times10^{-10}$，$[Ag^+]>1.77\times10^{-8}\,mol\cdot L^{-1}$

而 Ag_2CrO_4 析出的条件为：

$$[Ag^+]^2[CrO_4^{2-}]>K_{sp}(Ag_2CrO_4)$$

即　$[Ag^+]^2\times0.050\times\delta_0>1.12\times10^{-12}$，$[Ag^+]>4.73\times10^{-6}\,mol\cdot L^{-1}$

由此可知，产生 AgCl 沉淀所需的 $[Ag^+]$ 小于生成 Ag_2CrO_4 沉淀所要求的 $[Ag^+]$，即当滴加 $AgNO_3$ 溶液时，将首先达到 AgCl 的溶度积，因此先有 AgCl 析出。当开始析出 Ag_2CrO_4 时，溶液中的 $[Ag^+]$ 为 4.73×10^{-6}，此时溶液中的 $[Cl^-]$ 为

$$[Cl^-]=K_{sp}(AgCl)/[Ag^+]=1.77\times10^{-10}/4.73\times10^{-6}=3.74\times10^{-5}(mol\cdot L^{-1})$$

6-6 **提示**：牙齿的主要成分为羟基磷酸钙，即碱式磷酸钙。

第7章 配位反应

7.1 基本要求

理解路易斯电子理论要点、路易斯酸碱反应及配合物的形成。了解硬软酸碱原则。掌握配合物的稳定常数、不稳定常数、逐级常数和累积常数，EDTA及其螯合物以及螯合物的稳定常数。掌握配合物的分布系数的计算，理解分布曲线。熟悉配位反应的各种副反应，掌握副反应系数和条件稳定常数的计算方法，能计算配位平衡的组成，能计算溶液酸度对配位反应的影响，熟悉配位反应和溶液中其他反应的关系及相关计算。

重点：路易斯电子理论要点；稳定常数和累积稳定常数；EDTA及其螯合物；主反应和副反应；各种条件下配位平衡的组成。

难点：副反应系数和条件稳定常数的计算；副反应存在时有关平衡的计算。

7.2 内容概要

7.2.1 路易斯电子理论与配位反应

(1) 酸碱定义　酸碱电子理论：凡是能接受电子对的物质称为酸；凡是能给出电子对的物质称为碱。在酸碱反应过程中发生电子对转移，碱性物质提供电子对，酸性物质提供空轨道，形成配位共价键，其生成物称为酸碱加合物。常把电子论所指的酸碱称为路易斯酸碱或广义酸碱。

(2) 酸碱反应

① 加合反应：酸(A)+碱(:B)$\longrightarrow$酸碱配合物(A←B)

金属离子与配位体的加合反应，可以生成配位酸、配位碱和配位盐。

② 取代反应：分为碱取代反应、酸取代反应和双取代反应。

配位体取代反应是水溶液中配合物形成的主要途径，但有时也会出现中心离子的取代反应。例如：$[Ni(H_2O)_6]^{2+}+6NH_3 \longrightarrow [Ni(NH_3)_6]^{2+}+6H_2O$

$$2Ag^++[Ni(CN)_4]^{2-} \longrightarrow 2[Ag(CN)_2]^-+Ni^{2+}$$

(3) 硬软酸碱原则（HSAB）：硬碱优先与硬酸配位，软碱则优先与软酸配位。

常见的作配体的无机物（路易斯碱），按其软硬程度，大致有如下顺序：

$$\underline{F^-,OH^-,H_2O,Cl^-,NH_3,Br^-\approx SCN^-,I^-,S_2O_3^{2-},CN^-}$$

硬度减小，软度增加

7.2.2 配合物的稳定常数

(1) 稳定常数　在水溶液中，金属离子和配位剂发生配位作用形成配离子，同时配离子也可以发生解离反应。在一定温度下建立平衡，平衡常数称为配合物的稳定常数 $K_{稳}$。例如：

$$Cu^{2+}+4NH_3 \underset{解离}{\overset{配位}{\rightleftharpoons}} [Cu(NH_3)_4]^{2+}$$

$$平衡时：K_{稳}=\frac{[Cu(NH_3)_4^{2+}]}{[Cu^{2+}][NH_3]^4}$$

$K_{稳}$ 的倒数称为配合物的不稳定常数。

(2) 逐级稳定常数　简单配合物的形成一般是分步进行的，因此在溶液中存在一系列的配位平衡，对应于这些平衡有一系列的稳定常数，称为逐级稳定常数。

(3) 累积稳定常数　累积稳定常数是逐级稳定常数的连乘，用 β 表示。最后一级累积稳定常数又叫总稳定常数，$K_{稳}=\beta_n$。

累积稳定常数将配合物中心离子和配位体的平衡浓度联系起来：$[ML_i]=\beta_i[M][L]^i$

(4) EDTA 及其螯合物　氨羧螯合剂中最常用的是乙二胺四乙酸，简称 EDTA。作为较强的螯合剂，EDTA 可与大多数金属离子形成稳定的可溶性螯合物。EDTA 与金属离子生成螯合物的反应：

$$M+Y \Longrightarrow MY$$

$$K_{稳}=K_{MY}=\frac{[MY]}{[M][Y]}$$

(5) 配合物的稳定性　对于相同类型的配合物，可以直接用 $K_{稳}$ 值来比较配合物在溶液中的稳定性。对于不同类型的配合物，要比较它们的稳定性，必须进行计算，在相同的起始浓度条件下，解离出来的金属离子平衡浓度越小，配离子越稳定。

(6) 配合物的分布系数　配合物体系各种型体的分布系数表达式：

$$\delta_0=\delta_M=\frac{[M]}{c}=\frac{1}{1+\beta_1[L]+\beta_2[L]^2+\cdots+\beta_n[L]^n}$$

δ_1 至 δ_n 的表达式可归纳为：$\delta_i=\dfrac{\beta_i[L]^i}{1+\sum\limits_{i=1}^{n}\beta_i[L]^i}$

以 δ 对 $\lg[L]$ 作图，得到配合物各种型体的分布曲线。

7.2.3　配位反应的副反应

(1) 主反应和副反应、副反应系数　以金属离子 M 和 EDTA 的螯合反应为主反应，在一定的酸度下，溶液中往往存在其他配体 L 和干扰离子 N，可能发生下列各种副反应。

配位剂 Y 和 H^+ 的副反应：$\alpha_{Y(H)}=\dfrac{1}{\delta_0}=1+\beta_1[H^+]+\beta_2[H^+]^2+\cdots+\beta_6[H^+]^6$

配位剂 Y 和其他金属离子的副反应：$\alpha_{Y(N)}=\dfrac{[Y]+[NY]}{[Y]}=1+K_{NY}[N]$

M 和辅助配体 L 的副反应：$\alpha_{M(L)}=\dfrac{[M']}{[M]}=1+\beta_1[L]+\beta_2[L]^2+\cdots+\beta_n[L]^n$

M 和配体 OH^- 的副反应：

$$\alpha_{M(OH)}=\frac{[M']}{[M]}=1+\beta_1[OH^-]+\beta_2[OH^-]^2+\cdots+\beta_n[OH^-]^n$$

由于酸或其他配体的存在，配合物可能发生副反应而改变类型，当溶液酸度较高时，生成酸式配合物 MHY，当酸度较低时，则会生成碱式配合物 M(OH)Y。

(2) 条件稳定常数　条件稳定常数是用总平衡浓度来表示的平衡常数，是用副反应系数校正后的实际稳定常数。

$$K'_{MY}=\frac{[MY']}{[M'][Y']}$$

7.2.4　配位平衡的移动

(1) 配离子之间的平衡　含有配离子的溶液中，同时存在多种配位体或多种金属离子时，配离子之间会发生平衡转化。平衡总是向着生成稳定性大的配离子的方向移动，两种配离子的稳定性相差越大，转化越完全。

(2) 配位平衡和氧化还原平衡　配位平衡还能改变物质的氧化还原性能，进而影响氧化还原反应进行的方向。金属离子形成配合物后，氧化能力降低。形成的配合物越稳定，氧化能力越弱。

例如：在溶液中 Fe^{3+} 能氧化 I^-，可以加入 F^-，抑制此反应的发生：

$$Fe^{3+} + 6F^- = [FeF_6]^{3-}$$

(3) 配位平衡和沉淀平衡　当难溶物中的金属离子可以与某配位剂形成配离子时，加入该配位剂，可以使难溶物或多或少地溶解。

7.3 同步例题

例 1. 通过研究 SCN^- 与 Fe^{3+} 所形成的配合物得到其 K_1、K_2、K_3 分别为 130、16、1.0，计算 $[Fe(NCS)_3]$ 的总稳定常数，$[Fe(NCS)_3]$ 解离成最简单离子的解离常数。

解题思路：配合物的各种稳定常数之间可以进行换算。

解：

$$K_{稳} = \beta_3 = K_1K_2K_3 = 130 \times 16 \times 1.0 = 2.1 \times 10^3$$

$Fe(NCS)_3$ 解离成最简单离子的解离常数即 $K_{不稳}$

$$K_{不稳} = 1/K_{稳} = 1/2.1 \times 10^3 = 4.8 \times 10^{-4}$$

例 2. 等体积的 $0.0010mol \cdot L^{-1}$ $Fe(ClO_4)_3$ 和 $0.10mol \cdot L^{-1}$ KSCN 混合，使用例 1 中的数据，计算溶液平衡时以离子形式存在的 Fe^{3+}、$[Fe(NCS)]^{2+}$、$[Fe(NCS)_2]^+$ 和 $[Fe(NCS)_3]$ 所占比例。

解题思路：在给定的配合物体系中，知道配体的平衡浓度就可以求算各种型体的分布系数 δ。

解：$\beta_1 = K_1 = 130$　$\beta_2 = K_1K_2 = 130 \times 16 = 2.1 \times 10^3$　$\beta_3 = K_1K_2K_3 = 2.1 \times 10^3$

假设 Fe^{3+} 全部形成 $[Fe(SCN)_3]$

	Fe^{3+}	+ $3SCN^-$ = $[Fe(NCS)_3]$
初始时	0.00050	0.050
平衡时	x	$0.050 - 3(0.00050 - x) = 0.049 + 3x$

由于 SCN^- 的初始浓度比 Fe^{3+} 的初始浓度大得多，β_3 的值又比较大，所以 x 的值很小。

则 $[SCN^-] \approx 0.049mol \cdot L^{-1}$

$$\delta_0 = \delta_{Fe^{3+}} = \frac{1}{1 + \beta_1[SCN^-] + \beta_2[SCN^-]^2 + \beta_3[SCN^-]^3}$$

$$= \frac{1}{1 + 130 \times 0.049 + 2.1 \times 10^3 \times 0.049^2 + 2.1 \times 10^3 \times 0.049^3}$$

$$= \frac{1}{1 + 6.37 + 5.04 + 0.25} = \frac{1}{12.66}$$

$$= 0.08$$

$$\delta_1 = \delta_{[Fe(SCN)]^{2+}} = \frac{\beta_1[SCN^-]}{1 + \beta_1[SCN^-] + \beta_2[SCN^-]^2 + \beta_3[SCN^-]^3} = \frac{6.37}{12.66} = 0.50$$

$$\delta_2 = \delta_{[Fe(SCN)_2]^+} = \frac{\beta_2[SCN^-]^2}{1 + \beta_1[SCN^-] + \beta_2[SCN^-]^2 + \beta_3[SCN^-]^3} = \frac{5.04}{12.66} = 0.40$$

$$\delta_3=\delta_{[Fe(SCN)_3]}=\frac{\beta_3[SCN^-]^3}{1+\beta_1[SCN^-]+\beta_2[SCN^-]^2+\beta_3[SCN^-]^3}=\frac{0.25}{12.66}=0.02$$

假设的验证：$[SCN^-]=c_{SCN^-}-[Fe(NCS)^{2+}]-2[Fe(NCS)_2^+]-3[Fe(NCS)_3]$

$=c_{SCN^-}-c\delta_1-2c\delta_2-3c\delta_3$

$=0.050-0.00050(0.50+2\times0.40+3\times0.02)$

$=0.049(mol\cdot L^{-1})$

所以，假设正确。

得溶液平衡时 Fe^{3+} 占 8%，$[Fe(NCS)]^{2+}$ 占 50%，$[Fe(NCS)_2]^+$ 占 40%，$[Fe(NCS)_3]$ 占 2%。

例 3. 由 0.00100mol Ag^+ 和 1.00mol NH_3 混合制成 1L 溶液。已知 $[Ag(NH_3)_2]^+$ 的 $K_{不稳}=8.9\times10^{-8}$，则溶液平衡时游离 Ag^+ 的浓度是多少？

解题思路：溶液中的银几乎都以 $[Ag(NH_3)_2]^+$ 的形式存在，平衡体系中$[Ag(NH_3)_2]^+$的浓度可以用总浓度代替。因为只有 0.00200mol 的 NH_3 被用作与银形成配合物，所以平衡时游离 NH_3 的浓度实际上就是 $1.00mol\cdot L^{-1}$。

解：

$$[Ag(NH_3)_2]^+\rightleftharpoons Ag^++2NH_3$$

$$K_{不稳}=\frac{[Ag^+][NH_3]^2}{[Ag(NH_3)_2^+]}$$

$$8.9\times10^{-8}=\frac{[Ag^+]\times1.00^2}{0.00100}$$

得
$$[Ag^+]=8.9\times10^{-11}(mol\cdot L^{-1})$$

例 4. 为了把 $[Cu^{2+}]$ 的量减小到 $10^{-13}mol\cdot L^{-1}$，应向 $0.00100mol\cdot L^{-1}$的$Cu(NO_3)_2$溶液中添加多少 NH_3？已知 $[Cu(NH_3)_4]^{2+}$的 $K_{不稳}=4.78\times10^{-14}$，并忽略与少于 4 个氨形成配合物的铜量。

解题思路：利用配合物的解离反应进行计算。

解：

$$[Cu(NH_3)_4]^{2+}\rightleftharpoons Cu^{2+}+4NH_3$$

$$K_{不稳}=\frac{[Cu^{2+}][NH_3]^4}{[Cu(NH_3)_4^{2+}]}=4.78\times10^{-14}$$

配合物中铜的浓度与游离铜离子浓度之和是 $0.00100mol\cdot L^{-1}$，而游离铜离子的量又非常小，所以配合物的浓度可以认为是 $0.00100mol\cdot L^{-1}$。假设 $[NH_3]=x$

则 $4.78\times10^{-14}=\frac{10^{-13}\times x^4}{0.00100}$　　$x^4=4.78\times10^{-4}$

得 $x=0.148(mol\cdot L^{-1})$

平衡时 $[NH_3]$ 是 $0.148mol\cdot L^{-1}$。用来形成 $0.00100mol\cdot L^{-1}$配合物的 NH_3 量为 0.0040 $mol\cdot L^{-1}$，所以添加 NH_3 的量是 $0.152mol\cdot L^{-1}$。

例 5. 在 $0.0030mol\cdot L^{-1}$ 的 NH_3 溶液中，AgSCN 的溶解度是多少？已知$K_{sp,AgSCN}=1.03\times10^{-12}$，$K_{不稳,[Ag(NH_3)_2]^+}=8.9\times10^{-8}$。

解题思路：AgSCN 的溶解度小，而 $[Ag(NH_3)_2]^+$ 稳定，体系中又有大量的 NH_3 配体，则 AgSCN 溶解之后所生成的 Ag^+ 可以看作都转化为了 $[Ag(NH_3)_2]^+$。

解一：利用多重平衡规则计算

设 AgSCN 的溶解度是 $x\,mol\cdot L^{-1}$，假设

① 所有被溶解的银都是以配合物 $[Ag(NH_3)_2]^+$ 的形式存在的，则 $x=[SCN^-]=[Ag(NH_3)_2^+]$

② $[NH_3]$ 始终没有变化

$$K_{不稳}=\frac{[Ag^+][NH_3]^2}{[Ag(NH_3)_2^+]}$$

$$[Ag^+]=\frac{K_{不稳}[Ag(NH_3)_2^+]}{[NH_3]^2}=\frac{8.9\times10^{-8}\times x}{0.0030^2}=9.9\times10^{-3}\times x$$

此结果验证了假设①是正确的：溶液中未形成配合物的银与形成配合物的银的比值为 9.9×10^{-3}

$$\begin{array}{lll} & AgSCN(s) \rightleftharpoons Ag^+ + SCN^- & K_{sp} \\ & -[Ag(NH_3)_2]^+ \rightleftharpoons Ag^+ + 2NH_3 & K_{不稳} \\ \hline 总反应 & AgSCN(s)+2NH_3 \rightleftharpoons [Ag(NH_3)_2]^+ + SCN^- & \end{array}$$

$$K=\frac{K_{sp}}{K_{不稳}}=\frac{1.03\times10^{-12}}{8.9\times10^{-8}}=1.2\times10^{-5}$$

$$K=\frac{[Ag(NH_3)_2^+][SCN^-]}{[NH_3]^2}=\frac{x^2}{0.0030^2}$$

得 $\quad x=1.0\times10^{-5}(mol\cdot L^{-1})$

假设②的验证：如果每升溶液中有 1.0×10^{-5}mol 的配合物，被用作形成配合物的 NH_3 为 $2\times1.0\times10^{-5}=2.0\times10^{-5}mol\cdot L^{-1}$。溶液中游离 NH_3 的浓度实际上相对于初始值没有变化，仍为 $0.0030mol\cdot L^{-1}$，假设正确。

解二：分步系数法

设 AgSCN 的溶解度为 $x\,mol\cdot L^{-1}$

① 溶出的 SCN^- 无其他副反应，$[SCN^-]=x$

② 因 AgSCN 溶解度小，NH_3 的初始浓度 c_0 足够大，近似认为 $[NH_3]\approx c_0$

$$AgSCN(s) \rightleftharpoons Ag^+ + SCN^-（主反应）$$

$$\Updownarrow$$

$$[Ag(NH_3)]^+$$

$$\Updownarrow$$

$$[Ag(NH_3)_2]^+（副反应）$$

$[Ag^+]=x\,\delta_0$

$$\delta_0=\frac{1}{1+\beta_1[NH_3]+\beta_2[NH_3]^2}\approx\frac{1}{\beta_2[NH_3]^2}=\frac{1}{\frac{1}{K_{不稳}}[NH_3]^2}=\frac{K_{不稳}}{[NH_3]^2}$$

$K_{sp}=[Ag^+][SCN^-]=x\delta_0 x=x^2\delta_0$

$1.03\times10^{-12}=x^2\,\dfrac{8.9\times10^{-8}}{0.0030^2}$

$x=1.0\times10^{-5}(mol\cdot L^{-1})$

例 6. 在 $0.0040mol\cdot L^{-1}$ Ag^+ 溶液中 $[Cl^-]$ 为 $0.0010mol\cdot L^{-1}$，为防止产生 AgCl 沉淀，需要加入 NH_3 的浓度是多少？已知 AgCl 的 $K_{sp}=1.77\times10^{-10}$，$[Ag(NH_3)_2]^+$ 的 $K_{不稳}=8.9\times10^{-8}$。

解题思路：应用溶度积规则确定游离 Ag^+ 的浓度。

解：不形成沉淀时游离的 $[Ag^+]$ 上限为：

$$[Ag^+][Cl^-]=1.77\times10^{-10} \quad 得[Ag^+]=1.77\times10^{-10}/0.0010=1.77\times10^{-7}(mol\cdot L^{-1})$$

$$[Ag(NH_3)_2]^+ 的浓度为\ 0.0040-1.77\times10^{-7}\approx0.0040(mol\cdot L^{-1})$$

$$K_{不稳}=[Ag^+][NH_3]^2/[Ag(NH_3)_2^+]=8.9\times10^{-8}$$

$$[NH_3]^2=0.0040\times8.9\times10^{-8}/1.77\times10^{-7}=2.01\times10^{-3}$$

得 $$[NH_3]=0.045(mol\cdot L^{-1})$$

需加氨量为 $[NH_3]+2[Ag(NH_3)_2^+]=0.045+2\times0.0040=0.053(mol\cdot L^{-1})$

7.4 习题选解

1. 已知 $[AlF_6]^{3-}$ 的逐级稳定常数的对数值分别为 6.10、5.05、3.85、2.75、1.62 和 0.47。试求它的 $K_{稳}$ 和 $K_{不稳}$。

解：
$$K_{稳}=\beta_6=K_1K_2K_3K_4K_5K_6$$

$$\lg K_{稳}=\sum_{i=1}^{6}\lg K_i=6.10+5.05+3.85+2.75+1.62+0.47=19.84$$

$$K_{稳}=6.9\times10^{19}$$

$$而 \quad K_{不稳}=\frac{1}{K_{稳}}=10^{-19.84}=1.4\times10^{-20}$$

3. 在 1L 0.10mol·L^{-1} $FeCl_3$ 溶液中加入 0.010mol KSCN 晶体，若此时只生成 $[Fe(NCS)]^{2+}$ 离子，计算：（1）溶液中 NCS^- 和 $[Fe(NCS)]^{2+}$ 的浓度；（2）Fe^{3+} 的转化率。

解：(1) $$Fe^{3+}+NCS^- \rightleftharpoons [Fe(NCS)]^{2+}$$

平衡时 $\quad 0.10-x \quad 0.01-x \quad\quad x$

$$\beta_{[Fe(NCS)]^{2+}}=\frac{[Fe(NCS)^{2+}]}{[Fe^{3+}][SCN^-]}=\frac{x}{(0.010-x)(0.10-x)}=10^{2.95}$$

解之 $x=0.0099mol\cdot L^{-1}$

$[SCN^-]=0.01-0.0099=0.0001(mol\cdot L^{-1})$

(2) $\alpha_{Fe^{3+}}=\frac{0.0099}{0.10}=9.9\%$

5. 向 1.0L 6.0mol·L^{-1}的氨水溶液中加入 0.10mol $CuSO_4$，计算溶液中各组分的浓度。

解：查得 $[Cu(NH_3)_4]^{2+}$ 的 $\lg\beta_1\sim\lg\beta_4$ 为 4.31、7.98、11.02、13.32

由于 $\beta_4\gg\beta_3$ 且 NH_3 大大过量，可近似认为 Cu^{2+} 几乎全部转化为 $[Cu(NH_3)_4]^{2+}$。

$[Cu(NH_3)^{2+}]\approx[Cu(NH_3)_2^{2+}]\approx[Cu(NH_3)_3^{2+}]\approx0$

$[Cu(NH_3)_4^{2+}]\approx0.10mol\cdot L^{-1}$

NH_3 的平衡浓度 $[NH_3]=6.0-4\times0.10=5.6(mol\cdot L^{-1})$

由 $\beta_4=\frac{[Cu(NH_3)_4^{2+}]}{[Cu^{2+}][NH_3]^4}=10^{13.32}$ 得，$[Cu^{2+}]=4.87\times10^{-18}mol\cdot L^{-1}$

$[OH^-]=\sqrt{K_b[NH_3]}=\sqrt{1.8\times10^{-5}\times5.6}=1.0\times10^{-2}(mol\cdot L^{-1})$

$[H^+]=K_w/[OH^-]=1.0\times10^{-14}/1.0\times10^{-2}=1.0\times10^{-12}(mol\cdot L^{-1})$

$[SO_4^{2-}]=0.10mol\cdot L^{-1}$

11. 向 pH=5.00 的 20.00mL 0.020mol·L^{-1} Zn^{2+} 溶液中加入 20.04mL 0.020mol·L^{-1} EDTA 溶液后，游离的 [Y] 和 [Zn^{2+}] 各为多少？

解： 查表得 pH=5.0 时，$\alpha_{Y(H)}=10^{6.45}$　　$\lg K_{ZnY}=16.50$

$$\lg K'_{ZnY}=\lg K_{ZnY}-\lg\alpha_{Y(H)}=16.50-6.45=10.05$$

$$Zn^{2+}+Y \rightleftharpoons ZnY \qquad K'_{ZnY}=\frac{[ZnY]}{[Zn^{2+}][Y']}$$

$$[Y']\approx\frac{(20.04-20.00)\times 0.020}{20.04+20.00}=2.0\times10^{-5}(mol\cdot L^{-1})$$

$$[ZnY]=1.0\times10^{-2}mol\cdot L^{-1}$$

$$[Zn^{2+}]=\frac{[ZnY]}{K'_{ZnY}[Y']}=\frac{1.0\times10^{-2}}{10^{10.05}\times2.0\times10^{-5}}=4.5\times10^{-8}(mol\cdot L^{-1})$$

$$[Y]=[Y']/\alpha_{Y(H)}=\frac{2.0\times10^{-5}}{10^{6.45}}=7.1\times10^{-12}(mol\cdot L^{-1})$$

12. 室温下，在 1L 乙二胺溶液中，溶有 0.010mol 的 $[Cu(NH_3)_4]^{2+}$，主要生成 $[Cu(en)_2]^{2+}$，由实验测得平衡时，乙二胺的浓度为 0.054mol·L^{-1}，求平衡时溶液中 Cu^{2+} 和 $[Cu(en)_2]^{2+}$ 的浓度。

解： 因为 $[Cu(en)_2]^{2+}$ 的稳定常数≫ $[Cu(NH_3)_4]^{2+}$ 的稳定常数，所以平衡时可忽略氨合物的浓度

则　　$[Cu(en)_2]^{2+} \rightleftharpoons Cu^{2+}+2en$

平衡时　　$0.010-x$　　x　　0.054

$$\frac{x\times0.054^2}{0.010-x}=\frac{1}{\beta_2}=\frac{1}{10^{20.00}}$$

因 x 很小　　故 $0.010-x\approx0.010$

得　　$$x=[Cu^{2+}]\approx\frac{0.010}{10^{20.00}\times0.054^2}=3.4\times10^{-20}(mol\cdot L^{-1})$$

$$[Cu(en)_2^{2+}]=0.010-x\approx0.010(mol\cdot L^{-1})$$

14. 在 0.2mol·L^{-1} $[Ag(CN)_2]^-$ 溶液中，加入等体积的 0.2mol·L^{-1} KBr 溶液。问：

(1) 有无 AgBr 沉淀生成？

(2) 若原 $[Ag(CN)_2]^-$ 溶液中含有浓度为 0.2mol·L^{-1} 的 KCN，有无沉淀生成？

解：　　$K_{稳,[Ag(CN)_2]^-}=1.3\times10^{21}$，$K_{sp,AgBr}=5.35\times10^{-13}$

(1) 加入等体积 KBr 溶液后

$$c_{[Ag(CN)_2]^-}=\frac{1}{2}\times0.2=0.1(mol\cdot L^{-1}) \qquad c_{Br^-}=\frac{1}{2}\times0.2=0.1(mol\cdot L^{-1})$$

$$[Ag(CN)_2]^- \rightleftharpoons Ag^+ + 2CN^-$$

初始时　　0.1　　0　　0

平衡时　　$0.1-x$　　x　　$2x$

$$\frac{x(2x)^2}{0.1-x}=K_{不稳}=\frac{1}{K_{稳,[Ag(CN)_2]^-}}=10^{-21.1}$$

由于 $K_{不稳}$ 很小，$0.1-x\approx0.1$，即

$$\frac{4x^3}{0.1}\approx10^{-21.1}$$

解得 $$x=[Ag^+]=2.7\times10^{-8}(mol\cdot L^{-1})$$

$$[Ag^+][Br^-]=2.7\times10^{-8}\times0.1=2.7\times10^{-9}>K_{sp,AgBr}$$

因此，有 AgBr 沉淀生成。

(2) $$[Ag(CN)_2]^- \rightleftharpoons Ag^+ + 2CN^-$$

初始时　　0.1　　0　　0.1

平衡时　　$0.1-x$　　x　　$0.1+2x$

$$\frac{x(0.1+2x)^2}{0.1-x}=K_{不稳}=10^{-21.1}$$

由于 $K_{不稳}$ 很小　$0.1-x\approx0.1$，$0.1+2x\approx0.1$

$$\frac{0.01x}{0.1}\approx10^{-21.1}$$

解得 $$x=[Ag^+]=7.9\times10^{-21}(mol\cdot L^{-1})$$

$$[Ag^+][Br^-]=7.9\times10^{-21}\times0.1<K_{sp,AgBr}$$

因此，无 AgBr 沉淀生成。

7.5 思考题

7-1 是非题

(1) 在 BeF_2 和 $2F^-$ 生成 $[BeF_4]^{2-}$ 的反应中，BeF_2 是 Lewis 碱，F^- 是 Lewis 酸。

(2) Mg^{2+}、Ca^{2+}、Al^{3+}、Fe^{3+} 都是硬酸，故它们在自然界的矿物大都是与硬碱 O^{2-}、F^-、CO_3^{2-}、SO_4^{2-} 等组成盐类而存在。

(3) 氨水溶液不能装在铜制容器中，是因为发生配位反应，生成 $[Cu(NH_3)_4]^{2+}$ 使铜溶解。

(4) 已知 $[HgI_4]^{2-}$ 的 $K_{稳}=K_1$，$[HgCl_4]^{2-}$ 的 $K_{稳}=K_2$，则反应 $[HgCl_4]^{2-}+4I^- \longrightarrow [HgI_4]^{2-}+4Cl^-$ 的平衡常数为 K_1+K_2。

(5) 对于一些难溶于水的金属化合物，加入配位剂后，由于产生盐效应而使其溶解度增加。

(6) 一切金属阳离子都是 Lewis 酸。

(7) $K_{稳,[A(NH_3)_6]^{3+}}$ 和 $K_{稳,[B(NH_3)_6]^{2+}}$ 分别为 4×10^5 和 2×10^{10}，则在水溶液中 $[A(NH_3)_6]^{3+}$ 比 $[B(NH_3)_6]^{2+}$ 易于解离。

(8) 当与 EDTA 配合时，碱金属离子的配合物最稳定，而过渡金属离子的配合物不稳定。

(9) NH_3 和 HNO_3 都能够较好地溶解 AgBr 试剂。

(10) 对于给定的配合物体系，溶液中各种型体的分布系数（δ）是配位体平衡浓度的函数。

7-2 选择题

(1) 下列物质中，哪一个不适宜作配体？(　　)

A. $S_2O_3^{2-}$　　B. H_2O　　C. NH_4^+　　D. Cl^-

(2) 比较下列各对配合物的稳定性，不正确的是（　　）。

A. $[HgCl_4]^{2-}<[HgI_4]^{2-}$　　B. $[AlF_6]^{3-}>[AlBr_6]^{3-}$

C. $[Co(NH_3)_6]^{3+}<[Co(NH_3)_6]^{2+}$　　D. $[Ag(CN)_2]^->[Ag(NH_3)_2]^+$

(3) 在已经产生了 AgCl 沉淀的溶液中，能使沉淀溶解的方法是（　　）。

A. 加入盐酸　　B. 加入 $AgNO_3$ 溶液　　C. 加入氨水　　D. 加入 NaCl 溶液

(4) 已知 $[Ag(Py)_2]^+$ 的 $K_{稳}=1.00\times10^{10}$。将 $0.200mol\cdot L^{-1}$ $AgNO_3$ 和 $2.00mol\cdot L^{-1}$ Py(吡啶）溶液等体积混合，则平衡时 $[Ag^+]=$（　　）$mol\cdot L^{-1}$。

A. 1.23×10^{-11}　　B. 1.1×10^{-11}　　C. 1.56×10^{-11}　　D. 1.25×10^{-10}

(5) 已知 $[Ni(en)_3]^{2+}$ 的 $K_{稳}=2.14\times10^{18}$。将 $2.00mol\cdot L^{-1}$ 的 en（乙二胺）溶液和 $0.20mol\cdot L^{-1}$ 的 $NiSO_4$ 溶液等体积混合，则平衡时 $[Ni^{2+}]=$（　　）$mol\cdot L^{-1}$。

A. 1.36×10^{-18}　　B. 2.91×10^{-18}　　C. 1.36×10^{-19}　　D. 4.36×10^{-20}

(6) BF_3 与 NH_3 化合是它们之间形成了（　　）。

A. 氢键　　B. 配位键　　C. 大 π 键　　D. 分子间作用力

(7) 下列各离子中，最软的酸是（　　）。

A. Ca^{2+}　　B. Mn^{2+}　　C. Mg^{2+}　　D. Zn^{2+}

(8) 下列有关 $[PtClNO_2(en)_2]CO_3$ 的说法正确的是（　　）。

A. 中心离子的配位数为 6　　B. 中心离子的配位数为 4

C. 配离子与 CO_3^{2-} 之间以配位键结合　　D. 配离子电荷为 −2

(9) 下列金属离子中和 EDTA 形成配合物稳定性最强的是（　　）。

A. Ca^{2+}　　B. Ag^+　　C. Al^{3+}　　D. Pb^{2+}

(10) 在 $0.1mol\cdot L^{-1}$ 的 $[Ag(CN)_2]^-$ 溶液中，加入 KCl 固体，使 Cl^- 的浓度为 $0.1mol\cdot L^{-1}$，应发生下列哪一种现象？（　　）。已知 $K_{sp,AgCl}=1.77\times10^{-10}$，$K_{稳,[Ag(CN)_2]^-}=1.3\times10^{21}$。

A. 有沉淀生成　　B. 无沉淀生成　　C. 有气体生成　　D. 先有沉淀然后消失

7-3　填空题

(1) 一些配位剂能增大难溶金属盐的溶解度，原因是____________。

(2) 由于金属离子与溶液中 OH^- 结合而导致配合物稳定性降低的现象，称为____________。显然，金属离子一定时，溶液的______越低，该效应越明显。

(3) $OAc^-+H_2O\longrightarrow HOAc+OH^-$，根据电离理论这是______反应，按酸碱质子理论这是________反应，按照酸碱电子理论这是________反应。

(4) 已知 $[Ag(NH_3)_2]^+$ 配离子的总稳定常数 $K_{稳}$ 为 1.12×10^7，则此配离子的总不稳定常数 $K_{不稳}$ 为________，又若已知其第一级稳定常数 K_1 为 1.74×10^3，则其第二级稳定常数 K_2 为________。

(5) SCN^- 作为配体时，有时以 S 原子配位，如 $[Hg(SCN)_4]^{2-}$；有时以 N 原子配位，如 $[Fe(NCS)_x]^{3-x}$，这是因为________________。

(6) 反应 $[Zn(NH_3)_4]^{2+}+4OH^-\longrightarrow[Zn(OH)_4]^{2-}+4NH_3$ 的平衡常数为________。已知 $K_{稳,[Zn(OH)_4]^{2-}}=3\times10^{15}$，$K_{稳,[Zn(NH_3)_4]^{2+}}=2.88\times10^9$。

(7) 0.0010mol 的固体 NaCl 样品被加到 1L $0.010mol\cdot L^{-1}$ 的 $Hg(NO_3)_2$ 溶液中，与新生成的 $[HgCl]^+$ 保持平衡的 $[Cl^-]$ 为__________。形成 $[HgCl]^+$ 的 K_1 为 5.5×10^6，忽略 K_2 平衡。

(8) 在有过量 CN^- 存在下，银离子会形成 $[Ag(CN)_2]^-$，为了使 1L $0.0005mol\cdot L^{-1}$ 的 Ag^+ 溶液中 $[Ag^+]$ 降低到 $1.0\times10^{-19}mol\cdot L^{-1}$，应向其中加入______ mol KCN。

已知 $[Ag(CN)_2]^-$ 的完全解离常数为 3.3×10^{-21}。

(9) 金属离子 A^{3+}、B^{2+} 可分别形成 $[A(NH_3)_6]^{3+}$ 和 $[B(NH_3)_6]^{2+}$，$K_{稳,[A(NH_3)_6]^{3+}}$ 和 $K_{稳,[B(NH_3)_6]^{2+}}$ 分别为 4×10^5 和 2×10^{10}，则相同浓度的 $[A(NH_3)_6]^{3+}$ 和 $[B(NH_3)_6]^{2+}$ 溶液中，

A^{3+}和B^{2+}的浓度关系是________。

(10) $[Ag(CN)_2]^-$、$[Ag(S_2O_3)_2]^{3-}$、$[Ag(NH_3)_2]^+$配离子的稳定性高低次序是________。

7-4 分析判断配合物相对稳定性的方法有哪些？是否对同一问题都能有相同分析结果？试举例说明。

自我检测题

7-1 选择题

(1) 根据硬软酸碱的概念，下列物质中属于软酸的是(　　)。

A. H^+　　B. Ag^+　　C. La^{3+}　　D. $AlCl_3$

(2) 下列说法中错误的是(　　)。

A. 配合物中配体数不一定等于配位数

B. 配合物的空间构型主要取决于杂化轨道类型

C. $K_{稳}$ 大的配合物的稳定性必定大于 $K_{稳}$ 小的配合物的稳定性

D. 正八面体场中，中心离子的 d_γ 和 d_ε 轨道的能量都比该自由离子 d 轨道的能量高

(3) 下列最有利于配位平衡转化为沉淀平衡的是(　　)。

A. $\lg K_{稳}$ 愈大，K_{sp}愈小　　B. $\lg K_{稳}$ 愈大，K_{sp}愈大

C. $\lg K_{稳}$ 愈小，K_{sp}愈大　　D. $\lg K_{稳}$ 愈小，K_{sp}愈小

(4) 化学反应 $NaOH+Ag^+ \longrightarrow AgOH+Na^+$，按照 Lewis 酸碱理论，属于(　　)。

A. 复分解反应　　B. 加合反应　　C. 酸取代反应　　D. 碱取代反应

(5) 在配离子 $[Co(en)(C_2O_4)_2]^-$ 中，中心离子的配位数是(　　)。

A. 3　　B. 4　　C. 5　　D. 6

7-2 填空题

(1) AgI 溶解在 NaCN 中，其方程式为________，反应的平衡常数为________。

已知 $K_{sp,AgI}=8.51\times10^{-17}$，$K_{稳,[Ag(CN)_2]^-}=1.3\times10^{21}$。

(2) Sr^{2+}与NO_3^-会形成一个非常不稳定的配合物，在含有 $0.00100mol\cdot L^{-1}$ $Sr(ClO_4)_2$ 和 $0.050mol\cdot L^{-1}$ KNO_3 的溶液中，实际上只有 75%的锶是以游离 Sr^{2+} 形式存在的，它们与 $[Sr(NO_3)]^+$保持平衡，则该配合反应的 K_1 是________。

(3) $[Zn(NH_3)_4]^{2+}$的不稳定常数是反应________的标准平衡常数。

(4) $[Cu(NH_3)_4]SO_4$ 溶液中存在平衡 $[Cu(NH_3)_4]^{2+} \rightleftharpoons Cu^{2+}+4NH_3$，加入少量氨水，平衡向________移动；加入少量硝酸，平衡向________移动；加入少量 NaOH，平衡向________移动。

(5) AgBr 在 $1.00mol\cdot L^{-1}$ $Na_2S_2O_3$ 溶液中的溶解度为________。

已知 $K_{sp,AgBr}=5.35\times10^{-13}$，$K_{稳,[Ag(S_2O_3)_2]^{3-}}=2.9\times10^{13}$。

7-3 EDTA 的二氢钙盐可以用作铅中毒的解药，试解释其原因，并说明为什么用其钙盐而不直接用酸本身。

7-4 0.1g 固体 AgBr 能否完全溶解于 100mL $1.0mol\cdot L^{-1}$的氨水中？

7-5 在 25℃时，某溶液中 $[Ni(NH_3)_6]^{2+}$ 浓度为 $0.10mol\cdot L^{-1}$，NH_3 的浓度为 $1.0mol\cdot L^{-1}$，加入乙二胺后，使乙二胺的总浓度为 $2.30mol\cdot L^{-1}$。计算平衡时 NH_3、$[Ni(NH_3)_6]^{2+}$、$[Ni(en)_3]^{2+}$的浓度各为多少。

7-6 EDTA 是螯合剂的代表性物质，在众多领域均有应用，请结合自身专业谈谈你对 EDTA 应用的认识。

思考题参考答案

7-1 是非题

(1)错 (2)对 (3)对 (4)错 (5)错 (6)对 (7)对 (8)错 (9)错 (10)对

7-2 选择题

(1) C (2) C (3) C (4) C (5) C (6) B (7) D (8) A (9) D (10) A

7-3 填空题

(1) 形成了可溶性配合物，使沉淀溶解平衡向溶解方向移动

(2) 水解效应或羟基配位效应　　酸度

(3) 盐的水解　　碱的解离　　碱取代

(4) 8.93×10^{-8}　　6.44×10^{3}

(5) S 和 N 分别为软碱、硬碱，Hg^{2+} 和 Fe^{3+} 分别为软酸、硬酸，它们之间的结合服从硬软酸碱原则

(6) 1×10^{6}　　(7) $2\times10^{-8}mol\cdot L^{-1}$　　(8) 0.005

(9) $[A^{3+}]>[B^{2+}]$　　(10) $[Ag(CN)_2]^- > [Ag(S_2O_3)_2]^{3-} > [Ag(NH_3)_2]^+$

7-4 解题思路： 可用配合物价键理论、配合物晶体场理论、硬软酸碱原则、$K_{稳}$ 数据等方法进行分析比较。

通常可以得到一致的分析结果，如对 $[Co(NH_3)_6]^{3+}$、$[Co(NH_3)_6]^{2+}$，用上述方法都可判断出稳定性 $[Co(NH_3)_6]^{3+}>[Co(NH_3)_6]^{2+}$。

但由于配合物成键情况复杂，经验性的硬软酸碱原则有时不能简单地应用在稳定性判断上。如 $[Fe(CN)_6]^{3-}$、$[Fe(CN)_6]^{4-}$ 的稳定性，用 $K_{稳}$ 数据、配合物价键理论、配合物晶体场理论等方法均可判断说明稳定性 $[Fe(CN)_6]^{3-}>[Fe(CN)_6]^{4-}$，而硬软酸碱原则不能解释。

自我检测题参考答案

7-1 选择题

(1) B (2) C (3) D (4) C (5) D

7-2 填空题

(1) $AgI+2CN^- \longrightarrow [Ag(CN)_2]^- + I^-$　1.1×10^{5}　　(2) 6.7

(3) $[Zn(NH_3)_4]^{2+}+4H_2O \rightleftharpoons [Zn(H_2O)_4]^{2+}+4NH_3$　　(4) 左　右　右

(5) $0.44mol\cdot L^{-1}$（此题注意 AgBr 在 $Na_2S_2O_3$ 中溶解度较大，不能忽略配位溶解对 $S_2O_3^{2-}$ 的消耗）

7-3 答： EDTA 能与人体中的铅离子配合，生成无害的物质排出体外。用钙盐而不直接用酸本身是因为过量的 EDTA 会与人体中的钙离子发生配合。

7-4 解： 已知 $\beta_{2,[Ag(NH_3)_2]^+}=1.1\times10^{7}$，AgBr 的 $K_{sp}=5.35\times10^{-13}$

(1) 多重平衡规则法

$AgBr \rightleftharpoons Ag^+ + Br^-$　　$K_{sp}=5.35\times10^{-13}$

$Ag^+ + 2NH_3 \rightleftharpoons [Ag(NH_3)_2]^+$　　$\beta_2=1.1\times10^{7}$

总反应　$AgBr+2NH_3 \rightleftharpoons Br^- + [Ag(NH_3)_2]^+$　　$K=K_{sp}\beta_2$

① 设100mL 1.0mol·L^{-1} NH_3 水中能溶解AgBr的量为$x$mol·L^{-1}

$$AgBr+2NH_3 = Br^- + [Ag(NH_3)_2]^+$$

溶解平衡时　　　　　$1.0-2x$　　x　　x

$$K=\frac{x^2}{(1.0-2x)^2}=\beta_2 K_{sp}=5.89\times10^{-6}$$

因为K很小　　　所以$1.0-2x\approx1.0$

$$x=\sqrt{\beta_2\times K_{sp}\times1.0}=\sqrt{5.89\times10^{-6}}=2.4\times10^{-3}(\text{mol}\cdot\text{L}^{-1})$$

已知AgBr的$M=188\text{g}\cdot\text{mol}^{-1}$，在100mL氨水中能溶解的AgBr(s)质量为

$$2.4\times10^{-3}\text{mol}\cdot\text{L}^{-1}\times0.100\text{L}\times188\text{g}\cdot\text{mol}^{-1}=0.045\text{g}<0.1\text{g}$$

因此，0.1g固体AgBr不能完全溶解于100mL 1.0mol·L^{-1}的氨水中。

② 设0.1g AgBr完全溶解于100mL氨水中，所需氨水最低浓度为$y$mol·L^{-1}

$$c_{Ag^+}=\frac{0.1}{188\times0.1}=5.3\times10^{-3}(\text{mol}\cdot\text{L}^{-1})$$

$$AgBr(s) + 2NH_3 = [Ag(NH_3)_2]^+ + Br^- \qquad K=K_{sp}\beta_2$$

平衡时　　　$y-2\times5.3\times10^{-3}$　　5.3×10^{-3}　　5.3×10^{-3}

$$K=\frac{(5.3\times10^{-3})^2}{(y-2\times5.3\times10^{-3})^2}=5.89\times10^{-6}$$

因为K很小　　　所以$y-2\times5.3\times10^{-3}\approx y$

解得$y=2.2\text{mol}\cdot\text{L}^{-1}>1.0\text{mol}\cdot\text{L}^{-1}$，因此不能完全溶解。

(2) 分布系数法

$$AgBr(s)\longrightarrow Ag^+ + Br^- \quad \text{(主反应)}$$

$$Ag^+ \xrightarrow{NH_3} [Ag(NH_3)]^+ \xrightarrow{NH_3} [Ag(NH_3)_2]^+ \quad \text{(副反应)}$$

① 若0.1g AgBr完全溶于100mL氨水，形成的溶液中Ag^+总浓度：

$$c_{Ag^+}=\frac{0.1}{188\times0.1}=5.3\times10^{-3}(\text{mol}\cdot\text{L}^{-1})$$

设AgBr的溶解度为$s$mol·L^{-1}

$$s=[Br^-]=[Ag^+]+[Ag(NH_3)^+]+[Ag(NH_3)_2^+]$$

$$\delta_0=[Ag^+]/c=[Ag^+]/s \qquad [Ag^+]=s\delta_0$$

$$\delta_0=\frac{[Ag^+]}{s}=\frac{1}{1+\beta_1[NH_3]+\beta_2[NH_3]^2}=\frac{1}{1+10^{3.24}+10^{7.05}}\approx10^{-7.05}$$

$$K_{sp}=[Ag^+][Br^-]=s\delta_0\cdot s$$

$$s=\sqrt{\frac{K_{sp}}{\delta_0}}=\sqrt{\frac{5.35\times10^{-13}}{10^{-7.05}}}=2.4\times10^{-3}(\text{mol}\cdot\text{L}^{-1})$$

$2.4\times10^{-3}\text{mol}\cdot\text{L}^{-1}<5.3\times10^{-3}\text{mol}\cdot\text{L}^{-1}$

因此不能完全溶解。

② 若0.1g AgBr完全溶于100mL氨水，形成的溶液中Ag^+总浓度：

$$c_{Ag^+}=\frac{0.1}{188\times0.1}=5.3\times10^{-3}(\text{mol}\cdot\text{L}^{-1})$$

$$[Ag^+]=c_{Ag^+}\delta_0=c_{Ag^+}\frac{1}{1+\beta_1[NH_3]+\beta_2[NH_3]^2}$$

$$=5.3\times10^{-3}\times10^{-7.05}=4.7\times10^{-10}(mol\cdot L^{-1})$$

$Q=[Ag^+][Br^-]=4.7\times10^{-10}\times5.3\times10^{-3}=2.5\times10^{-12}$

$Q>K_{sp}$

因此不能完全溶解。

(3) 副反应系数法

设 AgBr 的溶解度为 s mol·L^{-1}

$$s=[Br^-]=[Ag^+]+[Ag(NH_3)^+]+[Ag(NH_3)_2^+]$$

$$\alpha_{Ag(NH_3)}=\frac{[Ag']}{[Ag^+]}=\frac{s}{[Ag^+]}$$

$$\alpha_{Ag(NH_3)}=1+\beta_1[NH_3]+\beta_2[NH_3]^2=1+10^{3.24}+10^{7.05}\approx10^{7.05}$$

$$[Ag^+]=\frac{s}{\alpha_{Ag(NH_3)}}$$

$$K_{sp}=[Ag^+][Br^-]=\frac{s^2}{\alpha_{Ag(NH_3)}}$$

得　$s=2.4\times10^{-3}$ mol·L^{-1}<5.3×10^{-3} mol·L^{-1}，因此不能完全溶解。

7-5　解： 设平衡时 $[Ni(NH_3)_6]^{2+}$ 的浓度为 x mol·L^{-1}

	$[Ni(NH_3)_6]^{2+}$	+ 3en $\rightleftharpoons$	$[Ni(en)_3]^{2+}$	+ $6NH_3$
初始时	0.10	2.30	0	1.0
平衡时	x	$2.30-3(0.10-x)=2.00+3x$	$0.10-x$	$1.0+6(0.10-x)=1.60-6x$

$$K=\frac{\beta_{3,[Ni(en)_3]^{2+}}}{\beta_{6,[Ni(NH_3)_6]^{2+}}}=\frac{2.1\times10^{18}}{5.5\times10^8}=3.8\times10^9$$

又　$$K=\frac{[Ni(en)_3^{2+}][NH_3]^6}{[Ni(NH_3)_6^{2+}][en]^3}=\frac{(0.10-x)\times(1.60-6x)^6}{x\times(2.00+3x)^3}$$

因为 K 的数值很大，乙二胺又过量

所以　$2.00+3x\approx2.00$　　$0.10-x\approx0.10$　　$1.60-6x\approx1.60$

则　$K=\frac{0.10\times1.60^6}{x\times2.00^3}=3.8\times10^9$　　得 $x=5.5\times10^{-11}(mol\cdot L^{-1})$

$$[Ni(NH_3)_6^{2+}]=5.5\times10^{-11}mol\cdot L^{-1}$$

$$[Ni(en)_3^{2+}]=0.10mol\cdot L^{-1},\ [NH_3]=1.60mol\cdot L^{-1}$$

7-6　解题思路： EDTA 作为六齿配体既有 N 配位又有 O 配位，几乎能与所有金属离子形成配合物，配位性能广泛；EDTA 能与金属离子形成具有多个五元环结构的螯合物，配合物的稳定性高；EDTA 配合物易溶于水，配位反应较迅速。这些特点使 EDTA 在诸多领域得到广泛应用。例如食品领域，在面粉及其制品、调味品、乳品等食品中添加 NaFeEDTA。NaFeEDTA 具有生物利用率高、溶解性好、无铁味、无胃肠刺激、不影响人体对其他微量元素吸收等效用，可改善人群缺铁性贫血这个全球性的营养问题。在处理食用油的过程中加入 EDTA，可去除金属离子，增加食用油稳定性，防止其氧化等。

第8章　氧化还原反应

8.1　基本要求

理解氧化还原反应的基本概念，了解氧化数的概念和规定，理解半反应和氧化还原电对，掌握氧化还原方程式的配平方法（氧化数法、离子-电子法）。

理解原电池的概念，熟悉原电池的符号。了解电极电势的概念及电极电势产生的原因。了解标准电极电势的规定及意义。掌握电极电势的能斯特方程及影响电极电势的因素（浓度、酸度、沉淀反应、配位反应），并能熟练地计算给定条件下的电极电势。能熟练计算氧化还原反应的标准平衡常数，会用电极电势判断氧化还原反应的方向和次序。会用吉布斯函变——氧化态图讨论元素的有关性质。熟练应用元素电势图判断歧化反应能否进行及计算某电对的标准电极电势。

了解条件电极电势和条件平衡常数。了解电解原理，化学电源，电化学腐蚀。

重点：氧化还原方程式的配平；能斯特方程及其应用；判断氧化剂和还原剂的相对强弱及氧化还原反应的方向和次序，判断歧化反应能否进行。

难点：电极电势的计算；条件电极电势。

8.2　内容概要

8.2.1　基本概念

(1) 氧化数　化合物中某原子所带的形式电荷数。

(2) 氧化还原电对　氧化与还原总是同时进行的，表示氧化反应和还原反应的方程式叫半反应式。在半反应中，处于共轭关系的氧化还原体系称为氧化还原电对。

(3) 氧化还原反应　氧化还原反应则是两个或两个以上氧化还原电对共同作用的结果。

8.2.2　氧化还原反应方程式配平

(1) 氧化数法　氧化剂原子氧化数降低总数等于还原剂原子氧化数升高总数。

(2) 离子-电子法　氧化剂原子得电子总数等于还原剂原子失电子总数。

8.2.3　原电池与电极电势

把化学能转变为电能的装置称为原电池。理论上讲，任何一个氧化还原反应均可组成一个原电池。原电池的电动势是由组成电池的物质之间的相界面的电势差的代数和。原电池可用规定的符号书写。

原电池可视为由两个氧化还原电对组成，电对的半反应：$X^{n+} + ne^- \longrightarrow X$，称为电极反应，表现的电势差称为该电对的电极电势，用 $E_{Ox/Red}$ 表示。电极电势越高，表明该电对进行还原反应的能力越强，其氧化态得电子的能力就越强，是强氧化剂，相应地，其还原态失电子的可能性小，是弱还原剂。

电势的绝对值还无法测定，国际上规定选用标准氢电极作为基准，将其电极电势定为零。将标准氢电极与给定电极（Ox/Red）组成下列电池：

标准氢电极 ¦¦ 给定电极（Ox/Red）

测定此电池的电动势，即为该给定电极（Ox/Red）的电极电势，用 $E_{Ox/Red}$表示。若电池中各物质均处于标准态，则为该给定电极的标准电极电势，用 $E^{\ominus}_{Ox/Red}$表示。根据电极电势的大小可以判断（预测）电对之间进行氧化还原反应的方向。

8.2.4 能斯特方程

根据能斯特方程式，只需知道标准电极电势和溶液中参加反应的各物质的活度，即可计算给定条件下电对的电极电势。通常忽略溶液离子强度的影响，用浓度代替活度。

$$E_{Ox/Red}=E^{\ominus}_{Ox/Red}+\frac{RT}{zF}\ln\frac{\alpha_{Ox}}{\alpha_{Red}} \qquad E_{Ox/Red}=E^{\ominus}_{Ox/Red}+\frac{0.0592V}{z}\lg\frac{[Ox]}{[Red]}$$

8.2.5 影响电极电势的因素

根据能斯特方程式，电对中的氧化态或还原态中任一物质的浓度变化都会使电极电势发生变化。

(1) 溶液中 Ox、Red 浓度的影响　电极电势与［Ox］/［Red］的对数呈线性关系。

(2) 溶液酸度的影响　电极反应中有 H^+ 或 OH^- 参加，其浓度也应出现在能斯特方程中，酸度变化对电极电势的影响是明显的。

(3) 沉淀反应的影响　加入一种沉淀剂能与电对中的 Ox 或 Red 生成沉淀时就会改变电对的电极电势，当 Ox 生成沉淀时电对电极电势降低，当 Red 生成沉淀时电对电极电势升高。

(4) 配位反应的影响　加入一种配位剂能与电对中的 Ox 或 Red 生成配合物时就会改变电对的电极电势，当 Ox 生成配合物时电对电极电势降低，当 Red 生成配合物时电对电极电势升高。如果 Ox 和 Red 同时生成配合物，则通过比较两种配合物的稳定性相对大小判断电对电极电势的变化。若 Ox 的配合物更稳定，则电对的电极电势降低；若 Red 的配合物更稳定，则电对的电极电势升高。

8.2.6 电极电势的应用

(1) 标准电池电动势与标准平衡常数的关系为：$-zFE^{\ominus}_{MF}=-RT\ln K^{\ominus}$。根据标准电池电动势可比较氧化还原反应进行的程度，$E^{\ominus}_{MF}$越大，反应进行的程度越大。还可计算反应的 K_{sp}、$K_{稳}$ 等。

(2) 因 E 与活度比 $\alpha(Ox)/\alpha(Red)$ 的对数呈线性关系，所以应综合考虑活度系数对电对电极电势的影响以及溶液中副反应对电对 Ox/Red 的浓度产生影响而带来的电极电势的变化。实际应用时常用条件电极电势。条件电极电势是 Ox、Red 总浓度均为 $1.00mol\cdot L^{-1}$或电对的总浓度比为 1 时的实际电势。它是电对在实际条件下氧化还原能力的表现。

(3) 根据电动势 E_{MF}的大小，可判断化学反应的方向和次序：$E_{MF}>0$，反应正向进行；$E_{MF}=0$，反应达到平衡；电极电势越高的电对，其氧化态越易被还原，反应优先进行。

特别注意：因电动势 E_{MF}的大小与 $E^{\ominus}_{MF}$和［Ox］/［Red］浓度比有关，只有当 $E^{\ominus}_{MF}$较大，且［Ox］和［Red］相近时，$E^{\ominus}_{MF}$才可作为反应趋势的判据。

强调：E_{MF}是化学反应可能性的判据（化学热力学），而不是可行性结论（化学动力学）。

(4) 吉布斯函变-氧化态图：根据吉布斯函变与电极电势之间的关系：$\Delta_r G^{\ominus}_m(298.15K)=-zFE^{\ominus}$，若一个元素有多个氧化态，以相邻两氧化态为电对，已知其标准电极电势，可求得两氧化态之间的吉布斯函变的数值，再以标准吉布斯函变为纵坐标，氧化态为横坐标作图，可绘出此元素的吉布斯函变-氧化态图。该图能提供如下化学信息：确定元素不同氧化态在水溶液中的相对稳定性；预测歧化反应的可能性；判断氧化还原能力的相对大小。

(5) 元素电势图：表示元素各氧化态之间电势变化的关系图。应用元素电势图可判断歧化反应能否进行和计算电对的标准电极电势。

若有 i 个电对，则：

$$E^{\ominus}=\frac{z_1E_1^{\ominus}+z_2E_2^{\ominus}+\cdots+z_iE_i^{\ominus}}{z}$$

$$z=z_1+z_2+\cdots+z_i$$

8.2.7 电化学应用

电化学的应用是多方面的，如化学电源、电解、电化学腐蚀等。

8.3 同步例题

例 1. 指出下列化合物中画线元素的氧化数。

$$Ca\underline{C}_2O_4，\underline{C}(CH_3)_4，\underline{Pb}_3O_4$$

解题思路：任何化合物中元素氧化数的代数和为零。

解：$Ca\underline{C}_2O_4$：+3

$\underline{C}(CH_3)_4$：0。碳原子与碳原子结合，碳原子的氧化数为 0

$\underline{Pb}_3O_4$：$+\frac{8}{3}$

例 2. 将下列反应设计成原电池：

(1) $H_2O(l) = OH^- + H^+$

(2) $Cl_2 + 2Ag = 2AgCl(s)$

(3) $4NH_3 + Cu^{2+} = [Cu(NH_3)_4]^{2+}$

解题思路：(1)、(3) 都不是氧化还原反应，在设计电池时应考虑增加一些物质，形成电对。(2) 是有难溶盐参加的反应，应考虑选用这类电对。

解：(1) $H_2O(l) = OH^- + H^+$

正极：$2H_2O(l) + O_2 + 4e^- = 4OH^-$

负极：$2H_2O(l) - 4e^- = O_2 + 4H^+$

电池反应：$4H_2O(l) = 4OH^- + 4H^+$　即 $H_2O(l) = OH^- + H^+$

电池：$(-)Pt|O_2|H^+ \,\vdots\vdots\, OH^-|O_2|Pt(+)$

此电池反应可计算水的离子积。

(2) $Cl_2 + 2Ag = 2AgCl(s)$

正极：$Cl_2 + 2e^- = 2Cl^-$

负极：$2Cl^- + 2Ag - 2e^- = 2AgCl(s)$

电池反应：$Cl_2 + 2Ag = 2AgCl(s)$

电池：$(-)Ag|AgCl(s)|HCl(aq)|Cl_2|Pt(+)$

此电池反应可计算 AgCl(s) 的标准生成吉布斯函数。

(3) $4NH_3 + Cu^{2+} = [Cu(NH_3)_4]^{2+}$

正极：$Cu^{2+} + 2e^- = Cu$

负极：$4NH_3 + Cu - 2e^- = [Cu(NH_3)_4]^{2+}$

电池反应：　　　　　$4NH_3+Cu^{2+}=[Cu(NH_3)_4]^{2+}$

电池：　　$(-)Cu|NH_3,[Cu(NH_3)_4]^{2+}\,\vdots\vdots\,Cu^{2+}|Cu(+)$

此电池反应可计算 $[Cu(NH_3)_4]^{2+}$ 的稳定常数。

例 3. 25℃时，电池 $(-)Pt|H_2(g,100kPa)|HCl(aq)|Hg_2Cl_2(s)|Hg(l)(+)$ 的电池电动势 $E=0.4119V$，已知 $E^{\ominus}[Hg_2Cl_2(s)/Hg]=0.2682V$。写出该电池的电极反应和电池反应并计算该 HCl 的溶液浓度。

解题思路：这是由难溶盐和其金属组成的电极构成的电池，只要写出电池反应就可写出能斯特方程，从而求得浓度。

解：正极：　$Hg_2Cl_2(s)+2e^-\longrightarrow 2Hg+2Cl^-$　　$E^{\ominus}[Hg_2Cl_2(s)/Hg]=0.2682V$

负极：$H_2(g,100kPa)-2e^-\longrightarrow 2H^+$　　$E^{\ominus}(H^+/H_2)=0V$

电池反应：　$Hg_2Cl_2(s)+H_2(g,100kPa)\longrightarrow 2Hg+2H^++2Cl^-$

$$E=E^{\ominus}+\frac{0.0592V}{2}\lg\frac{p_{H_2}/p^{\ominus}}{[H^+]^2[Cl^-]^2}=0.2682+\frac{0.0592V}{2}\lg\frac{100/100}{[H^+]^2[Cl^-]^2}$$

$$0.4119V=0.2682V-0.0592V\lg[H^+][Cl^-]=0.2682V-0.0592V\lg[H^+]^2$$

$[H^+]=0.0611mol\cdot L^{-1}$

$[HCl]=[H^+]=0.0611mol\cdot L^{-1}$

例 4. 已知 25℃时，$[Cu(NH_3)_4]^{2+}$ 的 $K_{稳}=10^{13.32}$，$E^{\ominus}(Cu^{2+}/Cu)=0.340V$。试计算 $E^{\ominus}\{[Cu(NH_3)_4]^{2+}/Cu\}$。

解题思路：这是配位反应对电极电势的影响的问题，即在氨的平衡浓度为 $1mol\cdot L^{-1}$ 时 Cu^{2+}/Cu 的电极电势。

解法 1：设计电池：$(-)Cu|NH_3,[Cu(NH_3)_4]^{2+}\,\vdots\vdots\,Cu^{2+}|Cu(+)$

电池反应：　$4NH_3+Cu^{2+}=[Cu(NH_3)_4]^{2+}$　　$K_{稳}=10^{13.32}$

$$E^{\ominus}_{MF}=\frac{0.0592V}{2}\lg K_{稳}=0.0296V\times\lg10^{13.32}=0.3943V$$

又　$E^{\ominus}_{MF}=E^{\ominus}_{+}-E^{\ominus}_{-}=E^{\ominus}(Cu^{2+}/Cu)-E^{\ominus}\{[Cu(NH_3)_4]^{2+}/Cu\}$

$$E^{\ominus}\{[Cu(NH_3)_4]^{2+}/Cu\}=E^{\ominus}(Cu^{2+}/Cu)-E^{\ominus}_{MF}$$
$$=0.340V-0.3943V=-0.0543V$$

解法 2：

$$K_{稳}=\frac{[Cu(NH_3)_4^{2+}]}{[Cu^{2+}][NH_3]^4}=10^{13.32}\qquad 即[Cu^{2+}]=\frac{[Cu(NH_3)_4^{2+}]}{K_{稳}[NH_3]^4}$$

$$E(Cu^{2+}/Cu)=E^{\ominus}(Cu^{2+}/Cu)+\frac{0.0592V}{2}\lg[Cu^{2+}]$$

$$=0.340V-0.0296V\lg K_{稳}+0.0296V\lg\frac{[Cu(NH_3)_4^{2+}]}{[NH_3]^4}$$

当 $[Cu(NH_3)_4^{2+}]=[NH_3]=1mol\cdot L^{-1}$ 时，即为所求：

$$E^{\ominus}\{[Cu(NH_3)_4]^{2+}/Cu\}=E^{\ominus}(Cu^{2+}/Cu)-0.0296\lg K_{稳}$$
$$=0.340V-0.0296V\lg10^{13.32}$$
$$=0.340V-0.3943V=-0.0543V$$

8.4　习题选解

4. 用氧化数法配平下列反应方程

(2)　　　$As_2O_3+HNO_3+H_2O\longrightarrow H_3AsO_4+NO$

(3) $K_2Cr_2O_7+H_2SO_4+KI \longrightarrow K_2SO_4+Cr_2(SO_4)_3+I_2+H_2O$

解：(2) As：$+3 \longrightarrow +5$ $(5-3)\times2\times3=12$

N：$+5 \longrightarrow +2$ $(2-5)\times1\times4=-12$

$$3As_2O_3+4HNO_3+7H_2O = 6H_3AsO_4+4NO$$

(3) Cr：$+6 \longrightarrow +3$ $(3-6)\times2\times1=-6$

I：$-1 \longrightarrow 0$ $[0-(-1)]\times2\times3=6$

$$K_2Cr_2O_7+7H_2SO_4+6KI = 4K_2SO_4+Cr_2(SO_4)_3+3I_2+7H_2O$$

5. 试用离子-电子法配平下列反应方程

(2) $MnO_4^-+H_2O_2 \longrightarrow Mn^{2+}+O_2$ （酸性介质）

(3) $Cl_2 \longrightarrow Cl^-+ClO_3^-$ （碱性介质）

解：(2) 电对：氧化剂 MnO_4^-/Mn^{2+}

还原剂 O_2/H_2O_2

配平：$MnO_4^-+5e^-+8H^+ \longrightarrow Mn^{2+}+4H_2O$ $\times2$

$H_2O_2 \longrightarrow 2H^++O_2+2e^-$ $\times5$

$$2MnO_4^-+5H_2O_2+6H^+ = 2Mn^{2+}+5O_2+8H_2O \text{（酸性介质）}$$

(3) 电对：氧化剂 Cl_2/Cl^-

还原剂 ClO_3^-/Cl_2

配平：$Cl_2+2e^- \longrightarrow 2Cl^-$ $\times5$

$Cl_2+12OH^- \longrightarrow 2ClO_3^-+10e^-+6H_2O$ $\times1$

$$3Cl_2+6OH^- = ClO_3^-+5Cl^-+3H_2O \text{（碱性介质）}$$

8. 用高锰酸钾溶液作氧化剂，在 pH=3 时，能否氧化 Br^- 和 I^-？设溶液中 $[MnO_4^-]=[Mn^{2+}]$，$[Br^-]=[I^-]=1.00mol\cdot L^{-1}$。

解题思路：此题是考查酸度对电极电势的影响。首先写出电对 MnO_4^-/Mn^{2+} 的能斯特方程，再根据 $[H^+]$ 计算电极电势值，从而判断是否能发生氧化还原反应。注意：$[H^+]$ 的幂指数。

解：电对 MnO_4^-/Mn^{2+} 的电极反应：$MnO_4^-+5e^-+8H^+ \longrightarrow Mn^{2+}+4H_2O$

$$E(MnO_4^-/Mn^{2+})=E^{\ominus}(MnO_4^-/Mn^{2+})-\frac{0.0592V}{5}\lg\frac{[Mn^{2+}]}{[MnO_4^-][H^+]^8}$$

$$=E^{\ominus}(MnO_4^-/Mn^{2+})+\frac{0.0592V}{5}\times8\times\lg[H^+]$$

$$=1.51V-0.0947VpH=1.226V$$

又由查表计算可得：$E(Br_2/Br^-)=1.065V$，$E(I_2/I^-)=0.5355V$，能氧化 Br^- 和 I^-。

11. 已知电对 $Ag^++e^- \longrightarrow Ag$ 的 $E^{\ominus}=+0.799V$。$Ag_2C_2O_4$ 的溶度积为 5.4×10^{-12}。试计算电对 $Ag_2C_2O_4(s)+2e^- \longrightarrow 2Ag+C_2O_4^{2-}$ 的标准电极电势。

解题思路：此题是考查沉淀反应对电极电势的影响。以 $Ag_2C_2O_4$ 的溶度积为起点，写出 $[Ag^+]$ 的表示式，代入到电对 Ag^+/Ag 的能斯特方程中，固定 $[C_2O_4^{2-}]=1mol\cdot L^{-1}$，即可得到所求电对 $Ag_2C_2O_4/Ag$ 的标准电极电势。注意理解：当 $[C_2O_4^{2-}]=1mol\cdot L^{-1}$ 时，电对 Ag^+/Ag 的非标准电极电势等于电对 $Ag_2C_2O_4/Ag$ 的标准电极电势，即 $E(Ag^+/Ag)=E^{\ominus}(Ag_2C_2O_4/Ag)$。另一解法是将两个电对 Ag^+/Ag 和 $Ag_2C_2O_4/Ag$ 组成原电池，达到平衡时，正、负极电极电势相等，从而建立等式，可计算出 $E^{\ominus}(Ag_2C_2O_4/Ag)$。

解：$Ag_2C_2O_4$ 的溶度积 $K_{sp}=[Ag^+]^2[C_2O_4^{2-}]$

溶液中：　　$[Ag^+]^2 = K_{sp}/[C_2O_4^{2-}]$

$$E(Ag^+/Ag) = E^{\ominus}(Ag^+/Ag) + 0.0592V\lg[Ag^+]$$
$$= E^{\ominus}(Ag^+/Ag) + 0.0592V\lg(K_{sp}/[C_2O_4^{2-}])^{\frac{1}{2}}$$
$$= E^{\ominus}(Ag^+/Ag) + 0.0592V\lg K_{sp}^{\frac{1}{2}} - 0.0592V\lg[C_2O_4^{2-}]^{\frac{1}{2}}$$

当 $[C_2O_4^{2-}] = 1mol\cdot L^{-1}$时，即是电对 $Ag_2C_2O_4(s) + 2e^- \longrightarrow 2Ag + C_2O_4^{2-}$ 的标准电极电势。

$$E^{\ominus}(Ag_2C_2O_4/Ag) = E^{\ominus}(Ag^+/Ag) + 0.0592\lg K_{sp}^{\frac{1}{2}}$$
$$= 0.799V + 0.0592V \times \lg(5.4\times10^{-12})^{\frac{1}{2}}$$
$$= 0.465V$$

20. 已知下列标准电极电势：$E^{\ominus}(Cu^{2+}/Cu) = 0.340V$，$E^{\ominus}(Cu^{2+}/Cu^+) = 0.159V$，$K_{sp}(CuCl) = 1.72\times10^{-7}$，试计算下列反应的标准平衡常数：

(1)　　$Cu^{2+} + Cu \xlongequal{} 2Cu^+$；

(2)　　$Cu^{2+} + Cu + 2Cl^- \xlongequal{} 2CuCl(s)$。

解：(1) 解法 1：设计电池：$(-)Cu|Cu^{2+} \,\vdots\vdots\, Cu^{2+}, Cu^+|Cu(+)$

正极，氧化剂电对　$2Cu^{2+} + 2e^- \xlongequal{} 2Cu^+$

负极，还原剂电对　$Cu - 2e^- \xlongequal{} Cu^{2+}$

电池反应：$Cu^{2+} + Cu \xlongequal{} 2Cu^+$ 标准电池电动势：

$$E_{MF}^{\ominus} = E^{\ominus}(Cu^{2+}/Cu^+) - E^{\ominus}(Cu^{2+}/Cu) = 0.159V - 0.340V = -0.181V$$
$$E_{MF}^{\ominus} = (0.0592V/z)\lg K^{\ominus}$$
$$\lg K^{\ominus} = zE_{MF}^{\ominus}/0.0592V = 2\times(-0.181)V/0.0592V = -6.11$$
$$K^{\ominus} = 7.68\times10^{-7}$$

解法 2：根据元素电势图

$$Cu^{2+} \xrightarrow{0.159} Cu^+ \longrightarrow Cu \quad (Cu^{2+} \to Cu:\ 0.340)$$

$$E_{Cu^{2+}/Cu}^{\ominus} = \frac{E_{Cu^{2+}/Cu^+}^{\ominus} + E_{Cu^+/Cu}^{\ominus}}{1+1}$$

$$E_{Cu^+/Cu} = 2\times E_{Cu^{2+}/Cu}^{\ominus} - E_{Cu^{2+}/Cu^+}^{\ominus} = 2\times0.340V - 0.159V = 0.521V$$

电池反应：$Cu^{2+} + Cu = 2Cu^+$ 的标准电动势：

$$E_{MF}^{\ominus} = E_{Cu^{2+}/Cu^+}^{\ominus} - E_{Cu^+/Cu}^{\ominus}$$
$$= 0.159V - 0.521V$$
$$= -0.362V$$

$$\lg K^{\ominus} = \frac{zE_{MF}^{\ominus}}{0.0592V} = \frac{1\times(-0.362)V}{0.0592V} = -6.11$$
$$K^{\ominus} = 7.68\times10^{-7}$$

(2) 由 (1) 可知：① $Cu^{2+} + Cu \xlongequal{} 2Cu^+$　　　$K^{\ominus} = 7.68\times10^{-7}$

又：② $CuCl(s) \xlongequal{} Cu^+ + Cl^-$　　　$K_{sp}(CuCl) = 1.72\times10^{-7}$

① $-2\times$② 得：　　$Cu^{2+} + Cu + 2Cl^- \xlongequal{} 2CuCl(s)$

所以　$K_{总}^{\ominus} = K^{\ominus}/K_{sp}^2(CuCl) = 7.68\times10^{-7}/(1.72\times10^{-7})^2 = 2.59\times10^7$

22. 根据下列元素电势图判断会不会发生歧化反应？

$E_B^\ominus/V$　　BrO^- $\underline{+0.32}$ Br_2 $\underline{+1.08}$ Br^-

若能歧化，写出反应方程式，计算 $E^\ominus(BrO^-/Br^-)$。

解：由元素电势图可知：$E_{右}^\ominus > E_{左}^\ominus$，歧化反应可发生。

右边电对　Br_2/Br^-：$Br_2 + 2e^- \xlongequal{} 2Br^-$　　$E^\ominus(Br_2/Br^-) = 1.08V$

左边电对　BrO^-/Br_2：$Br_2 + 4OH^- - 2e^- \xlongequal{} 2BrO^- + 2H_2O$　$E^\ominus(BrO^-/Br_2) = 0.32V$

反应方程式：$Br_2 + 2OH^- \xlongequal{} BrO^- + Br^- + H_2O$

$$E^\ominus(BrO^-/Br^-) = \frac{z_1E_1 + z_2E_2}{z_1 + z_2} = \frac{2\times1.08 + 2\times0.32}{2+2}V = 0.70V$$

8.5　思考题

8-1　是非题

(1) 一个元素的原子的氧化数一定。

(2) 在化合物中所有元素原子的氧化数都不为零。

(3) 电对的标准电极电势的值是以标准氢电极的电极电势为零而确定的。

(4) 标准电极电势大的电对的氧化态一定能氧化标准电极电势小的电对的还原态。

(5) 溶液酸度的改变会对所有电对的电极电势的值产生影响。

(6) 若电池的标准电池电动势大于零，则电池反应一定正向进行。

(7) 氧化还原反应的两个电对的标准电极电势相差越大，则反应能在越短的时间内完成。

(8) 条件电极电势就是给定条件下的标准电极电势。

(9) 已知电池反应的各电对的条件电极电势，就可以判断在该条件下电池反应的方向。

(10) 根据元素电势图，可判断具有多种氧化态的元素的某一氧化态能否发生歧化反应。

8-2　选择题

(1) 今有一种含有 Cl^-、Br^-、I^- 三种离子浓度相同的混合溶液，欲使 I^- 氧化为 I_2，而又不使 Br^-、Cl^- 氧化，在标准条件下，应选择的氧化剂是（　　）。

A. $FeCl_3$　　B. $KMnO_4$　　C. $K_2Cr_2O_7$　　D. 三者均可

(2) 已知 $E^\ominus(Cu^{2+}/Cu) = 0.340V$，$E^\ominus(Cu^+/Cu) = 0.521V$，则 $E^\ominus(Cu^{2+}/Cu^+)$ 为（　　）。

A. $-0.184V$　　B. $-0.159V$　　C. $0.184V$　　D. $0.159V$

(3) 已知 298.15K 时，$E^\ominus(Sn^{4+}/Sn^{2+}) = 0.15V$，$E^\ominus(Fe^{3+}/Fe^{2+}) = 0.771V$，则反应 $Sn^{2+} + 2Fe^{3+} \xlongequal{} Sn^{4+} + 2Fe^{2+}$ 的 $K^\ominus$ =（　　）。

A. 9.650×10^9　　B. 3.0×10^{10}　　C. 9.54×10^{20}　　D. 9.1×10^{-20}

(4) 已知 298.15K 时 $E^\ominus(Ag^+/Ag) = 0.799V$，则反应 $2Ag^+ + H_2(g) \xlongequal{} 2Ag + 2H^+$ 的 $\Delta_rG_m^\ominus$ 为（　　）。

A. $154.2kJ\cdot mol^{-1}$　　B. $-154.2kJ\cdot mol^{-1}$

C. $77.1kJ\cdot mol^{-1}$　　D. $-77.1kJ\cdot mol^{-1}$

(5) 已知 $E^\ominus(Cl_2/Cl^-) = 1.358V$，$E^\ominus(Fe^{3+}/Fe^{2+}) = 0.771V$，$E^\ominus(MnO_4^-/Mn^{2+}) = 1.510V$，当溶液 pH=3 时，其电对电极电势的大小顺序为（　　）。

A. $E(MnO_4^-/Mn^{2+})>E(Cl_2/Cl^-)>E(Fe^{3+}/Fe^{2+})$

B. $E(Fe^{3+}/Fe^{2+})>E(MnO_4^-/Mn^{2+})>E(Cl_2/Cl^-)$

C. $E(Cl_2/Cl^-)>E(MnO_4^-/Mn^{2+})>E(Fe^{3+}/Fe^{2+})$

D. $E(Cl_2/Cl^-)>E(Fe^{3+}/Fe^{2+})>E(MnO_4^-/Mn^{2+})$

(6) 当各物质均处于标准态时，下列反应能正向进行的是（　　）。

A. $2Cl^- + Br_2 = 2Br^- + Cl_2$

B. $2Fe^{3+} + 2Cl^- = Cl_2 + 2Fe^{2+}$

C. $2MnO_4^- + 5H_2O_2 + 6H^+ = 2Mn^{2+} + 8H_2O + 5O_2$

D. $6Fe^{3+} + 2Cr^{3+} + 7H_2O = 6Fe^{2+} + Cr_2O_7^{2-} + 14H^+$

(7) 下列哪组电对的组合可计算 AgCl 的溶度积？（　　）

A. Ag^+/Ag 和 $AgCl/Ag$　　B. Ag^+/Ag 和 Cl_2/Cl^-

C. $AgCl/Ag$ 和 Cl_2/Cl^-　　D. 三者都可以

(8) 下列哪组电对的组合可计算 AgCl 的标准摩尔生成吉布斯函数？（　　）

A. Ag^+/Ag 和 $AgCl/Ag$　　B. Ag^+/Ag 和 Cl_2/Cl^-

C. $AgCl/Ag$ 和 Cl_2/Cl^-　　D. 三者都可以

(9) 下列哪组电对的组合可计算水的离子积？（　　）

A. Fe^{3+}/Fe^{2+} 和 H^+/H_2　　B. O_2/H_2O 和 H^+/H_2

C. O_2/H_2O_2 和 H^+/H_2　　D. H_2O/H_2 和 H^+/H_2

(10) 电解含有等浓度 Fe^{2+}、Sn^{2+}、Cu^{2+} 的水溶液时，离子析出的顺序是（　　）。

A. Fe^{2+}、Sn^{2+}、Cu^{2+}　　B. Fe^{2+}、Cu^{2+}、Sn^{2+}

C. Cu^{2+}、Sn^{2+}、Fe^{2+}　　D. Cu^{2+}、Fe^{2+}、Sn^{2+}

8-3　填空题

(1) $Cr_2O_7^{2-}$ 中 Cr 的氧化数是________。

(2) 已知：$E^\ominus(Ag^+/Ag)=0.799V$，$E^\ominus(Cu^{2+}/Cu)=0.340V$，将反应 $2Ag^+ + Cu = 2Ag + Cu^{2+}$ 组成原电池，$E^\ominus=$________ V。

(3) 已知，$E^\ominus(Ag^+/Ag)=0.799V$，$E^\ominus(Fe^{3+}/Fe^{2+})=0.771V$，将反应 $Ag^+ + Fe^{2+} = Ag + Fe^{3+}$ 组成原电池，该电池反应的 $K^\ominus=$______。

(4) 已知 $Zn|ZnCl_2(aq)|AgCl(s)|Ag$ 的 $E^\ominus>0$，则反应 $2Ag + ZnCl_2 = 2AgCl + Zn$ 的 $K^\ominus$__1。(填>，=或<)

(5) 下列电对的电极电势的大小关系是

$E^\ominus(Ag^+/Ag)$__________$E^\ominus\{[Ag(S_2O_3)_2]^{3-}/Ag\}$

$E^\ominus(Cu^{2+}/Cu^+)$________$E^\ominus(Cu^{2+}/CuI)$

(6) 已知氮的元素电势图（部分）如下，能进行歧化反应的是______。

$$NO_3^- \underline{\ +0.81\ } NO_2 \underline{\ +1.07\ } HNO_2 \underline{\ +0.99\ } NO$$

(7) 利用氮的元素电势图，可得 NO_3^--NO 电对的标准电极电势为________ V。

(8) 已知 $E^\ominus(Ag^+/Ag)=0.799V$，AgBr 的 $K_{sp}=5.35\times10^{-13}$，则 $E^\ominus(AgBr/Ag)=$________ V。

(9) 电解 H_2SO_4 水溶液时，得到的产物是氢气和______。

(10) 电解 $CuSO_4$ 水溶液时，溶液的 pH 值将________。

(11) 铁的电化学腐蚀类型主要有________和________两种类型。

8-4　发展新能源汽车是我国从汽车大国迈向汽车强国的必由之路，是应对气候变化、推动绿色发展的战略举措。在国务院新能源汽车产业发展规划（2021—2035年）中，提出力争经过15年的持续努力，我国新能源汽车核心技术达到国际先进水平，质量品牌具备较强国际竞争力。新能源汽车的核心之一是动力电池，目前采用最多的是锂离子电池技术，请根据你所学的知识和查阅资料，推测最具发展前途的动力电池是哪种电池，请说明理由。

自我检测题

8-1 选择题

（1）HCHO中碳元素的氧化数是（　　）。

A. 3　　B. 2　　C. 1　　D. 0

（2）下列哪组物质在酸性介质中都能将 Mn^{2+} 氧化成 MnO_4^- 的是（　　）。

A. PbO_2，$NaBiO_3$，H_2O_2　　B. PbO_2，$NaBiO_3$，HIO_4

C. $NaBiO_3$，H_2O_2，HIO_4　　D. PbO_2，H_2O_2，HIO_4

（3）电池 Pt|Cl_2|HCl(aq)|Hg_2Cl_2(s)|Hg 的电池反应是（　　）。

A. $Hg_2Cl_2(s) = Cl_2 + 2Hg$　　B. $Cl_2 + 2Hg = Hg_2Cl_2(s)$

C. $Hg_2Cl_2(s) = 2Cl^- + Hg_2^{2+}$　　D. $2Cl^- + Hg_2^{2+} = Hg_2Cl_2$

（4）已知 $E^{\ominus}(Fe^{3+}/Fe) = -0.036V$，$E^{\ominus}(Fe^{2+}/Fe) = -0.440V$，则 $E^{\ominus}(Fe^{3+}/Fe^{2+})$ 的值为（　　）。

A. −0.476V　　B. −0.404V　　C. 0.202V　　D. 0.772V

（5）下列电池中，电动势 E 与 Cl^- 无关的是（　　）。

A. Zn|$ZnCl_2$(aq)|AgCl(s)|Ag　　B. Zn|$ZnCl_2$(aq)┆┆KCl(aq)|Cl_2|Pt

C. Ag|AgCl(s)|KCl(aq)|Cl_2|Pt　　D. Hg|Hg_2Cl_2(s)|KCl(aq)┆┆$AgNO_3$(aq)|Ag

8-2 填空题

（1）电池 Zn|$ZnSO_4$(aq)┆┆$CuSO_4$(aq)|Cu 对外放电时，锌极进行______反应，是____极（填正、负），电极反应是____________________。

（2）25℃时，电池 Cu|Cu^{2+}，Cu^+┆┆Cu^+|Cu 的 $E^{\ominus} = 0.363V$，则反应 $2Cu^+ = Cu^{2+} + Cu$ 的 $K^{\ominus} =$________。

（3）已知 $E^{\ominus}(Ag^+/Ag) = 0.799V$，则反应 $2Ag + 2H^+ = H_2 + 2Ag^+$ 的 $\Delta_r G_m^{\ominus}$ ______ 0。

（4）已知 $E^{\ominus}(Cr_2O_7^{2-}/Cr^{3+}) = 1.36V$，$E^{\ominus}(Br_2/Br^-) = 1.065V$，下列反应

$$Cr_2O_7^{2-} + 14H^+ + 6Br^- \rightleftharpoons 3Br_2 + 2Cr^{3+} + 7H_2O$$

当pH=2时，$E_{MF} =$______V，向____进行；当pH=3时，$E_{MF} =$______V，向____进行。

（5）电解NaCl水溶液时，得到的产物是氯气、______和________。

8-3 完成并配平下列反应方程式

（1）$MnO_4^- + HCOO^- \longrightarrow MnO_4^{2-} + CO_3^{2-}$　（碱性介质）

（2）$I_2 + NaOH \longrightarrow NaI + NaIO_3$

8-4 已知 $E^{\ominus}(Hg_2^{2+}/Hg) = 0.796V$，$Hg_2Cl_2$(s) 的溶度积为 1.43×10^{-18}，计算 $E^{\ominus}(Hg_2Cl_2/Hg)$。若溶液中 Cl^- 浓度为 $0.0100mol \cdot L^{-1}$，电对 Hg_2Cl_2/Hg 的电势为多少？

8-5 计算pH=3、$c(F^-) = 0.100mol \cdot L^{-1}$ 时，Fe^{3+}/Fe^{2+} 电对的条件电极电势（忽略离子强度的影响）。已知Fe(Ⅲ)氟配合物的 $\lg\beta_1 \sim \lg\beta_3$ 分别为5.2、9.2、11.9，$pK_{a,HF} = 3.46$。

8-6 随着经济的发展，我国已经变成一个汽车产销大国，汽车带来的环境污染问题越来越严重，例如燃油燃烧产物中的二氧化碳引起温室效应，大量增加碳排放，氮、硫氧化物

引起酸雨、光化学污染等，要解决这些问题，打赢“蓝天保卫战”，电动汽车行业的发展必不可少。有人认为电动汽车以车载电源为动力，使用过程中排放零污染，应该无限制地大力发展；有人认为电动汽车其实并不是完全零污染，不能只强调其使用过程中的零排放，而应该将电动汽车的制造、使用、电池回收整个过程纳入环保监测，避免盲目发展，出现“先污染后治理”的情况。请写出你的观点，并阐述理由。

思考题参考答案

8-1 是非题

（1）错。在不同的化合物中氧化数可不同。如 Mn。

（2）错。如 $C(CH_3)_4$ 中的季碳原子。

（3）对。　（4）错。应以电对的实际电极电势的大小而定。

（5）错。只对有 H^+ 或 OH^- 参加的反应才成立。

（6）错。应以电池的实际电动势的正负而定。

（7）错。电动势是化学反应可能性的判据，属于热力学范畴，与反应速度或时间无关。

（8）错。条件电极电势是电对的总浓度比为 1 时的实际电势。

（9）错。还应考虑氧化态和还原态的活度（或浓度）。　（10）对。

8-2 选择题

(1)A　(2)D　(3)C　(4)B　(5)C　(6)C　(7)A　(8)C　(9)D　(10)C

8-3 填空题

（1）6　（2）0.459　（3）2.97　（4）$<$　（5）$>$　$<$　（6）NO_2

（7）0.96　（8）0.0725　（9）氧气　（10）减小　（11）析氢腐蚀，吸氧腐蚀

8-4 **解题思路：**（1）正负极材料、电解液、隔膜、膜电极等是锂离子电池发展的关键核心技术；（2）固态动力电池技术是锂离子电池发展的新方向；（3）燃料电池等技术还待发展，其中氢燃料电池尚未实现商业化，氢能储运、加氢站、车载储氢等氢燃料电池汽车应用支撑技术还需攻克；（4）本题旨在让读者了解电池的应用发展，任何一种关键技术的突破都可能改变动力电池的发展方向；（5）了解国家的产业发展规划有利于拓展读者视野，了解基础知识的应用，为今后的工作或科学研究埋下种子。

自我检测题参考答案

8-1 选择题

（1）D　（2）B　（3）A　（4）D　（5）C

8-2 填空题

（1）氧化、负、$Zn-2e^- \longrightarrow Zn^{2+}$　（2）1.35×10^6

（3）$>$　（4）0.019，右；-0.12，左　（5）氢气、NaOH

8-3

（1）$2MnO_4^- + HCOO^- + 3OH^- = 2MnO_4^{2-} + CO_3^{2-} + 2H_2O$（碱性介质）

（2）$3I_2 + 6NaOH = 5NaI + NaIO_3 + 3H_2O$

8-4 **解：**由题给条件，电对 $Hg_2^{2+} + 2e \longrightarrow 2Hg$　$E^{\ominus}(Hg_2^{2+}/Hg)=0.796V$，

$Hg_2Cl_2 = Hg_2^{2+} + 2Cl^-$　$K_{sp}(Hg_2Cl_2)=[Hg_2^{2+}][Cl^-]^2=1.43\times10^{-18}$

$$E(Hg_2^{2+}/Hg)=E^{\ominus}(Hg_2^{2+}/Hg)+\frac{0.0592V}{2}\lg[Hg_2^{2+}]$$

$$=E^{\ominus}(Hg_2^{2+}/Hg)+\frac{0.0592V}{2}\lg K_{sp}-0.0592V\lg[Cl^-]$$

当 Cl^- 浓度为 $1mol\cdot L^{-1}$时，$E(Hg_2^{2+}/Hg)=E^{\ominus}(Hg_2Cl_2/Hg)$

$$E^{\ominus}(Hg_2Cl_2/Hg)=E^{\ominus}(Hg_2^{2+}/Hg)+\frac{0.0592V}{2}\lg K_{sp}$$

$$=0.796V+0.0296V\lg 1.43\times10^{-18}=0.268V$$

当 Cl^- 浓度为 $0.0100mol\cdot L^{-1}$时

$$E(Hg_2Cl_2/Hg)=E^{\ominus}(Hg_2Cl_2/Hg)-0.0592V\lg[Cl^-]=0.268-0.0592V\lg 0.01=0.386V$$

8-5　解：当 pH=3 时，

$$\delta_{F^-}=\frac{K_a}{K_a+[H^+]}=\frac{10^{-3.46}}{10^{-3.46}+10^{-3.0}}=10^{-0.59}$$

$$[F^-]=c\delta_0=0.1\times10^{-0.59}=10^{-1.59}$$

$$E(Fe^{3+}/Fe^{2+})=E^{\ominus}(Fe^{3+}/Fe^{2+})+0.0592V\lg\frac{[Fe^{3+}]}{[Fe^{2+}]}$$

$$=E^{\ominus}(Fe^{3+}/Fe^{2+})+0.0592V\lg\frac{\alpha_{Fe^{2+}}(F^-)}{\alpha_{Fe^{3+}}(F^-)}+0.0592V\lg\frac{[Fe^{3+\prime}]}{[Fe^{2+\prime}]}$$

当$[Fe^{3+\prime}]=[Fe^{2+\prime}]$时，$Fe^{3+}/Fe^{2+}$电对的条件电势为

$$E(Fe^{3+}/Fe^{2+})=E^{\ominus}(Fe^{3+}/Fe^{2+})+0.0592V\lg\frac{\alpha_{Fe^{2+}}(F^-)}{\alpha_{Fe^{3+}}(F^-)}$$

因 $\alpha_{Fe^{2+}}(F^-)=1$

$$\alpha_{Fe^{3+}}(F^-)=1+\beta_1[F^-]+\beta_2[F^-]^2+\beta_3[F^-]^3=1+10^{5.2-1.59}+10^{9.2-3.18}+10^{11.9-4.77}=10^{7.16}$$

$$E(Fe^{3+}/Fe^{2+})=E^{\ominus}(Fe^{3+}/Fe^{2+})-0.0592V\lg\alpha_{Fe^{3+}}(F^-)$$

$$=0.77V-0.0592V\lg 10^{7.19}=0.35V$$

8-6　解题思路：(1) 电动汽车离不开电能，属于二次能源，目前我国相当部分电能来源于煤电，发电过程中产生的碳排放问题不能忽视，风电、光伏产业的发展有利于解决这个问题；(2) 电池的回收问题是必须引起重视的，目前，电动汽车中使用的锂离子电池，无法达到与纸、玻璃和铅酸蓄电池相当的回收程度，这些电池通常都由钴、镍和锰等成分制成，如果处理不当，将对环境造成严重污染，从而影响到人的身体健康；(3) 电池在低温条件下的充放电性能表现不佳，必然会消耗更多的电能，并缩短电池的使用寿命，这个难题亟待解决；(4) 电动汽车的发展有利于调整我国汽车行业能源结构，减少石油进口依赖，符合国家战略发展需求。

第9章 化学分析

9.1 基本要求

理解误差的来源和消除误差的基本方法以及误差的表示。掌握有效数字的规定和修约规则。理解重量分析方法的基本原理，掌握重量分析结果的计算方法。理解滴定分析对化学反应的要求和滴定方式；掌握滴定分析法的分类及应用范围，熟悉常用的基准物质，掌握标准溶液的配制方法及浓度表示方法。了解滴定曲线，理解影响滴定突跃大小的主要因素，理解指示剂的作用原理和选择指示剂的原则；理解林邦误差公式及其意义，掌握直接进行酸碱滴定的条件和指示剂的选择。理解配位滴定酸度控制的重要性，了解提高配位滴定选择性的措施，掌握使用金属指示剂的注意事项。掌握氧化还原滴定法的特点及应用注意事项。了解沉淀滴定法的应用。掌握滴定分析结果的计算方法。

重点：有效数字的规定和修约规则；滴定分析法的分类及其应用范围，标准溶液的配制方法和浓度表示；影响滴定突跃大小的因素，指示剂的作用原理，直接进行酸碱滴定的条件和指示剂的选择；配位滴定的酸度控制，氧化还原滴定法的特点，滴定分析的结果计算。

难点：滴定误差；林邦误差公式及其意义；直接进行酸碱滴定的条件；金属指示剂的作用原理及使用的注意事项；配位滴定的酸度控制；应用氧化还原滴定法的注意事项。

9.2 内容概要

9.2.1 误差与有效数字

(1) 误差　根据误差的性质和产生的原因，可将误差分为系统误差、随机误差、过失误差三类。

系统误差由某些固定原因造成，对实验结果的影响比较恒定，在同一条件下的多次测定中重复地显示出来，所有的测定结果或者都偏高，或者都偏低，即具有重复性和单向性。可由对照实验、回收实验、空白实验、仪器校正、标准加入法等检验或消除。

随机误差又称偶然误差，由一些不可控制的客观上的偶然因素引起。随机误差在实验中无法避免，可偏低或偏高，但多次测量的数值符合正态分布的统计规律。可通过多次平行测定减小偶然误差对分析结果的影响。

过失误差指由于操作者工作疏忽，不按操作规程办事，操作马虎引起的误差。如已发现过失误差，应及时纠正或剔除这些数据，不能用于计算平均值。

(2) 有效数字　有效数字指从仪器上直接读出的数字，其保留的位数应根据分析方法和仪器的精度确定，除最后一位数为估计值外，其余各位数均是准确的（表 9-1）。

表 9-1　有效数字的位数

有效数字	0.0035	0.0030	305	35	35.0	35.00	35000	pH=4.74	1.80×10^5	分数倍数
位数	两位	两位	三位	两位	三位	四位	不确定	两位	三位	无限

有效数字位数确定中，“0”较特殊：

①“0”在数字前只起定位作用，不是有效数字。

②“0”在数字中间或小数点后面，则是有效数字。

③ 尾数为“0”的整数，有效位数不确定。

有效数字的位数反映了测量（及结果）的准确度，不可随意增加或减少。

① 修约规则：“四舍六入五成双，五后非零需进一”

② 加减运算：加减运算时，和或差的有效数字保留位数取决于这些数值中小数点后位数最少的数字，即以绝对误差最大的为标准。

③ 乘除运算：乘除运算时，积或商的有效数字的保留位数由其中有效位数最少的数据决定，即有效数字数值的相对误差最大者所决定，而与小数点的位置无关。

④ 乘方和开方：对数据进行乘方和开方运算结果保留的有效数字位数与原数据保持一致。

⑤ 对数计算：对数计算所得结果的小数点后位数与原数据的有效数字位数一致。

9.2.2 重量分析法

重量分析法可分沉淀法、气化法、电解法、萃取法四类。

重量分析法的沉淀形式和称量形式可能相同，也可能不同。对沉淀形式和称量形式重量分析法有不同的要求。

称量形式与待测组分的形式不同时，则：

$$w=\frac{mF}{m_s}\times 100\%$$

式中，m 为称量形式的质量；m_s 为试样的质量；F 为换算因数，是带有适当系数的被测组分的相对分子量和称量形式的相对分子量之比；w 为被测组分的质量分数。

9.2.3 滴定分析法概述

(1) 滴定分析法的基本概念 使用滴定管将一种已知准确浓度的试剂溶液（标准溶液）滴加到待测物质的溶液中，或者将待测物质的溶液滴加到标准溶液中，直到标准溶液与待测物质按化学计量关系定量反应完全为止，然后根据标准溶液的浓度和所消耗的体积，计算待测组分的含量，这一类分析方法称为滴定分析法。当滴加的标准溶液与待测组分恰好反应完全时，称反应到达了化学计量点，以 sp 表示。通常借助指示剂颜色的突然改变来确定化学计量点，指示剂变色的点称为滴定终点，以 ep 表示。

(2) 滴定分析法对化学反应的要求 用于滴定分析的化学反应必须符合下列条件：

① 反应按一定的化学方程式定量地进行，具有确定的化学计量关系，反应的完全程度达 99.9%以上；

② 反应速率快，要与滴定速度相适应；

③ 有合适的确定终点的方法。

(3) 基准物质和标准溶液 能用于直接配制或标定标准溶液的物质称为基准物质。基准物质应具备以下条件：

① 必须具有足够的纯度，一般要求纯度在 99.9%以上；

② 物质的组成与化学式应完全相符，若含结晶水，其含量也应与化学式相符；

③ 稳定，不吸水，不吸 CO_2，不易被空气氧化，干燥时不分解；

④ 为了降低称量时的相对误差，最好具有较大的摩尔质量。

标准溶液可由基准物质直接配制，也可通过标定得到。

(4) 滴定分析的计算 对于滴定反应 $aA+tT \xlongequal{} cC+dD$。其中 A 为被滴定物质，T 为滴定剂。

如待测物质 A 是溶液，设 A 的体积为 V_A，浓度为 c_A，滴定剂的浓度为 c_T，体积为 V_T，则

$$c_A V_A = \frac{a}{t} c_T V_T$$

如待测物质 A 是固体试样，设试样的质量为 m，A 的摩尔质量为 M_A，A 的质量为 m_A，A 的质量分数为 w_A，则

$$n_A = \frac{m_A}{M_A} = \frac{a}{t} c_T V_T$$

$$m_A = \frac{a}{t} c_T V_T M_A$$

$$w_A = \frac{m_A}{m_s} = \frac{a c_T V_T M_A}{t m_s}$$

9.2.4 滴定分析原理

(1) 滴定曲线及滴定突跃 滴定曲线：以滴定剂加入量或反应完全程度为横坐标，以随滴定剂加入而变化的反映溶液性质的参数为纵坐标作图，所得曲线即为滴定曲线。

滴定曲线可用于判断滴定分析的可行性并正确地选择指示剂。滴定曲线可借助仪器绘出，也可通过理论计算得到。

滴定突跃：化学计量点前后，溶液性质随滴定剂的加入发生突然变化的现象。

(2) 影响滴定突跃的因素 影响滴定突跃的主要因素是滴定反应的条件平衡常数 K_t 及被滴物质和滴定剂的浓度。

① 酸碱滴定中，若强碱滴定弱酸：$HA+OH^- \xlongequal{} A^- + H_2O$

$$K_t = \frac{[A^-]}{[HA][OH^-]} = \frac{K_a}{K_w}$$

弱酸 K_a 越小，滴定条件平衡常数越小，突跃越短；K_a 越大，突跃越长。

同理，若强酸滴定弱碱：弱碱 K_b 越大，突跃越长。

② 配位滴定： $M+Y \xlongequal{} MY$

滴定反应的条件平衡常数 $K_t = K'_{MY} = \frac{K_{MY}}{\alpha_M \alpha_{Y(H)}}$，$K'_{MY}$越大，突跃越长。

③ 氧化还原滴定：$\lg K'_t = \frac{z(E^{\ominus\prime}_{Ox} - E^{\ominus\prime}_{Red})}{0.0592V}$

两电对的条件电极电势 $E^{\ominus\prime}$差值越大，突跃越长。

(3) 用指示剂确定滴定终点 指示剂的作用原理：在化学计量点附近，由于溶液的组成突变，使指示剂的构型或组成也发生变化，不同的构型通常具有不同的颜色，根据颜色的变化确定终点。

指示剂分为通用指示剂和专属指示剂。

指示剂的变色范围：酸碱指示剂的变色范围为 $pH = pK_{HIn} \pm 1$；金属指示剂的变色范围为 $pM = \lg K_{MIn} \pm 1$；氧化还原指示剂的变色范围为 $E^{\ominus\prime}_{In} \pm 0.0592V/n$。

(4) 滴定误差 由于滴定终点与化学计量点不一致而产生的误差称为滴定误差。

配位滴定误差为： $$E_t = \frac{10^{\Delta pM} - 10^{-\Delta pM}}{(c_{M计} K'_{MY})^{1/2}} \times 100\%$$

一元酸碱滴定误差为：$E_t=\frac{10^{\Delta pH}-10^{-\Delta pH}}{(c_{计}K_t)^{1/2}}\times 100\%$

(5) 直接滴定的条件　直接滴定弱酸的条件见表 9-2。

表 9-2　直接滴定弱酸的条件

类　型	滴定误差要求	滴　定　条　件
一元酸	$\lvert E_t\rvert\leqslant 0.1\%$	$cK_a\geqslant 10^{-8}$
二元酸	$\lvert E_t\rvert\leqslant 0.5\%$	$cK_{a1}\geqslant 10^{-8}$ $K_{a1}/K_{a2}\geqslant 10^5$　分步滴定
混合酸	$\lvert E_t\rvert\leqslant 0.5\%$	$cK_a\geqslant 10^{-8}$ $c_{HA}K_{HA}/(c_{HB}K_{HB})\geqslant 10^5$　分别滴定

直接滴定金属离子的条件见表 9-3。

表 9-3　直接滴定金属离子的条件

类　型	滴定误差要求	直接滴定条件
一种离子	$\lvert E_t\rvert<0.1\%$	$\lg(c_M K'_{MY})\geqslant 6$ 一般 c_M 为 0.01mol·L^{-1}，则 $\lg K'_{MY}\geqslant 8$
混合离子	$\lvert E_t\rvert\leqslant 0.5\%$	$\lg(c_M K'_{MY})\geqslant 6$，$\lg\frac{c_M K'_{MY}}{c_N K'_{NY}}\geqslant 5$　可滴定 M 离子 $\lg(c_M K'_{MY})\geqslant 6$，$\lg(c_N K'_{NY})\geqslant 6$，$\Delta\lg(cK)\geqslant 5$　可分别滴定 M 离子和 N 离子 如不满足 $\Delta\lg(cK)\geqslant 5$，可滴定 M 离子和 N 离子的总量

9.2.5　滴定分析法的应用

(1) 酸碱滴定法的应用

① 混合碱的测定　工业纯碱 Na_2CO_3 中可能含有少量 NaOH 或 $NaHCO_3$，可以用 HCl 标准溶液直接进行滴定，采用双指示剂法，以酚酞指示第一终点，甲基橙指示第二终点。

a. 先用酚酞作指示剂，以 HCl 标准溶液滴定至红色刚好消失，用去 HCl 的体积为 V_1 (mL)，其反应式为：

$$HCl+NaOH = NaCl+H_2O \qquad HCl+Na_2CO_3 = NaHCO_3+NaCl$$

b. 再加甲基橙指示剂，继续用 HCl 滴定至橙色为终点，又用去 HCl 的体积为 V_2 (mL)，其反应式为：

$$NaHCO_3+HCl = NaCl+H_2CO_3 \longrightarrow CO_2\uparrow+H_2O$$

根据 V_1 和 V_2 体积的大小，可以判断试样的组成如表 9-4 所列：

表 9-4　试样的组成

HCl 标准溶液	试样的组成	HCl 标准溶液	试样的组成
$V_2=0$	NaOH	$V_1>V_2$	$NaOH+Na_2CO_3$
$V_1=0$	$NaHCO_3$	$V_1<V_2$	$NaHCO_3+Na_2CO_3$
$V_1=V_2$	Na_2CO_3		

② 铵盐的测定　常见的铵盐如 $(NH_4)_2SO_4$、NH_4Cl，根据直接滴定弱酸的条件，不能用标准碱直接滴定。测定铵盐有以下两种方法。

a. 蒸馏法：将铵盐试样置于蒸馏瓶中，加入过量 NaOH 溶液，加热煮沸，蒸馏出的 NH_3 用过量的 HCl 标准溶液吸收，过量的酸以甲基红为指示剂，用 NaOH 标准溶液回滴。

b. 甲醛法：甲醛与 NH_4^+ 作用，按化学计量关系生成酸，包括 H^+ 和质子化的六亚甲基四胺。

$$4NH_4^+ + 6HCHO = (CH_2)_6N_4H^+ + 3H^+ + 6H_2O$$

生成的酸用标准碱滴定，用酚酞作指示剂。

(2) 配位滴定法的应用　大多数金属离子都能与 EDTA 生成稳定的配合物，只要适当控制酸度，就可以用 EDTA 直接滴定金属离子。例如水泥中铁、铝、钙、镁的测定。

(3) 氧化还原滴定法的应用　常用作氧化剂的有 $KMnO_4$、$K_2Cr_2O_7$、$Ce(SO_4)_2$、I_2、$KBrO_3$、KIO_3 等，用作还原剂的有 $FeSO_4$、$Na_2S_2O_3$ 等。在进行氧化还原滴定时，需在滴定前进行预处理，使被滴定组分转变成同一价态。

9.3　同步例题

例 1. 称取 $BaCO_3$ 试样 0.5010g，溶解后加 H_2SO_4 作沉淀剂，得 $BaSO_4$ 沉淀 0.5811g，求试样中 $BaCO_3$ 的含量。

解：
$$w_{BaCO_3} = \frac{mF}{m_s} \times 100\% = \frac{m\dfrac{M_{BaCO_3}}{M_{BaSO_4}}}{m_s} \times 100\% = \frac{0.5811 \times \dfrac{197.4}{233.4}}{0.5010} \times 100\% = 98.1\%$$

例 2. 以 0.2000mol·L^{-1} NaOH 标准溶液滴定 0.2000mol·L^{-1} 邻苯二甲酸氢钾（$KHC_8H_4O_4$）溶液，化学计量点时的 pH 为多少？化学计量点附近滴定突跃又是怎样的？

解：
$$NaOH + KHC_8H_4O_4 = C_8H_4O_4^{2-} + K^+ + Na^+ + H_2O$$

计量点产物为 $C_8H_4O_4^{2-}$，其浓度为 0.1000mol·L^{-1}

则
$$[OH^-] = \sqrt{cK_{b_1}}$$

$$pOH = \frac{1}{2}(pc + pK_{b_1}) = 4.73$$

$$pH = 9.27$$

当滴定至 99.9%时，溶液中余下的 $HC_8H_4O_4^-$ 和反应生成的 $C_8H_4O_4^{2-}$ 构成缓冲溶液。其浓度比为：

$$\frac{c_{C_8H_4O_4^{2-}}}{c_{HC_8H_4O_4^-}} = \frac{99.9}{0.1}$$

$$pH = pK_{a_2} + \lg\frac{c_{C_8H_4O_4^{2-}}}{c_{HC_8H_4O_4^-}} = 5.54 + \lg\frac{99.9}{0.1} = 8.54$$

当滴定至 100.1%时，溶液组成为 $C_8H_4O_4^{2-}$ + NaOH，溶液的 pH 由过量的 NaOH 决定。

$$[OH^-] = \frac{1}{2} \times (0.2000 \times 0.1\%) = 1.0 \times 10^{-4} (mol \cdot L^{-1})$$

$$pOH = 4.00 \quad pH = 10.00$$

计量点附近 pH 突跃为 8.54～10.00。

例 3. 浓度均为 1.0mol·L^{-1} HCl 滴定 NaOH 溶液的突跃范围是 pH=3.3～10.7。当浓度改为 0.010mol·L^{-1}时，其滴定突跃范围将是多少？

解：强酸滴定强碱，当滴定剂与被滴定溶液浓度增加或减小 10 倍时，滴定突跃范围增大或缩小 2 个 pH 单位，本题滴定剂与被滴定溶液浓度都减小了 100 倍，滴定突跃范围缩小 4 个 pH 单位，突跃范围为 5.3～8.7。

例 4. 用 NaOH 标液滴定 $0.10mol \cdot L^{-1}$ 的 $HCl\text{-}H_3PO_4$ 混合液，可出现几个滴定突跃？

解：两个。第一个突跃为 HCl 被滴定、H_3PO_4 被滴定到 $H_2PO_4^-$；第二个突跃为 $H_2PO_4^-$ 被滴定到 HPO_4^{2-}；HPO_4^{2-} 为极弱酸，滴定曲线无明显突跃。

例 5. 在硫酸介质中，基准物 $Na_2C_2O_4$ 201.0mg，用 $KMnO_4$ 溶液滴定至终点，消耗体积 30.00mL，计算 $KMnO_4$ 标准溶液的浓度（$mol \cdot L^{-1}$）？

解：根据 $2MnO_4^- + 5C_2O_4^{2-} + 16H^+ \xlongequal{} 2Mn^{2+} + 10CO_2 \uparrow + 8H_2O$

$$n_{MnO_4^-} : n_{C_2O_4^{2-}} = 2:5$$

即

$$c_{KMnO_4} V_{KMnO_4} : \frac{m_{Na_2C_2O_4}}{M_{Na_2C_2O_4}} = 2:5$$

已知

$$M_{Na_2C_2O_4} = 134.0g/mol，c_{KMnO_4} V_{KMnO_4} = \frac{2m_{Na_2C_2O_4}}{5M_{Na_2C_2O_4}}$$

$$c_{KMnO_4} = \frac{2 \times 201.0 \times 10^{-3}}{5 \times 134.0 \times 30.00 \times 10^{-3}} = 0.02000(mol \cdot L^{-1})$$

对滴定反应化学方程式一定要会写并配平，滴定反应的化学计量数（t/a）就是其滴定剂 T 与被滴物 A 的化学反应式系数比，本题 $t/a = 2/5$。

例 6. 要求在滴定时消耗 $0.2mol \cdot L^{-1}$ NaOH 溶液 25～30mL。求应称取基准试剂邻苯二甲酸氢钾（$KHC_8H_4O_4$）多少克？如果改用 $H_2C_2O_4 \cdot 2H_2O$ 作基准物质，又应称取多少克？[已知 $M_{KHC_8H_4O_4} = 204.22g \cdot mol^{-1}$，$M_{H_2C_2O_4 \cdot 2H_2O} = 126.07g \cdot mol^{-1}$]

解：（1）根据滴定反应

$$NaOH + C_6H_4(COOH)(COOK) \xlongequal{} C_6H_4(COONa)(COOK) + H_2O$$

化学计量系数 $t/a = 1/1$，

$$c_{NaOH} V_{NaOH} = \frac{m}{M_{KHC_8H_4O_4}} \qquad m = c_{NaOH} V_{NaOH} M_{KHC_8H_4O_4}$$

当 NaOH 体积为 25mL 时，$m = 0.2 \times 25 \times 10^{-3} \times 204.22 \approx 1.0(g)$

当 NaOH 体积为 30mL 时，$m = 0.2 \times 30 \times 10^{-3} \times 204.22 \approx 1.2(g)$

因为 NaOH 浓度是配成近似浓度 $0.2mol \cdot L^{-1}$，只有 1 位有效数字，称取基准物的质量也是一个范围，所以这里 m_1、m_2 只表示两位有效数字就可以了。

（2）根据滴定反应 $2NaOH + H_2C_2O_4 \xlongequal{} Na_2C_2O_4 + 2H_2O$

$$c_{NaOH} V_{NaOH} : \frac{m}{M_{H_2C_2O_4 \cdot 2H_2O}} = 2:1$$

当 NaOH 体积为 25mL 时，$m = 0.5 \times 0.2 \times 25 \times 10^{-3} \times 126.07 \approx 0.32(g)$

当 NaOH 体积为 30mL 时，$m = 0.5 \times 0.2 \times 30 \times 10^{-3} \times 126.07 \approx 0.38(g)$

这里可以看出，用邻苯二甲酸氢钾作基准物标定 NaOH 要比用 $H_2C_2O_4 \cdot 2H_2O$ 作基准物为好。因为邻苯二甲酸氢钾的摩尔质量大，称取的质量大，引起称量误差小。另外邻苯二甲酸氢钾很稳定，而 $H_2C_2O_4 \cdot 2H_2O$ 有结晶水，易失水，更易引起称量误差。

例 7. 称取混合碱 2.2560g，溶解后转入 250mL 容量瓶中定容。移取此试液 25.00mL 两份：1 份以酚酞为指示剂，用 $0.1000mol \cdot L^{-1}$ HCl 滴定耗去 30.00mL；另 1 份以甲基橙作指示剂耗去 HCl 35.00mL，问混合碱的组成是什么？含量各为多少？

解：一份试液用酚酞作指示剂，以 HCl 标准溶液滴定至红色刚好消失，其可能涉及的反应有：

$$HCl + NaOH = NaCl + H_2O \qquad HCl + Na_2CO_3 = NaHCO_3 + NaCl$$

另一份试液加甲基橙指示剂，用 HCl 滴定至橙色为终点，其可能涉及的反应式有：

$$HCl + NaOH = NaCl + H_2O \qquad 2HCl + Na_2CO_3 = H_2CO_3 + 2NaCl$$

$$NaHCO_3 + HCl = NaCl + H_2CO_3$$

但 NaOH，$NaHCO_3$不能共存。

由两份试液消耗 HCl 体积的大小，可知该混合碱的组成为 $NaOH + Na_2CO_3$。

第一份以酚酞为指示剂时，其反应式为：

$$HCl + NaOH = NaCl + H_2O$$

$$HCl + Na_2CO_3 = NaHCO_3 + NaCl$$

另一份以甲基橙为指示剂时，其反应式为：

$$HCl + NaOH = NaCl + H_2O$$

$$2HCl + Na_2CO_3 = H_2CO_3 + 2NaCl$$

设滴定 NaOH 所消耗 HCl 标液体积为 V_1(mL)

滴定 Na_2CO_3生成 H_2CO_3所消耗 HCl 标液体积为 V_2(mL)

则有：
$$V_1 + \frac{1}{2}V_2 = 30.00\text{mL} \qquad V_1 + V_2 = 35.00\text{mL}$$

联立两方程解得： $V_1 = 25.00\text{mL}$，$V_2 = 10.00\text{mL}$

由反应：
$$HCl + NaOH = NaCl + H_2O$$

$$w_{NaOH} = \frac{0.1000 \times 25.00 \times 40.00}{2.2560 \times \frac{25}{250} \times 1000} \times 100\% = 44.33\%$$

由反应：
$$2HCl + Na_2CO_3 = H_2CO_3 + 2NaCl$$

$$w_{Na_2CO_3} = \frac{\frac{1}{2}(0.1000 \times 10.00) \times 106.0}{2.2560 \times \frac{25}{250} \times 1000} \times 100\% = 23.49\%$$

例 8. 往 0.3005g 含 $CaCO_3$及不与酸作用的杂质石灰石中加入 25.00mL 0.1226mol·L^{-1} HCl 溶液，过量的 HCl 溶液用 9.88mL NaOH 溶液回滴。已知 1mL NaOH 溶液相当于 1.014mL HCl 溶液。求石灰石的纯度及 CO_2的含量。

解：已知 $M_{CaCO_3} = 100.09\text{g}\cdot\text{mol}^{-1}$，$M_{CO_2} = 44.01\text{g}\cdot\text{mol}^{-1}$。

$$CaCO_3 + 2HCl = CaCl_2 + H_2CO_3$$

$$w_{CaCO_3} = \frac{0.5 \times (0.1226 \times 25.00 - 0.1226 \times 1.014 \times 9.88) \times 100.09}{0.3005 \times 1000} \times 100\% = 30.59\%$$

$$w_{CO_2} = 30.59\% \times \frac{M_{CO_2}}{M_{CaCO_3}} = 30.59\% \times \frac{44.01}{100.09} = 13.45\%$$

例 9. 化学需氧量(COD)的测定，是量度水体受还原性物质(主要是有机物)污染程度的综合性指标。对于地表水、饮用水等常采用高锰酸钾法测定 COD 即高锰酸盐指数。取某湖水 100mL 加 H_2SO_4 后，加 10.00mL(V_1)0.00200mol·L^{-1} $KMnO_4$ 标液，立即加热煮沸 10min，冷却后又加入 10.00mL(V)0.00500mol·L^{-1} $Na_2C_2O_4$ 标液，充分摇动，用同上浓

度 $KMnO_4$ 标液返滴定过剩的 $Na_2C_2O_4$，由无色变为淡红色为终点，消耗体积 5.50mL (V_2)。计算该湖水（COD）的含量（以 O_2 mg·L^{-1}计）。

解：主要化学反应式：

$$4MnO_4^- + 5C + 12H^+ = 4Mn^{2+} + 5CO_2\uparrow + 6H_2O$$

$$2MnO_4^- + 5C_2O_4^{2-} + 16H^+ = 2Mn^{2+} + 10CO_2\uparrow + 8H_2O$$

依上述反应式可以找出滴定剂与被测物（C）代表水中还原性有机物之间的计量关系：

$$n_C = \frac{5}{4}\left(n_{KMnO_4} - \frac{2}{5}n_{Na_2C_2O_4}\right)$$

$$COD = \frac{\left[c_{KMnO_4}\times(V_1+V_2) - \frac{2}{5}c_{Na_2C_2O_4}\times V\right]\times\frac{5}{4}\times M_{O_2}\times 1000}{V_{水样}}$$

$$= \frac{\left[5\times c_{KMnO_4}\times(V_1+V_2) - 2c_{Na_2C_2O_4}\times V\right]\times 8\times 1000}{100}$$

$$= [5\times 0.00200(10.00+5.50) - 2\times 0.00500\times 10.00]\times 8\times 10$$

$$= 4.40(mg\cdot L^{-1})$$

例 10. 下列酸或碱的溶液能否准确进行滴定？能否分别滴定或分步滴定？

(1) 0.1mol·L^{-1}甲酸+0.10mol·L^{-1}乙酸

(2) 0.1mol·L^{-1}乙二胺

(3) 0.1mol·L^{-1}酒石酸

(4) 0.1mol·L^{-1}硫酸+0.1mol·L^{-1}硼酸

(5) 0.1mol·L^{-1}氢氟酸

(6) 0.1mol·L^{-1}六亚甲基四胺

解：一元弱酸直接滴定的条件：$cK_a \geqslant 10^{-8}$，多元酸滴定，首先根据 $cK_{a_1} \geqslant 10^{-8}$ 的原则，判断多元酸能否准确滴定，再比较相邻两级 K_a 比值是否大于 10^5，判断能否分步滴定。

(1) 已知甲酸的 $K_a = 1.8\times 10^{-4}$，乙酸的 $K_a = 1.8\times 10^{-5}$

$$c_{HCOOH}K_{HCOOH} = 1.8\times 10^{-5} > 10^{-8}$$

$$c_{HOAc}K_{HOAc} = 1.8\times 10^{-6} > 10^{-8}$$

$$\frac{K_{HCOOH}}{K_{HOAc}} \ll 10^5$$

故 HCOOH 和 HOAc 将同时被滴定。

(2) 已知 $K_{b_1} = 8.5\times 10^{-5}$，$K_{b_2} = 7.1\times 10^{-8}$

$$\frac{K_{b_1}}{K_{b_2}} = \frac{8.5\times 10^{-5}}{7.1\times 10^{-8}} = 1.2\times 10^3 < 10^5$$

故不能准确分步滴定，而是按二元碱一次被滴定。

(3) 已知酒石酸的 $K_{a_1} = 9.1\times 10^{-4}$，$K_{a_2} = 4.3\times 10^{-5}$

$$cK_{a_1} = 9.1\times 10^{-5} > 10^{-8}, cK_{a_2} = 4.3\times 10^{-6} > 10^{-8}$$

$$\frac{K_{a_1}}{K_{a_2}} = \frac{9.1\times 10^{-4}}{4.3\times 10^{-5}} \ll 10^5$$

故不能准确分步滴定，而是按二元酸一次被滴定。

(4) 硫酸 $K_{a_1} \approx 10^3$，$K_{a_2} = 10^{-1.99}$，硼酸 $K_{a_1} = 5.8\times 10^{-10}$

硫酸 $K_{a_1}/K_{a_2} < 10^5$，硫酸按二元酸一次被滴定。

硼酸 $cK_a < 10^{-8}$，不能被滴定。

$$\frac{c_{H_2SO_4}K_{a_2,H_2SO_4}}{c_{H_3BO_3}K_{a,H_3BO_3}}=\frac{0.1\times1.0\times10^{-2}}{0.1\times5.8\times10^{-10}}>10^5$$

硼酸不干扰硫酸被滴定。

（5）已知氢氟酸的 $K_a=6.6\times10^{-4}$

$$cK_a=0.1\times6.6\times10^{-4}>10^{-8}$$，能准确滴定。

（6）已知六亚甲基四胺 $K_b=1.4\times10^{-9}$

$$cK_b=1.4\times10^{-10}<10^{-8}$$

不能准确滴定。

9.4 习题选解

3. 称取 0.1005g 纯 $CaCO_3$，溶解后用容量瓶配成 100mL 溶液。吸取 25mL，在 pH>12 时，用钙指示剂指示终点，用 EDTA 标准溶液滴定，用去 24.90mL。试计算：

（1）EDTA 溶液的浓度；

（2）每毫升 EDTA 溶液相当于多少克 ZnO、Fe_2O_3。

解： 已知 $M_{CaCO_3}=100.09g\cdot mol^{-1}$，$M_{ZnO}=81.39g\cdot mol^{-1}$，$M_{Fe_2O_3}=159.69g\cdot mol^{-1}$

（1）
$$Ca+Y = CaY$$

$$c_{EDTA}V_{EDTA}=\frac{m\times\frac{25}{100}}{M_{CaCO_3}}$$

$$c_{EDTA}=\frac{0.1005\times\frac{25}{100}\times1000}{100.09\times24.90}=0.01008(mol\cdot L^{-1})$$

（2）
$$T_{ZnO/EDTA}=c_{EDTA}M_{ZnO}\times10^{-3}$$
$$=0.01008\times81.39\times10^{-3}=0.0008204(g\cdot mL^{-1})$$

$$T_{Fe_2O_3/EDTA}=\frac{1}{2}\times c_{EDTA}M_{Fe_2O_3}\times10^{-3}$$
$$=\frac{1}{2}\times0.01008\times159.69\times10^{-3}=0.0008049(g\cdot mL^{-1})$$

5. 以 $0.1000mol\cdot L^{-1}$ HCl 溶液滴定 $0.1000mol\cdot L^{-1}$ 苯酚钠溶液，当滴定至 0%、50% 及 100%时的 pH 各为多少？

解： 查得苯酚 $K_a=1.0\times10^{-10}$

（1）0%时 $$K_b=1.0\times10^{-14}/1.0\times10^{-10}=1.0\times10^{-4}$$

$$[OH^-]=\sqrt{0.1\times1.0\times10^{-4}}=3.2\times10^{-3}(mol\cdot L^{-1})$$
$$pOH=-\lg(3.2\times10^{-3})=2.49$$
$$pH=14-pOH=11.51$$

（2）50%时相当于缓冲溶液 $pH=pK_a-\lg(c_a/c_b)=-\lg(1.0\times10^{-10})=10.00$

（3）100%时 $c/K_a\geqslant105$ $[H^+]=\sqrt{cK_a}=\sqrt{0.05\times1.0\times10^{-10}}=2.24\times10^{-6}$ $(mol\cdot L^{-1})$

$$pH=-\lg[H^+]=-\lg(2.24\times10^{-6})=5.65$$

6. 100mL $0.03000mol\cdot L^{-1}$的 KCl 溶液中加入 0.3400g 硝酸银。求此溶液的 pCl 及 pAg。

解： 已知 $M_{AgNO_3}=169.87g\cdot mol^{-1}$，100mL 溶液中加入 0.3400g 固体 $AgNO_3$，则

$$[Ag^+]=0.3400\times1000/169.87\times100=2.00\times10^{-2}(mol\cdot L^{-1})$$

$$[Ag^+][Cl^-]=2.00\times10^{-2}\times3.00\times10^{-2}\gg K_{sp,AgCl}$$

即

$$Ag^+ + Cl^- \longrightarrow AgCl$$

该反应的平衡常数 $K=1/K_{sp,AgCl}=5.65\times10^9$，反应的平衡常数较大，可认为 Ag^+ 几乎完全沉淀，余下的

$$[Cl^-]=3.00\times10^{-2}-2.00\times10^{-2}=1.00\times10^{-2}(mol\cdot L^{-1})$$

$$pCl=2.00$$

由溶度积规则：

$$[Ag^+]=K_{sp,AgCl}/[Cl^-]=1.77\times10^{-8}(mol\cdot L^{-1})$$

$$pAg=7.75$$

8. 用配位滴定法测定氯化锌的含量。称取 0.2500g 试样，溶于水后，稀释至 250mL。吸取 25mL，在 pH=5～6 时，用二甲酚橙作指示剂，用 0.01024mol·L^{-1} EDTA 标准溶液滴定，用去 17.61mL。计算试样中氯化锌的含量。

解：已知 $M_{ZnCl_2}=136.30g\cdot mol^{-1}$

$$w_{ZnCl_2}=\frac{0.01024\times17.61\times136.3}{0.2500\times\frac{25}{250}\times1000}\times100\%=98.31\%$$

10. 称取粗铵盐 2.000g，加过量 KOH 溶液，加热，蒸出的氨用 50.00mL 0.5000mol·L^{-1} HCl 标准溶液吸收，过量的 HCl 标准溶液以 0.5000mol·L^{-1} NaOH 溶液回滴，用去 1.56mL。计算试样中 NH_3 的含量。

解：已知 $M_{NH_3}=17.03$

$$n_{NH_3}=n_{HCl}-n_{NaOH}$$
$$=c_{HCl}V_{HCl}-c_{NaOH}V_{NaOH}$$
$$=(0.5000\times50.00-0.5000\times1.56)\times10^{-3}=0.02422(mol)$$

$$w_{NH_3}=\frac{n\times M}{m}\times100\%=\frac{0.02422\times17.03}{2.000}\times100\%=20.62\%$$

或

$$w_{NH_3}=\frac{(0.5000\times50.00-0.5000\times1.56)\times17.03}{2.000\times1000}\times100\%=20.62\%$$

11. 称取混合碱（Na_2CO_3 和 NaOH 或 $NaHCO_3$ 的混合物）试样 1.200g 溶于水，用 0.5000mol·L^{-1} HCl 溶液滴定至酚酞褪色，用去 30.00mL。然后加入甲基橙，继续滴加 HCl 溶液至橙色，又用去 5.00mL。试样中含有何种组分？其含量各为多少？

解：已知 $V_1=30.00mL$，$V_2=5.00mL$，$V_1>V_2$，因此，混合碱中只含有 Na_2CO_3 和 NaOH。当滴定混合碱至酚酞变色的过程中，发生的反应为：

$$NaOH+HCl \longrightarrow NaCl+H_2O$$

和

$$Na_2CO_3+HCl \longrightarrow NaHCO_3+NaCl$$

当继续滴定至甲基橙变色时，此过程发生的反应为：

$$NaHCO_3+HCl \longrightarrow NaCl+CO_2+H_2O$$

可知，混合碱中 Na_2CO_3 的含量为

$$w_{Na_2CO_3}=\frac{c_{HCl}V_2M_{Na_2CO_3}}{m}\times100\%$$

$$=\frac{0.5000\times5.00\times105.99\times10^{-3}}{1.200}\times100\%=22.10\%$$

NaOH 的含量为

$$w_{NaOH}=\frac{c_{HCl}(V_1-V_2)M_{NaOH}}{m}\times100\%$$

$$=\frac{0.5000\times(30.00-5.00)\times40.01\times10^{-3}}{1.200}\times100\%=41.68\%$$

因此，混合碱中 Na_2CO_3的含量为 22.10%，NaOH 的含量为 41.68%。

13. 现有含 As_2O_3 与 As_2O_5 和其他无干扰杂质的试样，将此试样溶解后，在中性溶液中用 $0.02500mol\cdot L^{-1}$碘溶液滴定，耗去 20.00mL。滴定完毕，使溶液呈强酸性，加入过量的 KI。由此析出的碘又用 $0.1500mol\cdot L^{-1}$ $Na_2S_2O_3$ 溶液滴定，耗去 30.00mL。计算试样中 As_2O_3 和 As_2O_5 混合物的质量。

解： 已知 $M_{As_2O_3}=197.84g\cdot mol^{-1}$，$M_{As_2O_5}=229.84g\cdot mol^{-1}$，

$$H_3AsO_3+I_2+H_2O=H_3AsO_4+2I^-+2H^+$$

$$m_{As_2O_3}=0.5\times0.02500\times20.00\times10^{-3}\times197.84=0.04946(g)$$

酸性介质中：$As_2O_5\sim2H_3AsO_4\sim2I_2\sim4S_2O_3^{2-}$

$$m_{As_2O_5}=\frac{1}{4}\times0.1500\times30.00\times10^{-3}\times229.84=0.2586(g)$$

试样中原有 As_2O_5 的质量$=0.2586-0.04946\times\frac{229.84}{197.84}=0.2011(g)$

试样中 $As_2O_3+As_2O_5$ 的质量$=0.04946+0.2011=0.2506(g)$。

9.5 思考题

9-1 是非题

(1) 数据的精密高则准确度高。

(2) 以含量约为 99.9%的金属锌作为基准物质标定 EDTA 的浓度引起的误差属于系统误差。

(3) 滴定分析法是以化学反应为基础的定量分析方法，所以任意化学反应都可用于滴定分析。

(4) 滴定终点就是化学计量点。

(5) $Na_2B_4O_7\cdot10H_2O$ 作为基准物质，须将其置于干燥器中保存。

(6) 影响滴定突跃大小的主要因素是滴定反应条件平衡常数的大小。

(7) 滴定分析中，滴定突跃范围越大越好。

(8) 以 NaOH 滴定 HOAc，pH 突跃为 7.7～9.7，所以可选用甲基橙作指示剂。

(9) 滴定分析中，滴定误差总是存在的。

(10) 用 $0.20mol\cdot L^{-1}$ NaOH 溶液滴定 $0.10mol\cdot L^{-1}$ H_3PO_4 溶液时，在滴定曲线上出现 3 个突跃范围。

(11) 重量分析法中沉淀的称量形式和沉淀形式是一致的。

(12) 用 $K_2Cr_2O_7$标准溶液直接滴定分析 $Na_2S_2O_3$溶液的浓度。

9-2 选择题

(1) 下列因素中，产生系统误差的是（　　）。

A. 称量时未关天平门　　B. 砝码稍有侵蚀

C. 滴定管末端有气泡　　D. 滴定管最后一位读数估计不准

（2）测定精密度好，表示（　　）。

A. 系统误差小　　B. 偶然误差小　　C. 相对误差小　　D. 过失误差小

（3）下列叙述正确的是（　　）。

A. 溶液 pH 为 11.32，读数有四位有效数字

B. 0.0150g 试样的质量有 4 位有效数字

C. 测量数据的最后一位数字不是准确值

D. 从 50mL 滴定管中，可以准确放出 5.000mL 标准溶液

（4）采用置换滴定法的原因是（　　）。

A. 反应较慢，须加入过量滴定剂以加速反应

B. 滴定剂和待测物之间的反应没有一定的计量关系

C. 滴定剂和待测物之间不能直接反应

D. 没有合适的指示剂

（5）pH＝4.230 有（　　）位有效数字。

A. 4　　B. 3　　C. 2　　D. 1

（6）下述情况下，使分析结果偏小的是（　　）。

A. 以盐酸标准溶液滴定某碱样，所用滴定管未洗净，滴定时内壁挂液珠

B. 用草酸标定 NaOH 溶液的浓度时，草酸失去部分结晶水

C. 用于标定标准溶液的基准物质在称量时吸潮了

D. 滴定时速度过快，并在到达终点后立即读取滴定管读数

（7）用同一 $KMnO_4$ 标准溶液分别滴定体积相等的 $FeSO_4$ 和 $H_2C_2O_4$ 溶液，耗用的标准溶液体积相等，则这两种溶液的浓度之间的关系为（　　）。

A. $2c_{FeSO_4}=c_{H_2C_2O_4}$　　B. $c_{FeSO_4}=2c_{H_2C_2O_4}$

C. $c_{FeSO_4}=c_{H_2C_2O_4}$　　D. $5c_{FeSO_4}=c_{H_2C_2O_4}$

（8）如果要求分析结果达到 0.1%的准确度，使用灵敏度为 0.1mg 的天平称取试样时，至少应称取（　　）。

A. 0.1g　　B. 0.2g　　C. 0.05g　　D. 0.5g

（9）用标准 NaOH 溶液滴定同浓度的 HCl，若两者浓度均增大 10 倍，以下叙述滴定曲线 pH 值突跃大小，正确的是（　　）。

A. 化学计量点前 0.1%的 pH 值减小，后 0.1%的 pH 值增大

B. 化学计量点前后 0.1%的 pH 值均增大

C. 化学计量点前后 0.1%的 pH 值均减小

D. 化学计量点前 0.1%的 pH 值不变，后 0.1%的 pH 值增大

（10）用 $0.100mol\cdot L^{-1}$ NaOH 滴定 20.0mL $0.100mol\cdot L^{-1}$ HCl 和 $2.0\times10^{-4}mol\cdot L^{-1}$ 盐酸羟胺（$pK_b=8.00$）混合溶液，则滴定 HCl 至化学计量点的 pH 值是（　　）。

A. 5.00　　B. 6.00　　C. 5.50　　D. 5.20

9-3　填空题

（1）偶然误差服从________规律，因此可采取________的措施减免偶然误差。

（2）以下两个数据，根据要求需保留三位有效数字；1.05499 修约为________；4.715 修约为________。

（3）重量分析法中根据 $PbCrO_4$ 测定 Cr_2O_3 换算因数 F 为________；根据 $Mg_2P_2O_7$ 测定 $MgSO_4\cdot 7H_2O$ 换算因数 F 为__________。

（4）标定 KOH 溶液的浓度时，若采用部分风化的 $H_2C_2O_4 \cdot 2H_2O$，则标定所得的浓度将______，若采用含有少量中性杂质的 $H_2C_2O_4 \cdot 2H_2O$，所得的浓度将__________。

（5）滴定分析法通常用于__________________的测定，即待测组分含量在1%以上。

（6）用 $0.20mol \cdot L^{-1}$ NaOH 溶液滴定 $0.10mol \cdot L^{-1}$ H_2SO_4 和 $0.10mol \cdot L^{-1}$ H_3PO_4 的混合溶液时，在滴定曲线上出现______________个突跃范围。

（7）某酸碱指示剂的 $K_a = 4.7 \times 10^{-5}$，其变色范围 pH 值为__________________。

（8）含有 Zn^{2+} 和 Al^{3+} 的酸性混合溶液，欲在 pH＝5～5.5 的条件下，用 EDTA 标准溶液滴定其中的 Zn^{2+}，加入一定量六亚甲基四胺的作用是______________，加入 NH_4F 的作用是__________。

9-4 用 $K_2Cr_2O_7$ 作基准物标定 $Na_2S_2O_3$ 溶液时，为什么要加入过量的 KI 和 HCl 溶液？为什么放置一定时间后才加水稀释？如果：（1）加 KI 溶液而不加 HCl 溶液；（2）加酸后不放置暗处；（3）不放置或稍放置一定时间即加水稀释，会产生什么影响？

9-5 配制稳定的 $Na_2S_2O_3$ 标准溶液应注意些什么？试予以归纳。

9-6 为什么用 I_2 溶液滴定 $Na_2S_2O_3$ 溶液时应预先加入淀粉指示剂？而用 $Na_2S_2O_3$ 滴定 I_2 溶液时必须在将近终点之前才加入？

9-7 在配制 EDTA 溶液时所用的水中含有 Ca^{2+}，则下列情况对测定结果有何影响？

（1）以 $CaCO_3$ 为基准物质标定 EDTA 溶液，用所得 EDTA 标准滴定试液中的 Zn^{2+}，以二甲酚橙为指示剂。

（2）以金属锌为基准物质，二甲酚橙为指示剂标定 EDTA 溶液。用所得 EDTA 标准溶液滴定试液中 Ca^{2+} 的含量。

（3）以金属锌为基准物质，铬黑 T 为指示剂标定 EDTA 溶液。用所得 EDTA 标准溶液滴定试液中 Ca^{2+} 的含量（$\lg K_{ZnY} = 16.50$；$\lg K_{CaY} = 10.69$；pH＝10 时，$\lg \alpha_{Y(H)} = 0.45$；pH＝5～6 时，$\lg \alpha_{Y(H)} = 4.6～6.6$）。

9-8 分析化学学科的发展经历了三次巨大的变革，由一门技术发展成为一门吸取了当代化学、物理学、电子信息学、生物学等多学科的新技术、新成就的综合性信息科学。分析化学被喻为生产和科研的“眼睛”，甚至是“大脑”。你怎样理解对分析化学的这一评价？

自我检测题

9-1 选择题

（1）下列说法正确的是（　　）。

A. 精密度高，准确度也一定高　　　B. 准确度高，系统误差一定小

C. 增加测定次数，不一定能提高精密度　　D. 偶然误差大，精密度不一定差

（2）配制一定摩尔浓度的 NaOH 溶液时，造成所配溶液浓度偏高的原因是（　　）。

A. 所用 NaOH 固体已经潮解

B. 用带游码的托盘天平称 NaOH 固体时误用“左码右物”

C. 有少量的 NaOH 溶液残留在烧杯中　　D. 向容量瓶倒水未至刻度线

（3）如果要求分析结果达到0.1%的准确度，50mL 滴定管读数误差约为0.02毫升，滴定时所用液体的体积至少要（　　）。

A. 10mL　　B. 5mL　　C. 20mL　　D. 40mL

（4）普通的50mL 滴定管，最小刻度为0.1mL，则下面的数据记录正确的为（　　）。

A. 15.5mL　　B. 23.52mL　　C. 21mL　　D. 28.281mL

（5）pH＝1.55 的溶液氢离子浓度 $[H^+]$ ＝__________ $mol \cdot L^{-1}$。（　　）

A. 3.55×10　　B. 0.028　　C. 2.82×10^{-2}　　D. 2.818×10^{-2}

(6) 测得某种新合成的有机酸 pK_a 值为12.35，其 K_a 值应表示为（　　）。

A. 4.467×10^{-13}　　B. 4.47×10^{-13}

C. 4.5×10^{-13}　　D. 4×10^{-13}

(7) 以下试剂能作为基准物质的是（　　）。

A. 优级纯的NaOH　　B. 光谱纯的 Co_2O_3

C. 100℃干燥过的CaO　　D. 99.99%纯锌

(8) 用 $0.100mol\cdot L^{-1}$ NaOH 滴定同浓度的 HOAc($pK_a=4.74$) 的pH值突跃范围为7.7～9.7，若用 $0.100mol\cdot L^{-1}$ NaOH 滴定某弱酸 HB($pK_a=2.74$) 时，pH值突跃范围是（　　）。

A. 8.7～10.7　　B. 6.7～9.7　　C. 6.7～10.7　　D. 5.7～9.7

(9) 用 $0.1mol\cdot L^{-1}$ HCl溶液滴定20mL $0.1mol\cdot L^{-1}$ Na_2CO_3 至酚酞变色为终点，需HCl溶液的体积为（　　）。

A. 10mL　　B. 20mL　　C. 30mL　　D. 40mL

(10) 为了测定水中 Ca^{2+}、Mg^{2+} 的含量，以下消除少量 Fe^{3+}、Al^{3+} 干扰的方法中，哪一种是正确的（　　）。

A. 于pH=10的氨性溶液中加入三乙醇胺

B. 于酸性溶液中加入KCN，然后调至pH=10

C. 于酸性溶液中加入三乙醇胺，然后调至pH=10的氨性溶液

D. 加入三乙醇胺时，不需要考虑溶液的酸碱性

9-2 填空题

(1) 下列数据有效数字的位数为：0.003080 ________位；6.020×10^{-3} ________位；1.60×10^{-5} ________位；pH=10.85 ________位；$pK_a=4.75$ ________位；$0.0903mol\cdot L^{-1}$ ________位。

(2) 在分析化学的数据处理中，加和减的规则是按照________位数最少的一个数字来决定结果的保留有效数字位数；而乘除法的结果则是和算式中________位数最少的数据相同。

(3) 将下面数据修约到小数点后三位：

1.7325001→________；24.00050→________；8.001500→________。

(4) 重量分析法中根据 $(NH_4)_3PO_4\cdot12MoO_3$ 测定 P_2O_5 换算因数 F 为________；根据8-羟基喹啉铝 $(C_9H_6NO)_3Al$ 测定 Al_2O_3 换算因数 F 为________。

(5) 常用于标定HCl溶液浓度的基准物质有________和________；常用于标定NaOH溶液浓度的基准物质有________和________。

(6) 滴定误差是由于________与________不一致所造成的误差。

(7) 用 $0.20mol\cdot L^{-1}$ NaOH 溶液滴定 $0.10mol\cdot L^{-1}$ 酒石酸时，在滴定曲线上出现______个突跃范围（酒石酸的 $pK_{a_1}=3.04$，$pK_{a_2}=4.37$）。

(8) 在含有酒石酸和KCN的氨性溶液中，用EDTA滴定 Pb^{2+}、Zn^{2+} 混合溶液中的 Pb^{2+}。加入酒石酸的作用是________，加入KCN的作用是________。

(9) 配制 I_2 标准溶液时，必须加入KI目的是________。以 As_2O_3 为基准物质标定 I_2 溶液浓度时，溶液应控制在pH值为________左右。

9-3 直接标定滴定剂时基准物质称量范围的确定，应当从哪些方面考虑？

9-4 蒸馏法测定铵盐，蒸出的 NH_3 以过量的HCl(或 H_2SO_4) 标准溶液吸收，再以标准碱溶液回滴，或以过量的 H_3BO_3 吸收，再以标准酸溶液滴定，两种情况下均以甲基红指

示。为什么？

9-5 称取 Na_2CO_3 和 $NaHCO_3$ 混合试样 0.6850g，溶于适量水，用 0.2000mol·L^{-1} HCl 标准溶液滴定至终点。若以甲基橙为指示剂则消耗 HCl 标准溶液 50.00mL。混合试样中的碱含量各为多少？若上述滴定改用酚酞为指示剂，会消耗上述 HCl 标准溶液多少毫升？

9-6 为测定鸡蛋壳中的钙含量，某同学设计了下面的实验：

先把鸡蛋壳清洗、粉碎、烘干后称重，称得质量为 m_1(g)。然后高温灼烧至质量恒定，再称得质量为 m_2(g)。

反应方程式为：$CaCO_3 \xrightarrow{\text{高温灼烧}} CaO + CO_2\uparrow$，失去的质量就是 CO_2 的质量。

则蛋壳中 Ca 含量为 $\omega = \dfrac{(m_1 - m_2)M_{Ca}}{m_1 \cdot M_{CO_2}} \times 100\%$。这样能得到准确结果吗？为什么？请你设计一个测定的基本方案并简述原理。

思考题参考答案

9-1 是非题

(1) 错　(2) 对　(3) 错　(4) 错　(5) 错　(6) 对

(7) 对　(8) 错　(9) 对　(10) 错　(11) 错　(12) 错

9-2 选择题

(1) B (2) B (3) C (4) B (5) B (6) B (7) B (8) B（由灵敏度可知，称样时两次读数，称样量数据 m(g) 的绝对误差为 0.0002g，则相对误差为 $E_r = \dfrac{0.0002}{m} < 0.1\%$，$m > 0.2$g。） (9) A (10) A（HCl 与盐酸羟胺两者的 K_a 相差显著，可分别滴定，至 HCl 化学计量点时溶液为盐酸羟胺与 NaCl 混合溶液。）

9-3 填空题

(1) 正态分布　平行多次操作　(2) 1.05　4.72　(3) 0.2351　2.215

(4) 偏低　偏高　(5) 常量组分　(6) 2　(7) 3.33～5.33

(8) 作为缓冲溶液，控制溶液 pH 值　作掩蔽剂，掩蔽 Al^{3+} 的干扰

9-4 用 $K_2Cr_2O_7$ 标定 $Na_2S_2O_3$ 溶液是间接碘法的应用：

$$Cr_2O_7^{2-} + 6I^- + 14H^+ = 2Cr^{3+} + 3I_2 + 7H_2O$$

$$I_2 + 2S_2O_3^{2-} = 2I^- + S_4O_6^{2-}$$

加入过量 KI 的主要目的是促进第一个反应进行完全，从而保证 $K_2Cr_2O_7$ 和 $Na_2S_2O_3$ 的计量关系。同时也有以下作用：加快反应速度，增大 I_2 的溶解度，降低 I_2 的挥发性。

第一个反应有 H^+ 参加，故应在酸性溶液（HCl）中进行，酸度越高，反应越快；酸度太高，I^- 易被空气中的 O_2 所氧化，故酸度不宜太高。滴定开始时，酸度一般以 0.8～1.0mol·L^{-1} 为宜。

$K_2Cr_2O_7$ 与 KI 的反应速率较慢，应将溶液放在具塞锥形瓶中于暗处放置一定时间（约 5min）使第一个反应进行完全。

待第一个反应进行完全后，应将溶液稀释降低酸度，再进行滴定。因为滴定反应须在中性或弱酸性溶液中进行，酸度过高 $H_2S_2O_3$ 会分解，I^- 易被空气中的 O_2 氧化，而且稀释后 Cr^{3+} 颜色变浅，便于观察终点。

(1) 加 KI 溶液而不加 HCl 溶液，第一个反应进行得很慢；

(2) 加酸后不放置暗处，由于光能催化 I^- 被空气中的 O_2 所氧化，会引起 I_2 的浓度

变化；

（3）溶液稀释过早，第一个反应很可能进行得不完全。

9-5 $Na_2S_2O_3$ 溶液易受微生物、空气中的 O_2 及溶解在水中的 CO_2 的影响而分解：

$$Na_2S_2O_3 \xrightarrow{\text{细菌}} Na_2SO_3 + S\downarrow$$

$$S_2O_3^{2-} + CO_2 + H_2O \longrightarrow HSO_3^- + HCO_3^- + S\downarrow$$

$$S_2O_3^{2-} + \frac{1}{2}O_2 \longrightarrow SO_4^{2-} + S\downarrow$$

为了减少上述副反应的发生，配制溶液时需要用新煮沸（除去 CO_2，杀死细菌）并冷却了的蒸馏水，并加入少量 Na_2CO_3（约 0.02%）（在微碱性介质中，$Na_2S_2O_3$ 溶液最稳定，细菌的再生长也受到抑制），或加入 HgI_2（$10mg\cdot L^{-1}$）杀菌剂。

光和热促进 $Na_2S_2O_3$ 溶液分解，所以配制好的 $Na_2S_2O_3$ 溶液应储于棕色瓶中，放置暗处。配制好的 $Na_2S_2O_3$ 溶液应放置 8～14 天，待其浓度稳定后再标定。

长期保存的溶液，每隔 1～2 个月应标定一次。若发现溶液变浑，应弃去重配。

9-6 碘量法通常采用淀粉作指示剂，利用淀粉与 $I_2(I_3^-)$ 形成蓝色配合物的专属反应。用 I_2 溶液滴定 $Na_2S_2O_3$ 溶液，预先加入淀粉，滴定反应完成后，稍过量的一点 $I_2(I_3^-)$ 与淀粉作用使溶液显蓝色，显示终点到来。而用 $Na_2S_2O_3$ 溶液滴定 I_2 溶液，若预先加入淀粉，大量的 $I_2(I_3^-)$ 和淀粉结合成蓝色配合物，再用 $Na_2S_2O_3$ 滴定，这一部分 $I_2(I_3^-)$ 不易与 $Na_2S_2O_3$ 反应而造成误差。

用 $Na_2S_2O_3$ 滴定 I_2 溶液，应先滴定至溶液呈浅黄色，这时大部分 I_2 已和 $Na_2S_2O_3$ 反应，然后加入淀粉溶液，溶液呈蓝色，继续使用 $Na_2S_2O_3$ 溶液滴定至蓝色恰好消失，即为终点。

9-7 $\lg K_{ZnY} = 16.50$　　$\lg K_{CaY} = 10.69$

（1）用含 Ca^{2+} 的水配制 EDTA，EDTA 浓度实为 $c = c_Y + c_{CaY}$

以 $CaCO_3$ 为基准物标定 EDTA，在 pH≈10 进行（EBT 指示），

$$EDTA + Ca^{2+} \xrightarrow{pH=10,EBT} \text{消耗 } c_Y$$

标定所得浓度为 c_Y。

以此溶液在 pH≈5（X.O 指示）滴定 Zn^{2+}，由于置换反应 $Zn^{2+} + CaY \rightleftharpoons ZnY + Ca^{2+}$ 的发生

$$EDTA + Zn^{2+} \xrightarrow{pH=5,\ XO} \text{消耗 } c_Y + c_{CaY}$$

所消耗浓度为 $c_Y + c_{CaY}$。

而计算时：
$$w_{Zn} = \frac{(cV)_{EDTA}\cdot M_{Zn}}{m\times 1000}\times 100\%$$

代入式中的浓度 c_Y < 实际消耗浓度 $c_Y + c_{CaY}$，故测定结果偏低。

（2）以 Zn 为基准，pH≈5 标定 EDTA，由于上面的置换反应，标定所得浓度为 $c_Y + c_{CaY}$。以此溶液测定试液中 Ca^{2+} 的含量，滴定在 pH≈10 进行，滴定消耗浓度为 c_Y，代入式中的浓度为 $c_Y + c_{CaY}$ > 实际消耗浓度 c_Y，故测定结果偏高。

（3）标定和测定在同样的 pH 条件下进行，配制 EDTA 溶液所用的水中含有 Ca^{2+}，对测定结果几乎无影响。

9-8 **提示：**查阅资料了解分析化学在各领域发挥的重要作用，同时结合自身在学习中的体会、理解来说明。

自我检测题参考答案

9-1 选择题

(1) B (2) D (3) C (4) B (5) B (6) C (7) D (8) D (9) B (10) C

9-2 填空题

(1) 四 四 三 二 二 三 (2) 小数点后 有效数字

(3) 1.733 24.000 8.002 (4) 0.03782 0.1110

(5) Na_2CO_3 和 $Na_2B_4O_7 \cdot 10H_2O$ $H_2C_2O_4 \cdot 2H_2O$ $KHC_8H_4O_4$

(6) 滴定终点 化学计量点 (7) 1 ($K_{a1}/K_{a2}<10^5$，不可分步滴定)

(8) 辅助络合剂（或防止 Pb^{2+} 水解） 掩蔽剂

(9) I^- 和 I_2 形成络离子后易溶于水，还可防止 I_2 的挥发 8～9

9-3 ①称量的相对误差，称样量应大于 0.2g；②滴定管测量体积的相对误差，滴定剂消耗量应为 20～40mL。如果从②计算的称样量远小于 0.2g，则应采用称大样的办法，使之兼顾①和②。

9-4 $NH_3\uparrow + HCl(过量) \longrightarrow NH_4^+ + HCl(余)$，剩余的 HCl 用 NaOH 标准溶液滴定，计量点时溶液的组成为 NH_4^+，计量点时的 $pH_{sp}=(1+9.26)/2=5.13$

$NH_3\uparrow + H_3BO_3(过量) \longrightarrow NH_4^+ + H_2BO_3^- + H_3BO_3(余)$，用 HCl 标准溶液滴定的是生成的 $H_2BO_3^-$，计量点时溶液的组成为 H_3BO_3，计量点时的 $pH_{sp}=(1+9.24)/2=5.12$

按照"指示剂变色点尽量靠近 pH_{sp}"的原则，两种情况下均应以甲基红（变色点 pH=5.1）指示。

9-5 试样由 Na_2CO_3 和 $NaHCO_3$ 混合而成，设 Na_2CO_3 为 x g，$NaHCO_3$ 为 y g。

若以甲基橙为指示剂，涉及反应为：

$$2HCl + Na_2CO_3 \xlongequal{} H_2CO_3 + 2NaCl$$

$$NaHCO_3 + HCl \xlongequal{} NaCl + H_2CO_3$$

则有：

$$2n_{Na_2CO_3} + n_{NaHCO_3} = n_{HCl}$$

$$\frac{2x}{M_{Na_2CO_3}} + \frac{y}{M_{NaHCO_3}} = n_{HCl}$$

$$\frac{2x}{106.0} + \frac{y}{84.0} = \frac{0.2000 \times 50.00}{1000} \qquad (1)$$

$$x + y = 0.6850 \qquad (2)$$

联立 (1)(2) 解得：$x=0.2650$g，$y=0.4200$g

若改用酚酞为指示剂，涉及反应为：

$$HCl + Na_2CO_3 \xlongequal{} NaHCO_3 + NaCl$$

则有：$n_{Na_2CO_3} = n_{HCl}$

$$\frac{0.2650}{M_{Na_2CO_3}} = \frac{0.2000 \times V_{HCl}}{1000}$$

$$V_{HCl} = 12.50(mL)$$

9-6 **解题思路**：蛋壳中的主要成分为 $CaCO_3$，其次为 $MgCO_3$、蛋白质、色素，以及少量 Fe、Al 等。

题中灼烧后质量的损失源于 $CaCO_3$ 以及 $MgCO_3$、蛋白质、色素等的高温分解，所以分析结果的误差大。

测定蛋壳中的钙含量常用方法为 EDTA 配位滴定法。把鸡蛋壳清洗、粉碎、烘干后准

确称取试样质量 $m(\mathrm{g})$，然后用强酸溶解，定容得到待测液 $V(\mathrm{mL})$。取待测液 $V_1(\mathrm{mL})$，用浓度为 $c(\mathrm{mol \cdot L^{-1}})$ 的 EDTA 标准溶液滴定至终点，消耗 EDTA 标准溶液 $V_2(\mathrm{mL})$。此方法注意通过掩蔽、pH 的调节等措施实现 Ca 的单独滴定，排除主要共存离子的干扰。

根据反应 Ca+EDTA ══ Ca-EDTA，可计算出试样的含钙量：$w=\dfrac{c_{\mathrm{EDTA}}V_2M_{\mathrm{Ca}}}{m\cdot\dfrac{V_1}{V}\times 1000}\times 100\%$。

此外，也可用高锰酸钾法间接测定 Ca。

拓展到仪器分析领域还有原子吸收光谱法、离子交换色谱法、分光光度法、电位法等，可查阅文献资料作了解。

第 10 章　元素及单质概述

10.1　基本要求

了解地壳中元素的丰度、元素的分类及在自然界中的存在状态。掌握元素氧化态的稳定性及惰性电子对效应；了解单质的结构与性质的关系，单质的一般制备方法；理解单质性质与制备方法之间的关系；理解对角线规则。了解氢的同位素、氢能源在新能源开发中所处的地位及储氢材料的发展。了解稀有气体及其化合物的性质与用途。

重点：单质的化学性质；吉布斯函变-氧化态图的应用。

难点：单质结构与性质的关系。

10.2　内容概要

10.2.1　元素的自然资源

按元素的性质分类，可分为金属元素和非金属元素。按元素周期表分类，又可将元素分为主族元素和过渡元素。

10.2.2　元素的氧化态和惰性电子对效应

(1) 主族元素的价电子构型及常见氧化态　s 区元素的价电子构型为 $ns^{1\sim2}$。常见氧化态分别为 +1 和 +2，其氧化态数值与价电子数相同。p 区元素的价电子构型为 $ns^2np^{1\sim6}$（He 除外）。除零族外，p 区元素的 ns、np 电子均可参与成键，因此它们具有多种氧化态，不仅有正氧化态，也有负氧化态；同时其正氧化态多以差值为 2 变化，其最高氧化态与价电子数相等。

(2) 惰性电子对效应　p 区ⅢA～ⅤA 族从第三周期起，同族元素低氧化态化合物的稳定性自上而下逐渐增强，高氧化态化合物的稳定性则逐渐减弱，且容易形成比其族数少 2 的稳定氧化态，这种现象被称为惰性电子对效应（inert pair effect）。

10.2.3　单质

(1) 单质的分类　单质是由同种元素的原子结合成的物质。元素按其性质可分为金属和非金属。若在长式周期表中以 B，Si，As，Te，At 对 p 区元素作一条对角线，则线的左下方为金属单质，线的右上方为非金属单质。线上及其附近元素因性质界于金属和非金属之间的中间状态，称为准金属。

(2) 单质的结构和性质

① 非金属单质　除稀有气体（零族）为单原子分子外，其余非金属单质均由 2 个或 2 个以上的原子以共价键结合成分子，而且某些元素的原子还能以不同的原子数目及不同的结合方式组合成不同结构的单质。在 p 区对角线上及紧邻该线的非金属元素单质，都具有复杂的结构，而且结构的数目一般也较多。

② 金属元素的单质　金属元素的单质在固态时均为金属晶体。

③ 对角线规则　在元素周期表中，ⅠA 和ⅡA 族中有三对元素性质有些相似，这种相似性称为对角线规则。Li 与 Mg、Be 与 Al、B 与 Si 这三对元素在周期表中处于对角线位置，它们的性质比较相似。

④ 单质的同素异形体　同素异形体是指由同一种元素所形成的几种结构或性质不同的单质。固体单质通常都有几种不同结晶形态的变体。这种现象被称为同素异构现象。

a. 金属单质的同素异形体　白锡、灰锡及脆锡；黄锑、灰锑及黑锑；α-Fe、γ-Fe 及 δ-Fe。

b. 非金属单质的同素异形体　金刚石、石墨、富勒烯、碳纳米管、线形碳及石墨烯；白（黄）磷、红磷及黑磷；氧与臭氧。

(3) 单质的制备方法

① 物理分离法　物理分离法适于分离、提取那些在自然界中以单质状态存在，同时与其杂质在某些物理性质（如密度、沸点、渗透压等）上有显著差异的元素。

② 化学制备法

a. 热解法及电解法

b. 化合物的氧化还原法

c. 配合物提取法

d. 调节溶液酸度法

10.2.4　氢及氢能源

(1) 氢　氢是周期表的第一个元素，核外只有一个电子，处在 1s 轨道上。它可以失去一个电子成为 H^+，如像ⅠA 族元素；可以获得一个电子成为 H^-，使价电子层轨道全充满，如像ⅦA 族元素。

① 氢的同位素　同位素是指一种元素的原子具有相同的质子数，而具有不同的质量数，并在周期表中处于同一个位置的元素。氢有三种同位素：^1_1H（氕），^2_1H（氘），^3_1H（氚）。它们具有相同的电子结构，决定了它们的化学性质基本相同，仅在反应速率和平衡常数方面有一些差别。

D（氘）和 O（氧）组成的水 D_2O 叫重水，重水在原子能工业中大量用来作为反应堆的减速剂、冷却剂，也用于制造氢弹的热核材料——氘或氘化锂。

② 氢的性质

a. 氢气同非金属元素单质直接反应生成相应的氢化物。

b. 氢气同活泼金属在高温下反应生成离子型氢化物。

c. 氢具有较强的还原性。

d. 氢气可以参与一些重要的有机反应。

③ 氢的制备方法　氢气既是重要的工业原料，又是新的能源。它的制备方法可分为实验室、工业和能源制法三类。

a. 实验室制备氢气最常用的方法是锌与稀硫酸反应：

$$Zn + H_2SO_4 = ZnSO_4 + H_2(g)$$

b. 工业上大量制氢，主要是由天然气或煤制氢和电解水制氢。

(2) 氢能被认为是最有前途的二级新能源　氢气作为能源的突出优点是：热值高；干净、无毒、无污染；资源丰富，应用范围广、适用性强。

10.2.5　稀有气体

(1) 稀有气体的性质和用途　稀有气体包括 He，Ne，Ar，Kr，Xe，Rn，Og 7 种元素。它们的外电子层都具有8电子的稳定结构（He仅有K层，饱和容量为2个电子，也是稳定结构）。其电离能高居同周期元素之首，而电子亲和能又小于零，在一般情况下，既不能通过得失电子形成离子键，又不能通过电子共用形成共价键，化学性质不活泼。

稀有气体在生产和科研中应用日益广泛，主要是基于这些元素的不活泼性。

(2) 稀有气体化合物

① 氟化物　氙的氟化物可采用多种方法（加热法、等离子体法、光化学法）直接合成。XeF_2、XeF_4和XeF_6均为稳定的白色结晶状的共价化合物，其熔点和热稳定性依次降低。而且均能与水反应，都是强氧化剂。

从稀有气体元素的化学活性趋势来看，氡应比氙更易形成化合物。但由于氡具有极强的放射性、半衰期短，增加了研究氡化物的难度。

② 含氧化合物　氙的含氧化合物主要有XeO_3、XeO_4、$XeOF_4$、$XeOF_2$、XeO_2F_2，氙酸盐和高氙酸盐等。氙的含氧化合物及氙化物都具有强的氧化性。

10.3　同步例题

例1. 解释ⅢA族元素中，铝的化合物只能以+3价氧化态稳定存在，而铊的稳定价态为+1。

解题思路：惰性电子对效应：ⅢA族元素低氧化态化合物的稳定性自上而下逐渐增强。

解：惰性电子对效应。铊的外层电子构型为$6s^2 6p^1$，具有能量较低的6s电子对，不易失去形成高氧化态的化合物。而铝的外层电子构型为$3s^2 3p^1$，易同时失去最外层三个电子。

例2. 举例说明Li、Mg性质的相似性。

解题思路：对角线规则。

解：Li与Mg在过量的氧气中燃烧时生成正常氧化物Li_2O和MgO，均不能生成过氧化物；都能与氮直接化合而生成氮化物Li_3N和Mg_3N_2；与水反应速率均较慢。

Li与Mg的氢氧化物LiOH和$Mg(OH)_2$都是中强碱，且在水中溶解度不大，在加热条件下易分别分解为相应的氧化物Li_2O和MgO。

它们的氟化物、碳酸盐、磷酸盐均难溶于水，碳酸盐在加热条件下均能分解为相应的氧化物和二氧化碳；氯化物均能溶于有机溶剂中，表现出一定的共价特性。

例3. 写出（1）由铝矾土（Al_2O_3）制备Al；（2）SiO_2制备单质Si的化学反应方程式。

解：（1）由铝矾土（Al_2O_3）制备Al

$$\underset{(\text{铝矾土})}{Al_2O_3} + 2OH^- + 3H_2O \longrightarrow 2[Al(OH)_4]^-$$

$$2[Al(OH)_4]^- + CO_2 \longrightarrow 2Al(OH)_3\downarrow + CO_3^{2-} + H_2O$$

$$2Al(OH)_3 \xrightarrow{\triangle} Al_2O_3 + 3H_2O$$

$$2Al_2O_3 \xrightarrow[Na_3AlF_6]{\text{电解},1250K} \underset{(\text{阴极})}{4Al} + \underset{(\text{阳极})}{3O_2\uparrow}$$

从铝矾土矿到纯铝锭：调控pH值改变产物、热解、电解等化学方法，也包含了溶解、过滤、冷凝等物理过程。

（2）SiO_2制备单质Si

$$SiO_2 + 2C + 2Cl_2 = SiCl_4 + 2CO$$

$$SiCl_4 + 2Zn = Si + 2ZnCl_2$$

用区域熔融法进一步提纯可得高纯度的 Si。

例 4. 试举出不少于 4 种制备氢气的方法。

解：（1）用水蒸气通过炽热（1273K）的煤层：$C(s)+H_2O(g) = CO(g)+H_2(g)$

（2）电解水，阴极：$2H^+ + 2e^- = H_2$，阳极：$4OH^- = 2H_2O + O_2 + 4e^-$

（3）锌与稀硫酸反应：$Zn + H_2SO_4 = ZnSO_4 + H_2\uparrow$

（4）两性金属或单质硅与碱溶液反应，如

$$Si + 2NaOH + H_2O = Na_2SiO_3 + 2H_2\uparrow$$

或

$$2Al + 2NaOH + 6H_2O = 2Na[Al(OH)_4] + 3H_2\uparrow$$

（5）某些金属氢化物与水反应，$CaH_2 + 2H_2O = Ca(OH)_2 + 2H_2\uparrow$

例 5. 按 $E^{\ominus}(Mg^{2+}/Mg) = -2.356V$ 判断，Mg 应可和 H_2O 反应生成氢气，为什么室温下 Mg 和 H_2O 的反应不明显？为什么 Mg 能和 NH_4Cl 溶液反应？

解题思路：考虑产物的影响。

解：$Mg(s)+2H_2O = Mg(OH)_2(s)+H_2(g)$，由于产物难溶于水，覆盖在金属镁表面，阻碍反应继续进行。而 $Mg(OH)_2$ 可与 NH_4Cl 反应，所以 Mg 与 H_2O 的反应可继续进行。

例 6. 用 Xe 及其他试剂为反应物，合成高氙酸盐，请设计合成步骤。

解：Xe 与 F_2 在加热条件下于镍制容器中反应得到 XeF_6，XeF_6 水解产生 XeO_3，后者在 KOH 水溶液中氧化生成 $K_4[XeO_6]$。最后以水合物形式结晶出来。

$$Xe(g) + 3F_2(g) \xrightarrow{523K, 5066kPa} XeF_6(g) \quad (Xe : F_2 = 1 : 20)$$

$$XeF_6 + 3H_2O \longrightarrow XeO_3 + 6HF$$

$$XeO_3 + 4KOH + O_3 \longrightarrow K_4[XeO_6] + O_2 + 2H_2O$$

10.4 习题选解

3. 完成并配平下列反应方程式：

（1）$Al + NaOH + H_2O \longrightarrow$　　（2）$Si + NaOH + H_2O \longrightarrow$

（3）$I_2 + HNO_3 \longrightarrow$　　（4）$B + H_2SO_4 \longrightarrow$

（5）$Cl_2 + NaOH \longrightarrow$　　（6）$Br_2 + NaOH \longrightarrow$

（7）$WO_3 + H_2 \longrightarrow$

解：（1）$2Al + 2NaOH + 6H_2O = 2Na[Al(OH)_4] + 3H_2\uparrow$

（2）$Si + 2NaOH + H_2O = Na_2SiO_3 + 2H_2\uparrow$

（3）$3I_2 + 10HNO_3 = 6HIO_3 + 10NO\uparrow + 2H_2O$

（4）$2B + 3H_2SO_4(浓) \overset{\triangle}{=} 2H_3BO_3 + 3SO_2\uparrow$

（5）$Cl_2 + 2NaOH = NaCl + NaClO + H_2O$

（6）$Br_2 + 2NaOH = NaBr + NaBrO + H_2O$

（7）$WO_3 + 3H_2 \overset{\triangle}{=} W + 3H_2O\uparrow$

7. 完成并配平下列反应方程式：

（1）$XeF_4 + Xe \longrightarrow$　　（2）$KrF_2 + 2H_2O \longrightarrow$

（3）$XeF_4 + H_2O \longrightarrow$　　（4）$XeF_6 + SiO_2 \longrightarrow$

解：（1）$XeF_4 + Xe = 2XeF_2$

（2）$2KrF_2 + 2H_2O = 2Kr + 4HF + O_2$

(3) $6XeF_4+12H_2O = 2XeO_3+4Xe+24HF+3O_2$

(4) $2XeF_6+SiO_2 = 2XeOF_4+SiF_4$

10.5 思考题

10-1 是非题

(1) 在周期表中，处于对角线位置的元素性质相似，这称为对角线规则。

(2) 单质的性质取决于组成单质的元素的原子结构，而与单质的分子结构和晶体结构无关。

(3) 臭氧分子中中心氧原子采用 sp^2 杂化轨道的电子与其他两个氧原子形成 Π_3^4。

(4) 各种氧化物的 $\Delta_r G_m^{\ominus}$-T 图可知，CaO、MgO、Al_2O_3 的 $\Delta_r G_m^{\ominus}$ 值比其他氧化物的 $\Delta_r G_m^{\ominus}$ 值都要小，所以 Ca、Mg、Al 是还原其他氧化物的常用还原剂。

(5) 同卤素反应时，H_2 比 D_2 的活化能低，反应速率慢。

(6) 大多数元素在自然界以单质形式存在。

(7) XeF_4、XeO_3 具有很强的氧化性。

(8) 根据惰性电子对效应可知，TlCl 比 $TlCl_3$ 稳定。

(9) 黑色金属是指颜色为黑色的金属。

(10) 轻金属是指密度小于 $5.0g\cdot cm^{-3}$ 的金属，密度大于 $5.0g\cdot cm^{-3}$ 的金属则为重金属。

10-2 选择题

(1) 下列化合物稳定性最差的是（　　）。

A. $SiCl_4$　　B. $GeCl_4$　　C. $SnCl_4$　　D. $PbCl_4$

(2) 下列元素中，能被称为准金属的是（　　）。

A. Te　　B. Sn　　C. Ga　　D. I

(3) 下列说法正确的是（　　）。

A. 灰锑具有类似白磷的四面体结构

B. 白磷能自燃，且无毒

C. 金刚石是单质中硬度最大的物质

D. “锡疫”是指脆锡在温度低于 225K 时迅速变成白锡

(4) 由英国化学家巴特列发现的第一个稀有气体化合物是（　　）。

A. XeF_2　　B. XeF_4　　C. XeF_6　　D. $XePtF_6$

(5) 下列说法错误的是（　　）。

A. 氢气同非金属元素单质直接反应生成相应的氢化物

B. 氢气同活泼金属在高温下反应生成离子型氢化物

C. 氢气具有较强的还原性

D. 用直流电电解 15%～20%NaOH 或 KOH 溶液，在阴极上放出氧气，而在阳极上放出氢气

(6) 根据氧化物的 $\Delta_r G_m^{\ominus}$-T 图，下列说法错误的是（　　）。

A. 图中各直线折点所对应的温度为该金属的沸点

B. 在任意温度下，碳都能与 ZnO 反应

C. Ca、Mg、Al 是还原其他氧化物的常用还原剂

D. 图中某直线对应的氧化物能被其下面任一直线对应的金属还原，且二直线距离越远，

反应越完全

(7) 在下列各组元素中，不符合对角线规则的是（　　）。

A. B、Si　　B. B、Al　　C. Li、Mg　　D. Be、Al

(8) 下列有关碱土金属的某些性质与碱金属相比较，叙述错误的是（　　）。

A. 碱土金属熔点更高　　B. 碱土金属密度更大

C. 碱土金属更容易形成过氧化物　　D. 碱土金属硬度更大

10-3 填空题

(1) 天然矿石以氧化物及硫化物居多，所以______及______又被称为成矿元素。

(2) 非金属元素单质按结构可以分为三类，它们是______、______、______。

(3) ______反应常用于实验室制备氯气。

(4) 在无机化学中把主族 p 区元素由上至下易形成比族数小 2 的稳定氧化态的倾向称为______效应。

(5) 氢能源的开发利用涉及氢气的______、______和______三个问题。

(6) 两性金属______、______或非金属单质______与碱溶液反应，可制得纯度较高的氢气。

(7) 磷的同素异形体中最活泼的是______，P_4分子结构为______。

(8) 为增大碘在水中的溶解度，常在溶液中加入一些______，此时溶液呈______色。

(9) 稀有气体的第一电离能随原子序数的增加而______，这些元素的化学反应性从 He 到 Rn 应是依次______。

(10) 金属锂与水反应比金属钠与水反应______，其主要原因是______。

(11) 写出地壳中丰度最大的四个主族元素的符号______、______、______、______。

10-4 写出 XeO_3 在强酸条件下，将 Cl^- 氧化成 Cl_2，Mn^{2+} 氧化成 MnO_4^- 的方程式。

10-5 试述 Ga、In、Tl 和 Ge、Sn、Pb 氧化态变化规律的相似性，并阐明原因。

10-6 物质世界纷繁复杂绚烂多姿，如果把自己比喻成一种元素或化合物，你觉得你最像或者最希望是哪种元素或化合物，请说明理由（至少三条理由）。

自我检测题

10-1 选择题

(1) 下列碳的同素异形体中最稳定的单质是（　　）。

A. 金刚石　　B. 石墨　　C. 富勒烯　　D. 三者都稳定，无法比较

(2) 下列关于氢能源的说法中不正确的是（　　）。

A. 热值高　　B. 无污染　　C. 资源丰富　　D. 储存方便

(3) 根据金属元素的结构、性质、冶炼和用途，下列哪个元素属于黑色金属（　　）。

A. Cr　　B. Al　　C. Sn　　D. V

(4) 根据价层电子对互斥理论判断，XeO_3的几何构型为（　　）。

A. 平面三角形　　B. 平面四方形　　C. 三角锥形　　D. 三角双锥形

(5) 根据惰性电子对效应，下列化合物稳定性最高的是（　　）。

A. $TlBr_3$　　B. TlI　　C. $PbCl_4$　　D. $NaBiO_3$

10-2 填空题

(1) 工业上制备烧碱一般是电解 NaCl 的水溶液，其反应方程式是______。

(2) 可以利用反应______来检查 H_2 的存在。

(3) 实验室用 $KClO_3$ 制备氧气的反应方程式是______________________________。

(4) D(氘) 和氧(O) 组成的水叫________________，它在原子能工业中大量用作反应堆的______________、______________。

(5) ⅣA 族的碳、硅，ⅢA 族的硼的单质属于______晶体。

10-3 用 8-N 规则解释非金属单质结构不同的现象。

10-4 请列出碳的重要的三种同素异形体，并简要说明其结构特征。

10-5 说明卤素单质熔点、沸点变化的规律及原因。

10-6 面对众多环境污染问题，尤其是汽车尾气引起的如光化学烟雾、雾霾等，人们提倡使用新能源替代化石能源，你了解新能源吗？你觉得现在的新能源是否就完全无污染呢？请阐述你的观点。

思考题参考答案

10-1 是非题

(1) 错 (2) 错 (3) 错 (4) 对 (5) 错 (6) 错 (7) 对 (8) 对 (9) 错 (10) 对

10-2 选择题

(1) D (2) A (3) C (4) D (5) D (6) B (7) B (8) C

10-3 填空题

(1) 硫 氧　　(2) 小分子物质　多原子分子物质　大分子物质

(3) $MnO_2 + 4HCl$ (浓) $=\!=\!=$ $MnCl_2 + Cl_2\uparrow + 2H_2O$　　(4) 惰性电子对

(5) 制备 保存 利用　　(6) 铝 锌 硅

(7) 白磷 四面体　　(8) KI 紫红

(9) 减小 增强　　(10) 温和 锂的金属性不如钠的金属性强

(11) O Si H Al

10-4 **解**：本题需掌握 XeO_3 的强氧化性。

$$XeO_3 + 6H^+ + 6Cl^- =\!=\!= Xe + 3Cl_2\uparrow + 3H_2O$$

$$5XeO_3 + 6Mn^{2+} + 9H_2O =\!=\!= 6MnO_4^- + 5Xe + 18H^+$$

10-5 **解**：Ga、In、Tl 氧化态有+1、+3，Ge、Sn、Pb 氧化态有+2、+4，它们的氧化态从上至下，高氧化态（分别为+3、+4）稳定性降低，低氧化态（分别是+1、+2）稳定性增强。这是因为 $6s^2$ "惰性电子对"效应的影响。

10-6

解题思路：先指出自己最像或者最希望是哪种元素或化合物；再说明理由，至少三条。

答案范例：我最想成为 NaCl。因为它是食盐的主要成分，是人类生存必需的调味品；0.9%的氯化钠溶液俗称生理盐水，在医学领域有广泛用途；在工业上是重要的化工原料，一般采用电解饱和氯化钠溶液的方法来生产氢气、氯气和烧碱等化工产品。

自我检测题参考答案

10-1 选择题

(1) B (2) D (3) A (4) C (5) B

10-2 填空题

(1) $2NaCl + 2H_2O =\!=\!= 2NaOH + H_2\uparrow + Cl_2\uparrow$

(2) $PdCl_2 + H_2 =\!=\!= Pd + 2HCl$

(3) $2KClO_3(s) \xlongequal[473K]{MnO_2} 2KCl + 3O_2 \uparrow$

(4) 重水　减速剂　冷却剂　　　　　　　　(5) 原子

10-3　解: 非金属单质可分为单原子分子,双原子分子、多原子分子和大分子物质。可用8−N 规则来解释这种结构不同的现象。N 指非金属元素的价电子数,8−N 规则即指该元素的每个原子可与相邻原子形成 8−N 条键(对 H、He 而言,则为 2−N)。

单原子分子、双原子分子统称为小分子物质。氧气、氮气均为双原子分子。ⅤA 族及ⅥA 族其他元素的原子均遵循 8−N 规则,它们的单质往往是以共价单键形成的多原子分子,如 S_8、Se_8、P_4、As_4等。

10-4　解: 碳有多种同素异形体,金刚石、石墨及 C_{60}是其中三种。金刚石是原子晶体,碳原子采取 sp^3杂化成键,一个碳原子周围有四个 C 与其相连,成正四面体结构。石墨属混合晶体,具有层状结构,石墨层中的碳原子采取 sp^2杂化成键,以 σ 键与同一平面上的其他三个碳原子相连,形成六元环形的蜂窝式层状结构,键角 120°,未参与杂化的 2p 轨道垂直于三个 sp^2杂化轨道所在的平面,并且彼此平行,形成大 π 键。C_{60}具有由 60 个碳原子连接12 个正五边形和 20 个正六边形组成的 32 面体的中空球体结构,形似足球,碳原子彼此以 σ 键结合,杂化轨道类型介于 sp^2与 sp^3之间,被称为 $sp^{2.28}$杂化,平均键角为 116°。

10-5　解: 卤素单质的熔点、沸点按氟、氯、溴、碘的顺序增大。这是因为随着卤素原子半径增大和核外电子数目的增多,卤素分子之间的色散力也逐渐增大。

10-6

解题思路: 首先谈谈自己了解的新能源;再阐述其是否存在污染问题,若存在污染,列出污染的问题所在。

答案范例: 简单了解一些新能源,比如氢能、太阳能、核能、生物质能等。现在的新能源并不是就完全无污染。比如核能在使用过程中如果发生核泄漏就会造成污染,使用之后的核废料保存也存在环境污染风险;太阳能电池在制造过程中也会存在环境污染风险,太阳能电池板在使用之后的回收利用也可能存在污染风险。

第 11 章　主族元素的二元化合物

11.1　基本要求

了解二元化合物的组成及键型，各类二元化合物的类型、一般性质、制备及用途；理解氧化值、电极电势值与氧化还原性的关系，生成焓与热稳定性的关系，结构与性质之间的关系。

熟悉离子型氢化物的强还原性，氨的各类反应，过氧化氢的化学性质，硫化氢的还原性；掌握共价型氢化物化学性质的递变规律，乙硼烷的结构及 Wade 规则。

理解碳化物、氮化物、硼化物的高熔点、高硬度性质与其用途之间的关系。

熟悉各类硫化物的溶解性及颜色，多硫化物的氧化还原性；掌握硫化物的还原性。

理解卤化物的水解性与制备方法之间的关系；熟悉卤化物的氧化还原性；掌握卤化物水解的规律性。

重点：二元化合物的结构与性质之间的关系；共价型氢化物性质递变规律；过氧化氢的性质；乙硼烷的结构及 Wade 规则；硫化物的溶解性；卤化物的水解性。

难点：乙硼烷的结构及 Wade 规则。

11.2　内容概要

11.2.1　二元化合物的组成及键型

根据组成元素 M 及 E 电负性数值的大小，二元化合物 ME 的键型大致可分为如下三类：

① 如χ_M及χ_E均大于 2.0，则 ME 一般为共价化合物，如 CO($\chi_C=2.55$、$\chi_O=3.44$)。

② 若$\chi_M<2.0$,$\chi_E>2.0$，且 $\Delta\chi>1.7$，则 M—E 键基本以离子键为主，ME 为离子化合物，如 NaCl($\chi_{Na}=0.93$　$\chi_{Cl}=3.16$　$\Delta\chi=2.23$)。HF 例外。

③ 如χ_M及χ_E均小于 2.0，则 ME 近似为金属化合物，如 FeSi($\chi_{Fe}=1.83$、$\chi_{Si}=1.90$)。过渡金属的磷化物、氮化物、碳化物及硼化物，虽然$\chi_E\geqslant2.0$(E=P、N、C、B)，但这些二元化合物的键型主要仍是金属键，它们是金属型化合物。

11.2.2　氢化物

除稀有气体外，所有其他元素均可与氢生成氢化物。氢化物主要有离子型、共价型及金属型三种类型。

(1) 离子型氢化物　s 区元素（Be、Mg 除外）受热时与加压下的氢气直接化合生成离子型氢化物。纯的离子型氢化物通常为白色或无色盐状晶体，性质类盐，故又称为类盐型氢化物。这类氢化物熔点、沸点较高，熔融时能导电。离子型氢化物的密度比相应金属的密度大得多。

离子型氢化物受热时可分解为金属和氢气。金属氢化物的稳定性要比对应卤化物的差。

离子型氢化物均是极强的还原剂。

离子型氢化物能在非质子溶剂中与 B_2H_6、$AlCl_3$ 等反应生成配位氢合物。

(2) 共价型氢化物　绝大多数 p 区元素（除稀有气体、In、Tl 外）可与氢形成共价型氢化物。因其固态时大多为分子晶体，故也称为分子型氢化物。

共价型氢化物可分两种类型：一种是缺电子氢化物，如 B_2H_6，它的分子中存在桥状结构；二是正常共价型氢化物。除ⅢA 族外，p 区元素氢化物均属这种类型。共价型氢化物大多无色，熔点、沸点较低，常温下除 H_2O、BiH_3 为液体外，其余均为气体。

共价氢化物的化学性质差异较显著，具有一定的规律性。

① 热稳定性　共价型氢化物的热稳定性差别很大，热稳定性的大小与元素电负性有关。一般来说，p 区元素与氢的电负性差值越大，所生成的氢化物越稳定；反之，则不稳定。

② 还原性　除 HF 外，其余共价型氢化物均有还原性，其变化规律：同周期从左至右还原性减弱，同族从上至下还原性增强。

③ 与水的作用及水溶液的酸碱性

一般来说，同周期从左至右，共价型氢化物水溶液的酸性增强；同族从上至下，其水溶液的酸性也增强，通常认为氢化物水溶液酸性的强弱与其电离反应的焓变及与质子相连的原子的电子密度有关。

(3) 金属型氢化物　氢可与几乎所有过渡金属，s 区的 Be、Mg 以及 p 区的 In、Tl 等生成金属型氢化物。有些氢化物是整比化合物，但大多数是组成不定的非整比化合物，如 $VH_{0.56}$、$TaH_{0.76}$、$LaH_{2.76}$、$TiH_{2.73}$、$PdH_{0.85}$等。多数金属型氢化物有明确的物相，其结构与原金属完全不同。

金属型氢化物多为脆性固体，基本保留金属的一些物理性质，有金属光泽，导电性与磁性均与金属相类似，但其导电性随氢含量的变化而改变。

过渡金属与氢在加压及一定温度条件下可生成金属型氢化物，减压加热后氢化物又重新分解，放出氢气。利用这种性质，可作为储氢材料。

11.2.3　过氧化氢

过氧化氢 H_2O_2分子中存在一个过氧基—O—O—。过氧化氢的主要化学性质如下：

(1) 稳定性　由于过氧基—O—O—内过氧键的键能较小，因此过氧化氢不稳定，易分解产生氧气。

(2) 弱酸性　过氧化氢具有极弱的酸性，可与碱反应，生成金属过氧化物。例如：

$$H_2O_2+Ba(OH)_2 \xlongequal{} BaO_2+2H_2O$$

BaO_2可视为弱酸 H_2O_2的盐。而反应

$$Na_2O_2+2H_2O \xlongequal{} 2NaOH+H_2O_2$$

则可认为是弱酸强碱盐 Na_2O_2的水解。

(3) 氧化还原性　由于 H_2O_2中 O 的氧化态为－1，处于中间氧化态，所以 H_2O_2既有氧化性，又有还原性。一般来说，H_2O_2的氧化性显著强于还原性，因此它主要用作氧化剂。

11.2.4　氨、联氨及羟胺

氮的氢化物中最重要的是氨（NH_3）。联氨 N_2H_4（又称为肼）及羟胺（NH_2OH），可视为 NH_3分子上的一个 H 原子分别被—NH_2及—OH 取代后的衍生物。联氨和羟胺作为还原剂，其氧化产物不污染溶液。

11.2.5　硼烷、硅烷

硼、硅的氢化物与碳的氢化物的物理性质类似，所以它们的氢化物被称为硼烷及硅烷。

硼烷可分为两大类，通式分别为 B_nH_{n+4} 和 B_nH_{n+6}，最简单的是 B_2H_6（乙硼烷）。

常温下硅烷及简单硼烷为气体或液体，$n>10$ 的硼烷则为固体。随着硼原子数的增加及分子量的增大，硼烷的熔点、沸点升高。

(1) 硼烷的制备、结构及性质 硼烷不能用单质直接反应制取，只能用间接方法制备。用氢化铝锂或硼氢化钠与三氯化硼或三氟化硼在乙醚溶液中反应可制得乙硼烷：

$$3Li[AlH_4]+4BCl_3 = 3LiCl+3AlCl_3+2B_2H_6$$

$$3Na[BH_4]+BF_3 = 3NaF+2B_2H_6$$

B_2H_6 分子中存在一种桥状结构，称为氢桥键。氢桥键是由两个电子将三个原子连接起来的，在结构理论上称为三中心二电子键，简称三中心键，简写为 3c-2e。

三中心键是多中心键的一种形式，是一种非定域键，多中心键是缺电子原子的一种特殊成键形式，它普遍存在于硼的氢化物中，由于三中心键的强度仅及一般共价键的一半，所以硼烷的化学性质要比烷烃活泼。

硼烷的化学性质与硅烷相似，但通常比硅烷更不稳定。将乙硼烷加热至 573K 以上即迅速分解：

$$B_2H_6 = 2B+3H_2\uparrow$$

B_2H_6 在空气中能自燃，放出大量热：

$$B_2H_6(g)+3O_2(g) = B_2O_3(s)+3H_2O(g)$$

乙硼烷水解也放出大量热：

$$B_2H_6(g)+6H_2O(l) = 2H_3BO_3(aq)+6H_2(g)$$

CO、NH_3 等含有孤电子对的分子，可与缺电子化合物硼烷进行加合反应：

$$B_2H_6+2CO = 2[H_3B\leftarrow CO]$$

(2) Wade 规则 Wade 规则最初提出是预言硼烷、碳硼烷和硼烷衍生物结构的，随后将其应用于金属原子簇也取得了较大的成功。

硼烷及其阴离子 $[(BH)_nH_m]^{z-}$ 的骨架成键电子对数 $b=\frac{1}{2}(2n+m+z)$，骨架成键电子对数与构型的关系为：$b=n+1$，闭式 n 顶点，$2(n-2)$ 三角多面体；$b=n+2$，巢式（鸟窝型）$(n+1)$ 顶点，$2(n-1)$ 三角多面体（缺一顶点）；$b=n+3$，蛛网式 $(n+2)$ 顶点，$2n$ 三角面体（缺二顶点）。

(3) 硅烷的化学性质 硅烷可溶于有机溶剂，性质较烷烃活泼。硅烷中有代表意义的是硅甲烷 SiH_4。SiH_4 常温下稳定，但和 B_2H_6 一样，它遇空气可自燃，并放出大量热。

$$SiH_4(g)+2O_2(g) = SiO_2(s)+2H_2O(g)$$

SiH_4 在纯水及微酸性溶液中不水解，但水中有微量碱（起催化作用）时即迅速水解：

$$SiH_4+(n+2)H_2O \xlongequal{OH^-} SiO_2\cdot nH_2O\downarrow+4H_2\uparrow$$

11.2.6 硫化氢及多硫化氢

硫化氢 H_2S 是一种无色、有腐蛋臭味的有毒气体。硫化氢可用硫蒸气与氢气直接反应制取。实验室常用金属硫化物与稀盐酸作用制取硫化氢气体。

H_2S 是极性分子，但极性比水弱，它的熔点（188.66K）、沸点（212.82K）均比水低得多。H_2S气体可溶于水，293K时，一体积水能溶解2.6体积的H_2S。H_2S饱和溶液浓度约为$0.1mol \cdot L^{-1}$，其水溶液叫做氢硫酸，是二元弱酸。

H_2S中由于S处于最低氧化态-2，所以H_2S无论在空气还是水溶液中，均有还原性。在碱性介质中S^{2-}的还原性更强。

多硫化氢H_2S_x为黄色液体，可用酸与多硫化物作用制取。H_2S_2又称过硫化氢，极不稳定，容易分解为H_2S和S。

11.2.7 硼化物、碳化物及氮化物

硼、碳、氮分别与电负性较小的元素（除氢外）所形成的化合物，叫做硼化物、碳化物及氮化物。

(1) 离子型化合物　B、C、N可以同碱金属、碱土金属形成离子型化合物。

(2) 共价型化合物　B、C、N可同某些金属及非金属形成共价型化合物。

(3) 金属型（间充型）化合物　B、C、N与d区金属元素可形成金属型化合物。

11.2.8 硫化物

(1) 溶解度　由于S^{2-}半径较大、电荷较多，所以变形性也较大；如金属离子的极化力较强，变形性也较大，当它们与S^{2-}结合时，离子极化作用就比较显著，形成的硫化物的极性减小，在水中的溶解度也随之降低。

根据硫化物在水及酸中的溶解情况，可大致将硫化物分为如下四类。

① 可溶于水的硫化物　碱金属（含NH_4^+）的硫化物及BaS易溶于水，碱土金属硫化物（除BeS难溶）微溶于水。可溶于水的硫化物数量较少，且大多在水中易水解。

② 不溶于水，但可溶于盐酸的硫化物　这类硫化物可分为两种情况：一种是在稀盐酸中即可溶解，如ZnS、MnS、FeS等；另一种是不溶于水及稀盐酸，但可溶于浓盐酸，如PbS、CdS、SnS、SnS_2。

③ 不溶于水及盐酸，但溶于浓硝酸的硫化物　此类硫化物的阳离子极化力较强，变形性也较大，与S^{2-}的离子极化作用显著，所以溶解度小，只能用氧化性强的硝酸才能使溶液中的S^{2-}因被氧化而大大减少，从而使硫化物溶解。

④ 仅溶于王水的硫化物　溶解度极小的汞的硫化物只有用王水才能溶解，溶解后生成配合物、单质硫、一氧化氮等。

(2) 还原性　硫化物均有还原性，尤其在碱性介质中还原性更强。

(3) 酸碱性

① 碱性　碱金属（含NH_4^+）的硫化物，可视作强碱弱酸盐，易溶于水并水解，水解后的溶液呈碱性。易溶的碱土金属硫化物及某些高价态金属硫化物也易水解。Al_2S_3、Cr_2S_3遇水则完全水解。某些低价态的金属硫化物也具有碱性，例如Bi_2S_3、SnS及PbS等，它们均不溶于碱及碱性硫化物［如$(NH_4)_2S$或Na_2S］溶液中，但可溶于浓盐酸。

② 酸性　某些非金属硫化物及高价态金属硫化物具有酸性。

11.2.9 卤化物

卤素与电负性比它们小的元素形成的化合物称为卤化物，不同卤素间也可形成卤素互化物。卤化物一般可分成离子型及共价型两大类。

碱金属（除Li）、碱土金属（除Be）及大多数镧系、锕系元素的卤化物基本上属于离子型化合物。这些卤化物熔点、沸点高，熔融时能导电，易溶于极性溶剂。

非金属卤化物、高价态金属卤化物一般为共价化合物，熔点、沸点低，具有挥发性，熔

融时不导电，在水溶液中溶解度较小。

(1) 水解性　多数卤化物会发生不同程度的水解，而且水解产物多有不同。

① 非金属卤化物的水解　多数非金属卤化物在水中完全水解，生成非金属含氧酸及氢卤酸。

② 金属卤化物的水解　以金属氯化物为例。p 区金属氯化物及某些活泼性稍差的金属氯化物会发生不同程度的水解。这种水解往往不完全，有时还是分级进行的。它们与水的反应产物通常是碱式盐或碱式盐的脱水产物。

(2) 氧化还原性　许多卤化物具有氧化还原性，有些还是常用的氧化剂或还原剂。

同一金属的卤化物，其还原性顺序为：碘化物＞溴化物＞氯化物。

(3) 溶解性　大多数卤化物易溶于水。但 Ag(Ⅰ) 的卤化物（除 AgF）、Cu(Ⅰ)、Hg(Ⅰ)、Pb(Ⅱ) 的氯化物、碘化物以及 CaF_2 均难溶于水。此外，$HgCl_2$ 微溶于水，HgI_2 难溶于水。

CaX_2 除 CaF_2 难溶于水外，其余均易溶。金属卤化物的溶解度常因生成配合物而增大。

(4) 光解性　某些卤化物，如 ds 区的 AgX 及 Hg_2Cl_2 容易见光分解。

(5) 卤化物的制备　卤化物的制备通常有干法和湿法两种。

① 湿法　一般用于制取水合卤化物。

② 干法　单质直接合成；卤素单质与氧化物反应；从水合卤化物制备无水卤化物。

11.3 同步例题

例 1. 请写出下列卤化物中能发生水解反应的水解方程式：

$BiCl_3$；PCl_5；$SiCl_4$；BCl_3；BF_3；NF_3

解题思路： 金属与非金属卤化物水解情况有差别。

解：

$$BiCl_3 + H_2O \longequal BiOCl\downarrow + 2HCl$$

$$PCl_5 + 4H_2O = H_3PO_4 + 5HCl$$

$$SiCl_4 + 3H_2O = H_2SiO_3 + 4HCl$$

$$BCl_3 + 3H_2O = H_3BO_3 + 3HCl$$

$$4BF_3 + 3H_2O = H_3BO_3 + 3H[BF_4]$$

NF_3 不水解

例 2. 应用 Wade 规则推测下列原子化合物的结构构型（闭式、巢式、蛛网式）。

(1) $B_3H_8^-$；(2) $B_{10}H_{15}^-$

解题思路： 硼烷及其阴离子 $[(BH)_nH_m]^{z-}$ 的骨架成键电子对数 $b=\frac{1}{2}(2n+m+z)$

解： (1) $B_3H_8^-$：$b=\frac{1}{2}(2\times3+5+1)=6=n+3$　　蛛网式

(2) $B_{10}H_{15}^-$：$b=\frac{1}{2}(2\times10+5+1)=13=n+3$　　蛛网式

例 3. 鉴别下列各组物质（每组只限使用一种试剂），并写出反应方程式。

(1) SnS 和 Sb_2S_3

(2) As_2S_3 和 SnS_2

解：（1）在试样中加入 Na_2S 溶液，溶解的物质为 Sb_2S_3

$$Sb_2S_3 + 3Na_2S \xlongequal{} 2Na_3SbS_3$$

$$SnS + Na_2S \quad 不溶$$

（2）在试样中加入浓盐酸，溶解的物质为 SnS_2

$$SnS_2 + 6HCl(浓) \xlongequal{} H_2[SnCl_6] + 2H_2S$$

$$As_2S_3 + HCl(浓) \quad 不溶$$

例 4. 比较第二周期与第三周期元素共价型氢化物的物理性质和化学性质主要有哪些差别？并简述原因。

解：p 区第二周期与第三周期元素生成如下共价型氢化物：

$$CH_4，NH_3，H_2O，HF$$

$$SiH_4，PH_3，H_2S，HCl$$

（1）NH_3、H_2O、HF 的沸点比同族的 PH_3、H_2S、HCl 高，因为前者分子间有氢键，分子间缔合作用强；

（2）CH_4、NH_3、H_2O、HF 的热稳定性比同族的 SiH_4、PH_3、H_2S、HCl 强，因为前者分子中成键的两种元素电负性差值大，键能大；

（3）CH_4、NH_3、H_2O、HF 的还原性比同族的 SiH_4、PH_3、H_2S、HCl 小，因为这几种氢化物 AH_n 的还原性来自 A^{n-}，A^{n-} 半径越大，电负性越小，失电子能力越强，还原性越大。第二周期的 C、N、O、F 的半径比同族相应元素小，而电负性却大，所以其氢化物的还原性小；

（4）CH_4 不水解，SiH_4 能发生水解，因为 Si 位于第三周期，外层空的 d 轨道在反应中可被利用。

例 5. 现有四种沉淀剂：NaOH、NaCl、Na_2S、KBr，为了从废定影溶液中回收银，最好选用哪一种沉淀剂？为什么？

解题思路：感光材料经曝光、显影、定影后，大多数的银都进入废定影液。银以硫代硫酸银配合物 $[Ag(S_2O_3)_2]^{3-}$ 的形式存在于定影液中。废定影液如不加处理，不仅污染环境，而且还会造成资源浪费。通常选用 Na_2S 作为沉淀剂回收废定影液中的银。因为 Ag_2S 比 Ag_2O、AgCl 和 AgBr 都更难溶于水，使 $[Ag(S_2O_3)_2]^{3-}$ 转化为 Ag_2S 的反应的平衡常数比较大，会进行得比较彻底。

解：$[Ag(S_2O_3)_2]^{3-}$ 的稳定常数很大，$K_{稳} = 10^{13.46} = 2.88 \times 10^{13}$，$Ag_2S$ 是难溶解的银盐之一，其溶度积常数 $K_{sp} = 6.3 \times 10^{-50}$。

当加入硫化钠时，$2[Ag(S_2O_3)_2]^{3-} + S^{2-} \xlongequal{} Ag_2S + 4S_2O_3^{2-}$，

因为 $2[Ag(S_2O_3)_2]^{3-} \xlongequal{} 2Ag^+ + 4S_2O_3^{2-} \quad (1/K_{稳})^2$

$2Ag^+ + S^{2-} \xlongequal{} Ag_2S \quad 1/K_{sp}$

故反应 $2[Ag(S_2O_3)_2]^{3-} + S^{2-} \xlongequal{} Ag_2S + 4S_2O_3^{2-}$ 的平衡常数 $K = 1/(K_{稳}^2 K_{sp}) = 1.91 \times 10^{22}$，其平衡常数很大，意味着此反应进行得比较彻底。因此，运用 Na_2S 作为沉淀剂回收废定影液中的银效率比较高。反应完全后，经静置、抽滤、洗涤、干燥，得到纯净的硫化银沉淀，然后将 Ag_2S 高温灼烧，硫化银分解为单质银和二氧化硫气体，从而达到回收银的目的。

11.4 习题选解

1. 完成并配平下列方程式：

(1) $BaH_2 + H_2O \longrightarrow$

(2) AsH_3（缺氧）$\xrightarrow{\triangle}$

(3) $B_2H_6 + H_2O \longrightarrow$

(4) $B_2H_6 + CO \longrightarrow$

(5) $NH_3 + Cu_2O \xrightarrow{\triangle}$

(6) $NH_3 + Cl_2 \longrightarrow$

(7) N_2H_4（l）$+ H_2O_2$（l）$\longrightarrow$

(8) $FeCl_3 + H_2S \longrightarrow$

(9) $BaO_2 + H_2O \longrightarrow$

(10) $H_2O_2 + KI + H_2SO_4 \longrightarrow$

(11) $H_2O_2 + KMnO_4 + H_2SO_4 \longrightarrow$

解：

(1) $BaH_2 + H_2O \longrightarrow Ba(OH)_2 + H_2\uparrow$

(2) $2AsH_3$（缺氧）$\xrightarrow{\triangle} 2As + 3H_2\uparrow$

(3) $B_2H_6 + 6H_2O \longrightarrow 2H_3BO_3 + 6H_2\uparrow$

(4) $B_2H_6 + 2CO \longrightarrow 2[H_3B \longleftarrow CO]$

(5) $2NH_3 + 3Cu_2O \xrightarrow{\triangle} 2Cu_3N + 3H_2O$

(6) $2NH_3 + 3Cl_2 \longrightarrow N_2 + 6HCl$

(7) $N_2H_4(l) + 2H_2O_2(l) \longrightarrow N_2\uparrow + 4H_2O$

(8) $2FeCl_3 + H_2S \longrightarrow 2FeCl_2 + S\downarrow + 2HCl$

(9) $BaO_2 + 2H_2O \longrightarrow Ba(OH)_2 + H_2O_2$

(10) $H_2O_2 + 2KI + H_2SO_4 \longrightarrow K_2SO_4 + I_2 + 2H_2O$

(11) $5H_2O_2 + 2KMnO_4 + 3H_2SO_4 \longrightarrow 2MnSO_4 + K_2SO_4 + 5O_2\uparrow + 8H_2O$

2. 写出下列反应的方程式：

(1) “古氏试砷法”的反应依据；

(2) 乙硼烷在空气中自燃；

(3) 用双氧水给油画“漂白”；

(4) 实验室制取硫化氢气体。

解：

(1) $2AsH_3 + 12AgNO_3 + 3H_2O \xrightarrow{\triangle} As_2O_3 + 12HNO_3 + 12Ag\downarrow$

(2) $B_2H_6 + 3O_2 \longrightarrow B_2O_3 + 3H_2O$

(3) $PbS + 4H_2O_2 \longrightarrow PbSO_4 + 4H_2O$

(4) $FeS + 2HCl \longrightarrow FeCl_2 + H_2S\uparrow$

3. 应用 Wade 规则预测下列化合物的结构类型（闭式、巢式、蛛网式）：

$$B_4H_{10},\ B_{10}H_{14},\ B_6H_9^-,\ B_6H_6^{2-}$$

解： B_4H_{10}：$b=\frac{1}{2}(2\times4+6+0)=7=n+3$　　蛛网式

$B_{10}H_{14}$：$b=\frac{1}{2}(2\times10+4+0)=12=n+2$　　巢式

$B_6H_9^-$：$b=\frac{1}{2}(2\times6+3+1)=8=n+2$　　巢式

$B_6H_6^{2-}$：$b=\frac{1}{2}(2\times6+0+2)=7=n+1$　　闭式

4. 解释为什么可用浓氨水检查氯气管道是否泄漏？

解： 因为 NH_3 可被 Cl_2 氧化，发生下列反应：

$$2NH_3+3Cl_2 \longrightarrow N_2+6HCl$$

未反应完的 NH_3 还要与新生成的 HCl 继续反应，生成白烟（NH_4Cl）：

$$NH_3+HCl \longrightarrow NH_4Cl$$

所以可以用浓氨水检查氯气管道是否漏气。

6. 下面各组物质能否共存？为什么？

（1）H_2S 和 H_2O_2　（2）MnO_2 和 H_2O_2　（3）PbS 和 H_2O_2

（4）铝粉和 Na_2O_2　（5）Na_3AsS_3 和 HCl　（6）PCl_5 和 NaOH 溶液

解：（1）H_2S 和 H_2O_2 不能共存，H_2S 具有还原性，而 H_2O_2 具有氧化性，会发生氧化还原反应。

（2）MnO_2 和 H_2O_2 不能共存，MnO_2 会促进 H_2O_2 分解。

（3）PbS 和 H_2O_2 不能共存，H_2O_2 可将 PbS 氧化。

（4）铝粉和 Na_2O_2 不能共存，会发生爆炸。

（5）Na_3AsS_3 和 HCl 不能共存，会生成硫代亚砷酸，硫代亚砷酸分解产生硫化物沉淀及硫化氢气体。

（6）PCl_5 和 NaOH 溶液不能共存，会发生水解。

8. 完成并配平下列反应式：

（1）$SO_2+H_2O_2 \longrightarrow$　（2）$BF_3+H_2O \longrightarrow$

（3）$PbS+HCl(浓) \longrightarrow$　（4）$SnS_2+Na_2S \longrightarrow$

（5）$PCl_5+H_2O \longrightarrow$

解：

（1）$SO_2+H_2O_2 \longrightarrow H_2SO_4$

（2）$4BF_3+3H_2O \longrightarrow H_3BO_3+3H[BF_4]$

（3）$PbS+2HCl(浓) \longrightarrow PbCl_2+H_2S\uparrow$

（4）$SnS_2+Na_2S \longrightarrow Na_2SnS_3$

（5）$PCl_5+4H_2O \longrightarrow H_3PO_4+5HCl$

9. 解释以下事实，并写出有关反应方程式。

（1）石灰乳被用于治理大气中 SO_2 污染；

（2）将 H_2S 通入 $FeCl_3$ 溶液中，得不到 Fe_2S_3 沉淀；

（3）配制的 $BiCl_3$ 溶液中如有白色浑浊，加些盐酸后浑浊会消失。

解：

（1）$Ca(OH)_2+SO_2 = CaSO_3+H_2O$

（2）$2FeCl_3+H_2S = 2FeCl_2+S\downarrow+2HCl$

（3）$BiCl_3+H_2O = BiOCl\downarrow+2HCl$

加入盐酸后反应向左移动，浑浊消失。

11.5 思考题

11-1 是非题

（1）离子型氢化物熔融电解时在阴极上析出金属，阳极上产生氢气。

(2) 过氧化氢既是酸又是碱，既是氧化剂又是还原剂。

(3) 硼烷可以用单质直接反应制取。

(4) 联氨和羟胺中氮原子的氧化态分别为－2 和－1。

(5) Al_2S_3 在水溶液中不能存在。

(6) $FeCl_3$ 可与 Cu 共存。

(7) BF_3 水解后可得到 HF。

(8) 若硼烷形成的多面体结构中有一个顶点无骨架原子时，就是巢式结构。

(9) ⅣB～ⅥB 族金属的硼化物、碳化物、氮化物，由于熔点特别高，硬度特别大，被统称为硬质合金，广泛用于金属加工业。

(10)“古氏试砷法”就是利用 AsH_3 的还原性来检出 As_2O_3。

(11) H_2S 无论在空气中还是水溶液中，均有还原性。

(12) 氢化物的水溶液酸性 $SiH_4>PH_3>H_2S>HCl$。

(13) Pb^{2+} 的卤化物溶解度较小，其碘化物溶解度比氯化物更小。

11-2 选择题

(1) 下列描述正确的是（　　）。

A. 金属型碳化物的化学性质活泼

B. ZrB、HfB 可以作为耐火材料的原料

C. 金属型氮化物熔点高，热稳定性好，高温不易分解

D. 六方 BN 的硬度与金刚石相近；立方晶型 BN 是一种非常好的高温固体润滑剂

(2) 下列物质是缺电子化合物的是（　　）。

A. PH_3　　B. B_2H_6　　C. CsH　　D. SiH_4

(3) 下列物质中，在室温下与水反应不产生氢气的是（　　）。

A. $LiAlH_4$　　B. CaH_2　　C. SiH_4　　D. NH_3

(4) 下列硫化物中，仅溶于王水的是（　　）。

A. CuS　　B. Al_2S_3　　C. CdS　　D. HgS

(5) 下列叙述中错误的是（　　）。

A. H_2O_2 分子构型为直线形

B. H_2O_2 既有氧化性又有还原性

C. H_2O_2 是弱酸

D. H_2O_2 在酸性介质中能使 $KMnO_4$ 溶液褪色

(6) 碱金属氢化物可作为（　　）。

A. 氧化剂　　B. 还原剂　　C. 沉淀剂　　D. 助熔剂

(7) 下列氢化物的还原性次序正确的是（　　）。

A. $PH_3>H_2S>HCl$　　B. $HCl>HBr>HI$

C. $AsH_3<H_2Se<HBr$　　D. $H_2S>H_2Se>H_2Te$

(8) 下列哪组化合物都能作为强还原剂（　　）。

A. NaH，H_2O_2，$NaBH_4$　　B. NaH，$NaBH_4$，$LiAlH_4$

C. NaH，H_2O_2，$LiAlH_4$　　D. HCl，NaH，$NaBH_4$

(9) 下列叙述错误的是（　　）。

A. 最简单的硼烷是乙硼烷

B. 在乙硼烷中硼原子采用 sp^3 杂化

C. 硼烷是缺电子化合物，所以硼烷是路易斯碱

D. 多中心键是缺电子原子的一种特殊成键结构形式，它普遍存在于硼烷中

(10) 下列哪组氢化物都能在空气中自燃（　　）。

A. PH_3 和 H_2S　B. H_2S 和 B_2H_6　C. HI 和 PH_3　D. PH_3 和 B_2H_6

(11) 欲使已经变暗的古油画恢复原来的白色，可以选用的方法是（　　）。

A. 用清水小心擦洗　　B. 用稀 H_2O_2 的水溶液擦洗

C. 用 SO_2 漂白　　D. 用钛白粉细心绘描

(12) 下列元素与氢形成的二元化合物均具有还原性，这些氢化物在与氧化剂发生氧化还原反应时，其中下列元素不被氧化的是（　　）。

A. S　B. Cl　C. Na　D. P

11-3　填空题

(1) 羟胺的化学式是________，其中 N 元素的氧化数是_______。联氨的化学式是________，其中 N 元素的氧化数是_____。联氨和羟胺的水溶液均呈_______（填“酸性”或者“碱性”），它们在碱性溶液中具有很强的______（填“氧化性”或者“还原性”）。

(2) 硫化物均有__________（填“氧化性”或者“还原性”），尤其在碱性介质中这种性质更强。

(3) 硫代酸盐与酸反应生成极不稳定的__________，会立即分解为相应的_______沉淀和_______气体。

(4) 由于 $SnCl_2$ 极易_______，所以在配制水溶液时，必须先将 $SnCl_2$ 溶于较浓的盐酸溶液中，而后还要加入少量_______。

(5) 比较化合物的稳定性：NaH_______NaCl；CaH_2______ BaH_2。

(6) 离子型氢化物中 H^- 具有很强的_________，可与 H_2O、NH_3、醇类反应，放出_____。

(7) 在 B_2H_6 中，B—H—B 间有一种特殊的结合形式是___________键。

11-4　有两瓶溶液失去了标签，它们分别是 $SnCl_2$ 和 $SnCl_4$ 溶液，可用什么方法加以鉴别？

自我检测题

11-1　选择题

(1) 对于 H_2O_2 和 N_2H_4，下列叙述正确的是（　　）。

A. 都是二元弱酸　　B. 都是二元弱碱

C. 都具有氧化性和还原性　　D. 都可以与氧气作用

(2) 下列氢化物中最稳定的是（　　）。

A. NaH　B. KH　C. RbH　D. LiH

(3) 下列物质 KF、KCl、KBr、KI 中熔点最高的是（　　）。

A. KI　B. KCl　C. KBr　D. KF

(4) 1mol CaH_2 与水反应能产生（　　）氢气。

A. 1mol　B. $\frac{1}{2}$mol　C. 2mol　D. 0mol

(5) 下列溶液分别与 Na_2S 溶液混合，不生成黑色沉淀的是（　　）。

A. Pb^{2+}　B. Sb^{3+}　C. Co^{2+}　D. Hg^{2+}

11-2　填空题

(1) H_2O_2 能用于油画中的漂白，是因为 H_2O_2 具有________________。PbS 与

H_2O_2的反应方程式为______。

（2）医学上鉴定砷的马氏试砷法的根据是反应______，古氏试砷法的主要反应是______。

（3）Cr^{3+}与弱酸H_2S生成的盐Cr_2S_3可发生完全水解，反应式为______。

（4）AgCl、AgBr、AgF 和 AgI 在水中的溶解度由小到大的顺序为______。

（5）碱金属氯化物中，熔点最低的是______，这是由于______造成的。

（6）BX_3（X=Cl，Br，I）水解的反应方程式为______。

BF_3水解的反应方程式为______。

11-3 完成并配平下列反应方程式

（1）$HgS+HNO_3+HCl \longrightarrow$

（2）$SiCl_4+H_2O \longrightarrow$

（3）$SbCl_3+H_2O \longrightarrow$

（4）$H_2O_2+I^-+H^+ \longrightarrow$

（5）$LiH+B_2H_6 \longrightarrow$

11-4 在钙的卤化物中，CaF_2在水中的溶解度最小。试阐述原因。

11-5 解释实验室内不能长久保存Na_2S溶液的原因。

11-6 自然界中以硫化物形式存在的硫矿有哪些？请列举两例，并选择其中一例阐述其主要工业用途。

思考题参考答案

11-1 是非题

（1）对　（2）对　（3）错　（4）对　（5）对　（6）错　（7）错

（8）对　（9）对　（10）对　（11）对　（12）错　（13）对

11-2 选择题

（1）B　（2）B　（3）D　（4）D　（5）A　（6）B

（7）A　（8）B　（9）C　（10）D　（11）B　（12）C

11-3 填空题

（1）NH_2OH　−1　N_2H_4　−2　碱性　还原性

（2）还原性　（3）硫代酸　硫化物　硫化氢

（4）被氧化　锡粒　（5）<　>

（6）还原性　氢气　（7）氢桥

11-4 **解题思路：**鉴别$SnCl_2$和$SnCl_4$溶液的方法比较多，采用的方法有比较明显的现象能合理地鉴别二者即可。

答案范例：将Na_2S溶液分别加入$SnCl_2$和$SnCl_4$溶液中。

若产生褐色沉淀，则此溶液为$SnCl_2$，反应方程式为：$Na_2S+SnCl_2 \longrightarrow SnS\downarrow+2NaCl$

若产生黄色沉淀，则此溶液为$SnCl_4$，反应方程式为：$2Na_2S+SnCl_4 \longrightarrow SnS_2\downarrow+4NaCl$

自我检测题参考答案

11-1 选择题

（1）C　（2）D　（3）D　（4）C　（5）B

11-2 填空题

（1）氧化性　$PbS+4H_2O_2 \longrightarrow PbSO_4\downarrow+4H_2O$

（2）$2AsH_3 \longrightarrow 2As+3H_2\uparrow$　$2AsH_3+12AgNO_3+3H_2O \longrightarrow As_2O_3+12HNO_3+12Ag\downarrow$

（3）$Cr_2S_3+6H_2O = 2Cr(OH)_3\downarrow+3H_2S\uparrow$

（4）$AgI<AgBr<AgCl<AgF$

（5）CsCl　离子晶体中离子半径越大晶格能越小

（6）$BX_3+3H_2O \longrightarrow H_3BO_3+3HX$（X=Cl，Br，I）

$4BF_3+3H_2O \longrightarrow H_3BO_3+3H[BF_4]$

11-3 完成并配平下列反应方程式

（1）$3HgS+2HNO_3+12HCl = 3H_2[HgCl_4]+3S\downarrow+2NO\uparrow+4H_2O$

（2）$SiCl_4+3H_2O = H_2SiO_3+4HCl$

（3）$SbCl_3+H_2O = SbOCl\downarrow+2HCl$

（4）$H_2O_2+I^-+H^+ = I_2+2H_2O$

（5）$2LiH+B_2H_6 = 2Li[BH_4]$

11-4 **解**：CaX_2除CaF_2难溶于水外，其余均易溶。这是因为CaX_2基本属离子型晶体，当离子电荷相同时，离子半径越小，晶格能越大。离子半径越大，其晶格能的数值就越小，它的$\Delta H^{\ominus}_{溶解}$代数值也越小，离子型晶体的溶解度则越大，反之则越小。因此，X^-中离子半径最小的是F^-，故CaF_2在水中的溶解度最小。

11-5 **解**：Na_2S溶液在空气中即被氧化而析出单质硫，使溶液变浑浊：

$$2Na_2S+O_2+2H_2O = 4NaOH+2S\downarrow$$

11-6 **解题思路**：例举两例硫化物矿的名称，阐述其中一种硫化物矿的工业用途。

答案范例：硫化物矿有方铅矿（PbS）、辉锑矿（Sb_2S_3）等。方铅矿是分布最广的铅矿物，几乎总是与闪锌矿（ZnS）共生，可以用于提炼金属铅；方铅矿中常常还含有银，因此也被用来作为提炼银的资源。

第 12 章 主族元素的氧化物、氢氧化物、含氧酸和含氧酸盐

12.1 基本要求

掌握氧化物的性质递变规律。

能应用 R—O—H 规则、鲍林规则判断氧化物水合物的酸碱性及含氧酸的强度；掌握氧化物水合物的酸碱性规律。

熟悉碱金属和碱土金属的过氧化物、超氧化物的结构和性质。

了解含氧酸按组成和结构划分的类型；掌握简单含氧酸及其盐的结构；了解含氧酸及其盐的制备。

理解氢氧化物、含氧酸及其盐的热稳定性的一般规律；了解含氧酸及其盐热分解反应的类型；掌握氢氧化物、含氧酸及其盐的氧化还原性；了解影响含氧酸及其盐氧化还原性的因素；理解氢氧化物、含氧酸及其盐的溶解性一般规律；掌握含氧酸盐的水解规律；了解含氧酸盐的水合物。

重点：应用 R—O—H 规则、鲍林规则判断氧化物水合物的酸碱性及含氧酸强度；简单含氧酸及其盐的结构；氢氧化物、含氧酸及其盐的热稳定性、氧化还原性以及相关反应。

难点：硫酸、硝酸、磷酸、硼酸、卤素含氧酸的结构；含氧酸及其盐的结构与性质的关系。

12.2 内容概要

12.2.1 氧化物的性质递变规律

氧化物是指氧与电负性比氧小的元素形成的二元化合物。在正常氧化物（简称氧化物）中，氧的氧化态为−2。除正常氧化物外，碱金属、碱土金属还可与氧形成多种氧化物。

氧化物的性质递变规律：

(1) 酸碱性 根据氧化物与酸、碱的反应情况，可将氧化物分成酸性、碱性、两性及不成盐等四种类型。不成盐氧化物与酸、碱、水均不反应，也被称为惰性氧化物。

活泼金属及某些金属的低价态氧化物为碱性氧化物。

非金属氧化物及某些金属的高价态氧化物具有酸性。

某些金属氧化物及非金属的低价态氧化物具有两性。

一般而言，氧化物的酸碱性有如下规律：

① 同一元素不同价态的氧化物，高价态氧化物的酸性要比低价态氧化物的强；

② 同周期元素最高价态氧化物，从左至右酸性增强，碱性减弱；

③ 同族元素较低价态的氧化物，从上至下一般是碱性增强，酸性减弱。

(2) 氧化还原性 酸性介质中具有强氧化性的氧化物有 PbO_2 等金属高价态氧化物，以及某些非金属高价态氧化物，如 XeO_3、SO_3、NO_2 等。

还原性较强的氧化物有CO、NO等低价态氧化物。

某些中间氧化态的氧化物，如SO_2，则既有氧化性，又有还原性。

(3) 稳定性　稳定性较差的氧化物一般为某些高价态的金属氧化物以及稀有气体氧化物。如Bi_2O_5、XeO_3等。

12.2.2　氧化物水合物的酸碱性及含氧酸强度的判断

(1) 氧化物水合物酸碱性强弱变化的一般规律

① 周期系中各元素最高氧化态氧化物的水合物，同周期从左至右碱性减弱，酸性增强；同族相同氧化态从上至下酸性减弱，碱性增强。

② 中心原子相同而氧化态不同的氧化物的水合物，一般氧化态较高者的酸性较强或碱性较弱。

③ p区和d区金属元素的低氧化态（≤+3）氧化物的水合物多呈碱性。

(2) R—O—H规则　ROH按酸式或碱式解离，主要与R^{x+}的极化作用有关。R^{x+}电荷越多，半径越小，则阳离子的极化作用越大。把两者结合起来考虑，提出用离子势ϕ值来衡量阳离子R^{x+}极化作用的大小，并以此判断氧化物水合物的酸碱性。

在$R(OH)_x$中，如R^{x+}的ϕ值较大，则R^{x+}吸引O^{2-}、排斥H^+的能力就强，R—O—H呈酸式断裂；若R^{x+}的ϕ值较小，甚至比H^+的ϕ值还小，则O^{2-}的电子云将偏向H^+，使R—O键极性增强，R—O—H呈碱式断裂。

$$离子势(\phi)=\frac{阳离子电荷(z)}{阳离子半径(r)}$$

$\sqrt{\phi}<0.22$　　$R(OH)_x$ 呈碱性

$0.22<\sqrt{\phi}<0.32$　　$R(OH)_x$ 呈两性

$\sqrt{\phi}>0.32$　　$R(OH)_x$ 呈酸性

用离子势定量地判断氧化物水合物的酸碱性仅是一个经验规律，ROH经验规则对某些两性氢氧化物如$Sn(OH)_2$、$Zn(OH)_2$等无法解释。

(3) 鲍林规则　具体如下。

规则1：多元酸的分步解离常数K_{a_1}，K_{a_2}，K_{a_3}…之比约为：

$$K_{a_1}:K_{a_2}:K_{a_3}:\cdots=1:10^{-5}:10^{-10}:\cdots$$

规则2：含氧酸的化学式H_xRO_y也可以写成$RO_{y-x}(OH)_x$，其中（$y-x$）为非羟基氧原子数。含氧酸的强度与非羟基氧原子数（$y-x$）有关：

① $y-x=0$　　含氧酸为弱酸　　$K_{a_1}=10^{-11}\sim10^{-8}$

② $y-x=1$　　含氧酸为中强酸　　$K_{a_1}=10^{-4}\sim10^{-2}$

③ $y-x=2$　　含氧酸为强酸　　$K_{a_1}=10^{-1}\sim10^{3}$

④ $y-x=3$　　含氧酸为极强酸　　$K_{a_1}\approx10^{8}$

12.2.3　碱金属和碱土金属的氧化物、过氧化物和超氧化物

碱金属、碱土金属与氧能形成三种类型的氧化物，即氧化物、过氧化物和超氧化物。它们分别含有O^{2-}，O_2^{2-}和O_2^-，其中O_2^-和O_2^{2-}与O_2，相当于在O^2分子的$\pi_{2p_y}^*$和$\pi_{2p_z}^*$反键轨道上依次增加1和2个电子，键级依次降低0.5，键长依次增大，稳定性也就依次降低。

(1) 氧化物　锂和碱土金属在空气中燃烧生成氧化物，其他碱金属的氧化物，一般是用碱金属还原其过氧化物、硝酸盐或亚硝酸盐来制备，碱土金属碳酸盐、硝酸盐、氢氧化物热分解得氧化物，除BeO为两性外，其他氧化物都显碱性。

(2) 过氧化物 除铍外，所有碱金属、碱土金属都能形成过氧化物。化工生产中最常用的碱金属过氧化物是 Na_2O_2。

(3) 超氧化物 除 Li、Be、Mg 外，所有 s 区金属均可形成超氧化物，碱金属的超氧化物可由碱金属在过量氧气中直接燃烧生成。碱土金属超氧化物是在高压下将氧气通过加热的过氧化物制备。过氧化物及超氧化物与二氧化碳反应均放出氧气。

12.2.4 硼的含氧化合物

由于 B—O 键键能大，故硼的含氧化合物具有很高的稳定性，硼在自然界中总是以含氧化合物的形式存在。

(1) 硼的氧化物 硼的主要氧化物是 B_2O_3，常用硼酸脱水来制备：

$$2H_3BO_3 \xlongequal{\triangle} B_2O_3 + 3H_2O$$

B_2O_3可划归为酸性氧化物，是硼酸的酸酐；但若同强酸性氧化物如五氧化二磷反应时，生成磷酸盐：

$$2B_2O_3 + P_4O_{10} \xlongequal{} 4BPO_4$$

在这一反应中，B_2O_3表现为碱性氧化物，因而 B_2O_3具有两性物质的特征。

(2) 硼酸 硼酸是一种固体酸，为无色、微带珍珠光泽或白色的粉末。H_3BO_3是一个一元弱酸，是典型的路易斯酸。缺电子原子 B 接受水分子提供的 OH^- 而形成配位键，同时使水分子中的 H^+ 释放出来：

$$H_3BO_3 + H_2O \xlongequal{} [B(OH)_4]^- + H^+$$

(3) 硼酸盐 硼酸盐有偏硼酸盐、硼酸盐和多硼酸盐等多种。最重要的硼酸盐四硼酸钠 $Na_2B_4O_7 \cdot 10H_2O$，俗称硼砂。硼砂是无色透明的晶体或白色结晶粉末。它微溶于冷水而较易溶于热水，且随温度的升高而溶解度增大。硼砂在水溶液中因水解而呈强碱性。

熔化的硼砂能溶解铁、钴、铜、铬、镍、锰等金属氧化物，生成偏硼酸的复盐，并依金属的不同而显示特征的颜色。例如：

$$Na_2B_4O_7 + CoO \xlongequal{} \underset{\text{蓝色}}{Co(BO_2)_2 \cdot 2NaBO_2}$$

利用这一性质在分析化学中用来鉴别某些金属，叫做硼砂珠试验。

12.2.5 铝的含氧化合物

(1) 氧化铝 氧化铝 Al_2O_3有多种变体，其中两种主要变体是 α-Al_2O_3和 γ-Al_2O_3。γ-Al_2O_3高温灼烧能转变成 α-Al_2O_3。

$$\gamma\text{-}Al_2O_3 \xrightarrow{>1273K} \alpha\text{-}Al_2O_3 \qquad \Delta_r H_m^{\ominus} = -20kJ \cdot mol^{-1}$$

α-Al_2O_3和 γ-Al_2O_3的晶体结构不同，性质也不同。

氧化铝是十分重要的原料，有其特殊的用途，主要如下：①电解铝的主要原料；②制造人造宝石；③制造透明氧化铝陶瓷。

(2) 氢氧化铝 向铝酸盐溶液中加入氨水、Na_2CO_3、Na_2S 或适量碱液，得到的凝胶状白色沉淀则是无定形 $Al(OH)_3$，实际上它是含水量不定的水合氧化铝 $Al_2O_3 \cdot xH_2O$，通常仍写作 $Al(OH)_3$的形式。

氢氧化铝在水溶液中按碱和酸两种方式溶解：

$$Al(OH)_3(s) \rightleftharpoons Al^{3+} + 3OH^- \qquad K_{sp} = 1.3 \times 10^{-33}$$

$$Al(OH)_3(s) \rightleftharpoons AlO_2^- + H^+ + H_2O \qquad K_{sp} = 4 \times 10^{-13}$$

K_{sp}数据表明，$Al(OH)_3$是偏酸性的两性氢氧化物，酸、碱性都很弱。

(3) 铝的含氧酸盐

铝的含氧酸盐中硫酸铝、硝酸铝、高氯酸铝等，都是含有不同结晶水的易溶盐，其中以硫酸铝用途最广。用热浓硫酸溶解纯的氢氧化铝，或用硫酸直接处理铝矾土都可以制得硫酸铝：

$$2Al(OH)_3 + 3H_2SO_4 \xlongequal{} Al_2(SO_4)_3 + 6H_2O$$

$$Al_2O_3 + 3H_2SO_4 \xlongequal{} Al_2(SO_4)_3 + 3H_2O$$

常温下自溶液中析出的无色针状晶体为 $Al_2(SO_4)_3 \cdot 18H_2O$。硫酸铝易溶于水，由于 Al^{3+} 的水解而使溶液呈酸性：

$$Al^{3+} + H_2O \rightleftharpoons [Al(OH)]^{2+} + H^+$$

进一步水解则生成 $Al(OH)_3$ 沉淀。

12.2.6 硅的含氧化合物

(1) 二氧化硅　二氧化硅又称硅石。由于硅难以形成双键，只能以三维的—Si—O—Si—共价键形成原子晶体。键合时 Si 原子以 sp^3 杂化轨道成键，所以 Si 原子呈 SiO_4 四面体配位。Si—O 键键能很大，SiO_2 的熔、沸点高，硬度大。

二氧化硅不溶于水及除氢氟酸外的其他酸。

(2) 硅酸和硅胶　与 SiO_2 相应的有多种硅酸，其组成随形成时的条件而变，可用通式 $xSiO_2 \cdot yH_2O$ 表示。现已确知的有偏硅酸 H_2SiO_3($x=1$，$y=1$)、正硅酸 H_4SiO_4($x=1$，$y=2$)、二偏硅酸 $H_2Si_2O_5$($x=2$，$y=1$) 和焦硅酸 $H_6Si_2O_7$($x=2$，$y=3$)。$x \geqslant 2$ 的硅酸叫多硅酸。常用 H_2SiO_3 表示硅酸。硅酸在纯水中的溶解度很小，不能用 SiO_2 与水直接作用制得，只能用可溶性硅酸盐与酸作用生成。

硅胶是一种白色稍透明的多孔性物质，其内表面积很大，每克硅胶内表面可达 800～900m^2。因此硅胶具有很强的吸附性能，它是很好的干燥剂、吸附剂以及催化剂载体。

(3) 硅酸盐　硅酸或多硅酸的盐称为硅酸盐。

① 可溶性硅酸盐　硅酸盐大多难溶于水，碱金属的硅酸盐是可溶的。由于硅酸的酸性很弱，所以硅酸钠和硅酸钾在水溶液中都强烈水解，溶液呈碱性。

② 天然硅酸盐　云母、石棉、长石、滑石、高岭土、泡沸石等都是常见的天然硅酸盐。天然硅酸盐结构复杂，以硅氧四面体作为基本结构单元，硅氧四面体通过几种不同的方式组成各种天然硅酸盐。

12.2.7 锡、铅的含氧化合物

(1) 锡、铅的氧化物和氢氧化物　锡、铅可生成氧化态为＋2，＋4 的氧化物（MO 和 MO_2）和相应的氢氧化物［$M(OH)_2$ 和 $M(OH)_4$］。

SnO 和 PbO 主要显碱性，SnO 碱性比 PbO 弱；SnO_2 和 PbO_2 主要显酸性，SnO_2 酸性比 PbO_2 强。锡、铅的氧化物都难溶于水，它们的氢氧化物可用盐溶液和碱反应制得。$M(OH)_2$ 和 $M(OH)_4$ 在水中溶解度很小，具有两性。$Sn(OH)_2$ 和 $Pb(OH)_2$ 既溶于酸，又溶于强碱。

(2) 锡(Ⅱ)还原性和铅(Ⅳ)的氧化性　锡和铅的化合物分为氧化态为＋2 和＋4 的两种类型。Sn(Ⅱ)具有还原性，而铅的低氧化态则较稳定；锡的高氧化态稳定，而 Pb(Ⅳ)则显氧化性。

在碱性溶液中，Sn 和 Sn^{2+} 的还原性更强。

在酸性溶液中，Pb(Ⅳ)的氧化性强，除 PbO_2 外，其他 Pb(Ⅳ)的化合物都不稳定。

12.2.8 氮族元素的含氧化物

(1) 氮的含氧化合物

① 氮的氧化物　氮有多种氧化物，常见的有五种：一氧化二氮 N_2O，一氧化氮 NO，三氧化二氮 N_2O_3，二氧化氮 NO_2（与 N_2O_4处于平衡），五氧化二氮 N_2O_5，其中氮的氧化态从＋1 变到＋5。

② 亚硝酸及其盐　亚硝酸（HNO_2）只存在于水溶液中，是很弱的酸，比醋酸略强。HNO_2很不稳定，分解放出 N_2O_3使溶液呈蓝色。亚硝酸或在酸性溶液中的亚硝酸盐都有氧化性。

③ 硝酸及其盐　硝酸是重要的强酸，工业上目前普遍采用氨氧化法制备硝酸。硝酸的化学性质主要是不稳定性、氧化性以及在有机反应中的硝化作用，突出的是氧化性。

将金属溶解于硝酸，或金属氧化物与硝酸反应，即可制得相应的硝酸盐。

(2) 磷的含氧化合物

① 磷的氧化物　磷在充足的空气中燃烧生成 P_4O_{10}（即 P_2O_5），如空气不足时则生成 P_4O_6（即 P_2O_3）。它们的结构都是以 P_4分子四面体结构为基本骨架。

P_4O_6是吸湿性白色固体，是亚磷酸的酸酐，与冷水反应生成亚磷酸。P_4O_{10}是白色软质粉末，磷酸的酸酐。P_4O_{10}与水反应，视反应温度和水量的不同而生成各种磷酸：

$$P_4O_{10} \xrightarrow[\text{冷}]{+2H_2O} \underset{\text{偏磷酸}}{(HPO_3)_4} \xrightarrow[\text{热}]{+2H_2O} \underset{\text{焦磷酸}}{2H_4P_2O_7} \xrightarrow[\text{沸}]{+2H_2O} \underset{\text{正磷酸}}{4H_3PO_4}$$

② 磷的含氧酸及其盐

a. 磷酸及其盐　磷酸由一个单一的磷氧四面体构成。磷酸是一种无氧化性、不挥发的三元中强酸。磷酸还具有强的配位能力，能与许多金属离子形成可溶性配合物；磷酸含水量多，它在强热时发生脱水作用，生成焦磷酸、三磷酸或偏磷酸。

磷酸盐有三种类型：磷酸正盐、磷酸一氢盐、磷酸二氢盐。磷酸二氢盐均易溶于水。

b. 焦磷酸及其盐　焦磷酸是无色玻璃状固体，易溶于水，是一个四元酸，酸性强于磷酸。在冷水中，焦磷酸缓慢地变为磷酸，在热水中，特别是有硝酸存在时，这种转变很快。

常见的焦磷酸盐多数是 $M_2H_2P_2O_7$和 $M_4P_2O_7$，少数是 $M_3HP_2O_7$，但很少是 $MH_3P_2O_7$型的盐（M 的氧化态为＋1）。

c. 偏磷酸及其盐　偏磷酸的分子式写作 HPO_3，但实际上为多聚体（HPO_3）$_x$。常见的偏磷酸有三偏磷酸和四偏磷酸。偏磷酸是硬而透明的玻璃态物质，易溶于水，在溶液中逐渐变为磷酸。偏磷酸溶液与硝酸银溶液作用时，也会产生白色沉淀。

将磷酸二氢钠加热至 673～773K 时可得到三聚偏磷酸盐：

$$3H_2PO_4^- \xrightarrow{673\sim773K} (PO_3)_3^{3-} + 3H_2O$$

d. 亚磷酸及其盐　纯的亚磷酸是无色晶体，熔点为 346K。亚磷酸是二元中强酸，亚磷酸与亚磷酸盐在水溶液中都是强还原剂。

e. 次磷酸及其盐　次磷酸是一种晶状固体，熔点为 299.5K，易潮解。次磷酸是一个中强一元酸，次磷酸和它的盐都是强还原剂。

(3) 砷、锑、铋的含氧化合物

砷、锑、铋有＋3、＋5 两种氧化态系列的氧化物及其水合物。＋3 氧化态的氧化物（As_2O_3，Sb_2O_3，Bi_2O_3）可由单质在空气中燃烧制得。这些氧化物的水合物都显两性。并按 $H_3AsO_3 \longrightarrow Sb(OH)_3 \longrightarrow Bi(OH)_3$顺序酸性依次减弱。

+5 氧化态的氧化物（Bi_2O_5除外）则是用硝酸氧化 As，Sb 单质所得的相应含氧酸再脱水而制取。+5 氧化态的 H_3AsO_4，$Sb_2O_5 \cdot xH_2O$ 的酸性比相应的+3 氧化态含氧酸强。

H_3AsO_4 是一个三元酸，锑酸 $H[Sb(OH)_6]$ 则为弱酸。相应的锑酸盐中，$Na[Sb(OH)_6]$ 溶解度小。铋酸不存在，但可以制得相应的盐 $NaBiO_3$。

砷、锑、铋的+ 3 氧化态的氢氧化物的还原性依次减弱。砷酸盐、锑酸盐和铋酸盐都具有氧化性，且氧化性依次增强。

12.2.9 硫的含氧化合物

硫的含氧化合物主要包括硫的氧化物、含氧酸及其盐。硫的氧化物中 SO_2 和 SO_3 分别是亚硫酸酐和硫酸酐。

(1) 亚硫酸及其盐 二氧化硫溶于水得到的酸性溶液，称为亚硫酸，它只存在于水溶液中。在亚硫酸及其盐中，硫的氧化态为+4，处于中间氧化态，所以亚硫酸及其盐既有氧化性，也有还原性。

亚硫酸是二元酸，可形成正盐和酸式盐。

(2) 连二亚硫酸钠 连二亚硫酸钠俗称保险粉，是一种白色粉末状的固体，以二水合物 $Na_2S_2O_4 \cdot 2H_2O$ 存在，为强还原剂。连二亚硫酸钠溶液很不稳定，容易分解成 $S_2O_3^{2-}$ 和 HSO_3^-。

(3) 硫酸及其盐 硫酸的分子结构是四面体形。硫酸分子中，既含有 σ 键，又含有 σ 配位键和 $\pi_{p\text{-}d}$配位键。

浓硫酸有强烈的吸水性，具有氧化性。冷的浓硫酸（93%以上）会使铁、铝、铬表面上生成致密的氧化物薄膜，保护金属不再继续和硫酸作用，因此可把浓硫酸装在铁罐中储存。

在硫酸盐中，SO_4^{2-} 的构型为正四面体。硫酸盐中除 $BaSO_4$、$PbSO_4$、$SrSO_4$ 等难溶，以及 $CaSO_4$、Ag_2SO_4、Hg_2SO_4 等微溶外，其余都易溶于水。

活泼金属的硫酸盐对热稳定，酸式硫酸盐均易溶于水。

(4) 硫代硫酸及其盐 硫代硫酸 $H_2S_2O_3$ 可以看作是 H_2SO_4 分子中一个氧原子被一个硫原子所取代的产物。$H_2S_2O_3$ 极不稳定，一旦析出，便随即分解。

硫代硫酸钠 $Na_2S_2O_3 \cdot 5H_2O$ 商品名为海波，俗称大苏打，是无色透明的晶体，易溶于水，溶液呈弱碱性。它在中性、碱性溶液中稳定，在酸性溶液中由于生成不稳定的硫代硫酸而分解。硫代硫酸钠具有显著的还原性，其氧化产物随反应条件而不同。

(5) 过硫酸及其盐 凡含氧酸的分子中含有过氧键者，称为过酸。过硫酸可以看成是过氧化氢中氢原子被—SO_3H（磺酸基）取代的产物。

过二硫酸是无色晶体，在 338K 时熔化并分解，吸水性很强。过硫酸及其盐都很不稳定，加热时容易分解，是强氧化剂。

12.2.10 卤素的含氧酸和含氧酸盐

在卤素中，氯、溴、碘可形成氧化态为+1、+3、+5、+7 的次卤酸（HXO）、亚卤酸（HXO_2）、卤酸（HXO_3）和高卤酸（HXO_4）等四类含氧酸及其盐。各种卤素含氧酸的酸性差异较大，高氯酸是很强的酸，次氯酸却比碳酸还弱，次碘酸甚至有某种程度的两性。

(1) 次卤酸及其盐 次卤酸都不稳定，仅存于水溶液中，其稳定程度按 HClO，HBrO 和 HIO 次序迅速递减。次卤酸及其盐都具有强氧化性。次卤酸盐可进一步歧化：

$$3XO^- \longrightarrow XO_3^- + 2X^-$$

此歧化反应的速率大小顺序是：$ClO^- < BrO^- < IO^-$

(2) 亚卤酸及其盐

$HClO_2$是唯一的亚卤酸，其酸性大于 HClO，$K_a=1.15\times10^{-2}$。亚氯酸是氯的含氧酸中最不稳定的物质，几分钟后就会发生分解，生成的绿色气体二氧化氯（ClO_2）在较大浓度时会发生爆炸。

亚氯酸盐的水溶液较稳定，具有强氧化性，可以用作漂白剂。

(3) 卤酸及其盐　$HClO_3$和 $HBrO_3$仅存在于水溶液中。将其水溶液在减压下浓缩时，$HClO_3$的浓度不能大于 40%，$HBrO_3$不能大于 50%，更浓的 $HClO_3$和 $HBrO_3$不稳定，会发生爆炸性分解。碘酸可制成白色结晶，加热（>573K）时可脱水生成 I_2O_5。因此，卤酸 $HClO_3$，$HBrO_3$，HIO_3的稳定性依次增加，其浓溶液都是强氧化剂。

重要的卤酸盐有氯酸钾和氯酸钠。卤酸盐的溶解度随卤素原子序数增大而减小，故碘酸盐多数为难溶。卤酸盐热分解反应比较复杂，分解产物要看卤化物及含氧化合物的相对稳定性而定。

(4) 高卤酸及其盐　高卤酸是最强酸之一。浓的 $HClO_4$是强氧化剂，与有机物接触会引起爆炸。$HClO_4$冷溶液较稳定，氧化性不及 $HClO_3$强。$HBrO_4$呈艳黄色，水溶液较稳定，在高卤酸中，$HBrO_4$的氧化性最强。高碘酸 H_5IO_6是五元弱酸，与其他高卤酸不同，偏高碘酸 HIO_4 是强酸。

高卤酸盐中以高氯酸盐使用广泛。大多数高氯酸盐易溶于水，K^+、Rb^+、Cs^+、NH_4^+的高氯酸盐难溶。

(5) 氯、溴、碘的吉布斯函变-氧化态图　从氯、溴、碘的吉布斯函变-氧化态图中可以看出不论酸性或碱性溶液，Cl^-、Br^-、I^-是卤素的稳定态，其他各氧化态都可以自发地反应形成卤离子。

如果某一个质点（如 Cl_2）位于相邻两个质点（如 Cl^- 和 ClO^-）的连线上方，它必然是热力学的不稳定态，易歧化而变成两个相邻的质点（如 Cl^- 和 ClO^-）。

如果某一个质点（如图中的 I_2）位于连接它的相邻质点（I^- 和 HIO）的连线的下方，它比相邻两个质点（I^- 和 HIO）共存体系更稳定，反应则向着逆歧化反应进行。

ClO_4^- 在酸性溶液中的氧化性大于碱性溶液中的氧化性。

12.3　同步例题

例 1. 根据所给的数据，从离子极化观点解释碱土金属碳酸盐的热稳定性的递变规律，并与碱金属碳酸盐的热稳定性作一比较。

碳酸盐	$BeCO_3$	$MgCO_3$	$CaCO_3$	$SrCO_3$	$BaCO_3$
分解温度/℃	<100	540	900	1290	1360

解题思路： 因酸根相同，因此该系列含氧酸盐的热稳定性主要取决于阳离子的极化力。

解： 根据离子极化作用，碳酸盐中，CO_3^{2-} 半径较大，阳离子半径越小，即 z/r 越大，极化力越强，越容易从 CO_3^{2-} 中夺取 O^{2-} 成为氧化物，同时释放出 CO_2，表现为碳酸盐的热稳定性越差，受热容易分解。这一点从所给分解温度可证明。

碱土金属离子的极化力比相应的碱金属离子强，因而碱土金属的碳酸盐的热稳定性比相应的碱金属差。Li^+ 和 Be^{2+} 的极化力在碱金属和碱土金属中最强，因此 Li_2CO_3 和 $BeCO_3$ 在其各自同族元素的碳酸盐中都是最不稳定的。

例 2. 试从结构观点解释，为什么同元素低氧化态含氧酸的氧化性比高氧化态含氧酸的氧化性强，并举例说明。

解题思路： 氧化性与含氧酸中的 R—O 键的强弱、数目有关。

解： 同元素的含氧酸在还原过程中，其实质是 R—O 键的断裂，因此，断裂 R—O 键数目愈少，所需能量愈少，氧化性愈强。低氧化态的含氧酸中 R—O 键数目更少，R—O 键偏弱，因此氧化性更强。例如：氯的不同氧化态含氧酸的氧化性顺序是：

$$HClO > HClO_2 > HClO_3 > HClO_4$$

例 3. 为什么当 Na_2CO_3 溶液与 $FeCl_3$ 溶液反应时，得到的是氢氧化铁而不是碳酸铁？

解题思路： 溶液中弱酸弱碱盐强烈水解。

解： $$3Na_2CO_3 + 2FeCl_3 + 3H_2O = 2Fe(OH)_3 + 6NaCl + 3CO_2\uparrow$$

因为若能生成 $Fe_2(CO_3)_3$ 的话，它是弱酸弱碱盐，强烈水解，仍然得到的是 $Fe(OH)_3$，并放出 CO_2。

例 4. 排出下列各组含氧酸的强弱次序

（1）H_3AsO_3，$HClO_4$，H_2SO_4，H_3PO_4；

（2）H_3AsO_4，H_2SeO_4，$HBrO_4$。

解题思路： 应用鲍林规则。

解： 非羟基氧原子数越大酸性越强。

（1）$HClO_4 > H_2SO_4 > H_3PO_4 > H_3AsO_3$

（2）$HBrO_4 > H_2SeO_4 > H_3AsO_4$

例 5. 实验室中有 5 瓶试剂，均为白色固体，它们可能是：$MgCO_3$、$BaCO_3$、无水 Na_2CO_3、无水 $CaCl_2$、无水 Na_2SO_4，试鉴别之，并简单说明。

解题思路： 该题应综合盐在水、酸、碱溶液中的溶解性质进行分析。

解：

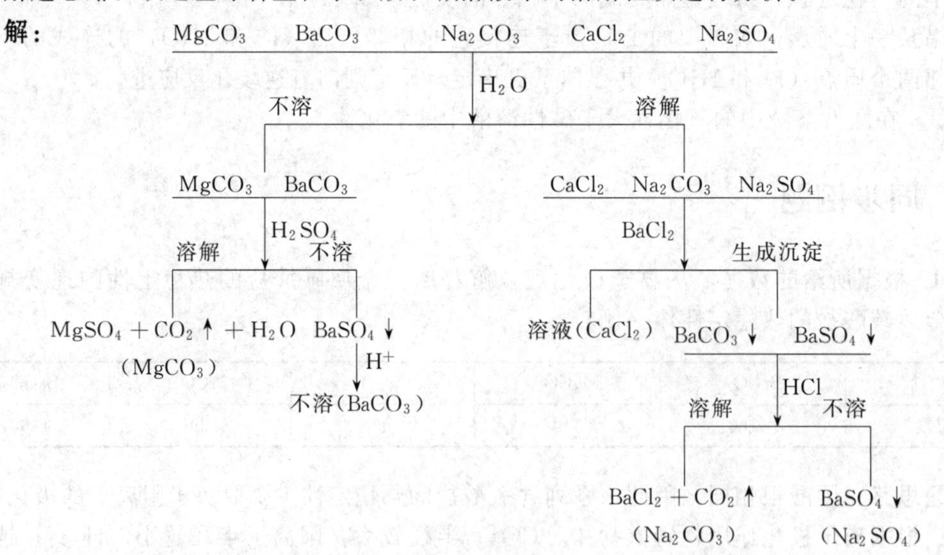

首先将 5 种盐分别溶于水，不溶者为 $MgCO_3$ 或 $BaCO_3$，溶者为 $CaCl_2$、Na_2CO_3、Na_2SO_4。然后在不溶盐的水溶液中加入 H_2SO_4，钡盐转化成 $BaSO_4$ 沉淀，而 $MgCO_3$ 溶解形成可溶性的 $MgSO_4$ 放出 CO_2 气体。在可溶盐的水溶液中先加入 $BaCl_2$，$CaCl_2$ 以溶液存在，而 Na_2CO_3、Na_2SO_4 以白色沉淀 $BaCO_3$、$BaSO_4$ 析出，但 $BaCO_3$ 可溶于 HCl 中，而 $BaSO_4$ 不溶于酸。

例 6. 比较下列各组物质的热稳定性强弱，并写出热分解反应式：

（1）$Mg(HCO_3)_2$，$MgCO_3$，H_2CO_3；

（2）$(NH_4)_2CO_3$，$CaCO_3$，NH_4HCO_3，K_2CO_3，$ZnCO_3$；

（3）$MgCO_3$，$MgSO_4$，$Mg(ClO_3)_2$。

解题思路：（1）热稳定性是正盐＞酸式盐＞含氧酸；（2）阳离子的极化力和熵变大小；（3）阳离子相同时，比较酸元素的稳定性。

解：（1）$MgCO_3 > Mg(HCO_3)_2 > H_2CO_3$

$$MgCO_3 = MgO + CO_2\uparrow$$
$$Mg(HCO_3)_2 = MgO + 2CO_2\uparrow + H_2O$$
$$H_2CO_3 = CO_2\uparrow + H_2O$$

(2)$K_2CO_3 > CaCO_3 > ZnCO_3 > (NH_4)_2CO_3 > NH_4HCO_3$

$$K_2CO_3 = K_2O + CO_2\uparrow$$
$$CaCO_3 = CaO + CO_2\uparrow$$
$$ZnCO_3 = ZnO + CO_2\uparrow$$
$$(NH_4)_2CO_3 = 2NH_3\uparrow + CO_2\uparrow + H_2O$$
$$NH_4HCO_3 = NH_3\uparrow + CO_2\uparrow + H_2O$$

(3)$MgSO_4 > MgCO_3 > Mg(ClO_3)_2$

$$2MgSO_4 = 2MgO + 2SO_2\uparrow + O_2\uparrow$$
$$MgCO_3 = MgO + CO_2\uparrow$$
$$2Mg(ClO_3)_2 = 2MgO + 2Cl_2\uparrow + 5O_2\uparrow$$

例 7. 有一氯化物 A，溶于水后有白色沉淀生成，加盐酸后沉淀消失。在该溶液中加入适量 NaOH，得到白色沉淀 B，当 NaOH 过量时沉淀溶解得到无色溶液 C；C 与 $Bi(OH)_3$ 反应可得到一黑色沉淀和无色溶液 D；D 与过量盐酸反应后，再逐滴加入 Na_2S，先生成黄色沉淀 E，Na_2S 过量时 E 溶解得到一无色溶液 F；F 中加入盐酸后又得到 E 及一有臭鸡蛋气味的气体。试推测 A、B、C、D、E、F 各为何物？并写出有关反应方程式。

解： A：$SnCl_2$　　$Sn^{2+} + H_2O = Sn(OH)_2\downarrow$(白色)$+ 2H^+$

$$Sn(OH)_2 + 2H^+ = Sn^{2+} + 2H_2O$$

B：$Sn(OH)_2$　　$Sn^{2+} + 2OH^- = Sn(OH)_2\downarrow$(白色)

C：$[Sn(OH)_4]^{2-}$　　$Sn(OH)_2 + 2OH^- = [Sn(OH)_4]^{2-}$

D：$[Sn(OH)_6]^{2-}$　　$2Bi(OH)_3 + 3[Sn(OH)_4]^{2-} = 2Bi\downarrow$(黑色)$+ 3[Sn(OH)_6]^{2-}$

E：SnS_2　　$[Sn(OH)_6]^{2-} + 6H^+ + 2S^{2-} = SnS_2\downarrow$(黄色)$+ 6H_2O$

$$SnS_2 + S^{2-} = SnS_3^{2-}$$

F：SnS_3^{2-}　　$SnS_3^{2-} + 2H^+ \longrightarrow H_2SnS_3 = H_2S\uparrow + SnS_2\downarrow$(黄色)

例 8. 硼砂的水溶液是很好的缓冲溶液，说明其理由，推测它的 pH 值大致是多少？

解：

$$Na_2B_4O_7 + 7H_2O = 4H_3BO_3 + 2NaOH$$
$$H_3BO_3 + OH^- = B(OH)_4^-$$

硼砂在水中水解，其水解产物 H_3BO_3-$B(OH)_4^-$ 为共轭酸碱对，可消耗加入的少量碱或酸，因此硼砂溶液可作为酸碱缓冲溶液。硼砂的 pK_a 为 9.24，因此其缓冲溶液的 pH 大约为 9.24。

例 9. 我国碱土和碱化土壤的形成，大部分与土壤中碳酸盐的累积有关，有的土壤呈碱性主要是由于碳酸钠引起的，为什么人们会加入石膏来改善土壤的碱性？

解：石膏的主要成分是$CaSO_4 \cdot 2H_2O$，虽然$CaSO_4$不溶于水，但$CaSO_4$与Na_2CO_3反应可生成更难溶的$CaCO_3$：

$$CaSO_4 + Na_2CO_3 = CaCO_3 + Na_2SO_4$$

$CaCO_3$的碱性远比Na_2CO_3弱。所以加入石膏会降低碳酸钠水解而引起的土壤碱性。

12.4 习题选解

7. 用化学反应方程式表示下列物质间的转变。

$$Al_2O_3 \rightarrow Al \rightarrow NaAlO_2 \rightarrow Al(OH)_3 \rightarrow NaAl(OH)_4 \rightarrow Al(OH)_3 \rightarrow Al_2(SO_4)_3$$

解：

$$2Al_2O_3 \overset{\triangle}{=} 4Al + 3O_2\uparrow$$

$$2Al + 2NaOH + 2H_2O = 2NaAlO_2 + 3H_2\uparrow$$

$$2NaAlO_2 + CO_2 + 3H_2O = 2Al(OH)_3 + Na_2CO_3$$

$$Al(OH)_3 + NaOH = Na[Al(OH)_4]$$

$$2Na[Al(OH)_4] + CO_2 \overset{\triangle}{=} 2Al(OH)_3(s) + Na_2CO_3 + H_2O$$

$$2Al(OH)_3 + 3H_2SO_4 = Al_2(SO_4)_3 + 6H_2O$$

9. 有一红色固体粉末A，加入硝酸后得棕色沉淀物B，把沉淀分离后，在溶液中加入铬酸钾溶液得黄色沉淀C，向B中加入浓盐酸则有黄绿色气体D生成，问A、B、C、D各为何物？

解：A：Pb_3O_4　　B：PbO_2　　C：$PbCrO_4$　　D：Cl_2

$$Pb_3O_4(A) + 4HNO_3 = 2Pb(NO_3)_2 + PbO_2\downarrow(B) + 2H_2O$$

$$Pb^{2+} + CrO_4^{2-} = PbCrO_4\downarrow(C)$$

$$PbO_2 + 4HCl(浓) = PbCl_2 + Cl_2\uparrow(D) + 2H_2O$$

10. 在下列括号处填写相应的主要产物。

(1) $SnCl_2 \xrightarrow{NaOH适量} (\quad) \xrightarrow{NaOH适量} (\quad) \xrightarrow{Bi(OH)_3} (\quad)$

(2) $Pb(NO_3)_2 \xrightarrow{H_2S} (\quad) \xrightarrow{H_2O_2} (\quad) \xrightarrow{NH_4OAc饱和液} (\quad)$

解：(1) $SnCl_2 \xrightarrow{NaOH适量} (Sn(OH)_2) \xrightarrow{NaOH适量} ([Sn(OH)_4]^{2-}) \xrightarrow{Bi(OH)_3} ([Sn(OH)_6]^{2-})$

(2) $Pb(NO_3)_2 \xrightarrow{H_2S} (PbS) \xrightarrow{H_2O_2} (PbSO_4) \xrightarrow{NH_4OAc饱和液} (Pb(OAc)_2)$

13. 某白色固体A溶于冷水，得无色透明液体B。将B分成两份，一份加$AgNO_3$溶液，生成白色沉淀C；另一份加1mL浓HNO_3并加热15min，得无色透明液体D。将D分成两份，一份加$AgNO_3$溶液，生成黄色沉淀E；另一份加钼酸氨溶液，用HNO_3酸化并微热，得黄色结晶状沉淀F。问A，B，C，D，E，F各为何物？

解：

A：P_4O_{10}（或P_2O_5）　　B：HPO_3

C：$AgPO_3$　　D：H_3PO_4

E：Ag_3PO_4　　F：$(NH_4)_3PO_4 \cdot 12MoO_3 \cdot 6H_2O$

$$P_4O_{10} + 2H_2O(冷水) = (HPO_3)_4$$

$$Ag^+ + HPO_3 = AgPO_3\downarrow + H^+$$

$$HPO_3 + H_2O \xrightarrow[\triangle]{浓HNO_3} H_3PO_4$$

$$3Ag^+ + PO_4^{3-} = Ag_3PO_4 \downarrow$$

$$PO_4^{3-} + 3NH_4^+ + 12MoO_4^{2-} + 24H^+ = (NH_4)_3PO_4 \cdot 12MoO_3 \cdot 6H_2O \downarrow + 6H_2O$$

15. 如何鉴别以下各组化合物。

(1) H_3PO_3，H_3PO_4

(2) H_3AsO_3，H_3AsO_4

(3) As^{3+}，Sb^{3+}，Bi^{3+}

解：

(1) 分别在 H_3PO_3、H_3PO_4 的溶液中加入 $AgNO_3$ 溶液。

有黑色金属银析出的溶液为 H_3PO_3 溶液，反应方程式为：

$$H_3PO_3 + 2AgNO_3 + H_2O = H_3PO_4 + 2Ag \downarrow + 2HNO_3$$

无黑色金属析出的则为 H_3PO_4 溶液。

(2) 分别在 H_3AsO_3、H_3AsO_4 的溶液中加入 KI 溶液。

若溶液颜色变为黄棕色，则说明有 I_2 析出，此溶液为 H_3AsO_4，若现象不明显，可以再加一些 HCl 酸化。反应方程式为：

$$H_3AsO_4 + 2H^+ + 2I^- = H_3AsO_3 + I_2 + H_2O$$

H_3AsO_3 溶液无此现象。

(3) 在分别含 As^{3+}、Sb^{3+}、Bi^{3+} 的溶液中通入 H_2S 气体。

若生成黄色沉淀，则为含 As^{3+} 的溶液：$2As^{3+} + 3H_2S \longrightarrow 6H^+ + As_2S_3 \downarrow$（黄色）

若生成橘黄色沉淀，则为含 Sb^{3+} 的溶液：$2Sb^{3+} + 3H_2S \longrightarrow 6H^+ + Sb_2S_3 \downarrow$（橘黄）

若生成黑色沉淀，则为含 Bi^{3+} 的溶液：$2Bi^{3+} + 3H_2S \longrightarrow 6H^+ + Bi_2S_3 \downarrow$（黑色）

16. 有五种固体试剂：Na_2S，Na_2S_2，Na_2SO_3，$Na_2S_2O_3$ 和 Na_2SO_4。试设计一简便方法鉴别它们。

解： 用稀盐酸可以鉴别这五种固体试剂。分别往这五种固体试剂的溶液中滴加 HCl：

(1) $Na_2S + 2HCl \longrightarrow 2NaCl + H_2S \uparrow$，放出的臭鸡蛋气味的气体会使湿润的醋酸铅试纸变黑，反应方程式为：$H_2S + Pb(OAc)_2 \longrightarrow 2PbS \downarrow + 2HOAc$

(2) $Na_2S_2 + 2HCl \longrightarrow 2NaCl + H_2S \uparrow + S \downarrow$，有臭鸡蛋气味的气体放出并出现黄色浑浊现象

(3) $Na_2SO_3 + 2HCl \longrightarrow 2NaCl + H_2O + SO_2 \uparrow$，放出的气体使品红试纸褪色

(4) $Na_2S_2O_3 + 2HCl \longrightarrow 2NaCl + H_2O + SO_2 \uparrow + S \downarrow$，放出的气体使品红试纸褪色并出现黄色浑浊现象

(5) $Na_2SO_4 + HCl \longrightarrow \times$，当 HCl 加入到 Na_2SO_4 溶液中时，此体系无明显现象

19. 解释以下事实，并写出有关反应方程式：

(1) B_2O_3的熔体可溶解 CuO 并鉴定 Cu^{2+}；

(2) P_2O_5可以干燥 CO_2和 H_2S，却不能干燥 NH_3。

解： (1) B_2O_3可划归为酸性氧化物，是硼酸的酸酐；与金属氧化物共热时，它能生成偏硼酸盐：

$$B_2O_3 + CuO = Cu(BO_2)_2$$

偏硼酸铜（蓝色）

(2) P_4O_{10}（P_2O_5）是白色软质粉末，磷酸的酸酐。有强烈的吸水性，可作高效干燥剂。但是 P_2O_5是酸性氧化物，易与 NH_3发生反应：

$$P_2O_5 + 6NH_3 + 3H_2O = 2(NH_4)_3PO_4$$

12.5 思考题

12-1 是非题

（1）过氧化物、超氧化物可用于防毒面具中作为供氧剂。

（2）碱金属氧化物的碱性次序为：$Li_2O > Na_2O > K_2O > Rb_2O > Cs_2O$。

（3）硼酸是三元酸。

（4）P_4O_{10}、SO_3、Cl_2O_7均为酸性氧化物，且酸性逐步增强。

（5）$Pb(OH)_2$只显碱性，$Sn(OH)_4$只显酸性。

（6）HNO_2、H_2SeO_4既能作氧化剂又能作还原剂。

（7）亚硫酸盐是相当强的氧化剂。

（8）HNO_3分子与NO_3^-基团中含有相同的大π键。

（9）高氯酸的氧化能力强于高溴酸。

（10）格氏盐因为可以与Ca^{2+}、Mg^{2+}等形成不可溶性配合物，故常用作软水剂和锅炉、管道的去垢剂。

（11）H_3PO_4分子具有四面体结构。

（12）$PbBr_4$，PbI_4不能稳定存在的原因是Pb(Ⅳ）具有强氧化性。

（13）硫酸分子的空间构型是四面体，分子中含有四个反馈π键。

12-2 选择题

（1）氢氧化铍为两性氢氧化物，当阳离子半径r用pm为单位时，其$\sqrt{\phi}$值为（　　）。

A. $\sqrt{\phi} < 0.22$　　B. $\sqrt{\phi} > 0.32$　　C. $0.22 < \sqrt{\phi} < 0.32$　　D. 三者都不对

（2）下列关于亚卤酸说法正确的是（　　）。

A. 亚氯酸是氯的含氧酸中最稳定的物质

B. 亚氯酸盐的水溶液具有强还原性，可以用作漂白剂

C. $HClO_2$是唯一的亚卤酸

D. 亚氯酸盐比亚氯酸稳定，所以在加热或者敲击固体亚氯酸盐时，不会立即发生爆炸

（3）分别加热下列物质，产物中有氧气的是（　　）。

A. $AgNO_3$　　B. $CaCO_3$　　C. Na_2SO_4　　D. Na_2O

（4）根据鲍林规则可以推知下列哪个酸可能是强酸（　　）。

A. HXO_3　　B. H_3XO_3　　C. HXO_2　　D. HXO

（5）下列含氧酸中，为一元酸的是（　　）。

A. $H_2S_2O_8$　　B. H_3PO_4　　C. H_3BO_3　　D. H_3PO_3

（6）下列物质氧化性最强的是（　　）。

A. $NaBiO_3$　　B. HNO_3　　C. $H[Sb(OH)_6]$　　D. H_3AsO_4

（7）现有四种白色粉末，它们可能是碳酸镁、碳酸钡、碳酸钠、氯化钙。用下列方法加以鉴别：①加水难溶解；②加盐酸溶解并产生气体；③加硫酸有白色沉淀，但有气体生成。由此推断该物质是（　　）。

A. $MgCO_3$　　B. $BaCO_3$　　C. Na_2CO_3　　D. $CaCl_2$

（8）Zn与浓硫酸反应的产物不可能是（　　）。

A. SO_3　　B. SO_2　　C. S　　D. H_2S

（9）天然硅酸盐是岩石的基本成分，它的基本结构单元是（　　）。

A. SiO_2分子　　　　　　　　　B. SiO_4四面体

C. SiO_2^{2-}平面三角形　　　　　　　D. SiO_7^{6-}共用顶点的两个正四面体

(10) 1mol KO_2与CO_2反应能产生（　　）氧气。

A. 1mol　　B. 2mol　　C. 1/2mol　　D. 3/4mol

12-3 填空题

(1) ________是已知酸性最强的无机酸，______是酸性最强的二元酸。

(2) 氧化物的水合物$R(OH)_x$中，R^{x+}的离子势大，则对O^{2-}的吸引及对H^+的排斥能力______，$R(OH)_x$呈______式离解。

(3) NO_3^-的几何构型为______形，其中N原子采取____杂化方式，形成了______大π键，在HNO_3分子中N原子采取____杂化方式，形成了________大π键。

(4) ________________是唯一无毒的氮氧化物，但它会使人处于高度兴奋的状态，又称________________。

(5) 比较下列各对物质中哪一个氧化性强（用>、<或者=表示）。

$HClO_3$______HClO　　PbO_2______SnO_2　　H_2SO_4______H_2SeO_4

(6) 多个磷酸分子脱水后形成缩合酸，缩合酸的酸性比磷酸________。

(7) 硫代酸盐都只能存在于______________溶液中，遇酸则生成不稳定的____________而分解为相应的____________和__________。

(8) SO_4^{2-}在$1mol \cdot L^{-1}$ H^+溶液中是____________氧化剂，亚硫酸是____________氧化剂，过硫酸及其盐是______氧化剂。

(9) 稀硫酸的氧化性是指________的氧化性，浓硫酸的氧化性是指______________的氧化性。

12-4 请各举一例说明下列反应都可以产生氢气。

(1) 金属与酸　(2) 金属与碱　(3) 金属与水　(4) 金属氢化物与水

自我检测题

12-1 选择题

(1) 欲由$Bi(OH)_3$制备$NaBiO_3$应使用的氧化剂是（　　）。

A. HNO_3　B. $KClO_3$（碱性介质）　C. $KClO_4$（碱性介质）　D. Cl_2（碱性介质）

(2) 下列卤酸的热稳定性递增顺序是（　　）。

A. $HClO_3$　$HBrO_3$　HIO_3

B. $HBrO_3$　$HClO_3$　HIO_3

C. HIO_3　$HClO_3$　$HBrO_3$

D. $HClO_3$　HIO_3　$HBrO_3$

(3) 1mol P_4O_{10}转变成正磷酸需要（　　）摩尔水。

A. 2　B. 4　C. 6　D. 8

(4) 下列说法错误的是（　　）。

A. H_5IO_6的酸性很弱，是五元弱酸

B. $HClO_4$的氧化性强于$HClO_3$

C. $NaClO_3$在水溶液中的溶解度大于$NaBrO_3$的溶解度

D. 稳定性 HClO>HBrO> HIO

(5) 常温下不以固体形式存在的是（　　）。

A. H_3BO_3　　B. P_4O_6　　C. $HClO_3$　　D. H_2SiO_3

（6）下列分子中，不存在$\pi_{p\text{-}d}$键的是（　）。

A. $HClO_4$　　B. H_2SO_4　　C. H_3PO_4　　D. HNO_3

12-2　填空题

（1）对比$HBrO_4$、H_2SeO_4、H_2SO_3、H_6TeO_6的酸性，其中酸性最弱是的________，酸性最强的是________。

（2）二氧化硅不溶于水及除________酸外的其他酸。

（3）Pb_3O_4俗称________，当其和稀硝酸作用时，1/3 的铅变为不溶性的______色的________，而 2/3 的铅则变为可溶性的________。

（4）用于运输和储存浓硝酸或浓硫酸的管道及储罐通常用______材料制作，因其在浓硝酸或浓硫酸中有________作用。

（5）H_3PO_3是________元________酸，H_3PO_2是________元________酸，这两种酸及其盐都具有较强的________性。

（6）硫代硫酸钠与碘的反应方程式为________________。

硫代硫酸钠与氯的反应方程式为________________。

12-3　完成并配平下列反应方程式：

（1）$Pb(粉)+KNO_3 \xrightarrow{熔融}$

（2）$MnO_2+KOH+KClO_3 \xrightarrow{熔融}$

（3）$NO+NO_2+H_2O \xrightarrow{冷冻}$

（4）$B(无定形)+H_2SO_4(浓) \xrightarrow{\triangle}$

（5）$Na_2HPO_4 \xrightarrow{523K}$

（6）$Zn+HNO_3(极稀) \longrightarrow$

12-4　将$Al(OH)_3$中加到 NaOH 水溶液中，溶液的酸碱性是增强、减弱还是没有变化，请说明原因。

12-5　如何鉴定硫代硫酸盐和亚硝酸盐？写出其反应方程式。

12-6　分析草木灰（主要成分是K_2CO_3）不宜和过磷酸钙混合施加的原因。

12-7　温室效应、臭氧层空洞、酸雨及水体污染等环境问题都让我们知道，污染的产生、发展与判断以及治理都与化学密切相关。然而，化学是带来危害还是造福人类，主要取决于人类如何使用和控制它。为了保护人类赖以生存的环境，请结合一种环境污染问题，简述人类应该从化学的角度出发为环境保护做些什么。

思考题参考答案

12-1　是非题

（1）对　（2）错　（3）错　（4）对　（5）错　（6）错　（7）错

（8）错　（9）错　（10）错　（11）对　（12）对　（13）对

12-2　选择题

（1）C　（2）C　（3）A　（4）A　（5）C

（6）A　（7）B　（8）A　（9）B　（10）D

12-3　填空题

（1）$HClO_4$　H_2SO_4

（2）强　酸

（3）平面三角形　sp^2　4c-6e　sp^2　3c-4e

（4）N_2O，笑气

（5）$<$　$>$　$<$

（6）强

（7）碱性或近中性　硫代酸　硫化物　硫化氢

（8）很弱　中等强度　很强

（9）氢离子　硫

12-4　解题思路：按照题目要求，写出对应的反应方程式即可。

答案范例：

（1）$Fe+2HCl \longrightarrow FeCl_2+H_2\uparrow$；

（2）$2Al+2NaOH+2H_2O \longrightarrow 2NaAlO_2+3H_2\uparrow$

（3）$2K+H_2O \longrightarrow 2KOH+H_2\uparrow$

（4）$CaH_2+2H_2O \longrightarrow Ca(OH)_2+2H_2\uparrow$

自我检测题参考答案

12-1　选择题

（1）D　（2）A　（3）C　（4）B　（5）C　（6）D

12-2　填空题

（1）H_6TeO_6　$HBrO_4$　　（2）氢氟

（3）铅丹　棕　PbO_2　$Pb(NO_3)_2$　　（4）铁或铝　钝化

（5）二　中强　一　中强　还原　　（6）$2S_2O_3^{2-}+I_2 = S_4O_6^{2-}+2I^-$

$$S_2O_3^{2-}+4Cl_2+5H_2O = 2SO_4^{2-}+8Cl^-+10H^+$$

12-3　解：（1）$Pb(粉)+KNO_3 \xlongequal{熔融} KNO_2+PbO$

（2）$3MnO_2+6KOH+KClO_3 \xlongequal{熔融} 3K_2MnO_4+KCl+3H_2O$

（3）$NO+NO_2+H_2O \xlongequal{冷冻} 2HNO_2$

（4）$2B(无定形)+3H_2SO_4(浓) \xlongequal{\triangle} 2H_3BO_3+3SO_2\uparrow$

（5）$2Na_2HPO_4 \xlongequal{523K} Na_4P_2O_7+H_2O$

（6）$4Zn+10HNO_3(极稀) = 4Zn(NO_3)_2+NH_4NO_3+3H_2O$

12-4　溶液酸性增加，因为发生了以下反应：

$$Al(OH)_3+NaOH = Na[Al(OH)_4]$$

12-5　硫代硫酸盐的鉴定：$2Ag^++S_2O_3^{2-} = Ag_2S_2O_3\downarrow$（白色）

$$Ag_2S_2O_3+H_2O = H_2SO_4+Ag_2S\downarrow(黑色)$$

先生成白色的 $Ag_2S_2O_3$ 沉淀，但 $Ag_2S_2O_3$ 不稳定，迅即分解，沉淀颜色由白、黄、棕，最后变为黑色 Ag_2S。

亚硝酸盐的鉴定：　$NO_2^-+2H^+ = 2HNO_2$

$$2HNO_2 = N_2O_3(蓝色)+H_2O$$

$$N_2O_3 = NO+NO_2(红棕色)$$

水溶液的蓝色褪去，气相出现 NO_2 的红棕色。

12-6　过磷酸钙的有效成分为可溶性 $Ca(H_2PO_4)_2$，草木灰的主要成分为 K_2CO_3，二者混施时，CO_3^{2-} 水解生成的 OH^- 中和 $H_2PO_4^-$ 电离产生的 H^+，使 $H_2PO_4^-$ 不断电离产生 PO_4^{3-}，PO_4^{3-} 与 Ca^{2+} 结合生成难溶的 $Ca_3(PO_4)_2$ 沉淀，降低了肥效。

12-7　解题思路：列出一种环境污染问题及其带来的危害，简述用化学的方法怎样治理污染。

答案范例：酸雨是指 pH＜5.6 的酸性降水。一般认为，酸雨是人类活动排放的 SO_x 和 NO_x 在空气或水中转化为硫酸与硝酸所致。酸雨腐蚀建筑，损毁庄稼，并使水域或土壤酸化，破坏整个生态环境。要减少酸雨的形成，就需要用化学方法治理大气中的 SO_x 和 NO_x。比如用 NaOH 或 Na_2CO_3 溶液作为吸收剂吸收处理硫酸厂制酸尾气和电厂锅炉烟气中的 SO_2，其反应为：$Na_2CO_3 + SO_2 \longrightarrow Na_2SO_3 + CO_2$；用氨做还原剂，以 CuO-CrO 为催化剂，用催化还原法除去硝酸尾气中的 NO_x，其反应为：$6NO + 4NH_3 \longrightarrow 5N_2 + 6H_2O$，$6NO_2 + 8NH_3 \longrightarrow 7N_2 + 12H_2O$。我们还应该提高公民的公德意识，爱护环境，人人有责。

第 13 章 过渡元素（一）

13.1 基本要求

理解过渡元素的通性，熟悉其单质的性质和用途；理解钛、钒、铬、钼、钨、锰、铁、钴、镍、铂的有关性质和应用，在讨论时应突出它们的重要化合物在水溶液中的性质及有关用途。

重点： 铬、锰、铁、钴、镍的重要化合物的主要性质和变化规律。

难点： 用相应的化学键理论或者平衡理论解释过渡元素化合物的性质；应用晶体场理论解释配合物的颜色。

13.2 内容概要

13.2.1 过渡元素通性

(1) 原子半径和离子半径

同一周期过渡元素从左到右随着原子序数的增加，原子半径缓慢地减小，直到ⅠB族前后又略为增大。过渡元素的各族中，从上到下原子半径一般是增大的，但由于镧系收缩，第五、六周期同族元素的原子半径十分接近。

过渡元素离子半径的变化规律和原子半径的变化相似。

(2) 氧化态

过渡元素的价电子构型决定了它们几乎都有可变的氧化态，而且大多是连续变化的，一般由+2依次变到和元素所在族数相同的最高氧化态。到了Ⅷ族，最高氧化态又逐渐降低。同一族中从上到下高氧化态趋向于比较稳定。

(3) 金属的化学活泼性

第一过渡系金属，除 Cu 外，都有较强的金属活泼性。同族过渡元素除ⅢB族外，其他各族从上到下金属的活泼性减弱。

(4) 氧化物及其水合物的酸碱性

① 同周期过渡元素最高氧化态氧化物及其水合物，从左至右酸性增强，碱性减弱。

② 同族相同氧化态的氧化物水合物从上至下酸性减弱，碱性增强。

③ 中心原子相同而氧化态不同的氧化物及其水合物，一般氧化态较高者的酸性较强或碱性较弱。

(5) 离子的颜色

过渡元素的水合离子和其他配离子常呈现出颜色，它们的颜色与 d、f 电子的数目有关。

13.2.2 钛

(1) 单质的性质及制备

钛熔点高、强度大、密度小。钛是非常活泼的金属，能和多种非金属单质反应，能与浓酸或热的稀酸作用。工业上以钛铁矿或金红石为原料制备纯钛。

(2) 钛的重要化合物

① 氧化态为+4的钛化合物

a. 二氧化钛　二氧化钛在自然界中有金红石、锐钛矿、板钛矿三种晶型，用硫酸法制得的纯二氧化钛俗称钛白。TiO_2 为两性氧化物，但酸碱性都很弱，能溶于热的浓硫酸及浓盐酸中形成 $TiOSO_4$ 和 $TiOCl_2$，与强碱一起熔融可得到偏钛酸盐。

b. 偏钛酸及其盐　偏钛酸是白色固体，不溶于水，具有两性。偏钛酸盐是提取钛的重要矿物。

c. 四氯化钛　常温下为无色液体，在水中或潮湿空气中都极易水解。

d. 配合物　钛(Ⅳ)配合物最常见的配位数是6，空间构型为八面体。钛(Ⅳ)盐溶液与 H_2O_2 在酸性溶液中生成比较稳定的橘黄色 $[TiO(H_2O_2)]^{2+}$，利用这一特征反应可以进行钛的比色分析，在此配合物中加入氨水，则生成过氧钛酸黄色沉淀，这是检验钛的灵敏方法。

② 氧化态为+3的钛化合物

最常见的是 $TiCl_3$ 和 $Ti_2(SO_4)_3$。Ti^{3+} 是一种强还原剂，容易被空气中的氧所氧化。利用 Ti^{3+} 的还原性，可以用滴定法测定溶液中钛的含量。

(3) 钛合金

钛合金种类很多，按性能和用途可分为高温钛合金、低温钛合金、高强度钛合金、耐蚀钛合金、超导功能钛合金、记忆功能钛合金、储氢钛合金等。

13.2.3　钒

(1) 单质的性质和用途

钒的熔点比钛高。金属钒容易呈钝态。常温下不与碱及非氧化性酸作用，但能溶于氢氟酸和氧化性酸，在熔融的强碱中，有氧存在时逐渐溶解形成钒酸盐。在高温下，钒能与大多数非金属反应。钒的主要用途在于冶炼特种钢。

(2) 钒的重要化合物

① 氧化态为+5的钒化合物

a. 五氧化二钒　是两性氧化物，以酸性为主，易溶于强碱生成钒酸盐；与硫酸反应生成硫酸氧钒。V_2O_5 是一种强氧化剂，化学工业中还是重要的催化剂。

b. 钒酸盐　钒酸盐可分为正钒酸盐、偏钒酸盐、多钒酸盐等。钒酸盐的聚合状态主要由这种盐的生成条件决定，在溶液中则主要决定于钒在溶液中的浓度和溶液的酸度。

② 低氧化态的钒化合物

V^{3+} 和 V^{2+} 是较强的还原剂，在空气中易被氧化为 VO^{2+}。

13.2.4　铬、钼、钨

(1) 单质的性质和用途

铬、钼、钨单质的熔点、沸点较高，硬度很大。铬易钝化，降低了活泼性，而无保护膜的铬易与非金属单质、酸等反应。铬、钼、钨主要用于制造各种合金。

(2) 铬的重要化合物

铬可以形成从+1到+6连续变化的氧化态，最高氧化态为+6。在酸性溶液中，$Cr_2O_7^{2-}$ 具有强的氧化性，可被还原为 Cr^{3+}；而 Cr^{2+} 有较强的还原性，可被氧化为 Cr^{3+}，因此 Cr^{3+} 最稳定。在碱性条件下，Cr(Ⅵ)无氧化性，而Cr(Ⅲ)有较强的还原性，易被氧化为Cr(Ⅵ)。

① 氧化态为+3的铬化合物

a. 氧化铬(Ⅲ)及其水合物　Cr_2O_3 具有两性，不但溶于酸，而且溶于强碱；溶于硫酸生成硫酸铬，溶于氢氧化钠生成亚铬酸钠。

向 Cr(Ⅲ)盐溶液中加碱，将产生灰蓝色的水合氧化铬 $Cr_2O_3 \cdot xH_2O$ 胶状沉淀，习惯上称为氢氧化铬 $Cr(OH)_3$，它具有明显的两性。当碱过量时，因生成亮绿色的 $[Cr(OH)_4]^-$ 而使沉淀溶解。

b. 铬(Ⅲ)盐和亚铬酸盐　最重要的铬(Ⅲ)盐是硫酸铬和铬钾矾。

在酸性溶液中，要用氧化性很强的过二硫酸铵或高锰酸钾等才能将 Cr^{3+} 氧化；在碱性溶液中，CrO_2^- 有较强的还原性，可被 NaClO、H_2O_2、Na_2O_2 等氧化成铬(Ⅵ)酸盐。

c. 配合物　以 Cr^{3+} 为中心离子形成的配合物的特征配位数为 6，八面体构型，随着内界配体场强的改变，配合物的颜色发生有规律的变化。Cr(Ⅲ)的混配配合物中普遍存在几何异构及旋光异构。

② 氧化态为+6 的铬化合物

铬(Ⅵ)的化合物通常是由铬铁矿 $Fe(CrO_2)_2$ 借助于碱熔法制得的。

a. 三氧化铬　CrO_3 是强氧化剂，溶于水生成铬酸，所以它为铬酸酐，溶于碱生成铬酸盐。

b. 铬酸和铬酸盐　CrO_4^{2-} 与 $Cr_2O_7^{2-}$ 之间存在着平衡关系，在酸性溶液中，$Cr_2O_7^{2-}$ 占优势；在碱性溶液中，则 CrO_4^{2-} 占优势。不论是向铬酸盐溶液中还是向重铬酸盐溶液中加入某些金属离子如 Ag^+、Ba^{2+}、Pb^{2+} 时，生成的难溶物都是溶解度较小的铬酸盐而不是重铬酸盐。

在酸性溶液中，重铬酸盐有很强的氧化性。

c. 氯化铬酰　CrO_2Cl_2 具有较强的氧化性。

(3) 钼、钨的重要化合物

在酸性溶液中，铬以+3 氧化态最稳定，而钨则以+6 氧化态最稳定。高氧化态的 MoO_3 和 WO_3 均可稳定存在，而 Mo(Ⅲ)、W(Ⅲ)的化合物却很少见。最高氧化态氧化物(或其水合物)的氧化性从上到下是下降的。

钼、钨的同多酸和杂多酸及其盐很多，钼酸盐、钨酸盐在酸性溶液中均有很强的缩合倾向，pH 值越小，缩合程度越大，可生成一系列的复杂聚合阴离子。同多酸及杂多酸的酸性都比原来的简单酸酸性强。

13.2.5　锰

(1) 单质的性质和用途

金属锰很活泼，加热时，它能与卤素、氧、硫、碳、氮、硅、磷、硼等直接化合。纯锰常用于制造合金钢。

(2) 锰的重要化合物

锰的常见氧化态从+2 到+7，在酸性溶液中，Mn^{2+} 是锰的最稳定状态，其他氧化态的化合物都具有氧化性；在碱性溶液中，MnO_2 最稳定。

① 氧化物和氢氧化物

与氧化物对应的氢氧化物或水合物，随锰的氧化态的增高和离子半径的减小而碱性、还原性减弱，酸性、氧化性增强。

MnO_2 中 Mn 处于中间氧化态，既具有氧化性，又具有还原性，它在酸性溶液中是一个相当强的氧化剂。MnO_2 是两性氧化物。

② 氧化态为+2 的锰盐

锰(Ⅱ)的强酸盐如卤化锰、硝酸锰、硫酸锰等易溶于水。

$$2Mn^{2+} + 5NaBiO_3 + 14H^+ \longrightarrow 2MnO_4^- + 5Bi^{3+} + 5Na^+ + 7H_2O$$

上述反应是 Mn^{2+} 的特征反应，常用来检验微量 Mn^{2+}。

③ 氧化态为+6、+7 的锰酸盐

锰(Ⅵ) 酸盐中比较稳定的是锰酸钠和锰酸钾，在碱性溶液中才是稳定的，在酸性溶液中易发生歧化反应。

高锰酸钾是较稳定的化合物。MnO_4^- 在酸性、中性或碱性溶液中不稳定，会自行分解。MnO_4^- 作为氧化剂而被还原的产物因介质的酸碱性不同而不同，在酸性溶液中，还原产物为 Mn^{2+}；在弱酸性、中性、弱碱性溶液中，被还原为 MnO_2；在强碱性介质中，则被还原成 MnO_4^{2-}。

13.2.6 铁、钴、镍

(1) 单质的性质和用途

铁、钴、镍都表现出铁磁性，铁、钴、镍的合金是很好的磁性材料。铁、钴、镍属于中等活泼的金属，都能溶于稀酸，金属铁能被浓碱溶液所侵蚀，钴和镍在碱溶液中的稳定性比铁高。在加热的条件下，铁、钴、镍能与许多非金属如氧、硫、氯等剧烈反应。

(2) 铁、钴、镍的重要化合物

在酸性介质中，Fe^{2+}、Co^{2+}、Ni^{2+} 是最稳定状态，高氧化态是强的氧化剂。在碱性介质中，铁的最稳定氧化态是+3，钴和镍仍为+2。

① 氧化物和氢氧化物

FeO、CoO、NiO 易溶于酸而难溶于水或碱性溶液，属于碱性氧化物。Fe_2O_3、Co_2O_3、Ni_2O_3 都是具有较强氧化性的氧化物，按 Fe→Co→Ni 顺序氧化能力增强。

铁系元素氢氧化物都难溶于水，其性质变化规律如下：

稳定性升高，还原性减弱 →

$Fe(OH)_2$(白色)	$Co(OH)_2$(粉红色)	$Ni(OH)_2$(苹果绿)
碱性	碱性	碱性
$Fe(OH)_3$(红棕色)	$Co(OH)_3$(棕色)	$Ni(OH)_3$(黑色)
两性偏碱	两性偏碱	两性偏碱

→ 稳定性降低,氧化性增强

② 盐类

a. 氧化态为+2 的盐　氧化态为+2 的铁、钴、镍的水合离子都显一定颜色。

硫酸亚铁　$FeSO_4 \cdot 7H_2O$ 晶体俗称绿矾，它不稳定，表面容易氧化生成黄褐色碱式硫酸铁(Ⅲ)。在酸性或碱性溶液中，铁(Ⅱ) 可被空气中的氧所氧化。

二氯化钴　蓝色的 $CoCl_2$ 在潮湿空气中由于水合作用转变为粉红色，常用它来显示某种物质的含水情况。

b. 氧化态为+3 的盐　铁系元素中只有铁和钴才有氧化态为+3 的简单盐，其中钴(Ⅲ) 盐由于具有强氧化性而只能以固态形式存在。

③ 配合物　Fe^{2+} 和 Fe^{3+} 易形成配位数为 6 的八面体构型配合物。Co^{2+} 的大多数配合物具有八面体或四面体构型。Ni^{2+} 形成八面体、平面四边形、四面体、三角双锥等构型的配合物。

a. 氨合物　Fe^{2+}、Co^{2+}、Ni^{2+} 与 NH_3 都能形成氨合配离子，其化学稳定性按 $Fe^{2+} \longrightarrow$

$Co^{2+} \longrightarrow Ni^{2+}$顺序增强。形成氨合物后，$[Co(NH_3)_6]^{2+}$还原性变得远比$Co^{2+}$强，空气中的氧可将$[Co(NH_3)_6]^{2+}$氧化为$[Co(NH_3)_6]^{3+}$。

b. 氰合物　Fe^{3+}、Co^{3+}、Fe^{2+}、Co^{2+}、Ni^{2+}都能与CN^-形成配合物。

在含有Fe^{2+}的溶液中加入赤血盐溶液，得到滕氏蓝沉淀；在含有Fe^{3+}的溶液中加入黄血盐溶液，得到普鲁士蓝沉淀，这两个反应常用来分别鉴定Fe^{2+}和Fe^{3+}。

Co^{2+}与强场配体CN^-形成的$[Co(CN)_6]^{4-}$是一个相当强的还原剂，而$[Co(CN)_6]^{3-}$则很稳定。

c. 硫氰合物　在含有Fe^{3+}或Co^{2+}的溶液中各加入SCN^-，溶液分别变为血红色及亮蓝色，可用于鉴定Fe^{3+}和Co^{2+}。

d. 螯合物　大多数螯合物具有特征的颜色，难溶于水而易溶于有机溶剂。螯合物广泛用于检验金属离子的存在及比色分析等。

Ni^{2+}与丁二肟在氨水中生成玫瑰红色的二丁二肟合镍(Ⅱ)沉淀，此反应被用于鉴定和测定Ni^{2+}；Fe^{2+}与邻二氮菲水溶液（0.1%）在弱酸性溶液中，可生成稳定的红色可溶性螯合物。

铁系元素为人体必须元素，它们均以螯合物的形式存在于生物体内起到一定的生物作用。

13.2.7　铂

(1) 单质的性质和用途

铂的化学性质稳定，加工性好。铂在很多化学反应中用作催化剂。

(2) 铂的配合物

Pt(Ⅱ)和Pt(Ⅳ)配合物数量最多，也最稳定。

以$[PtX_4]^{2-}$($X=Cl^-$、Br^-、I^-)形式存在的卤合物比较普遍，它们的空间构型均为平面正方形。其中$[PtCl_4]^{2-}$是制备许多Pt(Ⅱ)和Pt(Ⅳ)其他配体配合物的原料。

Pt(Ⅳ)配合物中最重要的是$H_2[PtCl_6]$及其盐。$H_2[PtCl_6]$与碱金属氯化物及NH_4Cl作用，可生成相应的氯铂酸盐$M_2[PtCl_6]$，利用难溶黄色氯铂酸盐的生成，可以检验K^+、Rb^+、Cs^+和NH_4^+。

13.3　同步例题

例1. 什么是自旋-禁阻跃迁？为什么$[Mn(H_2O)_6]^{2+}$配离子几乎是无色的？

解： 凡是不成对电子的总自旋数发生改变的电子跃迁均是自旋-禁阻跃迁。

根据晶体场理论，Mn^{2+}的价电子为$3d^5$，在八面体场中高自旋组态为$d_\varepsilon^3 d_\gamma^2$，这五个单电子的自旋都是平行的。当电子吸收适当的能量后，从低能级的d_ε轨道跃迁到高能级的d_γ轨道时，其自旋方向要发生改变，而这种跃迁是自旋-禁阻的，即发生这种跃迁的概率很小，对光的吸收很弱，所以$[Mn(H_2O)_6]^{2+}$配离子几乎是无色的。

例2. 化合物A是具有腐蚀性的挥发性深红色液体。称取465mg A溶于水中，溶液具有明显的酸性，此溶液约需6mmol的$Ba(OH)_2$才能中和，同时溶液中产生沉淀B，过滤出沉淀，洗涤后用稀$HClO_4$处理，沉淀B转化为一橙红色溶液C，同时又产生一新白色沉淀D。加入过量KI后，用$S_2O_3^{2-}$滴定所生成的I_3^-，耗去$S_2O_3^{2-}$ 9.0mmol，终点时生成一绿色溶液，经中和可产生绿色沉淀E，过滤后使E溶于过量的NaOH溶液中，形成了溶液F，再与H_2O_2共沸，变成黄色溶液G，酸化后变成橙红色溶液H。向H中加入少量H_2O_2，有蓝色I生成，静置时I又变成J并放出气体K。试推断出各字母所代表的化合物。

解：A：CrO_2Cl_2　B：$BaCrO_4$　C：$Cr_2O_7^{2-}$　D：$Ba(ClO_4)_2$　E：$Cr(OH)_3$

F：$NaCrO_2$　G：Na_2CrO_4　H：$Na_2Cr_2O_7$　I：CrO_5　J：Cr^{3+}　K：O_2

例3. 某氧化物A，溶于浓HCl溶液得溶液B和气体C。C通入KI溶液后用CCl_4萃取生成物，CCl_4层出现紫红色。B加入KOH溶液后析出粉红色沉淀。B遇过量的氨水时，得不到沉淀而是土黄色溶液，放置则变为红褐色。B中加入KSCN和丙酮生成蓝色溶液。判断A是什么氧化物，写出有关的反应式。

解：由题意可判断A为Co_2O_3，有关反应式为：

$$Co_2O_3(A)+6HCl(浓)\longrightarrow 2CoCl_2(B)+Cl_2\uparrow(C)+3H_2O$$

$$Cl_2+2I^-\longrightarrow 2Cl^-+I_2(s)\quad I_2\text{ 溶于 }CCl_4\text{ 呈紫红色}$$

$$CoCl_2+2KOH\longrightarrow Co(OH)_2\downarrow(粉红色)+2KCl$$

$$CoCl_2+6NH_3(过量)\longrightarrow [Co(NH_3)_6]^{2+}(土黄色)+2Cl^-$$

$$4[Co(NH_3)_6]^{2+}+O_2+2H_2O\longrightarrow 4[Co(NH_3)_6]^{3+}(红褐色)+4OH^-$$

$$Co^{2+}+4KSCN\longrightarrow [Co(NCS)_4]^{2-}(蓝色)+4K^+$$

例4. 现有一不锈钢样品，含有Fe、Ni、Cr和Mn四种金属，试设计一种简单的定性分析方法。

解：样品先用稀硫酸溶，杂质用浓硝酸溶，得试液，进行如下定性分析：

（1）取试液加$AgNO_3$溶液，用$(NH_4)_2S_2O_8$氧化，得紫色溶液，证明含Mn；

（2）取试液加过量碱，过滤，滤液用H_2O_2氧化，得黄色溶液，证明含Cr；

（3）取试液加KSCN试液，呈血红色，证明含Fe；

（4）取试液用氨水调至碱性，再加Na_2HPO_4，滴入丁二肟，得鲜红色沉淀，证明含Ni。

13.4　思考题习题选解

思考题

6. 在酸性溶液中用足量的Na_2SO_3与$KMnO_4$作用时，为什么MnO_4^-总是被还原为Mn^{2+}而得不到MnO_4^{2-}、MnO_2或Mn^{3+}？

解：由酸性溶液中锰的元素电势图可知，MnO_4^{2-}、Mn^{3+}极不稳定，会发生歧化反应：

$$3MnO_4^{2-}+4H^+\longrightarrow 2MnO_4^-+MnO_2\downarrow+2H_2O$$

$$2Mn^{3+}+2H_2O\longrightarrow Mn^{2+}+MnO_2\downarrow+4H^+$$

因为$E^\ominus(MnO_2/Mn^{2+})=1.23V$，$E^\ominus(SO_4^{2-}/H_2SO_3)=0.158V$，所以$MnO_2$一旦生成也将被过量的$SO_3^{2-}$还原为$Mn^{2+}$：

$$MnO_2+SO_3^{2-}+2H^+\longrightarrow Mn^{2+}+SO_4^{2-}+H_2O$$

所以在酸性溶液中用足量的Na_2SO_3与$KMnO_4$作用时，MnO_4^-总是被还原为Mn^{2+}：

$$2MnO_4^-+5SO_3^{2-}+6H^+\longrightarrow 2Mn^{2+}+5SO_4^{2-}+3H_2O$$

9. 下列各对离子能否共存于同一溶液中？

（1）Fe^{3+}和I^-　（2）Sn^{2+}和Fe^{3+}　（3）Fe^{3+}和CO_3^{2-}

（4）MnO_4^{2-}和H^+　（5）$Cr_2O_7^{2-}$和CrO_4^{2-}　（6）Fe^{3+}和Fe^{2+}

解：（1）、（2）、（3）、（4）不能，（5）、（6）能。

10. 选择合适的方法将溶液中的Fe^{3+}转化为Fe^{2+}，以及将Fe^{2+}转化为Fe^{3+}，而又尽量不引进其他杂质。

解：在 Fe^{3+} 溶液中加入适量铁粉，可将 Fe^{3+} 转化为 Fe^{2+}，把过量铁粉滤去，又不引入其他杂质，反应为：

$$2Fe^{3+} + Fe \longrightarrow 3Fe^{2+}$$

在酸性介质中，加入适量 H_2O_2，可将 Fe^{2+} 氧化为 Fe^{3+}，H_2O_2 还原后的产物为 H_2O，不会引进其他杂质，反应为：

$$2Fe^{2+} + H_2O_2 + 2H^+ \longrightarrow 2Fe^{3+} + 2H_2O$$

12. 解释下列实验事实。

(1) H_2S 气体通入 $MnSO_4$ 溶液中不产生 MnS 沉淀，但在该溶液中先加入一定量的氨水，再通入 H_2S，即可产生 MnS 沉淀；

(2) 将 H_2S 通入 $FeCl_3$ 溶液中，得不到 Fe_2S_3 沉淀。

解：(1) MnS 的溶度积 $K_{sp}=2.5\times10^{-10}$，醋酸这样的弱酸也可以使它溶解。H_2S 与 $MnSO_4$ 作用，生成 MnS 的同时会产生 H_2SO_4，使 MnS 溶解于生成的酸中。而在 $MnSO_4$ 溶液中先加入一定量的氨水，会使溶液的酸性降低，从而 MnS 可沉淀出来。

(2) 在酸性介质中，Fe^{3+} 是中强氧化剂，可氧化 H_2S：

$$2Fe^{3+} + H_2S \longrightarrow 2Fe^{2+} + S\downarrow + 2H^+$$

习题

1. 解释下列现象，写出有关的反应方程式。

(1) 将一装有 $TiCl_4$ 的试剂瓶打开时，立即冒白烟；向瓶中加入浓盐酸和金属锌时，生成紫色溶液；在此溶液中加入 $CuCl_2$ 溶液，则紫色消失，同时可能有白色沉淀产生；

(2) 在酸性 Ti(Ⅳ) 盐溶液中加入双氧水 (H_2O_2) 生成橘黄色 $[TiO(H_2O_2)]^{2+}$，再加入氨水，则有黄色沉淀析出；

(3) 在 $K_2Cr_2O_7$ 溶液中加入 $AgNO_3$ 得到的是砖红色 Ag_2CrO_4 沉淀；

(4) 砖红色的 Ag_2CrO_4 与浓 HCl 溶液反应，得到白色沉淀和绿色溶液；

(5) 把 H_2S 通入已用 H_2SO_4 酸化的 $K_2Cr_2O_7$ 溶液中时，溶液颜色由橙变绿，同时析出乳白色沉淀。

解：(1) $TiCl_4$ 在水中或潮湿空气中都极易水解，部分水解生成氯化钛酰，完全水解时生成偏钛酸。反应如下：

$$TiCl_4 + H_2O \longrightarrow TiOCl_2 + 2HCl\uparrow$$

$$TiCl_4 + 3H_2O \longrightarrow H_2TiO_3\downarrow + 4HCl\uparrow$$

生成的 HCl 遇水蒸气凝结成小颗粒，呈雾状，即所谓的“白烟”。

Ti(Ⅳ) 盐在强酸介质中，以 TiO^{2+} 存在：

$$2TiO^{2+} + Zn + 4H^+ \longrightarrow 2Ti^{3+} + Zn^{2+} + 2H_2O$$

Cu^{2+} 能与 Ti^{3+} 发生反应，使紫色消失：

$$Ti^{3+} + Cu^{2+} + Cl^- + H_2O \longrightarrow CuCl\downarrow + TiO^{2+} + 2H^+$$

(2) $$TiO^{2+} + H_2O_2 \longrightarrow [TiO(H_2O_2)]^{2+}\text{(橘黄色)}$$

$$[TiO(H_2O_2)]^{2+} + 2NH_3\cdot H_2O \longrightarrow \underset{\text{(黄色)}}{H_2Ti(O_2)O_2\downarrow} + 2NH_4^+ + H_2O$$

这是检验钛的灵敏反应。

(3) $$Cr_2O_7^{2-} + 4Ag^+ + H_2O \longrightarrow 2Ag_2CrO_4\downarrow\text{(砖红)} + 2H^+$$

因为 $K_2Cr_2O_7$ 溶液中存在如下平衡：$Cr_2O_7^{2-} + H_2O \rightleftharpoons 2CrO_4^{2-} + 2H^+$

体系中 $Cr_2O_7^{2-}$ 与 CrO_4^{2-} 共存，且 Ag_2CrO_4 的溶解度小于 $Ag_2Cr_2O_7$，Ag_2CrO_4 易析出，促使平衡右移，最终只能得到溶解度更小的 Ag_2CrO_4。

(4) $2Ag_2CrO_4+16HCl(浓) \xrightarrow{\triangle} 4AgCl\downarrow(白色)+2CrCl_3(绿色)+3Cl_2\uparrow+8H_2O$

上述反应实际是分两步进行：① $2Ag_2CrO_4+4HCl(浓) \longrightarrow H_2Cr_2O_7+4AgCl\downarrow+H_2O$

② $H_2Cr_2O_7+12HCl(浓) \xrightarrow{\triangle} 2CrCl_3+3Cl_2\uparrow+7H_2O$

(5) $K_2Cr_2O_7(橙色)+3H_2S+4H_2SO_4 \longrightarrow Cr_2(SO_4)_3(绿色)+K_2SO_4+3S\downarrow(白色)+7H_2O$

少量 S 单质从溶液中析出时呈乳白色。

4. 计算溶液中 $0.010mol\cdot L^{-1}$ Cr^{3+} 不发生水解的最高 pH，已知 $[Cr(H_2O)_6]^{3+}$ 的水解常数 $K_{h1}=10^{-3.8}$。(提示：设 Cr^{3+} 水解出的 $[Cr(OH)(H_2O)_5]^{2+}$ 浓度小于 1.0×10^{-5} $mol\cdot L^{-1}$时，可认为不水解)

解：设溶液中 H_3O^+ 的初始浓度为 $x\,mol\cdot L^{-1}$

$$[Cr(H_2O)_6]^{3+}+H_2O \rightleftharpoons [Cr(OH)(H_2O)_5]^{2+}+H_3O^+$$

	$[Cr(H_2O)_6]^{3+}$	$[Cr(OH)(H_2O)_5]^{2+}$	H_3O^+
$c_{初}/mol\cdot L^{-1}$	0.010	0	x
$c_{平}/mol\cdot L^{-1}$	$0.010-1.0\times10^{-5}$ ≈0.010	1.0×10^{-5}	$x+1.0\times10^{-5}$ $\approx x$

$$K_{h1}=\frac{[Cr(OH)(H_2O)_5{}^{2+}][H_3O^+]}{[Cr(H_2O)_6{}^{3+}]}=\frac{1.0\times10^{-5}(x+1.0\times10^{-5})}{0.010-1.0\times10^{-5}}$$

$$\approx\frac{1.0\times10^{-5}\cdot x}{0.010}=10^{-3.8}$$

解得 $x=0.16(mol\cdot L^{-1})$

$pH=-\lg0.16=0.80$

当 $pH<0.80$ 时，可以认为不水解。

5. 根据元素电势图（$E_A^{\ominus}/V$）写出当溶液的 pH=0 时，分别在下列两种情况下将高锰酸钾加入碘化钾溶液会发生哪些反应（用反应方程式表示），为什么？(1) 高锰酸钾过量；(2) 碘化钾过量。

$$MnO_4^- \xrightarrow{1.70} MnO_2 \xrightarrow{1.23} Mn^{2+}\quad(MnO_4^- \xrightarrow{1.51} Mn^{2+})$$

$$IO_3^- \xrightarrow{1.19} I_2 \xrightarrow{0.54} I^-$$

解：(1) 高锰酸钾过量时，由元素电势图可知，$E^{\ominus}_{MnO_4^-/Mn^{2+}}>E^{\ominus}_{IO_3^-/I_2}>E^{\ominus}_{I_2/I^-}$，所以 $KMnO_4$ 首先将 I^- 氧化为 I_2，再将 I_2 氧化为无色的 IO_3^-：

$$2MnO_4^-+10I^-+16H^+ \longrightarrow 2Mn^{2+}+5I_2+8H_2O$$

$$2MnO_4^-+I_2+4H^+ \longrightarrow 2Mn^{2+}+2IO_3^-+2H_2O$$

又因为 $E^{\ominus}_{MnO_4^-/MnO_2}>E^{\ominus}_{MnO_2/Mn^{2+}}$，多余的 MnO_4^- 还可与生成的 Mn^{2+} 发生逆歧化反应生成 MnO_2 沉淀：

$$3Mn^{2+}+2MnO_4^-+2H_2O \longrightarrow 5MnO_2\downarrow+4H^+$$

(2) 碘化钾过量时，因为 $KMnO_4$ 不足，只发生上面 (1) 中的第一个反应。

6. 有一硫酸盐 A，在其溶液中加入 NaOH 后，先生成灰蓝色沉淀 B；NaOH 过量时 B 溶解，得到一亮绿色溶液 C；C 与过氧化氢作用，得到一黄色溶液 D；D 中加入稀盐酸，得到橙色溶液 E；E 与 Na_2SO_3 作用后，又得到 A。试推测 A、B、C、D、E 各为何物？并写出有关反应方程式。

解：A：$Cr_2(SO_4)_3$

B：$Cr(OH)_3$　　$Cr^{3+}+3OH^- \longrightarrow Cr(OH)_3\downarrow$（灰蓝色）

C：$[Cr(OH)_4]^-$ 即 CrO_2^-　　$Cr(OH)_3+OH^- \longrightarrow [Cr(OH)_4]^-$

$\longrightarrow CrO_2^-$（亮绿）$+2H_2O$

D：CrO_4^{2-}　　$2[Cr(OH)_4]^- +3H_2O_2+2OH^- \longrightarrow 2CrO_4^{2-}$（黄色）$+8H_2O$

E：$Cr_2O_7^{2-}$　　$2CrO_4^{2-}+2H^+ \longrightarrow Cr_2O_7^{2-}$（橙色）$+H_2O$

$Cr_2O_7^{2-}+8H^+ +3SO_3^{2-} \longrightarrow 2Cr^{3+}+3SO_4^{2-}+4H_2O$

7. 某棕黑色粉末，加热情况下和浓 H_2SO_4 作用会放出助燃性气体，所得溶液与 PbO_2 作用并微热时出现紫红色。若再加入 H_2O_2 时紫红色褪去，判断此棕色粉末为何物？写出有关的反应方程式。

解：MnO_2

相关反应为：$2MnO_2(s)+2H_2SO_4$（浓）$\xrightarrow{\triangle} 2MnSO_4+2H_2O+O_2\uparrow$

$2Mn^{2+}+5PbO_2(s)+4H^+ \xrightarrow{\triangle} 2MnO_4^- +5Pb^{2+}+2H_2O$

$2MnO_4^- +5H_2O_2+6H^+ \longrightarrow 2Mn^{2+}+5O_2\uparrow+8H_2O$

12. 金属 M 溶于稀盐酸时生成 MCl_2，其磁矩为 5.0B.M.。在无氧操作条件下，MCl_2 溶液遇 NaOH 溶液，生成一白色沉淀 A。A 接触空气就逐渐变绿，最后变成棕色沉淀 B。灼烧时 B 生成了红棕色粉末 C。B 溶于稀盐酸生成溶液 D，它使 KI 溶液氧化成 I_2，但在加入 KI 前先加入 NaF，则 KI 将不被 D 所氧化，判断 M、A、B、C、D 各为何物，写出有关的反应方程式。

解：M：Fe　A：$Fe(OH)_2$　B：$Fe(OH)_3$　C：Fe_2O_3　D：$FeCl_3$

相关反应为：$Fe+2HCl \longrightarrow FeCl_2+H_2\uparrow$

$FeCl_2+2NaOH \longrightarrow Fe(OH)_2\downarrow+2NaCl$

$4Fe(OH)_2+O_2+2H_2O \longrightarrow 4Fe(OH)_3\downarrow$

$2Fe(OH)_3 \xrightarrow{\triangle} Fe_2O_3+3H_2O\uparrow$

$Fe(OH)_3+3HCl \longrightarrow FeCl_3+3H_2O$

$2Fe^{3+}+2I^- \longrightarrow 2Fe^{2+}+I_2\downarrow$

$Fe^{3+}+6F^- \longrightarrow [FeF_6]^{3-}$

13. 某粉红色晶体溶于水，其水溶液 A 也呈粉红色。向 A 中加入氢氧化钠溶液，得到粉红色沉淀 B。再加入过氧化氢溶液，得到棕色沉淀 C，C 与过量浓盐酸反应生成蓝色溶液 D 和黄绿色气体 E，用水稀释又变为溶液 A。A 中加入硫氰化钾晶体和丙酮后得到天蓝色溶液 F。试确定 A、B、C、D、E、F 各为何物，并写出有关反应方程式。

解：A：$[Co(H_2O)_6]^{2+}$　B：$Co(OH)_2$　C：$Co(OH)_3$　D：$[CoCl_4]^{2-}$

E：Cl_2　F：$[Co(NCS)_4]^{2-}$

相关反应为：$Co^{2+}+2OH^- \longrightarrow Co(OH)_2\downarrow$

$2Co(OH)_2+H_2O_2 \longrightarrow 2Co(OH)_3\downarrow$

$2Co(OH)_3+10HCl$（浓）$\longrightarrow 2[CoCl_4]^{2-}+Cl_2\uparrow+6H_2O+4H^+$

$[CoCl_4]^{2-}+6H_2O \rightleftharpoons [Co(H_2O)_6]^{2+}+4Cl^-$

$Co^{2+}+4SCN^- \longrightarrow [Co(NCS)_4]^{2-}$

13.5 思考题

13-1 是非题

(1) 副族元素同一族中从上到下高氧化态趋于比较稳定，与主族元素相同。

(2) 第四、五、六周期的过渡元素也分别被称为第一、二、三过渡系元素。

(3) 一般过渡元素水合物有色，但 Mn^{2+}、Fe^{3+} 的水合离子颜色很淡。

(4) MnO_2 和 H_2O_2 不能共存。

(5) 在 $K_2Cr_2O_7$ 溶液中加入 $BaCl_2$ 溶液，得到 $BaCr_2O_7$ 沉淀。

(6) 在 $K_3[Fe(NCS)_6]$ 溶液中加入 NH_4F，血红色消褪。

(7) $[Fe(CN)_6]^{4-}$ 和 I_2 在溶液中能大量共存。

(8) 所有过渡元素在化合物中都不会出现负氧化态。

13-2 选择题

(1) 由于镧系收缩，致使下列元素原子半径相近的是（　　）。

A. Zr 和 Hf　　B. Cr 和 Mo　　C. Cd 和 Hg　　D. La 和 Y

(2) 硬度最大的金属是（　　）。

A. 钨　　B. 铬　　C. 铜　　D. 金刚石

(3) 下列金属中熔点最高的是（　　）。

A. Cr　　B. Fe　　C. W　　D. Ga

(4) 以下列某一形式为主的水溶液体系中，pH 值最低的是（　　）。

A. VO_2^+　　B. VO_3^-　　C. VO_4^{3-}　　D. $V_3O_9^{3-}$

(5) 锌与 NH_4VO_3 的稀硫酸溶液作用，溶液的最终颜色是（　　）。

A. 蓝色　　B. 绿色　　C. 紫色　　D. 黄色

(6) 下列物质中，受热分解不产生单质的是（　　）。

A. $Cr(OH)_3$　　B. CrO_5

C. CrO_3　　D. $(NH_4)_2Cr_2O_7$

(7) 要分离 $Fe(OH)_3$、$Al(OH)_3$、$Cr(OH)_3$，需用它们的下列哪种性质（　　）。

A. 配位性　　B. 催化性

C. 溶解性和氧化还原性　　D. 酸碱性和氧化还原性

(8) 下列离子与 Na_2CO_3 溶液反应生成碳酸盐的是（　　）。

A. Ti^{3+}　　B. Cr^{3+}　　C. Mn^{2+}　　D. Fe^{3+}

(9) 对于锰的各种氧化态的物质，下列说法中错误的是（　　）。

A. Mn^{2+} 在酸性溶液中是稳定的　　B. Mn^{3+} 在酸性或碱性溶液中很不稳定

C. MnO_2 在碱性溶液中是强氧化剂　　D. K_2MnO_4 在中性溶液中发生歧化反应

(10) 不能用于鉴定溶液中 Fe^{3+} 的试剂是（　　）。

A. $K_4[Fe(CN)_6]$　　B. KSCN　　C. KI　　D. $KMnO_4$

(11) 血红蛋白的中心金属离子是（　　）。

A. Fe(Ⅱ)　　B. Fe(Ⅲ)　　C. Co(Ⅱ)　　D. Co(Ⅲ)

13-3 填空题

(1) 镧系元素和锕系元素又被称为________元素，它们的水合离子的颜色是由________引起的。

(2) 化学工业中 V_2O_5 是重要的________剂。

(3) 命名下列含氧酸根离子：MoO_4^{2-} __________，$Mo_7O_{24}^{6-}$ __________，$H_2W_{12}O_{42}^{10-}$ __________。

(4) Mn_2O_7是__________的酸酐，其稳定性__________，室温下 Mn_2O_7分解反应的产物是__________和__________。

(5) 高锰酸钾在酸性介质中被还原为______，在中性或微碱性介质中被还原为______，在强碱性介质中被还原为______。

(6) $Fe(OH)_3$、$Co(OH)_3$、$Ni(OH)_3$ 的氧化性依次________，$Fe(OH)_2$、$Co(OH)_2$、$Ni(OH)_2$ 中________不与空气中的氧作用。

(7) 铁磁性单质有__________，__________和__________。铁磁性与顺磁性差别在于：铁磁性物质在外加磁场移去后，仍保持__________。

(8) 为了制得比较稳定的 $FeSO_4$ 溶液，需在 $FeSO_4$ 溶液中加____________并加入__________。

(9) $[PtCl_2(NH_3)_2]$ 为______________空间构型，有______种几何异构体，其中__________式结构具有抗癌作用。

(10) 已知 $[PtCl_2(OH)_2]^{2-}$ 有两种异构体，则中心原子所提供的杂化轨道是______________。

(11) $FeCl_3$ 溶液遇 KSCN 溶液变红，欲使红色褪去，Fe 粉、$SnCl_2$、$CoCl_2$、NH_4F 中可以选择的试剂是________________。

(12) 在 $CoCl_2$ 溶液中加入 KCN 并稍微加热，反应方程式为______________________。

(13) 配离子 $[Co(H_2O)_6]^{2+}$、$[Co(NH_3)_6]^{2+}$、$[Co(CN)_6]^{4-}$ 的还原性按由强到弱的顺序排列为____________________________________。

(14) 配合物 $[Pt(NH_3)_3(ONO_2)]Cl$ 和$[Pt(NH_3)_3(NO_3)]Cl$ 互为__________异构体，特点是配体 NO_3^- 在两种配合物中提供的配位原子不同。

13-4 梳理并总结铁、钴、镍的合金及化合物的广泛应用。查找相关资料，结合本章内容，分析这些应用中利用的是该物质的什么性质。

自我检测题

13-1 是非题

(1) 大多数过渡元素水合离子有色，但 Zn^{2+}、Sc^{3+}、Ag^+ 的水合离子无色。

(2) Co_2O_3 溶在盐酸中产生 Cl_2。

(3) $TiCl_4$ 在空气中冒烟是因为和空气中的水汽发生水解生成了 HCl 气体。

(4) 在 CrO_5 中含有—O—O—键，Cr 的氧化值为+6。

(5) 可以根据稳定常数值的大小判断配合物的稳定性，稳定常数值愈大者配合物愈稳定。

13-2 选择题

(1) 下列金属中，密度最大的是（　　）。

A. 钛　　B. 钨　　C. 锇　　D. 金

(2) 对于灼烧过的 Cr_2O_3，下列说法正确的是（　　）。

A. 可溶于酸　　B. 既溶于酸，又溶于碱

C. 可溶于碱　　D. 与焦硫酸钾共熔，生成可溶性盐

(3) $K_2Cr_2O_7$溶液与下列物质在酸性条件下反应，没有沉淀生成的是（　　）。

A. $Pb(OAc)_2$　　B. H_2O_2　　C. H_2S　　D. KI

(4) 下列各配合物中有顺磁性的是（　　）。

A. $K_4[Fe(CN)_6]$　　B. $K_3[Fe(CN)_6]$

C. $[Ni(CO)_4]$　　D. $[Co(NH_3)_6]Cl_3$

(5) 要洗净长期盛放过高锰酸钾试液的试剂瓶，应选用（　　）。

A. 浓硫酸　　B. 硝酸　　C. 浓盐酸　　D. 稀盐酸

(6) MnO_2 不能与下列溶液中的（　　）反应。

A. 浓 H_2SO_4　　B. 浓 HCl　　C. 稀 NaOH　　D. 稀 HI

(7) 已知 $E_A^{\ominus}(MnO_4^-/MnO_4^{2-})=0.56V$，$E_A^{\ominus}(MnO_4^{2-}/MnO_2)=2.26V$，在酸性溶液中（　　）。

A. MnO_4^{2-} 能发生歧化反应　　B. 不能确定 MnO_4^{2-} 能否发生歧化反应

C. MnO_4^{2-} 不能发生歧化反应　　D. MnO_4^- 和 MnO_2 能发生逆歧化反应

(8) 下列物质中不能氧化浓盐酸的是（　　）。

A. PbO_2　　B. MnO_2　　C. $Fe(OH)_3$　　D. $Co(OH)_3$

(9) 组成为 $CrCl_3\cdot6H_2O$ 的配合物，加入 $AgNO_3$ 试剂后有 1/3 的氯析出，则此配合物的结构式是（　　）。

A. $[Cr(H_2O)_6]Cl_3$　　B. $[CrCl(H_2O)_5]Cl_2\cdot H_2O$

C. $[CrCl_2(H_2O)_4]Cl\cdot2H_2O$　　D. $[CrCl_3(H_2O)_3]\cdot3H_2O$

(10) 可用于检验 Fe^{2+} 的试剂是（　　）。

A. NH_4SCN　　B. $K_4[Fe(CN)_6]$　　C. $K_3[Fe(CN)_6]$　　D. H_2S

13-3　填空题

(1) 第一与第二过渡系元素性质的差异大于第二与第三过渡系元素性质的差异主要是由于________的影响。

(2) 实验室中使用的变色硅胶中含有少量的________，烘干后的硅胶呈现______色，这实际呈现的是________的颜色。吸水后的硅胶呈现______色，这是________的颜色。

(3) Fe_2O_3、Co_2O_3、Ni_2O_3 的氧化性由强到弱的顺序是______________。

(4) 在 $Cr_2(SO_4)_3$ 溶液中加入 Na_2S 溶液，得到的沉淀是________。

(5) Ni^{2+}、Co^{2+}、Mn^{2+}、Fe^{2+}、Fe^{3+}、Cr^{3+} 能在氨水中形成氨合物的是_____。

(6) $[PtCl_6]^{2-}$ 离子的空间结构是________，当黄色的 $K_2[PtCl_6]$ 与 KBr 或 KI 加热反应时，转化为深红色的________或黑色的________。这说明 $[PtX_6]^{2-}$ 稳定性顺序为____________________，这是因为 Pt(Ⅳ) 是______酸，此顺序完全符合__________原则。

(7) 在 Fe^{3+} 的溶液中加入 KSCN 时，因生成________而呈_____色，若再加入少许固体 NH_4F，因生成__________而呈_____色。

(8) 当 $[Ni(NH_3)_4]^{2+}$ 用浓盐酸处理时，生成两种化学式均为 $[NiCl_2(NH_3)_2]$ 的化合物，分别指定为①和②。溶液①与草酸反应，生成 $[Ni(NH_3)_2(C_2O_4)]$，溶液②不与草酸反应，推出①的结构式为____________，②的结构式为____________。$[Ni(NH_3)_2(C_2O_4)]$ 的结构式为________。

13-4　溶液中含有 Fe^{3+}、Co^{2+}、Ni^{2+}，如何分别鉴定它们？

13-5　结合本章内容，应用第 10 章介绍的单质的制备方法，自拟方案，简述由铬铁矿制备金属铬单质的过程，并写出相应的反应方程式。

思考题参考解答

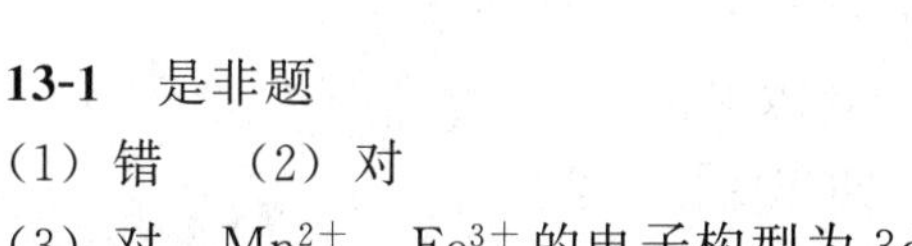

13-1 是非题

（1）错 （2）对

（3）对 Mn^{2+}、Fe^{3+} 的电子构型为 $3d^5$，其 d 电子跃迁是自旋禁阻的。

（4）对 （5）错 （6）对

（7）错 发生反应：$2[Fe(CN)_6]^{4-} + I_2 \longrightarrow 2[Fe(CN)_6]^{3-} + 2I^-$

（8）错

13-2 选择题

（1）A （2）B （3）C （4）A （5）C （6）A

（7）D 先将酸碱两性的 $Al(OH)_3$、$Cr(OH)_3$ 溶在过量 Na(OH)溶液中，与 $Fe(OH)_3$ 分离；再用 H_2O_2 将 Cr(Ⅲ)氧化为 CrO_4^{2-}，然后转化为难溶铬酸盐与 Al(Ⅲ)分离。

（8）C （9）C （10）D （11）A

13-3 填空题

（1）内过渡 f-f 跃迁 （2）催化

（3）正钼酸根离子 仲钼酸根离子（七钼酸根离子） 仲钨酸根离子

（4）$HMnO_4$ 差 MnO_2 O_2 （5）Mn^{2+} MnO_2 MnO_4^{2-}

（6）增强 $Ni(OH)_2$ （7）铁 钴 镍 磁性

（8）酸 铁片 （9）平面四方形 两 顺

（10）dsp^2 （11）Fe 粉、$SnCl_2$、NH_4F

（12）$2Co^{2+} + 12CN^- + 2H_2O \xrightarrow{\triangle} 2[Co(CN)_6]^{3-} + H_2\uparrow + 2OH^-$

（13）$[Co(CN)_6]^{4-} > [Co(NH_3)_6]^{2+} > [Co(H_2O)_6]^{2+}$ （14）键合

13-4 答题思路： 例如，镍具有较好的耐腐蚀、耐高温、防锈等性能，含镍的不锈钢既能抵抗大气、蒸汽和水的腐蚀，又能耐酸、碱、盐的腐蚀，故广泛应用于化工、冶金、建筑等行业。

例如，$FeCl_3$ 用作净水剂，利用了其易水解形成胶状沉淀的性质。

自我检测题参考解答

13-1 是非题

（1）对 （2）对 （3）对 （4）对 （5）错

13-2 选择题

（1）C （2）D （3）B （4）B （5）C （6）C （7）A （8）C （9）C （10）C

13-3 填空题

（1）镧系收缩 （2）二氯化钴 蓝 $CoCl_2$ 粉红 $CoCl_2 \cdot 6H_2O$

（3）$Ni_2O_3 > Co_2O_3 > Fe_2O_3$ （4）$Cr(OH)_3$ （5）Ni^{2+} 和 Co^{2+}

（6）八面体 $K_2[PtBr_6]$ $K_2[PtI_6]$ $[PtF_6]^{2-} < [PtCl_6]^{2-} < [PtBr_6]^{2-} < [PtI_6]^{2-}$ 软 硬软酸碱

（7）$[Fe(NCS)_n]^{3-n}$ 血红 $[FeF_6]^{3-}$ 无

(8)

① $[Ni(NH_3)_2Cl_2]$ (H$_3$N, H$_3$N, Cl, Cl — cis) ② (H$_3$N, Cl, Cl, NH$_3$ — trans) $[Ni(NH_3)_2(C_2O_4)]$

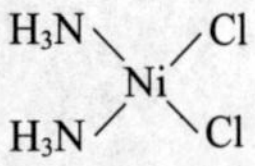

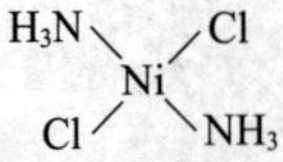

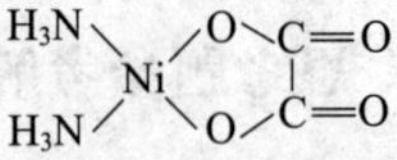

13-4　解：用 KSCN 鉴定 Fe^{3+}，Co^{2+}、Ni^{2+} 均不干扰。

Co^{2+} 鉴定：　$Co^{2+}+4SCN^{-} \longrightarrow [Co(NCS)_4]^{2-}$（蓝色）

用丙酮或乙醚萃取后较稳定。Fe^{3+} 有干扰，可以先加 NaF 掩蔽。

Ni^{2+} 鉴定：溶液用氨水调至碱性，Fe^{3+} 变成 $Fe(OH)_3$ 沉淀，Co^{2+} 和 Ni^{2+} 变成 $[Co(NH_3)_6]^{2+}$ 和 $[Ni(NH_3)_6]^{2+}$。分离 $Fe(OH)_3$ 后，加入丁二肟生成二丁二肟合镍(Ⅱ)鲜红色沉淀。

13-5　解题思路：例如，用碱熔法使铬铁矿生成水溶性的铬酸盐，进一步用水浸取，调节酸度生成重铬酸盐，重铬酸盐加热还原生成 Cr_2O_3，再用活泼金属铝等还原 Cr_2O_3 得到金属铬。主要反应举例如下：

$$4Fe(CrO_2)_2+8Na_2CO_3+7O_2 \xrightarrow{\sim 1273K} 8Na_2CrO_4+2Fe_2O_3+8CO_2\uparrow$$

$$2Na_2CrO_4+H_2SO_4 \longrightarrow Na_2Cr_2O_7+Na_2SO_4+H_2O$$

$$Na_2Cr_2O_7+2C \xrightarrow{\triangle} Cr_2O_3+Na_2CO_3+CO\uparrow$$

$$Cr_2O_3+2Al \xrightarrow{\triangle} 2Cr+Al_2O_3$$

第 14 章　过渡元素（二）

14.1　基本要求

熟悉单质的性质和用途；理解铜、银、金、锌、镉、汞及稀土元素的有关性质和应用，在讨论时应突出它们的重要化合物在水溶液中的性质及有关用途。理解簇状配合物的概念，理解金属原子簇中 M—M 键的形成和金属原子簇的结构。

重点： 铜、银、锌、汞的重要化合物的主要性质和变化规律。

难点： 用相应的化学键理论或者平衡理论解释过渡元素化合物的性质。应用硬软酸碱原则解释配合物的稳定性。金属原子簇中 M—M 键的形成和金属原子簇结构的预测。

14.2　内容概要

14.2.1　铜、银、金

(1) 单质的性质和用途

铜的单质呈紫红色，纯银和纯金呈银白色和黄色。银的导电性在所有金属中名列第一。铜常用作导电材料。铜、银、金的单质有很好的延展性和可塑性。

铜、银、金均属不活泼金属。

铜、银、金均能与卤素作用。铜和银不能与稀盐酸或稀硫酸作用，但能溶于硝酸或热的浓硫酸。难溶的铜、银、金，当它们的离子形成配合物使单质的还原性增强则能发生配位溶解反应。

铜、银、金能广泛形成合金。

(2) 铜、银、金的重要化合物

① 氧化物和氢氧化物

在高温时，Cu_2O 比 CuO 稳定。Cu_2O 是共价型化合物，呈弱碱性，溶于稀硫酸立即发生歧化反应。CuO 是碱性氧化物，具有氧化性。$Cu(OH)_2$ 微显两性，易溶于酸，又溶于过量的浓碱溶液中。

Ag_2O 是共价型化合物，可溶于酸形成相应的盐，是一个中强氧化剂。

Au_2O_3 具有较强的氧化性。

② 盐类

a. 氯化亚铜　CuCl 的制备方法巧妙地运用了平衡移动原理。

b. 氯化铜　无水 $CuCl_2$ 为棕黄色固体，一般 $CuCl_2$ 的浓溶液呈黄绿色，是因为同时含有两种配离子：

$$\underset{\text{黄色}}{[CuCl_4]^{2-}} + 4H_2O \rightleftharpoons \underset{\text{蓝色}}{[Cu(H_2O)_4]^{2+}} + 4Cl^-$$

c. 硫酸铜和硫化铜　蓝色 $CuSO_4 \cdot 5H_2O$ 晶体，俗称胆矾。硫酸铜是制备其他铜化合物的重要原料。CuS 不溶于水也不溶于稀酸，但溶于热的稀 HNO_3 中，也溶于 KCN 溶液中。

d. 硝酸银　$AgNO_3$ 是唯一有用的可溶性银盐，为中强氧化剂。

③ 配合物

a. 铜的配合物

Cu^+ 常形成配位数为 2 的直线形配离子。

$[Cu(NH_3)_2]^+$ 及多数 Cu(Ⅰ) 的配合物溶液具有吸收 CO 和不饱和烃的能力。$[Cu(NH_3)_2]^+$ 在空气中易被氧化成深蓝色的 $[Cu(NH_3)_4]^{2+}$。

Cu^{2+} 更易形成配位数为 4 的配合物。在含 Cu^{2+} 的水溶液中加入过量氨水生成 $[Cu(NH_3)_4]^{2+}$，溶液中 Cu^{2+} 浓度越大，所形成的蓝色越深，据此原理，可在比色分析中测定铜的含量。

b. 银的配合物

Ag^+ 常形成配位数为 2 的直线形配合物。

分析化学中，鉴定 Cl^- 的过程是：在含 Cl^- 的溶液中先加入 Ag^+ 生成 AgCl 白色沉淀，然后将沉淀在浓氨水中溶解生成 $[Ag(NH_3)_2]^+$，最后在溶液中加入 HNO_3，又有白色沉淀析出。

$[Ag(NH_3)_2]^+$ 具有氧化性。

c. 金的配合物

Au(Ⅲ) 多形成配位数为 4 的平面四方形配合物。金溶于王水形成 $H[AuCl_4]$，是因为 Au(Ⅲ) 形成了配合物，降低了 Au(Ⅲ)/Au 电对的电极电势，金的还原性增强。同样的原因，金也可以和 Cl_2、Br_2 反应。$K[Au(CN)_2I_2]$ 固体溶于水时发生分解反应形成 I_2，可用于金的碘量法测定。Au(Ⅲ) 具有强氧化性。

Au(Ⅰ) 容易形成配位数为 2 的直线形配合物。

许多生成金的配合物的反应都可以用于从矿石中提金。

④ Cu(Ⅰ) 和 Cu(Ⅱ) 的相互转化

酸性溶液中 Cu(Ⅰ) 容易发生歧化反应，而要使 Cu(Ⅱ) 转化为 Cu(Ⅰ) 发生逆歧化反应需要满足：有还原剂存在（如单质铜）；利用平衡移动原理降低溶液中 Cu^+ 的浓度，如使 Cu^+ 以难溶物或难解离的配合物存在。

14.2.2 锌、镉、汞

(1) 单质的性质和用途

锌、镉、汞的熔点和沸点都比较低，汞是室温下唯一的液态金属。

锌是两性金属，溶于酸生成锌盐，溶于强碱溶液生成锌酸盐。镉化学性质和锌相似，但活性稍差。锌和镉在潮湿空气中表面缓慢氧化成一层致密薄膜从而保护下面的金属。汞能溶解一些金属而形成汞齐。汞能直接和氧、氯、溴、碘、硒等化合。汞有 +1 氧化态的化合物，以双聚离子 Hg_2^{2+} 出现。

(2) 锌、镉、汞的重要化合物

① 氧化物和氢氧化物

锌、镉、汞的氧化物和氢氧化物都是共价型化合物，共价性以汞的化合物更为显著。ZnO 显两性，CdO、HgO、Hg_2O 显碱性。热稳定性按 ZnO、CdO、HgO、Hg_2O 顺序减小。$Zn(OH)_2$ 显两性，溶于强酸生成锌盐，溶于强碱生成锌酸盐。

② 盐类

a. 氯化锌　氯化锌的浓溶液中，由于生成配位酸而有显著酸性，它能溶解金属氧化物。

b. 氯化汞　$HgCl_2$ 为共价化合物，在水中微量水解，在氨水中氨解，在酸性溶液中有氧化性。

c. 氯化亚汞　Hg_2Cl_2 俗称甘汞，化学上用以制造甘汞电极。Hg_2Cl_2 与氨水反应可生成氯化氨基汞和金属汞，沉淀是灰色的，这个反应用于检验 Hg_2^{2+}。

d. 硝酸汞和硝酸亚汞　都是离子型化合物。在 $Hg(NO_3)_2$、$Hg_2(NO_3)_2$ 溶液中加入适量 KI，都产生碘化物沉淀，KI 过量则形成无色 $[HgI_4]^{2-}$ 配离子。

e. 奈斯勒试剂　$[HgI_4]^{2-}$ 的碱性溶液称为奈斯勒试剂，是鉴定 NH_4^+ 的特效试剂。

f. 硫化物　往 Zn^{2+}、Cd^{2+}、Hg^{2+} 的溶液中通入 H_2S 时，都会生成相应的硫化物沉淀。

③ 配合物

锌族元素的 M^{2+} 常形成配位数为 4 的四面体配合物，它们的配合物一般无色。

Zn^{2+}、Cd^{2+} 与氨水反应能生成稳定的氨合物，Hg^{2+} 只有当过量铵盐存在时才生成氨配合物。Zn^{2+}、Cd^{2+}、Hg^{2+} 与 KCN 均能生成稳定的氰合物。

Hg^{2+} 卤合物稳定性的顺序为 $[HgI_4]^{2-} > [HgBr_4]^{2-} > [HgCl_4]^{2-}$。

④ Hg(Ⅰ) 和 Hg(Ⅱ) 的相互转化

Hg(Ⅱ) 化合物用单质汞还原，可以方便地得到 Hg_2^{2+} 化合物。而要使 Hg(Ⅰ) 转化为 Hg(Ⅱ)，则利用平衡移动原理，降低 Hg^{2+} 在溶液中的浓度，使之生成某些难溶物或难解离的配合物。

14.2.3　稀土元素

(1) 稀土元素在自然界中的分布和存在状态

镧系元素与同族的钪和钇因性质的相似常共生于自然界，且其氧化物及氢氧化物均为难溶于水的碱性物质，因而将这 17 个元素合称为稀土元素。镧系元素常用 Ln 表示，稀土元素常用 RE 表示。在稀土矿物中稀土元素主要以氟化物、磷酸盐、碳酸盐、硅酸盐及氧化物等存在。

(2) 镧系元素的电子层结构和性质

+3 氧化态是所有镧系元素在固体化合物中和在水溶液中的特性。铈、镨、铽和镝可以形成氧化态为+4 的化合物，钐、铕、铥和镱可以形成氧化态为+2 的化合物，但没有+3 氧化态稳定。由于 Ln^{3+} 的电子构型十分相似，离子所带电荷相同，而离子半径相差不大，致使 Ln^{3+} 在水溶液中的性质极为相似，其离子化合物的性质也很接近，所以造成分离上的困难。稀土元素在矿物中一般以离子化合物形式存在，而且是共生的。

(3) 单质的性质和用途

稀土元素单质都是典型的金属，化学性质比较活泼。

(4) 稀土元素的重要化合物

① 氧化物和氢氧化物　RE_2O_3 都具有碱性，其碱性随原子序数的增加由 La 到 Lu 而递减，难溶于水，易溶于酸。$RE(OH)_3$ 都是离子型碱性氢氧化物，其碱性由 $La(OH)_3$ 到 $Lu(OH)_3$ 递减。

② 盐类　重要的 RE(Ⅲ) 盐有卤化物、硫酸盐、硝酸盐和草酸盐。

③ 配合物　RE^{3+} 与某些螯合配体可形成稳定的螯合物。

14.2.4　金属原子簇

原子簇是含有三个或三个以上互相键合或极大部分互相键合的金属原子的配合物。它们分子中的骨架原子间以离域的多中心键（原子簇键）相互直接键合，立体构型大多是三角多面体或缺顶三角多面体。直接键合的 M—M 键是原子簇化合物与普通多核配合物的主要区别。

(1) 金属原子簇中的 M—M 键

① 金属原子簇中的成键方式　金属原子簇中，金属原子直接以 M—M 键键合成簇，成簇的金属原子一般通过端基、边桥基、面桥基三种方式与配体键合。

② 影响 M—M 键形成的因素　当金属原子具有较低的氧化态和适宜的价轨道，并存在适宜的配体时，才有可能形成含 M—M 键的原子簇。

③ 存在 M—M 键的特征　可以根据键长、磁矩变化和键能等特征来判断 M—M 键的存在。

(2) 金属原子簇的分类

金属原子簇有多种分类方法。可以根据分子中成簇金属原子的数目分；根据成簇金属原子的异同分类，可分为同核簇和异核簇；根据金属原子簇配体的不同分类，常见的有羰基原子簇、卤素原子簇和有机配体原子簇等。

(3) 金属原子簇的结构

金属原子簇的结构随骨架金属原子数目不同而变化。三核原子簇中三个金属原子通常构成三角形骨架；四核原子簇中的成簇金属原子常组成四面体或变形的四面体结构；五核原子簇中的成簇金属原子主要形成三角双锥和四方锥两种骨架结构；六核原子簇骨架可形成规则八面体和变形八面体及五角锥结构；六核以上的金属原子簇结构较为复杂，有的以八面体结构为基础，如单冠八面体结构，有的形成立方体和三棱柱等非三角形面多面体。

可用 Wade 规则预测以三角形面多面体为基础的金属原子簇的空间构型。骨架成键电子对 $b=\frac{1}{2}$（金属原子簇的价电子总数$-12n$），其中，原子簇的价电子总数＝金属的价电子数＋配体提供的电子数＋簇合物负电荷数，n 为骨架金属原子数。

(4) 金属原子簇的应用

金属原子簇因其特殊的氧化还原性能、电子迁移性能、导电性能、催化性能和磁学性能等，具有某些潜在的应用价值，如可作为活性高、选择性好的新型催化剂，对生命科学的发展有重要意义，还是新型的无机固体材料。

14.3 同步例题

例 1. 解释为什么 $CuSO_4 \cdot 5H_2O$ 呈蓝色；$[Cu(NH_3)_4]^{2+}$ 呈深蓝色；$CuCl_2$ 的浓溶液呈绿色，很浓的溶液呈黄绿色，而稀的 $CuCl_2$ 溶液则呈蓝色。

解：分子或离子的基态能量和各种激发态能量之差在可见光区的范围（$\Delta E=1.7\sim3.1eV$）内，当物质吸收可见光后，分子或离子中价电子就从基态跃迁到激发态，这时物质就呈现颜色。ΔE 越小，吸收光波数越小，观察到的颜色越趋向紫光。

Cu^{2+} 为 d^9 构型，形成的 $[Cu(H_2O)_4]^{2+}$ 吸收能量较小的红、黄光而呈现蓝色；$[Cu(NH_3)_4]^{2+}$ 由于 NH_3 分子产生较强的配体场，引起吸收带向红区的中间移动，所以为深蓝色；$[CuCl_4]^{2-}$ 为黄色，它吸收了能量较高的蓝、紫光。$CuCl_2$ 的浓溶液呈绿色是由黄色的 $[CuCl_4]^{2-}$ 和蓝色的 $[Cu(H_2O)_4]^{2+}$ 所组成的复合色；很浓的溶液相应颜色加深呈黄绿色；稀的 $CuCl_2$ 溶液则呈现 $[Cu(H_2O)_4]^{2+}$ 的蓝色。

例 2. SCN^- 作为配体时，有时以 S 原子配位，如 $[Hg(SCN)_4]^{2-}$，有时以 N 原子配位，如 $[Fe(NCS)_n]^{3-n}$，解释原因。

解：S 和 N 分别为软、硬碱，Hg^{2+} 和 Fe^{3+} 分别为软、硬酸，它们的结合服从硬软酸碱原则。

例 3. 在含配离子 A 的溶液中加入稀盐酸，有黄色沉淀 B、刺激性气体 C 和白色沉淀 D 生成。气体 C 能使 $KMnO_4$ 溶液褪色。若将氯气通到溶液 A 中，则得到白色沉淀 D 和含 E 的溶液。E 和 $BaCl_2$ 作用，有不溶于酸的白色沉淀 F 生成。若在 A 溶液中加入 KI 溶液，产生黄色沉淀 G，再加入 NaCN 溶液，黄色沉淀 G 溶解形成无色溶液 H。试确定 A、B、C、D、E、F、G、H 各为何物，并写出相关的反应方程式。

解： A：$[Ag(S_2O_3)_2]^{3-}$　B：S　C：SO_2　D：AgCl　E：SO_4^{2-}

F：$BaSO_4$　G：AgI　H：$[Ag(CN)_2]^-$

相关反应为：$[Ag(S_2O_3)_2]^{3-}+4H^++Cl^- \longrightarrow 2S\downarrow+2SO_2\uparrow+AgCl\downarrow+2H_2O$

$5SO_2+2KMnO_4+2H_2O \longrightarrow K_2SO_4+2MnSO_4+2H_2SO_4$

$[Ag(S_2O_3)_2]^{3-} \rightleftharpoons Ag^++2S_2O_3^{2-}$

$S_2O_3^{2-}+4Cl_2+5H_2O \longrightarrow 2SO_4^{2-}+10H^++8Cl^-$

$Ag^++Cl^- \longrightarrow AgCl\downarrow$

$Ba^{2+}+SO_4^{2-} \longrightarrow BaSO_4\downarrow$

$[Ag(S_2O_3)_2]^{3-}+I^- \longrightarrow AgI\downarrow+2S_2O_3^{2-}$

$AgI+2CN^- \longrightarrow [Ag(CN)_2]^-+I^-$

例 4. NH_4Cl 溶液可否用于分离 $[Al(OH)_4]^-$ 与 $[Zn(OH)_4]^{2-}$？请加以解释。

解： NH_4Cl 溶液可用于分离 $[Al(OH)_4]^-$ 与 $[Zn(OH)_4]^{2-}$。NH_4Cl 为弱酸，可中和部分 OH^-，使 $[Al(OH)_4]^-$ 反应生成 $Al(OH)_3$ 沉淀，而 $[Zn(OH)_4]^{2-}$ 可与 NH_3 形成配离子，反应如下：

$$[Al(OH)_4]^-+NH_4^+ \longrightarrow Al(OH)_3+NH_3+H_2O$$

$$[Zn(OH)_4]^{2-}+4NH_4^+ \longrightarrow [Zn(NH_3)_4]^{2+}+4H_2O$$

例 5. 选用一种铜的化合物为原料，最终制出 CuCl，写出有关的反应式。

解： 当 SO_2 通入 $CuSO_4$ 与 NaCl 的浓溶液中时，SO_2 作还原剂，在 NaCl 存在下，可将 Cu(Ⅱ) 还原成 Cu(Ⅰ)，析出 CuCl 白色沉淀：

$$2Cu^{2+}+SO_2+2Cl^-+2H_2O \longrightarrow 2CuCl\downarrow+SO_4^{2-}+4H^+$$

例 6. 某氧化物 A 为一黑色粉末状物质，在加热的情况下与 NH_3 反应生成一种红色物质 B 及氮气；将 A 溶于热浓盐酸中，可得一绿色溶液 C；将 B 与 C 一起煮沸，逐渐变成土黄色 D；在热的溶液 C 中加入适量 KCN，可得到白色沉淀 E，并有气体放出；当 KCN 过量时，沉淀溶解，得一无色溶液 F。试判断 A、B、C、D、E、F 各为何物？并写出有关反应方程式。

解： A：CuO　B：Cu　C：$CuCl_2$　D：$H[CuCl_2]$　E：CuCN　F：$K[Cu(CN)_2]$

相关反应为：$3CuO(A)+2NH_3 \longrightarrow 3Cu(B)+N_2\uparrow+3H_2O$

$CuO+2HCl \longrightarrow CuCl_2(C)+H_2O$

$Cu+CuCl_2 \longrightarrow 2CuCl$

$CuCl+HCl(浓) \longrightarrow H[CuCl_2](D)$

$2CuCl_2+4KCN \longrightarrow 2CuCN(E)+(CN)_2\uparrow+4KCl$

$CuCN+KCN \longrightarrow K[Cu(CN)_2](F)$

例 7. 稀土元素为什么要保存在煤油中？

解： 稀土元素是典型的金属元素，它们的金属活泼性仅次于碱金属和碱土金属，易被空气中的 O_2 氧化，易和水反应，但不与煤油作用，因此可以在煤油中保存。

14.4 思考题习题选解

思考题

7. 解释下列实验事实。

(1) $CuCl_2$ 浓溶液加水稀释时，溶液颜色由黄色经绿色而变成蓝色；

(2) 焊接金属时，常先用浓 $ZnCl_2$ 溶液处理金属表面；

(3) HgS 不溶于盐酸、HNO_3 和 $(NH_4)_2S$ 而能溶于王水或 Na_2S 中。

解： (1) $CuCl_2$ 在浓溶液时呈黄色是配离子 $[CuCl_4]^{2-}$ 的颜色，加水稀释溶液颜色经绿色而变成蓝色，蓝色是配离子 $[Cu(H_2O)_4]^{2+}$ 的颜色，两种配离子共存时溶液显绿色。

(2) 氯化锌的浓溶液中，由于生成配位酸而有显著酸性，它能溶解金属氧化物：

$$ZnCl_2 + H_2O \xrightarrow{\text{浓溶液}} H[ZnCl_2(OH)]$$

$$Fe_2O_3 + 6H[ZnCl_2(OH)] \longrightarrow 2Fe[ZnCl_2(OH)]_3 + 3H_2O$$

焊接前用其清除金属表面的氧化物时不损害金属表面，由于水分蒸发后，熔盐会紧紧覆盖在金属表面使之与外界隔绝，所以能保证金属焊接处比较牢固。

(3) HgS 的溶度积极小，在强酸或氧化性酸中均不溶解，在王水中，不仅受到氧化，还生成 $[HgCl_4]^{2-}$ 促进溶解；Na_2S 溶液中有足量的 S^{2-}，与 Hg^{2+} 结合成 $[HgS_2]^{2-}$，使 HgS 溶解。$(NH_4)_2S$ 溶液中无足够的 S^{2-}。

12. 金属原子簇与普通多核配合物有何本质区别？其结构有何特点？试举例说明。

解： 金属原子簇是含有三个或三个以上互相键合或极大部分互相键合的金属原子的配合物。

直接键合的 M—M 键是原子簇化合物与普通多核配合物的主要区别。金属原子簇是含金属-金属键的特殊多核配合物，而普通多核配合物不含金属-金属键，普通多核配合物还属于维尔纳式配合物，金属原子的联接完全是通过桥联基团实现的。如：$Fe_3(CO)_{12}$ 含 Fe—Fe 键，为金属原子簇；而 $[Fe_3(OH)_4(H_2O)_{10}]^{5+}$ 是三核配合物，Fe^{3+} 靠羟桥键联接，无 Fe—Fe 金属键，故不是金属原子簇。

金属原子簇的结构特点是：分子为空心三角多面体构型；分子中含多中心键；含金属-金属键。

13. 为什么金属 Tc、Re、Ru、Ir 易形成羰基原子簇？

解： Tc、Re、Ru、Ir 为ⅦB 族和Ⅷ族第二、第三过渡系的元素，形成簇合物时中心原子上有高的价层电子密度。羰基既有可以向金属原子配位的孤电子对，又有空的 π 轨道，可以从富有电子的金属 Tc、Re、Ru、Ir 接受电子密度生成反馈 π 键，加强成键作用，所以金属 Tc、Re、Ru、Ir 易形成羰基原子簇。

习题

4. 某一化合物溶于水得一浅蓝色溶液 A。在 A 溶液中加入 NaOH 可得蓝色沉淀 B，B 能溶于 HCl 溶液，也能溶于氨水。A 溶液中通入 H_2S，有黑色沉淀 C 生成，C 难溶于盐酸而易溶于热的 HNO_3 中。在 A 溶液中加入 $Ba(NO_3)_2$ 溶液，无沉淀产生，而加入 $AgNO_3$ 溶液时有白色沉淀 D 生成，D 溶于氨水。试判断 A、B、C、D 各为何物？写出有关的反应方程式。

解： 该化合物为 $CuCl_2 \cdot 2H_2O$。

A：$[Cu(H_2O)_4]^{2+}$（浅蓝色）$+ Cl^-$（无色）　B：$Cu(OH)_2$　C：CuS　D：AgCl

相关反应为：$[Cu(H_2O)_4]^{2+} + 2OH^- \longrightarrow Cu(OH)_2 \downarrow + 4H_2O$

$Cu(OH)_2 + 2HCl \longrightarrow CuCl_2 + 2H_2O$

$Cu(OH)_2 + 4NH_3 \longrightarrow [Cu(NH_3)_4]^{2+} + 2OH^-$

$[Cu(H_2O)_4]^{2+} + H_2S \longrightarrow CuS \downarrow + 2H^+ + 4H_2O$

$3CuS + 8HNO_3 \longrightarrow 3Cu(NO_3)_2 + 3S \downarrow + 2NO \uparrow + 4H_2O$

$AgCl(s) + 2NH_3 \longrightarrow [Ag(NH_3)_2]^+ + Cl^-$

7. 一无色溶液，①加入氨水时有白色沉淀生成；②若加入稀碱则有黄色沉淀生成；③若滴加 KI 溶液，先析出橘红色沉淀，当 KI 过量时，橘红色沉淀消失；④若在此无色溶液中加入数滴汞并振荡，汞逐渐消失，此时再加入氨水得灰黑色沉淀。问此无色溶液中含有哪种化合物？写出有关反应方程式。

解： 由题意可判断无色溶液中含有 $Hg(NO_3)_2$。

① $2Hg(NO_3)_2 + 4NH_3 + H_2O \longrightarrow [O\langle^{Hg}_{Hg}\rangle NH_2]NO_3 \downarrow + 3NH_4NO_3$

白色

② $Hg^{2+} + 2OH^- \longrightarrow HgO \downarrow$（黄色）$+ H_2O$

③ $Hg^{2+} + 2I^- \longrightarrow HgI_2 \downarrow$（橘红色）

$HgI_2 + 2I^-$（过量）$\longrightarrow [HgI_4]^{2-}$（无色）

④ $Hg^{2+} + Hg(l) \longrightarrow Hg_2^{2+}$

$2Hg_2(NO_3)_2 + 4NH_3 + H_2O \longrightarrow [O\langle^{Hg}_{Hg}\rangle NH_2]NO_3 \downarrow + 2Hg \downarrow + 3NH_4NO_3$

白色　　黑色

12. 应用 Wade 规则预测下列化合物的结构类型：

$[Co_6(CO)_{14}]^{4-}$，$[(\eta^5\text{-}C_5H_5)Fe(CO)]_4$，$[Rh_7(CO)_{16}]^{3-}$

解： 金属原子簇的骨架成键电子对数

$b = \frac{1}{2}$（金属的价电子数＋配体提供的电子数＋簇合物负电荷数－$12n$）

$[Co_6(CO)_{14}]^{4-}$：$b = \frac{6\times9+14\times2+4-6\times12}{2} = 7$

$b = n+1$　　所以 $[Co_6(CO)_{14}]^{4-}$ 为闭型八面体

$[(\eta^5\text{-}C_5H_5)Fe(CO)]_4$：$b = \frac{8\times4+5\times4+2\times4-12\times4}{2} = 6$

$b = n+2$　　所以 $[(\eta^5\text{-}C_5H_5)Fe(CO)]_4$ 是巢型三角双锥，即四面体

$[Rh_7(CO)_{16}]^{3-}$：$b = \frac{7\times9+16\times2+3-7\times12}{2} = 7$

$b = n$　　所以 $[Rh_7(CO)_{16}]^{3-}$ 为单加冠闭型八面体

13. 经 IR 光谱分析，$Rh_6(CO)_{16}$ 分子中有 12 个端基 CO 配体和四个面桥基 CO 配体，试根据 Wade 规则说明 $Rh_6(CO)_{16}$ 的立体结构。

解： Rh 的价电子：$4d^85s^1$，$b = \frac{1}{2}(9\times6+2\times16-12\times6) = 7 = n+1$　　闭型八面体

Rh_6 组成八面体骨架，12 个 CO 和 6 个 Rh 原子以端基结合，每个 Rh 原子端接 2 个

CO；4 个 CO 处于八面体对称的 4 个三角形面上以面桥基结合。

14.5 思考题

14-1 是非题

(1) 锌盐、镉盐、汞盐在过量氨水中反应均生成氨合物。

(2) 配合物$[Cu(en)_2]^{2+}$比$[Cu(NH_3)_4]^{2+}$稳定，而$[Ag(en)]^+$却不如$[Ag(NH_3)_2]^+$稳定。

(3) 在 $[Cu(NH_3)_4]SO_4$ 溶液中，存在配离子的形成解离平衡，若加入氨水，平衡向解离方向移动。

(4) KI 能使 $[Ag(NH_3)_2]^+$溶液产生沉淀，而 KCl 则不能。

(5) 难溶的金之所以能溶于王水和碱金属氰化物，是因为金离子形成了配合物而使单质的还原性增强所致。

(6) 锌、镉、汞物理性质最显著的特点是它们的熔点和沸点都比较低。

(7) 汞能溶解一些金属而形成汞齐。

(8) 稀土元素的硫酸盐都易溶于水。

(9) Cu^+不能发生歧化反应。

(10) 稀土元素在自然界中常以共生态存在。

14-2 选择题

(1) 比较下列各对配离子的稳定性，不正确的是（　　）。

A. $[HgCl_4]^{2-}<[HgI_4]^{2-}$　　B. $[AlF_6]^{3-}>[AlBr_6]^{3-}$

C. $[Al(OH)_4]^-<[Zn(OH)_4]^{2-}$　　D. $[Ag(en)]^+<[Ag(NH_3)_2]^+$

(2) 在银的下述卤素配合物中，最稳定的是（　　）。

A. $[AgF_2]^-$　　B. $[AgCl_2]^-$　　C. $[AgBr_2]^-$　　D. $[AgI_2]^-$

(3) 下列各配离子中，几何构型为四面体的是（　　）。

A. $[PtCl_4]^{2-}$　　B. $[PtCl_3(C_2H_4)]^-$　　C. $[Zn(NH_3)_4]^{2+}$　　D. $[CuCl_4]^{2-}$

(4) 下列试剂中不能区分锌盐和镁盐的是（　　）。

A. NaOH　　B. 氨水　　C. H_2S　　D. NaCl

(5) 在 $SnCl_2$ 溶液中滴加少量 $HgCl_2$，最终出现沉淀的颜色是（　　）。

A. 白色　　B. 黑色　　C. 棕色　　D. 黄色

(6) 下列氢氧化物中，碱性最强的是（　　）。

A. $Sc(OH)_3$　　B. $La(OH)_3$　　C. $Ce(OH)_3$　　D. $Sm(OH)_3$

(7) 下列物质中不能氧化 HBr 的是（　　）。

A. CeO_2　　B. MnO_2　　C. MoO_3　　D. $K_2Cr_2O_7$

(8) 下列离子中半径最小的是（　　）。

A. Lu^{3+}　　B. Ce^{3+}　　C. Eu^{3+}　　D. Yb^{3+}

14-3 填空题

(1) 金属铜可与许多金属形成合金，黄铜是__________合金，白铜是__________合金，青铜是__________合金。

(2) CuS 溶于 KCN 溶液中的反应为____________________，在这一反应中 CN^-既是__________剂，又是__________剂。

(3) $HgCl_2$ 属于__________电解质，其俗名是__________，分子构型为__________，

中心原子的杂化方式为________杂化。

(4) __________俗称镉黄，被用于研究太阳能电池。

(5) Au、Pt 可用________溶解，Au 溶解所涉及的反应为____________________。

(6) 镧系元素是指从________号到________号的元素。

(7) 镧系元素原子半径递变过程中出现极大值的两种元素是________和________。

(8) Cu^{+} 可与 SCN^{-}、Cl^{-}、I^{-}、$CS(NH_2)_2$ 和 NH_3 等形成配合物，按形成配合物稳定性增强的顺序，排列配体的顺序为____。

(9) $[Ag(S_2O_3)_2]^{3-}$ 的 $K_{稳}=a$，$[AgCl_2]^{-}$ 的 $K_{稳}=b$，则反应 $[Ag(S_2O_3)_2]^{3-}+2Cl^{-} \longrightarrow [AgCl_2]^{-}+2S_2O_3^{2-}$ 的平衡常数是____________。

(10) 用氰化法从矿砂中提取金的反应方程式为________________________________和____。

(11) 应用 Wade 规则预测 $H_2Ru_6(CO)_{18}$ 的结构类型，骨架成键电子对数 $b=$______，骨架结构为____________________。

14-4 周期系中除碱金属外，其他金属离子均易形成稳定的螯合物，螯合物在生产、科研、生活中有广泛的应用，请总结本教材中出现的螯合物，查找资料了解它们的相关应用。

自我检测题

14-1 选择题

(1) 废弃的 CN^{-} 溶液不能倒入（　　）。

A. 含 Fe^{2+} 的废液中　　B. 含 Fe^{3+} 的废液中

C. 含 Cu^{2+} 的酸性废液中　　D. 含 NaClO 的废液中

(2) 在最稳定的 $[HgX_4]^{2-}$ 配离子中，X^{-} 应为（　　），解释此稳定性的理论为（　　）。

A. F^{-}　　B. Cl^{-}　　C. Br^{-}　　D. I^{-}

E. 价层电子对互斥理论　　F. $6s^2$ 惰性电子对效应

G. 硬软酸碱原则　　H. 对角线规则

(3) 下列各种用特殊试剂鉴定离子的方法中，不正确的是（　　）。

A. Ni^{2+} 用丁二肟　　B. NH_4^{+} 用奈斯勒试剂

C. Cu^{2+} 用赤血盐　　D. PO_4^{3-} 用钼酸铵

(4) 下列金属离子中，与过量氨水形成配合物的倾向最小的是（　　）。

A. Cd^{2+}　　B. Fe^{3+}　　C. Ni^{2+}　　D. Zn^{2+}

(5) CO 之所以与零或低氧化态金属有很强的配位能力，主要原因是（　　）。

A. CO 是强的电子对给予体　　B. CO 与金属原子之间的排斥力小

C. CO 有强烈的极化作用　　D. 增加了形成 π 键的机会

(6) 已知某溶液中含有 Fe^{3+}、Cr^{3+}、Zn^{2+}、K^{+}、Cl^{-}，加入过量的 NaOH 溶液将导致（　　）。

A. 溶液外观无变化　　B. 无沉淀，不冒泡

C. 红棕色沉淀和绿色的溶液　　D. 绿色的沉淀和红棕色的溶液

(7) 下列离子与过量 KI 溶液反应只能得到澄清的无色溶液的是（　　）。

A. Cu^{2+}　　B. Fe^{3+}　　C. Hg^{2+}　　D. Hg_2^{2+}

(8) 长久暴露于潮湿空气中的铜材，表面会形成一层绿色的铜锈，其组成是（　　）。

A. $Cu(OH)_2$　　B. $CuCO_3$　　C. $Cu_2(OH)_2CO_3$　　D. CuS

(9) 某黄色固体化合物，不溶于热水，溶于热的稀盐酸生成一橙红色溶液，当所得溶液冷却时，有一白色沉淀析出，加热该溶液后白色沉淀又消失，此化合物是（　）。

A. $Fe(OH)_3$　　B. AgBr　　C. $PbCrO_4$　　D. CdS

(10) 下列金属与相应的盐溶液能发生反应的是（　）。

A. Cu 与 Cu^{2+}　　B. Hg 与 Hg^{2+}　　C. Zn 与 Zn^{2+}　　D. Mg 与 Mg^{2+}

14-2　填空题

(1) 锌族元素的氧化物，其热稳定性由大到小的顺序是________。

(2) 在有 HgI_2 的饱和溶液中，加入 KI 固体，HgI_2 的沉淀将会____或____。有关反应为________。

(3) 在 $HgCl_2$ 溶液中，加入适量氨水，生成________，若在 NH_4Cl 存在下，加入过量氨水，则生成________。在 Hg_2Cl_2 溶液中加入氨水，生成________。

(4) 在 $Cu(OH)_2$、$Ni(OH)_2$、$Mn(OH)_2$ 和 $Cr(OH)_3$ 中，____和____是两性氢氧化物。

(5) 室温下，往含 Ag^+、Zn^{2+}、Cd^{2+}、Hg_2^{2+} 的可溶性盐溶液中各加入过量的 NaOH 溶液，主要产物分别为____，____，____和____。

(6) 锌与两性金属铝不同之处是与________能形成配离子而溶解，反应式为________________。

(7) 在 $AgNO_3$ 溶液中，加入 K_2CrO_4 溶液，生成________色________沉淀；离心分离后，将该沉淀加入氨水中生成________；然后再加入 KBr 溶液，生成________色的________沉淀；将该沉淀加入 $Na_2S_2O_3$ 溶液中，有________配离子生成。

(8) Au^{3+} 与卤离子形成 $[AuX_4]^-$，其稳定性由小到大的顺序为________。

(9) 在 $CdCl_2$ 溶液中加入 NaOH 溶液生成________沉淀，该沉淀溶于氨水中生成________。

(10) 配离子 $[Hg(CN)_4]^{2-}$、$[HgI_4]^{2-}$、$[HgCl_4]^{2-}$ 的稳定性由大到小的顺序为________，配离子 $[Ni(H_2O)_6]^{2+}$、$[Ni(NH_3)_6]^{2+}$、$[Ni(en)_3]^{2+}$ 的稳定性由大到小的顺序为________。

14-3　选用配位剂分别将下列各种沉淀溶解掉，并写出相应的方程式。

(1) CuCl；(2) $Cu(OH)_2$；(3) AgBr；(4) $Zn(OH)_2$；(5) CuS；(6) HgS；(7) HgI_2；(8) AgI；(9) CuI；(10) $Hg(NH_2)Cl$。

14-4　分别用一种试剂鉴别下列各组离子。

(1) Fe^{2+}-Fe^{3+}；(2) Ni^{2+}-Cr^{3+}；(3) Al^{3+}-Zn^{2+}。

14-5　汞曾经广泛应用于医药领域，查找资料了解历史上汞在医药领域的相关应用以及近年来汞在医药领域的应用大幅减少的情况。为什么汞在医药领域的应用大幅减少？

思考题参考解答

14-1　是非题

(1) 错

(2) 对　　en 与 Cu^{2+} 形成螯合物，稳定性大。Ag^+ 是 sp 杂化，en 与直线形的杂化轨道难以成键，故 $[Ag(en)]^+$ 不稳定。

(3) 错　(4) 对　(5) 对　(6) 对　(7) 对　(8) 对　(9) 错　(10) 对

14-2 选择题

(1) C (2) D (3) C (4) D (5) B (6) B (7) C (8) A

14-3 填空题

(1) Cu-Zn Cu-Ni-Zn Cu-Sn

(2) $2CuS+10CN^- \longrightarrow 2[Cu(CN)_4]^{3-}+(CN)_2\uparrow+2S^{2-}$ 配位 还原

(3) 弱 升汞 直线形 sp (4) CdS

(5) 王水 $Au+HNO_3+4HCl \longrightarrow H[AuCl_4]+NO\uparrow+2H_2O$

(6) 57 71 (7) Eu Yb

(8) $Cl^-<NH_3<SCN^-<I^-<CS(NH_2)_2$ (9) b/a

(10) $4Au+8CN^-+O_2+2H_2O \longrightarrow 4[Au(CN)_2]^-+4OH^-$

$2[Au(CN)_2]^-+Zn \longrightarrow 2Au\downarrow+[Zn(CN)_4]^{2-}$

(11) $b=n+1\left(b=\dfrac{6\times8+18\times2+2\times1-6\times12}{2}=7\right)$ 闭型八面体

14-4 **解题思路**：例如，氧原子对稀土离子有极强的配位能力，EDTA 和稀土离子形成配位数大于 6 的配合物如 $[La(OH_2)EDTAH]\cdot3H_2O$，可用于离子交换分离。

自我检测题参考答案

14-1 选择题

(1) C 因为发生反应：$2Cu^{2+}+4CN^- \longrightarrow 2CuCN\downarrow+(CN)_2\uparrow$；$H^++CN^- \longrightarrow HCN$

(2) D；G (3) C (4) B (5) D (6) C (7) C (8) C (9) C (10) B

14-2 填空题

(1) $ZnO>CdO>HgO>Hg_2O$ (2) 减少 消失 $HgI_2(s)+2I^- \longrightarrow [HgI_4]^{2-}$

(3) $Hg(NH_2)Cl$ $[Hg(NH_3)_4]Cl_2$ $Hg(NH_2)Cl$ 和 Hg (4) $Cu(OH)_2$ $Cr(OH)_3$

(5) Ag_2O $[Zn(OH)_4]^{2-}$ $Cd(OH)_2$ HgO 和 Hg($Hg_2^{2+}+2OH^- \longrightarrow HgO\downarrow+Hg\downarrow+H_2O$)

(6) 氨 $Zn+4NH_3+2H_2O \longrightarrow [Zn(NH_3)_4](OH)_2+H_2\uparrow$

(7) 砖红 Ag_2CrO_4 $[Ag(NH_3)_2]^+$ 淡黄 AgBr $[Ag(S_2O_3)_2]^{3-}$

(8) $[AuI_4]^-<[AuBr_4]^-<[AuCl_4]^-$ (9) $Cd(OH)_2$ $[Cd(NH_3)_4]^{2+}$

(10) $[Hg(CN)_4]^{2-}>[HgI_4]^{2-}>[HgCl_4]^{2-}$

$[Ni(en)_3]^{2+}>[Ni(NH_3)_6]^{2+}>[Ni(H_2O)_6]^{2+}$

14-3 **解**：(1) 浓盐酸，$CuCl(s)+HCl(浓) \longrightarrow H[CuCl_2]$

(2) 氨水，$Cu(OH)_2(s)+4NH_3 \longrightarrow [Cu(NH_3)_4]^{2+}+2OH^-$

(3) $Na_2S_2O_3$，$AgBr(s)+2S_2O_3^{2-} \longrightarrow [Ag(S_2O_3)_2]^{3-}+Br^-$

(4) 氨水，$Zn(OH)_2(s)+4NH_3 \longrightarrow [Zn(NH_3)_4]^{2+}+2OH^-$

(5) KCN，$2CuS(s)+10KCN \longrightarrow 2K_3[Cu(CN)_4]+2K_2S+(CN)_2\uparrow$

(6) 王水，$3HgS(s)+2HNO_3+12HCl \longrightarrow 3H_2[HgCl_4]+3S\downarrow+2NO+4H_2O$

Na_2S 溶液，$HgS(s)+Na_2S \longrightarrow Na_2[HgS_2]$

(7) KI，$HgI_2(s)+2I^- \longrightarrow [HgI_4]^{2-}$

(8) KCN，$AgI(s)+2CN^- \longrightarrow [Ag(CN)_2]^-+I^-$

(9) KCN，$CuI(s)+3CN^- \longrightarrow [Cu(CN)_3]^{2-}+I^-$

(10) 浓盐酸，$Hg(NH_2)Cl(s)+4HCl \longrightarrow H_2[HgCl_4]+NH_4Cl$

14-4 **解**：(1) KSCN，$Fe^{3+}+nSCN^{-} \longrightarrow [Fe(NCS)_n]^{3-n}$（血红色）

(2) 氨水，$Cr(OH)_3$ 为灰绿色沉淀　　$Ni^{2+}+6NH_3 \longrightarrow [Ni(NH_3)_6]^{2+}$（蓝色）

(3) 氨水，$Al^{3+} \longrightarrow Al(OH)_3$ 沉淀　$Zn^{2+} \longrightarrow [Zn(NH_3)_4]^{2+}$

14-5 **解题思路**：在医药上，例如，汞的合金和化合物曾用作补牙材料和杀菌、消毒等，由于其具有消毒、利尿和镇痛作用，也可用作治疗恶疮、疥癣药物的原料。2013 年 6 月，世界卫生组织推行了《全球医用汞消除计划》，目标在 2017 年全球减少 70％的汞柱血压计和温度计。2013 年 10 月对汞的使用、进出口贸易、排放等实行限制的《有关汞的水俣公约》获得通过，共有 92 个国家和地区签署此公约。汞是一种有毒金属，汞蒸气和汞盐（除了一些溶解度极小的如硫化汞）都是剧毒的。最危险的汞有机化合物是二甲基汞，仅几微升二甲基汞接触在皮肤上就可以致死。环境中任何形式的汞均可转化为剧毒的甲基汞，汞对环境的影响，最终都会转化为对植物、动物的影响，进而影响人类的健康，因此近些年汞及其化合物在医药工业的使用量大大减少，只有个别一些国家仍在使用。

第 15 章　有机化合物和有机化学

15.1　基本要求

了解有机物和有机化学；有机化合物的结构理论：经典结构理论、价键理论、分子轨道理论；有机化合物结构的表示方法、同分异构现象及同分异构体；有机化学反应的活性中间体；共价键的不同断裂方式；有机化学反应的分类及命名概要。

15.2　内容概要

15.2.1　有机化合物及其特点

现代有机化合物指含碳的化合物，绝大多数含有碳、氢两种元素，有的还含有氧、氮、卤素、硅、硫、磷或其他元素。

(1) 有机化合物结构的特点　有机化合物的结构包括构造、构型和构象。有机化合物中普遍存在同分异构现象，即具有同一分子式的分子，由于组成分子的各原子相互连接的方式、顺序不同或各原子在空间的相对位置不同，而形成性质不同的化合物。具有相同分子式，但结构和性质不同的化合物就称为同分异构体。同分异构现象是有机化合物种类繁多的一个主要因素。

(2) 有机化合物的一般共性　同无机化合物比较，有机化合物一般具有如下共同特征：热稳定性较差，受热易分解，易燃；熔点较低，一般在 300℃以下；难溶于水，易溶于非极性或弱极性溶剂；反应较慢，通常需要加热、光照或加入催化剂以加快反应的进行；反应时常伴有副反应发生，所得产物往往是复杂混合物。

15.2.2　有机化合物的结构理论

(1) 有机化合物的经典结构理论

① Kekulé（凯库勒）和 Couper（古柏尔）结构理论学说。

② Butlerov（布特利洛夫）结构学说。

③ Van’t Hoff（范霍夫）和 LeBel（勒贝尔）碳四面体学说。

(2) 有机化合物的价键理论　随着量子力学的发展，Heitler（海特勒）及 London（伦敦），基于薛定谔方程建立了现代价键理论。现代价键理论认为，共价键的形成是成键原子的原子轨道的相互交盖，结果是使体系能量降低，形成稳定的共价键。成键时，原子轨道交盖程度越大，形成的键越稳定。

1931 年，Pauling（鲍林）提出了杂化轨道理论，用来解释多原子分子的空间构型和性质，丰富和发展了现代价键理论。基本要点：能量相近的原子轨道之间可进行杂化，形成一组能量相等、成键能力更强的新的原子轨道，即杂化轨道，经杂化轨道成键后体系能量降低，可达到最稳定的分子状态。碳原子有 sp^3、sp^2 和 sp 三种常见杂化方式。

(3) 有机化合物的分子轨道理论　分子轨道理论认为：分子中的成键电子不是定域在两个成键原子之间，而是离域到整个分子中。电子在分子中的运动状态即分子轨道，用波函数

ψ 描述。分子轨道由原子轨道线性组合而成，波函数符号相同的两个原子轨道组合得到的分子轨道，其能量低于组合前的原子轨道，称为成键轨道；而波函数符号相反的两个原子轨道组合得到的分子轨道，其能量高于组合前的原子轨道，称为反键轨道。

电子在分子轨道中的排布同样遵守 Pauli 不相容原理、能量最低原理和 Hund 规则。

价键理论和分子轨道理论相互补充，用于解释有机化合物的结构、性质和反应性等，是认识有机化合物构效关系的重要工具。

15.2.3　有机化合物的结构表示和同分异构

(1) 有机化合物的结构表示　有机化合物的结构指组成分子的各原子相互连接的顺序和方式以及在空间排布的方式等，包括构造、构型和构象。原子在分子中成键的顺序称为构造；原子在分子中的空间排布方式称为构型；具有一定构造和构型的分子中基团绕单键旋转而形成的在空间的不同相对位置关系称为构象。构造式有下列几种常见表示方法：

价键式：以短线“—”表示形成共价键的一对电子，书写时分子中每个原子必须满足各自的化合价。

缩写式：省略掉价键式中表示共价键的短线；还可以进一步将重复的基团写在括号内，重复基团的数目写在括号外右下角。

键线式：省去碳、氢元素符号，将碳链的骨架画成锯齿形状表示碳原子的键角。如果主链上连有其他原子或基团，则必须标在键线上。

1-溴丁烷的三种构造式写法如下：

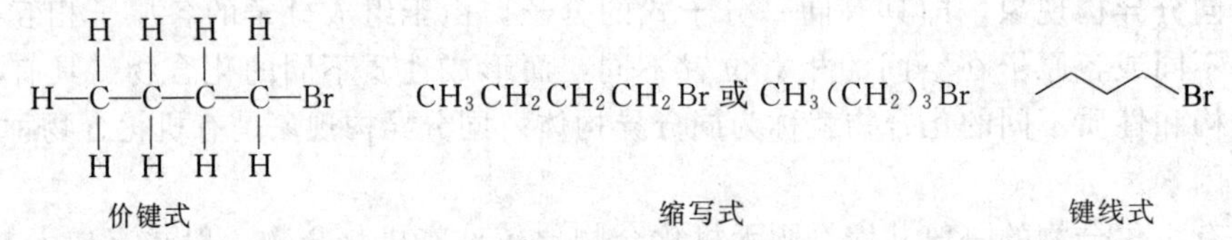

(2) 有机化合物的同分异构　有机化合物普遍存在同分异构现象，包括构造异构与立体异构，立体异构又分为构型异构和构象异构两种，更进一步的分类见下图。

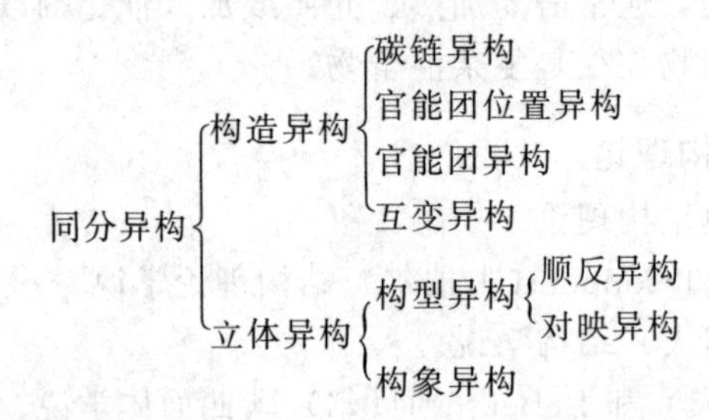

15.2.4　有机化学反应的中间体

多数有机化学反应在反应过程中要经历中间体的形成。中间体是活性大，却“寿命极短”的物种。最常见的中间体有碳正离子、碳负离子和碳自由基这三种类型。

(1) 碳正离子　碳正离子中的碳原子多采用 sp^2 杂化，形成的三个 sp^2 杂化轨道能分别与另外的三个原子或基团形成三个 σ 键，这三个 σ 键在同一平面上。未参与杂化的 p 轨道是空轨道，垂直于这个平面，如下图所示。

(2) 碳自由基　碳自由基多数采用 sp^2 杂化，与碳正离子相似形成平面结构，但与之不同的是：未参与杂化的 p 轨道上有一个电子，如下图所示。

(3) 碳负离子　碳负离子主要采用 sp^2 或 sp^3 杂化方式，形成角锥形或平面型，如下图所示：

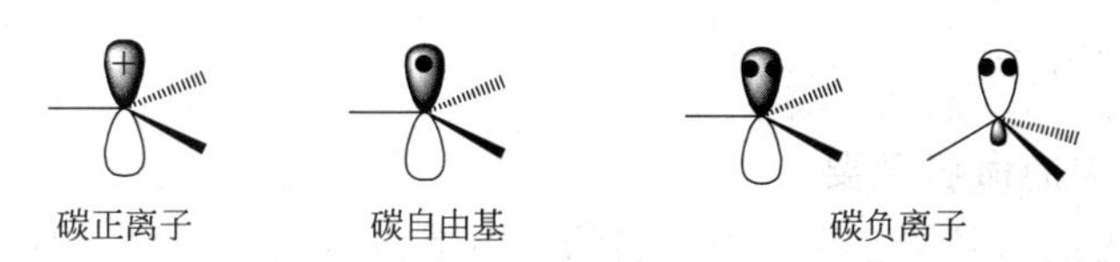

15.2.5 共价键的断裂方式和有机化学反应类型

(1) 共价键的断裂方式

① 共价键的均裂与自由基型反应　共价键的一种断裂方式是一对成键电子分别归属于两个原子或基团：

$$A \vdots\!\!:\; B \longrightarrow A\cdot + B\cdot$$

从而形成两个带单电子的原子或基团，这种断裂方式称为“均裂”。经均裂生成的带单电子的原子或基团均称为自由基（或游离基），经共价键均裂生成自由基而进行的反应称为自由基反应。

② 共价键的异裂与离子型反应　共价键的另一种断裂方式是一对成键电子完全归属于其中的一个原子或基团：

$$A \vdots : B \longrightarrow A^{+} + :B^{-}$$

从而形成一正、一负两个离子，这种断裂方式称为“异裂”。经共价键异裂生成正、负离子而进行的反应称为离子型反应。离子型反应中常把一种有机化合物叫底物，另一种物质叫试剂。若试剂本身缺电子（如正离子或路易斯酸），则在反应中进攻底物分子中电子云密度较大的反应中心（即富电子中心），并接受一对电子而与富电子中心形成共价键。这种在反应过程中接受外来电子对而成键的试剂称为亲电试剂。由亲电试剂进攻引发的反应称为亲电反应。若试剂具有孤对电子或为负离子，则在反应中进攻底物分子中电子云密度较小的反应中心（即缺电子中心），供给一对电子而与缺电子中心形成共价键。这种在反应过程中提供电子对而成键的试剂称为亲核试剂，由亲核试剂进攻而引发的反应称为亲核反应。

③ 协同反应　协同反应是指旧的共价键的断裂和新的共价键的生成同时进行，反应中不产生自由基或离子型中间体，一步完成。协同反应可以在光或热作用下发生，往往要经历一个环状过渡态。如双烯合成反应：

$$\text{(butadiene)} + \text{(ethylene)} \xrightarrow{\triangle} [\text{cyclic transition state}]^{\neq} \longrightarrow \text{(cyclohexene)}$$

(2) 有机化合物的分类

有机化合物一般采用以碳架或所含官能团为基础的两种方法进行分类。

① 按碳架分类　有机化合物分子中碳原子相互连接而形成的主体构架称为碳架或碳骼。按碳架结合方式的不同，可将有机化合物分为四类。

a. 脂肪族化合物（开链化合物）　脂肪族化合物中，碳原子连接成链状的骨架，可以是直链也可以具有支链，可以是饱和的也可以是不饱和的。

b. 脂环族化合物　脂环族化合物中，碳原子连接成环状的骨架，环上也可以具有支链。脂环族化合物也有饱和与不饱和之分。

c. 芳香族烃类化合物　芳香族化合物可分为苯系芳烃和非苯芳烃，它们都具有特殊的稳定性，即芳香性。

d. 杂环化合物　有些化合物环上除含碳原子外，还含有氧、氮、硫等杂原子，称为杂环化合物。

② 按官能团分类　官能团又称为功能团，是分子中最容易发生反应的原子或基团，也是分子中最重要的结构单元。它决定同类化合物的主要化学性质，故含有相同官能团的化合

物就具有相似的化学性质。

15.2.6　有机化合物的命名概要

有机化合物常见的命名法包括普通命名法（习惯命名法）、衍生物命名法、系统命名法以及俗名、商品名等命名法。

(1) 普通命名法　普通命名法简单方便，但只适合命名结构比较简单的有机化合物。普通命名法用甲、乙、丙、…、癸表示由一到十的简单化合物的碳原子数，十个碳以上则以十一、十二…表示。用“正”、“异”、“新”等字头区别不同的异构体。“正”（*n*）表示直链化合物；“异”（*i*）表示由链端碳计算，第二个碳原子上连有一个甲基，并且碳原子数在六个以内的结构；“新”（*neo*）表示由链端碳计算，第二个碳原子上连有两个甲基，并且碳原子数为五至六个的结构。

按照分子中碳原子上所连碳原子的不同数目（从一个到四个不等），碳原子可分为伯（1°）、仲（2°）、叔（3°）、季（4°）四类。碳原子所连的氢原子则相应称为伯（1°）氢、仲（2°）氢和叔（3°）氢，季碳上没有氢。

卤代烷、醇等化合物，根据卤素、羟基所连碳原子的类型也分为伯、仲、叔三类。

胺根据氮原子上连接的烷基数目（从一个到三个不等），分别称为伯胺、仲胺、叔胺，连有四个烷基时称为季铵盐或季铵碱。

醚的命名是将醚氧原子上所连的两个烃基名加上醚字即可。

酮的命名是将羰基上所连的两个烃基名加上酮字即可。

(2) 衍生物命名法　衍生物命名法以化合物同系列中最简单的一个同系物为母体，其余化合物均看作母体的衍生物。

(3) 系统命名法　1957年国际纯粹与应用化学联合会（IUPAC）正式颁布的命名法。

15.3　习题选解

1. 根据官能团将下列化合物归类，并写出类名。另外，再按碳骨架分类，写出类名。

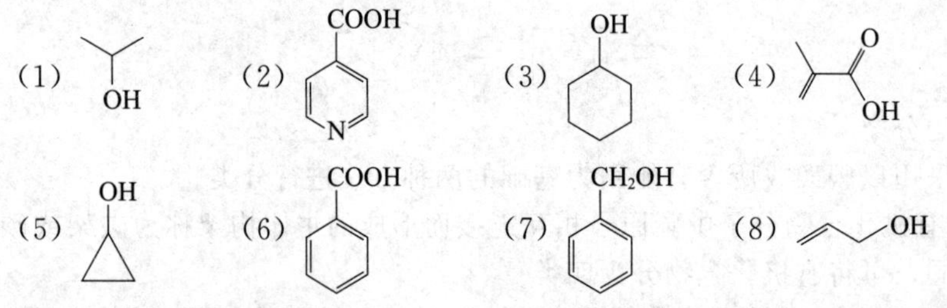

解：（1）醇；异丙醇　（2）羧酸；4-吡啶甲酸　（3）醇；环己醇
（4）羧酸；2-甲基丙烯酸　（5）醇；环丙醇　（6）羧酸；苯甲酸
（7）醇；苯甲醇　（8）醇；烯丙醇

2. 写出符合下列要求的各化合物的构造式

（1）分子式为 C_5H_{12}，但分子中仅含有一个叔氢的烷烃。

（2）分子式为 C_6H_{14}，但分子中含有伯氢和叔氢的烷烃。

（3）含有季碳和叔碳原子的分子量最小的烷烃。

解：（1）　（2）　（3）

3. 下列各构造式中哪些仅仅是书写方法不同，而实际为相同的化合物。

(1) $(CH_3)C(CH_3)_2CH_2CH_3$　　(2) $CH_3CH_2CH(CH_3)CH_2CH_3$

(3) $CH_3CH(CH_3)CH_2CH_2CH_3$　　(4) $(CH_3)_2CHCH_2CH_2CH_3$

(5) $CH_3CH_2CH_2CH(CH_3)CH_3$（CH 上连两个 CH_3）　　(6) $(CH_3CH_2)(CH_3CH_2)C(CH_3)H$

解: (2) 与 (6) 相同；(3) 与 (4)、(5) 相同。

4. 用普通命名法命名下列化合物

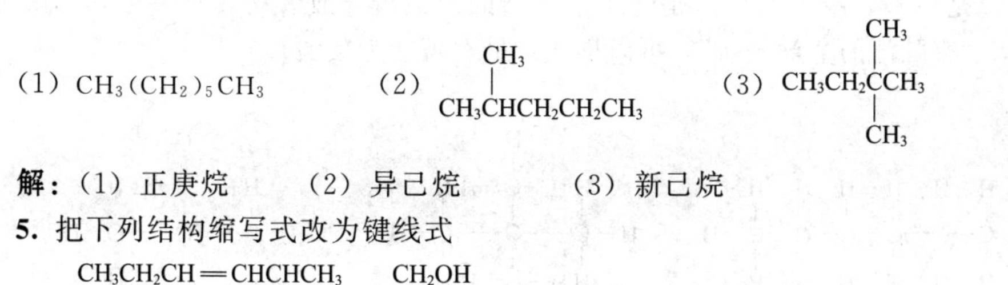

(1) $CH_3(CH_2)_5CH_3$　　(2) $CH_3CH(CH_3)CH_2CH_2CH_3$　　(3) $CH_3CH_2C(CH_3)_2CH_3$

解: (1) 正庚烷　　(2) 异己烷　　(3) 新己烷

5. 把下列结构缩写式改为键线式

(1) $CH_3CH_2CH{=}CHCH(CH_3)$—$CH_2CH_2CH_2CH(CH_2OH)CH_2CH_3$　　(2) $CH_3(CH_2)_3CH_2O(CH_2)_3CH_3$

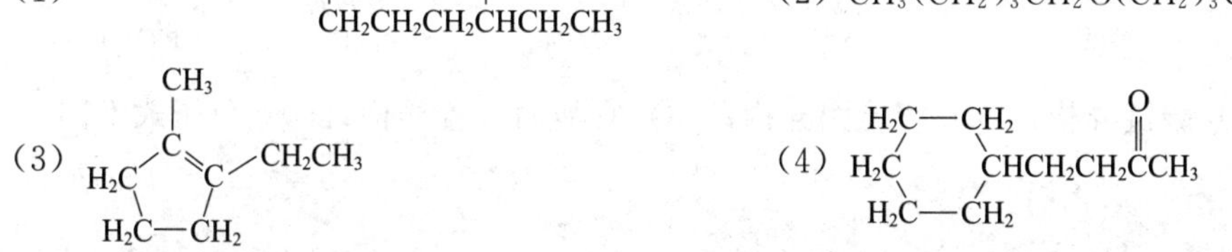

(3) 1-甲基-2-乙基环戊烯（H_2C、H_2C—CH_2 环，C 上连 CH_3，C 上连 CH_2CH_3）　　(4) 环己基—$CHCH_2CH_2C(=O)CH_3$

(5) $CH_3CH(CH_3)CH_2CH_2CH(CH_3)CH_2CH_2CH_3$　　(6) C_6H_5—$CH(CH_3)$—CH_2CH_3

解: (1)　(2)　(3)

(4)　(5)　(6)

15.4 思考题

15-1 列举你所了解的将无机物转变为有机物的方法。

15-2 从羊毛脂中分离出的有机化合物 X，有脏汗的辛辣气味。详细的分析显示：该化合物相对分子质量为 117，含有 62%的碳和 10.4%的氢。没有发现氮和卤素。(a) 请写出该化合物的分子式。(b) 对于这个分子式有许多可能的结构，写出其中四个完整的结构式。

15-3 以价键式写出正己烷、新戊烷和异丁烷的结构式，并标出各碳原子类别。

15-4 下列各组化合物是否是同分异构体，若为同分异构体，属于哪种异构情况？

(1) $CH_3(CH_2)_3CH_3$ 和 $CH_3C(CH_3)_2CH_3$

(2) $CH_3CH_2CH_2CH_2OH$ 和 $CH_3CH_2OCH_2CH_3$

(3) $CH_3COOCH_2CH_3$ 和 $CH_3CH_2COOCH_3$

（4） 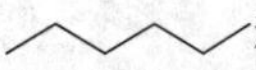 和

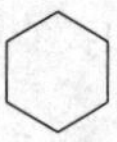

思考题参考答案

15-1 光合作用、氰酸铵加热转变为尿素、碳化钙与水反应生成乙炔、煤炭加氢液化、碳与氟气生成四氟化碳以及氨与二氧化碳生产尿素等。

15-2 该化合物还应含有氧元素，其分子式应为 $C_6H_{12}O_2$，不饱和度为 1。满足这样分子式的结构可以是羧酸、酯，也可以是含一个双键的醇或醚，或者是具有一个环的醇或醚（根据化合物 X“有脏汗的辛辣气味”，可以推测：最有可能为羧酸）。

15-3

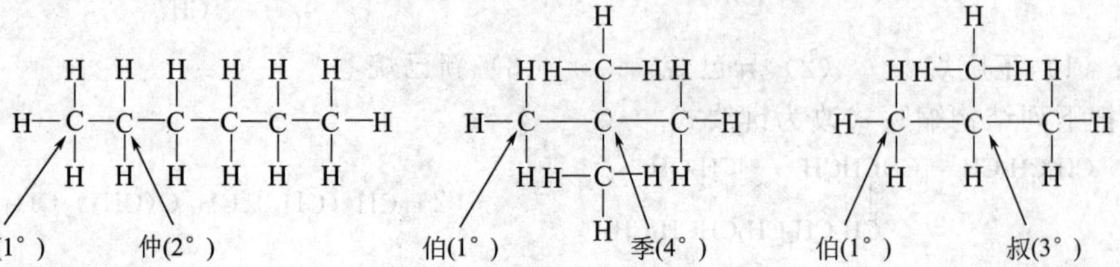

伯(1°) 仲(2°)　　伯(1°) 季(4°)　　伯(1°) 叔(3°)

15-4 （1）碳链异构；（2）官能团异构；（3）官能团位置异构；（4）分子式不同。

第16章 烷 烃

16.1 基本要求

掌握烷烃的分类、命名（普通命名法、掌握系统命名法），重要烷烃的中英文名称。掌握构象异构，能够画出简单烷烃（乙烷、丁烷）的极限式构象。了解烷烃的物理性质及变化规律。理解烷烃的化学性质及自由基卤代的历程。掌握自由基链反应机理的特点，自由基的相对稳定性，卤素的活性和选择性。理解烷烃的结构与化学惰性的关系。

重点： 烷烃系统命名法；简单烷烃（乙烷、丁烷）的极限式构象；烷烃的自由基取代反应历程。

难点： 烷烃的构象；自由基取代历程；自由基的稳定性。

16.2 内容概要

(1) 烷烃的分子结构和命名

① 烷烃的构造　烷烃碳原子为 sp^3 杂化，呈正四面体构型，键角 109.5°；烷烃只含有碳原子和氢原子，以 σ 键相连。烷烃通式为 C_nH_{2n+2}。

② 烷烃的构象　构象是指构造相同，由于 σ 键旋转，所形成的分子中各原子或基团在空间的不同排布。交叉式和重叠式构象是烷烃最稳定和最不稳定的极限构象。相对旋转 360°可以产生无数种构象。构象可用锯架式、Newman 投影式等表示。

③ 烷烃的命名　区分碳原子和氢原子的类型。普通命名法。系统命名法是采用 IUPAC 命名原则，结合我国文字特点而制定的。

(2) 烷烃的物理性质与结构的关系　直链烷烃的熔点和沸点随着相对分子质量的增加而表现出规律性的升高。在同碳原子数的烷烃异构体中，分子的支链越多，则沸点越低。

(3) 烷烃的化学性质

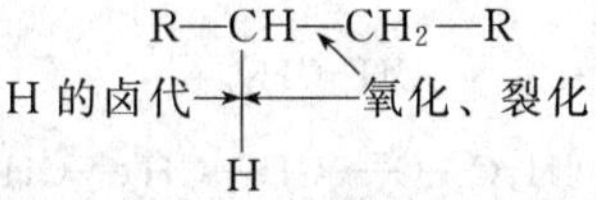

R—CH—CH₂—R
H的卤代→ ←氧化、裂化
H

① 烷烃的 σ 键稳定　$\sigma_{C—C}$ 键，$\sigma_{C—H}$ 键为非极性和弱极性共价键，不易断裂。烷烃无官能团，为惰性烃。常温下与强酸、强碱、强氧化剂、强还原剂都不起反应。在特殊条件下主要发生取代反应。

② 反应历程　甲烷的氯代反应历程——自由基取代反应历程。

③ 卤代产物的选择性　卤素取代的位置取决于自由基活性中间体的稳定性。

(4) 主要反应归纳

① 氧化反应　$RH + O_2 \longrightarrow CO_2 + H_2O$

所有的烷烃都能燃烧，而且反应放热极多。烷烃完全燃烧生成 CO_2 和 H_2O。如果 O_2 的量不足，就会产生有毒气体一氧化碳（CO），甚至炭黑（C）。

② 卤化反应　$RH + X_2 \longrightarrow RX + HX$

③ 裂化反应　裂化（热裂化、催化裂化）反应属于消除反应，因此烷烃的裂化总是生成烯烃。

16.3　同步例题

例 1. 进行一氯取代反应后，只能生成三种沸点不同的产物的烷烃是（　　）。

A. $(CH_3)_2CHCH_2CH_2CH_3$　　B. $(CH_3CH_2)_2CHCH_3$

C. $(CH_3)_2CHCH(CH_3)_2$　　D. $(CH_3)_3CCH_2CH_3$

解题思路：该题实际是变换一种方式考查同分异构体这一知识点，但它又不同于根据化学式写同分异构体的问题。它实际是考查烷烃作为母体时，其他官能团在这一母体上的位置异构。解题时可根据“等同性”原理去寻找等效碳，具体分析过程如下。

解：

(1) 可先写出碳架结构：

(2) 找出等效碳原子：所谓等效碳，实际就是指这些碳原子是处于对称性的位置，取代任何一个碳原子上的氢原子所取得的效果是等同的。D 中的 1 号、5 号、6 号碳等效，而 2 号碳原子又无氢原子可取代，故有三种沸点不同的一氯取代物。所以选 D。

例 2　查阅下列化合物的沸点，将其按照沸点大小排序，并解释原理。

(1) $CH_3CH_2CH_3$，$CH_3CH_2CH_2Cl$，$CH_3CH_2CH_2Br$，$CH_3CH_2CH_2I$

(2) 正辛烷，异辛烷，2,2,3-三甲基戊烷，环辛烷

解题思路：

(1)	$CH_3CH_2CH_3$	$CH_3CH_2CH_2Cl$	$CH_3CH_2CH_2Br$	$CH_3CH_2CH_2I$
相对分子质量	44	78.5	122.9	169.9
沸点	−42.2℃	46.6℃	71.6℃	102.5℃

化合物的沸点高低取决于分子间的作用力，从 $CH_3CH_2CH_3$ 到 $CH_3CH_2CH_2I$ 中相对分子质量依次增大，分子的可极化性也依次增大，这导致分子的接触面积增大，偶极-偶极的作用力增大，因此沸点也依次升高。

(2)

	$H_3C-C(CH_3)_2-CH_2-CH(CH_3)-CH_3$	$H_3C-C(CH_3)_2-CH(CH_3)-CH_2-CH_3$	$CH_3(CH_2)_6CH_3$	（八元环）
	异辛烷	2,2,3-三甲基戊烷	正辛烷	环辛烷
沸点：	99.3℃	109.8℃	125.8℃	150℃

分子间的作用力还与分子间的接触面积有关，接触面积越大，分子间的作用力就越大。前三个化合物相对分子质量相同。但是异辛烷有三个甲基，位置较分散，分子无法紧密排列，接触面积最少；2,2,3-三甲基戊烷次之；正辛烷没有甲基支链，接触面积最大。而环辛烷由于成环状排列更为紧密，所以其沸点最高。

例 3　在下列反应中，选用 Cl_2 或 Br_2 哪个卤化试剂比较合适，请解释。

(1) （环戊基）$-CH_2CH_3$ ⟶ （环戊基，同一碳上连 X）$-CH_2CH_3$

$$(2)\quad H_3C-\overset{CH_3}{\underset{CH_3}{\overset{|}{\underset{|}{C}}}}-\overset{CH_3}{\underset{CH_3}{\overset{|}{\underset{|}{C}}}}-CH_3 \longrightarrow H_3C-\overset{CH_3}{\underset{CH_3}{\overset{|}{\underset{|}{C}}}}-\overset{CH_3}{\underset{CH_3}{\overset{|}{\underset{|}{C}}}}-CH_2X$$

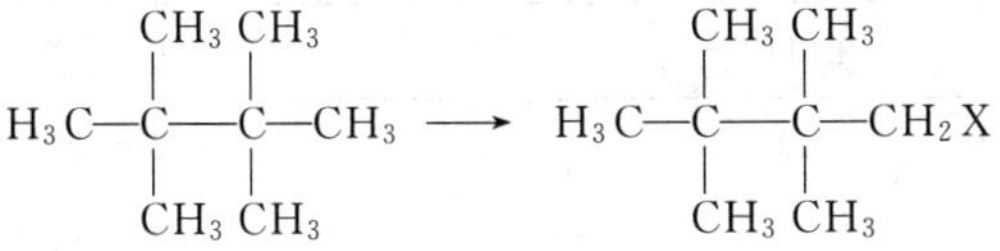

解题思路：（1）反应物中 1°H，2°H 和 3°H，题中要求卤原子取代 3°H，因此要选用选择性较好的试剂，溴取代反应选择性高，且取代速率：3°H＞2°H＞1°H，所以该反应要选用 Br_2 作为卤化试剂。（2）化合物中所有的 H 都是等同的，不必考虑选择性的问题。同时又由于氯化反应的速率比溴化反应的速率快，所以选用 Cl_2 作为卤化试剂。

例 4 2,2,4-三甲基戊烷中有四种 C—C 键，在热裂解反应中，C—C 键一次断裂，可以形成哪些自由基（一次断裂）？根据键解离能，推算哪一种键优先断裂。

解题思路：2,2,4-三甲基戊烷一次断裂可形成下列自由基：

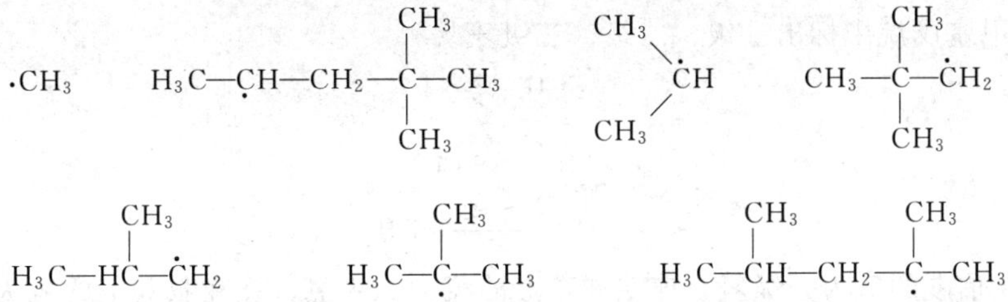

$$\cdot CH_3 \qquad H_3C-\dot{C}H-CH_2-\overset{CH_3}{\underset{CH_3}{\overset{|}{\underset{|}{C}}}}-CH_3 \qquad (CH_3)_2\dot{C}H \qquad CH_3-\overset{CH_3}{\underset{CH_3}{\overset{|}{\underset{|}{C}}}}-\dot{C}H_2$$

$$H_3C-\overset{CH_3}{\overset{|}{HC}}-\dot{C}H_2 \qquad H_3C-\overset{CH_3}{\overset{|}{\dot{C}}}-CH_3 \qquad H_3C-\overset{CH_3}{\overset{|}{CH}}-CH_2-\overset{CH_3}{\overset{|}{\dot{C}}}-CH_3$$

共价键均裂时吸收的能量称为键解离能，解离能越小，形成的自由基越稳定。根据键解离能数据已判定自由基的稳定性排序为：

$$3°C\cdot > 2°C\cdot > 1°C\cdot > \dot{C}H_3$$

因此可以推断 2,2,4-三甲基戊烷中用波线切断的那根碳碳键优先断裂。

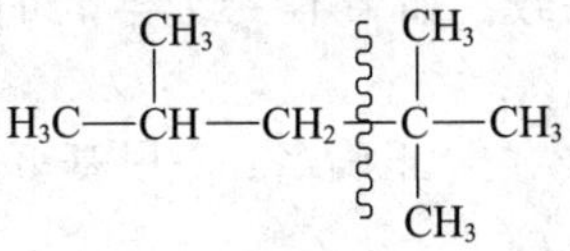

$$H_3C-\overset{CH_3}{\overset{|}{CH}}-CH_2 \wr\!\wr -\overset{CH_3}{\underset{CH_3}{\overset{|}{\underset{|}{C}}}}-CH_3$$

例 5 考虑 2-甲基丁烷的一氯化反应。你预计可得到多少种不同的产物？估计它们的产率。如果不同氢的反应性是：三级氢∶二级氢∶一级氢＝5∶4∶1。

解题思路：2-甲基丁烷中含有 9 个一级氢原子，2 个二级氢原子，1 个三级氢原子。并不是意味得到三种产物。因为其中 9 个一级氢原子并不等同，也即它们并不全是不可区分的。

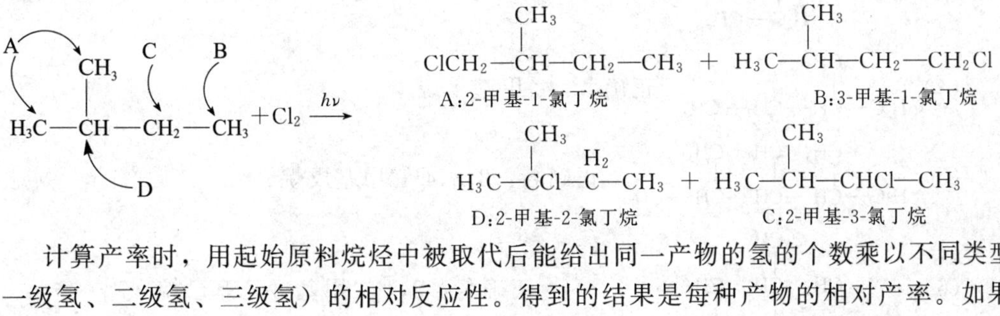

$$\underset{A}{H_3C}-\overset{CH_3\,(A)}{\overset{|}{CH}}_{(D)}-\underset{C}{CH_2}-\underset{B}{CH_3}+Cl_2 \xrightarrow{h\nu} \underset{\text{A:2-甲基-1-氯丁烷}}{ClCH_2-\overset{CH_3}{\overset{|}{CH}}-CH_2-CH_3} + \underset{\text{B:3-甲基-1-氯丁烷}}{H_3C-\overset{CH_3}{\overset{|}{CH}}-CH_2-CH_2Cl}$$

$$+\underset{\text{D:2-甲基-2-氯丁烷}}{H_3C-\overset{CH_3}{\overset{|}{CCl}}-\overset{H_2}{C}-CH_3} + \underset{\text{C:2-甲基-3-氯丁烷}}{H_3C-\overset{CH_3}{\overset{|}{CH}}-CHCl-CH_3}$$

计算产率时，用起始原料烷烃中被取代后能给出同一产物的氢的个数乘以不同类型的氢（一级氢、二级氢、三级氢）的相对反应性。得到的结果是每种产物的相对产率。如果要得到绝对的以百分数表示的产率，可以用每种产物的相对产率除以 4 种产物的总相对产率，将之归一化为 100%。

产　　物	相对产率	绝对产率
2-甲基-1-氯丁烷(A,6 个一级氢)	6×1=6	6/22=27%
3-甲基-1-氯丁烷(B,3 个一级氢)	3×1=3	3/22=14%
2-甲基-3-氯丁烷(C,2 个二级氢)	2×4=8	8/22=36%
2-甲基-2-氯丁烷(D,1 个三级氢)	1×5=5	5/22=23%
四种产物的总相对产率	22	

16.4　习题选解

2. 在 2-甲基戊烷中标出一级、二级、三级氢。

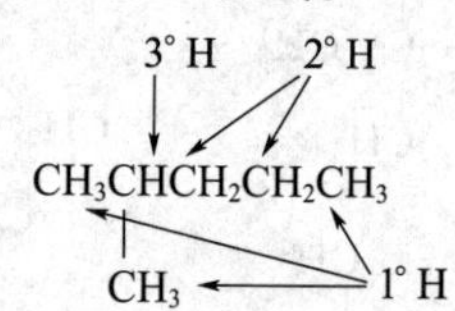

解： 连在伯碳的氢为一级氢，连在仲碳上的氢为二级氢，连在叔碳上的氢为叔氢。2-甲基戊烷中共有 9 个一级氢，4 个二级氢，1 个三级氢。

4. 写出下列化合物的构造式，如名称违反系统命名法时，请予改正。

（1）3-异丙基戊烷　（2）2,4,4-三甲基戊烷　（3）2,3-二甲基-3-乙基戊烷

（4）2-二甲基丁烷　（5）2,3,4-甲基戊烷　　（6）2-甲基-3-乙基-4-甲基己烷

解题思路： 首先按照给出的命名写出构造式，然后重新按照写出的构造式进行正确的系统命名法，看是否和给出的命名一致。如果不一致给予纠正。

解：（1）$H_3C-CH_2-CH(CH_2CH_3)-CH(CH_3)-CH_3$　　正确名：2-甲基-3-乙基戊烷

（2）$H_3C-CH(CH_3)-CH_2-C(CH_3)_2-CH_3$　　正确名：2,2,4-三甲基戊烷

（3）$(H_3C)_2CH-C(CH_3)(CH_2CH_3)-CH_2-CH_3$

（4）$H_3C-CH(CH_3)-CH_2-CH_3$　　正确名：2-甲基丁烷

（5）$H_3C-CH(CH_3)-CH(CH_3)-CH(CH_3)-CH_3$　　正确名：2,3,4-三甲基戊烷

（6）$H_3C-CH(CH_3)-CH(CH_2CH_3)-CH(CH_3)-CH_2-CH_3$　　正确名：2,4-二甲基-3-乙基己烷

6. 把下列纽曼投影式改写成透视式，或将透视式改写成纽曼投影式

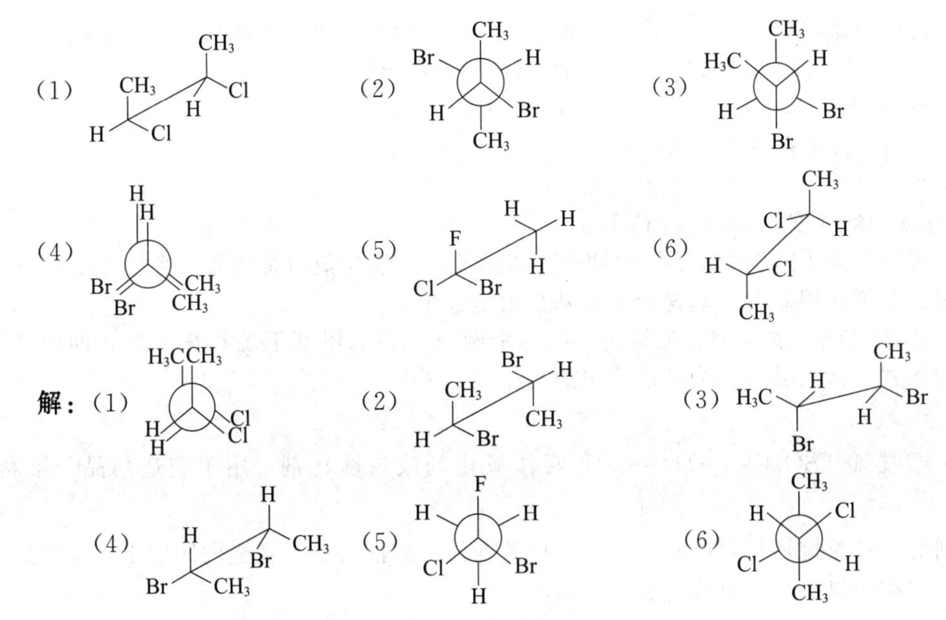

7. 用纽曼投影式表示下列分子指定键的最稳定构象

（1）2-甲基丁烷，C2-C3 键　　（2）2,2-二甲基丁烷，C2-C3 键

（3）2,2-二甲基戊烷，C3-C4 键　　（4）2,2,4-三甲基戊烷，C3-C4 键

解题思路：首先将指定键任意一侧碳上的三个取代基画好，然后再排布另一侧碳上的三个取代基时，使得两侧的取代基尤其是体积大的取代基距离尽量远。

解：（1）

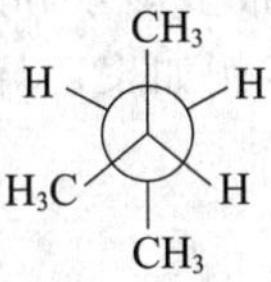

CH_3
H　H
H_3C　H
CH_3

（2）

CH_3
H　H
H_3C　CH_3
CH_3

（3）

$C(CH_3)_3$
H　H
H　H
CH_3

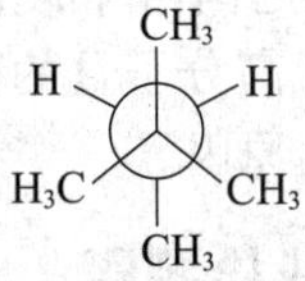

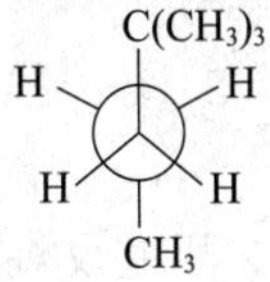

（4）

$C(CH_3)_3$
H_3C　H
H　H
CH_3

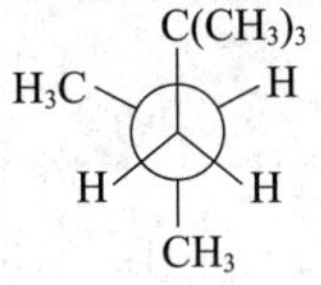

16.5 思考题

16-1 是非题

（1）高度对称的烷烃分子熔点比同分子量的直链烷烃高。

（2）烃基是烃分子中失去 1 个氢原子后所剩余的部分。

16-2 把下列三个透视式写成纽曼投影式，并指出它们是不是不同的构象？

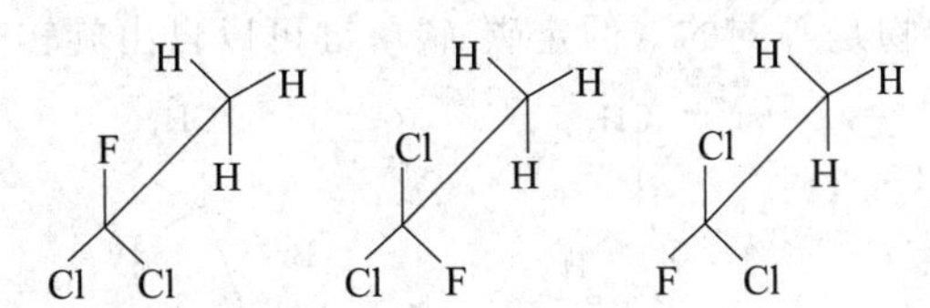

16-3 若甲烷与氯气以物质的量之比 1∶3 混合，在光照下得到的产物：①CH_3Cl，②CH_2Cl_2，③$CHCl_3$，④CCl_4 其中正确的是（　　）。

A. 只有①　　B. 只有③　　C. ①②③的混合物　　D. ①②③④的混合物

16-4 进行一氯取代反应后，只能生成三种沸点不同的有机物的烷烃是（　　）。

A. $(CH_3)_2CHCH_2CH_2CH_3$　　B. $(CH_3CH_2)_2CHCH_3$

C. $(CH_3)_2CHCH(CH_3)_2$　　D. $(CH_3)_3CCH_2CH_3$

16-5 各组的性质按从小到大排列

（1）沸点：正己烷、异己烷、新己烷、水

（2）H_2O 中溶解度：NaCl、n-C_6H_{14}、CH_4。

16-6 当等当量的甲烷和乙烷混合物进行一氯代时，产物中氯甲烷和氯乙烷之比为 1∶400。请解释此现象并说明甲基自由基是否比乙基自由基稳定。

16-7 以 C2 和 C3 的 σ 键为轴旋转，试分别画出 2,3-二甲基丁烷和 2,2,3,3-四甲基丁烷的典型构象式并指出哪一个为其最稳定的构象式。

16-8 硫酰氯（SO_2Cl_2，$O{=}\overset{Cl}{\underset{Cl}{S}}{=}O$）常作氯化剂或氯磺化剂，用于制造药品、染料、表面活性剂等。高级烷烃与硫酰氯（或二氧化硫和氯气的混合物）在光的照射下，生成烷基磺酰氯的反应称为氯磺化，也称为 Reed 反应：

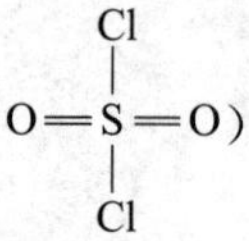

$$RH + SO_2 + Cl_2 \xrightarrow{h\nu} RSO_2Cl + HCl$$

长链烷基磺酸的钠盐是一种洗涤剂，称为合成洗涤剂，例如十二烷基磺酸钠即其中的一种。此反应和烷烃的氯化反应很相似，也是按照自由基机理进行反应。试着参考烷烃的氯化反应机理，写出十二烷烃氯磺化的反应机理。

16-9 废旧塑料对于环境的污染日益引起国内外的重视，目前很多国家和地区都禁止使用一次性塑料用品。其中很多塑料用品均为高分子量的碳链结构，例如聚乙烯、聚丙烯等。请从化学的角度试着分析其回收处理很难的原因。

自我检测题

16-1 选择题

（1）下列不可能存在的有机物是（　　）。

A. 2-甲基丙烷　　B. 2,3-二氯-2,2-二甲基戊烷

C. 3-溴-3-乙基戊烷　　D. 2,2,3,3-四甲基丁烷

（2）下列各物质属于同分异构体的是（　　）。

A. $CH_3CH_2CH_2CH_3$ 和 $CH_3(CH_2)_2CH_3$　　B. $H_2C{=}CH{-}CH_3$ 和 △

C. 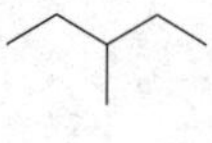 （键线式）和 $H_3C{-}\underset{C_2H_5}{CH}{-}CH_2{-}CH_3$　　D. 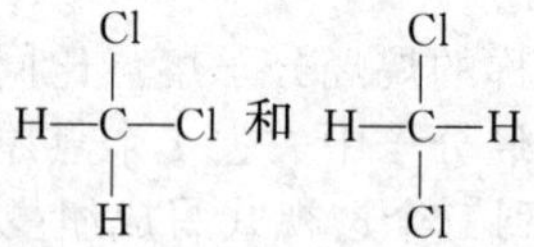 $H{-}\overset{Cl}{\underset{H}{C}}{-}Cl$ 和 $H{-}\overset{Cl}{\underset{Cl}{C}}{-}H$

（3）下列哪一对化合物是等同的（假定碳-碳单键可以自由旋转）？（　　）。

A. 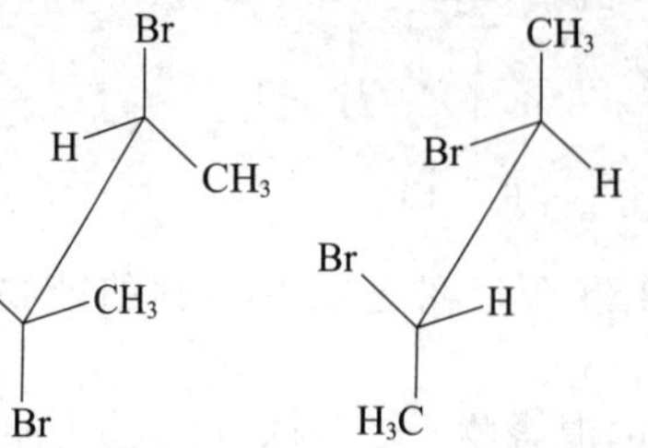 （锯架式：上碳 Br、H、CH_3；下碳 H、CH_3、Br）和（上碳 CH_3、Br、H；下碳 Br、H、H_3C）

B. 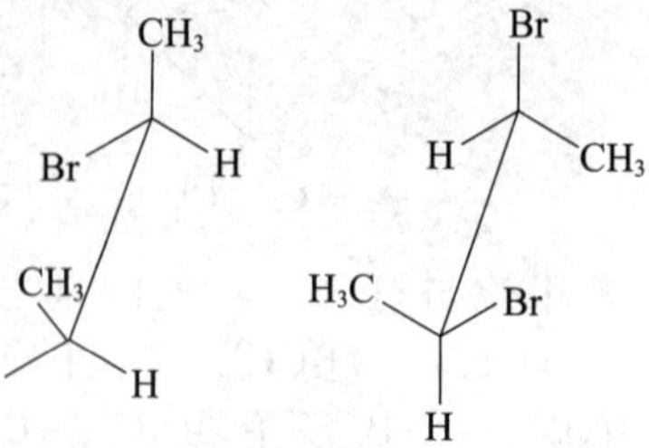 （上碳 CH_3、Br、H；下碳 CH_3、Br、H）和（上碳 Br、H、CH_3；下碳 H_3C、Br、H）

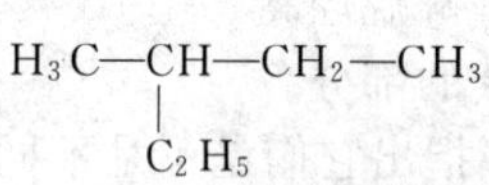

(4) 下列有关说法不正确的是（　　）

A. 互为同系物的有机物其组成元素相同，且结构必然相同；

B. 分子组成相差一个或若干个 CH_2 原子团的化合物不一定互为同系物 ；

C. 分子式为 C_3H_8 与 C_6H_{14} 的两种有机物一定互为同系物；

D. 互为同系物的有机物其相对分子质量数值一定相差 $14n$（n 为正整数）；

(5) 下列表示的是异丙基的是（　　）

A. $CH_3CH_2CH_3$　　B. $CH_3CH_2CH_2—$

C. $—CH_2CH_2CH_2—$　　D. $(CH_3)_2CH—$

(6) 烃的一种同分异构体只能生成一种一氯代物，该烃的分子式可能是（　　）

A. C_3H_8　　B. C_4H_{10}　　C. C_5H_{12}　　D. C_6H_{14}

16-2　排列题

(1) 将下列烷烃按其沸点的高低排列成序（把沸点高的排在前面）。

A. 2-甲基戊烷　B. 正己烷　C. 正庚烷　D. 十二碳烷

(2) 将下列自由基按稳定性由大到小排列。

A. $CH_3CH_2CH_2\dot{C}HCH_3$　　B. $CH_3CH_2CH_2CH_2\dot{C}H_2$　　C. $CH_3CH_2\dot{C}(CH_3)CH_3$

16-3　问答题

(1) 把下列两个楔形式，写成纽曼投影式，它们是不是同一构象？

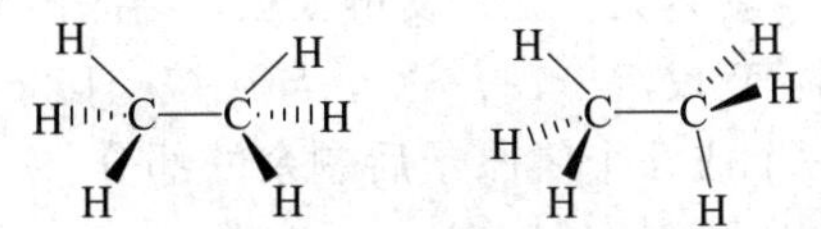

(2) 用纽曼投影式写出 1,2-二溴乙烷最稳定及最不稳定的构象，并写出该构象的名称。

(3) 试将下列烷基自由基按稳定性大小进行排序

① $\cdot CH_3$　② $CH_3\dot{C}HCH_2CH_3$　③ $\cdot CH_2CH_2CH_2CH_3$　④ $CH_3\dot{C}(CH_3)CH_3$

(4) 不要查表试将下列烃类化合物按沸点降低的次序排列：

① 2,3-二甲基戊烷　② 正庚烷　③ 2-甲基庚烷　④ 正戊烷　⑤ 2-甲基己烷

16-4　下列各对化合物哪对是等同的？不等同的异构体属于何种异构？

(1)
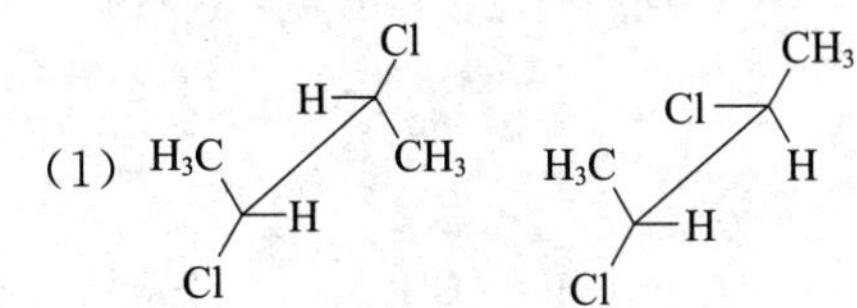

(2)
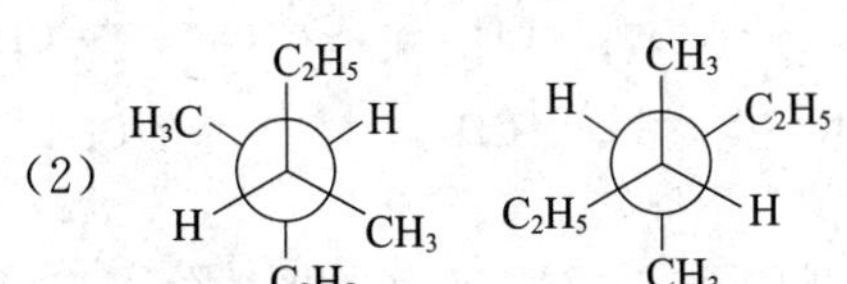

(3)

(4) 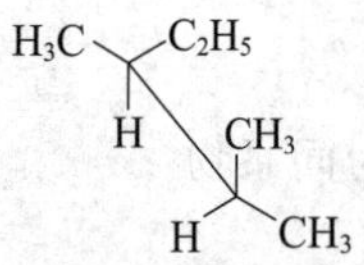 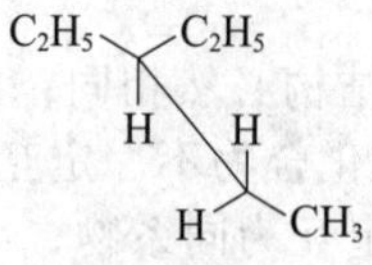 H_3C C_2H_5 H CH_3 H CH_3　　C_2H_5 C_2H_5 H H H CH_3

16-5 根据一溴代产物，写出相对分子量为 86 的烷烃为哪一种或者哪几种：

（1）两个一溴代产物　　（2）三个一溴代产物

（3）四个一溴代产物　　（4）五个一溴代产物

16-6 分子式为 C_8H_{18} 的烷烃与氯在紫外光照射下反应，产物中的一氯代烷只有一种，写出这个烷烃的结构。

16-7 用反应式表示从含三个碳的化合物制备己烷？

16-8 试根据甲烷只有一种一元取代物的事实，说明甲烷为什么不可能排成正方平面构型，也不可能为梯形构型呢？

思考题参考答案

16-1 是非题

（1）并不能简单地说随支链增加，熔点升高。熔点是分子开始熔融时，即结晶开始大范围被破坏时的温度。熔点的高低与分子的结晶性能有关。一般说来，分子的结构越简单，对称性越好，越容易结晶。对应的熔点就越大。如果支链太长，结晶不能，熔点反会下降。就这一点来说，熔点：新＞正＞异，例：正戊烷－129.8℃，异戊烷－159.9℃，新戊烷－16.8℃。

（2）烃基是烃分子失去一个或几个氢原子后剩余的部分。

16-2 Newman 投影式分别为：（F、H、H、Cl、Cl、H）（Cl、H、H、Cl、F、H）（Cl、H、H、F、Cl、H），为同一构象。

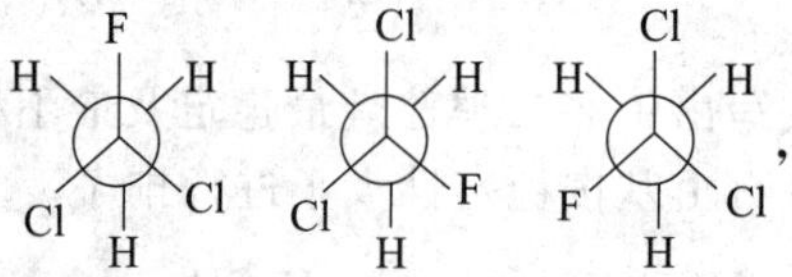

16-3 **解题思路：**甲烷与氯气在光照下得到的产物为自由基取代产物，不论甲烷与氯气的物质的量之比是否以 1∶3 混合，其产物都是各种取代产物的混合物。

解：D

16-4 **解题思路：**生成沸点不同的有机物，取决于烷烃有几个不同的氢被取代。A 有 5 种不同种类的氢供取代；B 有四种不同种类的氢供取代；C 有两种不同种类的氢供取代；D 有 3 种不同种类的氢供取代。

解：D

16-5 排序题

（1）沸点：H_2O(氢键)＞ $H_3C-CH_2-CH_2-CH_2-CH_3$ ＞ $H_3C-CH_2-CH(CH_3)-CH_3$ ＞ $H_3C-C(CH_3)_2-CH_3$

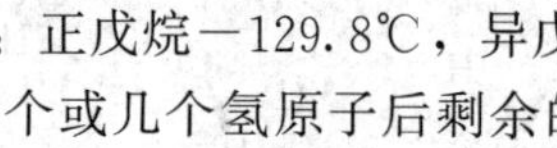

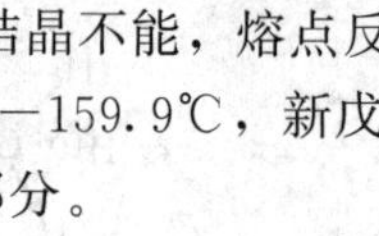

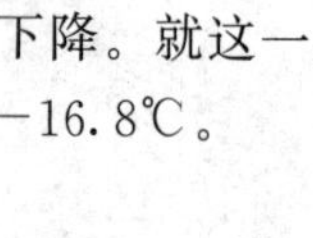

(随着支链的增多，分子间作用力减弱。)

(2)H_2O 中溶解度：据相似相溶原理 NaCl(离子型分子)＞n-C_6H_{14}(弱极性分子)＞CH_4(非极性分子)。

16-6 问答题

乙烷较甲烷的氯代的产率高，这主要由于生成自由基活性中间体的稳定性不同，乙基自由基比甲基自由基稳定。自由基越稳定，反应所需活化能越低，反应也越快。

16-7 2,3-二甲基丁烷有四个典型构象式，2,2,3,3-四甲基丁烷有两个典型构象式。前者最稳定的构象式为：

16-8

$$SO_2Cl_2 \xrightarrow{h\nu} SO_2 + 2Cl\cdot$$

$$C_{12}H_{26} + Cl\cdot \longrightarrow C_{12}H_{25}\cdot + HCl$$

$$C_{12}H_{25}\cdot + SO_2Cl_2 \longrightarrow C_{12}H_{25}SO_2Cl + Cl\cdot$$

16-9　解题思路：传统的填埋处理方法由于塑料降解速度慢，而且造成二次污染；焚烧容易产生如二噁英等有毒有害气体和残渣，造成对环境的二次破坏。裂解转化可以将废塑料转化为燃料油、天然气、固态燃料等高附加值能源产品，但是由于碳碳键能较高，需要高温等工艺，处理成本较高。

自我检测参考答案

16-1　选择题

(1) B　(2) B　(3) A　(4) A　(5) D　(6) C

16-2　排列题

(1) 十二碳烷＞正庚烷＞正己烷＞2-甲基戊烷　(2) 稳定性 C＞A＞B

16-3　问答题

(1) 纽曼投影式分别为：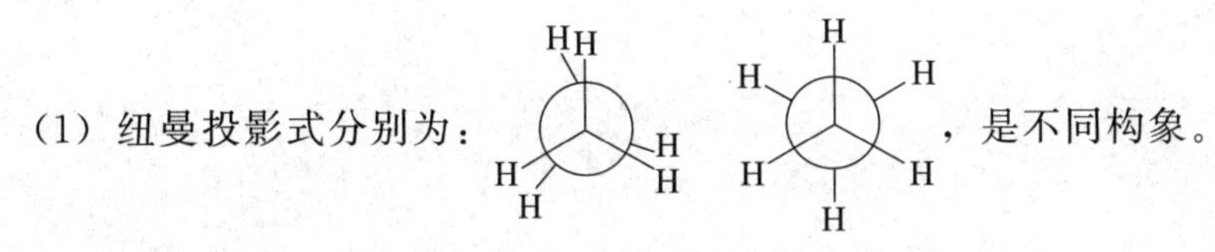，是不同构象。

(2) 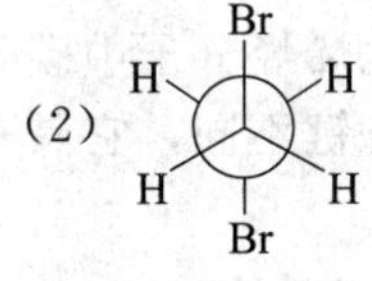

对位交叉式构象 最稳定　　全重叠式构象 最不稳定

(3) (4)＞(2)＞(3)＞(1)

(4) (3)＞(2)＞(5)＞(1)＞(4)

16-4　(1) 不等同，构象异构；　(2) 等同；

(3) 不等同，构象异构；　(4) 不等同，构造异构。

16-5

(1) $CH_3CH(CH_3)CH(CH_3)CH_3$　(2) $CH_3C(CH_3)_2CH_2CH_3$

(3) $CH_3CH_2CH(CH_3)CH_2CH_3$　(4) $CH_3CH(CH_3)CH_2CH_2CH_3$

16-6

16-7　利用偶联反应中的伍兹合成法

$$2CH_3CH_2CH_2Br \xrightarrow{Na} CH_3(CH_2)_4CH_3$$

16-8　甲烷的一元取代物只有一种，说明甲烷分子之中四个氢原子等同，若用正方平面构型表示，虽然可以说明四个氢原子等同，但键角不符合 109.5°，若梯形表示构型则键角不符合 109.5°，键长也不等，四个氢不等同，故不能用正方平面构型及梯形构型来表示。

第 17 章 不饱和烃

17.1 基本要求

了解不饱和烃的来源和烯烃、二烯烃、炔烃的同分异构现象（碳链异构、位置异构、顺反异构）。掌握乙烯、乙炔、共轭二烯烃的结构特点；掌握饱和烃的系统命名方法以及次序规则的要点，并能用 Z/E 标记法标记烯烃的构型；掌握烯烃和炔烃的重要化学反应；掌握诱导效应、共轭效应及其应用；掌握共轭二烯烃的亲电加成反应和环加成反应；理解离子型亲电加成反应历程；理解马氏规则的现代解释；理解自由基加成反应历程。

重点： 单烯烃、炔烃和二烯烃的系统命名法；烯烃的顺反异构、Z/E 表示法、次序规则；马氏规律、双烯合成反应，环加成反应的应用；电环化反应的立体专一性、热和光作用对产物的立体构型的影响。

难点： 烯烃的亲电加成历程；马氏规律的解释；诱导效应、共轭效应的理解；电环化反应、环加成反应的规律。

17.2 内容概要

17.2.1 烯烃

(1) 烯烃的分子结构　乙烯分子中的所有原子都在同一平面上。其他烯烃分子中碳碳双键基本与乙烯的双键相同，都是由一个 σ 键和一个 π 键组成的。π 键与 σ 键不同，它具有下面几个明显的特点。

① 双键碳原子之间不能以两碳核间连线为轴自由旋转，产生顺反异构；

② 重叠程度比 σ 键小得多，比较容易破裂；

③ π 键电子云比较分散，有较大的流动性，化学反应性较强。

(2) 烯烃的化学性质及不对称加成规则

$$\underset{\substack{\uparrow \\ \alpha\text{-H取代}}}{RCH_2}-\underset{\substack{\uparrow \\ \text{加成、氧化、聚合}}}{CH{=}CH}-R$$

① 加成反应　[HZ（H—Z）可以是 H—H/（Ni、Pd、Pt）、X—X、H—X、H—OSO_3H、H—OH/H^+、X—OH、BH_2—H]，反应通式如下：

$$R-CH{=}CH_2 + HZ \longrightarrow R-\underset{\substack{| \\ Z}}{CH}-\underset{\substack{| \\ H}}{CH_2}$$

a. 催化氢化（还原）　常用 Pt、Pd 和 Raney Ni 做催化剂，加氢放出的热即氢化热可以衡量烯烃的稳定性。

b. 亲电加成及其反应机理　烯烃的加成反应主要是亲电加成历程，反应分步进行。不对称烯烃和不对称试剂的加成遵守 Markovnikov 规则。Markovnikov 规则及其例外现象均可用电子效应来加以解释。

c. 过氧化物效应　反马氏加成：

$$R-CH=CH_2 + HBr \xrightarrow{ROOR} R-\underset{|}{\overset{}{CH}}-\underset{|}{CH_2}$$
$$\quad\quad\quad\quad\quad\quad\quad\quad\quad H \quad\ Br$$

② 氧化反应　分子中引进氧原子的反应称为烯烃的氧化反应。这是制备烃类含氧衍生物的重要方法，可以得到醇、醛、酮、酸等含氧化合物。不同的氧化条件，得到不同产物：

a. 氧化剂氧化

(a) 常用的氧化剂是高锰酸钾和重铬酸钾，高锰酸钾在不同介质中，氧化产物不同。

(b) 用过氧酸氧化生成环氧化物：制备环氧化物一种重要方法。

b. 催化氧化 催化氧化是常用的工业方法，消耗的是 O_2，催化剂循环用。

c. 臭氧氧化　工业上制备醛的一种方法。

③ 聚合反应　Ziegler-Natta 催化剂在工业上的应用。

④ α-H 的卤代反应

17.2.2 炔烃

(1) 炔烃的结构　炔烃的碳碳三键是由 1 个 σ 键和 2 个 π 键组成的。乙炔是直线型分子，没有顺反异构体，2 个 π 键的电子云类似圆筒形状。

与烯烃相似，炔烃的构造异构现象也是由于碳链的异构和三键位置不同所引起的，但是炔烃的构造异构体数比碳原子数相同的烯烃少些。

(2) 炔烃的性质

$$R-C\equiv C-H$$

加成、氧化、聚合（指向 C≡C）　酸性、金属化（指向 C—H）

与烯烃相似，能够发生加成、氧化、聚合等反应。但碳碳三键毕竟不同于碳碳双键：炔烃亲电加成反应慢于烯烃，相反更多地表现出亲核加成反应；炔氢有活泼性。

① 加成反应

a. 炔烃加 H_2

$$RC\equiv CR \xrightarrow[\text{Lindlar催化剂}]{H_2} \begin{matrix} R & & R \\ & C=C & \\ H & & H \end{matrix}$$

$$RC\equiv CR \xrightarrow[-33^\circ C]{\text{Na或Li/液}NH_3} \begin{matrix} H & & R \\ & C=C & \\ R & & H \end{matrix}$$

$$\xrightarrow[\text{Ni, Pd, Pt}]{H_2} RCH_2-CH_2R$$

b. 炔烃的亲电及亲核加成、烯醇式结构　炔烃亲电加成比烯烃难，需要催化剂才能顺利进行。以前是毒性很大的汞盐，现在大部分改成非汞催化剂。炔烃亲核加成产物的烯醇式与醛酮式互变异构。

② 氧化反应（高锰酸钾、臭氧化、环氧化、催化氧化）

③ 聚合反应（Ziegler-Natta 催化剂在工业上的应用）

④ 炔氢的活泼性（酸性、金属炔化物的生成及应用）

$$RC\equiv CH + Na \longrightarrow RC\equiv CNa + H_2\uparrow$$

$$RC\equiv CH + [Ag(NH_3)_2]^+ \longrightarrow RC\equiv CAg\downarrow \text{(白)(炔化银)}$$

$$RC\equiv CH + [Cu(NH_3)_2]^+ \longrightarrow RC\equiv CCu\downarrow \text{(红)(炔化亚铜)}$$

17.2.3 二烯烃

(1) 二烯烃的结构

① 共轭体系和超共轭体系　二烯烃的性质与其分子中的 2 个双键的位置有密切的关系。

累积二烯烃不稳定、隔离二烯烃的性质与一般单烯烃的性质相似、共轭二烯烃在结构和性质上都较为特殊。

1,3-丁二烯的 4 个 π 电子不是局限在 C1、C2 和 C3、C4 原子之间，而是在 4 个碳原子的分子轨道中运动，形成共轭 π 键，这种现象叫做电子的离域或键的离域，这种体系称为 π-π 共轭体系。此外，σ-π、σ-p 称为超共轭体系。

② 离域体系的共振论表述法（基本概念、基本原则及其局限性）

(2) 共轭二烯烃的化学性质　共轭二烯烃的化学性质也与烯烃相似，可以发生加成、氧化、聚合等反应。此外，由于两个双键共轭的影响出现 1,4-亲电加成、1,4-聚合、双烯合成。

R—HC═CH—CH═CH—R

1,2- 或 1,4- 加成、氧化、聚合、双烯合成

① 共轭加成及理论解释（烯丙型碳正离子的 p-π 共轭、产物的热力学控制、动力学控制）

共轭二烯可以像孤立烯烃一样，与 H_2、HX、X_2 按 1，2-加成；但实际得到的还有 1，4-加成产物。一般是低温和非极性溶剂有利于 1，2-加成，高温和极性溶剂有利于 1，4-加成。

② 双烯合成以及影响双烯合成的结构因素　略。

③ 聚合反应　略。

17.2.4　周环反应

周环反应：在化学反应过程中，能形成环状过渡态的协同反应。

(1) 电环化反应　在光或热的作用下，共轭烯烃转变为环烯烃或它的逆反应——环烯烃开环变为共轭烯烃的反应，称为电环化反应。

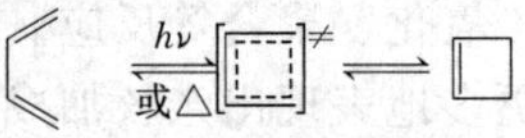

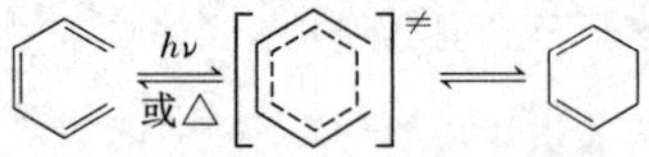

① 1,3-丁二烯体系（4nπ 电子体系）：加热，顺旋成键；光照，对旋成键。

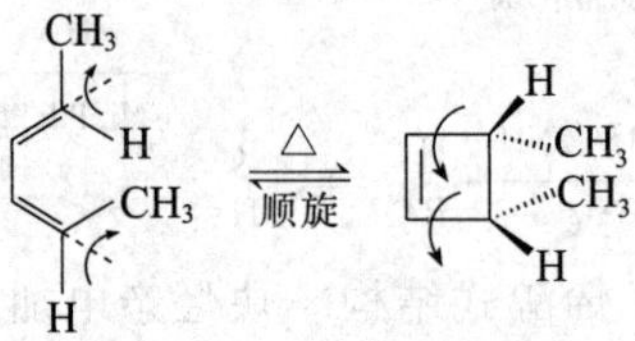

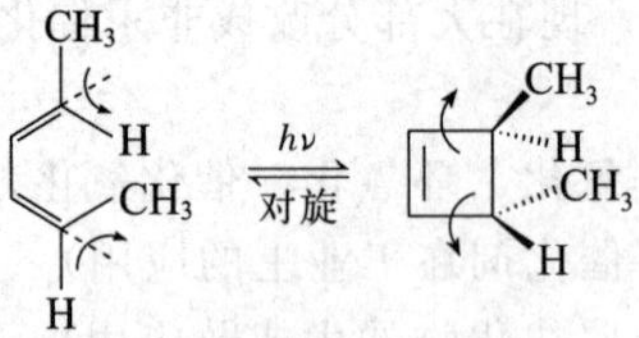

② 1,3,5-己三烯体系［(4n+2)π 电子体系］：加热，对旋成键；光照，顺旋成键。

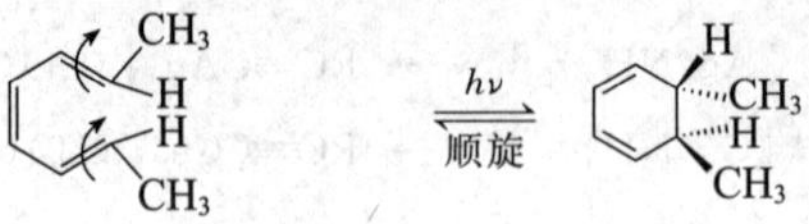

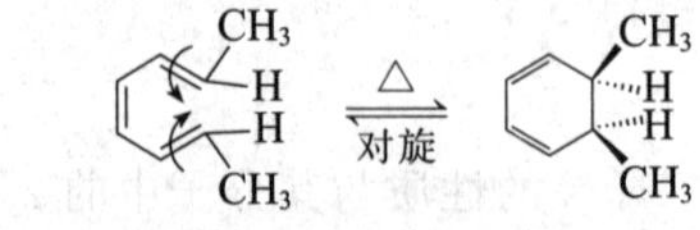

(2) 环加成反应

在光或热作用下，两个 π 电子共轭体系的两端同时生成 σ 键而形成环状化合物的反应。按参加反应的两个不同分子的 π 电子数可分为两类，即［2+2］环加成和［4+2］环加成。

［2+2］环加成　　‖ + ‖ $\xrightarrow{h\nu}$ [过渡态]$^{\neq}$ ⟶ □

［4+2］环加成　　(丁二烯) + ‖ $\xrightarrow{\triangle}$ [过渡态]$^{\neq}$ ⟶ (环己烯)

17.3 同步例题

例 1. 试用生成碳离子的难易解释下列反应。

$$H_3C-CH=C(CH_3)-CH_3 \xrightarrow{HCl} \begin{cases} C_2H_5-\overset{+}{C}(CH_3)-CH_3 \xrightarrow{Cl^-} C_2H_5-C(CH_3)(Cl)-CH_3 \\ H_3C-\overset{+}{C}H-CH(CH_3)-CH_3 \xrightarrow{Cl^-} H_3CCH(Cl)-CH(CH_3)-CH_3 \end{cases}$$

解题思路： 从电子效应分析，3°碳正离子有 8 个 C—H 键参与 σ-p 共轭，而 2°碳正离子只有 4 个 C—H 键参与共轭，碳正离子的正电荷分散程度 3°＞2°，所以碳正离子的稳定性 3°＞2°，即 3°碳正离子比 2°碳正离子容易形成。综上考虑，产物以 $H_3C-CH_2-C(CH_3)_2(Cl)$ 为主。

例 2. 分析下列数据，烯烃加溴的速率比说明了什么问题，怎样解释？

烯烃及其衍生物	速率比
$(CH_3)_2C=C(CH_3)_2$	14
$(CH_3)_2C=CHCH_3$	10.4
$(CH_3)_2C=CH_2$	5.53
$CH_3CH=CH_2$	2.03
$CH_2=CH_2$	1.00
$CH_2=CHBr$	0.04

解题思路： 分析数据，由上至下，烯烃加溴的速率比依次减小，可从两方面来解释。

(1) 不饱和碳上连有供电子基越多，电子云变形程度越大，有利于亲电试剂的进攻，反应速度越大，而连有吸电子基团，则使反应速度减小。

(2) 不饱和碳上连有供电子基，使反应中间体溴鎓离子正电性得到分散而稳定，易形成，所以反应速度增大，如连有吸电子基团，则溴鎓离子不稳定，反应速度减小。

例 3. 完成下列反应式。

(1) $HC\equiv CCH_2CH_3 \xrightarrow[\text{② } H_2O_2,\,^-OH]{\text{① } B_2H_6}$ (　　　)

(2) $H_3C-C\equiv CH \xrightarrow[\text{液 } NH_3]{NaNH_2}$ (　　　) $\xrightarrow{CH_3I}$ (　　　) $\xrightarrow[\text{Lindlar 催化剂}]{H_2}$ (　　　)

(3) $H_2C=CH-CH_2-C\equiv CH + HBr(1mol) \longrightarrow$ (　　　)

(4) $H_2C=C(CH_3)-CH=CH_2 + HBr \longrightarrow$ (　　　)

(5) 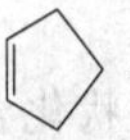 [环戊烯] $+ NBS \xrightarrow[CCl_4]{h\nu}$ (　　　)

(6) $CH_3C{\equiv}CH + HCN \xrightarrow{Cu_2Cl_2}$ (　　　)

(7) $(CH_3)_2C{=}CHCH_3 \xrightarrow[② H_2O/Zn]{① O_3}$ (　　　)

(8) $(CH_3)_2C{=}CH_2 \xrightarrow[\triangle]{KMnO_4, H^+}$ (　　　)

答案

(1) $CH_3CH_2CH_2CHO$

(2) $H_3C{-}C{\equiv}CNa$；$H_3C{-}C{\equiv}C{-}CH_3$；$H_3C{-}HC{=}CH{-}CH_3$

(3) $H_3C{-}CH(Br){-}CH_2{-}C{\equiv}CH$　(4) $H_2C(H){-}C(Br)(CH_3){-}CH{=}CH_2$（主）$+ H_2C(H){-}C(CH_3){=}CH{-}CH_2Br$（次）

(5) 3-溴环戊烯　(6) $CH_3C(CN){=}CH_2$　(7) $CH_3\overset{O}{\overset{\|}{C}}CH_3 + CH_3CHO$　(8) $CH_3\overset{O}{\overset{\|}{C}}CH_3$

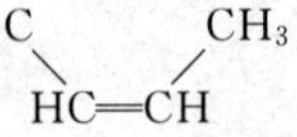

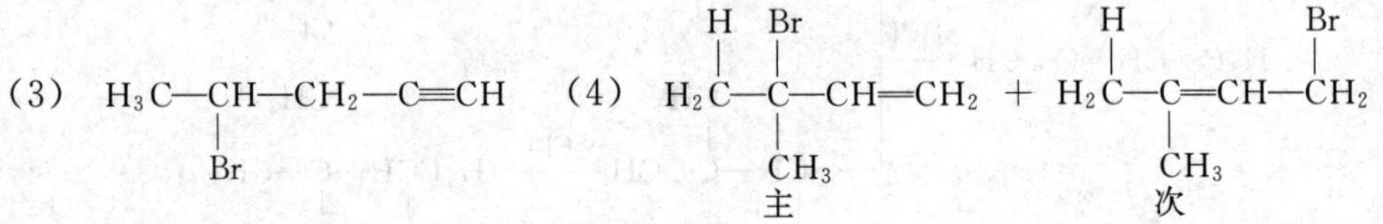

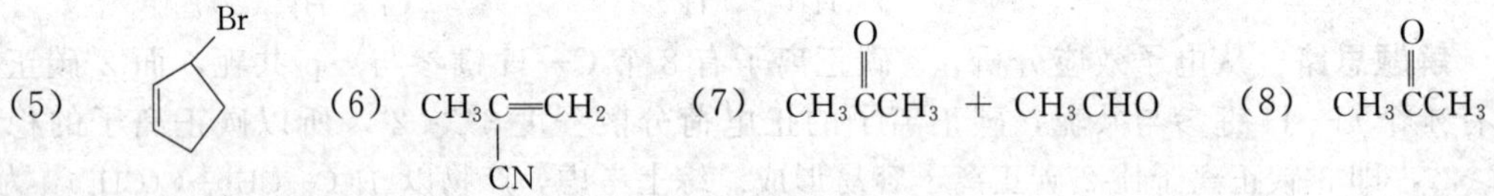

例 4. 如何将 1-甲基环己烯转化成反-2-甲基环己醇

解： 逆推法，用硼氢化-氧化由 1-甲基环己烯转化成 2-甲基环己醇。硼基和氢与双键在同面加成（顺式加成），形成了一个四元环环状过渡态历程，烷基硼的氧化使硼被羟基在同样的立体化学位置取代，产物是反-2-甲基环己醇，反应如下式：

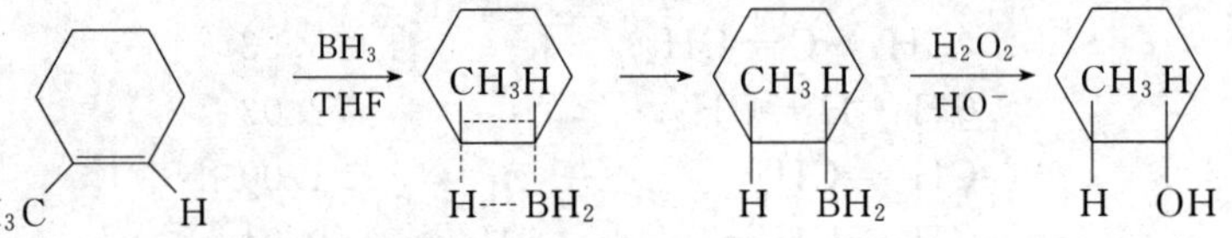

1-甲基环己烯 $\xrightarrow[THF]{BH_3}$ [四元环过渡态（CH_3、H；H---BH_2）] $\longrightarrow$ [CH_3 H；H BH_2] $\xrightarrow[HO^-]{H_2O_2}$ [CH_3 H；H OH]

例 5. 以不多于四个碳原子的烃为原料合成：环己烯基$-CH_2-\overset{O}{\overset{\|}{C}}-CH_3$

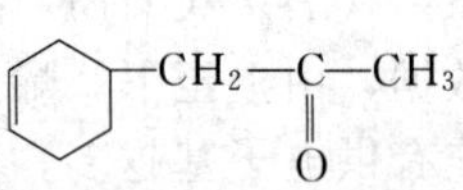

解： 法一：$CH_2{=}CHCH_3 \xrightarrow[500℃]{Cl_2} CH_2{=}CHCH_2Cl$

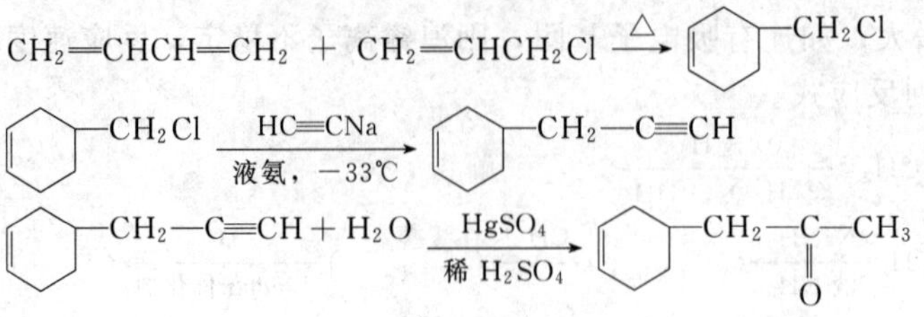

$CH_2{=}CHCH{=}CH_2 + CH_2{=}CHCH_2Cl \xrightarrow{\triangle}$ 环己烯基$-CH_2Cl$

环己烯基$-CH_2Cl \xrightarrow[液氨，-33℃]{HC{\equiv}CNa}$ 环己烯基$-CH_2-C{\equiv}CH$

环己烯基$-CH_2-C{\equiv}CH + H_2O \xrightarrow[稀 H_2SO_4]{HgSO_4}$ 环己烯基$-CH_2-\overset{O}{\overset{\|}{C}}-CH_3$

法二：$HC{\equiv}CH \xrightarrow[-33℃]{NaNH_2/液氨} HC{\equiv}CNa \xrightarrow{CH_3I} HC{\equiv}CCH_3 \xrightarrow[-33℃]{Na/液氨} CH_2{=}CHCH_3$

$\xrightarrow[h\nu]{NBS} CH_2{=}CHCH_2Br$

$$2HC\equiv CH \xrightarrow[NH_4Cl]{Cu_2Cl_2} HC\equiv CCH=CH_2 \xrightarrow[lindlar]{H_2} H_2C=CHCH=CH_2$$

$$CH_2=CHCH=CH_2 + CH_2=CHCH_2Br \xrightarrow{\triangle} \text{(环己烯基)}-CH_2Br$$

$$\text{(环己烯基)}-CH_2Br \xrightarrow[\text{液氨，}-33℃]{HC\equiv CNa} \text{(环己烯基)}-CH_2-C\equiv CH$$

$$\text{(环己烯基)}-CH_2-C\equiv CH + H_2O \xrightarrow[\text{稀 } H_2SO_4]{HgSO_4} \text{(环己烯基)}-CH_2-\underset{\underset{O}{\|}}{C}-CH_3$$

例 6. 1mol Br_2 和 1mol （4-异丙基-2-甲基-1-乙烯基环己二烯）$-CH=CH_2$ 完全反应生成物的同分异构体，除 （环）$-\underset{Br}{CH}-\underset{Br}{CH_2}$ 之外，还有（　　）。

解题思路：题中有机物 （环）$-CH=CH_2$（环上碳编号1、2、3、4，支链碳编号1′、2′）的分子结构中存在两组（共轭）二烯烃结构，即六碳环上的不饱和碳原子 C1、C2、C3、C4 形成的二烯烃结构，还有六碳环上不饱和碳原子 C3、C4 和支链乙烯基的两个不饱和碳原子形成的共轭二烯结构，该烯烃与溴反应可能的产物如下：

$$\text{（环）}-CH=CH_2 \xrightarrow{1mol\ Br_2} \text{（环）}-\underset{Br}{CH}-\underset{Br}{CH_2} + \text{（C1、C2位加Br的环）}-CH=CH_2$$

1′, 2′-加成　　1,2-加成

$$+ \text{（C1、C4位加Br的环）}-CH=CH_2 + \text{（C4位加Br的环）}=CH-CH_2Br$$

1, 4-加成　　4, 2′-加成(1, 4-加成)

因此，此题反应的同分异构体（连同题中给出的结构）共有 4 种。

例 7. 丁二烯聚合时，除生成高分子化合物外，还有一种环状结构的二聚体生成。该二聚体能发生下列诸反应：A. 还原生成乙基环己烷；B. 溴代时加上 4 个溴原子；C. 氧化时生成 β-羧基己二酸。试根据这些事实，推测该二聚体的结构，并写出各步反应式。

解题思路：

由题意：

$$\text{丁二烯} \xrightarrow{\text{二聚}} C_8H_{12} \xrightarrow{[O]} \underset{CH_2-CH_2COOH}{\overset{COOH}{CH}}-CH_2COOH$$

C_8H_{12} 经 H_2 还原得 （环己基）$-C_2H_5$；C_8H_{12} 经 2 Br_2 得四溴化物

可见该二聚体是含有两个 C 侧链的六元环，并含有 C=C，可知在侧链处有一个双键被氧化断链，环上还有一个双键被氧化断裂成两个羧基，故该二聚体的构造式为：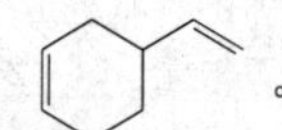。

例 8. 完成下列反应

(1) [苯并环丁烯，Ph、H、H、ph] $\xrightarrow{\triangle}$ ( )　(2) [2,4,6-辛三烯，CH_3、H] $\xrightarrow{h\nu}$ ( ) $\xrightarrow[\triangle]{\text{顺丁烯二酸酐}}$ ( )

解题思路：(1) 该反应是电环化反应，即在光或热的作用下，共轭烯烃转变为环烯烃或它的逆反应——环烯烃开环变为共轭烯烃的反应，反应物已经是环状化合物，所以，应该开环成共轭多烯，每开环一次，增加一个双键，且双键位置移动。共轭多烯的 π 电子数满足 $4n$ ($n=2$)，加热、则顺旋。反应如下：

$\xrightarrow[\text{顺旋}]{\triangle}$ （或 ）

(2) 第一步反应：2,4,6-辛三烯在光的作用下，顺旋转变为环烯烃，减少一个双键，且双键位置移动（移动方法类似于共轭烯烃的 1,4-加成）；反应式如下：

$\xrightarrow[\text{顺旋}]{h\nu}$

第二步反应是周环反应中的环加成反应，根据 π 电子数，第二步反应为［4＋2］环加成，［4＋2］环加成便是 Diels-Alder 反应（或称双烯合成反应），Diels-Alder 反应为顺式加成，加成在环的同侧。尽管是顺式加成，但也存在两种方向，即从上方进攻或从下方进攻，可能出现内型和外型，反应如下：

$\xrightarrow[\text{[4+2]环加成}]{\triangle}$ 上方进攻 / 下方进攻

17.4 习题选解

1. 用系统命名法命名下列化合物

(2) $CH_3C\equiv CCH_2CH(C(CH_3)_3)CH_2CH_2CH(CH_3)CH_3$　　(4) $(H_3C)(H)C=C(CH_2CH_3)(C\equiv CCH_2CH_3)$

解：（2）8-甲基-5-叔丁基-2-壬炔　　（4）（E）-3-乙基-2-庚烯-4-炔

2. 下列化合物有无顺反异构体？如有请写出。

（1）$CH_3CH{=}CHCH_3$　　（2）$CH_3CH{=}CH_2$　　（3）$(CH_3)_2CH{=}CHCH_3$

（4）1,2-二乙烯基乙烯　　（5）1,3-戊二烯　　（6）1,3,5-己三烯

（7）2,3-戊二烯　　（8）2,4-己二烯

解：

（1）有　$H_3C(H)C{=}C(H)CH_3$（H_3C、CH_3 同侧）　$H(H_3C)C{=}C(H)CH_3$（H_3C、CH_3 异侧）　（2）无　（3）无

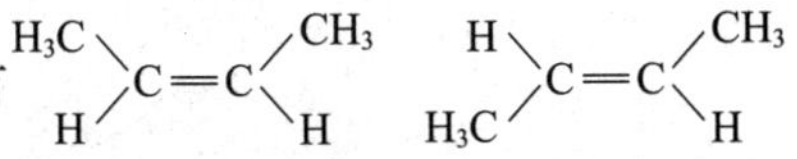

（4）有　$H_2C{=}HC(H)C{=}C(H)CH{=}CH_2$（同侧）　$H(H_2C{=}HC)C{=}C(H)CH{=}CH_2$（异侧）

（5）有　$H_2C{=}HC(H)C{=}C(H)CH_3$（同侧）　$H_2C{=}HC(H)C{=}C(CH_3)H$（异侧）

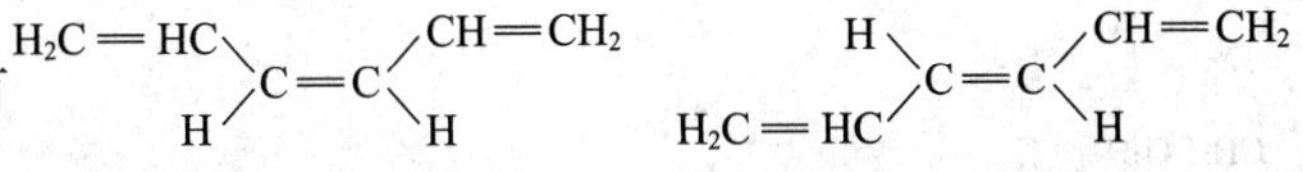

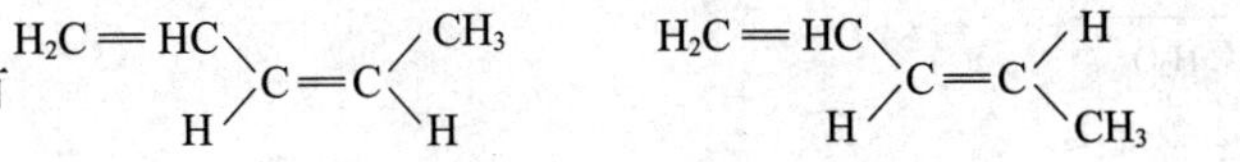

（6）有　$H_2C{=}HC(H)C{=}C(H)CH{=}CH_2$（同侧）　$H(H_2C{=}HC)C{=}C(H)CH{=}CH_2$（异侧）

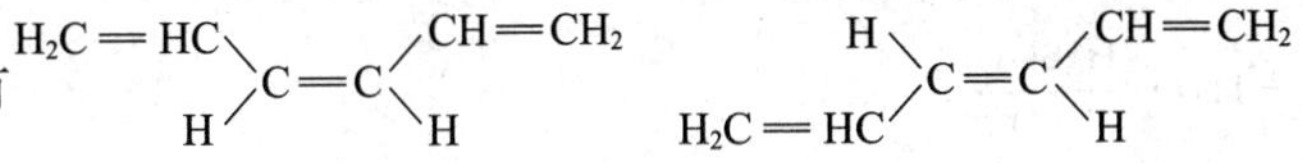

（7）无　（8）有

H, H_3C \C=C/ H, C=C/ CH_3, H　　H_3C, H \C=C/ H, C=C/ CH_3, H

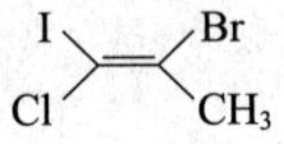

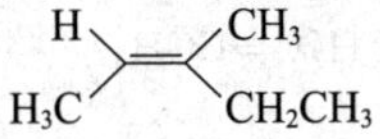

H, H_3C \C=C/ H, C=C/ H, CH_3　　H_3C, H \C=C/ H, C=C/ H, CH_3

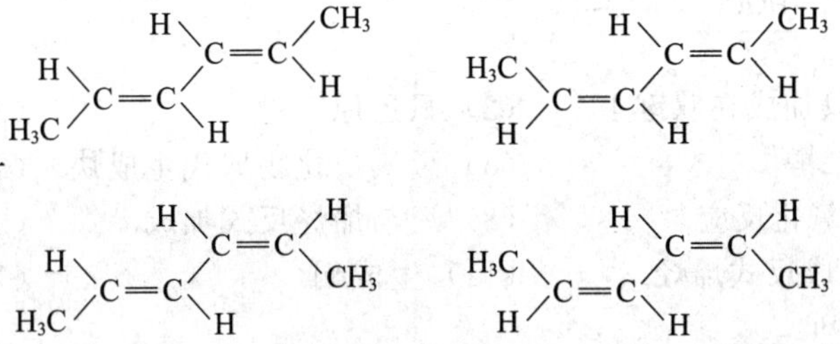

3. 用系统命名法命名下列化合物，并标出 Z,E 构型。

（1）Cl, Br \C=C/ H, CH_2CH_3　　（2）I, Cl \C=C/ Br, CH_3

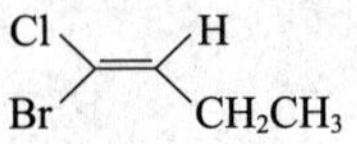

（3）H, H_3C \C=C/ CH_3, CH_2CH_3　　（4）Cl, F \C=C/ CH_3, CH_2CH_3

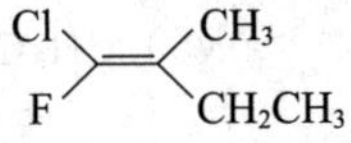

解：（1）（Z）-1-氯-1-溴-1-丁烯　　（2）（Z）-1-氯-2-溴-1-碘丙烯

（3）（Z）-3-甲基-2-戊烯　　（4）（E）-2-甲基-1-氟-1-氯-1-丁烯

4. 用系统命名法命名下列化合物（如有顺反异构体，须标出 Z、E 构型）

（1）$CH_3CH_2CH(CH{=}CH_2)CH_2CH_2C(CH_3)_3$　　（2）$(CH_3CH_2CH_2)(CH_3CH_2)C{=}CH_2$

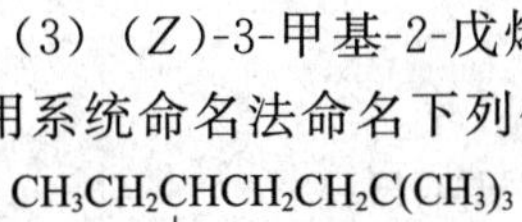

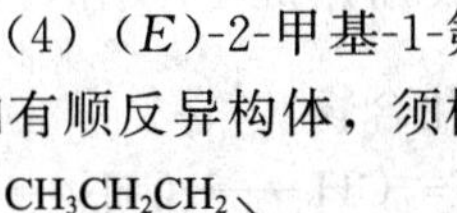

（3）$(CH_3)_2CHC{\equiv}CC(CH_3)_3$　　（4）$CH_3C{\equiv}CCH{=}CHCH_2CH_3$

（5）$CH_3CH{=}CHC{\equiv}CCH_2CH_3$

解：（1）6,6-二甲基-3-乙基-1-庚烯　　（2）2-乙基-1-戊烯

（3）2,2,5-三甲基-3-己炔　　（4）4-庚烯-2-炔　　（5）2-庚烯-4-炔

6. 完成下列反应方程式

（1）$CH_3CH{=}CHCH_2CH_2C{\equiv}CH+Br_2(1mol) \longrightarrow$

（2）$CH_3CH{=}CHC{\equiv}CH+H_2 \xrightarrow[Pb(OAc)_2]{Pd/CaCO_3}$

（3）+ 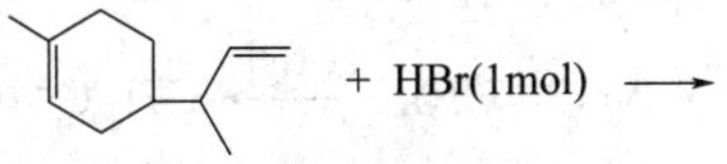 HBr(1mol) $\longrightarrow$

（4）[结构式] $\xrightarrow[^{-}OH]{稀、冷KMnO_4}$

（5）$2CH_3C\equiv CNa + Br(CH_2)_3Br \longrightarrow$

（6）[结构式] + HBr(1mol) $\longrightarrow$

（7）$CH_3C\equiv CH + \frac{1}{2}B_2H_6 \longrightarrow ? \frac{H_2O_2}{OH^-}$

（8）[结构式：1-甲基环己烯，CH_3，H] $\xrightarrow{Br_2}$

（9）$H_3C(H)C=C(H)CH_3$ $\xrightarrow[H^+, H_2O]{CH_3CO_3H}$

（10）$H_3CC\equiv CCH_2CH_3 \xrightarrow{Na/液 NH_3}$

（11）$H_3CC\equiv CCH_2CH_3 + H_2O \xrightarrow[H_2SO_4]{HgSO_4}$

（12）[结构式] $\xrightarrow{HOCl}$

提示：（1）只加成在双键上　（2）只还原三键　（3）亲电加成在环内

（4）生成邻二醇　（5）金属炔化物取代生成炔　（6）选择多取代双键

（7）硼氢化-氧化反应　（8）溴与烯烃反式加成　（9）环氧化反应

（10）加氢生成反式烯烃　（11）生成酮　（12）碳正离子重排

解：（1）$CH_3CH(Br)-CH(Br)CH_2CH_2C\equiv CH$　（2）$CH_3CH=CHCH=CH_2$

（3）[结构式，Br]　（4）[结构式，OH，OH]　（5）$CH_3C\equiv CCH_2CH_2CH_2C\equiv CCH_3$

（6）[结构式，Br]　（7）$(CH_3CH=CH)_3B$，CH_3CH_2CHO

8. 用下列原料合成指定的化合物。

（1）$CH_3C\equiv CH$ 及 $HC\equiv CH \longrightarrow CH_2=CHOCH_2CH_2CH_3$

（2）$HC\equiv CH \longrightarrow CH_3C\equiv CCH_3$

（3）$HC\equiv CH \longrightarrow CH_2=CHCOCH_3$

（4）$HC\equiv CH \longrightarrow BrCH_2CH=CHCH_2Br$

提示：（1）乙炔与醇加成　（2）金属炔化物取代

（3）经乙烯基乙炔制备　（4）经 2-丁炔制备。

解：合成路线不唯一，以下只提供一种合成方法供参考。

（1）$CH_3C\equiv CH \xrightarrow[Lindlar 催化剂]{H_2} CH_3CH=CH_2 \xrightarrow[②H_2O_2/OH^-]{①B_2H_6} CH_3CH_2CH_2OH$

$\xrightarrow[20\%KOH]{CH\equiv CH} CH_2=CHOCH_2CH_2CH_3$

（2）$HC\equiv CH \xrightarrow[-33℃]{NaNH_2/液氨} HC\equiv CNa \xrightarrow[-33℃]{NaNH_2/液氨} NaC\equiv CNa \xrightarrow{2CH_3I} CH_3C\equiv CCH_3$

(3) $2HC\equiv CH \xrightarrow[NH_4Cl]{Cu_2Cl_2} HC\equiv CCH=CH_2 \xrightarrow[H_2SO_4/HgSO_4]{H_2O} CH_2=CHCOCH_3$

(4) $2HC\equiv CH \xrightarrow[NH_4Cl]{Cu_2Cl_2} HC\equiv CCH=CH_2 \xrightarrow[\text{Lindlar 催化剂}]{H_2} H_2C=CHCH=CH_2$

$\xrightarrow[\text{极性溶剂，40℃}]{Br_2} BrCH_2CH=CHCH_2Br$

9. 下列反应的产物应是下列化合物中的哪一种？

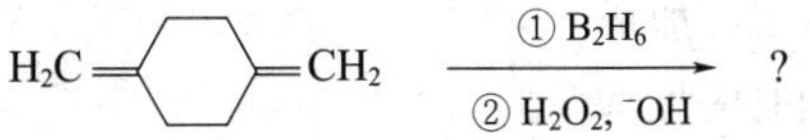

$H_2C=\langle\text{环己烷}\rangle=CH_2 \xrightarrow[\text{② } H_2O_2,\ ^-OH]{\text{① } B_2H_6} ?$

(1) $H_2C=$（环己烷）$<^{OH}_{CH_3}$　　(2) $HOCH_2-$（环己烷）$-CH_2OH$

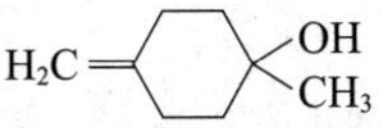

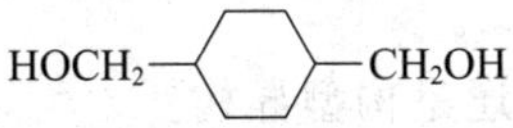

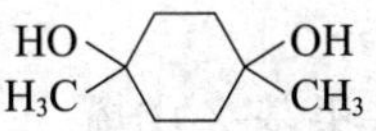

(3) $^{HO}_{H_3C}>$（环己烷）$<^{OH}_{CH_3}$　　(4) $^{HO}_{H_3C}>$（环己烷）$-CH_2OH$　　(5) 无产物

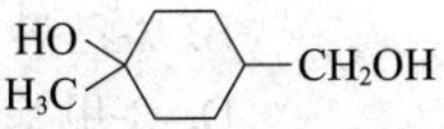

解：(2) 两个双键都发生硼氢化-氧化反应生成二元伯醇。

11. 以丙烯为原料，选用必要的无机试剂制备下列化合物（必须标明反应条件）。

(1) 2-溴丙烷　　(2) 1-溴丙烷　　(3) 异丙醇

(4) 正丙醇　　(5) 1,2,3-三氯丙烷

提示：(1) 与 HBr 加成　(2) 过氧化物存在下与 HBr 加成　(3) 直接与 H_2O 加成　(4) 经硼氢化、氧化反应制备　(5) 经 α-H 氯代，Cl_2 与双键加成两步制备。

解：(1) $CH_3CH=CH_2 \xrightarrow{HBr} CH_3CH(Br)CH_3$

(2) $CH_3CH=CH_2 \xrightarrow[ROOR]{HBr} CH_3CH_2CH_2Br$

(3) $CH_3CH=CH_2 \xrightarrow[H^+\text{，加压，}\triangle]{H_2O} CH_3CH(OH)CH_3$

(4) $CH_3CH=CH_2 \xrightarrow[\text{②}H_2O_2/OH^-]{\text{①}B_2H_6} CH_3CH_2CH_2OH$

(5) $CH_3CH=CH_2 \xrightarrow[500℃]{Cl_2} ClCH_2CH=CH_2 \xrightarrow[CCl_4]{Cl_2} ClCH_2CH(Cl)CH_2Cl$

18. 当环己烯与溴在饱和氯化钠水溶液中反应时，为什么生成了反-1-氯-2-溴环己烷和反-2-溴环己醇？

解：反应历程为亲电加成，反应历程如下：

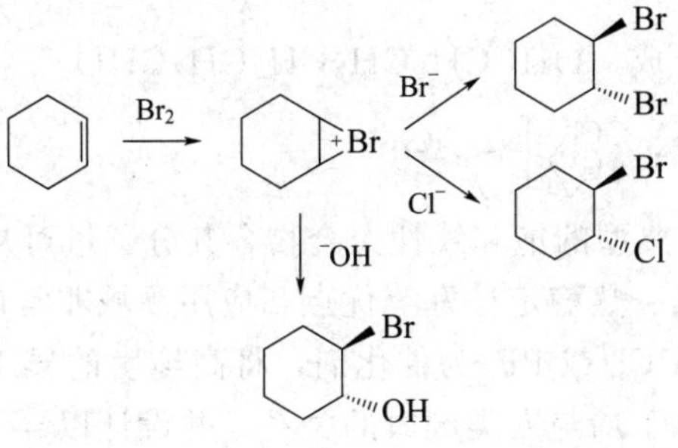

环己烯 $\xrightarrow{Br_2}$ 环状溴鎓离子（$\overset{+}{Br}$）；$\xrightarrow{Br^-}$ 反-1,2-二溴环己烷；$\xrightarrow{Cl^-}$ 反-1-氯-2-溴环己烷；$\xrightarrow{^-OH}$ 反-2-溴环己醇

17.5　思考题

17-1　由乙炔制取 $ClBrCH-CH_2Br$，下列方法可行的是（　　）。

A. 先与 HBr 加成后再与 HCl 加成

B. 先与 H_2完全加成后再与 Cl_2、Br_2发生取代反应

C. 先与 HCl 加成后再与 Br_2加成

D. 先与 Cl_2加成后再与 HBr 加成

17-2　填空题

（1）下列各组烯烃是构造异构还是构型异构？

A. 顺-4-辛烯与反-4-辛烯；　　B. 3-己烯与 2-己烯；

C. 2-甲基-2-丁烯与 1-戊烯；　　D. 2-甲基-2-戊烯与 4-甲基-2-戊烯。

（2）Br_2与 $CH_2=CH_2$加成的反应历程，一种看法是：Br_2分子在极性物质环境下破裂为溴正离子（记为 Br^+）和溴负离子（Br^-），加成反应的第一步是 Br^+首先和 $CH_2=CH_2$一端结合，之后才是 Br^-加到 $CH_2=CH_2$分子的另一端，有人为了证明上述过程，曾在有 NaCl、NaI 的水溶液中进行乙烯和 Br_2的反应，他用化学或光谱法很快检测到三种新有机物，因而肯定了上述反应过程是正确的。试写出三种新有机物的结构简式：________、________、________。

17-3　问答题

（1）在用烯烃与卤化氢制备卤代烷的过程中，为什么常用干燥的卤化氢而不用卤化氢的水溶液？

（2）烯烃在过氧化物存在下与卤化氢加成是反马氏的，称为过氧化物效应，但一般只适用于 HBr，为什么？

（3）下列各组化合物中，哪一个稳定？为什么？

① 3-甲基-2,5-庚二烯和 5-甲基-2,4-庚二烯；② 2-戊烯和 2-甲基-2-丁烯。

（4）为什么炔烃显酸性而烷烃和烯烃不显酸性？炔烃为什么不与 NaOH 反应而与 $NaNH_2$反应？

（5）以 3-己炔为原料，制备 ① 己烷；② 顺式-3-己烯；③ 反式-3-己烯时，在加氢的方法及催化剂的选择上应有什么考虑？

（6）乙炔中的 C—H 键是所有 C—H 中键能最大的，但同时它也是酸性最强的。这两者相矛盾吗？

17-4　比较 $CH_2=CHCCl_3$与 $CH_2=CHBr$ 与 HBr 加成的区域选择性。

17-5　合成下列化合物

（1）以环己醇为原料合成　$OHCCH_2CH_2CH_2CH_2CHO$

（2）以烯烃为原料合成：Cl Cl CH_2Cl

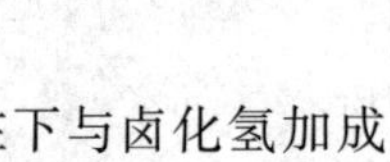

17-6　聚异丁烯是一种典型的饱和线性聚合物，其分子量可从数百至数百万。聚异丁烯具有优异的气密性、耐酸碱、热稳定性好等优点，应用领域非常广。目前聚异丁烯的生产主要采用连续聚合技术，用 $AlCl_3$或 BF_3为催化剂，将高纯度的异丁烯和异丁烷或已烷混合聚合而成，查阅资料了解聚异丁烯与人类健康的关系，并设计以异丁烯为原料在酸催化下通过阳离子聚合生产聚异丁烯的反应历程。

自我检测题 1

17-1 选择题

（1）下列烯烃中，氢化热最小的是（　　）。

A. 异丁烯　　B. 1,3-丁二烯　　C. 反-2-丁烯　　D. 顺-2-丁烯

（2）双键上所连烷基越多的烯烃越稳定是由于（　　）。

A. 烷基的+I 效应　B. σ-π 超共轭效应　C. σ-p 超共轭效应　D. p-π 共轭效应

（3）下列二烯烃易发生 Diels-Alder 反应的是（　　）。

A. 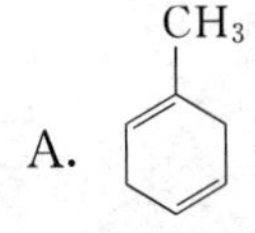

B.
C. 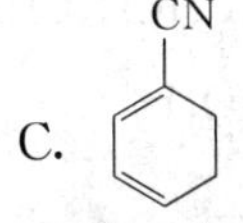

D.

（4）某烃与氢气发生反应后能生成 $(CH_3)_2CHCH_2CH_3$，则该烃不可能是（　　）。

A. 2-甲基-2-丁烯　　B. 3-甲基-1-丁烯

C. 2,3-二甲基-1-丁烯　　D. 2-甲基-1,3-丁二烯

（5）制取下列物质时，不能用乙烯做原料的是（　　）。

A. 聚乙烯　　B. 聚氯乙烯　　C. 氯乙烷　　D. 1,2-二溴乙烷

17-2 排列

（1）按碳正离子稳定性的大小排列（　　）。

A. $H_3C—CH═CH—CH_2—CH_2—\overset{+}{C}H_2$

B. $H_3C—CH═CH—CH_2—\overset{+}{C}H—CH_3$

C. $H_3C—CH═CH—\overset{+}{C}H—CH_2—CH_3$

D. $H_2\overset{+}{C}—CH═CH—CH_2—CH_2—CH_3$

（2）下列烯烃与 HBr 反应活性顺序为（　　）。

A. 2-甲基-2-丁烯　　B. 1,3-戊二烯

C. 2,3-二甲基-1,3-丁二烯　　D. 2,3-二甲基-2-丁烯

17-3 问答题

（1）命名下列化合物，如有顺反异构体则写出构型式，并标以 Z/E。

① $CH_3CH═C(CH_3)C_2H_5$　② 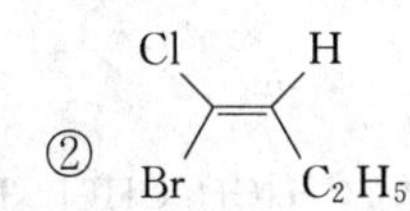

（2）试写出下列反应中的（A）及（B）的构造式

①（A）+Zn → （B）+$ZnCl_2$

（B）+$KMnO_4 \xrightarrow{\triangle} CH_3CH_2COOH + CO_2 + H_2O$

② $H_3CCH═CH_2 \xrightarrow{B_2H_6}$ (A) $\xrightarrow[OH^-]{H_2O}$ (B)

（3）有两种互为同分异构体的丁烯，它们与溴化氢加成得到同一种溴代丁烷，写出这两个丁烯的结构式。

（4）C^+ 是属于路易斯酸，为什么？

（5）用化学方法鉴别丁烷、1-丁炔、2-丁炔。

17-4 完成下列反应式，写出产物或所需试剂。

(1) $H_2C{=}CHCH_2CH_3 \xrightarrow{H_2SO_4} ?$

(2) $H_3C{-}\underset{\displaystyle CH_3}{\underset{|}{C}}{=}CHCH_3 \xrightarrow{HBr} ?$

(3) $H_2C{=}CHCH_2CH_3 \xrightarrow{?} CH_3CH_2CH_2CH_2OH$

(4) $H_2C{=}CHCH_2CH_3 \xrightarrow{?} CH_3\underset{\displaystyle OH}{\underset{|}{C}}HCH_2CH_3$

(5) $H_3C{-}\underset{\displaystyle CH_3}{\underset{|}{C}}{=}CHCH_2CH_3 \xrightarrow[Zn,H_2O]{O_3} ?$

(6) $H_2C{=}CHCH_2OH \xrightarrow{?} \underset{\displaystyle Cl}{\underset{|}{C}}H_2\underset{\displaystyle OH}{\underset{|}{C}}HCH_2OH$

17-5 用反应式表示从含三个碳的化合物制备正己烷

17-6 1-氯-2,3-二溴丙烷是用于防治有害线虫的一种农药，请以乙炔为原料合成该农药。

自我检测题 2

17-1 命名下列化合物

(1) $H_3CCH{=}CH{-}\overset{\displaystyle CH_3}{\overset{|}{C}}H{-}C{\equiv}C{-}CH_3$

(2) $HC{\equiv}C{-}C{\equiv}C{-}CH{=}CH_2$

(3) $(H_3C)CH{=}C(C(CH_3)_3){-}CH{=}CH{-}CH_3$（结构式：H₃C—CH=C，C 上连 CH=CH—CH₃ 及 C(CH₃)₃）

(4) $(H_3C)(H)C{=}C(C{\equiv}C{-}CH_3)(C(CH_3)_3)$（结构式：双键一端连 H₃C 和 H，另一端连 C≡C—CH₃ 和 C(CH₃)₃）

17-2 选择题

(1) 下列碳正离子中，最不稳定的是（　　）。

A. $CH_3\overset{+}{C}HOCH_3$　B. $CH_3\overset{+}{C}HCH_2OCH_3$　C. $CH_3CH_2\overset{+}{C}HCl$　D. $CH_3\overset{+}{C}HCH_2CH_3$

(2) 3,3-二甲基-1-丁烯与 HCl 反应，生成的主产物是（　　）。

A. $(CH_3)_3C\underset{\displaystyle Cl}{\underset{|}{C}}HCH_3$　B. $(CH_3)_3CCH_2CH_2Cl$　C. $(CH_3)_2\underset{\displaystyle Cl}{\underset{|}{C}}CH(CH_3)_2$　D. $(CH_3)_2\underset{\displaystyle CH_2CH_3}{\underset{|}{C}}CH_2Cl$

17-3 完成下列反应式

(1) $H_2C{=}CH{-}CH_2{-}C{\equiv}CH \xrightarrow{Cl_2} ?$

(2) $H_3C{-}CH{=}CH{-}CH{=}CH_2 +$ 顺丁烯二酸酐（马来酸酐，五元环，含两个 C=O 和环氧 O）$\xrightarrow{\triangle} ?$

(3) $H_3C—C≡C—C_2H_5 \xrightarrow[液\ NH_3]{Na} ?$

(4) $H_3C—CH═CH—C≡CH \xrightarrow[CCl_4]{Br_2} ?$

(5) $H_3C—C≡C—CH_3 \xrightarrow[Lindlar\ 催化剂]{H_2} ?$

(6) $H_3C—CH═CH—C≡CH + H_2O \xrightarrow[稀\ H_2SO_4]{HgSO_4} ?$

(7) $H_3C—CH_2—C≡CH \xrightarrow[KOH]{KMnO_4} ?$

17-4 用化学方法区别下列化合物

(1) 2-甲基丁烷，3-甲基-1-丁炔，3-甲基-1-丁烯

(2) 环己烯，1,1-二甲基环丙烷，1,3-环己二烯

17-5 以丙炔为原料合成下列化合物

(1) $H_3C—CH(Br)—CH_3$　　(2) $HO—CH_2—CH_2—CH_3$　　(3) 正己烷

17-6 某化合物（A）的分子式为 C_5H_8，在液 NH_3 中与 $NaNH_2$ 作用后再与1-溴丙烷作用，生成分子式为 C_8H_{14} 的化合物（B），用 $KMnO_4$ 氧化（B），得分子式为 $C_4H_8O_2$ 的两种不同酸（C）和（D），（A）在 $HgSO_4$ 存在下与稀 H_2SO_4 作用可得到酮（E）$C_5H_{10}O$，试写出（A）～（E）的构造式。

思考题参考答案

17-1 解题思路：加成反应在控制相关反应物的比例时，往往反应的结果单一；而取代反应则常常发生的是一系列反应，生成一系列产物，乙炔先与 HCl 按物质的量 1∶1 加成，生成一氯乙烯，然后与 Br_2 发生加成反应，即可得到目标产物。

解： C

17-2 填空题

(1) A. 构型　B. 构造　C. 构造　D. 构造

(2) 根据乙烯与 Br_2 的加成历程可知，第一步反应为 $H_2C—CH_2$（Br⁺桥连两个碳的溴鎓离子，Br 上标 +），第二步 Br^- 加上去为 $H_2C(Br)—CH_2(Br)$，$H_2C(Br)—CH_2(Cl)$，$H_2C(Br)—CH_2(I)$。

17-3 问答题

(1) 干燥的卤化氢的亲电性比它的水溶液强，而水是亲核试剂，它易与碳正离子反应生成醇。

(2) 过氧化物引发下烯烃与 HBr 加成是按自由基加成反应历程进行的。HF 和 HCl 键牢固，H 不易被自由基夺去而生成 F· 及 Cl·，所以不发生自由基加成。H—I 键虽然弱，但所形成的碘自由基活性较差，难于发生自由基加成。另外，HI 是一个还原剂，它能破坏过氧化物，抑制自由基加成。

(3) ①5-甲基-2,4-庚二烯是共轭二烯，较孤立二烯稳定。

② 2-甲基-2-丁烯有 9 个 σ-π 超共轭键，而 2-戊烯仅 5 个，故 2-甲基-2-丁烯比较稳定。

（4）根据共轭酸的 pKa 值。

（5）要想获得己烷，必须使用催化剂 Pt 或 Ni，并且要求 H_2 过量。如果要获得部分还原的产物，就要用选择性较好的催化剂，例如用 Lindlar 催化剂或 Ni_2B（一般叫 P-2）催化剂，主要得到部分加氢的顺式-3-己烯；若用 Na/液 NH_3 还原则主要产物为反式-3-己烯。

（6）不矛盾，键能是对 C—H 键均裂的测量，酸性是源于 C—H 键异裂。

17-4　解：由于—CCl_3 具有吸电子效应，形成符合反马氏规则的加成产物为 $ClCH_2CH_2CCl_3$；$CH_2=CHBr$ 由于溴原子外层未共用电子对可以与反应中间体碳正离子上的空 p 轨道产生 p-p 共轭，使碳正离子稳定，形成马氏规则的加成产物为 CH_3CHBr_2。

17-5　（1）环己醇 $\xrightarrow[170℃]{H_2SO_4}$ 环己烯 $\xrightarrow[Zn/H_2O]{O_3}$ OHC～～～CHO

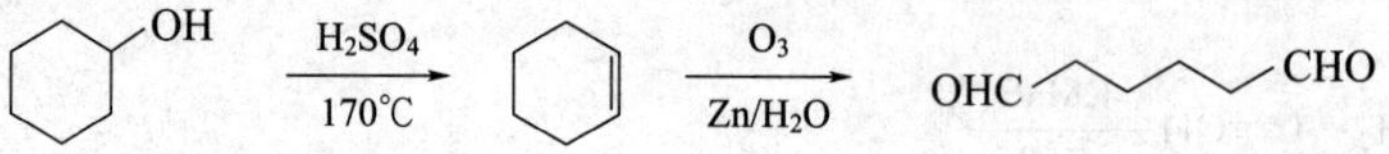

（2）$CH_2=CHCH_3 + Cl_2 \xrightarrow{500℃} CH_2=CHCH_2Cl$

环戊二烯 + $CH_2=CHCH_2Cl$ $\xrightarrow{\triangle}$ 5-氯甲基降冰片烯（CH_2Cl）$\xrightarrow{Cl_2}$ 二氯代产物（Cl, Cl, CH_2Cl）

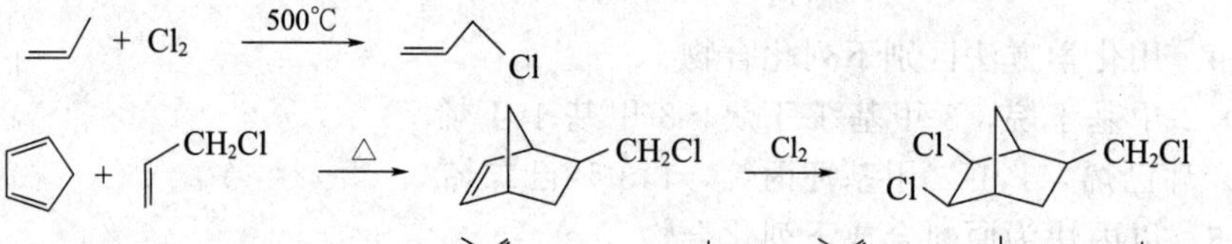

17-6　解：

异丁烯 $\xrightarrow{H^+}$ 叔丁基碳正离子 $\xrightarrow{异丁烯}$ 二聚碳正离子 $\xrightarrow{异丁烯}$ 三聚碳正离子

$\xrightarrow{异丁烯}$ 四聚碳正离子 $\xrightarrow{n\ 异丁烯}$ 聚合碳正离子（$(\ )_n$）

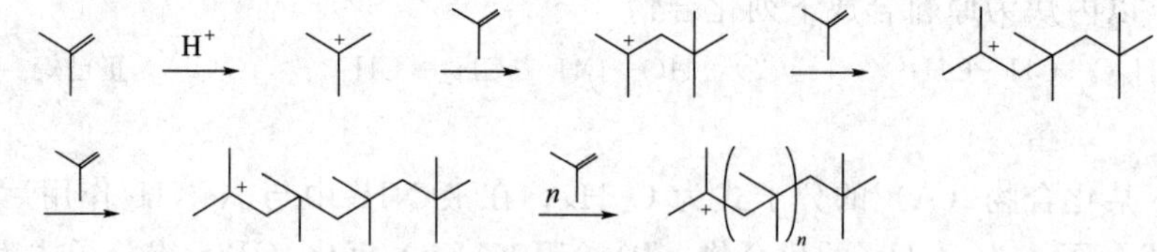

自我检测 1 参考答案

17-1　选择题

（1）C　（2）B　（3）D　（4）C　（5）B

17-2　排列

（1）C＞D＞B＞A　（2）C＞B＞D＞A

17-3　问答题

（1）① 3-甲基-2-戊烯

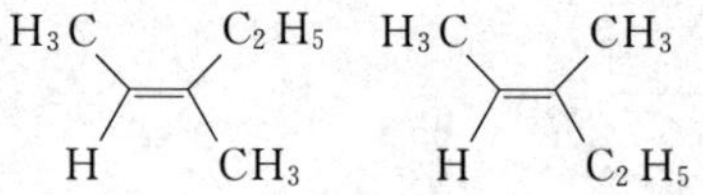

H_3C	C_2H_5	H_3C	CH_3
H	CH_3	H	C_2H_5

（*Z*）-3-甲基-2-戊烯 或 反-3-甲基-2-戊烯　（*E*）-3-甲基-2-戊烯 或 顺-3-甲基-2-戊烯

注：当顺反命名与 *Z*/*E* 命名矛盾时，以 *Z*/*E* 命名为好。

②（*Z*）-1-氯-1-溴-1-丁烯

（2）① A. $CH_3CH_2CHClCH_2Cl$　　B. $CH_3CH_2CH=CH_2$

② A. $(CH_3CH_2CH_2)_3B$　　B. $CH_3CH_2CH_2OH$

（3）$H_3CCH=CHCH_3$　　$H_2C=CHCH_2CH_3$　　或（反-2-丁烯）（顺-2-丁烯）

（4）Lewis 酸是指在反应过程中能够接受电子对的分子和离子，C^+ 是缺电子的活性中间体，反应时能接受电子对成中性分子，故它属 Lewis 酸。

（5）丁烷、1-丁炔、2-丁炔 $\xrightarrow[CCl_4]{Br_2}$ 丁烷：不褪色；1-丁炔：褪色；2-丁炔：褪色 $\xrightarrow{Ag(NH_3)_2NO_3}$ 1-丁炔：白↓；2-丁炔：无变化

17-4 (1) $H_2C{=}CHCH_2CH_3 \xrightarrow{H_2SO_4} CH_3CH(OSO_3H)CH_2CH_3$

(2) $H_3C{-}C(CH_3){=}CHCH_3 \xrightarrow{HBr} H_3C{-}CBr(CH_3){-}CH_2CH_3$

(3) $H_2C{=}CHCH_2CH_3 \xrightarrow[②\ H_2O_2,HO^-]{①\ BH_3} CH_3CH_2CH_2CH_2OH$

(4) $H_2C{=}CHCH_2CH_3 \xrightarrow{H_2O/H^+} CH_3CH(OH)CH_2CH_3$

(5) $H_3C{-}C(CH_3){=}CHCH_2CH_3 \xrightarrow[Zn,H_2O]{O_3} (CH_3)_2C{=}O + CH_3CH_2CHO$

(6) $H_2C{=}CHCH_2OH \xrightarrow{Cl_2/H_2O} CH_2(Cl)CH(OH)CH_2OH$

17-5 法一：Würtz 反应：$2CH_3CH_2CH_2Br \xrightarrow{Na} CH_3(CH_2)_4CH_3$

法二：$HC{\equiv}CCH_3 \xrightarrow[-33℃]{NaNH_2/液氨} NaC{\equiv}CCH_3 \xrightarrow[液氨，-33℃]{CH_3CH_2CH_2Br} CH_3C{\equiv}CCH_2CH_2CH_3$

$\xrightarrow[Ni]{H_2} CH_3CH_2CH_2CH_2CH_2CH_3$

法三：$2CH{\equiv}CH \xrightarrow[NH_4Cl]{Cu_2Cl_2} CH{\equiv}CCH{=}CH_2 \xrightarrow[-33℃]{NaNH_2/液氨} NaC{\equiv}CCH{=}CH_2$

$\xrightarrow[液氨，-33℃]{CH_3CH_2Br} CH_3CH_2C{\equiv}CCH{=}CH_2 \xrightarrow[Pd]{H_2} CH_3CH_2CH_2CH_2CH_2CH_3$

17-6 $HC{\equiv}CH \xrightarrow[液氨，-33℃]{NaNH_2} HC{\equiv}CNa \xrightarrow[液氨，-33℃]{CH_3I} HC{\equiv}CCH_3 \xrightarrow[Pd/BaSO_4，喹啉]{H_2}$

$CH_2{=}CHCH_3 \xrightarrow[500℃]{Cl_2} CH_2{=}CHCH_2Cl \xrightarrow[CCl_4]{Br_2} H_2C(Br){-}CH(Br){-}CH_2Cl$

自我检测题 2 参考答案

17-1 命名下列化合物

(1) 4-甲基-2-庚烯-5-炔 (2) 1-己烯-3,5-二炔

(3) (2*E*,4*Z*)-3-叔丁基-2,4-己二烯

(4) (*Z*)-3-叔丁基-2-己烯-4-炔

17-2 选择题

(1) B (2) C

17-3 完成下列反应式

(1) $H_2C(Cl){-}CH(Cl){-}CH_2{-}C{\equiv}CH$ (2) [甲基取代的四氢邻苯二甲酸酐环状结构：CH_3，O，O，O] (3) $H_3C(H)C{=}C(H)C_2H_5$（反式：H_3C 与 C_2H_5 位于双键两侧）

（4）$H_3C—CH═CH—C(Br)═CH(Br)$

$$\mathrm{H_3C—CH{=}CH—\underset{\displaystyle Br}{\underset{|}{C}}{=}\overset{\displaystyle Br}{\overset{|}{CH}}}$$

（提示：双键与三键处于共轭体系中，1,2-加成的碳正离子中间体更稳定，产物也为更稳定的1,2-二溴共轭二烯烃。）

（5）$\mathrm{(H_3C)HC{=}CH(CH_3)}$（两个 CH_3 在同侧，两个H在同侧）　　（6）$\mathrm{H_3C—CH{=}CH—\underset{\displaystyle \|\atop O}{C}—CH_3}$

（7）$CH_3CH_2COOK + CO_2\uparrow$

17-4　用化学方法区别下列化合物

（1）

$$\left.\begin{array}{l}\mathrm{H_3C—\overset{CH_3}{\overset{|}{CH}}—CH_2—CH_3}\\ \mathrm{H_3C—\overset{H_3C}{\overset{|}{CH}}—CH{=}CH_2}\\ \mathrm{H_3C—\overset{CH_3}{\overset{|}{CH}}—C{\equiv}CH}\end{array}\right\}\xrightarrow{Ag(NH_3)_2NO_3}\left\{\begin{array}{l}\left.\begin{array}{l}\text{无现象}\\ \text{无现象}\end{array}\right\}\xrightarrow[\text{或}KMnO_4]{Br_2/CCl_4}\left\{\begin{array}{l}\text{无现象}\\ \text{褪色}\end{array}\right.\\ \text{白色固体}\end{array}\right.$$

（2）加入 $KMnO_4$ 溶液不褪色的为1,1-二甲基环丙烷，余下两者加入顺丁烯二酸酐有白色沉淀生成的为1,3-环己二烯，另者为环己烯。

17-5　以丙炔为原料合成下列化合物

（1）$$\mathrm{HC{\equiv}C—CH_3\xrightarrow[H_2]{Pd\text{-}Pb/CaCO_3}H_2C{=}CH—CH_3\xrightarrow{HBr}H_3C—\underset{\displaystyle Br}{\underset{|}{CH}}—CH_3}$$

（2）法一：$$\mathrm{HC{\equiv}C—CH_3\xrightarrow[Pd/CaCO_3]{H_2}H_2C{=}CH—CH_3\xrightarrow[H_2O_2,\,^-OH]{B_2H_6}CH_3CH_2CH_2OH}$$

法二：$$\mathrm{HC{\equiv}C—CH_3\xrightarrow[H_2O_2,\,^-OH]{B_2H_6}CH_3CH_2CHO\xrightarrow[Pd]{H_2}CH_3CH_2CH_2OH}$$

（3）法一：$$\mathrm{HC{\equiv}C—CH_3\xrightarrow[Pd/CaCO_3]{H_2}H_2C{=}CH—CH_3\xrightarrow[ROOR]{HBr}CH_3—CH_2—\underset{\displaystyle Br}{\underset{|}{CH_2}}}$$

$$\mathrm{\xrightarrow{Na}CH_3CH_2CH_2CH_2CH_2CH_3}$$

法二：$$\mathrm{HC{\equiv}C—CH_3\xrightarrow[\text{液氨},\,-33℃]{Na}H_2C{=}CH—CH_3\xrightarrow[h\nu]{NBS}H_2C{=}CH—CH_2Br}$$

$$\mathrm{HC{\equiv}CCH_3\xrightarrow[-33℃]{NaNH_2/\text{液氨}}NaC{\equiv}CCH_3\xrightarrow[\text{液氨},\,-33℃]{CH_2{=}CHCH_2Br}CH_2{=}CHCH_2C{\equiv}CCH_3}$$

$$\mathrm{\xrightarrow[Ni]{H_2}CH_3CH_2CH_2CH_2CH_2CH_3}$$

17-6

（A）$\mathrm{HC{\equiv}C—\underset{\displaystyle CH_3}{\underset{|}{CH}}—CH_3}$　（B）$\mathrm{H_2\underset{\displaystyle C_2H_5}{\underset{|}{C}}—C{\equiv}C—\underset{\displaystyle CH_3}{\underset{|}{CH}}—CH_3}$　（C）$\mathrm{H_3C—\underset{\displaystyle CH_3}{\underset{|}{CH}}—COOH}$

（D）$\mathrm{C_2H_5—CH_2—COOH}$　（E）$\mathrm{CH_3—\underset{\displaystyle CH_3}{\underset{|}{CH}}—\underset{\displaystyle O}{\underset{\|}{C}}—CH_3}$

第 18 章　环烷烃

18.1　教学要求

掌握环烷烃的分类、命名，环状化合物的顺反异构。了解螺环、桥环化合物的结构特点。熟练掌握环己烷的构象及优势构象的概念和表示方法，掌握平伏键、直立键的概念和优势构象的判断原则。理解 Baeyer 张力学说及角张力的概念，掌握环烷烃的基本化学性质，小环化合物的反应特性。

重点： 螺环和桥环的系统命名法；环烷烃的顺反异构；环己烷与取代环己烷的构象稳定性规律；环丙烷的亲电加成——开环规律。

难点： 环烷烃的构象，环己烷与取代环己烷的构象稳定性规律。

18.2　内容概要

(1) 环烷烃的异构、分类和命名　顺反、构象异构；单环、双环（螺环和桥环）的命名。

(2) 环烷烃的性质

① 取代反应　和开链烷烃相似，在高温或光照下，环烷烃与卤素发生取代反应。

② 加成反应　环烷烃中的小环化合物，如：环丙烷、环丁烷具有类似烯烃的不饱和性，容易开环发生加成反应。

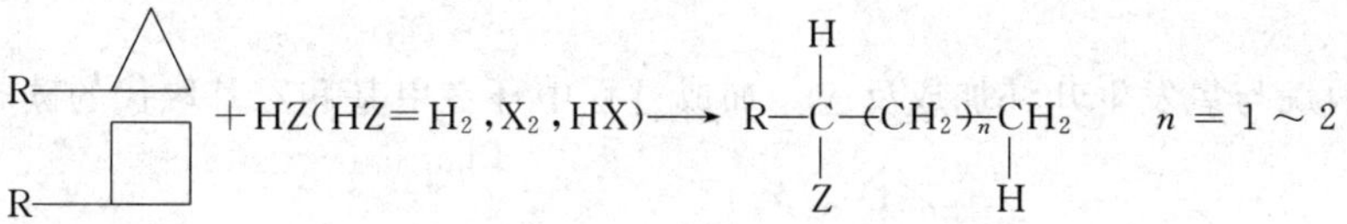

$$\text{R—}\triangle \ / \ \text{R—}\square + HZ(HZ=H_2, X_2, HX) \longrightarrow R-\underset{Z}{\overset{H}{C}}-(CH_2)_n-\underset{H}{CH_2} \qquad n=1\sim 2$$

③ 氧化反应 在加热或催化剂存在下，用强氧化剂可氧化环烷烃。

环丙烷对氧化剂稳定，不被高锰酸钾、臭氧等氧化剂氧化，故可用高锰酸钾溶液来区别烯烃与环丙烷衍生物。

(3) 环的结构和稳定性

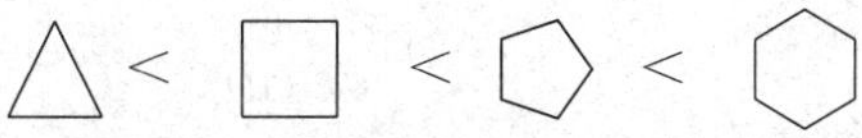

$$\triangle < \square < ⬠ < ⬡$$

(4) 环烷烃的顺反异构、构象及构象分析　环烷烃的顺反异构、环丁烷和环戊烷的构象、环己烷的构象、取代环己烷衍生物的构象、十氢化萘的构象。环己烷分子有两种无角张力的构象（椅式及船式）。取代环己烷衍生物的构象稳定性规律。

18.3　同步例题

例 1. 命名。

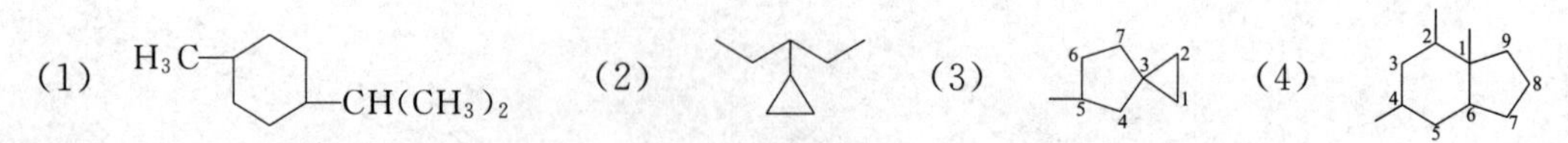

解：(1) 1-甲基-4-异丙基环己烷 (2) 3-环丙基戊烷

(3) 5-甲基螺[2.4]庚烷 (4) 1,2,4-三甲基二环[4.3.0]壬烷

例 2. 写出正丙基环己烷最稳定的构象式

解题思路：取代环己烷最稳定的构象是椅式构象，同时取代基团需在环己烷的平伏键上。

C_3H_7 —（椅式构象）

例 3. 写出下列反应式

(1) 环丙烷和环己烷各自与溴作用。

(2) 1-甲基环戊烯与 HCl 作用。

(3) 1,2-二甲基-3-乙基环丙烷与氯气作用。

(4) 乙烯基环丁烷与 $KMnO_4$ 溶液作用。

解题思路：(1) 环丙烷化学性质较环己烷活泼，与溴发生开环加成反应，生成产物为 $BrCH_2CH_2CH_2Br$；环己烷为 6 元环，化学性质相对稳定，只能发生环上的取代反应，反应式分别为：

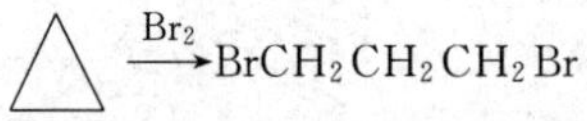

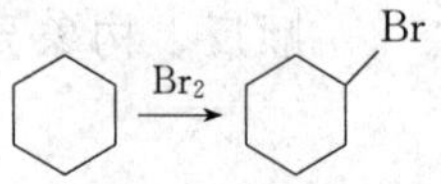

环丙烷 $\xrightarrow{Br_2}$ $BrCH_2CH_2CH_2Br$

环己烷 $\xrightarrow{Br_2}$ 溴代环己烷（Br）

(2) 1-甲基环戊烯中双键的化学性质更活泼，所以发生的是双键的亲电加成反应，并且加成符合马氏规则，反应式为：

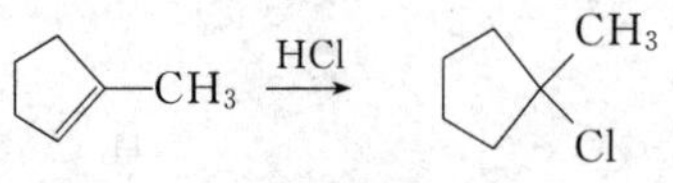

1-甲基环戊烯（$-CH_3$）$\xrightarrow{HCl}$ 1-甲基-1-氯环戊烷（CH_3，Cl）

(3) 环丙烷与氯发生开环加成反应，加成过程中环在甲基和乙基取代的碳碳键断开。反应式为：

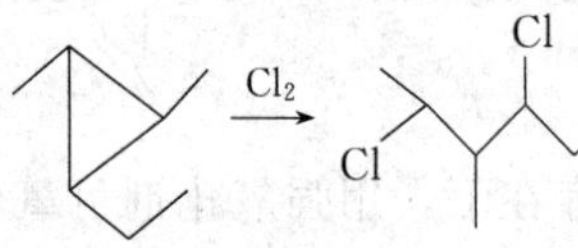

1,2-二甲基-3-乙基环丙烷 $\xrightarrow{Cl_2}$ 产物（Cl，Cl）

(4) 反应过程中四元环没有发生断环，而是取代基中双键发生氧化断键生成酸。反应式为：

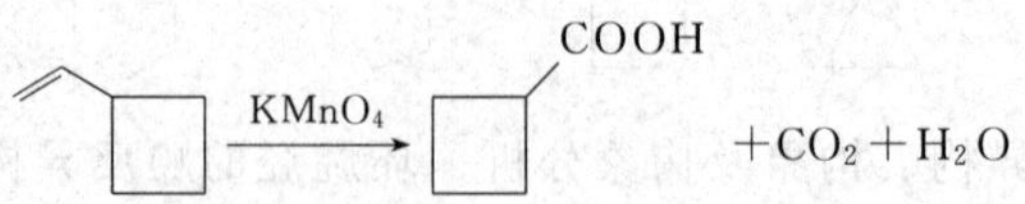

乙烯基环丁烷 $\xrightarrow{KMnO_4}$ 环丁烷甲酸（COOH） $+CO_2+H_2O$

例 4. 回答下列问题

(1) 顺式 1,2-二甲基环丙烷比反式 1,2-二甲基环丙烷具有较大的燃烧热，试回答哪一个化合物更稳定？并说明理由。

(2) 分别写出顺式 3-异丙基-1-甲基环己烷及反式 3-异丙基-1-甲基环己烷的两种椅式构象，并比较它们的稳定性大小。

解题思路：(1) 反 1,2-二甲基环丙烷更稳定，因等量的顺式和反式异构体产生相同的燃烧产物，顺式具有较大的燃烧热，说明它具有较大的势能，因而较不稳定，反式异构体燃烧热较小，具有较小的势能（因两个甲基位于环的两侧）故较稳定。

（2）

顺式：

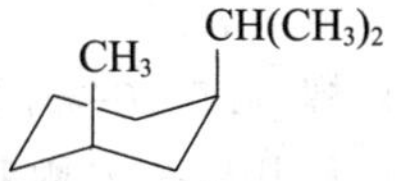

CH_3　$CH(CH_3)_2$　　　$CH(CH_3)_2$　H_3C

a 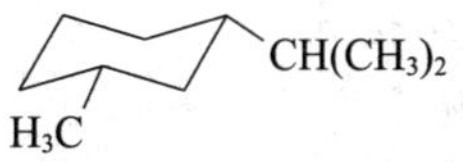　　　　b

反式：

CH_3　$CH(CH_3)_2$　　　$CH(CH_3)_2$　H_3C

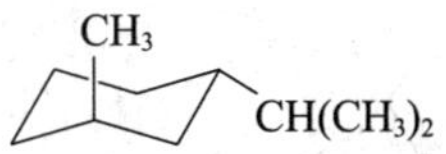

c 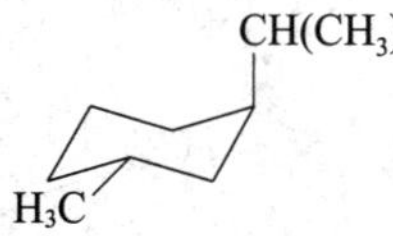　　　　d

在比较取代环己烷构象的稳定性时按照两个取代基都在平伏键上更稳定，大的基团在平伏键上更稳定的原则进行比较。b 的两个取代基都在平伏键上，最稳定；a 中两个取代基都在直立键上，最不稳定；c 中只有大的异丙基在平伏键上，而 d 中只有较小的甲基在平伏键上，所以稳定性由大到小排序为：b＞c＞d＞a。

例 5. 丁二烯聚合时，除生成高分子化合物外，还有一种环状结构的二聚体生成。该二聚体能发生下列反应：（1）还原生成乙基环己烷；（2）溴代时加上 4 个溴原子；（3）氧化时生成 β-羧基己二酸。试根据这些事实，推测该二聚体的结构，并写出各步反应式。

解题思路：丁二烯生成一种环状结构的二聚体，由（1）和（2）可以推断其可能发生 D-A 反应，二聚体有两个双键；由（3）可以推断可知在侧链处有一个双键被氧化断链，环上还有一个双键被氧化断裂成两个羧基。

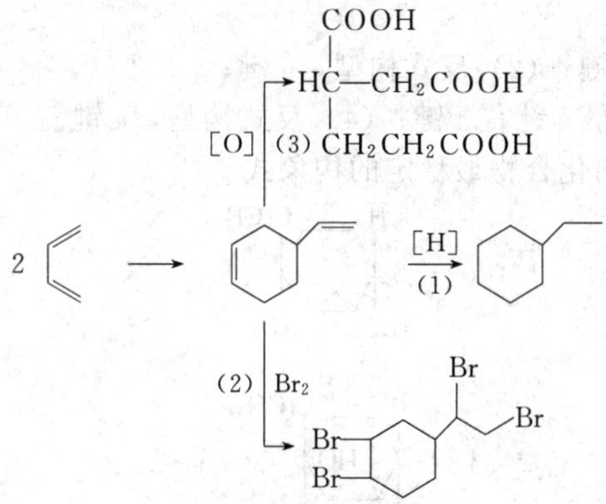

2　→　[O]（3）→ $HC(COOH)(CH_2COOH)(CH_2CH_2COOH)$；[H]（1）；（2）$Br_2$　Br Br Br Br

18.4　习题选解

1. 写出分子式 C_5H_{10} 单环化合物的构造异构体和顺反异构体的结构式，并对它们进行命名。

解：（1）环戊烷 　　　（2）1-丁基环丁烷

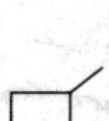

（3）顺-1,2-二甲基环丙烷　CH_3　CH_3　H　H　　　（4）反-1,2-二甲基环丙烷　H　CH_3　CH_3　H

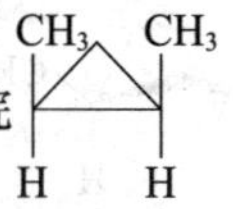

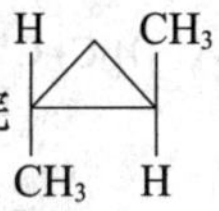

（5）1,1-二甲基环丙烷 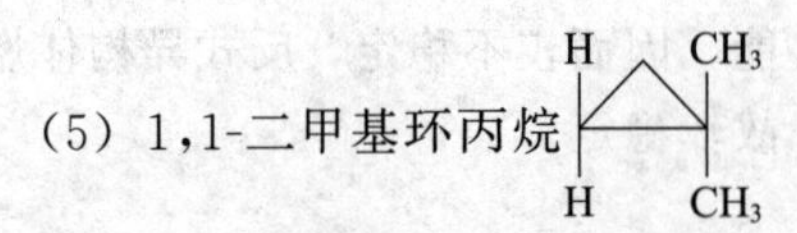

3. 写出下列化合物的结构式

（1）1,1-二甲基环庚烷　　（2）螺[4.5]-6-癸烯

（3）反-2-乙基-1-氯环丙烷　　（4）1-甲基-3-异丙基-1-环己烯

（5）3,7,7-三甲基双环[4.1.0]庚烷　　（6）顺-1-甲基-2-异丙基环己烷

解：

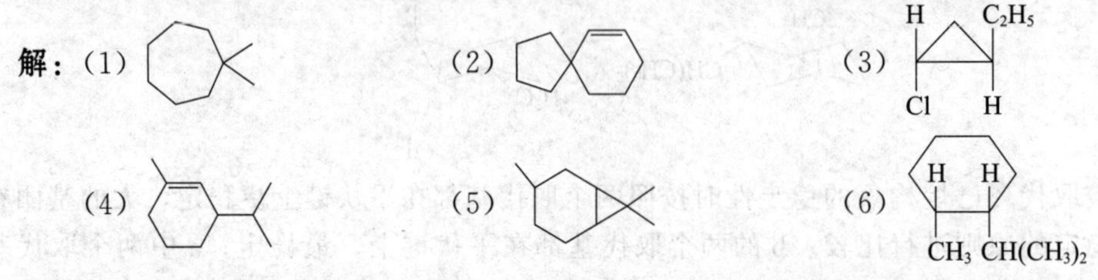

5. 指出下列化合物哪些是顺式构型，哪些是反式构型？并标明氯原子与环己烷所连共价键是 e 键还是 a 键。

（1）H, Cl, Cl, H　　（2）Cl, H, H, Cl

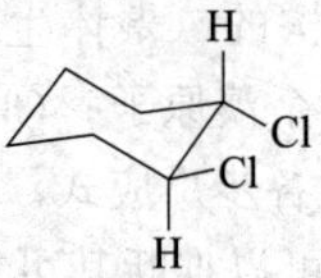

（3）H, Cl, H, Cl　　（4）H, Cl, Cl, H

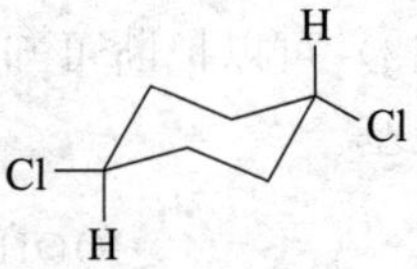

解：（1）反式构型，e 键；（2）反式构型，a 键；

（3）顺式构型，左 e 键右 a 键；（4）反式构型，e 键。

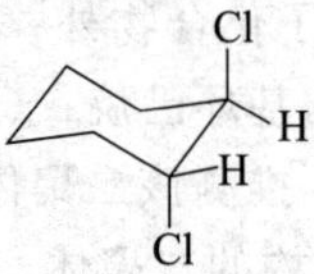

6. 用椅型结构写出下列化合物最稳定的构象式。

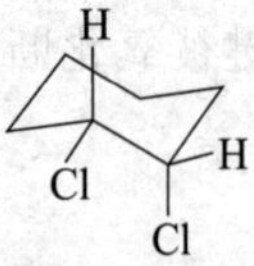

（1）CH_2CH_3, H　　（2）H, $C(CH_3)_3$, H_3C, H

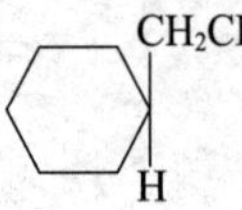

（3）$C(CH_3)_3$, H_3C, H, H　　（4）H, H, $C(CH_3)_3$, HO, CH_3, H

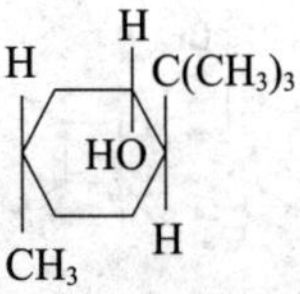

解题思路：首先将体积较大的取代基放在 e 键上，再根据顺反结构安排其他位置的取代基在相应的 a 键或者 e 键上。

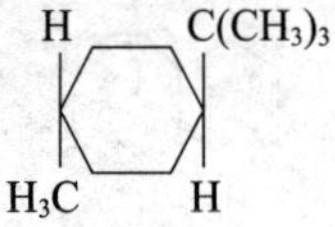

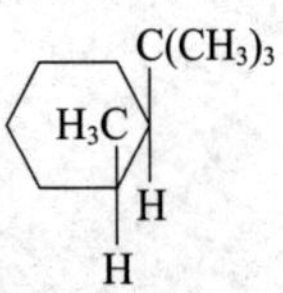

解：（1）H, C_2H_5　　（2）H, $(H_3C)_3C$, CH_3, H

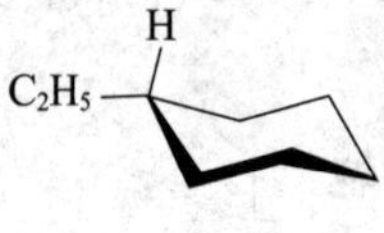

（3）H, $(H_3C)_3C$, H, CH_3　　（4）H, $(H_3C)_3C$, CH_3, HO, H, H

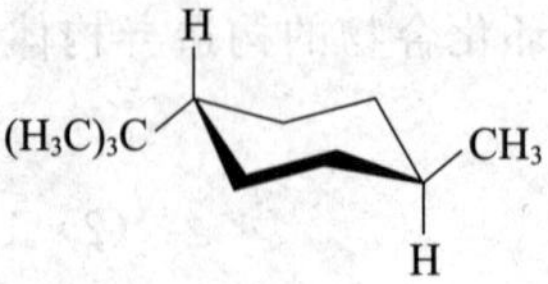

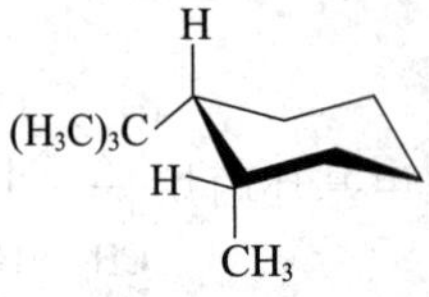

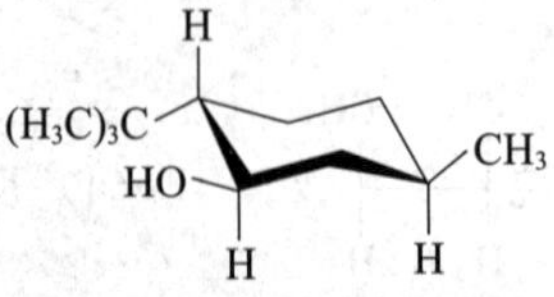

7. 写出在下列条件下的反应式。

$CH(CH_3)_2$

（1）H_2，Pt/C，加热；（2）Br_2，室温；（3）HI；（4）Br_2，$h\nu$

解题思路： 根据反应条件和反应物质判断反应类型，然后根据反应机理写出相应的产物。（1）环烷烃开环催化加成；（2）环烷烃的开环加成；（3）环烷烃的开环加成，符合马氏规则；（4）烷烃自由基取代反应，根据不同自由基中间体稳定性判断产物。

解：（1）$CH_3CH_2CH_2CH(CH_3)_2$；　　（2）$CH_2BrCH_2CHBrCH(CH_3)_2$；

（3）$CH_3CH_2CHICH(CH_3)_2$；　　（4）

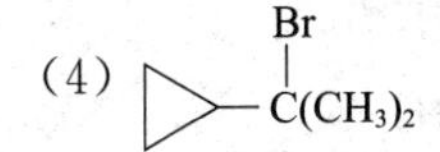

8. 用化学方法鉴别以下各组化合物。

（1）（A）　（B）　（C）　（D）

（2）丙烷、环丙烷及丙烯。

解：（1）分别加入硝酸银氨溶液生成白色沉淀的为 D；加入酸性高锰酸钾溶液褪色的为 A；在 BC 中分别加入溴水，褪色的是 B，不褪色的是 C。

（2）分别加入溴的四氯化碳溶液，不褪色的是丙烷，在后面两种化合物中加入酸性高锰酸钾溶液褪色的是丙烯，不褪色的为环丙烷。

10. 1-溴丙烷的溴代反应如下所示：

$$CH_3CH_2CH_2Br \xrightarrow{Br_2,\ h\nu} \underset{90\%}{CH_3CH_2CHBr_2} + \underset{8.5\%}{CH_3CHBrCH_2Br} + \underset{1.5\%}{BrCH_2CH_2CH_2Br}$$

比较三个碳上的氢原子对溴原子的相对反应活性，与简单烷烃如丙烷的氢活性进行比较，并解释有所差异的原因。

解： 1-溴丙烷发生了自由基取代反应，三个碳的碳氢键断裂分别生成三种自由基中间体，即

$$CH_3CH_2\dot{C}HBr \qquad CH_3\dot{C}HCH_2Br \qquad \dot{C}H_2CH_2CH_2Br$$

第一种碳氢键虽然是伯位氢断裂，但是生成的碳自由基和相邻的溴原子具有 p-p 共轭效应，自由基中间体稳定性好，所以生成的溴代产物最多。第二、三种自由基和溴原子无法形成共轭结构，主要受仲氢和伯氢断裂容易程度影响，生成相应的产物。

18.5　思考题

18-1　写出下列环状化合物的顺反异构体，并命名。

（2）CH_3 … $CH(CH_3)_2$

18-2　画出环丙烷、环丁烷和环戊烷最稳定构象的纽曼投影式。每个投影式中碳-氢键之间的扭转角度大约是多少？

18-3　画出下列异构体的两个椅式构象：（1）顺-1,2-二甲基环己烷；（2）反-1,2-二甲基环己烷；（3）顺-1,3-二甲基环己烷；（4）反-1,3-二甲基环己烷。它们当中哪些异构体总

是具有相同数目的直立键取代基和平伏键取代基？哪些存在双直立键取代和双平伏键取代的混合物平衡？

18-4 区别下列化合物。

（1）苯乙炔、环己烯、环己烷

（2）1-戊烯、1,2-二甲基环丙烷

（3）2-丁烯 、1-丁炔、乙基环丙烷

18-5 从环丙烷，甲基环丙烷出发，其他无机试剂可以任选，合成下列化合物。

（1） $CH_3CH_2CHCH_2CHCH_3$（两个 CH 上各连 CH_3）

（2） $CH_3CH_2CH_2CH_2CH_2CH_3$

（3） $CH_3CH_2CHCH_2CH_2CH_3$（CH 上连 CH_3）

18-6 以烯烃为原料合成

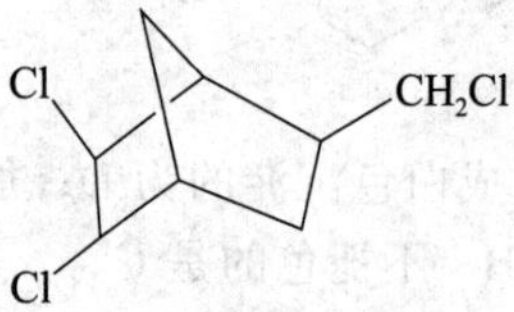

Cl　Cl　CH_2Cl

18-7 环戊烷为硬质聚氨酯泡沫的新型发泡剂，可用于替代对大气臭氧层有破坏作用的氟利昂等氯氟烃化合物（CFCS），现已广泛用于无氟冰箱、冰柜以及冷库、管线保温等领域。请查阅资料写出制备环戊烷的方法。

自我检测题

18-1 选择题

（1）下列脂环烃每摩尔 CH_2 的燃烧热值最高的是（　　），最低的是（　　）。

A. 　　B. 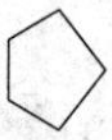　　C.　　D.

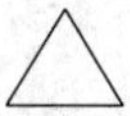

（2）下列化合物氢化催化时，最容易开环的是（　　）。

A. 　　B. 　　C.　　D.

（3）下列脂环烃，最容易与溴发生加成反应的是（　　）。

A. 　　B. 　　C. 　　D.

（4）下列化合物与 HBr 加成能生成 2-溴丁烷的是（　　）。

A. 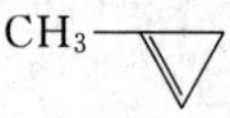 CH_3—　　B. 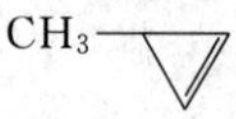 CH_3—　　C. 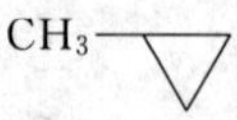 CH_3—　　D.

18-2 用简单的化学方法区别下列化合物：苯乙炔、苯乙烯、乙苯、苯、环己烷。

18-3 完成下列反应式

（1） 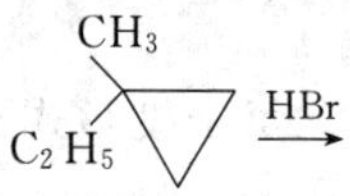 CH_3　C_2H_5　$\xrightarrow{HBr}$

（2） 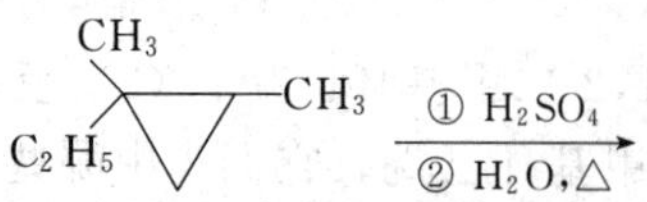 CH_3　C_2H_5　—CH_3　$\xrightarrow[\text{② } H_2O, \triangle]{\text{① } H_2SO_4}$

(3) 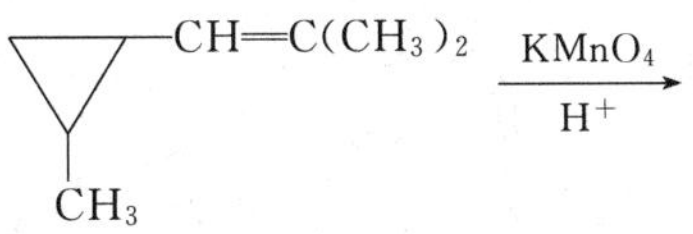 $\triangle$(—CH_3)—CH═C$(CH_3)_2$ $\xrightarrow[H^+]{KMnO_4}$

(4) $\triangle$(—CH_3)(—CH_3)—CH_3 $\xrightarrow{HCl}$

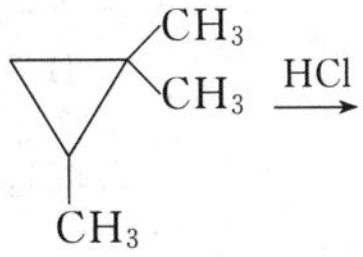

(5) 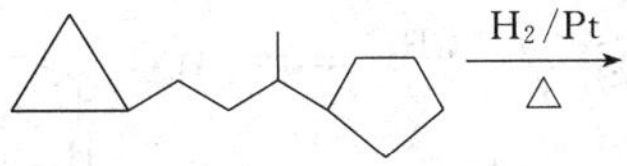 $\xrightarrow[\triangle]{H_2/Pt}$

18-4 推测结构

(1) 化合物 A 和 B 是分子式为 C_6H_{12} 的两个同分异构体，在室温下均能使 Br_2-CCl_4 溶液褪色，而不被 $KMnO_4$ 氧化，其氢化产物也都是3-甲基戊烷；但 A 与 HI 反应主要得 3-甲基-3-碘戊烷，而 B 则得 3-甲基-2-碘戊烷。试推测 A 和 B 的构造式。

(2) 有 A、B、C、D 四个互为同分异构体的饱和脂环烃。A 是含一个甲基、一个叔碳原子及四个仲碳原子的脂环烃；B 是最稳定的环烷烃；C 是具有两个不相同的取代基，且有顺、反异构体的环烷烃；D 是只含有一个乙基的环烷烃。试写出 A、D 的结构式，B 的优势构象，C 的顺反异构体，并分别命名。

18-5 合成下列化合物

(1) 从 1-甲基环己烷出发合成反-2-甲基环己醇。

(2) 以乙炔为原料合成 (环己烯基)—CN

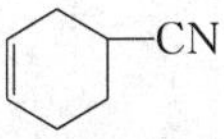

(3) 以乙炔和丙烯为原料合成 (环己烯基)—CH_2Cl

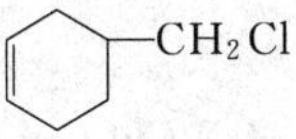

18-6 试用多条合成路径制备环己醇。

思考题参考答案

18-1

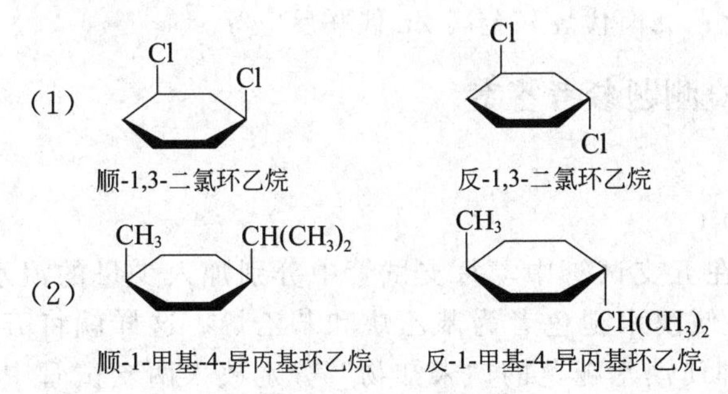

(1) 顺-1,3-二氯环乙烷　　反-1,3-二氯环乙烷

(2) 顺-1-甲基-4-异丙基环乙烷　　反-1-甲基-4-异丙基环乙烷

18-2

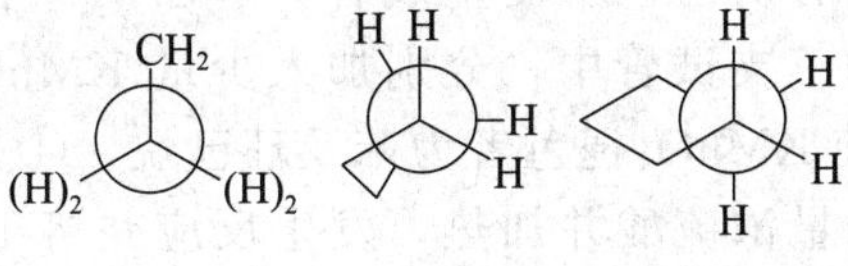

碳-氢键之间的扭转角度：　0°　　20°　　40°

18-3

（1）均为直立键-平伏键　（2）双平伏键　双直立键

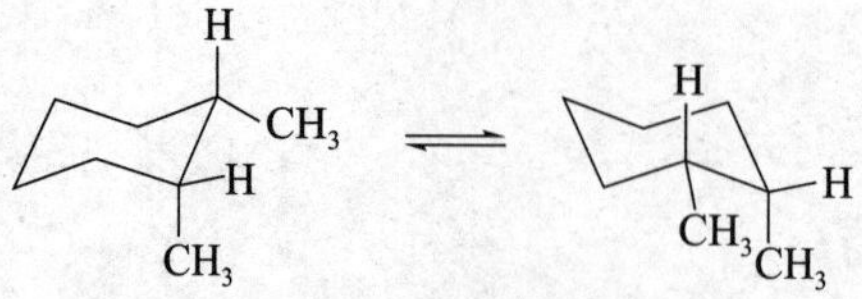

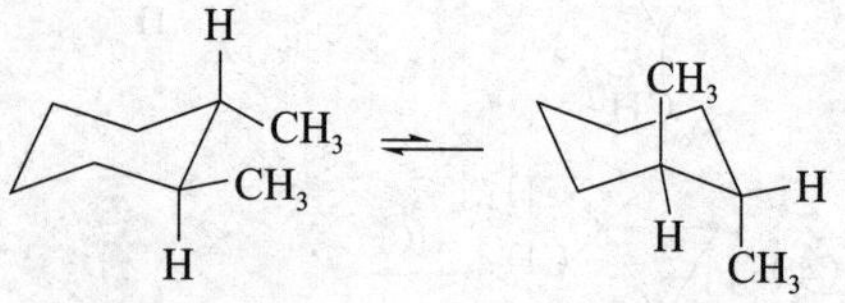

（3）双平伏键　双直立键　（4）均为直立键-平伏键

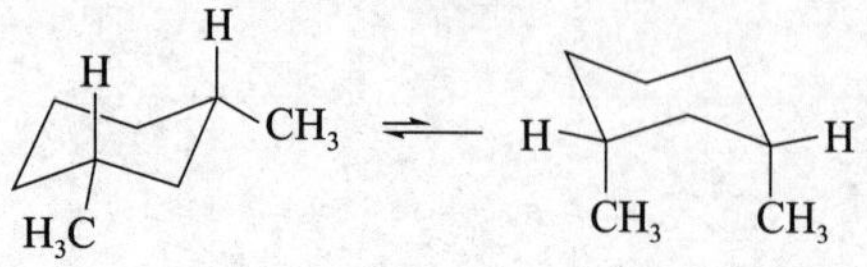

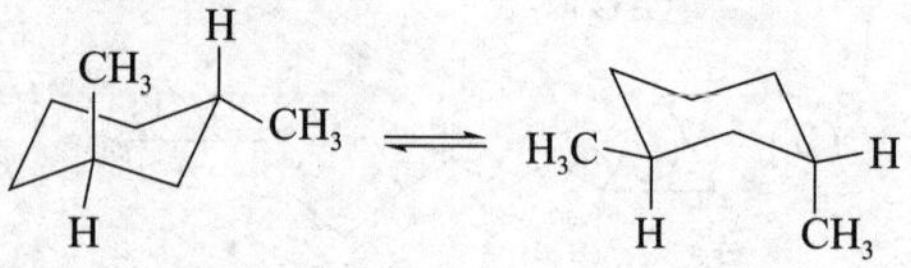

18-4 （1）加溴水使溴水不褪色的为环己烷，余者加 $[Ag(NH_3)_2]^+$ 有白色沉淀为苯乙炔。

（2）加 $KMnO_4$ 不褪色的为 1,2-二甲基环丙烷。

（3）加 $KMnO_4$ 不褪色的为乙基环丙烷，余者加 $[Ag(NH_3)_2]^+$ 有白色沉淀为 1-丁炔。

18-5

（1）HBr　2Na

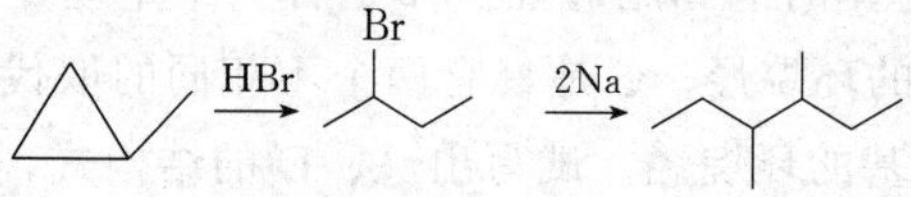

（2）HBr　2Na

（3）HBr

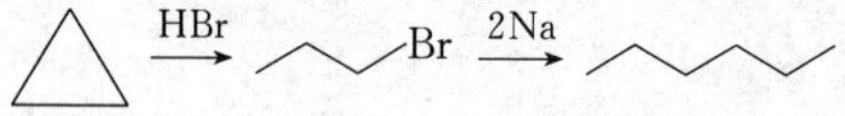

（1）Li/乙醚 （2）CuI　$(CH_3CH_2CH_2)_2CuLi$

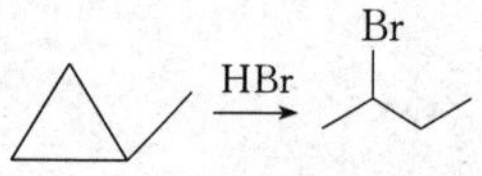

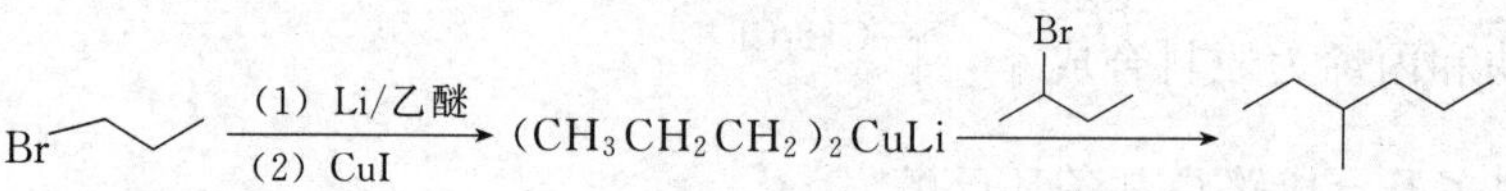

18-6

$+ Cl_2$ 500℃　CH_2Cl　Cl_2

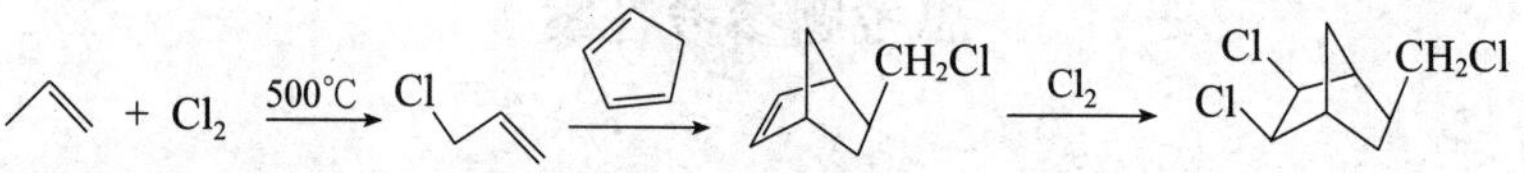

18-7 双环戊二烯的连续解聚，氢化；二卤代烃和金属 Zn 偶联反应等。

自我检测题参考答案

18-1 选择题

（1）D，A　（2）D　（3）C　（4）C

18-2 ①将少量“未知物”分别加在五支试管中，每支试管中分别加入少量的溴水。不使溴水褪色者为乙苯、环己烷和苯；使溴水褪色者为苯乙炔和苯乙烯。这样就将五个“未知物”分成了两组。②另取上述两种使溴水褪色的“未知物”分别放入两支试管中且分别加入硝酸银的氨溶液。有灰白色沉淀生成者为苯乙炔，不反应者为苯乙烯。③在盛有少量乙苯、苯及环己烷的三支试管中，分别加入少量 $KMnO_4$ 溶液及稀 H_2SO_4，能使 $KMnO_4$ 褪色者为乙苯，不使 $KMnO_4$ 褪色者为苯及环己烷。④另取少量苯和环己烷分盛于两支试管中，再分别加入少量浓硫酸并加热，发生反应并溶于硫酸者为苯，不起反应并分层者为环己烷。

18-3

(1) 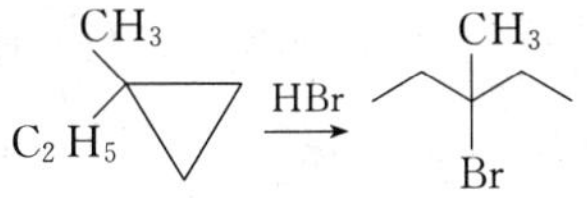 CH_3, C_2H_5 (cyclopropane) $\xrightarrow{HBr}$ CH_3, Br

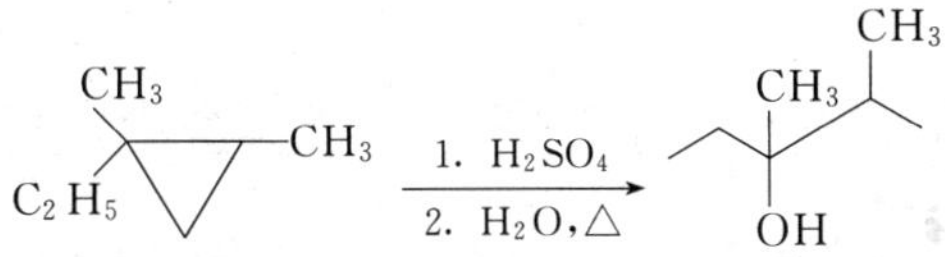

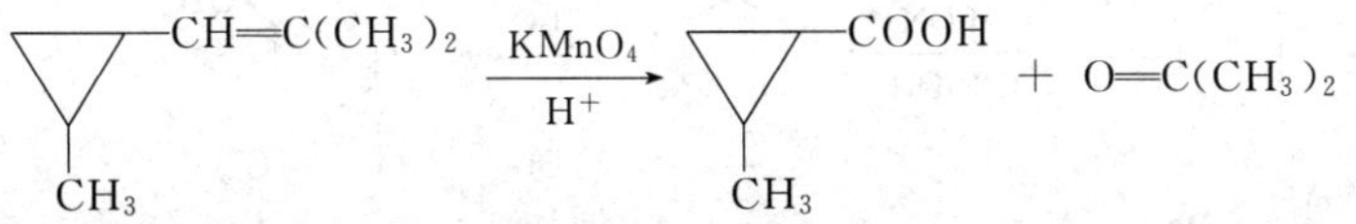

(2) CH_3, C_2H_5, CH_3 (cyclopropane) $\xrightarrow[2.\ H_2O,\triangle]{1.\ H_2SO_4}$ CH_3, CH_3, OH

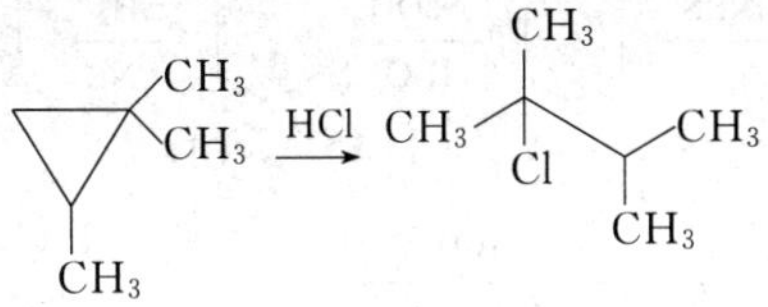

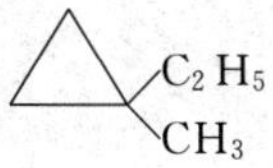

(3) $-CH{=}C(CH_3)_2$, CH_3 (cyclopropane) $\xrightarrow[H^+]{KMnO_4}$ $COOH$, CH_3 (cyclopropane) + $O{=}C(CH_3)_2$

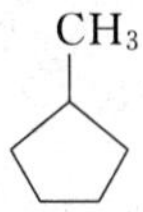

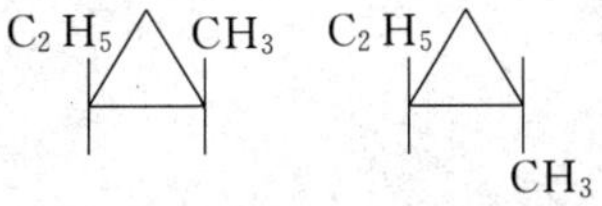

(4) CH_3, CH_3, CH_3 (cyclopropane) $\xrightarrow{HCl}$ CH_3, CH_3, Cl, CH_3, CH_3

(5) $\xrightarrow[\triangle]{H_2/Pt}$

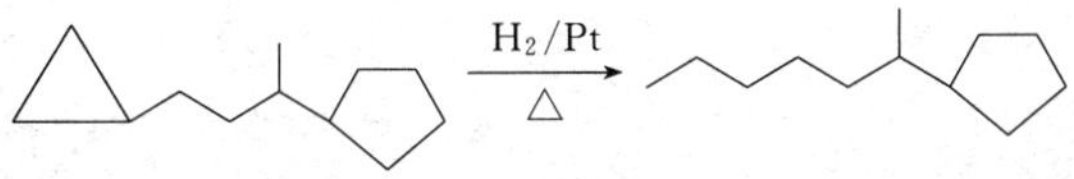

18-4

(1)

A 为 C_2H_5, CH_3 B 为 CH_3, CH_3, CH_3

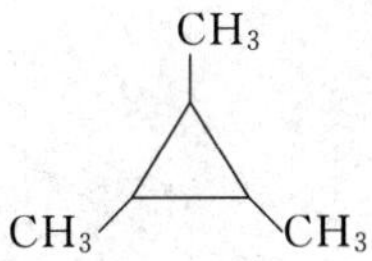

(2)

A 为 CH_3 B 为 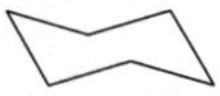   C 为 C_2H_5, CH_3 C_2H_5, CH_3

D 为 $-C_2H_5$

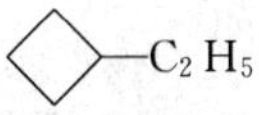

18-5

(1)

CH_3 + Br_2 $\xrightarrow{h\nu}$ H_3C, Br $\xrightarrow[C_2H_5OH]{C_2H_5ONa}$ CH_3 $\xrightarrow[②H_2O_2/OH^-]{①B_2H_6}$ CH_3, OH

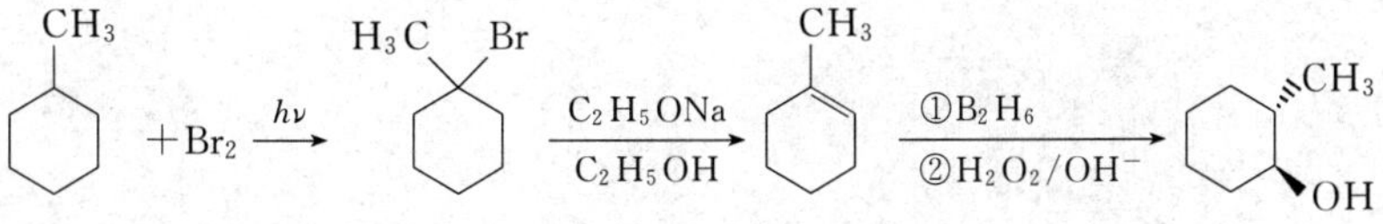

(2)

$$2HC{\equiv}CH \xrightarrow[\triangle]{Cu_2Cl_2-NH_4Cl} CH_2{=}CH-C{\equiv}CH \xrightarrow[\text{Lindlar 催化剂}]{H_2} CH_2{=}CH-CH{=}CH_2$$

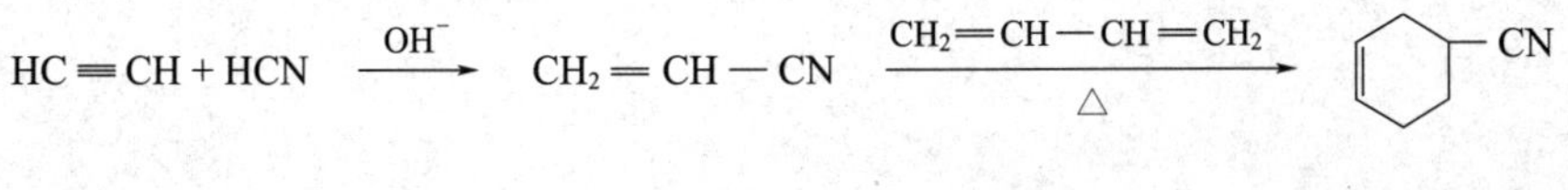

$$HC{\equiv}CH + HCN \xrightarrow{OH^-} CH_2{=}CH-CN \xrightarrow[\triangle]{CH_2{=}CH-CH{=}CH_2} \text{CN}$$

（3）

$$2HC\equiv CH \xrightarrow[\triangle]{Cu_2Cl_2-NH_4Cl} CH_2=CH-C\equiv CH \xrightarrow[\text{Lindlar 催化剂}]{H_2} CH_2=CH-CH=CH_2$$

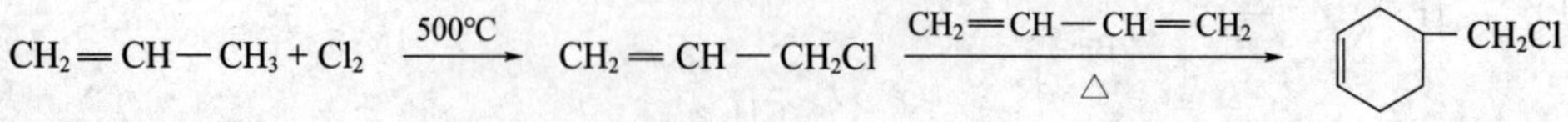

$$CH_2=CH-CH_3+Cl_2 \xrightarrow{500℃} CH_2=CH-CH_2Cl \xrightarrow[\triangle]{CH_2=CH-CH=CH_2} \text{(4-氯甲基环己烯)}-CH_2Cl$$

18-6

法一：环己烷 $\xrightarrow[Br_2]{h\nu}$ 溴代环己烷 $\xrightarrow[H_2O]{NaOH}$ 环己醇（OH）

法二：环己烷 $\xrightarrow[Br_2]{h\nu}$ 溴代环己烷 $\xrightarrow[C_2H_5OH]{C_2H_5ONa}$ 环己烯 $\xrightarrow{H_3O^+}$ 环己醇（OH）

法三：环己烷 $\xrightarrow[Br_2]{h\nu}$ 溴代环己烷 $\xrightarrow[C_2H_5OH]{C_2H_5ONa}$ 环己烯 $\xrightarrow{NBS}$ 3-溴环己烯（Br） $\xrightarrow[H_2O]{NaOH}$ 2-环己烯-1-醇（OH） $\xrightarrow[Ni]{H_2}$ 环己醇（OH）

法四：环己烷 $\xrightarrow[Br_2]{h\nu}$ 溴代环己烷 $\xrightarrow[C_2H_5OH]{C_2H_5ONa}$ 环己烯 $\xrightarrow[②\ H_2O_2/OH^-]{①\ B_2H_6}$ 环己醇（OH）

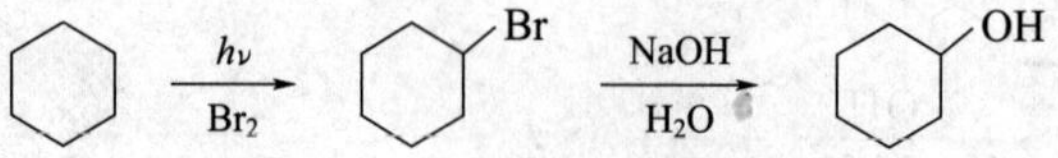

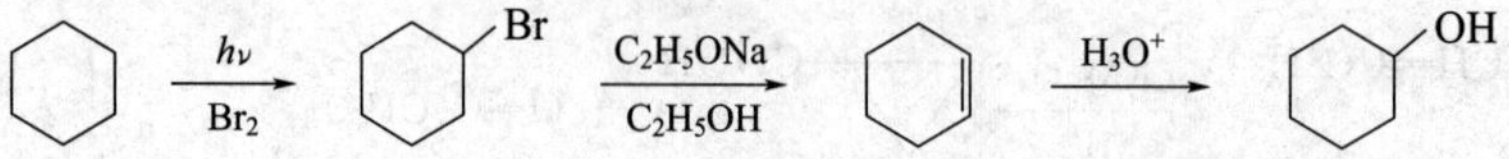

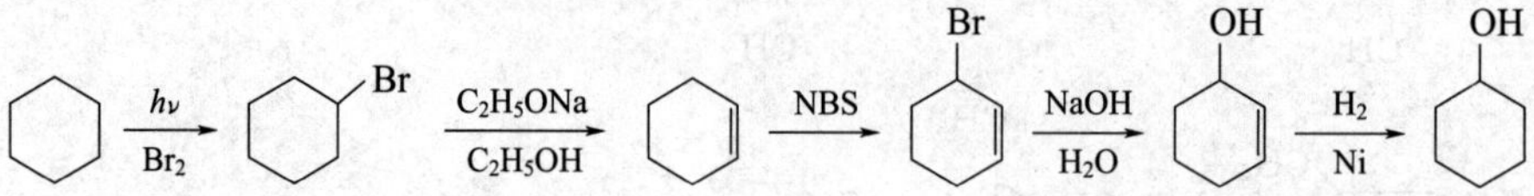

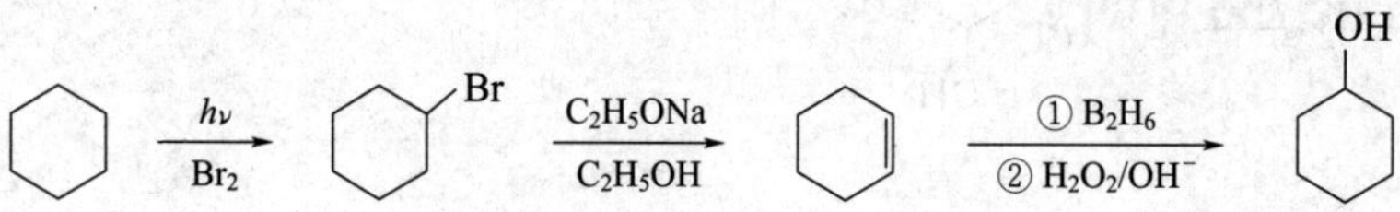

第 19 章 芳香族烃类化合物

19.1 基本要求

掌握芳烃的分类与命名。掌握苯的结构：价键法及分子轨道描述，共振论简介。掌握芳香性的概念及芳烃的化学性质：氧化反应、加成反应和亲电取代反应（包括卤代、硝化、磺化、氯甲基化和傅-克反应）；苯环上亲电取代反应的定位规律与解释；苯环上二元取代反应的定位规律及其应用。掌握萘的化学性质：氧化反应、加成反应和亲电取代反应；萘环上二元取代反应的定位规律及其应用。掌握休克尔(Hückel）规则及其应用。

重点：亲电取代反应及反应历程；苯环上亲电取代反应的定位规律与解释；苯环上二元取代反应的定位规律及其应用；萘环上二元取代反应的定位规律及其应用；休克尔规则及其应用。

难点：共振论及共振式；苯环上亲电取代反应历程及二元取代定位规律；萘环上二元取代反应的定位规律；休克尔规则。

19.2 内容概要

19.2.1 苯系芳烃

(1) 苯系芳烃的分类及命名　分子中只含一个苯环的芳烃叫单环芳烃，命名时多以苯为母体，用阿拉伯数字表明取代基的位次。含两个取代基时常用邻(o)、间(m)、对(p) 表示取代基的相对位置；含三个相同取代基时可用连、偏、均表示取代基的相对位置。当苯环上连有复杂基团或不饱和基团时，常将苯环看作取代基。分子中含两个或两个以上苯环的芳烃称为多环芳烃，包括稠环芳烃、联苯类多环芳烃以及多苯代脂肪烃。

(2) 单环芳烃的结构及共振论简介

① 苯的结构　分子中所有原子在同一个平面上，形成正六边形碳环，六个碳碳键等长，为 139pm，键角为 120°。六个碳原子均为 sp^2 杂化，每个碳原子均以两个 sp^2 杂化轨道与相邻两个碳原子的 sp^2 杂化轨道形成两个碳碳 σ 键；另一个 sp^2 杂化轨道与氢原子的 s 轨道形成一个碳氢 σ 键；未参与杂化的 p 轨道垂直于碳环平面并与相邻两个碳原子的 p 轨道保持平行且从侧面重叠，从而形成一个环状闭合的共轭体系。

② 共振论简介　共振论是由美国化学家鲍林（Pauling）在 20 世纪 30 年代提出的。

a. 共振式书写规定：各原子的相对位置不能改变；配对电子及未配对电子数不能改变。

b. 共振式的稳定性规律：共价键多的共振式较稳定；没有电荷分离的共振式较稳定；负电荷在电负性较大的原子上的共振式较稳定；键角、键长变化小的共振式较稳定；相邻原子带相同电荷的共振式较不稳定；等价共振式多的较稳定。

(3) 单环芳烃的性质

① 物理性质　不溶于水，易溶于弱极性溶剂；相对密度比脂肪烃高；沸点随分子质量增加而升高。

② 化学性质

a. 氧化反应　烷基苯的侧链只要含有 α-H，就可被强氧化剂氧化为羧基，没有 α-H 的侧链难氧化。

$$p\text{-}CH_2CH_3C_6H_4C(CH_3)_3 \xrightarrow[H^+]{KMnO_4} p\text{-}HOOCC_6H_4C(CH_3)_3$$

b. 加成反应　苯及其同系物无论是与氢还是氯加成，都很难停留在只加成一分子或两分子试剂的阶段。

c. 卤代反应　在铁或三卤化铁等催化下，苯分子中的氢原子可被氯或溴取代，生成氯苯或溴苯。一卤代苯还可进一步卤代生成二卤代苯，产物主要为邻二和对二卤代苯。

$$C_6H_6 \xrightarrow[\text{或 } FeX_3]{X_2,\ Fe} C_6H_5X \xrightarrow[\text{或 } FeX_3]{X_2,\ Fe} o\text{-}C_6H_4X_2 + p\text{-}C_6H_4X_2$$

d. 硝化反应　苯与混酸在加热条件下反应生成硝基苯，硝基苯在更高温度下用发烟硝酸和浓硫酸做硝化剂进一步反应，主要生成间二硝基苯。

$$C_6H_6 \xrightarrow[H_2SO_4,55℃]{HNO_3} C_6H_5NO_2 \xrightarrow[H_2SO_4,95℃]{HNO_3(\text{发烟})} m\text{-}C_6H_4(NO_2)_2$$

e. 磺化反应　苯与浓硫酸在加热条件下反应生成苯磺酸，苯磺酸在高温下与发烟硫酸反应，主要生成间苯二磺酸，再于更高温度下继续反应，则生成1,3,5-苯三磺酸。

$$C_6H_6 \xrightarrow[55℃]{H_2SO_4} C_6H_5SO_3H \xrightarrow[200\sim230℃]{H_2SO_4(SO_3)} m\text{-}C_6H_4(SO_3H)_2 \xrightarrow[280\sim290℃]{H_2SO_4(SO_3)} 1,3,5\text{-}C_6H_3(SO_3H)_3$$

磺化反应可逆，苯磺酸在稀酸溶液中加热，磺基可被氢原子取代。因此磺化反应常用于占位或保护芳环上某一位置。

f. 傅-克反应　在路易斯酸催化下，苯环上的氢原子可被烷基或酰基取代，分别称为傅-克烷基化反应和傅-克酰基化反应，统称为傅-克反应（或傅氏反应）。

$$C_6H_6 \xrightarrow[AlCl_3]{RX} C_6H_5R \qquad C_6H_6 \xrightarrow[AlCl_3]{RCOX} C_6H_5COR$$

常用的烷基化试剂有卤代烷、烯烃和醇；常用的酰基化试剂有酰卤、酸酐和羧酸；常用的催化剂有 $AlCl_3$、$FeCl_3$、$ZnCl_2$、$SnCl_4$、BF_3、H_2SO_4 等。

傅-克烷基化反应特点：多取代，可逆，易重排。

傅-克酰基化反应特点：单取代，不可逆，不重排。

g. 氯甲基化反应　在 $AlCl_3$ 或 $ZnCl_2$ 等催化剂存在下，芳烃与甲醛及氯化氢作用，芳环上的氢原子可被氯甲基（$—CH_2Cl$）取代。

$$C_6H_6 \xrightarrow[ZnCl_2,60℃]{HCHO,HCl} C_6H_5CH_2Cl$$

h. 芳环上亲电取代反应小结　上述卤代反应、硝化反应、磺化反应、傅-克反应及氯甲基化反应均为芳环上的亲电取代反应。这类反应分两步进行，第一步是亲电试剂对芳环的亲电加成，生成苯正离子，这一步反应是速决步骤，也叫速控步骤；第二步反应是苯正离子快速脱掉质子。其反应历程如下：

$$\text{C}_6\text{H}_6 + E^+ \xrightleftharpoons{慢} \left[\text{C}_6\text{H}_6^{+}(E)(H)\right] \xrightleftharpoons{快} \text{C}_6\text{H}_5\text{—E} + H^+$$

σ络合物（苯正离子）

③ 苯环上取代反应的定位规律　苯环上发生取代反应的部位不受具体的亲电取代反应种类的影响，只取决于原有基团（即定位基）的定位作用。其反应活性也同样取决于定位基。

a. 两类定位基

(a) 第Ⅰ类定位基（也叫邻对位定位基）　这类基团与苯环相连的原子上一般连有单键或带有孤对电子或带有负电荷。对于亲电取代反应，这类基团使苯环活化（卤素除外），进一步取代比苯容易，并且第二个基团主要进入定位基的邻位和对位。

(b) 第Ⅱ类定位基（也叫间位定位基）　这类基团与苯环相连的原子上一般连有极性重键或强吸电子基团或带有正电荷。对于亲电取代反应，这类基团使苯环钝化，进一步取代比苯困难，并且第二个基团主要进入定位基的间位。

b. 定位规律的解释

(a) 第Ⅰ类定位基增大了苯环上邻对位的电子云密度，因而亲电取代反应比苯容易，并且新基团主要进入定位基的邻、对位。另外，从速决步骤生成的苯正离子的稳定性来看，如果新基团进入邻、对位，也会得到较为稳定的苯正离子，故新基团主要进入定位基的邻位和对位。

(b) 第Ⅱ类定位基降低了苯环上的电子云密度，邻、对位的电子云密度降低得尤其明显，因而亲电取代反应比苯困难，并且新基团主要进入定位基的间位。另外，从速决步骤生成的苯正离子的稳定性来看，如果新基团进入邻对位，也会得到特别不稳定的苯正离子，故新基团主要进入定位基的间位。

(c) 卤素的定位效应比较特殊。以氯苯为例，由于氯原子有较强的吸电子诱导效应，降低了苯环的电子云密度，因而其亲电取代反应比苯困难。但从速决步骤生成的苯正离子的稳定性来看，若新基团进入氯的邻对位，体系中存在的 p-π 共轭效应能稳定苯正离子。因此，氯苯的亲电取代反应虽然比苯难，但仍然是邻、对位取代产物占优势。

c. 二元取代苯的定位规律

(a) 若苯环上已有两个定位基，则新基团进入的位置既受这两个定位基的影响，也与这两个基团的空间位置有关。

(b) 若两个基团定位效应指向一致，则新基团进入它们共同指向的位置；若这两个基团的定位效应指向不一致，则分两种情况：两个基团属于不同类定位基，则主要产物取决于其中的邻、对位定位基；两个基团属于同类定位基，则主要产物取决于其中的强定位能力者；由于空间位阻的影响，新基团难以进入间位的二取代基之间。

(4) 稠环芳烃

① 萘

a. 萘的结构与命名　组成萘的两个苯环在同一个平面内，10 个碳原子都是 sp^2 杂化，10 个 p 轨道全部互相平行，从侧面互相重叠，形成一个闭合的共轭体系。但由于各 p 轨道相互重叠的程度不完全相同，因而萘环上 π 电子云分布不均匀，碳碳键长也不完全相等。

萘环中 1，4，5，8 四个位置等价，称为 α 位；2，3，6，7 四个位置也等价，称为 β 位。

b. 萘的取代反应　萘的亲电取代反应比苯容易。由于 α 位电子云密度较高，同时取代发生在 α 位时生成的活性中间体较稳定，因此主要得到 α-取代产物。

萘发生磺化时，低温下主要得到 α-萘磺酸，165℃及以上时则生成 β-萘磺酸。这是由于 α 位电子云密度较高，低温下的反应速率较快，产物就以 α-萘磺酸为主。但 α-萘磺酸的磺基与 8 位上的氢之间存在相互排斥，稳定性较差；同时磺化反应可逆，高温下，稳定性较差的 α-萘磺酸会转变为稳定性较好的 β-萘磺酸，所以高温产物就以 β-萘磺酸为主。

c. 萘环上二元取代反应的定位规则　由于萘分子中有两个苯环，第二个基团进入的位置可能是同环也可能是异环。若第一个取代基是邻、对位定位基，则发生同环 α 位取代；若第一个取代基是间位定位基，则发生异环 α 位取代。

d. 氧化反应　连有取代基的萘氧化时总是电子云密度较高的环被氧化，即连有供电子基团时，发生同环氧化；连有吸电子基团时，发生异环氧化。

② 蒽和菲　蒽和菲的芳香性比苯和萘弱，其加成及亲电取代反应多发生在 9、10 两个位置，并且，蒽能够在 9、10 位上发生双烯合成反应。

19.2.2 休克尔规则及非苯芳烃

(1) 休克尔规则　1931 年休克尔指出：只要单环共轭多烯分子的成环原子都处于同一个平面，并且离域的 π 电子个数为 $4n+2$（n 为 0，1，2，…正整数），该化合物就具有芳香性。

(2) 轮烯

① 轮烯芳香性的判定　具有交替单双键的单环多烯烃又称为轮烯。轮烯是否具有芳香性，首先看其成环原子是否处于同一平面，其次看其 π 电子数是否为 $4n+2$。如：

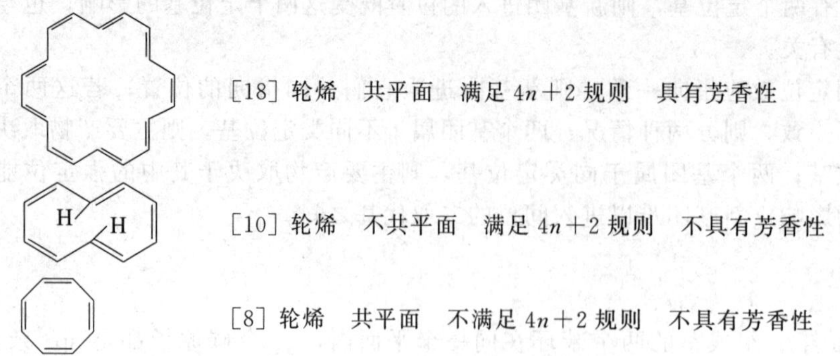

② 芳香离子的判定　某些单环烃离子也具有芳香性。芳香离子的判定，首先看成环原子是否均为 sp^2 杂化，其次看成环原子是否处于同一平面，最后看其 p 电子数是否为 $4n+$

2。如：

非 sp^2 杂化　共平面　不满足 $4n+2$　不具有芳香性

sp^2 杂化　共平面　满足 $4n+2$　具有芳香性

sp^2 杂化　共平面　满足 $4n+2$　具有芳香性

19.2.3　多官能团化合物的命名

命名多官能团化合物时应比较官能团的优先次序，以优先者定出化合物的类别，其余官能团均视为取代基，取代基名称列于化合物类名之前。

在编号时，应使母体官能团的编号最小，而取代基按“优先基团后置”的原则。

19.3　同步例题

例 1. 当异丙苯与下列试剂发生反应的时候，预测形成的主要产物。

(a) 1mol Br_2，光照　(b) Br_2 和 $FeBr_3$　(c) SO_3 和 H_2SO_4

(d) 热浓 $KMnO_4$　(e) 乙酰氯和 $AlCl_3$　(f) 正丙基氯和 $AlCl_3$

解题思路：异丙苯具有带 α-H 的侧链，可以发生对 α-H 的自由基取代反应，可以发生侧链的氧化；异丙基为邻对位定位基，由于空间位阻的影响，亲电取代反应易发生在对位；傅-克烷基化反应时直链烃基易异构化。

解：

(a) 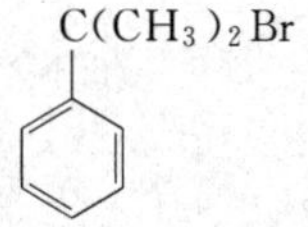 $C(CH_3)_2Br$　(b) 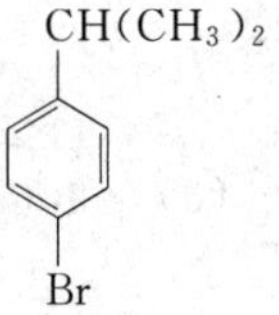 $CH(CH_3)_2$, Br　(c) $CH(CH_3)_2$, SO_3H

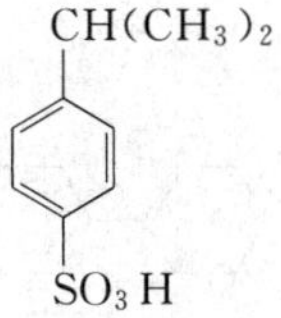

(d)  COOH　(e)  $CH(CH_3)_2$, $COCH_3$　(f) 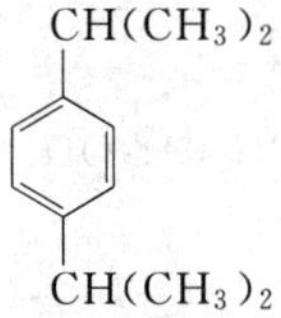 $CH(CH_3)_2$, $CH(CH_3)_2$

例 2. 如何由叔丁基苯制备邻叔丁基硝基苯？

解题思路：叔丁基为邻对位定位基，但因其造成的空间位阻很大，取代反应易在对位发生。故可以利用磺化这个可逆反应，先在叔丁基对位引入磺基，然后在邻位引入硝基，最后水解掉磺基即得产物。

解：

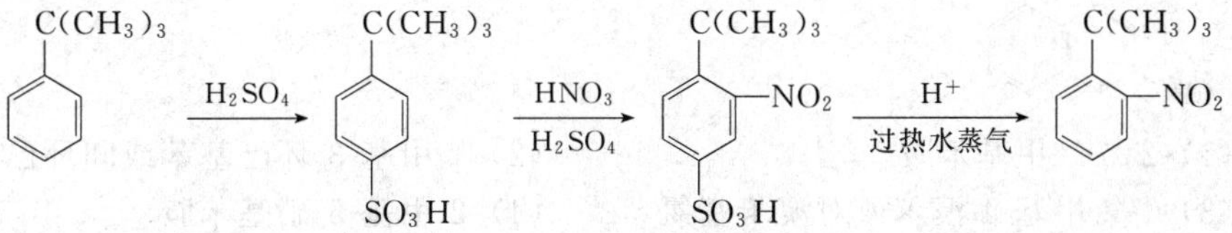

$C(CH_3)_3$ $\xrightarrow{H_2SO_4}$ $C(CH_3)_3$, SO_3H $\xrightarrow[H_2SO_4]{HNO_3}$ $C(CH_3)_3$, $-NO_2$, SO_3H $\xrightarrow[\text{过热水蒸气}]{H^+}$ $C(CH_3)_3$, $-NO_2$

例 3. 苯、苯胺、苯甲酸、甲苯发生硝化反应时的活性顺序如何？

解题思路：氨基、甲基都是一类定位基，可活化苯环，其中氨基对苯环的活化作用非常强，羧基则是二类定位基，可钝化苯环。看起来排序似乎很容易，但实际上本题考查的不是苯环的活化或钝化程度，而是一个具体的亲电取代反应，即硝化。在混酸条件下，苯、苯甲酸和甲苯都会正常进行硝化，而苯胺所含的氨基却会转变为铵正离子，这是一个非常强的钝化基团，所以苯胺硝化活性反而是最弱的。

解： 甲苯＞苯＞苯甲酸＞苯胺。

例 4. 6-甲基-1-萘甲酸与溴在 $FeBr_3$ 催化下反应，主产物是什么？

解题思路：萘的两个环上各有一个基团，分别是一类定位基甲基与二类定位基羧基，故两个环的活泼程度不同，自由基取代反应会发生在较活泼的环上；甲基所在的环为活化的环，甲基在 β 位，故溴代发生在相邻的 α 位，即 5 位。

解：

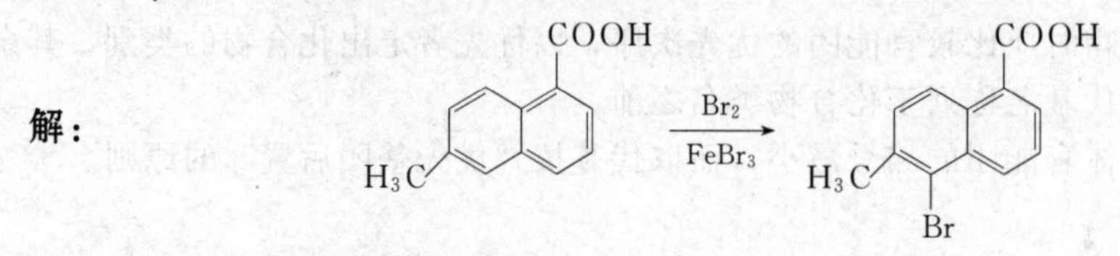

例 5. 将以下离子按稳定性大小排序。

(a) $CH_3CH_2\overset{+}{C}H_3$ (b) $CH_3\overset{+}{C}HCH_3$ (c)

解题思路：(a) 为伯碳正离子；(b) 为仲碳正离子；(c) 具有芳香性，有较高的稳定性。

解：(c)＞(b)＞(a)

19.4 习题选解

1. 命名下列化合物。

(1) (2) 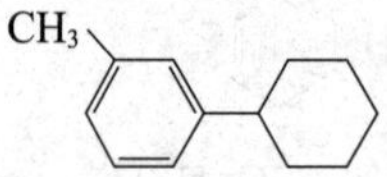 (3) p-$BrC_6H_4CH_2Cl$

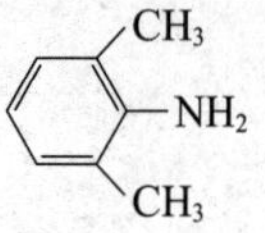

(4) (5) $PhCH_2CH_2OH$ (6)

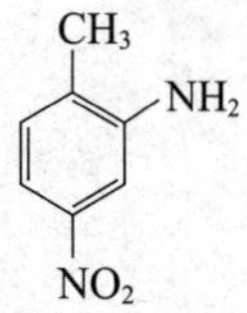

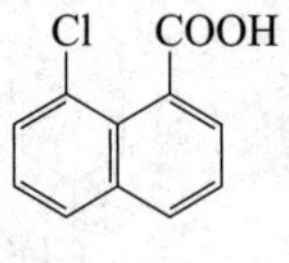

(7) 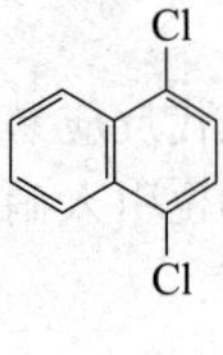 (8) 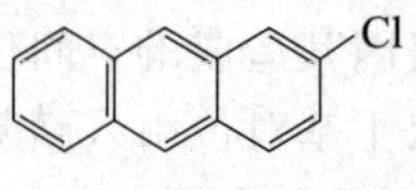 (9)

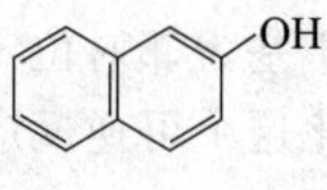

(10)

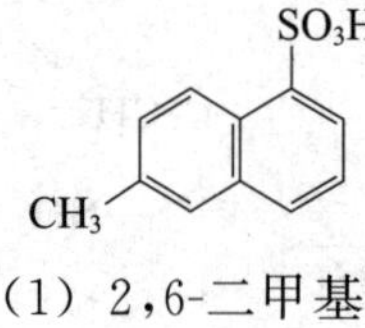

解：(1) 2,6-二甲基苯胺 (2) 1-甲基-3-环己基苯或间环己基甲苯

(3) 1-氯甲基-4-溴苯或对溴苄基氯 (4) 2-甲基-5-硝基苯胺

(5) β-苯基乙醇或 2-苯基乙醇 (6) 8-氯-1-萘甲酸

(7) 1,4-二氯萘 (8) 2-氯蒽

(9) β-萘酚或 2-萘酚 (10) 6-甲基-1-萘磺酸

2. 写出下列化合物的构造式。

（1）邻羟基苯甲酸　　　　（2）对乙基苯酚

（3）2,4,6-三硝基甲苯　　　　（4）α-甲基苯乙烯

解：

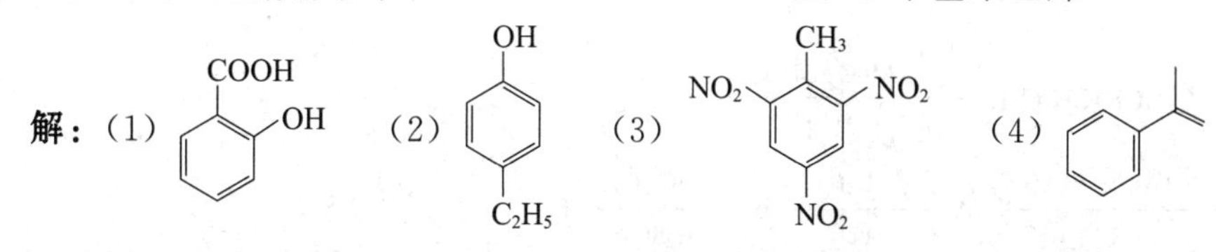

4. 解释在氯苯的亲电取代反应中为何对位取代产物的产率为磺化＞溴代＞硝化＞氯代？

解： 邻位受定位基位阻影响程度大，新基团体积越大，就越倾向于进攻对位。磺基，溴原子，硝基和氯原子的体积依次减小，所以对位取代产物的产率为：磺化＞溴代＞硝化＞氯代。

5. 应用休克尔规则判断下列化合物、离子和自由基是否具有芳香性。

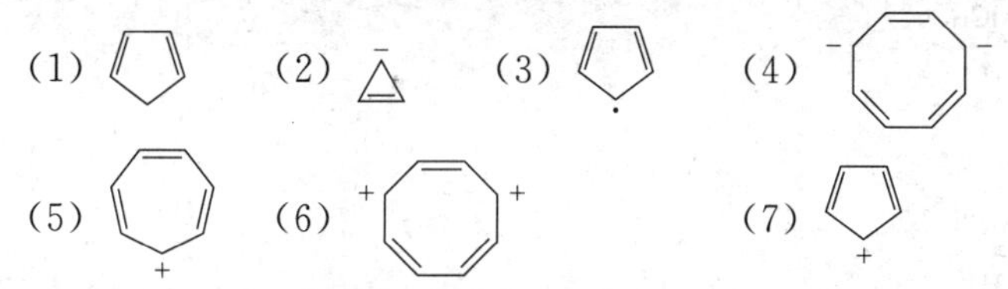

解题思路： 先看成环原子是否均为 sp^2 杂化，再确定所有 p 轨道所含电子的总数，根据其是否满足 $4n+2$，得出有无芳香性的结论。

注意：正电荷中心含空 p 轨道，没有 p 电子；双键碳原子和自由基中心碳原子的 p 轨道均含一个 p 电子；负电荷中心所含 p 轨道具有一对 p 电子。当含单电子的 p 轨道两两组成双键时，所含电子就称为 π 电子。

解：（1）有 sp^3 杂化，4 个 π 电子，不符合 $4n+2$，无芳香性；

（2）sp^2 杂化，4 个 p 电子，不符合 $4n+2$，无芳香性；

（3）sp^2 杂化，奇数个 p 电子，不符合 $4n+2$，无芳香性；

（4）sp^2 杂化，10 个 p 电子，符合 $4n+2$，有芳香性；

（5）sp^2 杂化，6 个 π 电子，符合 $4n+2$，有芳香性；

（6）sp^2 杂化，6 个 π 电子，符合 $4n+2$，有芳香性；

（7）sp^2 杂化，4 个 π 电子，不符合 $4n+2$，无芳香性。

6. 完成下列反应式。

（1）萘 + C_6H_5COCl $\xrightarrow[CS_2]{AlCl_3}$

（2）1-甲氧基萘（OCH_3）$\xrightarrow[H_2SO_4]{K_2Cr_2O_7}$

（3）苯 + $ClCH_2CH(CH_3)CH_2CH_3$ $\xrightarrow{AlCl_3}$

（4）苯(过量) + CH_2Cl_2 $\xrightarrow{AlCl_3}$

（5）联苯 $\xrightarrow[2H_2SO_4,\ \triangle]{2HNO_3}$

(6) 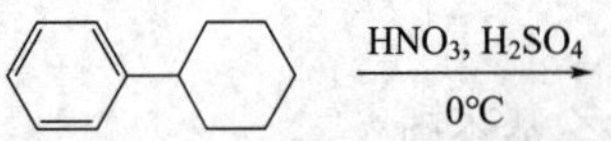 苯基环己烷 $\xrightarrow[0℃]{HNO_3,\ H_2SO_4}$

(7) 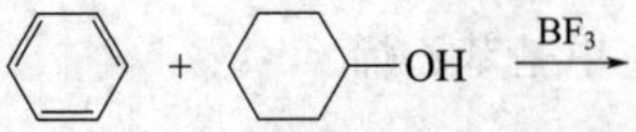 苯 + 环己醇（—OH） $\xrightarrow{BF_3}$

(8) 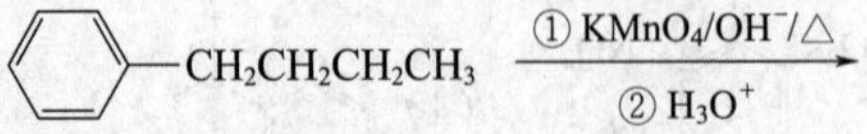 苯—$CH_2CH_2CH_2CH_3$ $\xrightarrow[②\ H_3O^+]{①\ KMnO_4/OH^-/\triangle}$

(9) 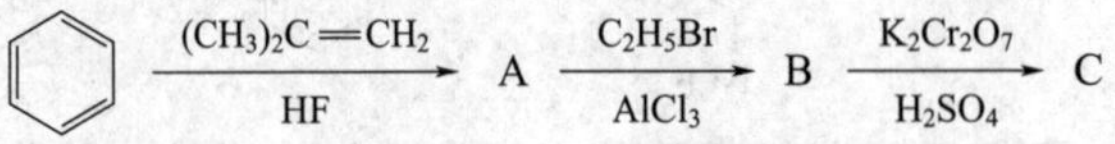 苯 $\xrightarrow[HF]{(CH_3)_2C{=}CH_2}$ A $\xrightarrow[AlCl_3]{C_2H_5Br}$ B $\xrightarrow[H_2SO_4]{K_2Cr_2O_7}$ C

(10) 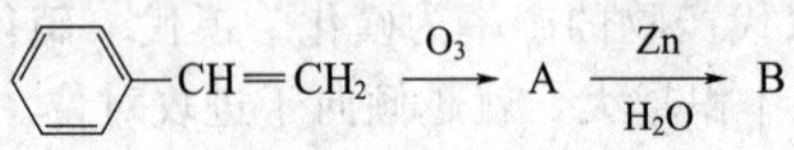 苯—$CH{=}CH_2$ $\xrightarrow{O_3}$ A $\xrightarrow[H_2O]{Zn}$ B

(11) 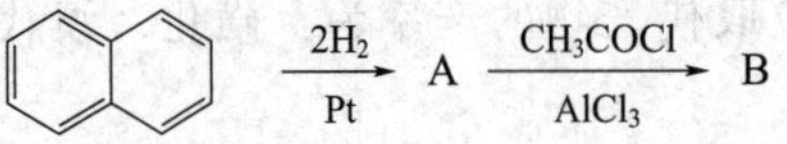 萘 $\xrightarrow[Pt]{2H_2}$ A $\xrightarrow[AlCl_3]{CH_3COCl}$ B

(12) 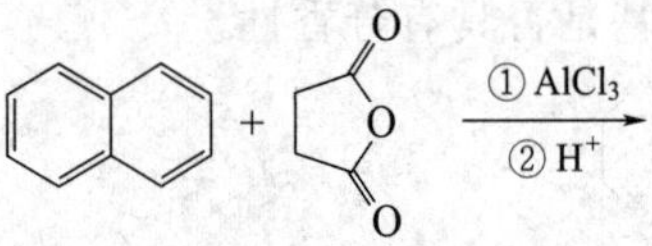 萘 + 丁二酸酐 $\xrightarrow[②\ H^+]{①\ AlCl_3}$

(13) 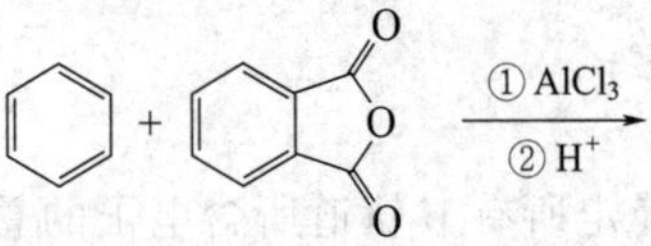 苯 + 邻苯二甲酸酐 $\xrightarrow[②\ H^+]{①\ AlCl_3}$

(14) 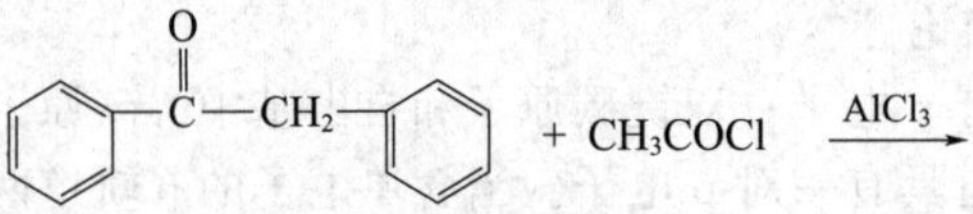 苯—C(=O)—CH_2—苯 + CH_3COCl $\xrightarrow{AlCl_3}$

解题思路：（1）α 位傅-克酰基化；（2）活化的环被氧化；（3）傅-克烷基化易重排；（4）傅-克烷基化；（5）苯环为邻对位定位基；（6）环烃基为邻对位定位基；（7）傅-克烷基化；（8）含 α-H 烷基苯的氧化；（9）两次傅-克烷基化，含 α-H 烷基苯的氧化；（10）烯烃的臭氧化及锌粉还原水解；（11）萘的还原，傅-克烷基化；（12）傅-克酰基化；（13）傅-克酰基化；（14）傅-克酰基化。

解：（1）1-萘基—COC_6H_5　　（2）邻苯二甲酸（两个 COOH）或酸酐

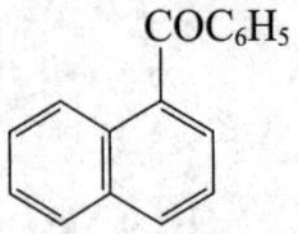

（3）苯—$C(CH_3)_2CH_2CH_3$　　（4）二苯甲烷

（5）NO_2—联苯—NO_2（4,4′-二硝基联苯）　　（6）NO_2—苯—环己基（对位）

（7）苯基环己烷　　（8）苯—COOH

（9）叔丁基苯；4-叔丁基乙苯；4-叔丁基苯甲酸（—COOH）

（10）苯基臭氧化物；苯—CHO + HCHO

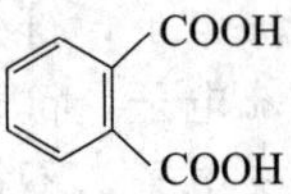

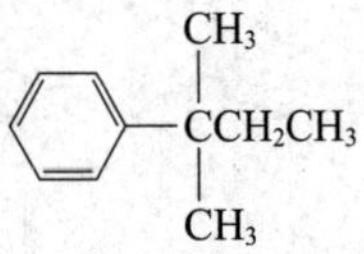

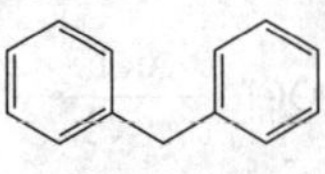

（11）四氢萘；CH_3CO—四氢萘　　（12）2-萘基—$COCH_2CH_2COOH$

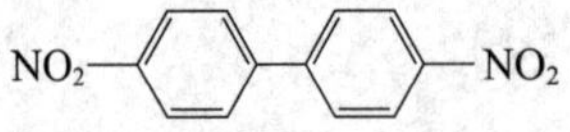

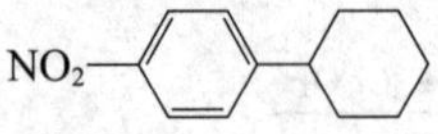

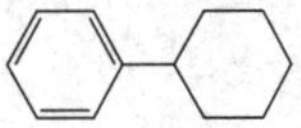

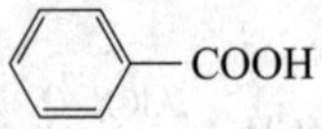

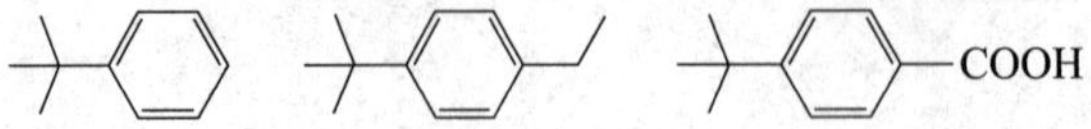

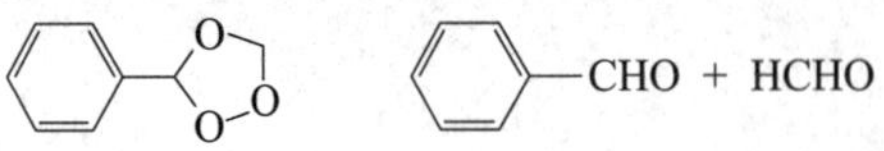

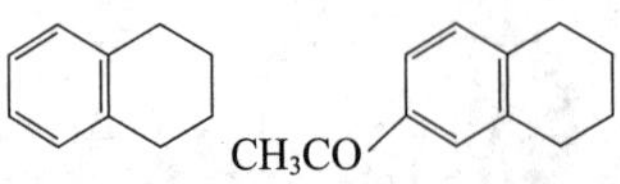

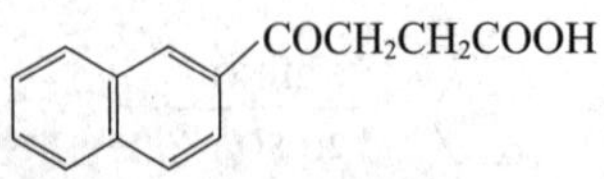

（13） O COOH

（14） O O

8. 下列反应有无错误，为什么？如有错误，请予改正。

（1） CH_2 NO_2 $\xrightarrow[H_2SO_4]{HNO_3}$ CH_2 NO_2 NO_2

（2） NH_2 + CH_3Cl $\xrightarrow{AlCl_3}$ NH_2 CH_3 + NH_2 CH_3

（3） + $2CH_3COCl$ $\xrightarrow{AlCl_3}$ $COCH_3$ $COCH_3$

解：（1）错。硝基使右边苯环钝化，亚甲基使左边苯环活化，硝化发生在左边苯环上；

（2）错。苯胺会使 $AlCl_3$ 失活，不能发生傅克反应；

（3）错。傅克酰基化反应为一取代。

9. 推测下列化合物进一步进行亲电取代时，第二个取代基进入苯环的位置（用箭头表示）。

OH　$N(CH_3)_2$　CH_3　$NHCOCH_3$

CHO　COOH　Br　$CONH_2$

$\overset{+}{N}(CH_3)_3Cl^-$　CN　O^-

解：

OH　$N(CH_3)_2$　CH_3　$NHCOCH_3$

CHO　COOH　Br　$CONH_2$

$\overset{+}{N}(CH_3)_3Cl^-$　CN　O^-

11. 以苯及甲苯为主要原料合成下列化合物。

（1） 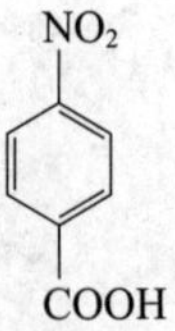　　（2） 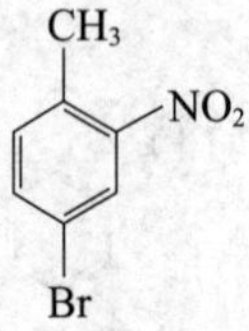　　（3）

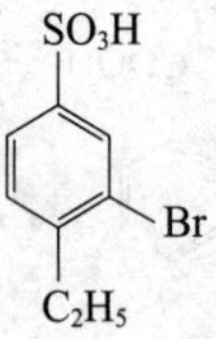

（4） 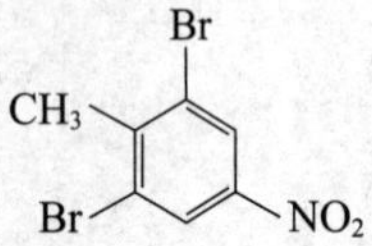　　（5） 　　（6）

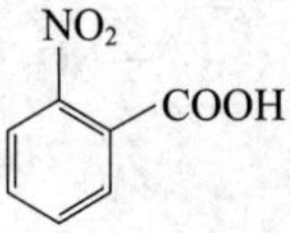

解题思路：（1）以甲苯为原料，先硝化，再氧化；（2）以甲苯为原料，先溴代，再硝化；（3）以苯为原料，先乙基化，再磺化，最后溴代；（4）以甲苯为原料，先硝化，再溴代；（5）以苯为原料，先氯代，再硝化；（6）路线一：以甲苯为原料，先磺化，再硝化，然后氧化，最后水解掉磺基；路线二：以甲苯为原料，先磺化，再硝化，然后水解掉磺基，最后氧化。

13. 合成：

（1）以萘为原料合成

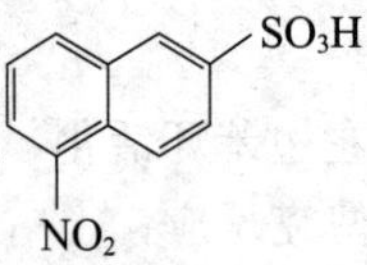

（2）以 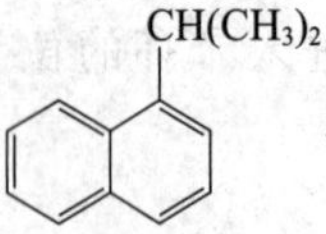　　为原料合成

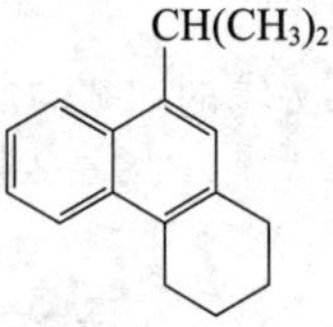

（3）以萘为原料合成

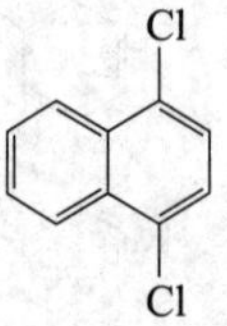

解题思路：（1）先硝化，再磺化，最后升温到165℃以上；（2）与1,4-二氯丁烷发生两次傅克烷基化反应；（3）先氯代，然后磺化，再氯代，最后水解。

19.5　思考题

19-1　是非题

（1）π 电子数满足 $4n+2$ 规则的单环烃离子具有芳香性。

（2）在 $AlCl_3$ 催化下苯酚与乙酰氯反应，主要得到邻、对位取代产物。

（3）萘甲酸在五氧化二钒催化下，被空气氧化为邻苯二甲酸酐。

（4）对甲基叔丁基苯被高锰酸钾氧化得到对苯二甲酸。

（5）—Br 为邻、对位定位基，溴苯发生亲电取代反应的速率大于苯，且主要得到邻、对位取代产物。

（6）在无水氯化锌催化下甲苯与甲醛、氯化氢发生反应，主要在甲基邻、对位氯甲基化；而采用硝基苯时，主要在间位氯甲基化。

19-2　选择题

（1）下列化合物在无水三氯化铝催化下发生傅-克酰基化反应最容易的是（　　）。

A. 甲苯　　B. 苯胺　　C. 氯苯　　D. 硝基苯

（2）3-氯叔丁苯发生磺化反应，磺基主要在第（　　）位。

A. 2　　B. 4　　C. 5　　D. 6

（3）下列化合物具有芳香性的是（　　）。

A. 环戊二烯正离子　　B. 环庚三烯负离子

C. 环戊二烯负离子　　D. 环庚三烯正离子

19-3　排序

（1）下列化合物在无水三氯化铝催化下发生傅-克烷基化反应，其活性顺序为______。

A. 苯甲醚　　B. 苯酚　　C. 氟苯　　D. 甲苯

（2）下列化合物在光照下与 NBS 反应，其活性顺序为______。

A. 甲苯　　B. 乙苯　　C. 异丙苯　　D. 叔丁苯

19-4　解释现象：萘在 $AlCl_3$ 催化下与 CH_3COCl 发生酰化反应。如果用 CS_2 作溶剂，反应主产物为 α 位取代产物。

19-5　判断全顺式环癸五烯（所有的碳碳双键均为顺式构型）是否具有芳香性并陈述理由。

19-6　苯乙烯在酸催化下发生反应时得到下面的产物，试写出反应历程。

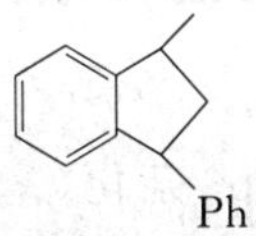

Ph

19-7　下面反应为一种清洁生产工艺（用乙酸酐参与反应，用沸石作催化剂，无溶剂），与老工艺（用乙酰氯参与反应，用 $AlCl_3$ 作催化剂，用氯烃作溶剂）相比，本工艺显著减少了废弃物排放且催化剂可循环再用。试写出产物。

$$PhOCH_3 + (CH_3CO)_2O \xrightarrow{Cat.}$$

19-8　请你结合苯、甲苯与二甲苯的结构与性质特点，推测它们的毒性相对大小。

自我检测题

19-1　命名

（1）NO_2 … $COOH$

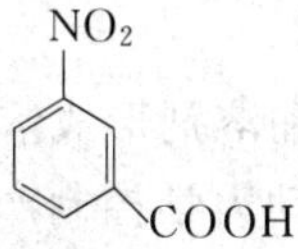

（2）CH_3 … NO_2 … NO_2

（3）Br … $CHCH_2CH_3$ … CH_3

（4）SO_3H … NO_2

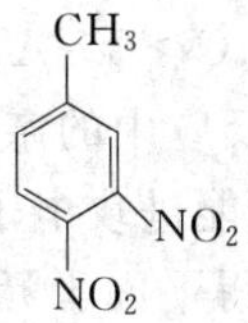

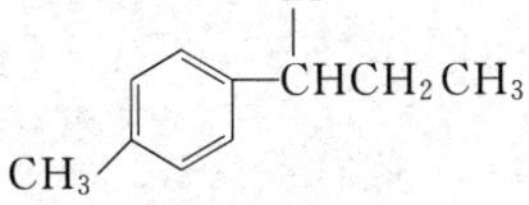

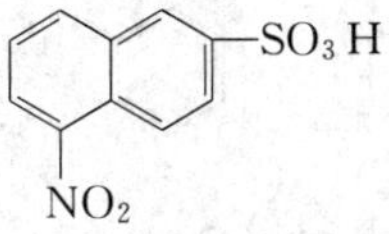

19-2　选择题

（1）下列化合物发生硝化反应最容易的是（　　）。

A. 甲苯　　B. 硝基苯　　C. 2-甲基萘　　D. 2-硝基萘

（2）下列物质中具有芳香性的是（　　）。

A. [10] 轮烯　　B. 环戊二烯　　C. 环丙烯正离子　　D. 环辛四烯

19-3 下列物质与氯发生亲电取代反应的活性大小顺序为________。

A. 乙酰苯胺　　B. 苯乙烯　　C. 氯苯　　D. 苯甲酸

19-4 用化学方法鉴别以下物质：苯乙烯、苯乙炔、乙苯、乙基环己烷。

19-5 合成题。

（1）以苯为主要原料合成 1-苯基-1-氯丙烷。

（2）以甲苯为主要原料合成 2,6-二硝基苯甲酸。

（3）以苯为主要原料合成 3-苯基丙炔。

（4）由苯及其他必要的无机试剂合成 1,2-二氯-4-硝基苯。

（5）由甲苯合成 3,4-二溴苯甲酸。

19-6 下面所示化合物与溴化氢反应，生成一分子式为 $C_{10}H_{11}Br$ 的产物。

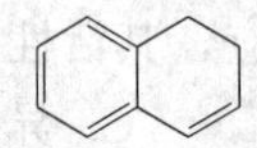

（1）为此反应提出一个机理，并且预测产物的结构。

（2）当此反应在自由基引发剂存在下发生时，产物为上一产物的同分异构体。提出第二种产物的结构，并解释其形成的机理。

思考题参考答案

19-1 是非题

（1）错。还要看成环原子是否均为 sp^2 杂化。

（2）错。苯酚会使催化剂三氯化铝失活。

（3）错。应发生异环氧化。

（4）错。此条件下只有具有 α-H 的侧链能氧化。

（5）错。—Br 为邻对位定位基，但钝化苯环。

（6）错。前一句正确；后一句错误，苯环上带有强吸电子基团后不能发生氯甲基化反应。

19-2 选择题

（1）A　（2）B　（3）C、D

19-3 排序

（1）A>D>C>B　　（2）C>B>A>D

19-4 CS_2 为非极性溶剂，反应中的亲电试剂 CH_3CO^+ 难以通过和溶剂形成溶剂化物而得到稳定，反应活性较差。故只能进攻电子云密度较大的 α 位，得到动力学控制产物。

19-5 144°内角的角张力使得平面十元环不能稳定存在，无芳香性。

19-6

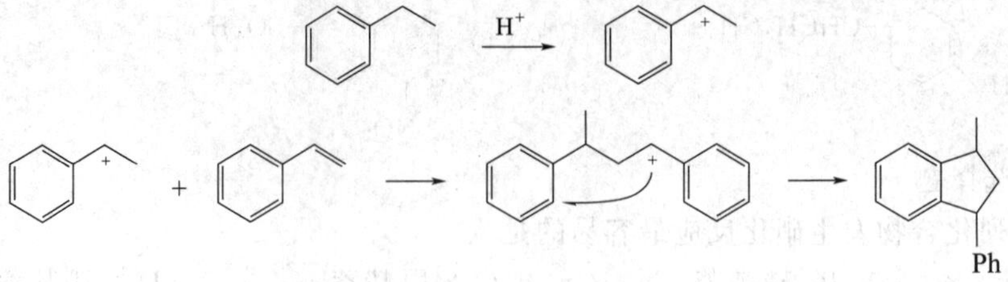

H^+

Ph

19-7

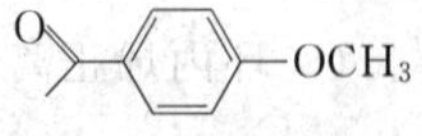

$-OCH_3$　$+CH_3COOH$

19-8 苯易挥发，难氧化，进入人体后难以代谢、降解，而甲苯与二甲苯因含有 α-H 易氧化为苯甲酸而降解，故甲苯、二甲苯的毒性远低于苯。

自我检测题参考答案

19-1 （1）3-硝基苯甲酸　（2）3,4-二硝基甲苯或 1-甲基-3,4-二硝基苯

（3）1-对甲苯基-1-溴丙烷　（4）5-硝基-2-萘磺酸

19-2 选择题

（1）C　（2）C

19-3 A＞B＞C＞D

19-4 苯乙炔与银氨溶液作用有白色沉淀出现，其他三种无反应；其他三种中加溴水，能褪色的为苯乙烯；剩下的两种中能使酸性高锰酸钾褪色的为乙苯，另一种为乙基环己烷。

19-5 （1）先 F-C 酰基化，然后克莱门森法还原羰基，最后 α-H 卤代；

（2）先磺化占据对位，再将硝基引入甲基的 2 个邻位，然后水解掉磺基，最后氧化甲基；

（3）路线一：苯氯甲基化，然后与乙炔钠作用；

路线二：丙炔 α-H 卤代，然后与苯发生傅-克反应；

（4）先氯代，再硝化，最后再氯代；

（5）先溴代，再氧化，最后再溴代。

19-6 （1）该化合物为与苯环共轭的烯烃。与溴化氢反应时为碳正离子历程，先加质子，生成与苯环共轭的碳正离子，然后与溴负离子结合。产物如下：

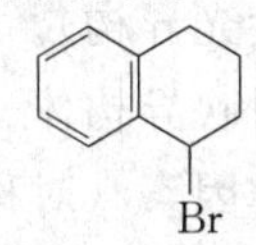

（2）在自由基引发剂存在下，溴化氢生成溴自由基，为自由基历程。底物先与溴自由基作用，得到与苯环共轭的碳自由基，该自由基夺取溴化氢分子中的氢，生成产物的同时，生成溴自由基。产物如下：

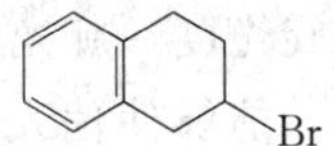

第20章 对映异构

20.1 基本要求

了解手性与对称因素的关系。理解具有一个手性中心的对映异构、具有两个手性中心的对映异构、非对映体、内消旋体与外消旋体以及不含手性碳原子化合物的对映异构。掌握构型的表示：透视式和费歇尔(Fischer)投影式。掌握投影式的书写及互相转换。掌握构型的D/L及R/S标记法。

重点：对映体；外消旋体；R/S标记法；费歇尔投影式的书写。

难点：构型的标记和费歇尔投影式的书写及相互转换，不对称合成和立体专一反应。

20.2 内容概要

有机化合物的同分异构分为构造异构和立体异构两种。立体异构是指由于分子中原子的空间排列方式不同而造成的同分异构现象。如果两个分子互为实物与镜像，相似而不能叠合，这种立体异构称为对映异构（也称旋光异构）。物体与其镜像不能重叠的现象称为手性。互为镜像但不能重叠的分子或物体互称对映异构体。

分子是否具有手性可由是否具有对称因素（对称平面或对称中心等）判断，不具有对称因素的分子即是手性分子，存在对映异构体。

将普通光通过偏光镜即可得到平面偏振光，手性分子可使偏振光的振动平面偏转一定角度，这种性质称为旋光性（也称光活性）。手性分子称为旋光物质（也称光活性物质）。旋光物质使偏振光振动平面偏转的角度称为旋光度。旋光度（用α表示）受多种因素影响，实际应用中多使用比旋光度（用$[\alpha]$表示）。能够使偏光振动平面向右旋转的物质称为右旋体，使偏光振动平面向左旋转的物质称为左旋体。

书写手性分子时须表示清楚结构（常用立体透视式和费歇尔投影式两种表示方法）并确定构型。构型的标记有两种方法(D/L及R/S标记法)。手性分子的构型与其旋光方向没有必然联系。

具有一个手性碳原子的化合物有两个构型相反的对映异构体。一对对映异构体等量混合即构成外消旋体。具有两个相同手性碳原子的化合物有非对映异构体，也可能有内消旋体。

某些不含手性碳原子的化合物也有对映异构现象。

不对称合成是指在反应中无旋光性物质由反应剂以不等量地生成立体异构产物的途径转化为旋光性物质。不对称合成原则上要在手性条件下进行。

在一个反应中，互为立体异构体的反应物分别生成立体特征不同的产物时，此反应具有立体专一性。

外消旋体的拆分方法有化学分离法、生物分离法和晶种结晶法。

20.3 同步例题

例 1. 将立体透视式

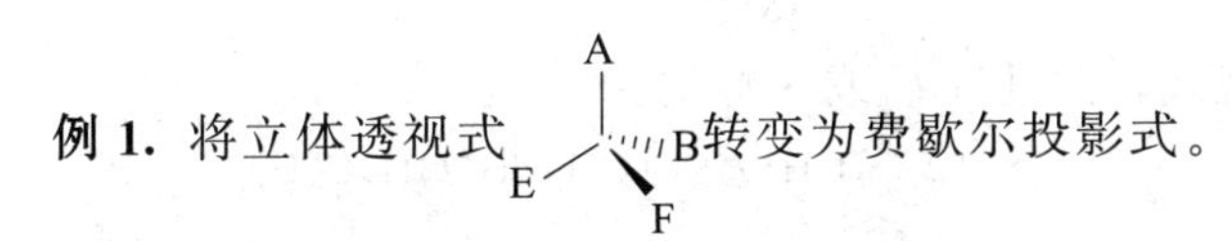

转变为费歇尔投影式。

解: 立体透视式的书写与参考平面的选取有关，书写时不必完全照搬书写规则，只要真实结构不变即可。例如，该立体透视式的观察方向可确定为：

A、B、E、F（观察方向）

根据费歇尔投影式的书写规则，横线上的基团位于纸面上方，竖线上的基团位于纸面下方。故费歇尔投影式为

```
   A
E──┼──F
   B
```

。

注：立体透视式与费歇尔投影式的转换对于理解化合物的结构、确定化合物的构型都很重要，含多个手性碳原子化合物的费歇尔投影式的书写规则见教材。

例 2. 命名

```
         n-C3H7
C2H5 ──┼── H
          CH3
```

解: 该化合物有一个手性碳原子，手性碳原子上所连四个基团的优先顺序（按照次序规则）为：n-C_3H_7—>C_2H_5—>CH_3—>H—，而位次最小的基团 H 位于横线上。按照确定费歇尔投影式构型的原则，沿 n-C_3H_7— ⟶C_2H_5— ⟶CH_3—方向观察为逆时针排列。该化合物为 R 构型，名称为：(R)-3-甲基己烷。

注：根据确定费歇尔投影式构型的原则，可准确而迅速地判断出化合物的构型。

例 3. 有三瓶纯 2,3-二氯丁烷溶液 A、B、C。经测定，A 和 B 的比旋光度数值相同，但旋光方向相反，其他物理性质相同。C 没有旋光性，其他物理性质也与 B 和 A 不同。写出 A、B、C 的结构。

解: 从结构上看，2,3-二氯丁烷分子中有两个手性碳原子，存在内消旋体。根据题目条件，A 和 B 互为对映异构体，C 为内消旋体。故 A、B、C 的结构为：

```
A（或 B）：    CH3          B（或 A）：    CH3          C：    CH3
            H──┼──Cl                  Cl──┼──H             H──┼──Cl
           Cl──┼──H                    H──┼──Cl            H──┼──Cl
               CH3                        CH3                 CH3
```

20.4 习题选解

2. 写出下列化合物的构造式，如有手性碳原子用 * 标出，并用费歇尔投影式表明其 R 或 S 构型。

（1）3-甲基-3-戊醇　（2）3-苯基-3-氯-1-丙烯　（3）2-溴丙酸

解:（1）（键线式，OH）　（2）（键线式，*，Ph，Cl）　（3）$CH_3\overset{*}{C}HCOOH$（Br）

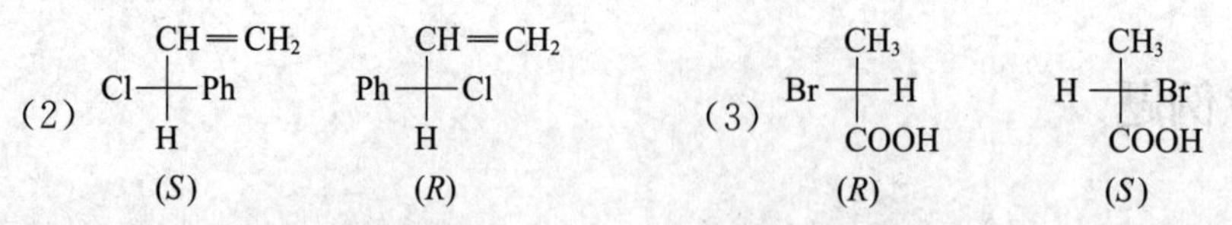

3. 写出下列化合物对映体的透视式，并进行 R 或 S 标记。

（1）$CH_3CH_2CHCOOH$（Br 连于 CH 上）　　（2）$(CH_3)_3CC(CH_2Cl)(OH)C_2H_5$

（3）$C_6H_5CHClCH_3$　　（4）（环己烷，1-Br，2-OH）

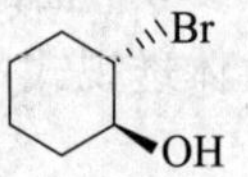

提示　（4）该化合物有两个手性碳原子，即分别连—Br、—OH 的两个环碳原子。但由于—Br 和—OH 的相对位置是确定的（分别位于环平面的两侧），故该化合物只有一对对映异构体。根据确定费歇尔投影式构型的原则即可判断出构型。

解：（1）COOH、H、CH_3CH_2、Br　(S)　　COOH、H、Br、CH_2CH_3　(R)

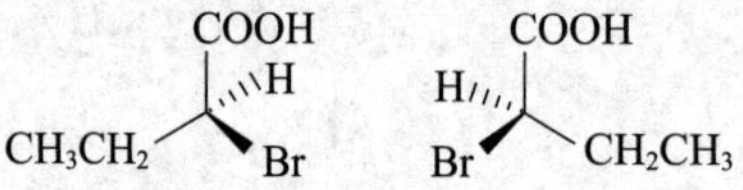

（2）$(CH_3)_3C$、C_2H_5、$ClCH_2$、OH　(R)　　$C(CH_3)_3$、C_2H_5、OH、CH_2Cl　(S)

（3）C_6H_5、H、CH_3、Cl　(S)　　C_6H_5、H、Cl、CH_3　(R)

（4）H、(R)、Br、OH、(R)、H　　H、(S)、Br、HO、(S)、H

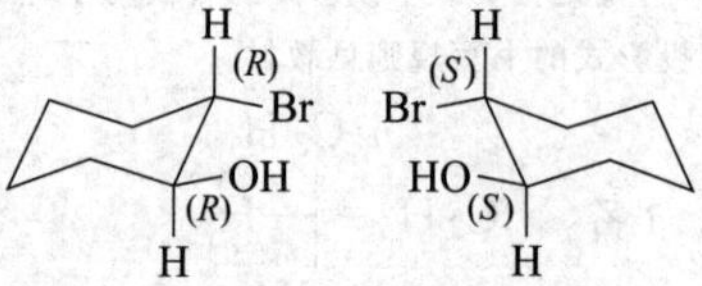

6. 下列各对化合物哪些属于对映体、非对映体、顺反异构体、构造异构体或同一化合物？

（1）CH_3；H—OH；H—Br；CH_3　和　Br；H—CH_3；H—OH；CH_3

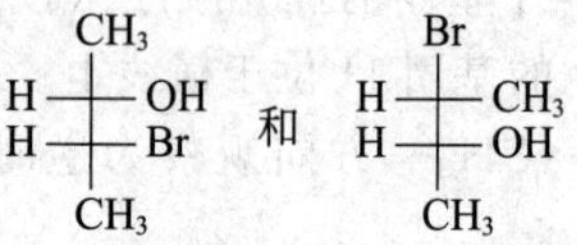

（2）CH_3；H—C—Br；H—C—Cl；CH_3　和　CH_3；H—C—Cl；H—C—Br；CH_3

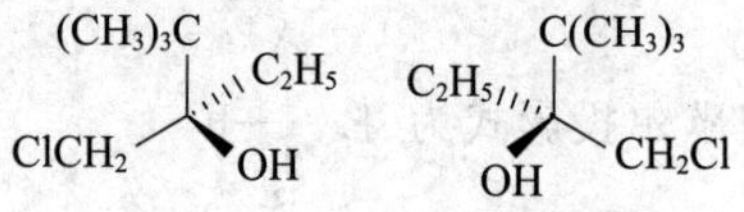

（3）CH_3、H、Br、Cl、H、CH_3　和　CH_3、H、CH_3、H、Cl、Br

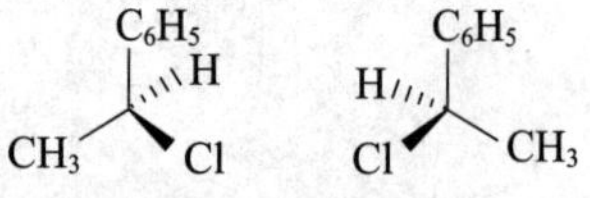

（4）H、CH_3—C=C=C—H、CH_3　和　H、CH_3—C=C=C—CH_3、H

（5）C_2H_5、H、H、C_2H_5　和　H、H、C_2H_5、C_2H_5

（6）CH_3、H、Br、C_2H_5、H、Br　和　C_2H_5、Br、H、CH_3、H、Br

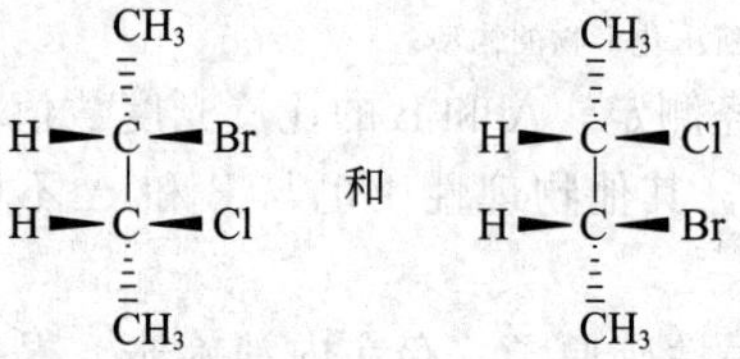

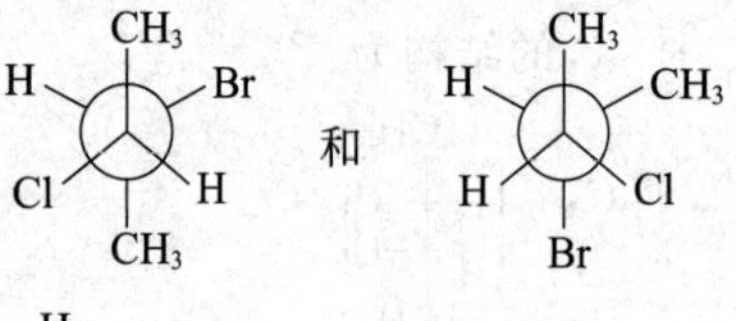

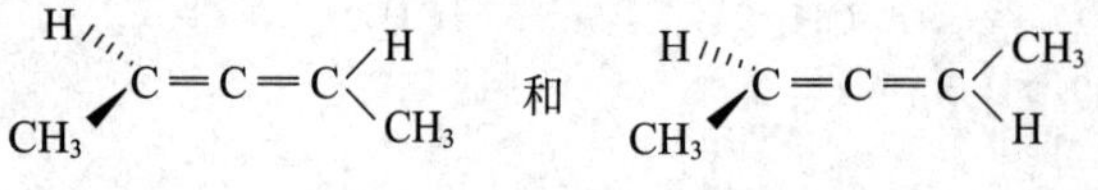

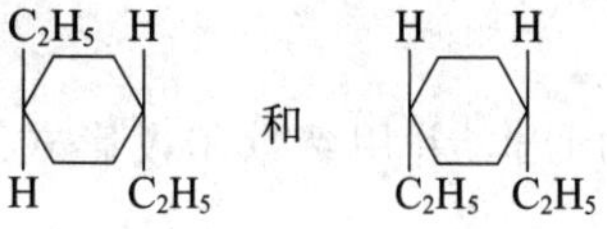

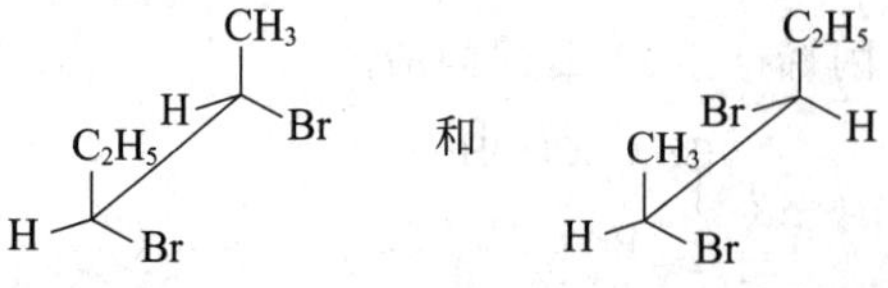

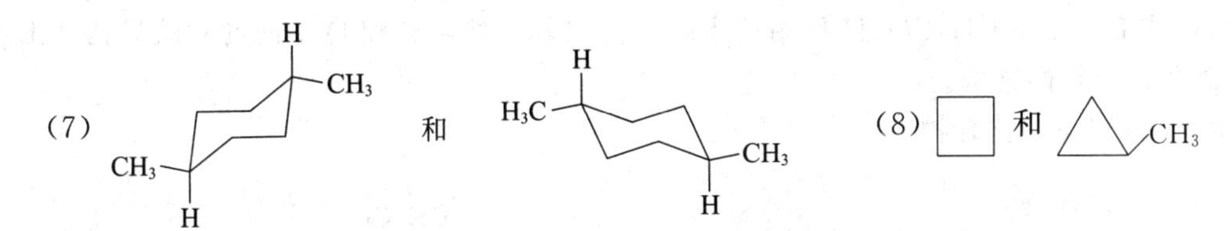

提示 （1）、（2）、（3）和（6）可通过手性碳构型判断，（4）、（5）、（7）可通过在纸面内旋转分子后，观察分子结构判断。

解：（1）、（4）和（6）为非对映体，（2）、（3）和（7）为对映体，（5）为顺反异构体，（8）为构造异构体。

8. 写出下列化合物的费歇尔投影式，并对手性碳进行 R/S 标记并对化合物命名。

（1） 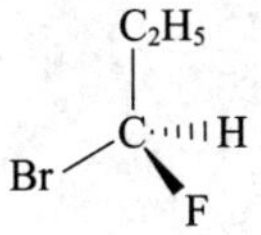 C_2H_5；Br；C；H；F

（2） CH_3；Cl；C—C；H；CH_3；H；Cl

（3） H；CH_3；CH_3；Br；C_2H_5；H

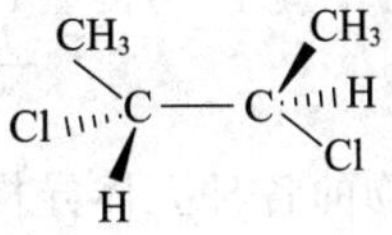

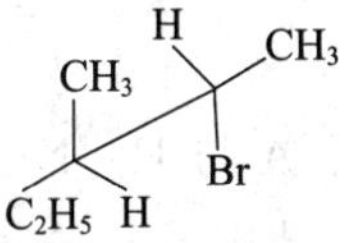

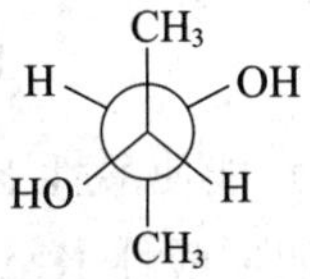

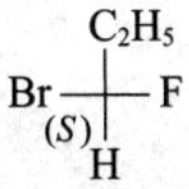

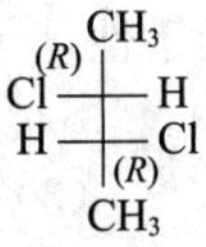

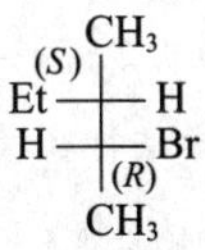

（4） CH_3；H；OH；HO；H；CH_3

解：（1） C_2H_5；Br—F；(*S*)；H　　（2） CH_3；(*R*)；Cl—H；H—Cl；(*R*)；CH_3

（3） CH_3；(*S*)；Et—H；H—Br；(*R*)；CH_3　　（4） CH_3；(*R*)；HO—H；HO—H；(*S*)；CH_3

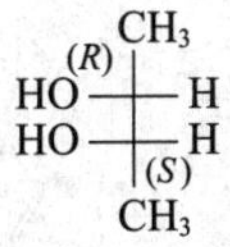

命名：（1）（*S*）-1-氟-1-溴丙烷　　（2）（2*R*，3*R*）-2，3-二氯丁烷

（3）（2*R*，3*S*）-3-甲基-2-溴戊烷　　（4）（2*R*，3*S*）-2，3-丁二醇

11. 化合物 A($C_{23}H_{46}$) 是一种昆虫性诱剂，催化加氢后得 B($C_{23}H_{48}$)，A 用热的酸性 $KMnO_4$ 氧化得到两种羧酸：一种为 C，构造式为 $CH_3(CH_2)_{12}COOH$；另一种为 D，构造式为 $CH_3(CH_2)_7COOH$。A 与 Br_2 的加成物是一对对映异构体，试推测 A 的结构式。

提示 根据 A 的分子式及化学性质可以推断 A 为烯烃。根据 C 和 D 的构造式可以推断 A 的构造式为：$CH_3(CH_2)_{12}CH{=}CH(CH_2)_7CH_3$。A 与 Br_2 的加成物是一对对映异构体，可以推断 A 为顺式烯烃。

解： $CH_3(CH_2)_{12}$；$(CH_2)_7CH_3$；C＝C；H；H

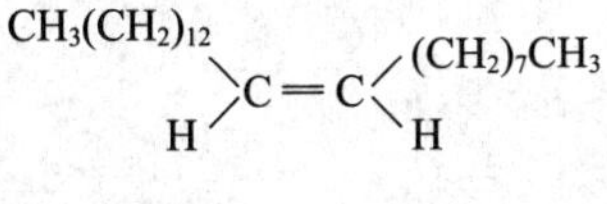

20.5 思考题

20-1 判断下列化合物有无手性。

（1）反-1，4-环己二醇　（2）2，3-戊二烯　（3）2，5-二甲基螺［3.4］辛烷

20-2 化合物 A(C_5H_8) 能使酸性 $KMnO_4$ 溶液褪色，没有旋光性。A 与 H_2/Ni 在常温下反应得到 B(C_5H_{10})。B 与 HBr 不反应。A 与稀、冷 $KMnO_4$ 溶液反应的产物为一对对映

异构体 C 和 D。A 与 CH_3CO_3H 作用后水解，得到另一对与 C 和 D 不同的对映异构体 E 和 F。判断各化合物的结构。

20-3 命名下列化合物。

（1） O, H, CH_3 （2） H_3C, H, CH_3 （3） CH_2CH_3, H_3C—|—H, H, C═C, H, H

20-4 某烃 $A(C_6H_{12})$ 有旋光性，常温下可与 H_2/Ni 反应，得到无旋光性的 $B(C_6H_{14})$，试推测 A、B 的结构。

20-5 完成反应（须标明产物构型）

$\xrightarrow{HOBr}$

20-6 试举出有机物的各种立体异构现象的实例。

自我检测题

20-1 化合物 $A(C_5H_8)$ 能使酸性 $KMnO_4$ 溶液褪色，有旋光性。A 与 H_2/Ni 在常温下反应得到 $B(C_5H_{10})$，B 不能使酸性 $KMnO_4$ 溶液褪色。试推测 A、B 结构。

20-2 判断下列化合物有无手性

（1） CH_3 CH_3 / H H （2） H CH_3 / H_3C H （3） Cl H / H Cl （4） H CH_3 / H_3C H

（5） H_3C, Cl, H, COOH （6） Et Et, Et, CH_2COOH

20-3 判断下列说法是否正确，如不正确请改正。

（1）有机物的手性指的就是旋光性。

（2）有旋光性的有机物必有手性碳，无旋光性的有机物必然没有手性碳。

（3）没有手性碳原子的分子就没有对映体。

20-4 指出结构(b)～(g) 与(a) 的关系（相同或是互为对映体）

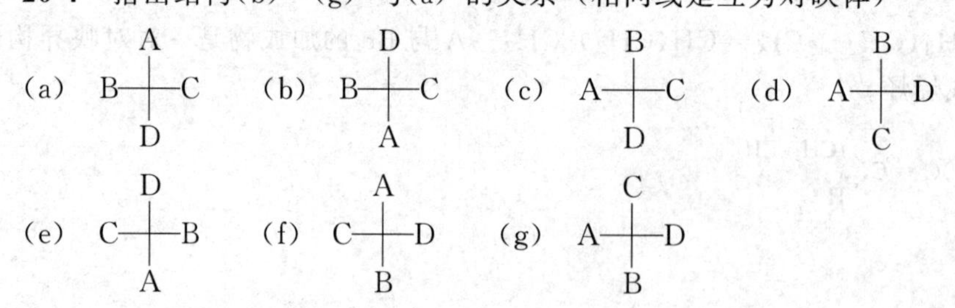

20-5 用费歇尔投影式表示下列化合物

（1）（*R*）- 4-溴-2-戊烯 （2）*meso*-3,4-二硝基己烷 （3）（2*S*,3*R*）-2,3-二碘丁烷

20-6 化合物 $A(C_3H_7NO_2)$ 分子中存在氨基和羧基。A 存在两种对映异构体。其中一种异构体是人体蛋白质的组成成分之一，另一种异构体可作为生化试剂和电镀缓蚀剂。试推断 A 的结构并用不同的方法图示 A 的两种对映异构体的构型。

思考题参考答案

20-1　（1）无手性　（2）有手性　（3）有手性

20-2　**解题思路：**A 为 C_4 环烯烃。A 与稀、冷 $KMnO_4$ 溶液反应的产物为顺式邻二醇，A 与 CH_3CO_3H 作用后水解的产物为反式邻二醇。

解：

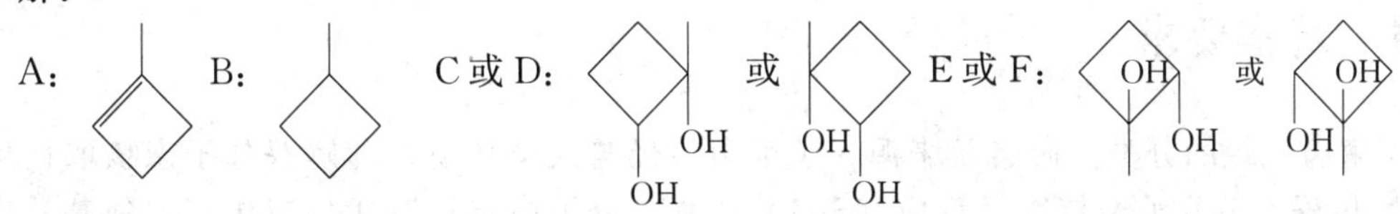

20-3

(1)(*S*)-3-甲基环己酮　(2)(*R*)-1,5-二甲基环己烯　(3)(*R*,*E*)-3-甲基-1-溴-1-戊烯

20-4　**解题思路：**A 为有旋光性的烯烃，催化加氢生成的烷烃 B 无旋光性。

A：　B：

20-5　**解题思路：**反应为马氏加成，反式加成。

解： $\xrightarrow{HOBr}$ （Br, OH） + （Br, OH）

20-6　**参考答案：**正丁烷和异丁烷构成碳链异构体；环丁烷和丁烯构成官能团异构体；1-丁烯和 2-丁烯构成官能团位置异构体；乙醛和乙烯醇构成互变异构体；乙烷的重叠式构象和交叉式构象构成构象异构体；反-2-丁烯和顺-2-丁烯构成顺反异构体；(*S*)-2-氯-1-溴-2-甲基丁烷和 (*R*)-2-氯-1-溴-2-甲基丁烷构成对映异构体。

自我检测题参考答案

20-1　**解题思路：**A 为有旋光性的环烯烃，催化加氢生成的烷烃 B 为 C3 环烷烃。

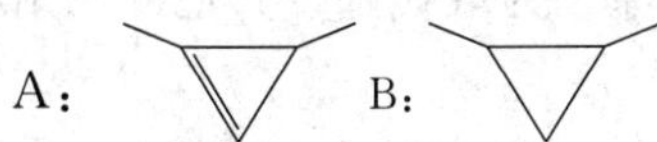

20-2　**解题思路：**（1）、（4）中存在对称平面，立体张力使（6）不能成为平面形分子。（1）、（4）没有手性。

20-3　（1）错、（2）错、（3）错

20-4　(d)、(e)、(f)与(a)相同；(b)、(c)、(g)是(a)的对映异构体。

20-5　（1）Br—C—CH_3（上：CH=CHCH₃ 写作 $CH{=}CHCH_3$；下：H）　（2）C_2H_5；H—C—NO_2；H—C—NO_2；C_2H_5　（3）CH_3；H—C—I；I—C—H；CH_3

20-6　**解题思路：**A 为氨基酸，碳原子数为 3。A 存在对映异构体，应为 2-氨基丙酸。

解：A 为 2-氨基丙酸。A 的两种异构体的构型图示如下

CH_3；H—C—NH_2；COOH ┊ CH_3；H_2N—C—H；COOH　　COOH，CH_3，H，NH_2 ┊ COOH，H_3C，H_2N，H

第21章 卤代烃

21.1 基本要求

了解卤代烃的分类、命名及来源；了解卤代烃与人类环境。理解双分子亲核取代反应（S_N2）历程、单分子亲核取代反应（S_N1）历程、分子内亲核取代反应历程（邻基效应）；理解卤代烷的E1消除和E2消除反应历程；理解卤代烯烃及卤代芳烃的结构与性质的关系。掌握卤代烷的亲核取代反应及反应规律；掌握影响亲核取代反应的因素；掌握札伊采夫消去规则；掌握消除反应与取代反应的竞争和影响因素；掌握卤代烷与活泼金属的反应及其应用；掌握卤代苯的亲核取代反应。

重点：亲核取代反应及S_N1，S_N2历程；消除反应及E1及E2历程；札伊采夫(Saytzef)消去规则；消去反应与取代反应的竞争和影响因素；格氏试剂的制备及性质；卤代烯烃及卤代芳烃的性质。

难点：S_N1及S_N2历程，S_N1及S_N2的立体化学，亲核取代和消除反应的竞争。

21.2 内容概要

21.2.1 卤代烃的分子结构

卤代烃分子中烃基与卤素原子相连，可根据卤原子的不同分为氟代烃、氯代烃、溴代烃、碘代烃；可根据α-C种类的不同分为1°RX、2°RX、3°RX；可根据烃基的不同分为卤代烷烃、卤代烯烃和卤代芳烃；还可根据卤原子数目不同分为单卤代烃和多卤代烃。

用系统命名法命名卤代烃时，应以相应的烃为母体，卤原子为取代基，其他的原则与烷烃的命名方法相同。此外，三卤甲烷的俗名为卤仿。

卤原子的电负性为F>Cl>Br>I，均大于碳原子的电负性。卤代烃分子中的C—X键为极性共价键。成键电子偏向于卤原子，碳原子显部分正电性。四种C—X键的可极化性不同，顺序为：C—I>C—Br>C—Cl>C—F。

卤代烯烃可根据卤原子与碳碳双键相对位置的不同分为隔离型、乙烯型和烯丙基型三种类型；卤代芳烃可根据卤原子与芳基相对位置的不同分为隔离型、卤苯型及苄基型。

21.2.2 卤代烷的化学性质

卤代烷的化学性质包括亲核取代反应（S_N反应）、消去反应（E反应）及与金属的反应。不同种类卤代烃总的反应活性为：RI>RBr>RCl>RF。卤代烷的亲核取代反应包括水解、醇解、氰解、氨解、与$AgNO_3$醇溶液的反应及与NaI的反应。其中，氰解反应只适用于1°RX；氨解反应一般得到混合产物；与$AgNO_3$的反应常用于鉴别不同种类的卤代烃。

卤代烷在强碱中可发生消除反应，产物为烯烃。

卤代烷可与Mg、Li、Zn等活泼金属反应，生成金属有机化合物。卤代烷与Mg在纯醚中反应生成烷基卤化镁RMgX（格氏试剂），格氏试剂易氧化，容易与含活泼氢的物质反应。格氏试剂在有机合成上有重要用途。卤代烷可与Li在纯醚中反应生成烷基锂RLi，烷基锂比格式试剂更活泼。此外，烷基锂还可用于制备二烃基铜锂（常用的烃基化试剂）。

21.2.3 主要规律及基本定律

卤代烷的亲核取代反应分为单分子亲核取代（S_N1）反应和双分子亲核取代（S_N2）反应两种。S_N1 反应为一级反应、两步反应，第一步会生成碳正离子中间体、碳正离子中间体的稳定性会对最终产物有决定性影响。反应有可能出现重排产物；S_N2 反应为二级反应、一步完成，α-C 的拥挤程度越大，反应越难进行。

S_N2 历程的立体化学特征是产物的构型和反应物的构型相反（Walden 瓦尔登转化）。S_N1 历程的立体化学特征是产物的部分外消旋化。

多种因素能影响亲核取代反应。卤代烃的烃基和亲核试剂的体积增大均不利于亲核试剂从碳卤键的背面向碳原子进攻，对 S_N2 反应不利。其中，1°RX 更容易发生 S_N2 反应；3°RX 更容易发生 S_N1 反应。浓度较高、亲核性较强的试剂更有利于 S_N2 反应；离去基团的可极化性强，有利于离去基团的离去，对 S_N1 和反 S_N2 均有利；溶剂的极性越强，越有利于 S_N1 反应。

卤代烷发生消去反应时，遵守札伊采夫（Saytsef）消去规则（主产物为双键碳上取代烷基更多的烯烃）；卤代烷的消去反应有单分子（E1）消去及双分子消去（E2）两种历程，分别与 S_N1 和 S_N2 历程相似；不同种类卤代烷发生消去反应的活性顺序为：RI＞RBr＞RCl＞RF；3°RX＞2°RX＞1°RX。

消去反应与取代反应相伴发生，互相竞争。其中，3°RX 更容易发生消去反应，1°RX 更容易发生取代反应。一般来说，碱性强有利于消除反应，亲核性强有利于亲核取代反应；极性溶剂更有利于取代反应的发生。

不同种类的卤代烯烃与卤代芳烃的反应活性不一样。受电子效应的影响，烯丙基型和苄基型卤代烃的反应活性最好，乙烯型和卤苯型卤代烃的反应活性最差，隔离型卤代烃的反应活性与卤代烷相似。

21.3 同步例题

例 1. 用系统命名法命名

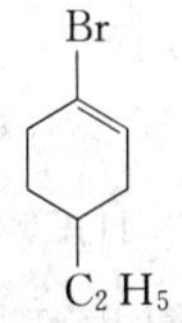

Br

C_2H_5

解：—Br 和—C_2H_5 连在脂环上，命名时应以脂环为主链，—Br 和—C_2H_5 为取代基。同时，脂环上含有双键，应给双键编为 1,2-位。所以，正确的编号如下：

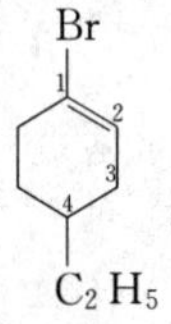

Br 1 2 3 4 C_2H_5　名称为：4-乙基-1-溴环己烯

例 2. 比较 S_N1 反应活性

A. $PhCH_2Cl$

B. 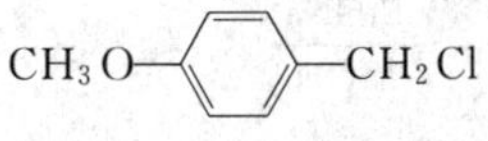 CH_3O—⟨苯环⟩—CH_2Cl

C. 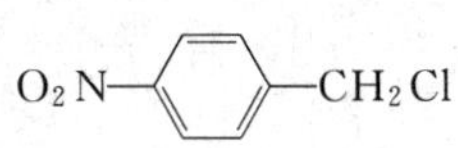 O_2N—⟨苯环⟩—CH_2Cl

D. $(CH_3)_3CCl$

解： S_N1 反应分两步进行，第一步是速率决定步骤，生成碳正离子。碳正离子中间体的稳定性对反应活性有决定性影响。四种反应物对应的碳正离子中间体分别为：

A. $Ph—\overset{+}{C}H_2$　　B. $CH_3O-C_6H_4-\overset{+}{C}H_2$

C. $O_2N-C_6H_4-\overset{+}{C}H_2$　　D. $(CH_3)_3\overset{+}{C}$

A、B、C 中均存在 p-π 共轭效应，其中 B 中的 CH_3O—具有+C 效应，C 中的—NO_2 具有−I 和−C 效应。D 中存在+I 及 σ-p 超共轭效应。碳正离子稳定性顺序为：B＞A＞D＞C。反应物的活性顺序为：B＞A＞D＞C。

例 3. 比较 E1 反应活性

A. Ph、Br　　B. Ph、Br　　C. —Br　　D. Br

解： E1 反应同样分两步进行，第一步是速率决定步骤，会生成碳正离子。碳正离子中间体的稳定性对反应有决定性影响。四种反应物对应的碳正离子中间体分别为：

A. Ph、+　　B. Ph、+　　C. +　　D. +

根据电子效应，四种碳正离子的稳定性顺序为：A＞B＞D＞C。故四种反应物的活性顺序为：A＞B＞D＞C。

例 4. 比较并解释试剂亲核性

（1）RO^-，HO^-，ArO^-　　（2）EtO^-，EtS^-，$(CH_3)_2CHO^-$。

解：（1）ArO^- 中 O^- 与芳环相连后，有+C 效应，从而使 O^- 的负电荷被分散。所以 ArO^- 的亲核性最弱。RO^- 与 HO^- 相比，RO^- 中的 R 有+I 效应，从而使 O^- 的负电荷量增加，亲核性更强，故亲核性顺序为：RO^-＞HO^-＞ArO^-。

（2）S 与 O 相比，S 的电负性更弱，同时原子半径更大，所以 S^- 的可极化性比 O^- 的更大，EtS^- 的亲核性最强。EtO^- 与 $(CH_3)_2CHO^-$ 相比，亲核原子相同，但 $(CH_3)_2CHO^-$ 的体积更大，亲核性更弱，故亲核性顺序为：EtS^-＞EtO^-＞$(CH_3)_2CHO^-$。

例 5. 以下哪些试剂可用于合成格氏试剂

（1）$ClCH_2CH_2CH_2OH$　　（2）$CH_3C{\equiv}CCH_2CH_2Cl$

（3）$CH_2{=}CHCl$　　（4）$ClCH_2COOH$　　（5）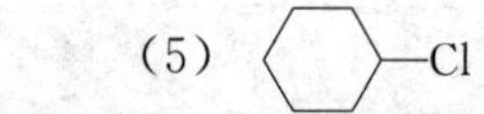

解：（1）中的羟基氢、（4）中的羧基氢均可与格氏试剂反应，故不能用来制备格氏试剂；（3）属于氯乙烯型卤代烃，C—Cl 键难断裂，不易制备格氏试剂；（2）、（5）分子中不含可与格氏试剂反应的活泼氢，可用来制备格氏试剂。

例 6. 完成下列反应

（1）Cl、Cl $\xrightarrow[\text{丙酮}]{\text{NaI（1mol）}}$　　（2）$CH_3\underset{Cl}{CH}CH{=}CHCH_3 \xrightarrow[\text{ROH，}\triangle]{OH^-}$

（3）$CH(CH_3)_2$、Br $\xrightarrow[\text{EtOH}]{\text{EtONa}}$　　（4）CH_3、Br $\xrightarrow[\text{EtOH}]{\text{EtONa}}$

（5）$(CH_3)_2N$、CH_3、Cl $\xrightarrow{\text{NaOH}}$

解：(1)NaI/丙酮是 S_N2 反应的条件，1°RX 比 3°RX 优先反应，产物为 [结构式] 。

(2) 生成稳定性更好的共轭二烯烃，产物为：CH_2═CHCH═$CHCH_3$。

(3) EtONa 是强碱，溴代环己烷易发生 E2 消除反应，E2 消除反应的立体特征是反式共平面。顺-1-异丙基-2-溴代环己烷可用如下构象式表示，溴代环己烷构象中易发生消除反应的溴原子应处于直立位，与直立位溴处于反式的 β-H 在 C1 和 C3 都有，在强碱中都可能发生消除反应，反应如下：

$\xrightarrow[EtOH]{EtONa}$ 难反应

(4) 在强碱中，反-1-甲基-2-溴环己烷易发生 E2 消除反应。从反-1-甲基-2-溴环己烷构象式中可知，与直立位溴处于反式的氢只有 C_3 上有，E2 消除反应的立体特征是反式共平面，因此只有 C_3-H 与 Br^- 被消除，反应如下：

$\xrightarrow[EtOH]{EtONa}$ 难反应

(5) 邻近 N 的参与：首先是二甲氨基中的氮作为亲核中心从碳氯键的背面进攻中心碳原子，氯负离子离去生成环状的不稳定的鎓盐，由于空间效应阻碍了羟基从氮原子所在一面进攻碳原子，而只能从另一面进攻位阻较小的碳，得到重排产物：

$(CH_3)_2\ddot{N}CH_2CH(CH_3)Cl \longrightarrow$ [环状鎓盐] $\xrightarrow{OH^-}$ $HOCH_2CH(CH_3)N(CH_3)_2$

例 7. 用溴处理反-2-丁烯，然后在氢氧化钠/乙醇中反应，可得到顺-2-溴丁烯，但用相同试剂及顺序处理环己烯，却不能得到 1-溴环己烯，而得到其他产物，请用反应式表示这两种烯烃反应过程和反应产物。

解：

反-2-丁烯 $\xrightarrow{Br_2}$ 2,3-二溴丁烷 $\xrightarrow[EtOH]{NaOH}$ 顺-2-溴-2-丁烯

环己烯 $\xrightarrow{Br_2}$ 反-1,2-二溴环己烷 $\xrightarrow[EtOH]{NaOH}$ 1,3-环己二烯

21.4 习题选解

3. 命名下列化合物

(1) $(CH_3)_2CClCHClCH_3$

(2) $CH_3C(CH_3)_2CH_2Br$

(3) $CH_3CHCH_2CHCH_3$（2 位连 CH_3，4 位连 Cl）

(4) $CH_2=CCH_2CH_2Cl$（2 位连 CH_2CH_3）

(5)  Cl

(6) $CH_3CHCHCH_2CH_2CH_3$（2 位连 Br，3 位连 CH_2Cl）

(7) 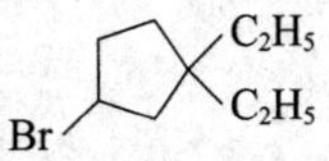 C_2H_5 C_2H_5 Br

(8) 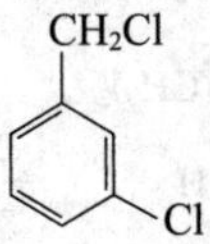 CH_2Cl Cl

解： (1) 2-甲基-2,3-二氯丁烷　(2) 2,2-二甲基-1-溴丙烷

(3) 2-甲基-4-氯戊烷　(4) 2-乙基-4-氯-1-丁烯

(5) 3-氯环已烯　(6) 3-氯甲基-2-溴已烷

(7) 1,1-二乙基-3-溴环戊烷　(8) 1-氯甲基-3-氯苯（或 3-氯苄基氯）

4. 写出下列化合物的构造式或构型式

(1) 烯丙基氯　(2) 4-甲基-5-氯-2-戊炔

(3) 反-1-苯基-2-氯环已烷　(4) 6,7-二甲基-1-氯二环[3,2,1]辛烷

(5) 2-氯-1,3-丁二烯

解： (1) $CH_2=CHCH_2Cl$

(2) $CH_3C\equiv CCHCH_2Cl$（4 位连 CH_3）

(3) 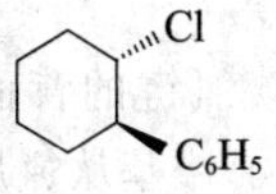 Cl C_6H_5

(4) 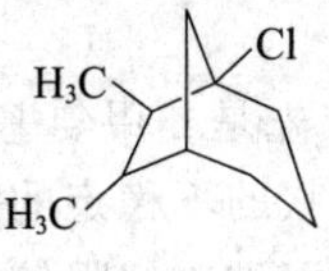 H_3C Cl H_3C

(5) $CH_2=CCH=CH_2$（2 位连 Cl）

6. (3) 排列下列卤代烃发生消除反应的活性顺序。

A. 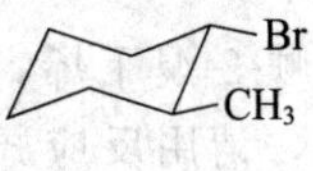 Br CH_3　B. 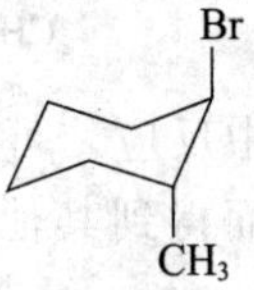 Br CH_3　C. 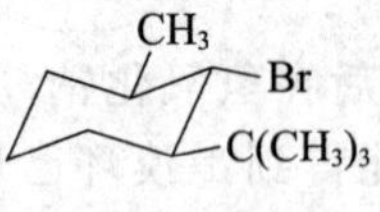 CH_3 Br $C(CH_3)_3$　D. 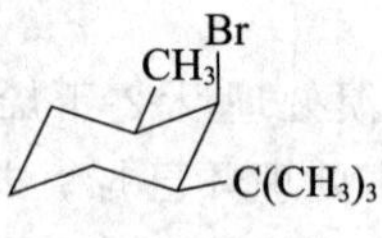 Br CH_3 $C(CH_3)_3$

解： A、B、C、D 均为 2°RX，而 2°RX 的消除反应一般按照 E2 历程进行。在该历程中，C_β—H_β 键（C_β 和 H_β 分别表示 β-C 和 β-H，下同）、C_α—Br 键的断裂与 π 键的生成同时进行。这就要求 C_β，H_β，C_α，Br 四个基团位于同一平面内（π 键的结构决定）。根据 Newman 投影式，当 H_β 和 Br 处于反交叉位时，稳定性最好。同时，C_β—H_β 键的断裂是由于 OH^- 进攻 H_β 引起。所以，考虑到空间阻碍的情况并综上所述，在其他条件相同的情况下，卤代环烷烃中的 H_β 和 Br 位于反式直立位时，消除反应的活性最好。对于 A、B、C、D 而言，B 和 D 中的 H_β 和 Br 位于反式直立位，活性好于 A 和 C。B 和 D 相比，D 中可供

选择的 H_β 有两个。同时，D 发生消除反应所得到的两种产物都是双键碳上连有三个烷基的烯烃。而 B 中可供选择的 H_β 只有一个，其对应产物是双键碳上连有两个烷基的烯烃。故 D 的活性比 B 好。A 和 C 相比，OH^- 进攻 H_β 时所受的空间阻碍较小，故 A 的活性比 C 好。故活性顺序为：D＞B＞A＞C。

7. 用化学方法区别下列各组化合物。

（1）1-氯丙烷，2-氯丙烷，3-氯丙烯

（2）氯化苄和对氯甲苯

（3）环己烷，环己烯，溴代环己烷和 3-溴环己烯

提示 氯化苄是苄基型卤代烃，对氯甲苯为乙烯型卤代烃，两者的 S_N1 反应速率相差较大，故可以用与 $AgNO_3$ 醇溶液的反应来区分。与 $AgNO_3$ 醇溶液混合后立即出现沉淀的为氯化苄，不出现沉淀的为对氯甲苯。（1）和（2）可用 $AgNO_3$/乙醇溶液或 NaI/丙酮；（3）可用 $AgNO_3$/乙醇溶液或 NaI/丙酮、溴水。

8. 完成下列反应。

（1）$CH_3\underset{\displaystyle CH_3}{\underset{|}{CH}}\overset{\displaystyle Br}{\overset{|}{CH}}CH_3 \xrightarrow[H_2O]{NaOH}$

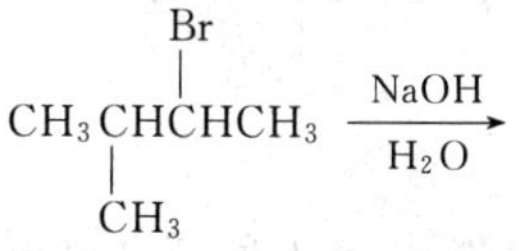

（2）$CH_3\underset{\displaystyle Cl}{\underset{|}{CH}}CH(CH_3)_2 \xrightarrow[\triangle]{KOH/乙醇}$

（3）（H_3C、H_3C、CH_3 取代的环己烯）$\xrightarrow{A}$ B $\xrightarrow{C}$（H_3C、H_3C、CH_3 取代的环己二烯）

（4）Cl—（苯环）—$CH_2Cl \xrightarrow{NaHCO_3(水)}$

（5）（CH_3、H、Br、C_2H_5 手性碳）$\xrightarrow[乙醇]{AgNO_3}$ A；$\xrightarrow[丙酮]{NaI}$ B

（6）H_3C—（环己烯）+ NBS $\xrightarrow{光照}$

（7）（邻位取代苯：$CH{=}CHCl$，CH_2Cl）$\xrightarrow{KCN}$

（8）$\underset{\displaystyle Cl}{\underset{|}{CH_2}}CH_2\underset{\displaystyle OH}{\underset{|}{CH_2}} \xrightarrow{NaI/丙酮}$

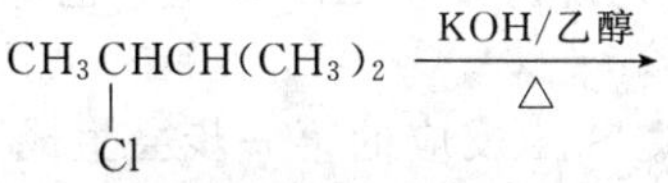

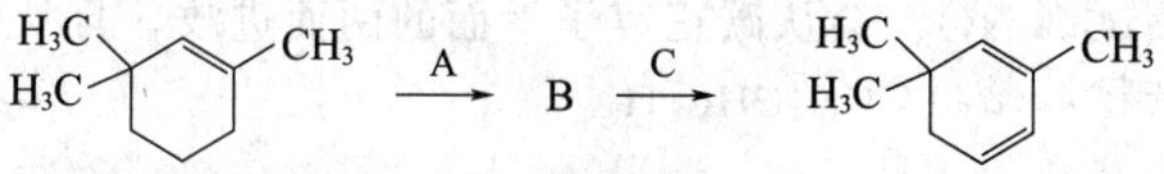

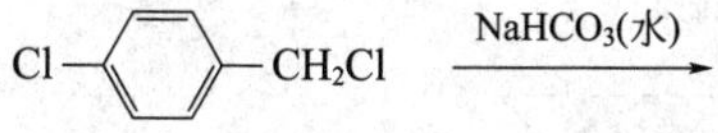

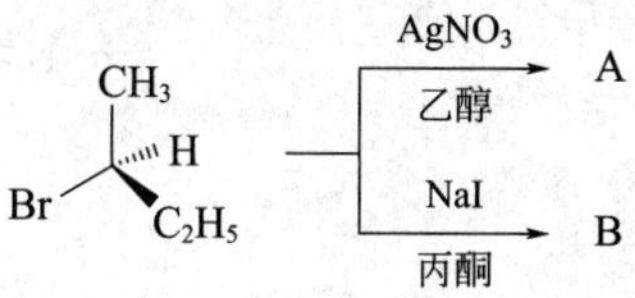

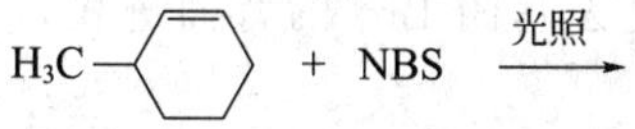

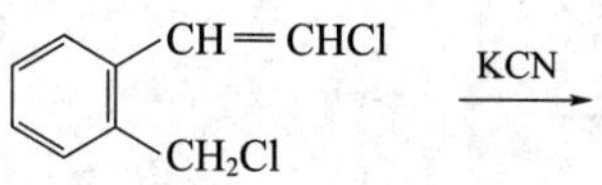

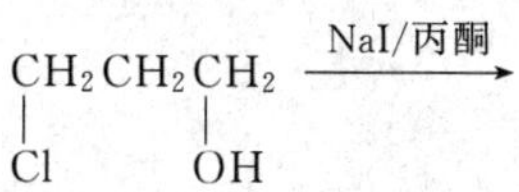

（9）（苯环：CH_3、Br、I）$\xrightarrow[500℃]{Cl_2}$ A $\xrightarrow{NaCN}$ B

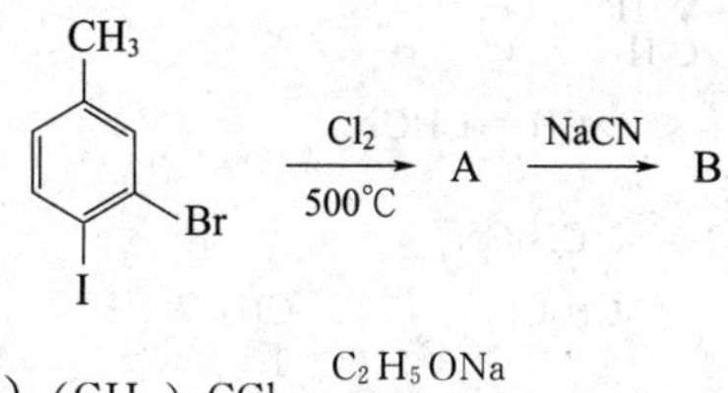

（10）$(CH_3)_3CCl \xrightarrow[CH_3CH_2OH]{C_2H_5ONa}$

（11）$CH_3CH_2CH_2Br \xrightarrow[(CH_3)_3COH]{(CH_3)_3CONa}$

(12) $CH_3CH_2C\equiv CH \xrightarrow[液 NH_3]{NaNH_2} A \xrightarrow{CH_3CH_2Br} B \xrightarrow[Lindlar]{H_2} C$

(13) $CH_3CH{=}CH_2 \xrightarrow[ROOR]{HBr} A \xrightarrow[纯醚]{Mg} B \xrightarrow{CH_3C\equiv CH} C$

(14) (chair cyclohexane: H, Cl; CH_3, H) $\xrightarrow[\triangle]{NaOH/醇}$

(15) (chiral C: CH_3, Br, CH_3CH_2, H) $\xrightarrow{CH_3OH}$

解：(1) $CH_3C(OH)(CH_3)CH_2CH_3$ (2) $CH_3CH{=}C(CH_3)_2$

(3) A. NBS/$h\nu$ B. 5-溴-1,4,4-三甲基环己烯（H_3C, H_3C, CH_3, Br） C. CH_3CH_2ONa/CH_3CH_2OH

(4) Cl-C$_6$H$_4$-CH_2OH

(5) 提示：2-溴丁烷是 2°RX，反应条件变化时，既可发生 S_N1 反应，也可发生 S_N2 反应。

A 对应的是 S_N1 反应的条件，所以发生 S_N1 反应。S_N1 反应的第一步会生成具有平面结构的碳正离子。在第二步中亲核试剂 NO_3^- 会从碳正离子平面的两面进攻，且从两面进攻的机会均等。所以会生成外消旋产物：(dl) $CH_3CH(ONO_2)C_2H_5$。

NO_3^- ; CH_3—C^+(H)—C_2H_5

B 对应 S_N2 反应。在反应过程中，亲核试剂 I^- 从离去基团 Br^- 的背面进攻，得到构型反转产物。

I^- → H—C(CH_3)(C_2H_5)—Br ; I—C(CH_3)(C_2H_5)—H

A. O_2NO—C(CH_3)(H)(C_2H_5) + H—C(CH_3)(C_2H_5)—ONO_2 B. I—C(CH_3)(H)(C_2H_5)

(6) 3-溴-3-甲基环己烯（Br, H_3C） + H_3C—环己烯—Br (7) 邻-(CH=CHCl)苯基-CH_2CN

(8) $CH_2(I)CH_2CH_2OH$ (9) A. 3-溴-4-碘苄基氯（CH_2Cl, Br, I） B. 3-溴-4-碘苯乙腈（CH_2CN, Br, I）

（10）提示：该卤代烃为 3°RX，而 C_2H_5ONa 的碱性很强，更有利于消除反应。所以，在本题条件下，发生消除反应比发生 S_N 反应更容易，会生成消除产物 $(CH_3)_2C{=}CH_2$。

注：3°RX 发生消除反应的可能性比发生 S_N 反应更大。亲核试剂的碱性较强时，一般会发生消除反应而不是 S_N 反应。事实上，3°RX 水解反应一般只能在很稀的 OH^- 溶液或 Ag_2O 的冷水溶液中进行。

（11）$CH_2{=}CHCH_3$

（12）A. $CH_3CH_2C{\equiv}CNa$　B. $CH_3CH_2C{\equiv}CCH_2CH_3$　C. $\underset{H}{\overset{CH_3CH_2}{}}\!\!>C{=}C<\!\!\underset{H}{\overset{CH_2CH_3}{}}$

（13）A. $CH_3CH_2CH_2Br$　B. $CH_3CH_2CH_2MgBr$　C. $CH_3C{\equiv}CMgBr+CH_3CH_2CH_3$

（14）提示：2°RX 的消除反应一般按照 E2 历程进行，主要消除与氯原子处于反的氢（反式共平面）。

（15）提示：该卤代烃为 2°RX，而 CH_3OH 的碱性很弱，更有利于取代反应。判断反应属于 S_N1 还是 S_N2，要综合分析反应物的结构、卤素、亲核试剂的性能特征以及溶剂的极性。在弱亲核试剂和极性溶剂条件下，(S)-2-溴丁烷主要发生 S_N1 反应。S_N1 反应有 C^+ 产生，反应物有光学异构，则反应生成的产物为外消旋体。

9. 用指定原料合成下列化合物（无机试剂任选）。

（1）以丙烯为原料合成 1,2,3-三氯丙烷；

（3）由环己醇合成 2,3-二溴环己醇；

（5）以异丙醇为原料合成 2,3-二溴-1-丙醇；

解： 合成路线不唯一，以下只给出一种合成方法供参考。

（1）$CH_3CH{=}CH_2 \xrightarrow[500℃]{Cl_2} ClCH_2CH{=}CH_2 \xrightarrow[CCl_4]{Cl_2} ClCH_2\underset{\displaystyle Cl}{\underset{|}{C}H}CH_2Cl$

（3）环己醇（OH） $\xrightarrow[\triangle]{浓H_2SO_4}$ 环己烯 $\xrightarrow[h\nu]{NBS}$ 3-溴环己烯（Br） $\xrightarrow[H_2O]{NaOH}$ 环己-2-烯醇（OH） $\xrightarrow[CCl_4]{Br_2}$ 2,3-二溴环己醇（OH，Br，Br）

（5）$CH_3\underset{\displaystyle OH}{\underset{|}{C}H}CH_3 \xrightarrow[\triangle]{浓H_2SO_4} CH_3CH{=}CH_2 \xrightarrow[h\nu]{NBS} \overset{\displaystyle Br}{\overset{|}{C}H_2}CH{=}CH_2 \xrightarrow[H_2O]{NaOH} \overset{\displaystyle OH}{\overset{|}{C}H_2}CH{=}CH_2$

$\xrightarrow[CCl_4]{Br_2} \overset{\displaystyle OH}{\overset{|}{C}H_2}\underset{\displaystyle Br}{\underset{|}{C}H}-\overset{\displaystyle Br}{\overset{|}{C}H_2}$

11. 指出下列各反应中的错误，并说明为什么。

（1）对氯甲苯（CH_3，Cl） $\xrightarrow[h\nu]{NBS}$ （CH_2Br，Cl） $\xrightarrow[乙醚]{Mg}$ （CH_2Br，MgCl） $\xrightarrow{H_2O/^-OH}$ （CH_2OH，MgCl）

（2）环己烯基$-CH_2CH{=}CH_2 \xrightarrow[ROOR]{HBr}$ 环己烯基$-CH_2\underset{\displaystyle Br}{\underset{|}{C}H}CH_3 \xrightarrow[乙醇]{KOH}$ 环己烯基$-CH_2CH{=}CH_2$

（3）$\underset{H_3C}{\overset{H_3C}{}}\!\!>C{=}CH_2 \xrightarrow[ROOR]{HCl} (CH_3)_3CCl \xrightarrow{C_2H_5ONa} (CH_3)_3COC_2H_5$

解：（1）第二步的错误：Mg 与苄基溴反应，正确的反应应为：

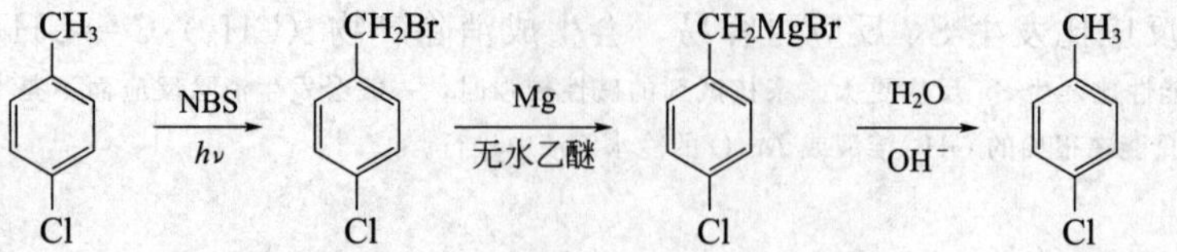

CH_3 / Cl $\xrightarrow[h\nu]{NBS}$ CH_2Br / Cl $\xrightarrow[\text{无水乙醚}]{Mg}$ CH_2MgBr / Cl $\xrightarrow[OH^-]{H_2O}$ CH_3 / Cl

（2） $CH_2CH{=}CH_2$ $\xrightarrow[ROOR]{HBr}$ Br, $CH_2CH{=}CH_2$ $\xrightarrow[\text{乙醇}]{KOH}$ $CH_2CH{=}CH_2$

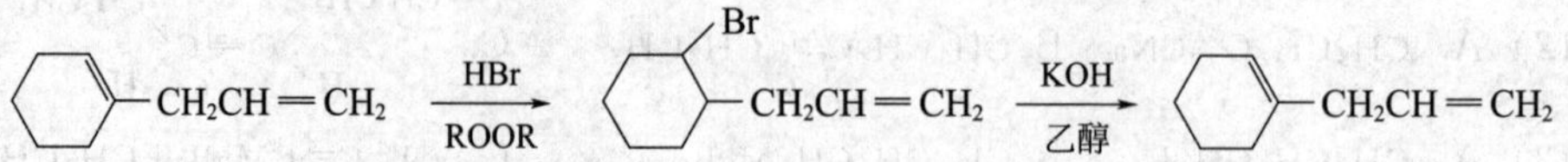

（3）第一步 HCl 没有过氧化物效应，第二步叔氯代烃在强碱条件下以消除反应为主，产物为烯烃。

21.5 思考题

21-1 比较 S_N 反应的活性

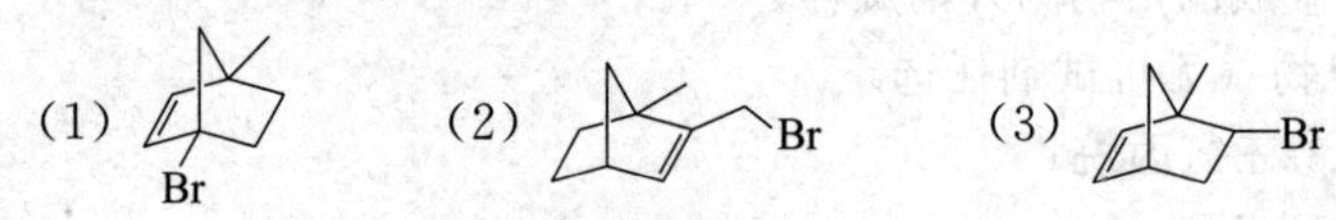

21-2 比较与 NaI/丙酮反应的速率

（1） 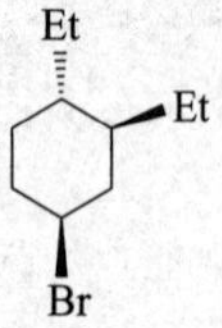 Et, Et, Br （2） 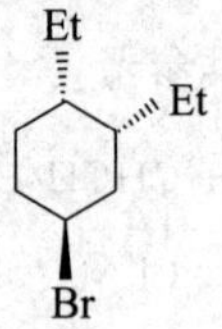 Et, Et, Br （3） 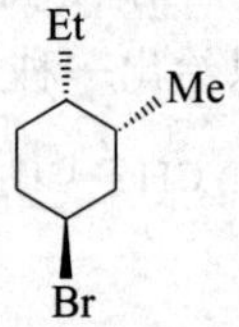 Et, Me, Br

21-3 解释以下反应现象

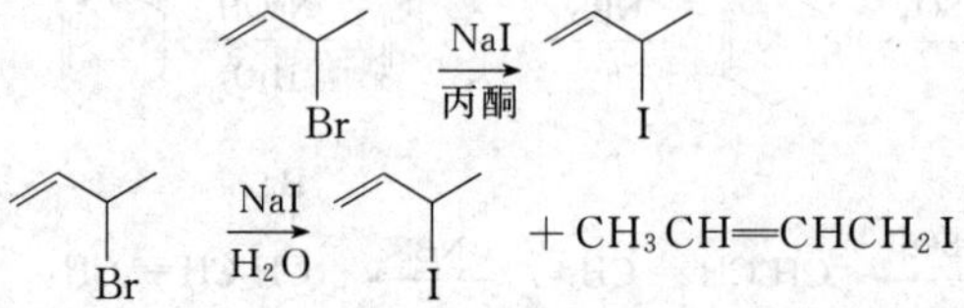

Br $\xrightarrow[\text{丙酮}]{NaI}$ I

Br $\xrightarrow[H_2O]{NaI}$ I $+ CH_3CH{=}CHCH_2I$

21-4 从以下方面比较 S_N1 和 S_N2 反应：（1）产物立体化学情况；（2）速率方程级数；（3）发生重排的可能性；（4）溶剂极性的影响；（5）亲核试剂浓度的影响；（6）RI、RBr、RCl 的活性；（7）$(CH_3)_3CX$、$(CH_3)_2CHX$、C_2H_5X、CH_3X 的活性。

21-5 推测 Cl 是否容易发生 S_N 反应并解释。

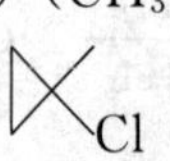

21-6 推测下列反应的可能产物

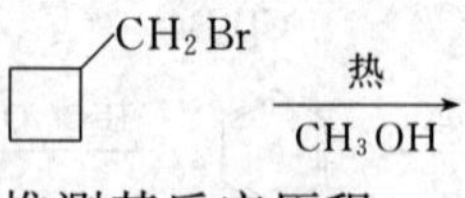

CH_2Br $\xrightarrow[CH_3OH]{\text{热}}$

21-7 写出下列反应的产物，并推测其反应历程

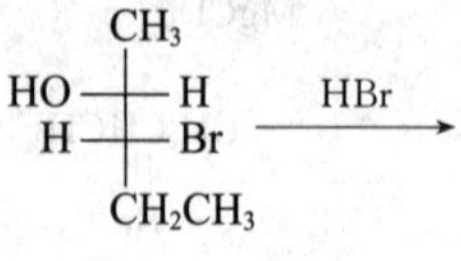

CH_3; HO—H; H—Br; CH_2CH_3 $\xrightarrow{HBr}$

21-8 多氯联苯（PCBs）为联苯上的氢被多个氯原子取代生成的产物，多氯联苯极难溶于水而易溶于脂肪和有机溶剂，因而能在生物体脂肪中大量富集，造成脑部、皮肤及内脏

的疾病，并影响神经、生殖及免疫系统。多氯联苯化学性质非常稳定，反应活性低，在环境中难分解，属于持久性有机污染物的一类。结合所学化学知识简要说明其原因？阐述多氯联苯的结构特点及反应活性，查阅资料，如何处理多氯联苯废物？

自我检测题

21-1 命名下列各化合物

（1）$(CH_3)_2C(CH_2CH_2CH_3)C(CH_3)_2CH_2Br$ （2）$CH_3C\equiv CCH(CH_3)CH_2Cl$

（3）Cl, Et（苯环） （4）Cl, Cl, Et（环己烷） （5）I, H, H, CH_3（环戊烷）

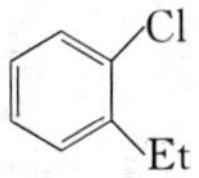

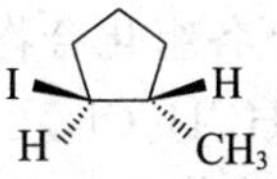

21-2 选择题

（1）下列化合物做为离去基团离去能力最强的是（　　）。

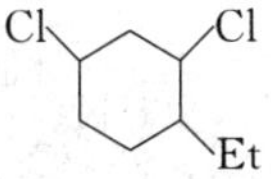

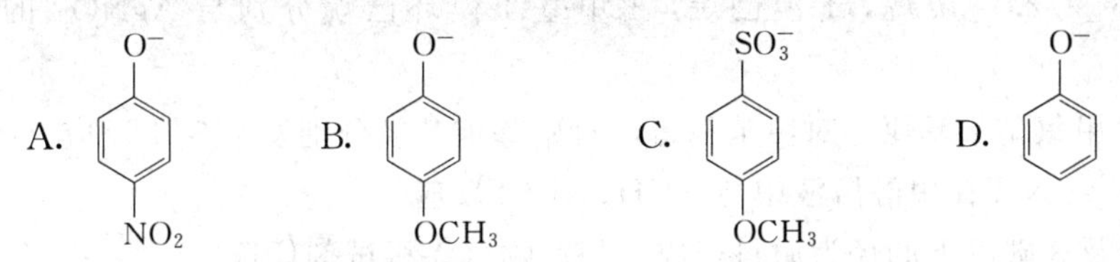

（2）下列化合物能制备格氏试剂的是（　　）。

A. 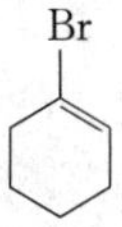 Br（环己烯） B. 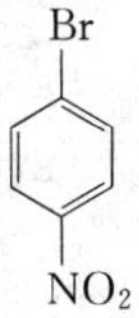 Br, NO_2 C. 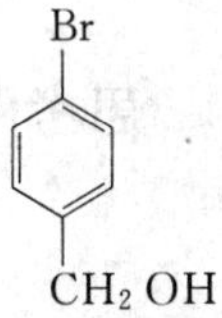 Br, CH_2OH D. 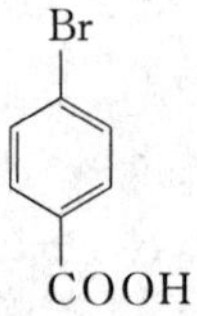 Br, COOH

（3）在 S_N2 反应中，与 NaCN 反应速率最快的卤代烃是（　　）。

A. $CH_2=CHCH_2CH_2Br$ B. $CH_3CH(Br)CH=CH_2$ C. $CH_3CH(CH_3)CH_2Br$ D. $CH_3CH_2CH=CH_2Br$

（4）下列溶剂最有利于 S_N2 反应的是（　　）。

A. CH_3COOH B. H_2O C. CH_3CH_2OH D. DMSO

（5）下列氯代烃发生消除反应生成烯烃速率最快的是（　　）。

A. $H_3C-C(CH_3)(Cl)-CH_2CH_3$ B. $H_3C-CH(Cl)-CH_2Ph$ C. $H_3C-CH(Cl)-CH_2CH_3$ D. $H_3C-C(CH_3)(Cl)-CH_2Ph$

21-3 写出下列反应的主要产物（立体化学产物须标明构型）

（1）(R)-$ClCH_2CH_2CHDI + NaCN \xrightarrow{醇}$

（2）*meso*-$C_2H_5CHClCHClC_2H_5 + Zn \xrightarrow{丙酮}$

（3）CH_3, $CH(CH_3)_2$, Cl（环己烷） $\xrightarrow[\triangle]{RONa/ROH}$

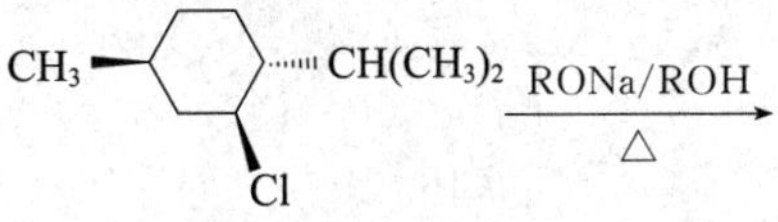

（4）CH_3, $(CH_3)_2CH$, Br, CH_3（椅式环己烷） $\xrightarrow[(CH_3)_3COH]{(CH_3)_3COK}$（所有的消去产物）

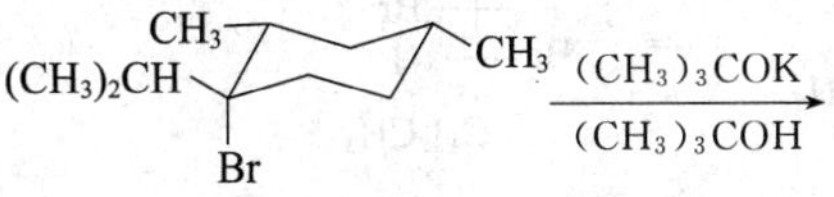

(5) 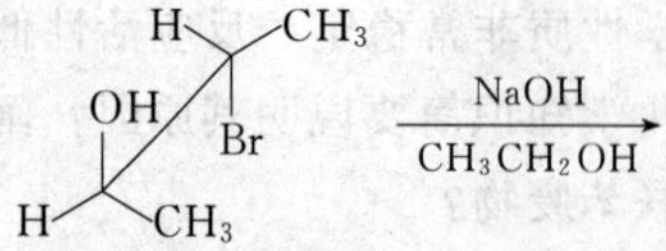 H, CH_3, OH, Br, H, CH_3 $\xrightarrow[CH_3CH_2OH]{NaOH}$

(6) 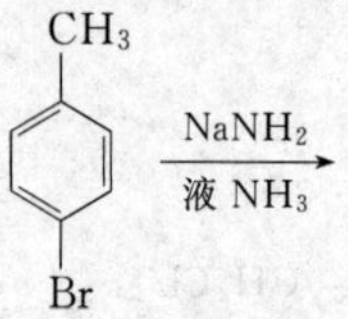 CH_3, Br $\xrightarrow[液\ NH_3]{NaNH_2}$

21-4 用化学方法鉴别以下各组化合物

(1) CH_3CH_2I，$CH_2=CHCH_2Cl$，$C_2H_5CH_2Br$，$(CH_3)_3CBr$

(2) $PhCH=CHBr$，邻二溴苯，$BrCH_2(CH_2)_3CH_2Br$

21-5 比较在已知条件下，哪一个反应更容易发生。

(1) 1-溴二环[2.2.1]庚烷，1-溴己烷，1-甲基-1-溴环己烷分别与 $AgNO_3$ 的水溶液反应。

(2) 苄氯，对甲氧基苄基氯，对甲苄基氯，对硝基苄基氯分别发生 S_N1 反应。

(3) $NaOCH_3$ 或 NaI 在甲醇溶液中与 $(CH_3)_3CCl$ 反应。

21-6 用 3 碳及 3 碳以下的烃为原料合成下列产物（无机试剂任选）。

(1) 2,3-二氯丙醇；(2) 1,1,2-三溴乙烷；(3) 1,2,3,4-四氯丁烷。

思考题参考答案

21-1 (2)＞(3)＞(1)

21-2 (1)＞(3)＞(2)

21-3 前一个反应是 S_N2 反应，后一个反应是 S_N1 反应。

21-4 (1) S_N1：外消旋产物；S_N2：Walden 转化。(2) S_N1：一级；S_N2：二级。(3) S_N1：有可能；S_N2：不重排。(4) S_N1：有利；S_N2：不利。(5) S_N1：影响小；S_N2：影响大。(6) RI＞RBr＞RCl。(7) S_N1：$(CH_3)_3CX>(CH_3)_2CHX>C_2H_5X>CH_3X$；$S_N2$：$(CH_3)_3CX<(CH_3)_2CHX<C_2H_5X<CH_3X$。

21-5 难发生 S_N2，可以发生 S_N1 反应。

21-6 + CH_3 OCH_3 + + OCH_3

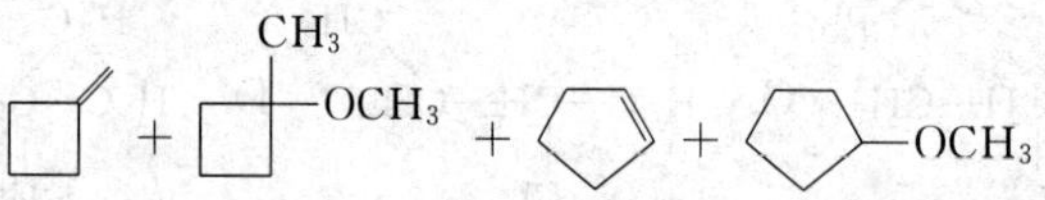

21-7 解：产物为（±）2,3-二溴戊烷，其反应机理如下：

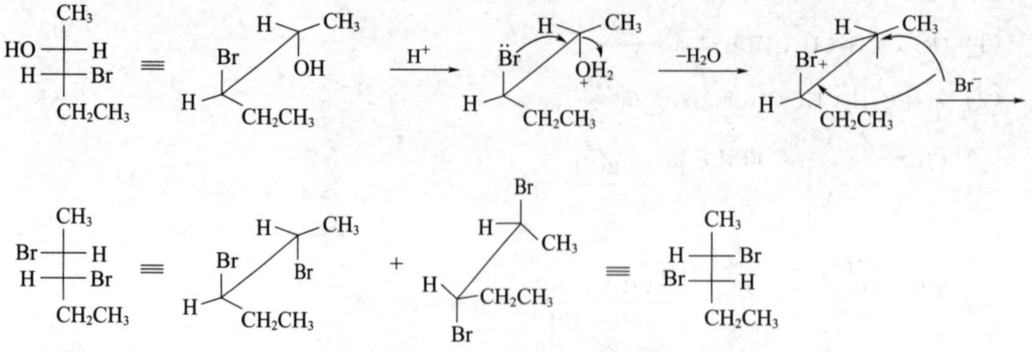

CH_3, HO, H, H, Br, CH_2CH_3 ≡ H, CH_3, Br, OH, H, CH_2CH_3 $\xrightarrow{H^+}$ H, CH_3, Br, OH_2^+, H, CH_2CH_3 $\xrightarrow{-H_2O}$ H, CH_3, Br^+, H, CH_2CH_3 $\xrightarrow{Br^-}$

CH_3, Br, H, H, Br, CH_2CH_3 ≡ H, CH_3, Br, Br, H, CH_2CH_3 + Br, H, CH_3, H, CH_2CH_3, Br ≡ CH_3, H, Br, Br, H, CH_2CH_3

21-8 答题思路：多氯联苯（PCBs）指联苯上的氢被多个氯原子取代（不论其取代位置，大于或等于 3 个氯原子）的产物，属于氯苯型（卤代苯）卤代烃。PCBs 中氯原子与苯环具有+C 效应，碳氯键难断裂，所以，PCBs 的物理化学性质极为稳定，耐酸碱和抗氧化，对金属无腐蚀性，具有良好的电绝缘性和很好的耐热性（完全分解需 1000℃至 1400℃），多用于电力设备，如含有多氯联苯的电容器、变压器等。多氯联苯具有难降解性、生物毒性（致癌性、生殖毒性、神经毒性、干扰内分泌系统）、生物蓄积性、远距离迁移性，因此属于典型的持久性有机污染物。据估计，全世界已生产的和应用中的 PCBs 超过 100 万吨，其中已有约 30%进入环境，对水体和大气可造成污染。因多氯联苯化学性质非常稳定，很难在自然界分解，目前处理多氯联苯的方法有掩埋法、微生物降解法、焚烧法等。

自我检测题参考答案

21-1 （1）2,2,3,3-四甲基-1-溴己烷（2）4-甲基-5-氯-2-戊炔（3）邻氯乙苯

（4）1-乙基-2,4-二氯环己烷（5）(1*S*,2*S*)-1-甲基-2-碘环戊烷

21-2 （1）C （2）B （3）B （4）D （5）D

21-3 （1）(*S*)-$ClCH_2CH_2CHDCN$ （2）

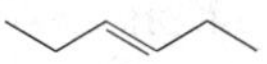

（3）CH_3—⟨环己烯⟩—$CH(CH_3)_2$ （4） 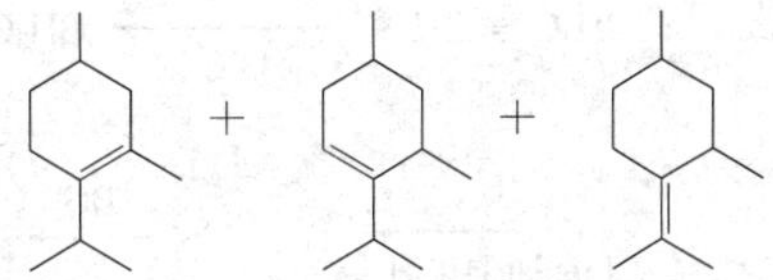 + +

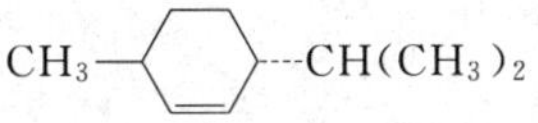

（5） 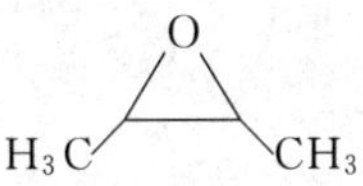 O H_3C CH_3 （6） CH_3 NH_2 + CH_3 NH_2

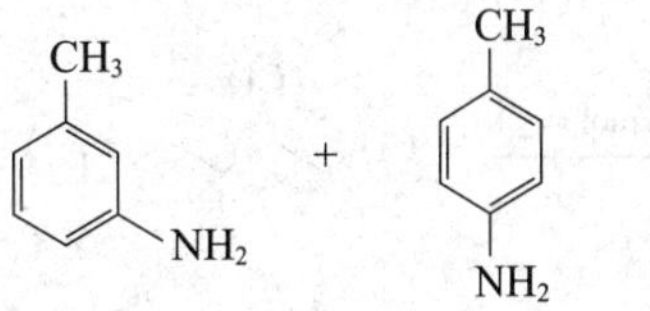

21-4 （1）$AgNO_3/ROH$；NaI/丙酮；Br_2/CCl_4 （2）用 $AgNO_3/ROH$ 溶液

21-5 （1）1-甲基-1-溴环己烷更容易

（2）对甲氧基苄基氯＞对甲苄基氯＞苄氯＞对硝基苄基氯

（3）$NaOCH_3$＞NaI

21-6

（1）法一： $\xrightarrow[h\nu]{Cl_2}$ Cl $\xrightarrow{HOCl}$ HO Cl Cl

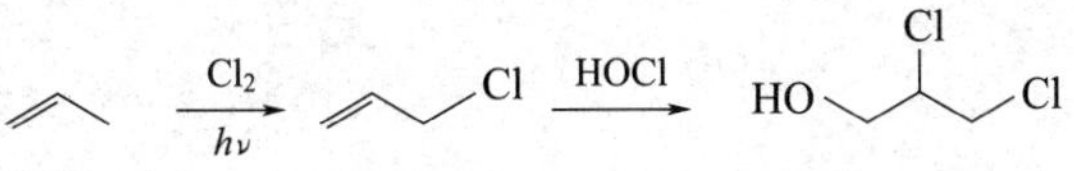

法二： Cl $\xrightarrow[H_2O]{NaOH}$ OH $\xrightarrow{Cl_2}$ HO Cl Cl

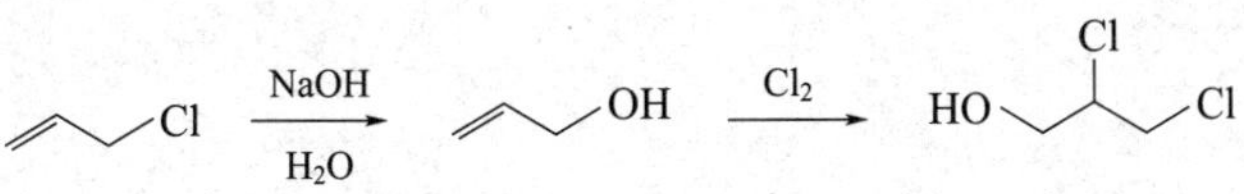

法三：$HC\equiv CH$ $\xrightarrow[\text{液}NH_3]{NaNH_2}$ $HC\equiv CNa$ $\xrightarrow[\text{液}NH_3]{CH_3I}$ $HC\equiv CCH_3$ $\xrightarrow[\text{Lindlar催化剂}]{H_2}$ $H_2C=CHCH_3$

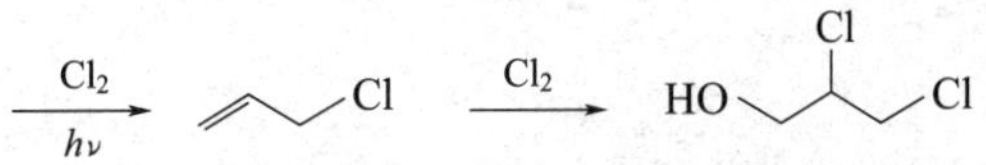

$\xrightarrow[h\nu]{Cl_2}$ Cl $\xrightarrow{Cl_2}$ HO Cl Cl

（2）法一：$HC \equiv CH \xrightarrow[HgBr_2]{1mol\ HBr} H_2C=CHBr \xrightarrow{Br_2} CH_2BrCHBr_2$

法二：$H_2C=CH_2 \xrightarrow{Br_2} BrCH_2CH_2Br \xrightarrow[EtOH]{NaOEt} H_2C=CHBr \xrightarrow{Br_2} CH_2BrCHBr_2$

法三：$H_2C=CH_2 \xrightarrow{Br_2} BrCH_2CH_2Br \xrightarrow[液\ NH_3]{NaNH_2} HC \equiv CH \xrightarrow[HgBr_2]{1mol\ HBr}$

$H_2C=CHBr \xrightarrow{Br_2} CH_2BrCHBr_2$

（3）法一：$2HC \equiv CH \xrightarrow[NH_4Cl]{Cu_2Cl_2} HC \equiv CCH=CH_2 \xrightarrow[Lindlar催化剂]{H_2} CH_2=CHCH=CH_2 \xrightarrow{2mol\ Cl_2} ClCH_2CHClCHClCH_2Cl$

法二：$HC \equiv CH \xrightarrow[-33℃]{NaNH_2/液NH_3} NaC \equiv CNa \xrightarrow[液NH_3]{CH_3I} CH_3C \equiv CCH_3 \xrightarrow[Lindlar催化剂]{H_2} CH_3CH=CHCH_3$

$\xrightarrow{Br_2} CH_3CHBrCHBrCH_3 \xrightarrow[EtOH]{NaOEt} CH_2=CHCH=CH_2 \xrightarrow{2mol\ Cl_2} ClCH_2CHClCHClCH_2Cl$

法三：$CH_3C \equiv CH \xrightarrow[-33℃]{NaNH_2/液NH_3} CH_3C \equiv CNa \xrightarrow[液NH_3]{CH_3I} CH_3C \equiv CCH_3$

$\xrightarrow[Lindlar催化剂]{H_2} CH_3CH=CHCH_3 \xrightarrow{Br_2} CH_3CHBrCHBrCH_3 \xrightarrow[EtOH]{NaOEt} CH_2=CHCH=CH_2$

$\xrightarrow{2mol\ Cl_2} ClCH_2CHClCHClCH_2Cl$

法四：$CH_2=CHCH_2Br \xrightarrow[干醚]{CH_3MgBr} CH_2=CHCH_2CH_3 \xrightarrow{HBr} CH_3CHBrCH_2CH_3 \xrightarrow[EtOH]{NaOEt} CH_3CH=CHCH_3$

$\xrightarrow{Br_2} CH_3CHBrCHBrCH_3 \xrightarrow[EtOH]{NaOEt} CH_2=CHCH=CH_2 \xrightarrow{2mol\ Cl_2} ClCH_2CHClCHClCH_2Cl$

第22章 醇、酚、醚

22.1 基本要求

了解醇、酚、醚的分类、结构与命名；学会用醇、酚、醚的结构特征解释它们的物理性质和化学性质。

在讨论醇的化学性质时以醇的亲核取代反应和消去反应为重点。掌握醇的亲核取代反应特点及其反应历程、消去反应及其反应历程并与卤代烃比较有什么共性和差别。

从酚的结构入手，正确掌握酚的弱酸性及酚环上的取代基对酚的酸性的影响；酚羟基与醇羟基相比在结构和性质上有什么特点；掌握酚的芳环上的亲电取代反应的特点；掌握酚酯及苯基烯丙基醚重排反应的特点。

掌握醚键的稳定性及其断裂条件以及醚键断裂而发生的亲核取代反应和消去反应。了解环醚的开环反应。

重点：醇分子间氢键对醇的物理性质的影响；醇的亲核取代反应制备卤代烃以及卢卡斯试剂鉴别伯醇、仲醇、叔醇；高碘酸与邻二醇反应鉴别邻二醇；伯醇在沙瑞特试剂作用下的选择性氧化；频哪醇重排；醇的分子内脱水成烯；酚环上的取代基对酚的酸性的影响；酚的几种鉴定方法，尤其酚与溴水反应用以定性、定量鉴定酚；Fries 重排及 Claisen 重排；醚键断裂而发生的亲核取代反应及其在保护酚羟基上的应用。

难点：醇的亲核取代反应历程、消去反应历程；频哪醇重排、Fries 重排及 Claisen 重排的机理；不对称环醚的开环反应。

22.2 内容概要

22.2.1 醇

(1) 醇的结构特征 醇的官能团是羟基（—OH），氧以 sp^3 不等性杂化存在。4 个杂化轨道中的 2 个分别与 C、H 原子形成 2 个 σ 键，其余 2 个杂化轨道分别被 2 对未共用电子对占据，导致醇具有弱碱性和亲核性。由于 C、O、H 原子电负性不同，官能团 $\overset{\delta+}{C}—\overset{\delta-}{O}—\overset{\delta+}{H}$ 有着极强的极性，氧原子的吸电子诱导效应（−I）使羟基的氢具有酸性，且使 α-C 带部分正电荷（$\overset{\delta+}{C}—\overset{\delta-}{O}H$），可进行亲核取代反应。$\alpha$-C—H 键也有活泼性，伯醇、仲醇可发生氧化反应。

(2) 醇的物理性质 醇分子中含有羟基（—OH），使醇分子之间、醇和水分子之间可形成氢键，导致低级醇的沸点比相对分子质量相近的烷烃、卤代烃要高得多，且与水有良好的互溶性。

(3) 醇的化学性质具体如下：

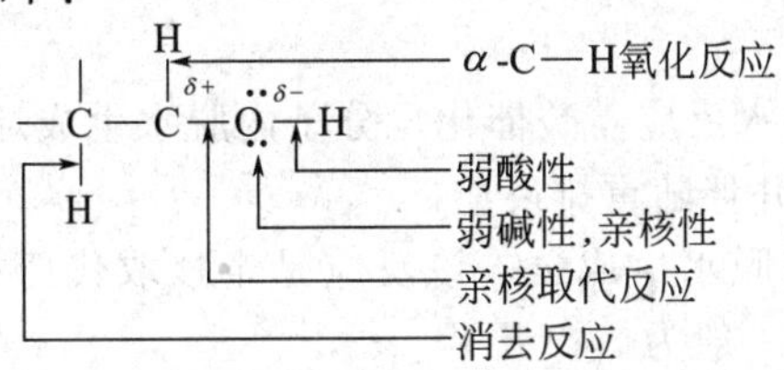

① 弱酸性和弱碱性

a. 弱酸性　醇与 K、Al、Mg 等活泼金属反应可放出氢气。不同醇酸性大小顺序为：$CH_3OH>1°ROH>2°ROH>3°ROH$。

b. 弱碱性　不能使用 $MgCl_2$、$CaCl_2$ 作为醇的干燥剂，低级醇可与 $MgCl_2$、$CaCl_2$ 等形成络合物。醇可溶于浓酸生成𨦡盐。

② 酯化反应　醇与羧酸反应可成酯。与冷的浓 H_2SO_4 反应可生成硫酸酯，甲基硫酸酯及乙基硫酸酯都是重要的烷基化试剂，可把有机分子中的羟基转变为甲氧基或乙氧基。

③ 醇羟基的取代反应

$$R-OH \begin{cases} \xrightarrow{HX} RX（一般多为S_N1历程，有重排产物生成）\\ \xrightarrow{PBr_3(PBr_5)} RBr（无重排产物生成）\\ \xrightarrow{SOCl_2} RCl（无重排产物生成）\end{cases}$$

a. 与 HX 的亲核取代反应历程　醇羟基是不易离去的基团，需在酸性条件下，转变为离去倾向较大的 H_2O，因此醇的亲核取代和消除均须在酸性条件下进行，这是与卤代烃的亲核取代反应和消除反应的不同之处。

伯醇主要按 S_N2 历程进行，在 H_2SO_4、H_3PO_4 或 $ZnCl_2$ 作用下，羟基被转变成离去倾向较大的 H_2O 或 $[Zn(OH)Cl_2^-]$，反应得以进行。

$$RCH_2OH + ZnCl_2 \rightleftharpoons RCH_2\overset{H}{O}:ZnCl_2 \xrightarrow{Cl^-} RCH_2Cl + Zn(OH)Cl_2^-$$

$$RCH_2OH + H^+ \rightleftharpoons RCH_2\overset{+}{O}H_2 \xrightarrow{Br^-} RCH_2Br + H_2O$$

仲醇，叔醇、苄醇及烯丙醇等按 S_N1 进行，经过碳正离子中间体，可能伴随重排反应。

$$(CH_3)_3C-CH(CH_3)-OH \underset{}{\overset{H^+}{\rightleftharpoons}} (CH_3)_3C-CH(CH_3)-\overset{+}{O}H_2 \underset{}{\overset{-H_2O}{\rightleftharpoons}} (CH_3)_3C-\overset{+}{C}H(CH_3)$$

仲碳正离子

$$\longrightarrow CH_3-\overset{+}{C}(CH_3)-CH(CH_3)_2 \xrightarrow{Br^-} CH_3-CBr(CH_3)-CH(CH_3)_2$$

更稳定的叔碳正离子　　　　重排产物

伯、仲、叔醇与 HX 的亲核取代反应活性不同。

b. 各级醇的鉴定　卢卡斯（Lucas）试剂（浓 HCl＋无水 $ZnCl_2$）与各级醇作用，可用于鉴别 6 个碳以下的各级醇。大于 6 个碳的醇不溶于 Lucas 试剂。

各级醇与 Lucas 试剂作用的反应历程为 S_N1，活性顺序为：

烯丙型醇、苄基型醇≈叔醇＞仲醇＞伯醇

④ 醇的脱水反应

a. 分子内脱水　醇的脱水反应需酸催化，分子内脱水生成烯烃，多为 E1 历程，消去方向符合札伊采夫消去规则，并伴随重排反应。

b. 分子间脱水　分子间脱水生成醚，该反应是亲核取代历程，叔醇、仲醇、烯丙醇及苄醇一般为 S_N1 历程，伯醇一般为 S_N2 历程。

⑤ 醇的氧化和脱氢反应　伯醇在氧化剂 $KMnO_4$、HNO_3、$K_2Cr_2O_7/H_2SO_4$ 或 CrO_3/H_2SO_4 等作用下，生成酸。若欲使伯醇的氧化停留在生成醛这一步，可使用选择性氧化剂沙瑞特（Sarrett）试剂（也称 PCC）。仲醇氧化生成酮，叔醇一般不被氧化。

邻二醇的定性定量鉴定：邻二醇被高碘酸（HIO_4）氧化，生成两分子羰基化合物，在反应混合物中加入 $AgNO_3$ 溶液，有白色 $AgIO_3$ 沉淀生成，用此反应可定性检验邻二醇；反应是定量进行的，根据 HIO_4 的消耗量可推测分子中有多少个邻二醇结构。1°OH 生成 $H_2C{=}O$，2°OH 生成 RCHO，3°OH 生成酮 $R_2C{=}O$。

$$-\overset{|}{\underset{OH}{C}}-\overset{|}{\underset{OH}{C}}- \xrightarrow{HIO_4} [-\overset{|}{\underset{OH}{C}}-OH] + [HO-\overset{|}{\underset{OH}{C}}-] \xrightarrow{-H_2O} -\underset{O}{\overset{\|}{C}}- \quad -\underset{O}{\overset{\|}{C}}-$$

键断裂　被加上的

⑥ Pinacol（频哪醇）重排　Pinacol 醇（频哪醇、邻二叔醇）在酸作用下生成 Pinacolone 酮（频哪酮）。在反应中，羟基质子化脱水总是优先生成较稳定的碳正离子，而当碳正离子生成后，在不同烃基中，总是芳基（特别是连有供电基的芳基）优先迁移。只要在反应中形成带正电荷的碳原子的相邻碳上连有羟基的结构，都可发生这种类型的重排。

22.2.2　酚

(1) 酚的结构特征　醇和酚的分子中都含有羟基，性质上有很多相似之处。但醇羟基与饱和碳原子直接相连，而酚羟基与芳环直接相连，这种结构上的差异，使得分子内原子间的相互影响不同，以致两者在化学性质上有明显的不同。

酚羟基的氧原子上的未共用电子对与芳环有较强的 p-π 共轭作用，使 C—O 键大大增强，且极性减弱，从而 C—O 键很难断裂，所以酚羟基不如醇羟基易被取代；又由于 p-π 共轭作用及氧原子的吸电子诱导效应（−I）使 O—H 键极性增强易断裂，在水中发生一定离解生成酚氧负离子，后者由于电子的高度离域而得到稳定，因此酚比醇的酸性明显提高；酚羟基氧原子的供电子共轭效应（+C）使芳环高度活化，酚比苯更易发生芳环上的亲电取代反应。

(2) 酚的化学性质

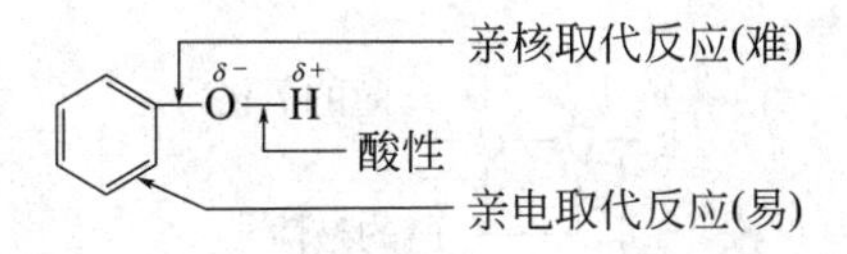

① 酚羟基的反应

a. 酸性　苯酚具有酸性，pK_a 值约为 10。它可与 NaOH 水溶液、Na_2CO_3 水溶液反应，但不能与 $NaHCO_3$ 水溶液反应，由此可区别苯酚与羧酸。将 CO_2 通入酚钠可游离出苯酚，从而实现苯酚的分离和提纯。

苯酚芳环上取代基的电子效应会影响酚的酸性。当苯环上连有吸电子基时（尤其是邻、对位），由于吸电子效应，氧原子上的电子云密度减小，O—H 键极性增强易断裂，且电离后生成的酚氧负离子的负电荷能得到好的分散，酸性增大；反之，当酚环上连有供电子基时（尤其是邻、对位），酚的酸性减小。

b. 与 $FeCl_3$ 的显色反应　多数酚可与 $FeCl_3$ 溶液反应生成不同颜色的络合物，可用于鉴别酚。

c. 成醚、成酯反应　因为酚的 C—O 键比较牢固，极难断裂，很难在酸催化下通过分子间脱水制备酚醚。一般是在碱性条件下，由酚钠与卤代烃等反应制备酚醚。由比羧酸活泼的羧酸衍生物酰卤或酸酐与酚盐反应制备酚酯。

② 酚环上的亲电取代反应　羟基活化了苯环，苯环上的亲电取代反应比苯容易。与溴反应生成三溴苯酚白色沉淀，可用于定性、定量鉴别苯酚。在非极性溶剂（CS_2、CCl_4 等）及低温下，可得到一溴产物。

③ 酚的氧化还原反应　略。

(3) 酚衍生物的重排

a. Fries（弗里斯）酚酯重排　酚酯与路易斯酸共热，可发生分子重排，生成邻位、对位羟基酚酮两种异构体的混合物。该反应可逆，通常低温利于生成对位产物，高温利于生成邻位产物。当酚的芳环上带有强吸电子基团时，不会发生重排。

b. Claisen（克莱森）重排　苯基烯丙基醚在高温下发生重排，烯丙基从氧原子迁移到苯环邻位碳原子上，邻位有取代基时则进入对位。

22.2.3 醚

(1) 醚的结构　脂肪醚（$R—\ddot{\underset{..}{O}}—R'$）中烃基的供电子诱导效应（+I）使醚键氧原子的电子云密度增大，呈现出 Lewis 碱的性质，易被质子化生成鉾盐；由于醚中存在极性键 $\overset{\delta+}{C}—\overset{\delta-}{O}$，在强烈条件下，碳原子受到亲核试剂进攻可发生亲核取代反应使醚键断裂；α-H 受氧的影响具有一定活性。脂肪族醚具有与烷烃类似的结构，具有特殊的化学稳定性，一般情况下不与氧化剂、还原剂作用，在碱中也很稳定。

芳醚（$Ar—\ddot{\underset{..}{O}}—R$）中氧原子 p 轨道的孤电子对与芳环构成 p-π 共轭体系，使氧原子的电荷得到分散，氧原子的 Lewis 碱性下降，而芳环的电子云密度增加；且由于 p-π 共轭效应，使 Ar—O 醚键稳定性增加而不易断裂，在强烈条件下，碳原子受到亲核试剂进攻一般是烃基 R—O 醚键断裂。

环氧乙烷由于氧的强吸电子诱导效应（−I）及三元环存在很大的环张力，导致醚键极不稳定性，易发生开环反应。

(2) 醚的化学性质

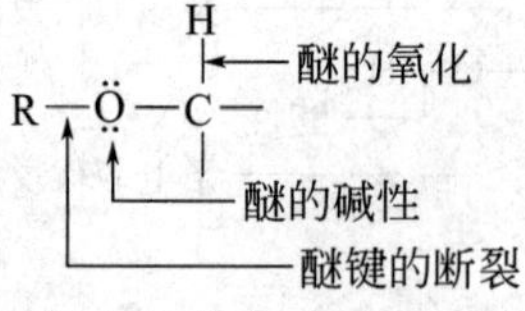

① 醚的弱碱性　醚可溶于浓硫酸。由此性质可区别醚与烷烃、卤代烃，且可分离、提纯醚。

② 醚键的断裂　如下：

$$R—O—R' \xrightarrow{H^+} R—\overset{+}{\underset{H}{O}}—R' \xrightarrow{I^-} RI + R'OH$$

当 R 及 R′为伯或仲烷基时，常为 S_N2 历程，卤负离子进攻位阻小的烷基并与其生成卤代烃；R 或 R′为叔烷基、烯丙基及苄基时，常为 S_N1 历程，生成的叔烃基碳正离子、烯丙基碳正离子或苄基碳正离子与卤负离子结合得到卤代烃。

芳醚的 Ar—O 键由于 p-π 共轭的存在使稳定性增加而不易断裂。

$$Ar—OR + HI \xrightarrow{\triangle} ArOH + RI$$

③ 氧化反应　醚在空气中可自动氧化成过氧化物。在蒸馏醚类时，应预先检验是否含有机过氧化物，可使用酸性碘化钾淀粉试纸，若存在过氧化物，可加入 5%$FeSO_4$ 溶液除去。

④ 不对称的环氧乙烷的开环反应　环氧化合物无论是酸性开环还是碱性开环，都属于 S_N2 类型的反应（酸性开环具有一定程度的 S_N1 性质）。碱性开环反应中亲核试剂总是优先进攻空间位阻较小的、连烷基较少的环氧碳原子；酸性开环反应中亲核试剂优先进攻能生成更稳定碳正离子（通常连有较多烷基）的环碳原子。

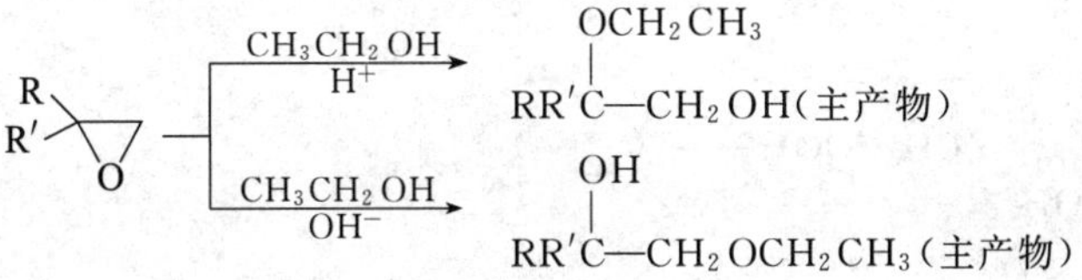

$$RR'C(O)CH_2 \xrightarrow[H^+]{CH_3CH_2OH} RR'C(OCH_2CH_3)—CH_2OH\text{（主产物）}$$

$$RR'C(O)CH_2 \xrightarrow[OH^-]{CH_3CH_2OH} RR'C(OH)—CH_2OCH_2CH_3\text{（主产物）}$$

22.3　同步例题

例 1. 命名下列化合物。

（1）$CH_3CH_2CH(CH_2OH)CH(CH_2CH_3)CH_2CH_2CH_3$

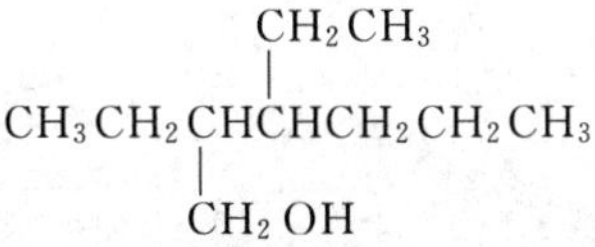

（2）$H_3C(H)C=C(H)CH(CH_3)OH$（反式）

（3）$CH_3CH_2CH(CH_3)CH(OCH_3)CH(OH)CH_3$

（4）环己烯环：Cl、CH_3、OH 取代

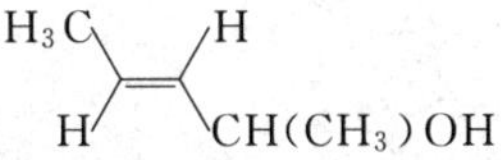

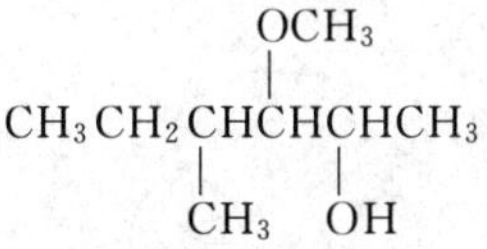

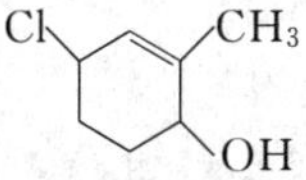

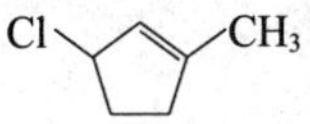

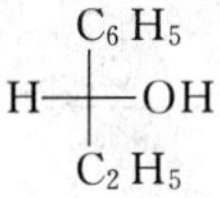

（5）环戊烯环：Cl、CH_3 取代

（6）Fischer 投影式：上 C_6H_5，左 H，右 OH，下 C_2H_5

（7）$H(H_3C)C=C(H)CH(CH_2OH)CH_2CH_2CH_2CH_3$

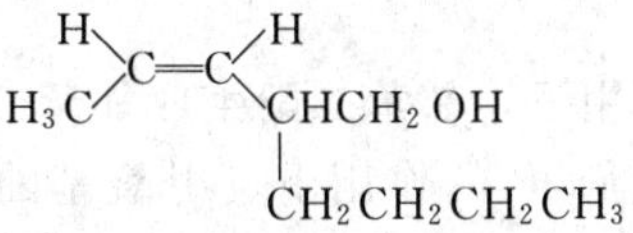

解题思路：比较官能团的优先次序，选定最优官能团作为母体官能团。

解：

（1）2,3-二乙基-1-己醇，母体官能团为羟基（—OH）。

（2）(*E*)-3-戊烯-2-醇或（反)-3-戊烯-2-醇，母体官能团为羟基（—OH）。

（3）4-甲基-3-甲氧基-2-己醇，烷氧基（—OR）一般只作为取代基。

（4）2-甲基-4-氯-2-环己烯醇，母体官能团为羟基（—OH），羟基所连的碳编号最小。

（5）1-甲基-3-氯环戊烯，环烯烃总是把双键碳编为 1 号和 2 号。

（6）(*R*)-1-苯基-1-丙醇。

（7）(*Z*)-2-丁基-3-戊烯-1-醇。

例 2. 写出下列反应的主要产物。

（1）Fischer 投影式：上 C_2H_5，左 H，右 OH，下 CH_3 $\xrightarrow[\text{丙酮}]{PBr_3}$（　　）

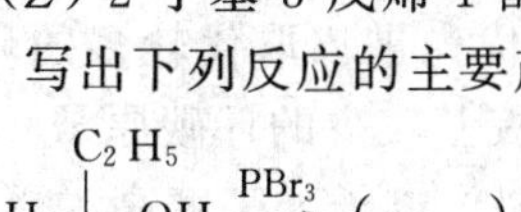

(2) 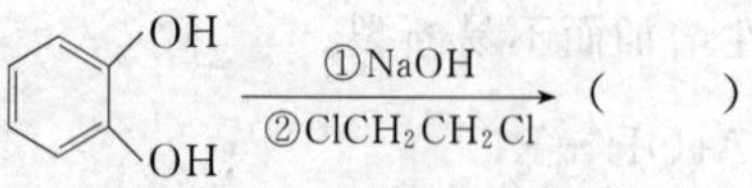 [邻苯二酚] $\xrightarrow[\text{②}ClCH_2CH_2Cl]{\text{①}NaOH}$ (　　)

(3) 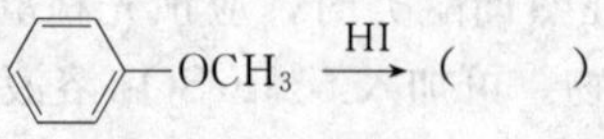 $C_6H_5-OCH_3 \xrightarrow{HI}$ (　　)

(4) 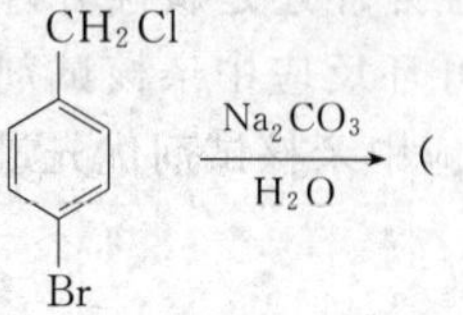 [对溴苄氯，CH_2Cl，Br] $\xrightarrow[H_2O]{Na_2CO_3}$ (　　)

(5) [邻羟基苄醇，OH，CH_2OH] $+CH_3COOH \longrightarrow$ (　　)

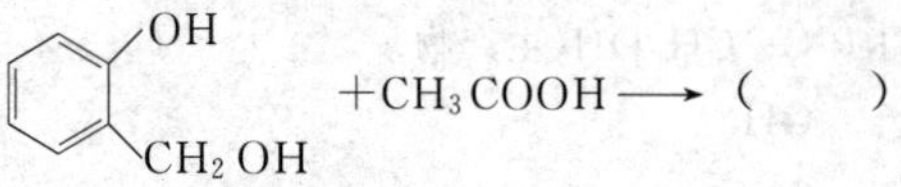

(6) 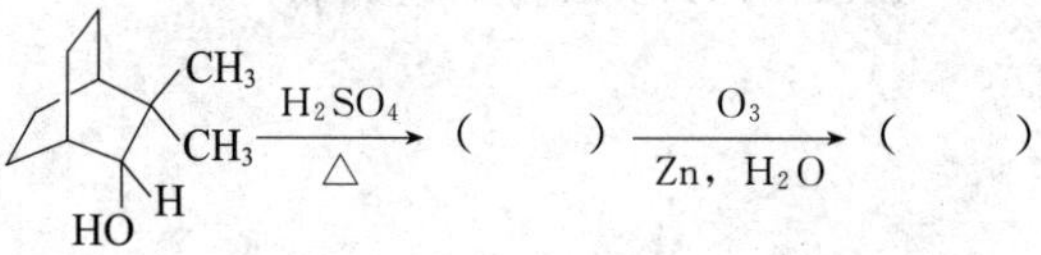 [CH_3，CH_3，HO，H] $\xrightarrow[\triangle]{H_2SO_4}$ (　　) $\xrightarrow[Zn,\ H_2O]{O_3}$ (　　)

(7) 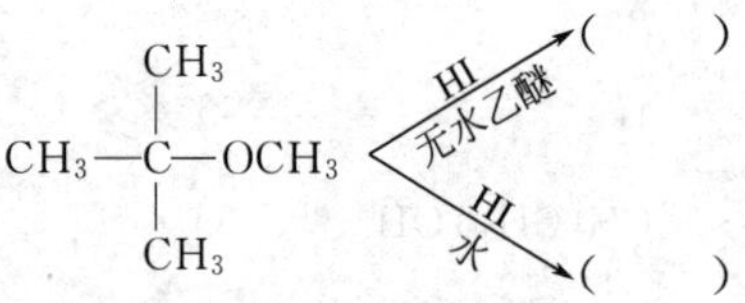 $CH_3-\underset{CH_3}{\overset{CH_3}{C}}-OCH_3$ $\xrightarrow[\text{无水乙醚}]{HI}$ (　　)；$\xrightarrow[\text{水}]{HI}$ (　　)

(8) 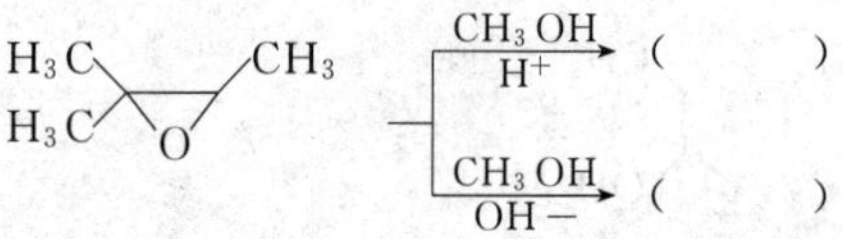 [H_3C，H_3C，CH_3，O 环氧化合物] $\xrightarrow[H^+]{CH_3OH}$ (　　)；$\xrightarrow[OH-]{CH_3OH}$ (　　)

(9) 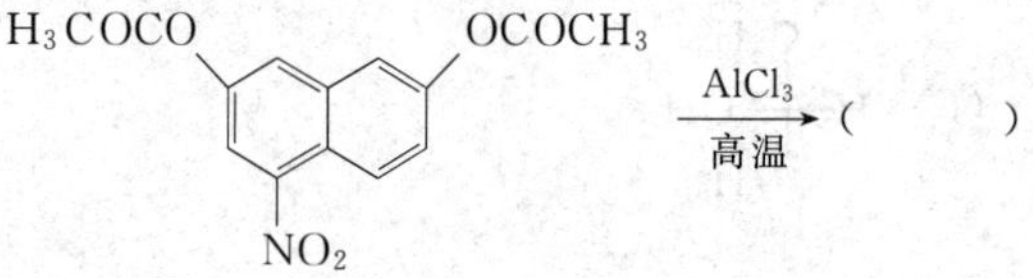 [H_3COCO，$OCOCH_3$，NO_2 萘] $\xrightarrow[\text{高温}]{AlCl_3}$ (　　)

解题思路：(1) 产物构型发生反转。(2) 在碱的作用下，邻苯二酚生成邻苯二酚钠，然后再与二卤代烷发生 Williamson 反应。(3) 在亲核试剂 I^- 的作用下，甲氧基的碳氧键断裂，苯基碳氧键因体系存在 p-π 共轭效应而加强不易断裂。(4) 在碱性条件下水解反应取代的是氯，而不是溴。这是因为苄基型氯比卤苯型溴活泼得多。(5) 苄基所连羟基活泼，易与酸发生酯化反应。(6) 第一个反应历程为 E1，中间体为仲碳正离子 [CH_3，CH_3，+]，邻碳上甲基迁移重排为更稳定的叔碳正离子 [+，CH_3，CH_3]，然后脱水成烯。(7) 在非极性溶剂无水乙醚作用下，反应历程为 S_N2，甲基碳氧键断裂；在极性水溶剂作用下，反应历程为 S_N1，叔丁基碳氧键断裂。(8) 环氧化合物的酸性开环反应中亲核试剂优先进攻取代较多的环碳原子；碱性开环反应中亲核试剂总是优先进攻空间位阻较小的、连烷基较少的环碳原子。(9) 高温下 Fries 重排主要生成邻位产物；萘环的 α-位电子云密度比 β-位电子云密度高，更易受正离子进攻；酚酯的芳环上带有强吸电子基团时，不会发生重排。

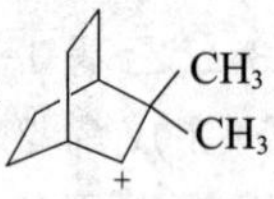

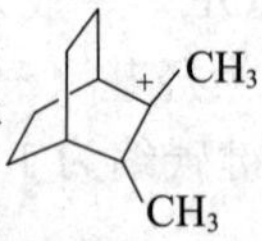

解：

（1）Br—C(—H)(C₂H₅)(CH₃)

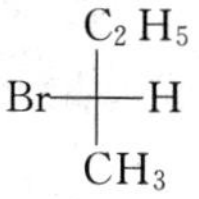

（2）

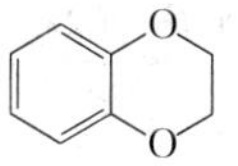

（3）CH_3I+ C₆H₅—OH

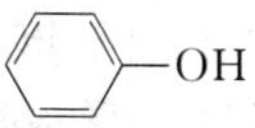

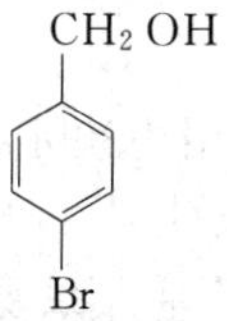

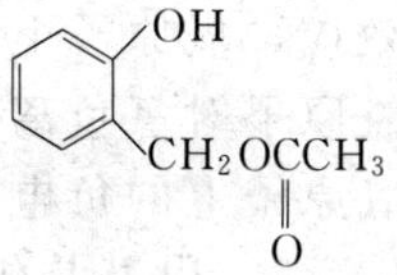

（4）CH_2OH / Br

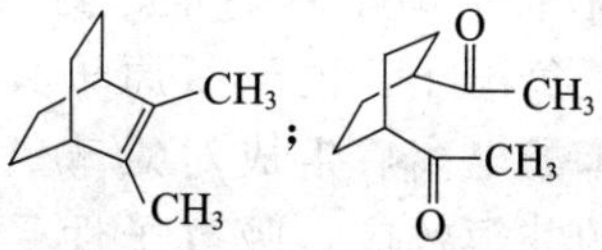

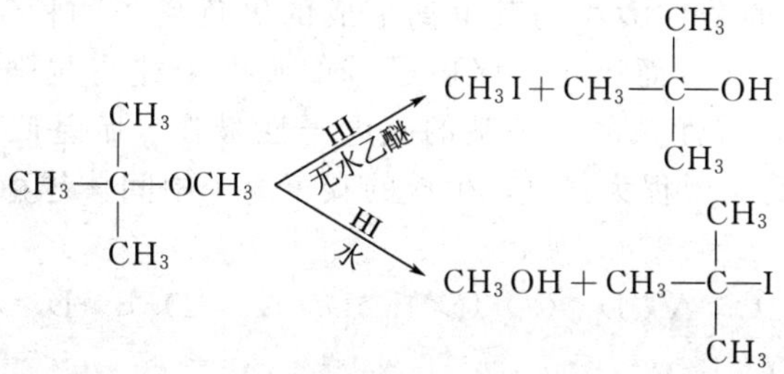

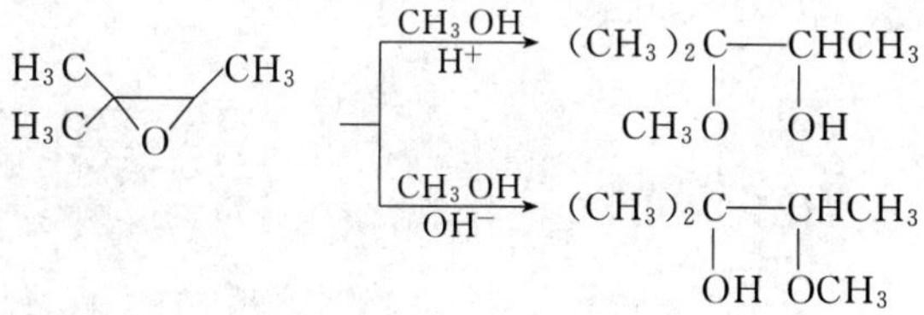

（5）OH / CH_2OCCH_3 / O

（6）CH_3 CH_3 ； CH_3 O CH_3 O

（7）$CH_3—C(CH_3)_2—OCH_3$ $\xrightarrow[\text{无水乙醚}]{HI}$ $CH_3I + CH_3—C(CH_3)_2—OH$

$CH_3—C(CH_3)_2—OCH_3$ $\xrightarrow[\text{水}]{HI}$ $CH_3OH + CH_3—C(CH_3)_2—I$

（8）H_3C H_3C CH_3 O $\xrightarrow[H^+]{CH_3OH}$ $(CH_3)_2C(OCH_3)—CH(OH)CH_3$

$\xrightarrow[OH^-]{CH_3OH}$ $(CH_3)_2C(OH)—CH(OCH_3)CH_3$

（9）H_3COCO $OCOCH_3$ NO_2 $\xrightarrow[\text{高温}]{AlCl_3}$ H_3COCO $COCH_3$ OH NO_2

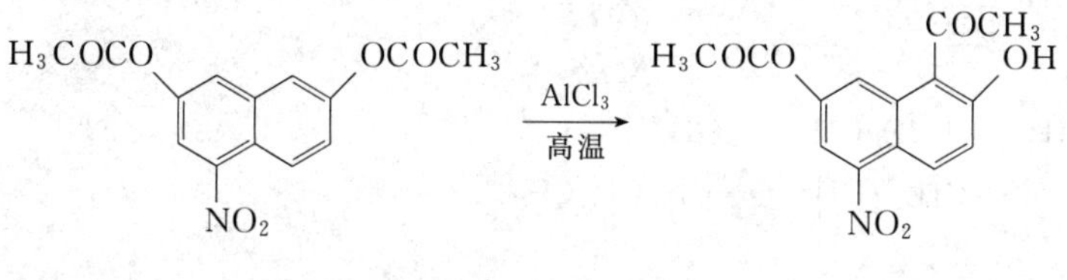

例 3. 按要求排列下列各组化合物。

（1）按沸点的高低排列下列化合物。

A. $CH_3CH_2CH_2Cl$　　B. $(C_2H_5)_2O$　　C. n-C_4H_9OH　　D. $CH_3CH_2CH_2CH_2CH_3$

（2）按酸性大小排列下列化合物。

A. 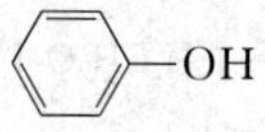 C₆H₅—OH　　B. 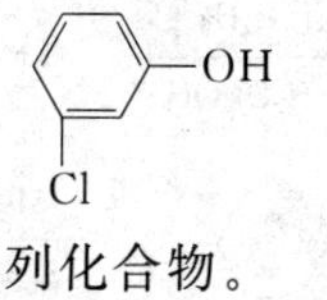 Cl-C₆H₄—OH（间位）　　C. 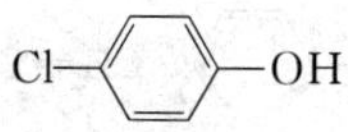 Cl—C₆H₄—OH　　D. 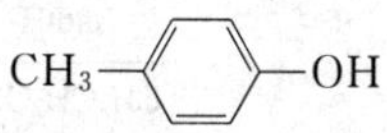 CH_3—C₆H₄—OH

（3）按酸性大小排列下列化合物。

A. CH_3CH_2OH　　B. $N\equiv CCH_2CH_2OH$

C. $NO_2CH_2CH_2OH$　　D. $CH_3OCH_2CH_2OH$

（4）按与 HBr 水溶液作用的相对速率排列下列化合物。

A. $CH_3CH_2C(OH)(CH_3)CH_3$　B. $(CH_3)_2C(OH)CH{=}CH_2$

C. $CH_3CH_2CH_2CH(OH)CH_3$　D. $CH_3CH{=}CHCH(CH_3)OH$

解题思路：(1) 沸点是由分子间作用力决定的。醇能形成分子间氢键；卤代烃的极性大于醚，而烷烃是非极性物质。(2) 取代苯酚的酸性大小与其电离形成的苯氧负离子的稳定性有关。酚的苯环上若连有吸电子基，氧原子上的负电荷能得到分散而稳定，吸电子基的吸电子性越强，苯氧负离子越稳定，酚的酸性就越强；反之，酸性减弱。间氯苯酚电离后生成的间氯苯氧负离子，由于氯原子具有吸电子诱导效应，氧原子上的负电荷能得到好的分散；对氯苯酚电离后生成对氯苯氧负离子，由于氯原子对氧负离子具有吸电子诱导效应和供电子的共轭效应，吸电子性受到部分抵消，氧原子上的负电荷分散程度不如氯在间位的苯氧负离子，因此间氯苯酚的酸性大于对氯苯酚。甲基是供电子基，使得苯酚的酸性降低。(3) 取代醇的酸性大小与其电离形成的氧负离子的稳定性有关，吸电子基使氧原子上的负电荷能得到分散而稳定，吸电子基的吸电子能力越强，氧负离子越稳定，醇的酸性就越强，反之，酸性减弱。硝基的吸电子性最强，腈基吸电子性大于甲氧基，甲基是供电子基。(4) 反应历程为 S_N1，生成的碳正离子中间体越稳定，反应速率越快。

解：(1) C>A>B>D　(2) B>C>A>D　(3) C>B>D>A　(4) B>D>A>C

例 4. 以指定原料合成下列化合物。

(1) $C_6H_6 \longrightarrow p\text{-}O_2N\text{-}C_6H_4\text{-}CH_2CH_2OH$

(2) C_6H_6，$C_6H_5CH_3$ $\longrightarrow C_6H_5\text{-}CH_2O\text{-}C_6H_5$

(3) $BrCH_2CH_2CH_2OH \longrightarrow DCH_2CH_2CH_2OH$

(4) $CH_2{=}CH{-}CH_3 \longrightarrow (CH_3)_2CH{-}O{-}CH_2CH_2CH_3$

解：

(1)

法一：$C_6H_6 \xrightarrow[AlCl_3]{CH_3CH_2Cl} C_6H_5CH_2CH_3 \xrightarrow[HNO_3]{H_2SO_4} O_2N\text{-}C_6H_4\text{-}CH_2CH_3 \xrightarrow[\text{光照}]{NBS} O_2N\text{-}C_6H_4\text{-}CHBrCH_3$

$\xrightarrow[CH_3CH_2OH]{NaOH} O_2N\text{-}C_6H_4\text{-}CH{=}CH_2 \xrightarrow[\text{② } H_2O_2/OH^-]{\text{① } B_2H_6} O_2N\text{-}C_6H_4\text{-}CH_2CH_2OH$

法二：$C_6H_6 \xrightarrow[FeBr_3]{Br_2} C_6H_5Br \xrightarrow[HNO_3]{H_2SO_4} O_2N\text{-}C_6H_4\text{-}Br \xrightarrow[\text{纯醚}]{Mg} O_2N\text{-}C_6H_4\text{-}MgBr$

$\xrightarrow[\text{② } H_3O^+]{\text{① 环氧乙烷}} O_2N\text{-}C_6H_4\text{-}CH_2CH_2OH$

法三：$C_6H_6 \xrightarrow[AlCl_3]{CH_3I} C_6H_5CH_3 \xrightarrow[HNO_3]{H_2SO_4} O_2N-C_6H_4-CH_3 \xrightarrow[光照]{NBS} O_2N-C_6H_4-CH_2Br$

$\xrightarrow[纯醚]{Mg} O_2N-C_6H_4-CH_2MgBr \xrightarrow[②\ H_3O^+]{①\ HCHO} O_2N-C_6H_4-CH_2CH_2OH$

（2）$C_6H_6 \xrightarrow{H_2SO_4} C_6H_5-SO_3H \xrightarrow[NaOH]{300℃} C_6H_5-ONa \xrightarrow{H^+} C_6H_5-OH \xrightarrow{NaOH} C_6H_5-ONa$

$C_6H_5CH_3 \xrightarrow[h\nu]{Cl_2} C_6H_5CH_2Cl$

$C_6H_5-ONa + C_6H_5CH_2Cl \longrightarrow C_6H_5-CH_2O-C_6H_5$

（3）在进行 Grignard 反应时，注意保护羟基

$BrCH_2CH_2CH_2OH \xrightarrow[(CH_3O)_2SO_2]{OH^-} BrCH_2CH_2CH_2OCH_3 \xrightarrow[无水乙醚]{Mg}$

$BrMgCH_2CH_2CH_2OCH_3 \xrightarrow{D_2O} DCH_2CH_2CH_2OCH_3 \xrightarrow{H^+} DCH_2CH_2CH_2OH$

（4）$CH_2{=}CH-CH_3 \xrightarrow[\triangle,加压]{H_3PO_4} CH_3CH(OH)CH_3 \xrightarrow{Na} CH_3CH(ONa)CH_3$

$CH_2{=}CH-CH_3 \xrightarrow[HBr]{-O-O-} CH_2(Br)-CH_2-CH_3$

两者反应 $\longrightarrow (CH_3)_2CH-O-CH_2CH_2CH_3$

22.4　习题选解

1. 用系统命名法命名下列化合物

（1）$CH_2ClCHBrCH_2OH$　（2）$\underset{\diagdown O \diagup}{CH_2-CHCH_2Cl}$　（3）$CH_2OH-CH_2OCH_2CH_3$

（4）$C_6H_5CH_2CH(OH)C_6H_5$　（5）$Cl-CH_2CH_2-O-CH_2CH_2-Br$

（6）$ClCH_2CH_2CH(CH_3)CH_2CH(C_2H_5)CH_2OH$　（7）间二羟基苯（OH 位于 1,3 位）　（8）COOH 与 OH 对位取代的苯

解题思路：比较官能团的优先次序，选定最优官能团作为母体，其余官能团作为取代基。

解：（1）3-氯-2-溴-1-丙醇　（2）3-氯环氧丙烷（环氧氯丙烷）　（3）乙二醇单乙醚（2-乙氧基乙醇）　（4）1,2-二苯基乙醇　（5）2-氯乙基-2′-溴乙基醚（或 2-氯-2′-溴乙醚）　（6）4-甲基-2-乙基-6-氯-1-己醇　（7）间苯二酚（1,3-苯二酚）　（8）对羟基苯甲酸（4-羟基苯甲酸）

4. 用化学方法鉴别下列化合物。

（1）正丙醇、异丙醇、2-丁烯-1-醇

(2) 乙苯、苯乙醚、苯酚和1-苯基乙醇

(3) 2,3-丁二醇和1,4-丁二醇

解题思路：

(1) 醇与卢卡斯试剂（无水氯化锌的浓盐酸溶液）反应，醇羟基先质子化，脱水得到碳正离子后结合氯负离子得到氯代烃。活性中间体碳正离子的稳定性决定了反应的快慢。不超过六个碳的醇可溶于卢卡斯试剂，而生成的氯代烃不溶，通过浑浊或分层出现的快慢可推测醇的烃基类型。

(2) 苯乙醚和苯酚的苯环被强烈活化，容易发生亲电取代反应，苯酚与溴水作用迅速生成白色三溴苯酚沉淀，同时会使溴水褪色；苯酚可溶于强碱溶液也可发生显色反应；酚、醇均可与碱金属反应生成氢气；醇、酚以及醚的孤对电子可结合质子，均具有碱性，可溶于浓酸。

(3) 邻二醇有一个特殊的反应：被高碘酸氧化，同时高碘酸被还原为碘酸。高碘酸银不溶，而碘酸银可溶。

解：

(1) 加入卢卡斯试剂，2-丁烯-1-醇立刻出现浑浊，异丙醇几分钟后出现浑浊，而正丙醇需加热后才出现浑浊。

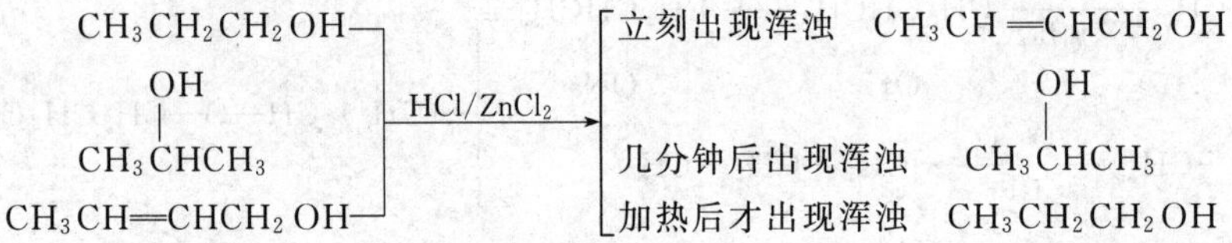

$CH_3CH_2CH_2OH$、$CH_3CH(OH)CH_3$、$CH_3CH{=}CHCH_2OH$ $\xrightarrow{HCl/ZnCl_2}$
- 立刻出现浑浊　$CH_3CH{=}CHCH_2OH$
- 几分钟后出现浑浊　$CH_3CH(OH)CH_3$
- 加热后才出现浑浊　$CH_3CH_2CH_2OH$

(2) 用溴水、钠、浓 H_2SO_4（或 $FeCl_3$，卢卡斯试剂）分别鉴定。

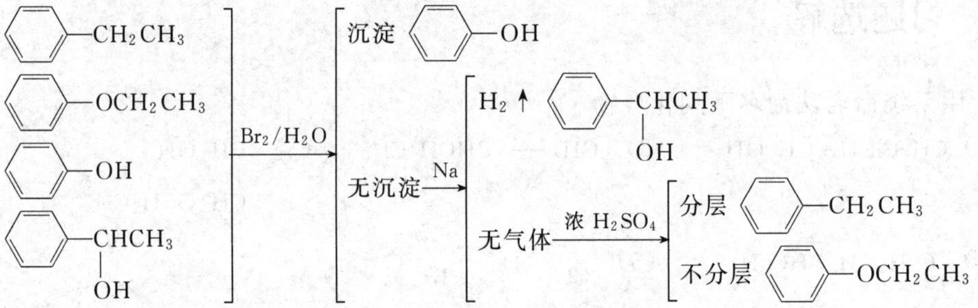

$C_6H_5CH_2CH_3$、$C_6H_5OCH_2CH_3$、C_6H_5OH、$C_6H_5CH(OH)CH_3$ $\xrightarrow{Br_2/H_2O}$
- 沉淀　C_6H_5OH
- 无沉淀 $\xrightarrow{Na}$
  - $H_2\uparrow$　$C_6H_5CH(OH)CH_3$
  - 无气体 $\xrightarrow{浓\ H_2SO_4}$
    - 分层　$C_6H_5CH_2CH_3$
    - 不分层　$C_6H_5OCH_2CH_3$

(3) 用高碘酸氧化，再与硝酸银反应生成碘酸银沉淀。

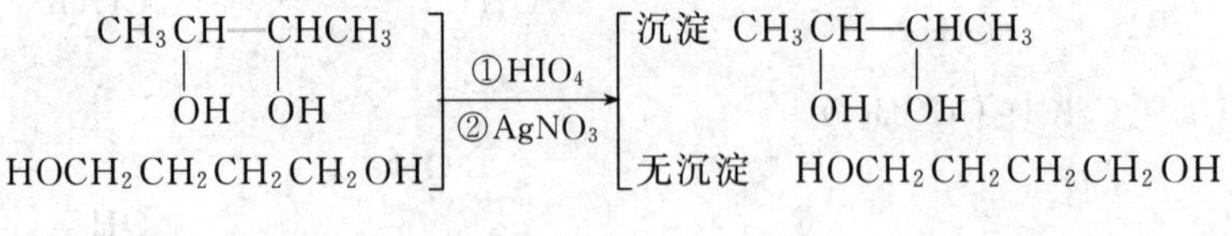

$CH_3CH(OH)CH(OH)CH_3$、$HOCH_2CH_2CH_2CH_2OH$ $\xrightarrow[②AgNO_3]{①HIO_4}$
- 沉淀　$CH_3CH(OH)CH(OH)CH_3$
- 无沉淀　$HOCH_2CH_2CH_2CH_2OH$

6. 完成下列反应式

(1) 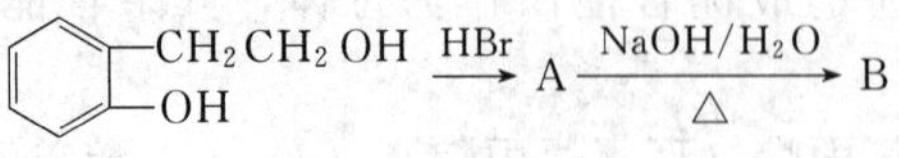 邻-$HOC_6H_4CH_2CH_2OH$ $\xrightarrow{HBr}$ A $\xrightarrow[\triangle]{NaOH/H_2O}$ B

(2) 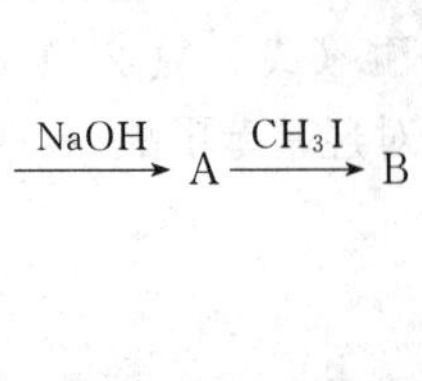 对-$CH_3C_6H_4OH$ $\xrightarrow{NaOH}$ A $\xrightarrow{CH_3I}$ B

(3) 环己醇—OH $\xrightarrow[\triangle]{H^+}$ A $\xrightarrow[稀]{KMnO_4/H_2O}$ B

(4) 1-甲基环己烯—CH_3 $\xrightarrow[②H_2O_2,\ OH^-]{①B_2H_6}$ A $\xrightarrow[H^+]{CrO_3}$ B

(5) $HOCH_2C(CH_3)_2CH(OH)CH_2OH \xrightarrow{HIO_4}$

(6) $CH_2—CH_2$（环氧乙烷，O 桥连）$+ CH_3MgBr \xrightarrow{纯醚} A \xrightarrow{H^+/H_2O} B$

(7) 对甲基苯酚（OH、CH_3 对位）$\xrightarrow{Br_2/H_2O}$

(8) $(CH_3)_3CCH_2OH + SOCl_2 \longrightarrow$

(9) $C_6H_5CH_2ONa + C_6H_5CH_2Br \longrightarrow$

(10) $(CH_3CH_2)_2CHOCH_3 + HI(过量) \xrightarrow{\triangle}$

(11) 含 C_6H_5 的环己烷环氧化物（O 桥连） $\xrightarrow[乙醚]{EtMgBr}$ A $\xrightarrow{H^+}$ B

(12) $H_3C—CH—CH_2$（环氧丙烷，O 桥连）$+ C_6H_5OH \xrightarrow{H^+}$

(13) (*S*)-3-甲基-3-己醇$\xrightarrow{?}$(*R*)-3-甲基-3-氯-己烷

(14) $C_6H_5OCH_2CH=CHCH_3 \xrightarrow{\triangle}$

(15) $C_6H_5O—COCH_3 \xrightarrow[②H^+]{①过量AlCl_3、高温}$

(16) 1-羟基环戊基—$C(CH_3)(C_6H_5)OH$ $\xrightarrow{H^+}$

解题思路：(1) A. 酚羟基与苯环共轭，键能强，难取代；B. 酚羟基在碱的作用下成为酚氧负离子，有较强的亲核性，可对卤代烃亲核取代成醚。(2) A. 酚羟基在碱的作用下成为酚氧负离子，生成对甲基酚钠；B. 对甲基酚钠对碘甲烷亲核取代生成对甲基苯甲醚。(3) A. 醇在酸催化下分子内脱水成烯；B. 碱性、稀、冷高锰酸钾氧化烯烃生成顺式邻二醇。(4) A. 烯烃经硼氢化、氧化得反马氏加水产物；B. 羟基被氧化为酮羰基。(5) 邻二醇被高碘酸氧化得醛或酮。(6) A. 格氏试剂对环氧乙烷开环加成得到醇金属；B. 酸性水解得到多两个碳的伯醇。(7) 酚羟基的供电子共轭使邻、对位电子云密度增大，容易发生亲核取代。(8) 氯化亚砜对醇进行氯代，不发生重排。(9) 醇钠对卤代烃进行亲核取代。(10) 伯、仲烃基醚与等物质的量的氢碘酸反应时为 S_N2 历程，位阻小的烃基成为碘代烃，位阻大的烃基部分成为醇；当氢碘酸过量时，生成的醇被碘代。(11) A. 对左侧环碳的亲核取代反应类似于苄基型卤代烃的亲核取代——五配位过渡态为较稳定的共轭体系；B. 水解得醇。(12) 环氧化合物的酸性开环有 S_N1 的特点，从能生成较稳定碳正离子的部位断碳氧键。(13) 通常，氯化亚砜对醇进行氯代时构型保持，而在吡啶存在下反应，构型反转。(14) 苯基烯丙基醚重排时 γ-位与苯环相连。(15) 高温、过量催化剂存在下，酚酯的酰基重排到邻位。(16) 邻二叔醇重排的第一步主要得到较稳定的碳正离子。

解：

(1) A. 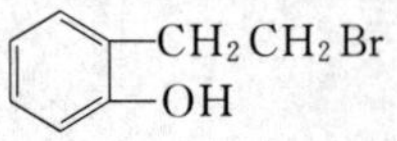 CH_2CH_2Br，OH　B. 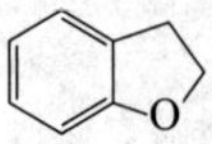 O

(2) A. 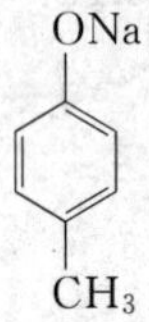 ONa，CH_3　B. 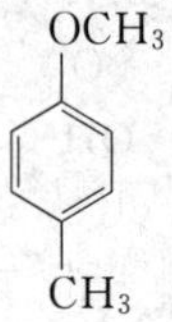 OCH_3，CH_3

(3) A. 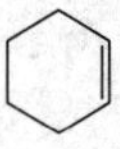　B. 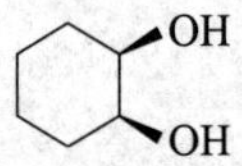 OH，OH

(4) A. 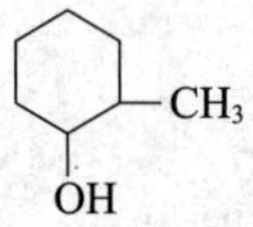 CH_3，OH　B. 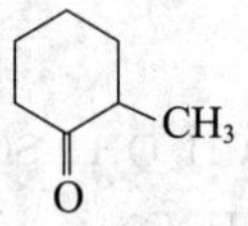 CH_3，O

(5) $HOCH_2C(CH_3)_2CHO$，HCHO

(6) A. $CH_3CH_2CH_2OMgBr$　B. $CH_3CH_2CH_2OH$

(7) 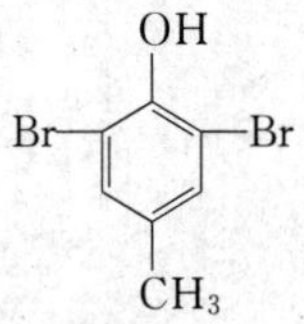 OH，Br，Br，CH_3

(8) $(CH_3)_3CCH_2Cl$

(9) 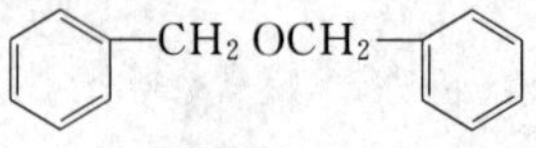 CH_2OCH_2

(10) $(CH_3CH_2)_2CHI$，CH_3I

(11) A. 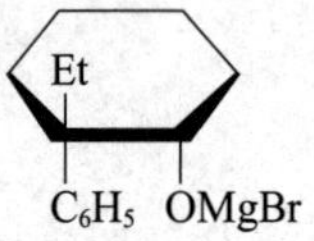 Et，C_6H_5　OMgBr　B. 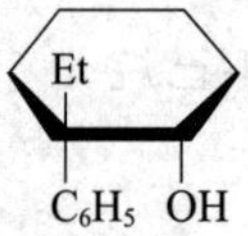 Et，C_6H_5　OH

(12) $H_3C—\underset{}{CH}(OC_6H_5)—CH_2OH$

(13) $SOCl_2$/吡啶

(14) 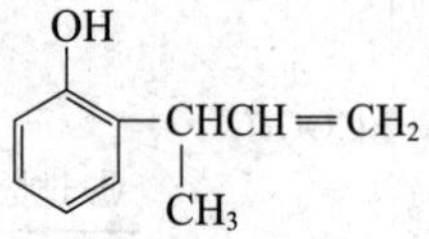 OH，$CHCH═CH_2$，CH_3

(15) 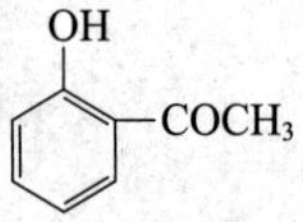 OH，$COCH_3$

(16) 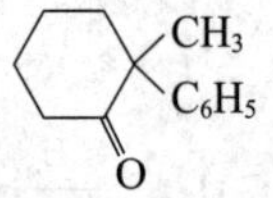 CH_3，C_6H_5，O

7. 用指定原料和其他必要试剂合成下列化合物

(1) $HC≡CH \longrightarrow C_2H_5—CH(OH)—CH(OH)—C_2H_5$

(2) $(CH_3)_2C═CH_2 \longrightarrow (CH_3)_3C—O—CH_2CH(CH_3)_2$

(3) $HC≡CH \longrightarrow CH_3CH_2CH_2CH_2OH$

(4) 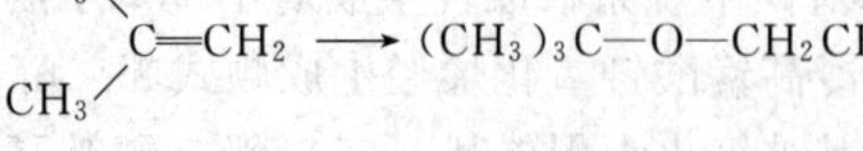 $C_6H_5—CH_3 \longrightarrow HO—C_6H_4—CH_2OH$

(5) $C_6H_5—CH_3 \longrightarrow CH_3O—C_6H_4—CH_2—C(CH_3)(OH)—CH_3$

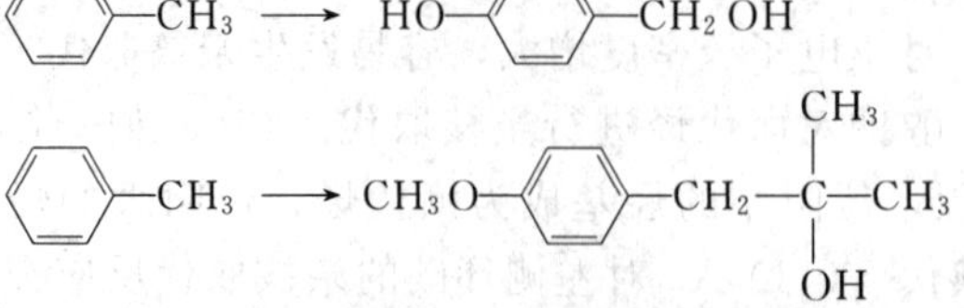

解题思路：（1）与金属钠在液氨下反应，生成乙炔二钠；加溴乙烷；生成3-己炔；选择性加氢生成烯烃，加稀或冷的高锰酸钾氧化。（2）原料酸性条件下加水生成醇；与金属钠反应生成醇钠，备用；原料与溴化氢反马氏加成生成溴代烷；制备的醇钠与制备的溴代烷反应得产物。（3）原料与钠反应生成炔钠，加一分子溴乙烷生成丁炔，林德拉催化选择性加氢得丁烯，过氧化物存在下加HBr得1-溴丁烷，碱水解得产物。（4）原料磺化、碱熔、酸化制对甲基苯酚，支链α-H溴代，碱水解，酸化后得产物。（5）原料磺化、碱熔、与碘甲烷反应制对甲基苯甲醚，甲基α-H溴代，制格氏试剂与丙酮反应，水解得产物。

解：（1）$HC\equiv CH \xrightarrow[Pd/CaCO_3/Pb(OAc)_2]{H_2} CH_2=CH_2 \xrightarrow{HBr} CH_3CH_2Br$

$HC\equiv CH \xrightarrow{2NaNH_2} NaC\equiv CNa \xrightarrow{2CH_3CH_2Br} CH_3CH_2C\equiv CCH_2CH_3 \xrightarrow[Pd/CaCO_3/Pb(OAc)_2]{H_2}$

$CH_3CH_2CH=CHCH_2CH_3 \xrightarrow[OH^-]{稀\ KMnO_4} CH_3CH_2CH(OH)—CH(OH)CH_2CH_3$

（2）$(CH_3)_2C=CH_2 \xrightarrow{H_2O} (CH_3)_2C(OH)—CH_3 \xrightarrow{Na} (CH_3)_2C(ONa)—CH_3$

$(CH_3)_2C=CH_2 \xrightarrow[—O—O—]{HBr} (CH_3)_2CH—CH_2Br$

$(CH_3)_2CH—CH_2Br + (CH_3)_2C(ONa)—CH_3 \longrightarrow (CH_3)_3C—O—CH_2CH(CH_3)_2$

（3）$HC\equiv CH \xrightarrow{Na/NH_3(l)} NaC\equiv CH \xrightarrow{CH_3CH_2Br} CH_3CH_2C\equiv CH \xrightarrow[Lindlar\ 催化剂]{H_2}$

$CH_3CH_2CH=CH_2 \xrightarrow[—O—O—]{HBr} CH_3CH_2CH_2CH_2Br \xrightarrow[OH^-]{H_2O} CH_3CH_2CH_2CH_2OH$

（4）$C_6H_5—CH_3 \xrightarrow{H_2SO_4(浓)} CH_3—C_6H_4—SO_3H \xrightarrow[300℃]{NaOH} CH_3—C_6H_4—SO_3Na \xrightarrow{H_2SO_4(稀)}$

$CH_3—C_6H_4—OH \xrightarrow[CCl_4,\ h\nu]{NBS} BrCH_2—C_6H_4—OH \xrightarrow[H^+]{NaOH/H_2O} HO—C_6H_4—CH_2OH$

（5）$C_6H_5—CH_3 \xrightarrow{H_2SO_4(浓)} CH_3—C_6H_4—SO_3H \xrightarrow[300℃]{NaOH} CH_3—C_6H_4—ONa$

$\xrightarrow{CH_3I} CH_3—C_6H_4—OCH_3 \xrightarrow[CCl_4,\ h\nu]{NBS} BrCH_2—C_6H_4—OCH_3 \xrightarrow[无水乙醚]{Mg}$

$BrMgCH_2—C_6H_4—OCH_3 \xrightarrow[H_2O]{CH_3COCH_3} CH_3O—C_6H_4—CH_2—C(CH_3)(OH)—CH_3$

8. 指出下列合成路线中的错误

（1）$CH_3CH=CH_2 + HOBr \longrightarrow CH_3CH(OH)CH_2Br \xrightarrow[纯醚]{Mg} CH_3CH(OH)CH_2MgBr$

(2) C_6H_6 + $CH_3CH_2CH_2CH_2Br$ $\xrightarrow{AlBr_3}$ $C_6H_5CH_2CH_2CH_2CH_3$ $\xrightarrow[h\nu]{Br}$ $C_6H_5CH_2CH(Br)CH_2CH_3$

$\xrightarrow{NaOH/H_2O}$ $C_6H_5CH_2CH(OH)CH_2CH_3$

解：(1) 因格氏试剂极易与含活泼氢的基团反应，第二步反应不发生。

(2) 第一步错，因支链要异构化，由付克烷基化反应不能制备三个碳以上的直链烷基苯；第二步也错，产物应为支链 α-H 溴代反应。

9. 按与氢溴酸反应的活性顺序排列以下化合物，并解释为什么？

A. $C_6H_5CH(OH)CH_2CH_3$　B. $C_6H_5CH_2CH_2CH_2OH$　C. $C_6H_5CH_2CH(OH)CH_3$

D. $HO{-}C_6H_4{-}CH(OH)CH_2CH_3$　E. $HO{-}C_6H_4{-}C(OH)(CH_3)CH_2CH_3$

解题思路：醇羟基质子化以后脱水生成碳正离子，碳正离子的稳定性决定了卤代反应的活性。E、D、A 均生成苄基型碳正离子；苯环上的羟基对对位表现出强的供电子共轭，利于碳正离子的稳定；E 得到苄基型的叔碳正离子、D 得到苄基型的仲碳正离子、A 得到苄基型的仲碳正离子、C 得到仲碳正离子、B 得到伯碳正离子。

解：E>D>A>C>B。

22.5 思考题

22-1 羧甲基纤维素钠（CMC）俗称为“工业味精”，可形成高黏度的胶体、溶液，有黏着、增稠、流动、乳化分散、保水、耐酸、耐盐等特性，且生理无害，在食品、医药、日化、石油、造纸、纺织、建筑等领域生产中得到广泛应用。

纤维素（结构式：葡萄糖单元以 O 相连，重复单元 $[\ ]_{n-2}$，取代基 CH_2OH）

羧甲基纤维素钠（结构式：重复单元 $[\ ]_{n-2}$，取代基 $CH_2OCH_2CO_2Na$）

羧甲基纤维素钠在乙醇等有机溶剂中不溶，工业生产上常以乙醇为溶剂。试以纤维素和其他必要试剂完成其合成，并提出其生产废液的综合利用方法。

22-2 以丙烯为原料合成环氧氯丙烷（环氧乙烷基-CH_2Cl）。

22-3 凡分子结构中含有环氧基团的高分子化合物统称为环氧树脂。环氧树脂经固化后有许多突出的优异性能，如对各种材料特别是对金属的黏着力很强、有很强的耐化学腐蚀性、力学强度很高、电绝缘性好、耐腐蚀等。以下为一种双酚 A 型环氧树脂的结构，

$$CH_2\text{—}CHCH_2\text{—}[O\text{—}C_6H_4\text{—}C(CH_3)_2\text{—}C_6H_4\text{—}OCH_2CH(OH)CH_2]_n\text{—}O\text{—}C_6H_4\text{—}C(CH_3)_2\text{—}C_6H_4\text{—}OCH_2CH\text{—}CH_2$$

（两端 $CH_2\text{—}CH$ 与 O 构成环氧环）

这种树脂通常用双酚 A 及环氧氯丙烷合成。试给出其合成过程的反应条件，并说明合成中涉及了哪些化学反应。

22-4 下列反应的起始原料包含有双键和羟基。请提出其反应机理，并指出你的机理中与频哪醇重排相似的部分。

1-乙烯基环丙醇（OH，$CH{=}CH_2$） $\xrightarrow{H_2SO_4}$ 2-甲基环丁酮（O，CH_3）

22-5 完成反应：$C_2H_5\text{—}C(C_6H_5)(OH)\text{—}C(C_6H_4OH)(OH)\text{—}CH_3 \xrightarrow{H^+}$

（第二个碳上的苯环带 OH）

22-6 某企业以环氧乙烷为原料、氢氧化钠为引发剂生产聚乙二醇（PEG）：

$$OH^- + \text{环氧乙烷} \longrightarrow HOCH_2CH_2O^- \xrightarrow{\text{环氧乙烷}} HOCH_2CH_2OCH_2CH_2O^- \xrightarrow{\text{环氧乙烷}}$$

$$HO(CH_2CH_2O)_2CH_2CH_2O^- \xrightarrow{\text{环氧乙烷}} \cdots\cdots \xrightarrow{\text{环氧乙烷}} HO(CH_2CH_2O)_nCH_2CH_2O^-$$

当企业进行技改，将引发剂由氢氧化钠更换为醇钠以后，生产效率有了很大的提升。试解释生产效率提升的原因。

自我检测题

22-1 按要求排列下列各组化合物

（1）下列化合物，酸性强弱的大小次序为（　　）。

A. 苯酚（OH）　B. 环己醇（OH）　C. 对硝基苯酚（OH，NO_2）　D. 间硝基苯酚（OH，NO_2）

（2）下列化合物脱水反应活性大小排列为（　　）。

A. $(CH_3)_2C(OH)\text{—}CH_2CH_3$（$CH_3$，$CH_3$，HO；$CH_3$，H，H）　B. $(CH_3)_2C(OH)\text{—}CH_2C_6H_5$（$CH_3$，$CH_3$，HO；$C_6H_5$，H，H）　C. $CH_3CH(OH)\text{—}CH_2CH_3$（H，$CH_3$，HO；$CH_3$，H，H）　D. $CH_3CH(OH)\text{—}CH_2C_6H_5$（H，$CH_3$，HO；$C_6H_5$，H，H）

22-2 完成下列反应式

（1）2-苯基-5-甲基四氢呋喃（Ph，O，CH_3） $\xrightarrow[\triangle]{HBr}$ （　　）

（2）苯酚（OH） + 1,5-己二烯 $\xrightarrow{H_2SO_4}$ （　　）

(3) (　　) + 1mol HIO_4 ⟶ $OHCCH_2CH_2CH_2CHO$

(4) $CH_3CH(OH)CH_2CH_3$ $\xrightarrow[H_2SO_4]{0℃}$ (　　)；$\xrightarrow[H_2SO_4]{25℃}$ (　　)；$\xrightarrow[H_2SO_4]{140℃}$ (　　)；$\xrightarrow[H_2SO_4]{180℃}$ (　　)

(5) $C_2H_5—CH(CH_3)—CH_2OH$ $\xrightarrow[吡啶]{SOCl_2}$；$\xrightarrow[HCl]{ZnCl_2}$

22-3 由指定原料合成下列化合物（不大于 2 个碳原子的试剂任选）

苯 ⟶ $C_2H_5O—C_6H_4—C_2H_5OH$

22-4 推导题：化合物 A($C_4H_{10}O$) 与沙瑞特试剂（PCC）反应得到 B(C_4H_8O)，A 与硫酸在 140℃下脱水反应生成产物 C，C 与稀冷的高锰酸钾反应得到产物 D，D 与高碘酸反应生成醛 E 和酮 F，试写出相关反应方程式及化合物 A、B、C、D、E、F 的结构。

22-5 以萘为原料合成 2-丙基-1-萘酚，写出至少两种合成方法。

思考题参考答案

22-1 将纤维素与氢氧化钠反应生成碱纤维素（羟甲基上的羟基成为钠盐），然后加入乙醇溶剂用一氯乙酸进行羧甲基化得到产品。在其生产废液中含有乙醇、氯乙酸钠及氢氧化钠，通过蒸馏可回收乙醇，同时在加热过程中氯乙酸钠碱性水解得到羟基乙酸钠，蒸馏乙醇后通过酸化、蒸馏可得羟基乙酸。

22-2 丙烯进行 α-氯代后与过氧酸反应得产物。

22-3 在合成中涉及芳醚的生成及对环氧化合物的开环加成（加在位阻小的部位）：

$CH_2(O)CHCH_2—Cl$　$^-O—C_6H_4—C(CH_3)_2—C_6H_4—O^-$　$CH_2(O)CHCH_2—Cl$

这些反应均需要碱性条件。双酚 A 首先在碱的作用下生成酚盐，接下来两个酚氧负离子分别对环氧氯丙烷进行亲核取代和碱性开环加成。

22-4 原料首先在酸的作用下，由质子对双键亲电加成得仲碳正离子，接下来，相邻碳的烃基带着一对电子向带正电荷的碳原子迁移的同时，羟基氧将自己的未成键电子对转向碳原子而形成鎓正离子。最后，鎓正离子失去一个质子生成产物。

1-乙烯基环丙醇（OH，$CH=CH_2$）$+ H^+$ ⟶ 1-($\overset{+}{C}HCH_3$)环丙醇

1-($\overset{+}{C}HCH_3$)环丙醇 ⟶ [2-甲基-1-羟基环丁基正离子（OH，+，CH_3）⟷ 2-甲基环丁酮质子化形式（$\overset{+}{O}—H$，CH_3）]

[2-甲基-1-羟基环丁基正离子 ⟷ $\overset{+}{O}—H$ 形式，H_2O] ⟶ 2-甲基环丁酮（O，CH_3）$+ H_3O^+$

反应与频哪醇重排的相似点包括：需酸催化；生成带正电荷的碳原子的邻近碳上连有羟基的结构；相邻碳的烃基带着一对电子向带正电荷的碳原子迁移；羟基氧将自己的未成键电子对转向碳原子；以及锌正离子失去一个质子生成产物。

22-5 频哪醇重排中总是优先生成较稳定的碳正离子，而不同烃基中芳基比烷基易迁移。所以产物为：

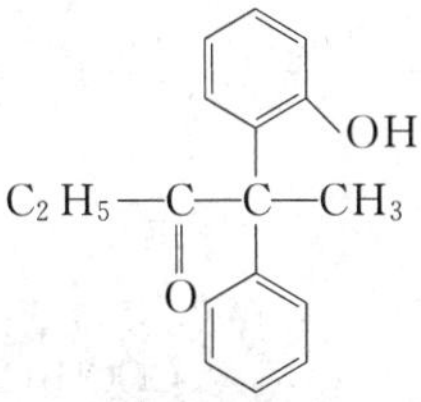

$C_2H_5-C(=O)-C(C_6H_4OH)(C_6H_5)-CH_3$

22-6 **解题思路：** 该企业生产原料未发生变化，仅引发剂发生了改变。反应的引发为氧负离子对环氧乙烷的开环加成（本质为亲核取代），氢氧化钠提供的亲核试剂为氢氧根负离子，醇钠提供的亲核试剂为烷氧负离子。烷氧负离子中的烷基对氧原子表现出供电子诱导，氧负离子的电子云密度增大、亲核性增强，对环氧乙烷的亲核取代比氢氧根负离子容易。因此引发效率更高，生产效率更高。

自我检测题参考答案

22-1 （1）C＞D＞A＞B　　（2）B＞A＞D＞C

22-2

（1）$Ph-CH(Br)CH_2CH_2CH(OH)CH_3$　（2） 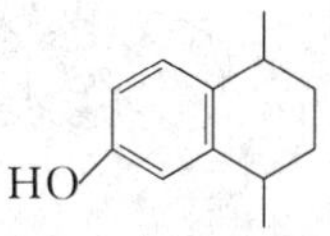　（3）

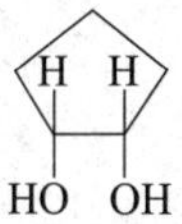

HO　　　　HO　OH　H　H

（4）$CH_3CH(\overset{+}{O}H_2)CH_2CH_3$ ；$CH_3CH(OSO_3H)CH_2CH_3$ ；$CH_3-CH(CH_2CH_3)-O-CH(CH_2CH_3)-CH_3$ ；$CH_3CH=CHCH_3$

（5）$C_2H_5-CH(CH_3)CH_2Cl$ ；$CH_3CH_2C(Cl)(CH_3)_2$

22-3

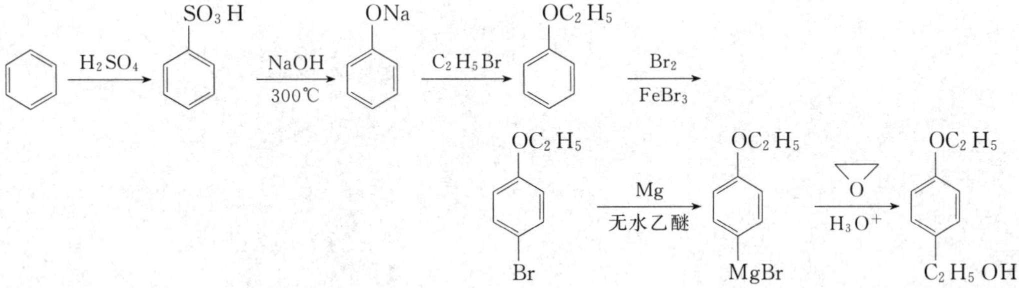

$C_6H_6 \xrightarrow{H_2SO_4} C_6H_5SO_3H \xrightarrow[300℃]{NaOH} C_6H_5ONa \xrightarrow{C_2H_5Br} C_6H_5OC_2H_5 \xrightarrow[FeBr_3]{Br_2}$

$p\text{-}BrC_6H_4OC_2H_5 \xrightarrow[无水乙醚]{Mg} p\text{-}BrMgC_6H_4OC_2H_5 \xrightarrow[H_3O^+]{环氧乙烷} p\text{-}C_2H_5OH\text{-}C_6H_4OC_2H_5$

22-4

$CH_3-CH(CH_3)-CH_2OH \xrightarrow{PCC} CH_3-CH(CH_3)-CHO$

A　　　　B

$CH_3-CH(CH_3)-CH_2OH \xrightarrow[140℃]{H_2SO_4} CH_3-C(CH_3)=CH_2$

A　　　　C

$$CH_3-\underset{|}{\overset{CH_3}{\overset{|}{C}}}=CH_2 \xrightarrow{KMnO_4(稀)} CH_3-\underset{OH}{\underset{|}{\overset{CH_3}{\overset{|}{C}}}}-\underset{OH}{\underset{|}{CH_2}}$$

C　　　　　　　　D

$$CH_3-\underset{OH}{\underset{|}{\overset{CH_3}{\overset{|}{C}}}}-\underset{OH}{\underset{|}{CH_2}} \xrightarrow{HIO_4} H-\overset{O}{\overset{\|}{C}}-H+CH_3-\overset{O}{\overset{\|}{C}}-CH_3$$

D　　　　　　E　　　　　F

22-5

法一：萘 $\xrightarrow[Ph-NO_2]{CH_3CH_2COCl, AlCl_3}$ 2-$COCH_2CH_3$-萘 $\xrightarrow[HCl]{Zn/Hg}$ 2-$CH_2CH_2CH_3$-萘 $\xrightarrow{SO_3}$ 1-SO_3H-2-$CH_2CH_2CH_3$-萘 $\xrightarrow[②酸化]{①碱熔}$ 1-OH-2-$CH_2CH_2CH_3$-萘

法二：萘 $\xrightarrow[②碱熔]{①低温磺化}$ 1-O^--萘 $\xrightarrow{CH_3CH_2COCl}$ 1-$OCOCH_2CH_3$-萘 $\xrightarrow[高温]{AlCl_3}$ 1-OH-2-$COCH_2CH_3$-萘 $\xrightarrow[HCl]{Zn/Hg}$ 1-OH-2-$CH_2CH_2CH_3$-萘

法三：萘 $\xrightarrow[②碱熔]{①低温磺化}$ 1-O^--萘 $\xrightarrow{CH_2=CHCH_2Cl}$ 1-$OCH_2CH=CH_2$-萘 $\xrightarrow{\triangle}$ 1-OH-2-$CH_2CH=CH_2$-萘 $\xrightarrow[Pt]{H_2}$ 1-OH-2-$CH_2CH_2CH_3$-萘

第 23 章 醛 和 酮

23.1 基本要求

了解醛、酮的分类、命名及结构特征；学会用醛、酮的结构特征解释醛、酮的物理性质、化学性质；掌握醛、酮的亲核加成反应及其活性顺序，电子效应、空间效应对亲核加成反应活性的影响；掌握 Beckmann 重排反应；掌握醛、酮的 α-氢的反应：羟醛缩合反应、卤代反应、Claisen-Schmidt 反应、Perkin 反应、Mannich 反应以及 Knoevenagel 反应；α，β-不饱和羰基化合物的 Michael 加成；掌握醛、酮的氧化-还原反应；醛酮的制备。

重点： 醛、酮的亲核加成反应活性及影响因素；醛、酮与氢氰酸、亚硫酸氢钠、格氏试剂、醇、氨衍生物、维获希试剂（Wittig）的亲核加成反应及其应用；Beckmann 重排反应的特点；醛、酮 α-氢的反应：羟醛缩合反应、卤代反应、Claisen-Schmidt 反应、Perkin 反应、Mannich 反应及 Knoevenagel 反应；α，β-不饱和羰基化合物 Michael 加成；银镜反应、与 Fehling 试剂的反应；克莱门森还原法、沃尔夫（Wolff）-凯息纳（Kishner）-黄鸣龙还原法；坎尼扎罗（Cannizzaro）反应。

难点： 醛、酮的亲核加成反应的活性顺序及理论解释；醛、酮亲核加成反应的历程；卤代反应历程；羟醛缩合反应等 α-氢的反应的历程；Michael 加成反应。

23.2 内容概要

23.2.1 醛酮的结构

羰基（ $\rangle$C=O ）是醛、酮的特征官能团；碳氧双键上的电子云偏向氧原子，使羰基碳原子高度缺电子，容易受亲核试剂进攻而发生亲核加成反应；氧原子上有未共用电子对，具有 Lewis 碱的性质；羰基具有较强极性，使醛、酮的 α-H 具有一定的活性。脂肪族酮羰基连的两个烃基的供电子效应（+I 和 +C）和空间位阻，导致酮比醛的化学活性低（环酮除外）。

23.2.2 醛酮的物理性质

虽然醛、酮分子间不能形成氢键，但因羰基是较强的极性基团，其沸点比分子量相近的烃、卤代烃、醚高，比分子量相近的醇、酸低。

23.2.3 醛酮的化学性质

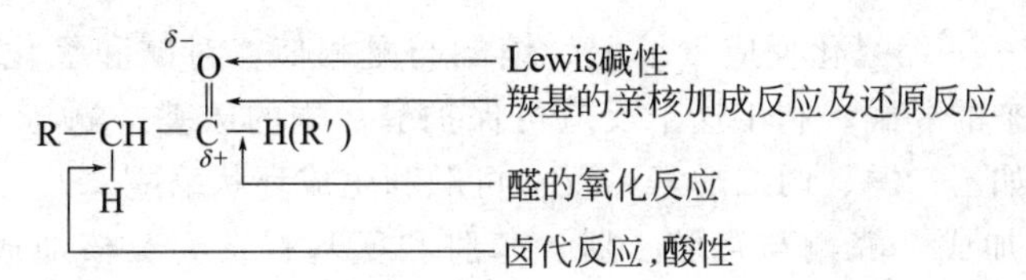

(1) 亲核加成反应

① 亲核加成反应历程

a. 在碱性介质下：

$$H-Nu+B^- \rightleftharpoons H-B+Nu^-$$

$$\overset{\delta+}{C}=\overset{\delta-}{O}+Nu:^- \xrightleftharpoons{慢} C(O^-)(Nu) \xrightleftharpoons[快]{H-B} C(OH)(Nu)+B^-$$

b. 酸性介质下，增加羰基碳原子的正电性。

$$\overset{\delta+}{C}=\overset{\delta-}{O}+H^+ \rightleftharpoons [C=\overset{+}{O}H \longleftrightarrow \overset{+}{C}-OH] \xrightarrow{Nu^-} C(Nu)-OH$$

② 醛、酮亲核加成反应活性　醛、酮亲核加成反应活性受电子效应和空间位阻的影响。即：取决于羰基碳原子的缺电子程度及烃基对羰基的空间屏蔽程度。芳香酮由于存在 π-π 共轭及空间位阻较大，羰基的活性明显下降。一般来说，醛比酮，脂肪醛比芳香醛，脂肪酮比芳香酮易于进行亲核加成反应。

$$HCHO > CH_3CHO > RCH_2CHO > CH_3\overset{O}{\overset{\|}{C}}CH_3 > \text{环戊酮}$$

$$> CH_3\overset{O}{\overset{\|}{C}}CH_2R > RCH_2\overset{O}{\overset{\|}{C}}CH_2R > RCH_2\overset{O}{\overset{\|}{C}}Ar > Ar\overset{O}{\overset{\|}{C}}Ar$$

③ 常见亲核加成反应

a. 与氢氰酸（HCN）的反应　醛、酮与 HCN 的反应可制备多一个碳原子的羧酸；由 α-羟基酸加热脱水可制备 α,β-不饱和羧酸。

b. 与亚硫酸氢钠（$NaHSO_3$）的反应　由于 $NaHSO_3$ 体积较大，只有醛、脂肪族甲基酮及小于 8 个碳的环酮与之反应，产物为无色晶体 α-羟基磺酸钠，该产物与稀酸或稀碱共热，可以分解为原来的醛、酮，利用此反应可鉴别、分离、提纯醛和酮。

c. 与格氏试剂的反应　醛、酮与格氏试剂反应可增长碳链且可制备不同醇，尤其是结构复杂的醇。

$$RMgX \xrightarrow{HCHO} RCH_2\overset{-}{O}\overset{+}{Mg}X \xrightarrow{H_2O} RCH_2OH \text{（合成增加一个碳原子的伯醇）}$$

$$RMgX \xrightarrow{\text{环氧乙烷}} RCH_2CH_2\overset{-}{O}\overset{+}{Mg}X \xrightarrow{H_2O} RCH_2CH_2OH \text{（合成增加两个碳原子的伯醇）}$$

$$RMgX \xrightarrow{R'\overset{O}{\overset{\|}{C}}H} R'CH(R)\overset{-}{O}\overset{+}{Mg}X \xrightarrow{H_2O} R'CH(R)OH \text{（合成仲醇）}$$

$$RMgX \xrightarrow{R'\overset{O}{\overset{\|}{C}}R''} R'-C(R'')(R)-\overset{-}{O}\overset{+}{Mg}X \xrightarrow{H_2O} R'-C(R'')(R)-OH \text{（合成叔醇）}$$

d. 与醇的反应——缩醛化反应　缩醛、缩酮与醚相似，对碱和氧化剂稳定，但在稀酸溶液中可水解成原来的醛酮。利用这个反应可保护醛、酮的羰基。酮与一元醇反应性能差，但与某些二元醇（如乙二醇、丙二醇等）反应可顺利生成环状缩酮。

e. 与氨或胺的加成　醛酮与羟胺、肼、苯肼和氨基脲发生亲核加成反应分别生成肟、腙、苯腙和缩氨脲。肟、腙、苯腙和缩氨脲为含有 C═N 的化合物，多为具有很好晶形的晶体，具有一定的熔点，在稀酸或稀碱存在下，可水解生成原来的醛酮，这些氨的衍生物称为羰基试剂。可用来鉴别、分离醛和酮。如，2,4-二硝基苯肼是现象特别明显的羰基试剂，与醛酮反应易析出黄色晶体；羟胺与醛酮反应易析出白色晶体——肟，该白色晶体在酸存在下重排为酰胺。

f. 与维获希（Wittig）试剂反应　醛酮与 Wittig 试剂反应可制备烯烃，尤其适合制备一些其他方法难以合成的烯烃。

(2) α-碳原子上活泼氢的反应

① α-H 的卤代　卤代反应可被酸、碱催化。酸催化下主要在 α-H 少的碳上卤代，且可控制在一卤代反应；而碱催化下主要在 α-H 多的碳上卤代，且生成多卤代产物。碘仿反应是检验结构 $CH_3\overset{\overset{O}{\|}}{C}—$、$CH_3\overset{\overset{OH}{|}}{C}H—$ 的一个好方法，也是由甲基酮制备少一个碳原子的羧酸的方法。

② 羟醛缩合反应　在稀碱作用下，由羟醛缩合反应可制备 β-羟基醛和 β-羟基酮，后者加热脱水可制备 α,β-不饱和醛和 α,β-不饱和酮。交叉羟醛缩合反应只有当其中一种醛、酮无 α-H 时，在合成上才有意义。

③ Claisen－Schmidt（克莱森-施密特）缩合　一个不含 α-H 原子的醛或酮与另一个带有 α-H 原子的脂肪族醛或酮发生缩合反应，并失水得到 α,β-不饱和醛或酮。在稀碱催化下，脂肪族酮取代较少的烷基参与缩合；在酸催化下，脂肪族酮取代较多的烷基参与缩合。

④ Perkin（泊金）反应　芳香醛和酸酐在相应的羧酸盐存在下，发生类似羟醛缩合的反应，得到 α,β-不饱和羧酸。

⑤ Mannich（曼尼赫）反应　含有 α-H 的醛或酮、甲醛与一分子胺反应，一个活泼 α-H 被胺甲基取代，生成 β-氨基酮。

⑥ Knoevenagel（柯诺瓦诺格）反应　醛、酮在弱碱催化下与具有活泼 α-H 的化合物缩合，加成产物非常容易脱水生成 α，β-不饱和化合物。

(3) 迈克尔加成反应　稳定的碳负离子（通常来源于活泼亚甲基化合物）进攻 α，β-不饱和羰基化合物，净结果是在与羰基共轭的碳碳双键上发生了亲核加成反应。

(4) 氧化和还原反应

① 氧化反应　对氧化剂的敏感程度是醛、酮的最重要区别。醛很容易被氧化为羧酸；酮不易氧化，在强氧化剂作用下碳链发生断裂。

托伦试剂和费林试剂都是弱氧化剂，不能氧化分子中 C═C、C≡C 键。对托伦试剂的敏感程度可区别醛、酮。对费林试剂的敏感程度可区别脂肪醛和芳香醛。

② 还原反应

a. 催化加氢还原　选择性差。除还原醛、酮为伯醇或仲醇外。分子中其他不饱和基团，如 C═C、C≡C 等会同时被还原。

b. 化学试剂还原　$LiAlH_4$ 还原性强，选择性差，能还原醛、酮、羧酸及羧酸衍生物、腈和卤代烷等，但不能还原 C═C、C≡C 等，反应需在无水条件下进行；$NaBH_4$ 选择性较好，能还原酰氯、酸酐、醛、酮，可以在水或醇溶液中使用；$Al[OCH(CH_3)_2]_3$ 选择性好，只还原醛、酮，一般用异丙醇作溶剂。

c. 克莱门森还原法　在锌-汞齐与浓盐酸作用下，羰基被还原为亚甲基。此方法与付氏酰基化反应结合可制备直链烷基苯。

d. 沃尔夫（Wolff）-凯息纳（Kishner）-黄鸣龙还原法　在水合肼与碱作用下，羰基被还原为亚甲基。此方法与付克酰基化反应结合可制备直链烷基苯。

e. 坎尼扎罗（Cannizzaro）反应　自身氧化-还原反应，又称为歧化反应。不含 α-H 的醛（如甲醛、苯甲醛、呋喃甲醛等）在浓碱作用下，一分子醛被还原成醇，另一分子醛被氧化成羧酸。

对于交叉坎尼扎罗（Cannizzaro）反应，当其中一种为甲醛时，才具有合成意义，且总是甲醛被氧化为甲酸。

23.2.4 制备

通过下列反应制备：醇氧化，炔烃水合，付克酰基化反应，加特曼-科赫（Gatterman-Koch）反应，羰基反应。

23.3 同步例题

例 1. 选择题

（1）下述化合物与饱和 $NaHSO_3$ 反应速率大小次序为（　　）。

① CH_3CH_2CHO　② $CH_3COCH_2CH_3$　③ $CH_2{=}CHCOCH_3$

A. ①>②>③　　B. ②>①>③　　C. ①>③>②　　D. ③>②>①

（2）完成下列反应选择的还原剂是（　　）。

2-(环己烯酮基)$-CH_2COOC_2H_5$ ⟶ 环己烯基$-CH_2COOC_2H_5$

A. H_2/Pt　B. Zn/Hg，HCl　C. $LiAlH_4$/乙醚　D. $NaBH_4/C_2H_5OH$，H_2O

解题思路：（1）醛、酮与 $NaHSO_3$ 反应为亲核加成反应，醛的反应速率大于酮，此外 $CH_2{=}CHCOCH_3 \longleftrightarrow CH_2{=}CH-C^{+}(O^{-})CH_3 \longleftrightarrow {}^{+}CH_2-CH{=}C(O^{-})CH_3$，减少了羰基碳的正电性，减慢了亲核加成速率。（2）在这个反应中，要掌握几种还原剂的活性大小顺序。碳碳双键（C ═ C）和酰基未被还原，不能选择强还原剂 H_2/Pt；羰基被还原为亚甲基，应选择 Zn/Hg，HCl。

解：（1）A　（2）B

例 2. 完成下列反应

（1）$H_3C-C_6H_4-CHO+CH_3CHO \xrightarrow{OH^-}$（　　）$\xrightarrow[\triangle]{-H_2O}$（　　）

（2）$Ph_3P+CH_3CH_2Br \longrightarrow$（　　）$\xrightarrow{C_4H_9Li}$（　　）$\xrightarrow{CH_3CH{=}CHCOCH_3}$（　　）

（3）$CH_3O-C_6H_4-CHO+HCHO \xrightarrow{浓\ NaOH,\triangle}$（　　）+（　　）

（4）$C_6H_5-\overset{O}{\overset{\|}{C}}CH_2CH_2\overset{O}{\overset{\|}{C}}CH_3 \xrightarrow{1mol\ HCN}$（　　）

（5）$CH_3-C_6H_4-CHO+KMnO_4 \xrightarrow[\triangle]{H^+}$（　　）

（6）$CH_3-C_6H_4-CHO+CrO_3 \longrightarrow$（　　）

（7）$C_6H_5-COCH_3+Cl_2$（过量）$\xrightarrow{OH^-}$（　　）

(8) 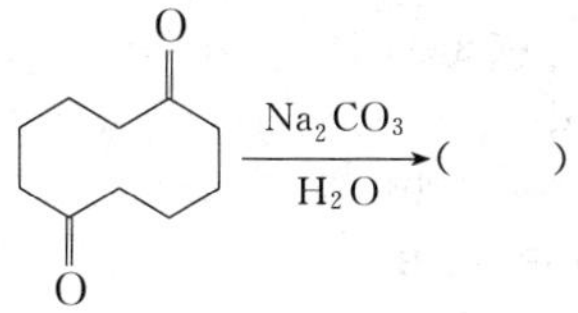 1,6-环癸二酮 $\xrightarrow[H_2O]{Na_2CO_3}$ (　　)

(9) 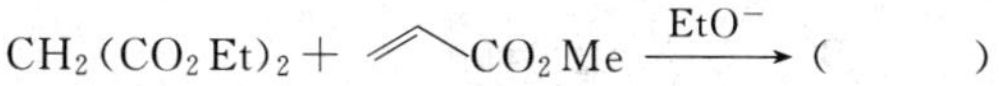 $CH_2(CO_2Et)_2$ + $CH_2{=}CHCO_2Me$ $\xrightarrow{EtO^-}$ (　　)

解题思路：(1) 第一个反应是羟醛缩合反应；第二个反应是脱水反应，因产物具有共轭结构（π-π 共轭），脱水反应易进行。(2) 由第一、第二个反应制备维获希（Wittig）试剂，第三个反应是由酮与维获希（Wittig）试剂反应生成烯烃。(3) 坎尼扎罗（Cannizzaro）反应，当其中一种醛为甲醛时，总是甲醛被氧化。(4) 甲基酮较易进行亲核加成反应。(5) 在强氧化剂的作用下，苯环上的甲基和羰基均被氧化。(6) 在弱氧化剂的作用下，苯环上醛基被氧化，而甲基不被氧化。(7) 卤仿反应，生成氯仿和少一个碳原子的羧酸盐。(8) 分子内亲核加成反应。(9) 迈克尔加成反应。

解：(1) $H_3C-C_6H_4-CH(OH)-CH_2CHO$；$H_3C-C_6H_4-CH{=}CHCHO$

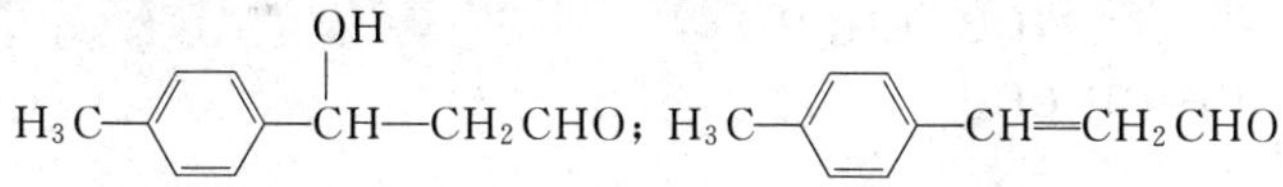

(2) $Ph_3\overset{+}{P}CH_2CH_3\overset{-}{Br}$；$Ph_3\overset{+-}{P}CHCH_3$；$CH_3CH{=}CH-C(CH_3){=}CHCH_3$

(3) 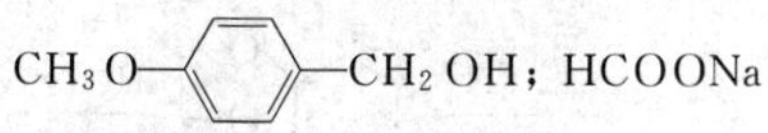 $CH_3O-C_6H_4-CH_2OH$；HCOONa　　(4) $C_6H_5-CO-CH_2CH_2-C(OH)(CN)CH_3$

(5) $HO_2C-C_6H_4-CO_2H$　　(6) $H_3C-C_6H_4-CO_2H$

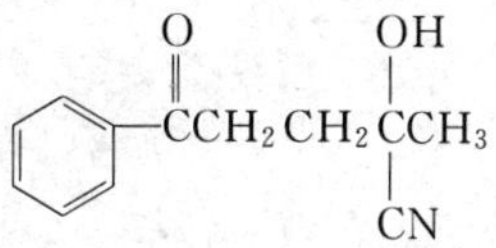

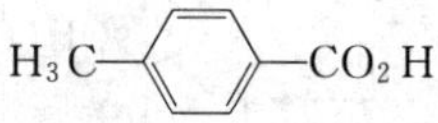

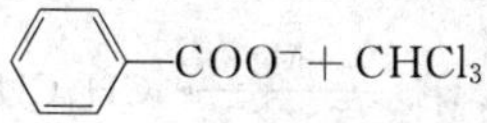

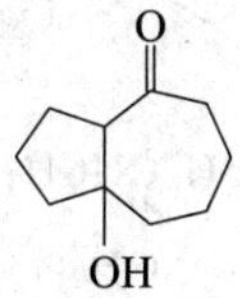

(7) $C_6H_5-COO^- + CHCl_3$　　(8) 双环[5.3.0]癸酮（桥头 OH）

(9) $(EtO_2C)_2CH-CH_2-CH_2-C(=O)-OMe$

例 3. 用化学方法鉴别下列各组化合物

(1) A. 苯甲醛　B. 苯乙酮　C. 正庚醇

(2) 1-苯基乙醇和 2-苯基乙醇

(3) A. 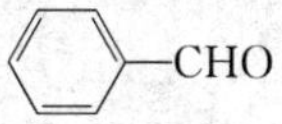 C_6H_5CHO　B. $CH_3CH_2COCH_3$　C. $CH_3CH_2COCH_2CH_3$　D. CH_3CH_2CHO

解：

(1)

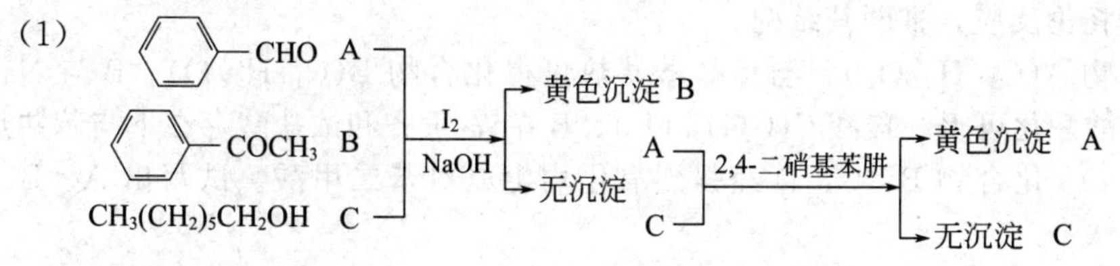

(2) 1-苯基乙醇能发生碘仿反应，而 2-苯基乙醇不能。

(3) 苯甲醛（C₆H₅CHO） A，$CH_3CH_2COCH_3$ B，$CH_3CH_2COCH_2CH_3$ C，CH_3CH_2CHO D $\xrightarrow[\triangle]{Ag(NH_3)_2^+}$ 银镜：A、D；无银镜：C、B

A、D $\xrightarrow{\text{斐林试剂}}$ Cu_2O↓ D；无现象 A

C、B $\xrightarrow[NaOH]{I_2}$ 黄色↓ B；无现象 C

例 4. 完成下列转变

(1) 1,3-丁二烯；丙烯醛 ⟶ 环己烷甲醛

(2) 1,3-丁二烯；丙烯醛 ⟶ 3-环己烯基甲醇（CH_2OH）

(3) $CH_3CH_2\overset{O}{\overset{\|}{C}}CH_3 \longrightarrow CH_3CH_2\underset{H_3C}{\overset{OH}{C}}—\underset{CH_3}{CH}CH_2CH_3$

(4) 苯 ⟶ 正丙苯（$CH_2CH_2CH_3$）

解：

(1) 1,3-丁二烯 + 丙烯醛 $\xrightarrow{100℃}$ 3-环己烯甲醛 $\xrightarrow[\text{干 HCl}]{HOCH_2CH_2OH}$ 环己烯缩醛 $\xrightarrow[Ni]{[H]}$ 环己烷缩醛 $\xrightarrow{H^+}$ 环己烷甲醛

(2) 1,3-丁二烯 + 丙烯醛 $\xrightarrow{100℃}$ 3-环己烯甲醛 $\xrightarrow{LiAlH_4/\text{乙醚}}$ 3-环己烯基甲醇（CH_2OH）

(3) $CH_3CH_2\overset{O}{\overset{\|}{C}}CH_3 \xrightarrow[Ni]{[H]} CH_3CH_2\underset{OH}{CH}CH_3 \xrightarrow[K_2CO_3]{SOCl_2} CH_3CH_2\underset{Cl}{CH}CH_3 \xrightarrow[\text{无水乙醚}]{Mg} CH_3CH_2\underset{MgCl}{CH}CH_3$

$\xrightarrow[\text{无水乙醚}]{CH_3CH_2\overset{O}{\overset{\|}{C}}CH_3} CH_3CH_2\underset{H_3C}{\overset{OMgCl}{C}}—\underset{CH_3}{CH}CH_2CH_3 \xrightarrow{H_3O^+} CH_3CH_2\underset{H_3C}{\overset{OH}{C}}—\underset{CH_3}{CH}CH_2CH_3$

(4) 苯 $\xrightarrow[AlCl_3,\triangle]{CH_3CH_2\overset{O}{\overset{\|}{C}}Cl}$ 苯丙酮（$COCH_2CH_3$） $\xrightarrow[\text{浓 HCl},\triangle]{Zn,Hg}$ 正丙苯（$CH_2CH_2CH_3$）

例 5. 推导结构

(1) 某化合物，分子式为 $C_5H_8O_2$，可以被还原为戊烷，和 H_2NOH 反应生成二肟，可发生碘仿反应和托伦反应，推断其结构。

(2) 中性化合物 A($C_{14}H_{22}O_2$)，与稀盐酸共热可得化合物 B($C_{10}H_{12}O$)。B 与 NaOH 和 Br_2 作用后经盐酸酸化可得一羧酸 C($C_9H_{10}O_2$)。B 在锌-汞齐和浓盐酸存在下与苯共热可得化合物 D($C_{10}H_{14}$)。化合物 B、C、D 经强烈氧化均生成对苯二甲酸。试写出 A、B、C、D 的结构式。

解题思路：(1) 该化合物可与 H_2NOH 反应生成二肟，可推测该化合物为二羰基化合

物，能发生碘仿反应，可能具有 $CH_3—CO—$ 结构；能发生托伦反应，说明另一羰基应为醛羰基。(2) 化合物B、C、D经强烈氧化均生成对苯二甲酸，可推断A、B、C、D均为对位二取代芳香族化合物。再根据其不饱和度可推断A，D除苯环外不含其他不饱和结构；B，C除苯环外还具有一个不饱和结构。B在锌-汞齐和浓盐酸存在下与苯共热可被还原，且与NaOH和 Br_2 作用后经盐酸酸化可得一羧酸C，C的碳原子比B少一个，可推断B含 $CH_3—CO—$ 结构，进而可推断出B、C、D的结构。B是由A与稀盐酸共热所得，A是一种中性化合物，由此可推断A具有缩酮结构。

解：

(1) $CH_3COCH_2CH_2CHO$

(2) (A) 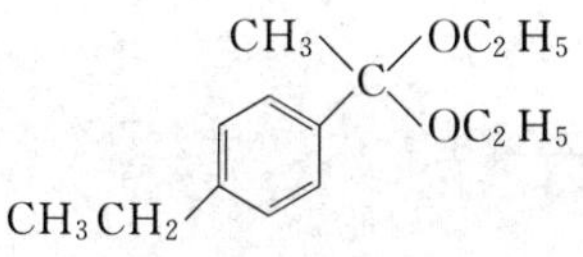 CH_3, OC_2H_5, C, OC_2H_5, CH_3CH_2 或 CH_3, CH_2C, OC_2H_5, OC_2H_5, CH_3

(B) O, CCH_3, CH_3CH_2 或 O, CH_2CCH_3, CH_3

(C) COOH, CH_3CH_2 或 CH_2COOH, CH_3

(D) CH_2CH_3, CH_3CH_2 或 $CH_2CH_2CH_3$, CH_3

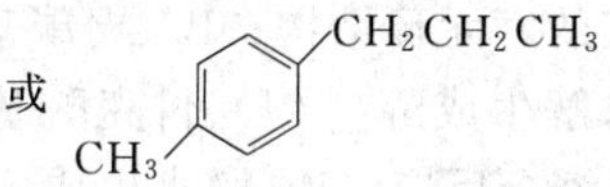

23.4 习题选解

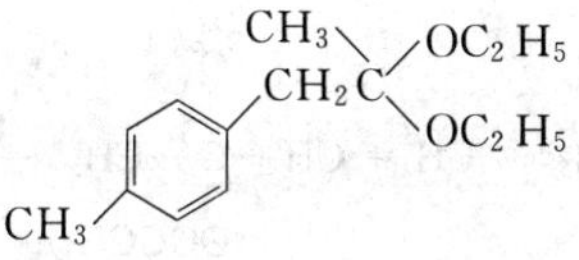

2. 完成下列反应式

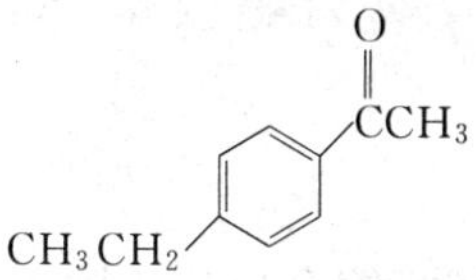

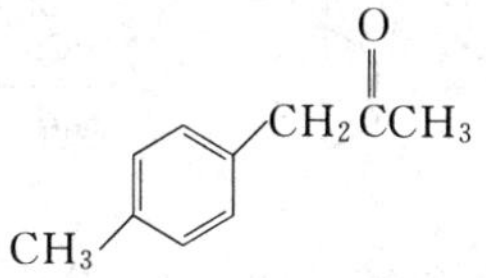

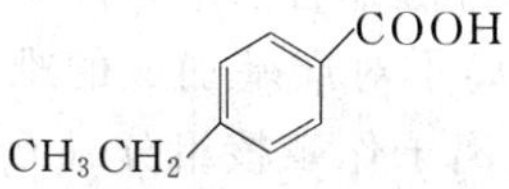

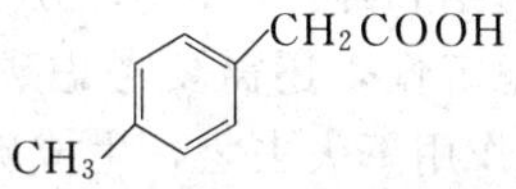

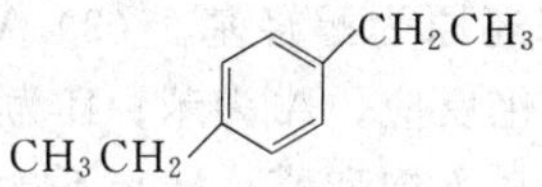

(1) 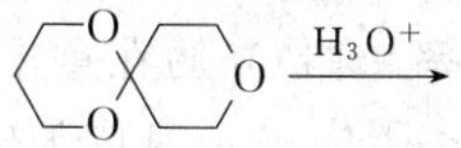 O, O, O $\xrightarrow{H_3O^+}$

(2) 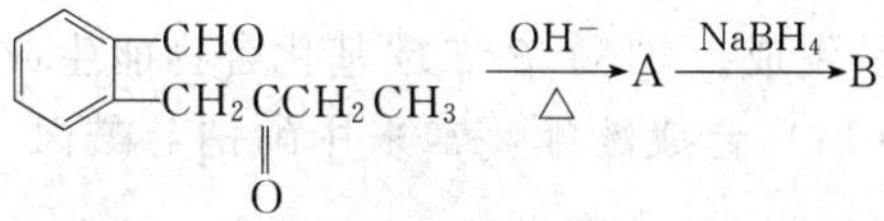 CHO, $CH_2CCH_2CH_3$, O $\xrightarrow[\triangle]{OH^-}$ A $\xrightarrow{NaBH_4}$ B

(3) $CH_3CH_2CHO \xrightarrow[\text{纯醚}]{CH_3MgBr}$ A $\xrightarrow[H_2O]{H^+}$ B

(4) 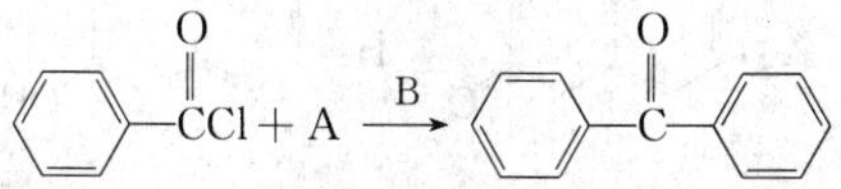 O, CCl + A $\xrightarrow{B}$ O

(5) $2CH_3CH_2CH_2CHO \xrightarrow{\text{稀碱}}$ A $\xrightarrow{\triangle}$ B

(6) $2(CH_3)_3CCHO \xrightarrow{\text{浓 NaOH}}$

(7) $CH_3CHO \xrightarrow{A} CHI_3 + B$

(8) 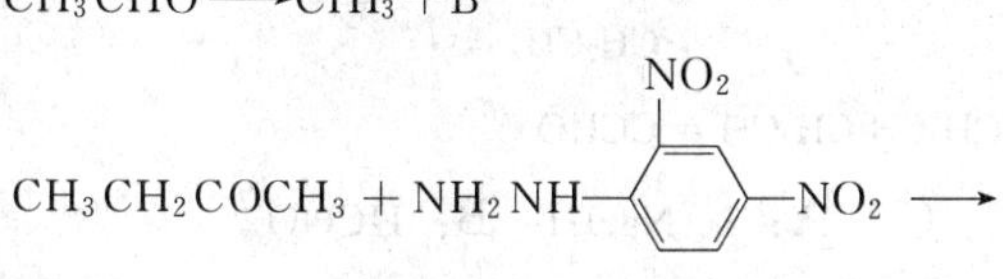 $CH_3CH_2COCH_3 + NH_2NH$—(NO_2)—NO_2 $\longrightarrow$

(9) 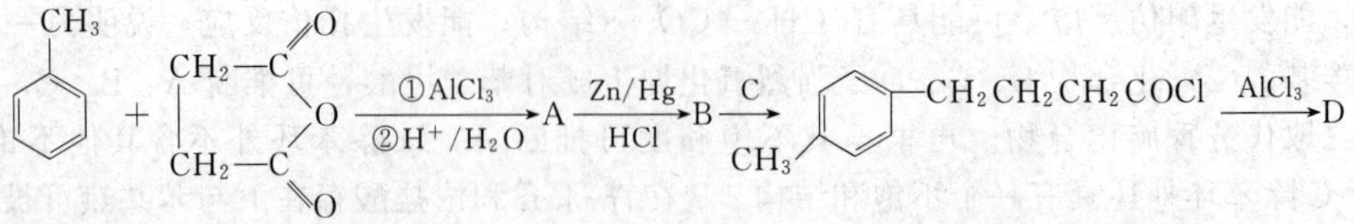 甲苯 + 丁二酸酐 $\xrightarrow[\text{②}H^+/H_2O]{\text{①}AlCl_3}$ A $\xrightarrow[HCl]{Zn/Hg}$ B $\xrightarrow{C}$ $p\text{-}CH_3C_6H_4CH_2CH_2CH_2COCl$ $\xrightarrow{AlCl_3}$ D

(10) $CH_3CH_2CH_2CHO+2HCHO \xrightarrow{OH^-}$

(11) 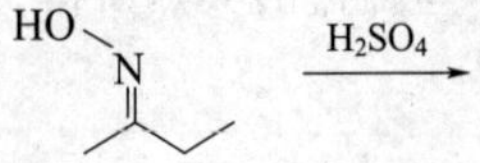 $CH_3C(=NOH)CH_2CH_3 \xrightarrow{H_2SO_4}$

(12) 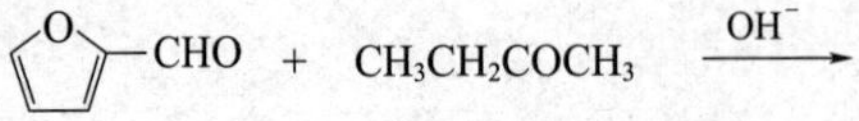 糠醛（2-呋喃甲醛）$-CHO$ + $CH_3CH_2COCH_3$ $\xrightarrow{OH^-}$

(13) $CH_3COCH_2CO_2C_2H_5$ + $CH_2=CH-\overset{O}{\overset{\|}{C}}-CH_3$ $\xrightarrow{KOH}$

(14) 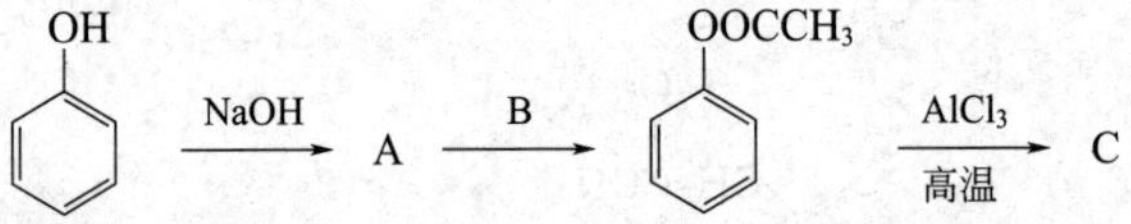 苯酚（C_6H_5OH）$\xrightarrow{NaOH}$ A $\xrightarrow{B}$ $C_6H_5OOCCH_3$ $\xrightarrow[\text{高温}]{AlCl_3}$ C

解题思路：

(1) 缩酮在酸存在下分解为酮和醇。(2) A. 分子内羟醛缩合反应，除了考虑不同α-碳失去氢原子生成的碳负离子的稳定性，还需要考虑碳负离子对羰基加成的难易（环张力大小）。靠近甲基的亚甲基在碱的作用下失去氢，生成碳负离子作亲核组分（而不是靠近苯基的亚甲基），这样能生成稳定的六元环结构；B. 酮羰基还原为醇羟基。(3) A. 格氏试剂对羰基亲核加成；B. 醇金属水解生成醇。(4) 付克酰基化反应，A 为苯；B 为催化剂三氯化铝。(5) A. 两分子醛的羟醛缩合反应；B. 脱水生成α,β-不饱和醛。(6) 不含α-氢的醛在浓碱作用下发生坎尼扎罗反应。(7) 具有甲基的醛、酮（或者能氧化为这种结构的醇）能发生碘仿反应。(8) 醛、酮与2,4-二硝基苯肼作用生成2,4-二硝基苯腙。(9) 酸酐、酰氯是常用的付克酰基化试剂；酮发生克莱门森还原，羰基还原为亚甲基；氯化亚砜可与醇或羧酸作用，氯原子取代羟基得到氯代烃或酰氯；付克酰基化关环。(10) 使用一个含α-氢的醛、酮与另一个不含α-氢的醛、酮进行交叉羟醛缩合，才有较好的产率。(11) 肟在重排时，羟基反位的烃基迁移到氮原子上。(12) 对于酮，通常是含氢多的α-碳失去α-氢成为碳负离子，这样的碳负离子含有较少烷基，更稳定，更易生成。(13) β-二羰基化合物能生成稳定的碳负离子，对α,β-不饱和醛酮进行1,4-加成。(14) 合成酚酯，常采用酚钠与酰卤（或酸酐）反应。

解：

(1) $HOCH_2CH_2CH_2OH$ + 四氢吡喃-4-酮（O=环(O)）　(2) A: 3-甲基-1,4-二氢萘-2(1H)-酮（结构式）　B: 3-甲基-1,2-二氢萘-2-醇（结构式，含 OH）

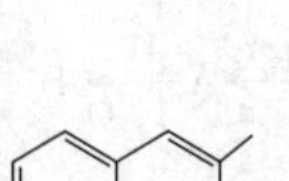

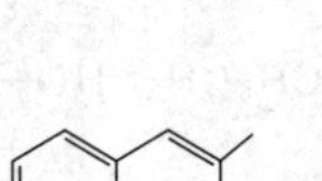

(3) A: $CH_3CH_2\underset{}{CH}(OMgBr)CH_3$　B: $CH_3CH_2CH(OH)CH_3$

(4) A: 苯（C_6H_6）　B: $AlCl_3$

(5) A: $CH_3CH_2CH_2CH(OH)-CH(CH_2CH_3)CHO$　B: $CH_3CH_2CH_2CH=C(CH_2CH_3)CHO$

(6) $(CH_3)_3CCH_2OH+(CH_3)_3CCOO^-$　(7) A: $I_2/NaOH$　B: $HCOO^-$

(8) $CH_3CH_2C(CH_3)=NNH-C_6H_3(NO_2)_2$（2,4-二硝基苯基）

(9) A：对甲苯基 $COCH_2CH_2CO_2H$　B：对甲苯基 $CH_2CH_2CH_2CO_2H$　C. $SOCl_2$　D：7-甲基-1-四氢萘酮

(10) $CH_3CH_2C(CH_2OH)_3$　(11) $CH_3CONHCH_2CH_3$

(12) 2-呋喃基 $-CH=CHCOCH_2CH_3$　(13) $CH_3COCH(CO_2C_2H_5)CH_2CH_2COCH_3$

(14) A：C_6H_5ONa　B：CH_3COCl　C：邻羟基苯乙酮（o-$HOC_6H_4COCH_3$）

3. 用化学方法区别下列化合物。

(1) 丙醛，乙醛和乙醚　(2) 2-戊酮，3-戊酮和 2-戊醇

(3) 苯甲醛，苯乙酮，苯酚和 2-苯基乙醇

解题思路：(1) 用饱和亚硫酸氢钠（或 2,4-二硝基苯肼）及碘仿反应区别；(2) 与氨的衍生物反应（或用饱和亚硫酸氢钠）以及碘仿反应区别；(3) 用溴水（或苯酚与 $FeCl_3$ 的显色反应)、氨的衍生物反应及银镜反应区别。

4. 完成下列转变。

(1) $CH_3CH_2CH_2CHO \longrightarrow CH_3CH_2CH(OH)CH(CH_2OH)CH_2CH_2CH_3$

(2) $CH_2=CHCH_2CHO \longrightarrow CH_2=CHCH_2COOH$

(3) $ClCH_2CH_2CHO \longrightarrow CH_3CH(OH)CH_2CH_2CHO$

(4) $C_6H_5CH=CHCHO \longrightarrow C_6H_5CHBr-CHBrCH_2Cl$

(5) $CH_2=CH_2$，$CH_3CH=CH_2 \longrightarrow (CH_3)_2CHCH_2CH_2OH$

(6) 环己醇 $\longrightarrow$ 1-乙基环己醇（$C_6H_{10}(OH)CH_2CH_3$）

(7) 苯 $\longrightarrow$ 对位 $CH_3CH_2-C_6H_4-CH_2CH_2OH$

解题思路：(1) 羟醛缩合反应；硼氢化钠、氢化铝锂或催化加氢均能还原醛为伯醇。(2) 托伦试剂、斐林试剂均可在氧化非共轭脂肪醛为羧酸的同时不氧化碳碳双键。(3) 格氏试剂能对羰基化合物加成，能夺取活泼氢化合物的氢原子；含有羰基、活泼氢的化合物不能

制备格氏试剂；常用生成缩醛或缩酮的方法保护羰基。（4）选择性还原剂氢化铝锂或硼氢化钠只还原醛酮为醇，不还原碳碳双键。（5）格氏试剂与环氧乙烷反应，可制备多两个碳的伯醇：乙烯的环氧化反应生成环氧乙烷；丙烯加溴化氢，制格氏试剂；环氧乙烷与格氏试剂的亲和加成。（6）选择性氧化环己醇为环己酮；格氏试剂与环己酮的加成。（7）付克烷基化反应；苯环上的溴代反应；制格氏试剂与环氧乙烷加成。

解：

（1）$CH_3CH_2CH_2CHO \xrightarrow{NaOH} CH_3CH_2CH(CHO)CH(OH)CH_2CH_2CH_3 \xrightarrow{NaBH_4} CH_3CH_2CH(CH_2OH)CH(OH)CH_2CH_2CH_3$

（2）$CH_2{=}CHCH_2CHO \xrightarrow{\text{斐林试剂}} CH_2{=}CHCH_2COOH$

（3）$ClCH_2CH_2CHO \xrightarrow[\text{干}HCl]{CH_3OH} ClCH_2CH_2CH(OCH_3)_2 \xrightarrow[Et_2O]{Mg} ClMgCH_2CH_2CH(OCH_3)_2$

$\xrightarrow[\text{②} H_3O^+]{\text{①} CH_3CHO} CH_3CH(OH)CH_2CH_2CHO$

（4）$C_6H_5CH{=}CHCHO \xrightarrow{NaBH_4} C_6H_5CH{=}CHCH_2OH \xrightarrow{HCl} C_6H_5CH{=}CHCH_2Cl$

$\xrightarrow{Br_2} C_6H_5CHBrCHBrCH_2Cl$

（5）$CH_2{=}CH_2 \xrightarrow{CH_3CO_3H}$ 环氧乙烷

$CH_3CH{=}CH_2 \xrightarrow{HCl} \xrightarrow{Mg} CH_3CH(MgCl)CH_3 \xrightarrow[\text{②} H_3O^+]{\text{①}\ \text{环氧乙烷}} (CH_3)_2CHCH_2CH_2OH$

（6）环己醇 $\xrightarrow{PCC}$ 环己酮 $\xrightarrow[\text{②} H_3O^+]{\text{①} CH_3CH_2MgBr}$ 1-乙基环己醇（OH，CH_2CH_3）

（7）苯 $\xrightarrow[AlCl_3]{CH_3CH_2Cl}$ 乙苯 $\xrightarrow[FeBr_3]{Br_2}$ 对溴乙苯 $\xrightarrow[Et_2O]{Mg}$ 对乙基苯基溴化镁 $\xrightarrow[\text{②} H_3O^+]{\text{①}\ \text{环氧乙烷}}$ p-$CH_3CH_2C_6H_4CH_2CH_2OH$

5. 由苯乙酮和任何必要试剂合成下列化合物

（1）2-苯基-2-丁醇　　　　（2）苯甲酸

（3）α-羟基-α-苯丙酸　　　　（4）2,2-二苯基乙醇

解题思路：（1）由酮合成叔醇，可与格氏试剂反应。（2）卤仿反应可制备少一个碳的羧酸。（3）α-羟基酸可通过醛、酮与氢氰酸加成再酸性水解制备。（4）原羰基碳上连接了苯基，可依次与格氏试剂（苯基溴化镁）反应，酸化制醇；浓硫酸脱水成 1,1-二苯乙烯；硼氢化-氧化反应。

解：

（1）$C_6H_5COCH_3 \xrightarrow[\text{②} H_3O^+]{\text{①} EtMgBr} C_6H_5C(CH_3)(OH)CH_2CH_3$

（2）$C_6H_5COCH_3 \xrightarrow[\text{②}\ H_3O^+]{\text{①}\ I_2/NaOH} C_6H_5COOH$

（3）$C_6H_5COCH_3 \xrightarrow{HCN} C_6H_5C(OH)(CH_3)CN \xrightarrow{H_3O^+} C_6H_5C(OH)(CH_3)COOH$

（4）$C_6H_5COCH_3 \xrightarrow[\text{②}H_3O^+]{\text{①}C_6H_5MgBr} (C_6H_5)_2COHCH_3 \xrightarrow[\triangle]{H_2SO_4} (C_6H_5)_2C{=}CH_2$

$\xrightarrow[\text{②}H_2O_2]{\text{①}B_2H_6} (C_6H_5)_2CHCH_2OH$

6. 由丙醛和任何必要试剂合成下列化合物

（1）2-丁醇　　（2）2-甲基戊醛　　（3）2-甲基-3-戊醇

（4）α-羟基丁酸　　（5）甲基丙烯酸

解题思路：（1）与格氏试剂反应。（2）羟醛缩合；加热脱水成 α,β-不饱和醛；缩醛化反应保护羰基；催化氢化；酸水解。（3）羟醛缩合后还原羰基为亚甲基，或者醛与格氏试剂反应。（4）与 HCN 加成，水解。（5）羟醛缩合是生成 α,β-不饱和羰基化合物的重要方法，托伦试剂、斐林试剂可氧化醛为羧酸且不影响碳碳双键。

解：

（1）$CH_3CH_2CHO + CH_3MgI \longrightarrow CH_3CH_2CH(OMgI)CH_3 \xrightarrow{H_3O^+} CH_3CH_2CH(OH)CH_3$

（2）$CH_3CH_2CHO \xrightarrow[\triangle]{OH^-} CH_3CH_2CH{=}C(CH_3)CHO \xrightarrow[HCl]{EtOH} CH_3CH_2CH{=}C(CH_3)CH(OEt)_2$

$\xrightarrow[Pt]{H_2} CH_3CH_2CH_2CH(CH_3)CH(OEt)_2 \xrightarrow{H_3O^+} CH_3CH_2CH_2CH(CH_3)CHO$

（3）$CH_3CH_2CHO \xrightarrow{OH^-} CH_3CH_2CH(OH){-}CH(CH_3)CHO \xrightarrow[HCl]{Zn/Hg} CH_3CH_2CH(OH){-}CH(CH_3)CH_3$

（4）$CH_3CH_2CHO + HCN \longrightarrow CH_3CH_2CH(OH)CN \xrightarrow{H_3O^+} CH_3CH_2CH(OH)CO_2H$

（5）$CH_3CH_2CHO + HCHO \xrightarrow[\triangle]{OH^-} CH_2{=}C(CH_3)CHO \xrightarrow{Ag^+(NH_3)_2} CH_2{=}C(CH_3)CO_2H$

7. 以苯或甲苯和四个碳或四个碳以下的醇为原料合成下列物质

（1）正丁基苯　　（2）α-(对硝基-2-羟基)苯基乙酸

（3）1,2-二苯基-2-丙醇　　（4）$C_6H_5{-}CH{=}CH{-}CH(OH){-}C_6H_4{-}NO_2$（对位）

解题思路：（1）为避免重排，制备直链烷基苯需先进行付克酰基化反应再还原羰基为亚甲基：丁醇氧化成羧酸；加 $SOCl_2$ 制酰氯；付克酰基化反应；用 Zn/Hg 及 HCl 还原反应。（2）产物具有对位硝基、邻位羟基，需注意基团的引入顺序：混酸硝化分离对位产物；磺化邻位，碱熔，酸化；光照支链 α-H 氯代；与氰化钠反应生成腈，酸解。（3）甲苯光照支链 α-H 氯代（或用 NBS）制格氏试剂，与由苯的付克乙酰化制的苯乙酮反应。（4）本题涉及到碳链的增长，碳碳双键和碳链上羟基的形成。Wittig 反应、格氏反应、羟醛缩合以及炔钠

和卤代烃的反应均可使用

解：

（1）$CH_3CH_2CH_2CH_2OH \xrightarrow{KMnO_4} CH_3CH_2CH_2CO_2H \xrightarrow{SOCl_2} CH_3CH_2CH_2COCl$

$C_6H_6 \xrightarrow[AlCl_3]{CH_3CH_2CH_2COCl} C_6H_5COCH_2CH_2CH_3 \xrightarrow[HCl]{Zn/Hg} C_6H_5CH_2CH_2CH_2CH_3$

（2）甲苯 $\xrightarrow{混酸}$ 对硝基甲苯 $\xrightarrow{SO_3}$ 2-甲基-5-硝基苯磺酸（HO_3S，NO_2） $\xrightarrow{碱熔} \xrightarrow{H_3O^+}$ 2-甲基-5-硝基苯酚（HO，NO_2）

$\xrightarrow[光照]{NBS}$ 2-(CH_2Br)-5-硝基苯酚 $\xrightarrow{NaCN}$ 2-(CH_2CN)-5-硝基苯酚 $\xrightarrow{H_3O^+}$ 2-(CH_2CO_2H)-5-硝基苯酚

（3）$CH_3CH_2OH \xrightarrow{KMnO_4} CH_3CO_2H \xrightarrow{SOCl_2} CH_3COCl$

$C_6H_5CH_3 \xrightarrow[光照]{NBS} C_6H_5CH_2Br \xrightarrow{Mg} C_6H_5CH_2MgBr$

$C_6H_6 \xrightarrow[AlCl_3]{CH_3COCl} C_6H_5COCH_3 \xrightarrow[②H_3O^+]{①C_6H_5CH_2MgBr} CH_3C(OH)(C_6H_5)CH_2C_6H_5$

（4）以下采用了多种合成方法，已合成过的中间体直接使用，不再重复合成

法一：$C_6H_5CH_3 \xrightarrow[光照]{NBS} C_6H_5CH_2Br \xrightarrow{OH^-} C_6H_5CH_2OH \xrightarrow{PCC} C_6H_5CHO$

$C_6H_6 \xrightarrow[H_2SO_4]{CH_3CH_2OH} CH_3CH_2-C_6H_5 \xrightarrow{混酸} CH_3CH_2-C_6H_4-NO_2$

$\xrightarrow[光照]{NBS} \xrightarrow{OH^-} \xrightarrow{PCC} H_3C\overset{O}{\overset{\|}{C}}-C_6H_4-NO_2 \xrightarrow[OH^-,\triangle]{C_6H_5CHO}$

$C_6H_5-CH=CH\overset{O}{\overset{\|}{C}}-C_6H_4-NO_2 \xrightarrow{NaBH_4} C_6H_5-CH=CH\overset{OH}{\overset{|}{C}H}-C_6H_4-NO_2$

法二：$C_6H_6 + CH_2=CHCH_2OH \longrightarrow C_6H_5CH_2CH=CH_2 \xrightarrow[ROOR]{HBr} C_6H_5CH_2CH_2CH_2Br$

$\xrightarrow{OH^-} \xrightarrow{PCC} C_6H_5CH_2CH_2CHO \xrightarrow[光照]{NBS} \xrightarrow[醇]{OH^-} C_6H_5CH=CHCHO$

$C_6H_6 \xrightarrow[Br_2]{Fe} Br-C_6H_5 \xrightarrow{混酸} Br-C_6H_4-NO_2 \xrightarrow{Mg} \xrightarrow{C_6H_5CH=CHCHO} \xrightarrow{H^+}$ 产物

法三：$CH_3CH_2-C_6H_4-NO_2 \xrightarrow[\text{光照}]{NBS} \xrightarrow[\text{醇}]{OH^-} \xrightarrow{Br_2} \xrightarrow[\text{醇}]{OH^-} \xrightarrow{NaNH_2} HC\equiv C-C_6H_4-NO_2$

$\xrightarrow{NaNH_2} \xrightarrow{C_6H_5CHO} C_6H_5-CH(OH)-C\equiv C-C_6H_4-NO_2 \xrightarrow[\text{② } H_2O_2/OH^-]{\text{① } B_2H_6}$

$C_6H_5-CH(OH)CH_2-CO-C_6H_4-NO_2 \xrightarrow[\text{②}NaBH_4]{\text{①加热}-H_2O}$ 产物

法四：$C_6H_5-CH_2Br + NaC\equiv C-C_6H_4-NO_2 \longrightarrow C_6H_5-CH_2C\equiv C-C_6H_4-NO_2 \xrightarrow[\text{② } H_2O_2/OH^-]{\text{① } B_2H_6}$

$C_6H_5-CH_2CH_2-CO-C_6H_4-NO_2 \xrightarrow[H^+]{Br_2} \xrightarrow[\text{醇}]{OH^-} C_6H_5-CH=CHCO-C_6H_4-NO_2 \xrightarrow{NaBH_4}$ 产物

法五：$CH_3CH_2-C_6H_4-NO_2 \xrightarrow[\text{光照}]{NBS} \xrightarrow[\text{醇}]{OH^-} \xrightarrow[ROOR]{HBr} BrCH_2CH_2-C_6H_4-NO_2 \xrightarrow{Mg} \xrightarrow[\text{② } H^+]{\text{① } C_6H_5CHO}$

$C_6H_5-CH(OH)CH_2CH_2-C_6H_4-NO_2 \xrightarrow{H_2SO_4,\text{加热}} C_6H_5-CH=CHCH_2-C_6H_4-NO_2 \xrightarrow[\text{光照}]{NBS} \xrightarrow{OH^-}$ 产物

法六：$BrCH_2CH_2-C_6H_4-NO_2 \xrightarrow[\text{② } PhLi]{\text{① } PPh_3} Ph_3P=CHCH_2-C_6H_4-NO_2 \xrightarrow{C_6H_5CHO}$

$C_6H_5-CH=CHCH_2-C_6H_4-NO_2 \xrightarrow[\text{光照}]{NBS} \xrightarrow{OH^-}$ 产物

法七：$C_6H_5-CH_2CH_3 \xrightarrow[\text{光照}]{NBS} \xrightarrow[\text{醇}]{OH^-} \xrightarrow{Br_2} \xrightarrow[\text{醇}]{OH^-} \xrightarrow{NaNH_2} C_6H_5-C\equiv CH$

$\xrightarrow[ROOR]{HBr} C_6H_5-CH=CHBr \xrightarrow{Mg} C_6H_5-CH=CHMgBr$

$C_6H_6 \xrightarrow{\text{混酸}} H_3C-C_6H_4-NO_2 \xrightarrow[\text{光照}]{NBS} \xrightarrow{OH^-} \xrightarrow{PCC} OHC-C_6H_4-NO_2$

$\xrightarrow{C_6H_5-CH=CHMgBr} \xrightarrow{H_3O^+}$ 产物

法八：$C_6H_5-C\equiv CH \xrightarrow{NaNH_2} C_6H_5-C\equiv CNa \xrightarrow{OHC-C_6H_4-NO_2} \xrightarrow{H_3O^+}$

$C_6H_5-C\equiv C-CH(OH)-C_6H_4-NO_2 \xrightarrow[\text{Lindlar催化剂}]{H_2}$ 产物

10. 化合物 A($C_6H_{12}O$) 与 2,4-二硝基苯肼反应生成黄色沉淀，但不能与托伦试剂反应也不能与 $NaHSO_3$ 发生加成反应，试写出 A 的可能构造式。

解题思路： 由题意可知化合物 A 不饱和度为 1，且有一个酮羰基，A 不是甲基酮。

解： A. $C_2H_5COCH_2CH_2CH_3$ 或 $C_2H_5COCH(CH_3)_2$

12. 化合物 A 的分子式为 $C_{10}H_{12}O$，它与 $Br_2/NaOH$ 反应后，酸化后得 B($C_9H_{10}O_2$)。A 经克莱门森还原生成 C($C_{10}H_{14}$)；A 与苯甲醛在稀碱中反应生成 D($C_{17}H_{16}O$)。A，B，C，D 经酸性 $KMnO_4$ 氧化都可生成邻苯二甲酸。试推测 A，B，C，D 可能的结构。

解题思路：由题意可知各化合物均有邻二取代苯结构；A 为甲基酮。

解：

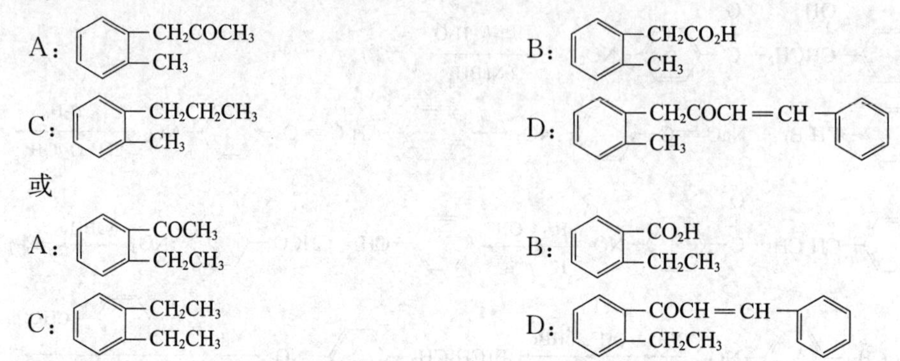

13. 按指定性能对下列各组化合物排列顺序，并说明为什么。

(1) 与 $NaHSO_3$ 加成的活性

A. $CH_3\overset{O}{\overset{\|}{C}}CH_3$　B. $CH_3\overset{O}{\overset{\|}{C}}CH_2CH_3$　C. $CH_3\overset{O}{\overset{\|}{C}}C_6H_5$　D. CH_3CHO

E. $CH_3CH_2CH_2CHO$

(2) 与 HCN 加成的活性

A. CH_3CHO　B. $CH_3\overset{O}{\overset{\|}{C}}CH_3$　C. $ClCH_2CHO$　D. $C_2H_5\overset{O}{\overset{\|}{C}}C_2H_5$

解题思路：醛、酮的亲核加成活性与电子效应和空间位阻有关。醛的亲核加成活性强于酮；非共轭醛（酮）的亲核加成活性强于共轭醛（酮）；羰基碳的位阻越大，亲核加成越难。(1) 中醛、酮亲核加成的活性既受羰基碳空间位阻的影响又受羰基碳电正性的影响。D 和 E 为醛，仅有一个烷基的供电子诱导，空间位阻小，且 D 的位阻小于 E。A、B 和 C 为酮，空间位阻较大，且 B 的位阻大于 A，C 的羰基与苯环共轭，羰基碳电正性弱。(2) 中 C 和 A 为醛，空间位阻相当，且 C 中 α-位氯原子的吸电子诱导导致 C 中羰基碳电正性比 A 强。B 和 D 为酮，且 D 的位阻大于 B。

解：(1) D>E>A>B>C　　(2) C>A>B>D

23.5 思考题

23-1 山梨酸（化学名：2,4-己二烯酸，OH）及山梨酸钾是国际粮农组织和卫生组织推荐的高效安全的防腐保鲜剂，广泛应用于食品、饮料、烟草、农药、化妆品等行业，作为不饱和酸，也可用于树脂、香料和橡胶工业。试以不超过两个碳原子的原料合成山梨酸。

23-2 (*R*)-2-叔丁基环己酮与叔丁基氯化镁反应后经酸性水解，主产物为 (1*S*,2*R*)-1,2-二叔丁基环己醇还是 (1*R*,2*R*)-1,2-二叔丁基环己醇，还是二者的等量混合物？

23-3 亚氨基二乙腈［$NH(CH_2CN)_2$］主要用于合成除草剂草甘膦，另外，作为一种重要的精细化工中间体，在染料、电镀、水处理、合成树脂等领域有广泛的用途。试以不超过一个碳的原料完成其合成。

23-4 甲缩醛（$H_3C\frown O\frown O\frown CH_3$）又称为甲醛缩二甲醇、二甲氧基甲烷。它具有优良的理化性能，能广泛应用于化妆品、药品、家庭用品、工业汽车用品、杀虫剂、皮革上光剂、清洁剂、橡胶工业、油漆、油墨等产品中。由于甲缩醛具有良好的去油污能力和挥发性，作为清洁剂可以替代 F11 和 F113 及含氯溶剂，因此是替代氟利昂，减少挥发性有机物排放，降低对大气污染的环保产品。另外，它可以用作燃料添加剂，添加后对燃料的燃烧性能有显著改善，并减少了有害气体排放。试以甲烷为原料，提出甲缩醛的制备方法。

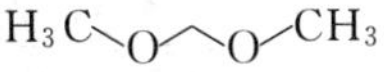

23-5 从简单原料出发合成化合物。

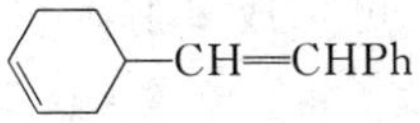

（环己烯基）—CH═CHPh

自我检测题

23-1 选择题

（1）下列化合物不能起碘仿反应的是（　　）。

A. ICH_2CHO　B. $CH_3CH_2CH_2CH_2OH$　C. $CH_3CH(OH)CH_2CH_3$　D. $C_6H_5COCH_3$

（2）下列化合物中不能与2,4-二硝基苯肼反应的化合物是（　　）。

A. HCHO　B. CH_3CHO　C. $CH_3CH(OH)CH_3$　D. $CH_3C(=O)CH_3$

（3）不能与饱和 $NaHSO_3$ 溶液反应的是（　　）。

A. $CH_3CH_2COCH_2CH_3$　B. $(CH_3)_3CCHO$　C. 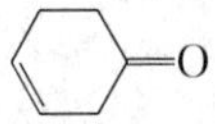 环己酮（═O）　D. 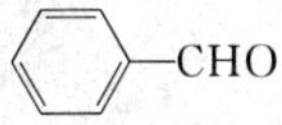 苯—CHO

（4）下列化合物中，哪个可发生 Cannizzaro 反应（　　）。

A. $CH_3CH_2CH_2CHO$　B. $CH_3C(=O)CH_2CH_3$　C. 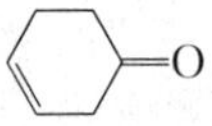 环己酮（═O）　D. 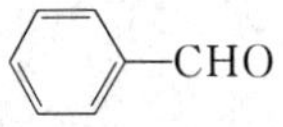 苯—CHO

23-2 下列化合物与 HCN 亲核加成反应的活性次序为____。

A. CF_3CHO　B. CCl_3CHO　C. $ClCH_2CHO$

D. CH_3COCH_3　E. $CH_3COCH_2CH_3$　F. CH_3CHO

23-3 完成下列反应。

（1）$CH_3CH(OH)CH_2CH_2CH_3 \xrightarrow{PCC}$（　　）$\xrightarrow[\text{浓 HCl，苯}]{Zn/Hg}$（　　）

（2）呋喃—CHO（2-呋喃甲醛）$\xrightarrow[\text{②}H^+]{\text{①NaOH（浓）}}$（　　）+（　　）

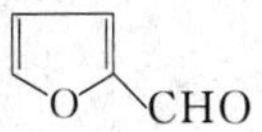

（3）$CH_3CH(OH)CH_3 \xrightarrow[H^+]{K_2Cr_2O_7}$（　　）$\xrightarrow{CH_3OCH=PPh_3}$（　　）$\xrightarrow{HI}$（　　）+（　　）

(4) $CH_3CH{=}CHCCH_3$（C=O）$\xrightarrow{LiAlH_4}\xrightarrow{H_2O}$（　　）

$\xrightarrow{H_2/Ni}$（　　）

(5) $HCHO+CH_3NO_2 \xrightarrow{吡啶}$（　　）

23-4　用化学方法鉴别下列各化合物。

C_6H_5—CHO　　C_6H_5—$COCH_3$　　C_6H_5—$CH{=}CH_2$　　C_6H_5—$C{\equiv}CH$

23-5　推导题

某化合物 A，分子式为 C_4H_8O，可生成苯腙，可发生碘仿反应，但不发生托伦反应，推断其结构。

思考题参考答案

23-1　本题涉及一个碳链增长的不饱和羧酸的合成。到目前为止，我们学习过的羧酸制备方法有不饱和烃的酸性高锰酸钾氧化、芳香烃的侧链氧化、醛（或者伯醇）的氧化、腈的水解以及甲基酮的卤仿反应，能用于本题的方法有醛（或者伯醇）的氧化和腈的水解；关于碳链增长，醛与维获希试剂加成、醛与格氏试剂加成、炔钠与伯卤代烷反应、羟醛缩合均可使用；碳碳双键的生成则可利用醛与维获希试剂加成、卤代烃脱卤化氢（或醇脱水）以及炔烃的部分还原。

法一：$HCOCHO+2CH_3CH{=}PPh_3 \longrightarrow$ $CH_3CH{=}CHCH{=}CHCH_3$ $\xrightarrow[光照]{NBS}$ $CH_3CH{=}CHCH{=}CHCH_2Br$ $\xrightarrow[\triangle]{OH^-}\xrightarrow{PCC}$

$CH_3CH{=}CHCH{=}CHCHO$ $\xrightarrow{托伦试剂}$ $CH_3CH{=}CHCH{=}CHCOOH$

法二：$CH_3CHO \xrightarrow[\triangle]{OH^-}$ $CH_3CH{=}CHCHO$ $\xrightarrow[H_2SO_4]{CH_3OH}$ $CH_3CH{=}CHCH(OCH_3)_2$ $\xrightarrow[光照]{NBS}\xrightarrow[干乙醚]{Mg}$ $BrMgCH_2CH{=}CHCH(OCH_3)_2$

$\xrightarrow[②H^+，\triangle]{①乙醛}$ $CH_3CH{=}CHCH{=}CHCHO$ $\xrightarrow{托伦试剂}$ $CH_3CH{=}CHCH{=}CHCOOH$

法三：$HC{\equiv}CH \xrightarrow[②2CH_3Cl]{①NaNH_2}\xrightarrow[林德拉催化剂]{H_2}$ $CH_3CH{=}CHCH_3$ $\xrightarrow[高温]{Cl_2}$ $CH_3CH{=}CHCH_2Cl$ $\xrightarrow[②PhLi]{①PPh_3}$

$CH_3CH{=}CHCH{=}PPh_3$ $\xrightarrow[②托伦试剂]{①HCOCHO}$ $CH_3CH{=}CHCH{=}CHCOOH$

法四：$HC{\equiv}CH \xrightarrow[②CH_3Cl]{①NaNH_2}\xrightarrow[林德拉催化剂]{H_2}\xrightarrow[ROOR]{HBr}$ $CH_3CH_2CH_2Br$ $\xrightarrow{乙炔钠}$ $CH_3CH_2CH_2C{\equiv}CH$ $\xrightarrow[②H_2O_2]{①B_2H_6}$

$CH_3CH_2CH_2CH_2CHO$ $\xrightarrow[②\triangle]{①HCN}$ $CH_3CH_2CH_2CH{=}CHCN$ $\xrightarrow[②NaOH/醇]{①Cl_2，高温}$ $CH_3CH{=}CHCH{=}CHCN$ $\xrightarrow{H_3O^+}$ $CH_3CH{=}CHCH{=}CHCO_2H$

23-2　叔丁基具有较大的空间体积，会妨碍亲核试剂（在这里为同样具有较大体积的叔丁基碳负离子）从其同侧进攻羰基碳，而亲核试剂从叔丁基的异侧进攻羰基碳则具有明显的优势。

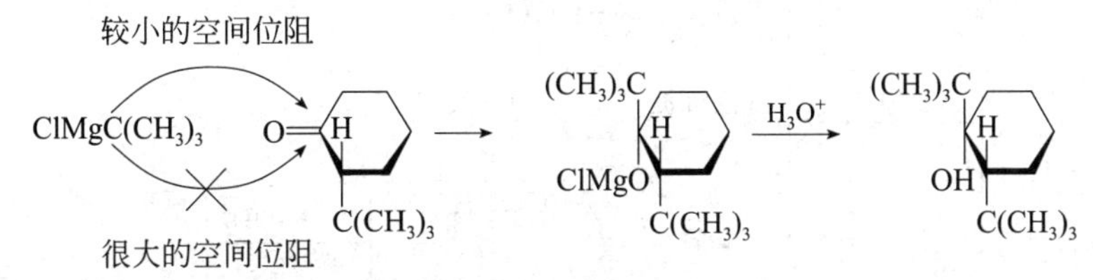

故最终产物为（1*R*,2*R*)-1,2-二叔丁基环己醇。

23-3 从亚氨基二乙腈的结构可以看出，产物具有 C—N 键，这种结构可以通过醇或者卤代烃的氨基化（氨解）得到。这样，可以找出其直接合成原料：氨与羟基乙腈（或卤乙腈）。完成合成的关键简化为利用不超过一个碳的原料合成出羟基乙腈（一种 α-羟基腈），这种结构可以由醛酮羰基与氰化氢加成得到。

$$HCHO+HCN \longrightarrow HOCH_2CN \xrightarrow{NH_3} NH(CH_2CN)_2$$

$$NCCH_2\text{—}\boxed{OH \quad H}\text{—}\overset{H}{\underset{}{N}}\text{—}\boxed{H \quad HO}\text{—}CH_2CN \longrightarrow NH(CH_2CN)_2$$

23-4 目标产物是一种缩醛，为甲醇与甲醛在干氯化氢、浓硫酸等无水酸催化下得到的。甲醛可以通过甲烷依次经过卤代、碱性水解及选择性氧化制备。

$$CH_4+Cl_2 \xrightarrow{\text{高温}} CH_3Cl \xrightarrow{NaOH/H_2O} CH_3OH \xrightarrow{PCC} HCHO \xrightarrow[\text{浓 } H_2SO_4]{2CH_3OH} CH_2(OCH_3)_2$$

23-5 产物具有六元环结构，双烯合成是生成这种结构的重要方法。醛或酮与维获希试剂的反应，是合成烯烃的一种很有价值的方法。

$$CH_2{=}CH{-}CH{=}CH_2 + CH_2{=}CH{-}CHO \xrightarrow{\triangle} \text{(3-环己烯基)}{-}CHO$$

$$PhCH_3 \xrightarrow[\text{高温}]{Cl} PhCH_2Cl \xrightarrow[\text{②碱}]{\text{①}PPh_3} Ph_3P{=}CHPh$$

$$\text{(3-环己烯基)}{-}CH{=}O + Ph_3P{=}CHPh \longrightarrow \text{(3-环己烯基)}{-}CH{=}CHPh$$

自我检测题参考答案

23-1 选择题

(1)B (2)C (3)A (4)D

23-2

A>B>C>F>D>E

23-3

(1) $CH_3\overset{O}{\overset{\|}{C}}CH_2CH_2CH_3$；$CH_3(CH_2)_3CH_3$ (2) 2-呋喃基-COOH；2-呋喃基-CH_2OH

(3) $CH_3\overset{O}{\overset{\|}{C}}CH_3$；$(CH_3)_2C{=}CHOCH_3$；$ICH_3$；$(CH_3)_2CHCHO$

(4) $CH_3CH{=}CH\overset{OH}{\overset{|}{C}H}CH_3$； $CH_3CH_2CH_2\overset{OH}{\overset{|}{C}H}CH_3$ (5) $HOCH_2CH_2NO_2$

23-4

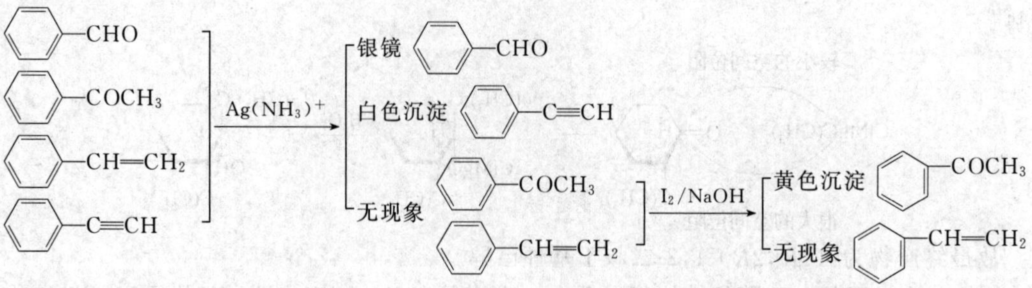

C_6H_5CHO、$C_6H_5COCH_3$、$C_6H_5CH{=}CH_2$、$C_6H_5C{\equiv}CH$ $\xrightarrow{Ag(NH_3)^+}$

- 银镜 C_6H_5CHO
- 白色沉淀 $C_6H_5C{\equiv}CH$
- 无现象 $C_6H_5COCH_3$、$C_6H_5CH{=}CH_2$ $\xrightarrow{I_2/NaOH}$
  - 黄色沉淀 $C_6H_5COCH_3$
  - 无现象 $C_6H_5CH{=}CH_2$

23-5

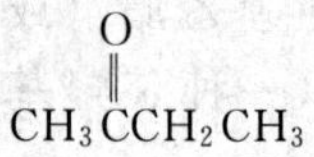

$$CH_3\overset{\overset{\displaystyle O}{\|}}{C}CH_2CH_3$$

第 24 章　羧酸及其衍生物

24.1　基本要求

羧酸是具有明显酸性的有机化合物，在自然界存在广、种类多且性质应用广泛。本章以羧基的结构为主线，利用学生已具有的电子效应的知识，讨论结构对物理和化学性质的影响。

在羧酸化学性质的讨论中以羧酸的酸性和羧羟基的取代为重点，注意从结构和性质上与醛、酮、醇、酚的分析对比。

掌握羧酸衍生物结构的共性和差别，认识羧酸衍生物在同类反应中活性的差别。各羧酸衍生物由于结构上的差异而各有其特殊性质，重点掌握酰胺、酯的重要特性：Hoffmann 酰胺降解、Claisen 酯缩合。了解 β-二羰基化合物的结构特点，掌握丙二酸酯和乙酰乙酸乙酯合成法，并推广至活泼亚甲基化合物的共性与合成应用。

重点：羧基的结构，注意与醛酮羰基进行对比，使学生理解羧基不是羰基与羟基的简单加合；羧酸的酸性和羧羟基的取代；运用电子效应分析羧酸衍生物的结构与性质的关系，认识其反应活性差别的内在原因；掌握酰胺的 Hoffmann 降解、Claisen 酯缩合和 Dieckmann 酯缩合反应；丙二酸酯、乙酰乙酸乙酯合成法。

难点：羧酸性质繁杂，较难掌握，应抓住结构主线，理清线索，注意突出重点。羧酸衍生物的共性涉及反应较多，应注意从结构入手，认识其起因，在理解的基础上掌握。

24.2　内容概要

24.2.1　羧酸

(1) 羧酸的结构　羧基是羧酸的官能团，因此理解羧酸结构和性质的关系的关键在于掌握羧基的结构特点：羧基碳和羧基氧均为 sp^2 杂化，形成一个平面形的 p-π 共轭体系，使羧基不是羟基和羰基的简单加合。且由于氧的电负性大于碳，因此羧基是一个极性基团，电子云的分布是氧原子周围密度较大，羧基碳原子周围密度较小；羧羟基氧由于参与共轭使电子云密度下降，从而氧氢键更加极化，羧羟基上的氢酸性增强。

(2) 羧酸的物理性质　由于羧基的存在，可以在羧酸分子间或与水分子间形成氢键，表现出一定的水溶性和较高的沸点。

(3) 羧酸的化学性质

① 酸性　是羧酸最显著的性质。羧酸具有酸的通性，由于电子效应的影响，不同羧酸的酸性有所不同。

② 羧基中—OH 的取代反应　通过醇解、氨解等反应，羧酸可以转化成相应的羧酸衍生物。

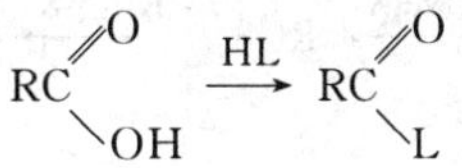

$$RCOOH \xrightarrow{HL} RCOL$$

—L：—X，—OOCR′，—OR′，—NH_2…

③ 脱羧　α-C 连有吸电子基的羧酸可以发生脱羧反应。

④ α-H 的卤代　在红磷催化下可以发生 α-卤代，生成卤代酸。

$$RCH_2COOH \xrightarrow{X_2, P} \underset{\displaystyle X}{\underset{|}{RCH}}COOH$$

⑤ 还原成醇　羧酸不易还原，仅 $LiAlH_4$ 可以使其还原成醇。

$$RCOOH \xrightarrow{LiAlH_4} RCH_2OH$$

羧酸的化学性质小结：

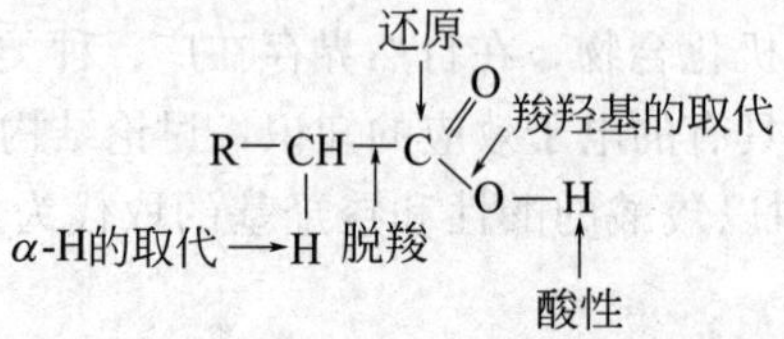

还原
R—CH—C(=O)—O—H
羧羟基的取代
α-H的取代
脱羧
酸性

(4) 主要规律及基本理论　分子中具有不同取代基的羧酸的酸性不同，主要是由于电子效应的影响，取代基的性质、数量和位置均会影响酸性。通过应用电子效应对不同羧酸的结构与酸性的关系分析，进一步将电子效应的知识系统化。

24.2.2 取代酸

(1) 羟基酸

① 羟基酸的制备　雷福尔马斯基反应；卤代酸碱性水解。

② 羟基酸的化学性质　酸性；脱水反应。

(2) 氨基酸

① 氨基酸的结构　略

② 氨基酸的性质　两性及等电点；与亚硝酸反应。

③ 氨基酸的制备　卤代酸的氨解；盖布瑞尔法。

24.2.3 羧酸衍生物

(1) 羧酸衍生物的结构　四大类羧酸衍生物均具有酰基，但由于酰基碳所连基团—L的不同，酰基碳与—L之间具有的－I和＋C效应在四种羧酸衍生物中有区别，－I效应越强，—L越易离去，则相应的羧酸衍生物越活泼；＋C越强，—L的离去越难，相应的羧酸衍生物越稳定。从而不同的羧酸衍生物即使在相同反应中也表现出不同的反应活性。

(2) 羧酸衍生物的化学性质

① 羧酸衍生物的共性

a. 羰基上的亲核取代（水解、醇解、氨解）实现羧酸及其衍生物之间的转化；

$$RC(=O)L \xrightarrow{HY} RC(=O)Y$$

HY：HOH，R′OH，NH_3…

b. 与格氏试剂反应生成有两个相同烃基的叔醇；

$$RC(=O)L \xrightarrow{R'MgX} RC(=O)R' \xrightarrow{R'MgX} \xrightarrow{H^+} RC(OH)R'R'$$

c. 还原反应（催化氢化、金属氢化物还原）均易于羧酸。

② 酰胺的重要特性　酰胺的弱酸性、弱碱性；酰胺的脱水；Hoffmann 酰胺降解生成少一个碳的伯胺。

$$RCONH_2 \xrightarrow{X_2/OH^-} RNH_2$$

③ 酯的特性　有 α-H 的酯在强碱存在下发生 Claisen 酯缩合，生成 β-酮酸酯。

$$2CH_3COOC_2H_5 \xrightarrow{NaOC_2H_5} \xrightarrow{CH_3COOH} \underset{\beta\text{-酮酸酯}}{CH_3COCH_2COOC_2H_5}$$

Dieckmann 酯缩合反应（分子内酯缩合反应）：己二酸酯、庚二酸酯等在强碱存在下生成环状 β-酮酸酯。

(己二酸二乙酯 EtO₂C(CH₂)₄CO₂Et) $\xrightarrow{NaOC_2H_5}$ 2-乙氧羰基环戊酮 (O, CO_2Et)

24.2.4 β-二羰基化合物及其在有机合成中的应用

(1) β-二羰基化合物的结构　由于分子中两个羰基间的—CH_2—受羰基的吸电子作用，使 β-二羰基化合物的—CH_2—上的氢有特殊的活泼性，也称为活泼亚甲基化合物。

活泼亚甲基的存在也使 β-二羰基化合物易于发生互变异构，而且其烯醇式结构由于形成较大的或环状共轭体系，从而在互变异构平衡中较为重要。

$CH_3-C(-O-H\cdots O=)=CH-C-OC_2H_5$ （分子内氢键烯醇式）

(2) β-二羰基化合物的化学性质　活泼亚甲基的氢具有酸性，可与强碱作用生成强亲核试剂碳负离子。

(3) 丙二酸二乙酯和乙酰乙酸乙酯在合成上的应用

① 丙二酸酯合成法　丙二酸二乙酯可与乙醇钠反应生成盐，再与伯卤代烃或仲卤代烃发生亲核取代生成 α-取代丙二酸二乙酯，经水解、酸化、脱羧，生成取代乙酸。调节不同的反应物用量可制得一取代、二取代羧酸及环烷酸。

$$CH_2(COOEt)_2 + NaOEt \rightleftharpoons NaCH(COOEt)_2 + EtOH$$

$$NaCH(COOEt)_2 \xrightarrow{RX} RCH(COOEt)_2 \xrightarrow[②H^+]{①OH^-} \xrightarrow[\triangle]{-CO_2} \underset{\text{一取代乙酸}}{RCH_2COOH}$$

$$RCH(COOEt)_2 \xrightarrow{EtONa} \xrightarrow{R'X} RR'C(COOEt)_2 \xrightarrow{OH^-} \xrightarrow[\triangle]{H^+} \underset{\text{二取代乙酸}}{RR'CHCOOH}$$

② 乙酰乙酸乙酯合成法　乙酰乙酸乙酯的生成——Claisen 酯缩合：有 α-H 的酯在 RONa等强碱存在下发生缩合反应，生成 β-酮酸酯。

乙酰乙酸乙酯合成法：乙酰乙酸乙酯与乙醇钠反应生成盐，再与卤代烃、卤代酸酯、卤代酮等发生亲核取代生成 α-取代乙酰乙酸乙酯，经水解、脱羧，生成甲基酮、二酮、酮酸和环酮等。

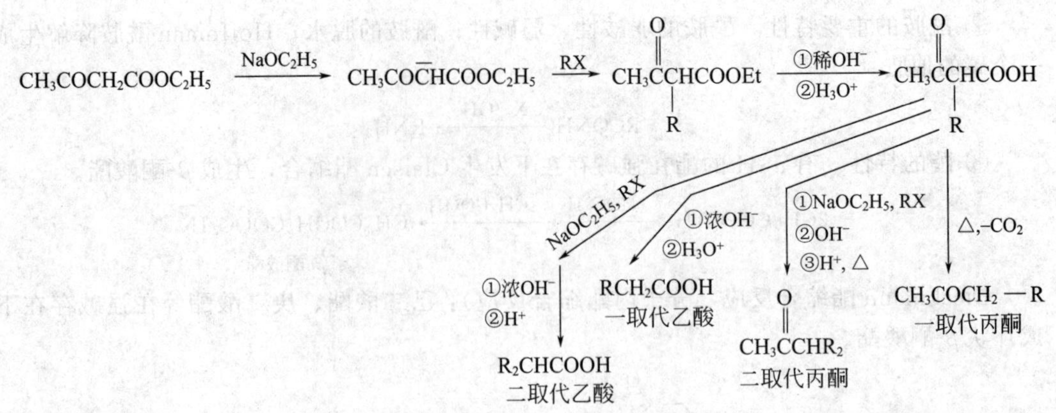

RX 可为伯卤代烷、仲卤代烷、烯丙型卤代烃、苄基型卤代烃、α-卤代酸酯、卤代酮、酰卤等。

使用这两种合成法时需注意：①丙二酸二乙酯能生成二钠盐而乙酰乙酸乙酯只能生成一钠盐。②需要引入两个不同烃基时，应先引入空间体积大的烃基再引入空间体积小的烃基。

24.3 同步例题

例 1. 选择题

（1）下列化合物中酸性最强的是（　　）。

A. C_6H_5COOH　　B. $C_6H_5SO_3H$　　C. C_6H_5OH　　D. p-$CH_3C_6H_4COOH$

（2）下列化合物中最易与 NaOH 水溶液反应的是（　　）。

A. C_6H_5—CH_2CH_2Cl　　B. Cl—C_6H_4—CH_2CH_3

C. Br—C_6H_4—CH_3　　D. C_6H_5—CH_2COCl

解题思路：（1）从影响化合物酸性的主要因素出发，用电子效应分析各化合物的结构特点。化合物的酸性取决于 H^+ 离去的难易，即氧上电子云密度越小，H^+ 的离去越容易，酸性越强。而分子结构的不同就直接影响氧上的电子云密度。

化合物 A 中—COOH 与苯环形成共轭体系，使—COOH 上的电子云分散，H^+ 易离去；化合物 B 中—SO_3H 与苯环形成更大的共轭体系，从而—SO_3H 的电子云比—COOH 更加分散，H^+ 更易离去；化合物 C 分子中也有氧与苯环的共轭，但共轭体系小于前两者，故电子云的分散程度也较小，H^+ 离去较难；化合物 D 比 A 在—COOH 对位上多了一个—CH_3，它可与苯环发生超共轭效应，从而使同一共轭体系中的—COOH 上的电子云密度比 A 稍大，H^+ 的离去稍难于 A。

（2）四种化合物均含氯，可与 $NaOH/H_2O$ 发生亲核取代。A、B、C 均为卤代烃，D 则为酰氯是非常容易发生水解的。A 是伯卤代烃，分子中有苯环，空间位阻使发生 S_N2 有一定难度；B 和 C 均为卤苯，由于卤原子与苯环的共轭，强化了 C—X 键，难以发生取代反应。

解：（1）四种化合物中酸性最强的为 B。

（2）最易反应的是 D。

例 2. "—OCH_3 是供电子基，所以 2-甲氧基丙酸的酸性弱于丙酸。"这个说法是否正确，为什么？

解题思路：取代基对羧酸酸性的影响归纳起来是，吸电子基使酸性增强，供电子基使酸性减弱。首先应弄清—OCH_3 在 2-甲氧基丙酸分子中有什么电子效应，即属于哪类基团。在 2-甲氧基丙酸分子中—OCH_3 与饱和的碳原子相连，没有形成共轭体系，因此氧上虽有孤电子对，也不会发生离域而产生＋C 效应，故不是供电子基。反而因氧的电负性大，—OCH_3 具有－I 效应，是吸电子基，可以使—COOH 上电子云密度降低，酸性增加。

解：题中说法是错误的，2-甲氧基丙酸的酸性强于丙酸。

例 3. 将下列物质按亲核性递减排列成序。

(1) C_6H_5—COO^-　　(2) CH_3—C_6H_4—COO^-

(3) HO—C_6H_4—COO^-　　(4) CCl_3—C_6H_4—COO^-

解题思路：亲核性是指与 $\delta+$ 的碳结合的能力。对于具有相同亲核中心的试剂，其亲核性与碱性一致。对于题中四种试剂，均为取代苯甲酸负离子，弄清各取代基对其碱性的影响即可判断亲核性强弱。试剂（2）羧基对位的—CH_3 由于超共轭效应有较弱的供电子作用，使羧基上电子云密度大于（1），其碱性也大于（1），则亲核性也大于（1）；（3）的—OH 与苯环共轭，具有强的＋C 效应，使羧基上电子云密度大大增强，即碱性和亲核性也强；（4）中的—CCl_3 是强吸电子基，极大地削弱了对位上羧基的电子云密度，所以其碱性和亲核性最弱。

解：亲核性递减排列顺序为：(3)＞(2)＞(1)＞(4)。

例 4. 写出 1mol 戊二酸酐与下列试剂反应的产物并命名

(1) 1mol NH_3　(2) 1mol C_2H_5OH　(3) 1mol $C_6H_6/AlCl_3$

解题思路：(1)、(2) 均为酸酐的亲核取代，即氨解和醇解，1mol 的二酸酐在该反应中断开一个 C—O 键生成羧酸衍生物，另一部分则成羧基。(3) 则为 F-C 酰化反应。

解：

(1) 戊二酸酐 $\xrightarrow{NH_3}$ $H_2NOC(CH_2)_3COOH$

戊二酸单酰胺

(2) 戊二酸酐 $\xrightarrow{C_2H_5OH}$ $C_2H_5OOC(CH_2)_3COOH$

戊二酸单乙酯

(3) 戊二酸酐 $\xrightarrow[AlCl_3]{C_6H_6}$ $C_6H_5CO(CH_2)_3COOH$

4-苯甲酰基丁酸

例 5. 物质推导题

某化合物 A($C_{16}H_{22}O_4$) 商业名称为 DIBP，它是常用主增塑剂之一。可作为纤维素树脂、乙烯基树脂、丁腈橡胶和氯化橡胶等的增塑剂。为了确定其结构，我们进行了如下尝试：鉴于其具有高度的不饱和性（不饱和度为 6），A 中加入溴水，结果不能使溴水褪色；加入 2,4-二硝基苯肼无黄色沉淀出现；加入碳酸钠溶液不能产生气泡。

(1) 以上三种尝试各包含了什么信息？化合物 A 可能具有什么结构？

(2) A 经水解得到邻苯二甲酸及醇 B（$C_4H_{10}O$）。B 先经过分子内脱水再经臭氧化、还原水解，其产物C能发生碘仿反应。化合物B、C可能具有什么结构？

（3）将B加入卢卡斯试剂，需加热才出现浑浊。请给出化合物A、B及C的结构。

解题思路：（1）高度活化的芳香族化合物（酚及芳胺类）、不饱和烃以及小环均能导致溴水褪色。2,4-二硝基苯肼能与醛、酮羰基反应得到黄色沉淀。羧酸的酸性强于碳酸，能与碳酸钠溶液作用生成二氧化碳。苯环不饱和度为4，不饱和程度很高的化合物可能具有芳环。（2）醇分子内脱水得到烯烃，烯烃经臭氧化、还原水解得到醛或者酮。醛、酮类化合物中，乙醛及甲基酮能发生碘仿反应。（3）伯醇与卢卡斯试剂在加热下才反应生成氯代物。

解：（1）A不能使溴水褪色，说明A不是小环，不含碳碳重键，且不属于酚或芳基醚。A不能与2,4-二硝基苯肼反应，说明A不含醛、酮羰基。A不能与碳酸钠溶液反应，说明A不含羧基。根据其不饱和度为6且含氧原子，初步判断A为具有芳环的酯。（2）C由醇B脱水成烯再经臭氧化、还原水解而来，分子中碳原子数应小于B分子中的碳原子数，即不能超过3。再根据C能发生碘仿反应，推测C可能为乙醛或丙酮。当C为乙醛时，B应为仲丁醇；当C为丙酮时，B为异丁醇或叔丁醇。（3）B与卢卡斯试剂，需加热才出现浑浊说明B是一种伯醇，在此为异丁醇。进而推知A为邻苯二甲酸二异丁醇酯，C为丙酮。

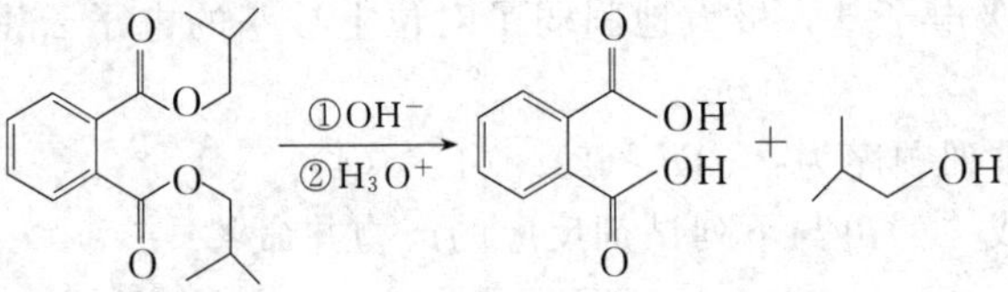

$$\text{A} \xrightarrow[\text{②}H_3O^+]{\text{①}OH^-} \text{邻苯二甲酸} + \text{B（异丁醇，}(CH_3)_2CHCH_2OH\text{）}$$

$$(CH_3)_2CHCH_2OH \xrightarrow{-H_2O} (CH_3)_2C{=}CH_2 \xrightarrow[\text{②}Zn/H_2O]{\text{①}O_3} \underset{\text{C}}{CH_3COCH_3} + HCHO$$

$$CH_3COCH_3 + I_2 \xrightarrow{OH^-} CH_3COO^- + CHI_3\downarrow$$

24.4 习题选解

2. 写出下列化合物的结构式

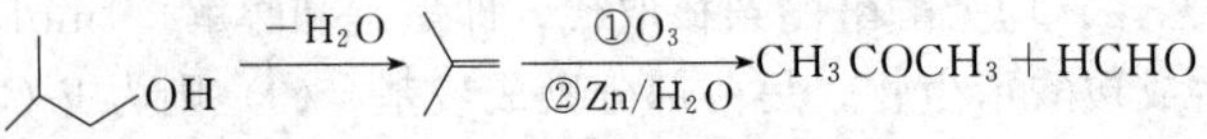

（1）乙酸苄酯　　（2）2-环戊基乙酸

（3）*N*,*N*-二乙基间甲基苯甲酰胺　　（4）*N*-溴代丁二酰亚胺

（5）邻苯二甲酸二乙酯　　（6）苯甲酰溴

（7）9-十八碳烯酸　　（8）正丁酐

（9）苯乙酸　　（10）5-己酮酸乙酯

解：

（1）$CH_3COOCH_2C_6H_5$　　（2）环戊基—CH_2COOH

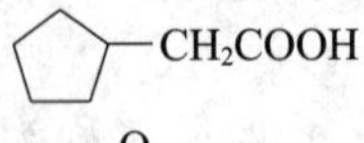

（3）间位 H_3C—C_6H_4—$CON(C_2H_5)_2$　　（4）丁二酰亚胺环 N—Br

（5）邻位 $C_6H_4(COOC_2H_5)_2$　　（6）C_6H_5—C(=O)Br

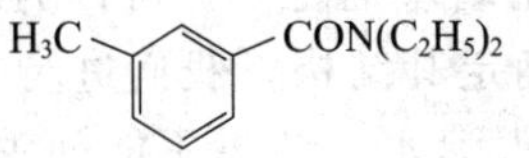

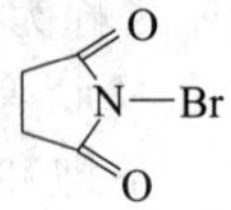

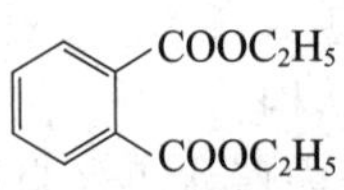

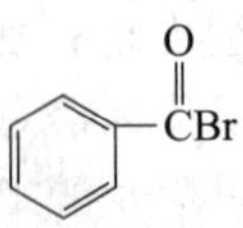

(7) $CH_3(CH_2)_7CH=CH(CH_2)_7COOH$　　(8) $(CH_3CH_2CH_2CO)_2O$

(9) $C_6H_5-CH_2COOH$　　(10) $CH_3COCH_2CH_2CH_2COOC_2H_5$

3. 完成反应式

(1) $CH_3CH_2CH_2OH \xrightarrow{A} CH_3CH_2CH_2Cl \xrightarrow[\text{②}CO_2，\text{③}H_3O^+]{\text{①}Mg，干醚} B$

(2) $C_6H_5-NH_2 + (CH_3CO)_2O \longrightarrow$

(3) $2CH_3CH_2COOC_2H_5 \xrightarrow[\text{②}H^+]{\text{①}CH_3CH_2ONa}$

(4) $HOOCCH_2CH_2COOH \xrightarrow[\text{②}H^+]{\text{①}LiAlH_4}$

(5) 间甲氧基甲苯（CH_3、OCH_3 取代苯） $\xrightarrow[\triangle]{KMnO_4/H_2O}$

(6) $CH_3CH_2CH_2COOCH_3 + C_6H_5CH_2OH \xrightarrow{H^+}$

(7) $C_6H_5-COOCH_3 + 2CH_3MgI \xrightarrow[\text{②}H_3O^+]{\text{①}纯醚}$

(8) 丁二酸酐 $\xrightarrow{氨水} A \xrightarrow{强热} B$

解题思路：(1) A：醇羟基氯代；B：由格氏试剂制羧酸。(2) 酸酐氨解。(3) 酯的克莱森缩合。(4) 羧酸还原。(5) 甲基被氧化。(6) 丁酸甲酯发生酯交换。(7) 生成叔醇。(8) A：酸酐水解后与氨反应；B：羧酸铵盐分解。

解：

(1) A：PCl_3 或 PCl_5 或 $SOCl_2$；B：$CH_3(CH_2)_2COOH$　　(2) $CH_3\overset{O}{\overset{\|}{C}}NH-C_6H_5$

(3) $CH_3CH_2\overset{O}{\overset{\|}{C}}\underset{CH_3}{\underset{|}{C}H}COOC_2H_5$　　(4) $HOCH_2CH_2CH_2CH_2OH$　　(5) 间甲氧基苯甲酸（OCH_3、$COOH$ 取代苯）

(6) $CH_3(CH_2)_2COOCH_2C_6H_5$　　(7) $C_6H_5-C(CH_3)_2OH$

(8) A：CH_2COONH_4—CH_2COONH_4；B：CH_2CONH_2—CH_2CONH_2

4. 用化学方法区别下列化合物

(1) 正丁酰氯和 1-氯丁烷　(2) 苯甲酸、对甲苯酚和苄醇　(3) 甲酸、乙酸和丙二酸

解题思路：(1) 酰氯在空气中也会强烈水解，产生白雾。(2) 苯甲酸的酸性强于碳酸，对甲苯酚有显色反应。(3) 甲酸有银镜反应，丙二酸受热会放出 CO_2。

解：(1) 用水区别　(2) 用 Na_2CO_2 水溶液和 $FeCl_3$ 水溶液区别。

7. 写出丙酸乙酯与下列试剂的反应式。

（1）H^+/H_2O，加热　（2）KOH/H_2O，加热　（3）CH_3OH，H_2SO_4

（4）CH_3NH_2，加热　（5）A. CH_3MgI（过量），B. H_2O

（6）A. $LiAlH_4$，B. H_2O

解：

（1）$CH_3CH_2COOC_2H_5 \xrightarrow[\triangle]{H^+/H_2O} CH_3CH_2COOH + C_2H_5OH$

（2）$CH_3CH_2COOC_2H_5 \xrightarrow[\triangle]{KOH/H_2O} CH_3CH_2COO^- + C_2H_5OH$

（3）$CH_3CH_2COOC_2H_5 \xrightarrow[H_2SO_4]{CH_3OH} CH_3CH_2COOCH_3$

（4）$CH_3CH_2COOC_2H_5 \xrightarrow[\triangle]{CH_3NH_2} CH_3CH_2CONHCH_3$

（5）$CH_3CH_2COOC_2H_5 \xrightarrow[②H_2O]{①CH_3MgI(过量)} CH_3CH_2C(CH_3)_2OH$

（6）$CH_3CH_2COOC_2H_5 \xrightarrow[②H_2O]{①LiAlH_4} CH_3CH_2CH_2OH + C_2H_5OH$

8. 以乙烯、丙烯为起始原料合成下列化合物

（1）2-丁烯酸　（2）丙酸　（3）3-丁烯酸　（4）己二酸

解题思路：（1）丙烯反马氏加成；与镁反应生成格氏试剂；加 CO_2，水解；α-卤代；碱的醇溶液下脱去 HX；酸化。（2）乙烯加 HX；与 NaCN 反应；酸性水解。（3）丙烯 α-卤代；与 NaCN 反应；酸性水解。（4）丙烯 α-卤代；与 Na 发生武兹反应生成 1,5-己二烯；反马氏加成制二醇；氧化。

9. 用丙二酸酯法或乙酰乙酸乙酯法合成下列化合物

（1）环己基—COOH　（2）$CH_2{=}CHCH_2CH(CH_3)COOH$

（3）$CH_3COCH(CH_3)CH_2CH_2CH(CH_3)COCH_3$　（4）$CH_3COCH_2CH_2COOH$

（5）$CH_3CH(OH)CH_2CH_2CH_2CH_3$　（6）$CH_3COCH_2COCH_3$

（7）$CH_3\overset{O}{\overset{\|}{C}}CH_2CH_2CH_2CH_2\overset{O}{\overset{\|}{C}}OH$

解题思路：（1）丙二酸酯法：RX＝1,5-二氯戊烷。（2）丙二酸酯法：RX＝烯丙基卤、卤甲烷。（3）乙酰乙酸乙酯法：RX＝1,2-二氯乙烷，两分子卤甲烷；酮式分解。（4）乙酰乙酸乙酯法：RX＝α-卤代乙酸酯；酮式分解。（5）乙酰乙酸乙酯法：RX＝1-卤丙烷；酮式分解；还原羰基。（6）乙酰乙酸乙酯法：RX＝乙酰氯。（7）乙酰乙酸乙酯法合成酮酸：乙酰乙酸乙酯与 γ-卤代丁酸酯反应，酮式分解。

24.5　思考题

24-1　指出以下反应的错误之处。如何制得目标产物？

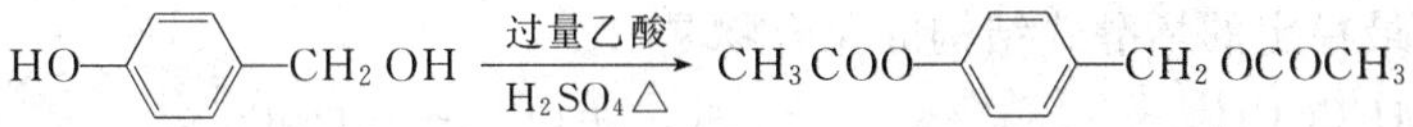

$$HO-C_6H_4-CH_2OH \xrightarrow[H_2SO_4\triangle]{过量乙酸} CH_3COO-C_6H_4-CH_2OCOCH_3$$

24-2 试以不超过两个碳原子的原料完成山梨酸的合成。要求：①合成方法中应包含本章学习的知识。②可以直接使用在思考题 23-1 参考答案中合成的反应中间体。

24-3 布洛芬［2-(4-异丁基苯基)丙酸］是世界卫生组织、美国 FDA 唯一共同推荐的儿童退烧药，是公认的儿童首选抗炎药。其结构式如下：

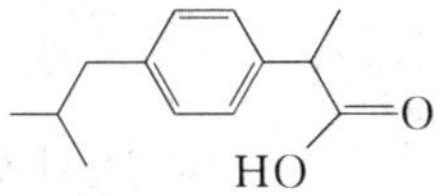

（结构式：4-异丁基苯基连接 $CH(CH_3)COOH$，标注 HO、O）

试以苯和其他必要试剂完成其合成。

24-4 是非题

(1) 间氯苯甲酸中—Cl 与—COOH 的距离较近，所以酸性比对氯苯甲酸强。

(2) 以$(CH_3)_3CCl$为原料制备 $(CH_3)_3CCOOH$，通过腈水解和格氏试剂法都可以完成。

(3) 羧酸及其衍生物的亲核取代反应都是通过加成-消除历程进行的。

24-5 选择题

(1) 苯甲酸的酸性强于相应脂肪酸是由于（　　）。

A. 羧基是吸电子基　　B. 苯环的 $-I$ 效应使羧基上电子云密度减小

C. 羧基与苯环共轭，稳定—COO^-

(2) 乙酰乙酸乙酯法最适合用于制备（　　）。

A. 一元酸　　B. 二元酸　　C. 酮酸　　D. 环烷酸

(3) 下列化合物最易与 C_2H_5MgBr 反应的是（　　）。

A. 乙酸　　B. 乙酸乙酯　　C. 乙酸酐　　D. 乙酰氯

24-6 按指定性能排序

(1) 酸性由强到弱的顺序为________。

A. 苯甲酸　　B. 对硝基苯甲酸　　C. 对氯苯甲酸　　D. 对羟基苯甲酸

(2) 在水中的溶解度递减的顺序为________。

A. 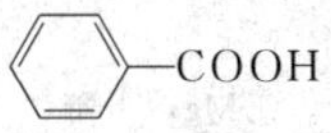 C_6H_5-COOH　　B. C_6H_5-CHO

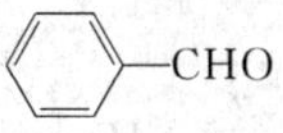

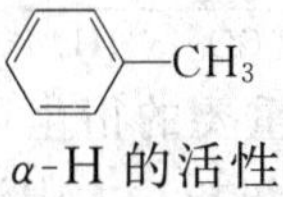

C. $C_6H_5-CH_3$　　D. 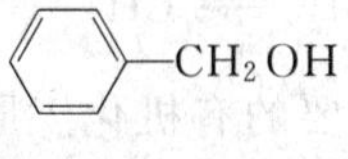 $C_6H_5-CH_2OH$

(3) α-H 的活性由强到弱的顺序为________。

A. CH_3COOEt　　B. CH_3COCH_2COOEt

C. $CH_3COCH_2COCH_3$　　D. CH_3COCH_3

(4) 羰基碳的 δ+由大到小的顺序为________。

A. 乙酰胺　　B. 乙酸乙酯　　C. 乙酸酐　　D. 乙酰氯

24-7 β-戊二酮可用作醋酸纤维素的溶剂、有机合成中间体、金属络合剂、涂料干燥剂、润滑剂及杀虫剂。β-戊二酮由碳原子数不超过 2 的有机物制备 β-戊二酮。

24-8 完成反应式

(1) 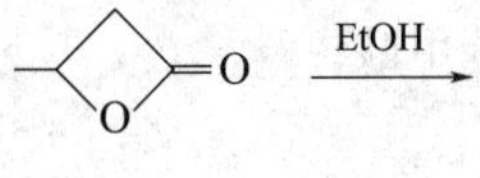 （4-甲基-β-丙内酯）$\xrightarrow{EtOH}$　　(2) $CH_3CO_2Et(1mol) + \begin{matrix} CO_2CH_3 \\ | \\ CO_2CH_3 \end{matrix} \xrightarrow[②H_3O^+]{①EtONa}$

自我检测题

24-1 选择题

(1) 能得到最稳定的烯醇式结构的化合物是（　　）。

A. $H_3CCOCH_2COCH_3$　　B. H_3CCOCH_2COOEt

C. $CH_3COCH(CH_3)COOEt$　　D. CH_3COCH_3

(2) 哪种离子亲核性最强（　　）。

A. CH_3COO^-　　B. $CH_3CH_2O^-$　　C. OH^-　　D. $C_6H_5O^-$

(3) 还原羧酸最适合的试剂是（　　）。

A. H_2/Ni　　B. Fe/HCl　　C. Hg/HCl　　D. $LiAlH_4$

(4) 最容易发生 α-卤代反应的是（　　）。

A. 乙酰乙酸乙酯　B. 乙酸　　C. 丁酮　　D. 乙酸乙酯

(5) 下列化合物中酸性最强的是（　　）。

A. α-羟基丙酸　B. 三氯乙酸　　C. α-氯乙酸　　D. 乙酸

24-2 按指定性能排序

(1) 酸性由大到小的顺序为____________。

A. 乙醇　　B. 乙酸　　C. 乙二酸　　D. 丙二酸

(2) 水解反应的活性由强到弱的顺序为____________。

A. 邻苯二甲酸酐　B. 苯甲酸乙酯　　C. 苯甲酰氯　　D. 苯甲酰胺

24-3 完成反应式

(1) $2CH_3CH_2CH_2COOC_2H_5 \xrightarrow{C_2H_5ONa}$

(2) 邻苯二甲酰亚胺 $\xrightarrow[\text{②}SOCl_2]{\text{①}H_3^+O}$ $\xrightarrow[AlCl_3]{\text{苯}}$

(3) $CH_3\overset{O}{\overset{\|}{C}}CH_2COOH \xrightarrow{\triangle}$

(4) $\begin{matrix}CH_2CHO\\|\\CH_2COOH\end{matrix} \xrightarrow[H^+]{KMnO_4}$ $\xrightarrow[\triangle]{P_2O_5}$

(5) $CH_3-C_6H_4-COOH \xrightarrow{?} CH_3-C_6H_4-CH_2OH \xrightarrow[ZnCl_2]{HCl}$ $\xrightarrow[\text{②}CO_2\ \ \text{③}H^+]{\text{①}Mg,\text{干醚}}$

24-4 甲基丙烯酸是重要的有机化工原料和聚合物的中间体。其最重要的衍生产品甲基丙烯酸甲酯生产的有机玻璃可用于飞机和民用建筑的窗户，也可加工成纽扣，太阳滤光镜和汽车灯透镜等；生产的涂料具有优越的悬浮、流变和耐久特性；制成的黏结剂可用于金属、皮革、塑料和建筑材料的黏合；甲基丙烯酸酯聚合物乳液用作织物整理剂和抗静电剂。另外，甲基丙烯酸还可作为合成橡胶的原料。试以烃为原料合成甲基丙烯酸。

24-5 两种脂肪酸三甘油酯的异构体水解后均得到 1mol A($C_{17}H_{33}COOH$) 和 2mol B($C_{17}H_{35}COOH$)。化合物 B 还原后生成正硬脂醇 $CH_3(CH_2)_{16}CH_2OH$。化合物 A 与 1mol H_2 反应生成 B，A 发生臭氧化还原水解生成壬醛和 9-羰基壬酸 $O{=}CH(CH_2)_7COOH$。试推测这两个异构体的结构。

24-6 苯甲酸是用途广泛的化工产品，试以苯为原料合成苯甲酸。

思考题参考答案

24-1 酚羟基难于与羧酸成酯，要制备酚酯，常采用酚与酰氯或酸酐反应。为利于反应进行，甚至常先将酚制成酚盐，在一定碱性下成酯。

$$HO-C_6H_4-CH_2OH \xrightarrow{NaOH} NaO-C_6H_4-CH_2OH \xrightarrow[OH^-/H_2O]{2(CH_3CO)_2O} CH_3COO-C_6H_4-CH_2OCOCH_3$$

24-2

法一：$ClCH_2CO_2H + EtOH \xrightarrow[\triangle]{H_2SO_4} ClCH_2CO_2Et \xrightarrow{Zn} ClZnCH_2CO_2Et \xrightarrow{CH_3CH=CHCHO}$

$$CH_3CH=CHCH(OH)CH_2CO_2Et \xrightarrow[\triangle]{H_3O^+} CH_3CH=CHCH=CHCO_2H$$

法二：$ClCH_2CO_2Na \xrightarrow{NaCN} NCCH_2CO_2Na \xrightarrow[\triangle]{H_3O^+} CH_2(CO_2H)_2 \xrightarrow[H_2SO_4,\triangle]{EtOH} CH_2(CO_2Et)_2$

$$\xrightarrow{EtONa} \xrightarrow{CH_3CH=CHCH_2Cl} CH_3CH=CHCH_2CH(CO_2Et)_2 \xrightarrow[②H_3O^+]{①OH^-/H_2O} \xrightarrow[\triangle]{-CO_2}$$

$$CH_3CH=CHCH_2CH_2CO_2H \xrightarrow[P]{Cl_2} CH_3CH=CHCH_2CHClCO_2H$$

$$\xrightarrow[②H_3O^+]{①NaOH/EtOH} CH_3CH=CHCH=CHCO_2H$$

法三：$CH_3CH_2CH_2CH_2CHO \xrightarrow{NaBH_4} CH_3CH_2CH_2CH_2CH_2OH \xrightarrow{SOCl_2} CH_3CH_2CH_2CH_2CH_2Cl$

$$\xrightarrow[干醚]{Mg} CH_3CH_2CH_2CH_2CH_2MgCl \xrightarrow[②H_3O^+]{①CO_2} CH_3CH_2CH_2CH_2CH_2CO_2H \xrightarrow[P]{Cl_2} \xrightarrow[②H_3O^+]{①NaOH/EtOH}$$

$$CH_3CH_2CH_2CH=CHCO_2H \xrightarrow[\triangle]{Cl_2} \xrightarrow[②H_3O^+]{①NaOH/EtOH} CH_3CH=CHCH=CHCO_2H$$

24-3 本题需进行苯环上的对位二取代，要实现对位定位，第一个取代基应该为第一类定位基。若先进行右侧的取代，有两类途径可采用：(1) 实现 2-丙烯酸基（或 2-丙烯腈基等相似基团）取代后，再进行苯环对位取代。如果采用这样的方法，由于取代基为吸电子基团，不能实现对位取代。(2) 苯环烷基化后，进行对位取代，最后再在右侧取代基 α-位连接羧基。如果采用这样的方法，左侧取代基 α-位也会发生与右侧取代基 α-位相同的反应。因此，先进行右侧的取代难以得到产物。合成时，可以选择先合成异丁苯。

$$C_6H_6 + ClCOCH(CH_3)_2 \xrightarrow{AlCl_3} C_6H_5COCH(CH_3)_2 \xrightarrow[HCl]{Zn/Hg} C_6H_5CH_2CH(CH_3)_2$$

$$\xrightarrow[AlCl_3]{CH_3COCl} \xrightarrow{NaBH_4} \xrightarrow{SOCl_2} \xrightarrow[纯醚]{Mg} \xrightarrow[② H_3O^+]{① CO_2} (CH_3)_2CHCH_2-C_6H_4-CH(CH_3)COOH$$

题中 2-丙烯酸基的取代也可以这样进行：

$$(CH_3)_2CHCH_2C_6H_5 \xrightarrow[Fe]{Br_2} (CH_3)_2CHCH_2-C_6H_4-Br \xrightarrow[纯醚]{Mg} \xrightarrow{CH_3CHO} (CH_3)_2CHCH_2-C_6H_4-CH(CH_3)OH \xrightarrow{SOCl_2}$$

$$(CH_3)_2CHCH_2-C_6H_4-CH(CH_3)Cl \xrightarrow{NaCN} \xrightarrow{H_3O^+} (CH_3)_2CHCH_2-C_6H_4-CH(CH_3)COOH$$

24-4 是非题

解题思路：(1) 对氯苯甲酸中参与形成共轭体系，有利于酸根负离子稳定。(2) 通过腈水解制备时，$(CH_3)_3CCl$ 主要发生消去反应。

解：(1) × (2) × (3) √

24-5 选择题

解题思路：（3）C_2H_5MgBr 是强碱，与乙酸发生酸碱反应。

（1）C　（2）C　（3）D

24-6

解题思路：（1）本题中，硝基、氯和羟基都参与形成共轭体系，产生的共轭效应影响酸性强弱。（3）酰（羰）基碳的吸电子效应使 α-H 的活性增强。本题中，酰（羰）基碳上的电子效应影响酰（羰）基碳的吸电子能力。

（1）B＞C＞A＞D　（2）A＞D＞B＞C　（3）C＞B＞D＞A　（4）D＞C＞B＞A

24-7

法一：$CH_3COOH + C_2H_5OH \xrightarrow{H^+} CH_3COOC_2H_5$

$CH_3COCl + CH_3MgCl \longrightarrow CH_3COCH_3$

$CH_3COOC_2H_5 + CH_3COCH_3 \xrightarrow[②H_3^+O]{①C_2H_5ONa/C_2H_5OH} CH_3COCH_2COCH_3$

法二：$BrCH_2COOH + C_2H_5OH \xrightarrow{H^+} BrCH_2COOC_2H_5 \xrightarrow[纯醚]{Zn} BrZnCH_2COOC_2H_5 \xrightarrow[② H_3^+O, \triangle]{① CH_3CHO}$

$CH_3CH(OH)CH_2COOH \xrightarrow{[O]} CH_3C(=O)CH_2COOH \xrightarrow{SOCl_2} CH_3C(=O)CH_2COOCl \xrightarrow[低温]{CH_3MgI(1mol)} CH_3COCH_2COCH_3$

24-8　解题思路：（1）酯交换反应。（2）酯与含 α-氢的酮在碱催化下缩合。

解：（1）$CH_3CH(OH)CH_2CO_2Et$　（2）CH_2CO_2Et 与 $COCO_2CH_3$ 相连（$CH_3O_2CCOCH_2CO_2Et$）

自我检测题参考答案

24-1　选择题

解题思路：（1）α-H 的活性越强，对应的烯醇式结构越稳定。（2）氧原子电负性影响离子的亲核性。（4）α-H 的活性越强，越容易发生 α-卤代反应。（5）取代基吸电子能力越强，羧酸酸性越强。

（1）A　（2）B　（3）D　（4）A　（5）B

24-2　（1）C＞D＞B＞A　（2）C＞A＞B＞D

24-3

解题思路：（1）Claisen 酯缩合；（3）脱羧反应。

（1）$CH_3CH_2CH_2CO$—$CH(CH_2CH_3)COOC_2H_5$（$CH_3CH_2CH_2CO$ 连在 $CH_3CH_2CHCOOC_2H_5$ 上）

（2）邻位 COCl / $CONH_2$ 取代苯；邻位 COC_6H_5 / $CONH_2$ 取代苯

（3）CH_3COCH_3

（4）CH_2COOH—CH_2COOH；丁二酸酐（CH_2CO—O—$COCH_2$ 环）

（5）$LiAlH_4$　CH_3—C_6H_4—CH_2Cl　CH_3—C_6H_4—CH_2COOH

24-4：

法一：异丁烯 $\xrightarrow[光照]{NBS}$ $CH_2=C(CH_3)CH_2Br$ $\xrightarrow{OH^-}$ $CH_2=C(CH_3)CH_2OH$ $\xrightarrow{PCC}$ $CH_2=C(CH_3)CHO$ $\xrightarrow{托伦试剂}$ $CH_2=C(CH_3)COOH$

法二： $\equiv$ $\xrightarrow[②H_2O_2]{①B_2H_6}$ 丙醛 $\xrightarrow[稀\ OH^-]{HCHO}$ 2-甲基丙烯醛 $\xrightarrow{托伦试剂}$ 2-甲基丙烯酸

法三： $\equiv$ $\xrightarrow[HgSO_4/H_2SO_4]{H_2O}$ 丙酮 $\xrightarrow{HCN}$ $(CH_3)_2C(OH)CN$ $\xrightarrow[\triangle]{H_3O^+}$ 2-甲基丙烯酸

法四： $\equiv$ $\xrightarrow{HBr}$ 2-溴丙烯 $\xrightarrow[纯醚]{Mg}$ $CH_2=C(CH_3)MgBr$ $\xrightarrow[②H_3O^+]{①CO_2}$ 2-甲基丙烯酸

24-5

$$\begin{array}{l} CH_2OOC(CH_2)_7CH=CH(CH_2)_7CH_3 \\ | \\ CHOOC(CH_2)_{16}CH_3 \\ | \\ CH_2OOC(CH_2)_{16}CH_3 \end{array} \qquad \begin{array}{l} CH_2OOC(CH_2)_{16}CH_3 \\ | \\ CHOOC(CH_2)_7CH=CH(CH_2)_7CH_3 \\ | \\ CH_2OOC(CH_2)_{16}CH_3 \end{array}$$

24-6

法一：$PhH+Br_2 \xrightarrow{Fe} PhBr \xrightarrow[纯醚]{Mg} PhMgBr \xrightarrow[②H_3^+O]{①CO_2} PhCOOH$

法二：$PhH+CH_3COCl \xrightarrow{AlCl_3} CH_3COPh \xrightarrow[②H^+]{①I_2/OH^-} PhCOOH$

法三：$PhH \xrightarrow[ZnCl_2,60℃]{HCl,HCHO} PhCH_2Cl \xrightarrow[H^+]{KMnO_4} PhCOOH$

第 25 章 有机含氮化合物

25.1 基本要求

有机含氮化合物分布广、种类多，与人类生产、生活密切相关，与生命活动有紧密联系。本章主要介绍几类重要的低分子含氮化合物：硝基化合物、胺、季铵盐、季铵碱以及重氮和偶氮化合物。

硝基化合物：在了解硝基结构特点的基础上，掌握芳香硝基化合物的主要化学性质及其应用。

胺是一类有明显碱性的有机物，理解胺的结构与性质的关系：氮原子上有孤对电子是胺的化学性质的核心起因，与其他原子共享孤对电子的倾向使胺具有碱性和亲核性。掌握其主要反应，并巩固已有的知识。

了解季铵盐作为相转移催化剂的主要用途。掌握季铵碱的 Hofmann 消除及其在含氮化合物结构鉴定中的应用。

掌握重氮盐的取代和偶联反应及其在合成上的应用，掌握芳香亲电取代和重氮盐的亲核取代协同应用，掌握芳烃衍生物的一类新的合成方法。

重点：通过胺的结构分析，充分理解胺的众多化学反应的关键是 N 原子具有与其他原子共用孤对电子的倾向；从亲核性、碱性理解胺的化学性质；季铵碱的热消除反应和规律，以及利用 Hofmann 消除和彻底甲基化推测含氮化合物的结构；熟练掌握芳香重氮盐的取代及在合成上的应用。

难点：胺的化性涉及反应多，抓住结构与性质关系，理清线索；芳香重氮盐的取代类型多，记忆较难；芳香重氮盐的取代与芳香亲电取代反应共同用于芳香烃衍生物的合成。

25.2 内容概要

25.2.1 硝基化合物

(1) 硝基化合物的结构 $—NO_2$ 中氮原子与两个氧原子共平面，形成 p-π 共轭体系，使硝基成为较为稳定的强极性基团。芳香硝基化合物中硝基的吸电子诱导和吸电子共轭使其表现出强的吸电子作用。同时，硝基与芳环共轭，使芳环上的电子云密度降低，亲电性减弱。

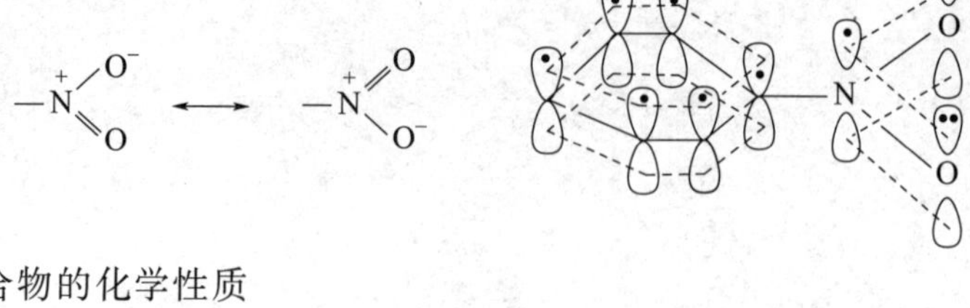

$$-\overset{+}{N}\begin{matrix}\nearrow O^- \\ \searrow O\end{matrix} \longleftrightarrow -\overset{+}{N}\begin{matrix}\nearrow O \\ \searrow O^-\end{matrix}$$

(2) 硝基化合物的化学性质

① 脂肪族硝基化合物的酸性 由于硝基的吸电子作用，使其 α-H 有一定酸性，能溶于 NaOH 溶液。

② 芳香硝基化合物的还原　在不同介质中还原产物不同，酸性条件下的还原和催化氢化是制备芳胺的重要方法。多硝基化合物可以选择还原。

③ 芳环上的反应　由于环上电子云密度减小，芳香亲电取代变得困难。但可以在硝基的邻、对位发生芳香亲核取代，且硝基越多，反应越易发生。

25. 2. 2　胺

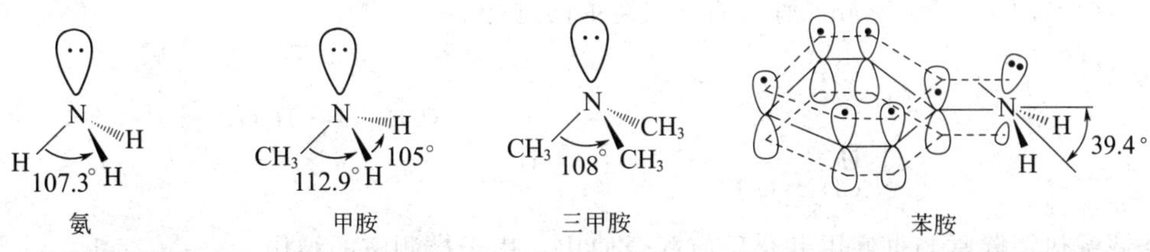

(1) 胺的结构

胺是 NH_3 的烃基衍生物，分子为棱锥形构型，氮原子为 sp^3 杂化，孤电子对占据一个 sp^3 杂化轨道。氮原子与三个烃基相连时，可以发生快速的构型翻转，当三个烃基不同时，具有对映异构，但对映体不能分离。

氮原子的孤电子对具有与其他原子共用的倾向，这是胺的整个化学性质的基础：吸引 H^+ 表现出碱性，吸引 $\delta+$ 的 C 则表现出亲核性。

(2) 胺的化学性质

① 碱性　胺具有明显的碱性，可与 H^+、路易斯酸反应，生成盐。该反应可使难溶于水的胺转变成水溶性的铵盐，使芳胺分子中的氨基由邻对位定位基转变成间位定位基。

胺是弱碱，氮原子上取代基的性质会影响碱性的强弱，凡是能使氮原子上电子云密度增大的基团会使碱性增强，反之，则使碱性减弱。芳胺由于氨基氮原子的孤电子对离域到芳环，从而碱性弱于脂肪胺，而其芳环的电子云密度则增大，亲核性增强，芳环上的亲电取代反应活性增大。

② 亲核性　胺可作为亲核试剂与多种化合物发生亲核取代反应。

a. 烃基化：

$$RNH_2 + RX \longrightarrow R_2NH \xrightarrow{RX} R_3N \xrightarrow{RX} R_4^+NX^-$$

b. 酰基化：

$$RNH_2 + RCOCl(RCOOOCR) \longrightarrow RCONHR$$

c. 磺酰化（Hinsberg 反应）：鉴别伯、仲、叔胺。

$$C_6H_5{-}SO_2Cl \begin{cases} \xrightarrow{RNH_2} C_6H_5{-}SO_2NHR\downarrow \text{ 溶于 NaOH 溶液} \\ \xrightarrow{R_2NH} C_6H_5{-}SO_2NR_2\downarrow \text{ 不溶于 NaOH 溶液} \\ \xrightarrow{R_3N} \text{不反应} \end{cases}$$

③ 与亚硝酸反应　鉴别伯、仲、叔胺。

$$HNO_2 \begin{cases} \xrightarrow{RNH_2} RN_2^+ \longrightarrow N_2\uparrow \\ \xrightarrow{R_2NH} R_2N{-}NO \quad \text{黄色油状} \\ \xrightarrow{R_3N} \text{不反应} \end{cases}$$

重氮化反应：$C_6H_5NH_2 \xrightarrow[0\sim5℃]{NaNO_2 + HCl\text{（过量）}} C_6H_5\overset{+}{N_2}\overset{-}{Cl}$

重要应用：制备芳香重氮盐。

④ 芳香伯胺易氧化成醌。

25.2.3 季铵盐和季铵碱的反应

① 季铵盐具有盐的通性，可作为表面活性剂和相转移催化剂，季铵盐与碱反应可得季铵碱：$R_4N^+X^- + AgOH \longrightarrow R_4N^+OH^-$。

② 季铵碱是强碱，具有碱的通性。季铵碱受热可分解，生成烯烃和叔胺。

Hofmann 规律：当季铵碱的烃基中含有不同 β-H 时，主要生成双键碳上取代基较少的烯烃。多数情况下，Hofmann 消除是反式共平面进行的。

$$\text{(环戊烷: H, CH}_3\text{, H, }\overset{+}{N}(CH_3)_3OH^-) \xrightarrow{125℃} \text{(环戊烯: CH}_3\text{, H)} + (CH_3)_3N + H_2O$$

季铵碱热消除常与彻底甲基化反应配合使用，用于推测胺的结构。

25.2.4 重氮化合物和偶氮化合物

重氮化合物和偶氮化合物均含有—N_2—基，重氮化合物中—N_2—基的一端与烃基相连，偶氮化合物则是—N_2—基的两端均与烃基相连。

(1) 芳香重氮盐的结构　—C—N—N—键为直线形；—N═N—的 π 键与芳环的大 π 键共轭，从而稳定了—N_2^+—。

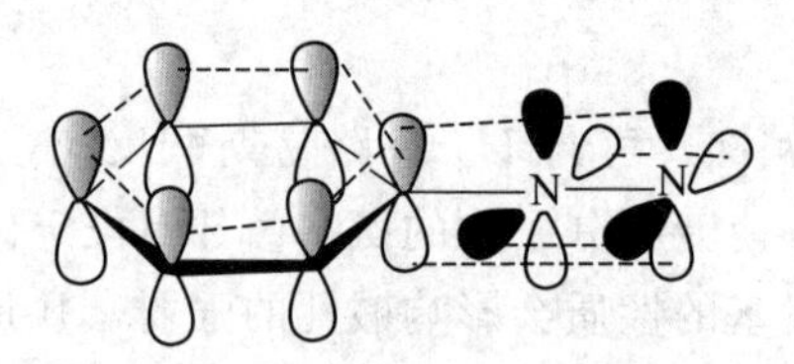

(2) 化学性质

取代反应——放出氮的反应（↓作用于 Ar—N 键）

$$Ar-\overset{+}{N}\equiv N:$$

还原反应、偶联反应（↑作用于 N≡N）——保留氮的反应

① 放出氮的反应　重氮基的取代（制备芳烃衍生物的重要反应）。

$$Ar-N_2^+ \begin{cases} \xrightarrow{CuCl} Ar-Cl \\ \xrightarrow{CuBr} Ar-Br \\ \xrightarrow{KI} Ar-I \\ \xrightarrow{HBF_4} Ar-F \\ \xrightarrow{CuCN} Ar-CN \\ \xrightarrow{H_3PO_2\text{ 或 }C_2H_5OH} Ar-H \\ \xrightarrow{HOH/H_2SO_4} Ar-OH \end{cases}$$

② 保留氮的反应

a. 偶联反应　重氮盐与芳胺、酚生成有色的偶氮化合物的反应。

$$C_6H_5-N_2^+Cl^- + C_6H_5-G \longrightarrow C_6H_5-N{=}N-C_6H_4-G$$

G：—OH，—NH_2…强活化基团

$Ar-N^+\equiv N: \longleftrightarrow Ar-N{=}N:^+$ ——弱亲电试剂

Ar—OH，Ar—NH_2… ——高度活化的芳环

该反应为亲电取代反应。

b. 还原反应　芳香重氮盐可被 $SnCl_2$＋HCl 还原成肼。

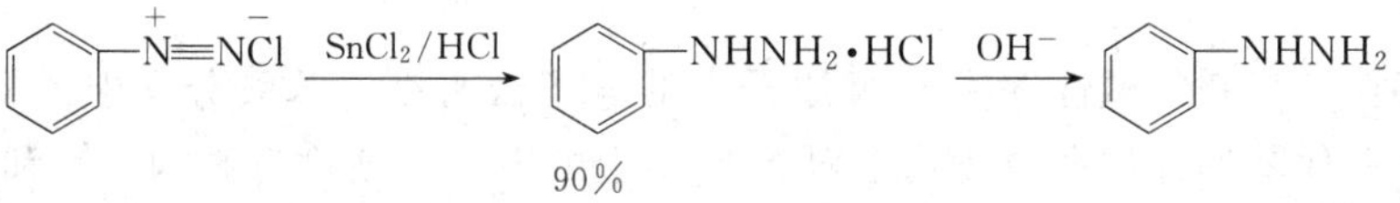

$$C_6H_5\overset{+}{N}\equiv N\overset{-}{Cl} \xrightarrow{SnCl_2/HCl} \underset{90\%}{C_6H_5NHNH_2\cdot HCl} \xrightarrow{OH^-} C_6H_5NHNH_2$$

25.3　同步例题

例 1. 选择题

（1）下列化合物中碱性最强和最弱的分别是（　　）。

A. $CH_3CONH—C_6H_5$　　B. $CH_3(CH_2)_5NH_2$

C. NH_3　　D. $(CH_3CH_2)_2NH$

（2）重氮盐与苯酚的偶联反应中，亲电性最强的试剂是（　　）。

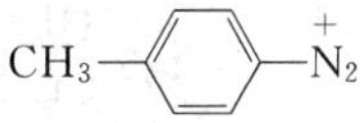

A. 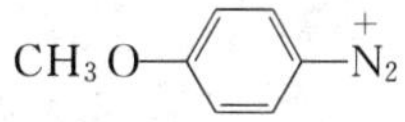 $CH_3O—C_6H_4—\overset{+}{N_2}$　　B. $CH_3—C_6H_4—\overset{+}{N_2}$

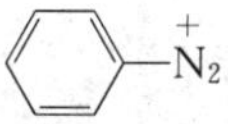

C. $C_6H_5—\overset{+}{N_2}$　　D. 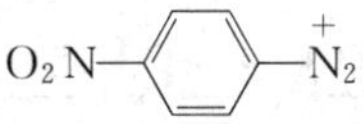 $O_2N—C_6H_4—\overset{+}{N_2}$

（3）按照系统命名法以下化合物的正确名称为（　　）。

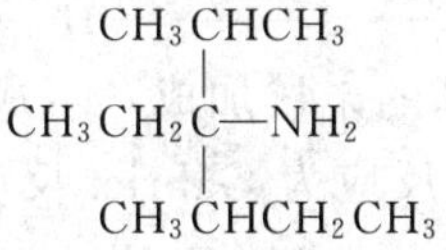

$$CH_3CH_2C(NH_2)(CH(CH_3)CH_3)(CH(CH_3)CH_2CH_3)$$

A. 异丙基仲丁基丙胺　　B. 2,4-二甲基-3-乙基-3-氨基己烷

C. 3,5-二甲基-4-乙基-4-氨基己烷　　D. 4-甲基-3-异丙基-3-氨基己烷

解题思路：（1）胺的碱性强弱与 N 原子上电子云密度成正比，凡是能使 N 原子电子云密度降低的结构均会使其碱性降低，反之，则使碱性增强。A 分子中的 N 原子与苯环和 CH_3CO—相连，与前者发生的 p-π 共轭及后者的吸电子作用，均使其电子云密度降低。而 B 和 D 分子中 N 原子均与供电基相连，电子云密度增大，尤其是 D 有两个供电基，电子云密度增大更多。（2）重氮盐与苯酚的偶联反应中，重氮盐是亲电试剂，正电荷越集中，亲电性越强。四种试剂中 A 和 B 分子—N_2—的对位均为供电基，会降低其亲电性，D 分子中—N_2—的对位为吸电基，将增强其亲电性。（3）按照系统命名法的规定，选择碳链最长、取代基最多的作主链，B 和 C 的主链选择正确，但是 C 的取代基编号错误。

解：（1）碱性最强的是 D，最弱的是 A　（2）D　（3）B

例 2. 按指定性能排序

（1）碱性

A. 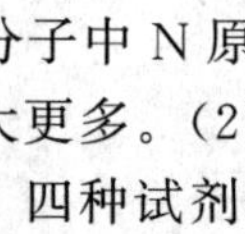 邻氰基苯胺（NH_2，邻位 CN）　B. 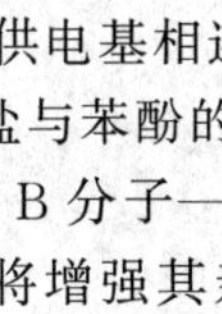 间氰基苯胺（NH_2，间位 CN）　C. 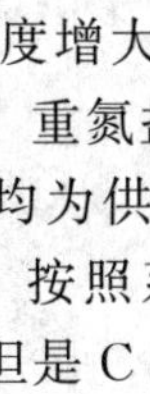 对氰基苯胺（NH_2，对位 CN）　D. 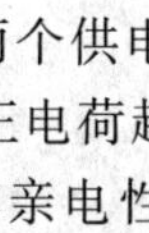 苯胺（NH_2）

（2）与 CH_3ONa 的反应活性

A. (4-溴硝基苯) B. (2,4-二硝基溴苯) C. (3-溴硝基苯) D. (溴苯)

解题思路：(1) 胺的碱性取决于N原子上的电子云密度。苯胺分子中—NH_2与苯环共轭，因此环上取代基的性质和位置均会对N原子上的电子云密度有影响。A和C中—CN在—NH_2的邻对位时由于−I和−C效应，使N原子上的电子云密度降低，碱性减弱，尤其在邻位−I更强，则碱性减弱更多。B中—CN在—NH_2—的间位，只有−I效应，则吸电子能力下降，使碱性减弱较少。(2) 卤代烃与CH_3ONa的反应是亲核取代，卤苯一般难于发生，但环上有了—NO_2会使芳环的电子云密度降低，从而可以在其邻对位发生环上的亲核取代，而且—NO_2越多反应越容易。

解：(1) 碱性由强到弱顺序为：D＞B＞C＞A。(2) 与CH_3ONa的反应活性顺序为：B＞A＞C＞D。

例3. 完成反应式

(1) 环己酮 $\xrightarrow{HCN}$ A $\xrightarrow{B}$ 1-羟基-1-(CH_2NH_2)环己烷

(2) 邻苯二甲酰亚胺 $\xrightarrow{KOH}$ C $\xrightarrow{n\text{-}C_4H_9Br}$ D $\xrightarrow[②H^+]{①OH^-}$ E＋F

(3) $PhCH_2CH_2NHCH_2CH_3 \xrightarrow{足量CH_3I} G \xrightarrow{湿Ag_2O} H \xrightarrow{\triangle} I$

解题思路：(1) 第一步是酮羰基的亲核加成，生成A；最终产物为—CN的还原产物，B可为$LiAlH_4$或催化氢化。(2) 该反应为Gabriel反应，第一步利用酰亚胺N上H的酸性，生成钾盐，为下一步反应提供了一个N^-亲核试剂；第二步为n-C_4H_9Br的亲核取代；第三步是取代酰亚胺的水解，生成伯胺和邻苯二甲酸盐，酸化后则析出酸。(3) 第一步为仲胺的彻底甲基化生成季铵盐，第二步生成季铵碱；第三步为季铵碱的热消除，按照Hofmann规律应该生成双键上支链较少的烯烃$CH_2=CH_2$，但是如果消去另一个β-H，生成的$PhCH=CH_2$由于共轭体系存在更稳定，反应活化能更低，因此此反应主要生成$PhCH=CH_2$。

解：

(1) A：1-羟基-1-氰基环己烷（OH、CN） B：$LiAlH_4$和H_2/Ni

(2) C：邻苯二甲酰亚胺钾（NK） D：N-正丁基邻苯二甲酰亚胺（NC_4H_9-n）

E：n-$C_4H_9NH_2$ F：邻苯二甲酸（COOH、COOH）

(3) G：$PhCH_2CH_2\overset{+}{N}(CH_3)_2CH_2CH_3I^-$

H：$PhCH_2CH_2\overset{+}{N}(CH_3)_2CH_2CH_3OH^-$

I：$PhCH=CH_2$

例4. 用指定原料合成

(1) 甲苯 $\longrightarrow$ 4-碘-3-溴甲苯（CH_3、Br、I）

(2) 联苯 $\longrightarrow$ 3,3',5,5'-四溴联苯（Br、Br、Br、Br）

解题思路：(1) 苯环上的—I只能由重氮盐的取代引入，而甲基的间位引入溴，则可先在对位引入定位效应较甲基强的邻对位基即—NH_2 来实现。(2) 两个苯环上均在间位引入—Br，且均为二取代，可根据苯胺易溴代的特点，先制成联苯二胺将—Br 引入，再通过重氮盐去掉—NH_2。

解：

(1) 甲苯 $\xrightarrow{混酸}\xrightarrow{Sn+HCl}$ 对甲苯胺（CH_3，NH_2）$\xrightarrow{乙酐}\xrightarrow{Br_2/Fe}\xrightarrow{H^+,H_2O}$ 2-溴-4-甲基苯胺（CH_3，Br，NH_2）$\xrightarrow[0\sim5℃]{HNO_2}\xrightarrow{KI}$ 4-碘-3-溴甲苯（CH_3，Br，I）

(2) 联苯 $\xrightarrow{混酸}\xrightarrow{Sn+HCl}$ H_2N—C₆H₄—C₆H₄—NH_2 $\xrightarrow{溴水}$ H_2N—（Br，Br）C₆H₂—C₆H₂（Br，Br）—NH_2

$\xrightarrow{HNO_2}\xrightarrow{H_3PO_2}$ 3,3',5,5'-四溴联苯（Br、Br、Br、Br）

例 5. 从含 2 个碳或 3 个碳的原料出发可以有多少种方法制备乙胺。

解题思路：可以用 Gabriel 合成法、卤代烷胺化、腈还原、醛还原胺化和 Hofmann 降解等方法，选取适当原料进行。

25.4 习题选解

2. 命名下列化合物

(1) $(CH_3)_2CHCH(NO_2)CH_2CH_3$ (2) $(CH_3)_2CHNH_2$ (3) $(CH_3)_2CHNHCH_3$

(4) $H_2NCH_2CH_2CH(NH_2)CH_2CH_3$ (5) C₆H₅—$NHCH_2CH_3$ (6) 间甲基苯基—$NHCH_3$（CH_3）

(7) H_2N—C₆H₄—NH—C₆H₅ (8) $(CH_3)_2CH\overset{+}{N}(CH_3)_3I^-$

(9) $(C_2H_5)_4\overset{+}{N}OH^-$ (10) $(CH_3)_2CHCH_2CN$

解：(1) 2-甲基-3-硝基戊烷 (2) 2-氨基丙烷或异丙胺

(3) *N*-甲基异丙基胺或 2-甲氨基丙烷 (4) 1,3-二氨基戊烷

(5) *N*-乙基苯胺 (6) *N*-甲基-3-甲基苯胺

（7）N-苯基-1,4-苯二胺　　（8）碘化二甲基异丙基铵或二甲基异丙基碘化铵

（9）氢氧化四乙基铵　　（10）异戊腈或 3-甲基丁腈

3. 写出下列化合物的结构式

（1）对硝基苄胺　　（2）苦味酸

（3）2,4,7-三硝基萘酚　　（4）(R)-甲基乙基烯丙基苄基氢氧化铵

（5）氯化四丙基铵　　（6）苯重氮氨基苯

（7）β-苯基丙胺　　（8）4-二甲氨基-4′-磺酸基偶氮苯

解：（1）$O_2N-C_6H_4-CH_2NH_2$　　（2）2,4,6-$(NO_2)_3C_6H_2OH$

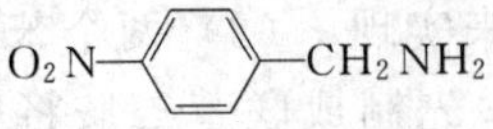

（3）1-OH，2,4,7-$(NO_2)_3$ 萘　　（4）$C_6H_5CH_2-N^+(CH_3)(C_2H_5)(CH_2-CH{=}CH_2)\ OH^-$

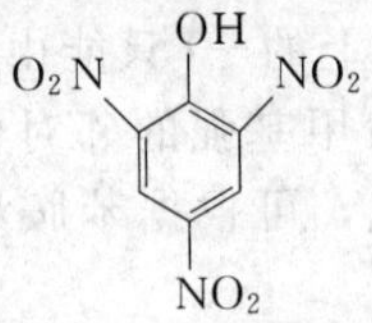

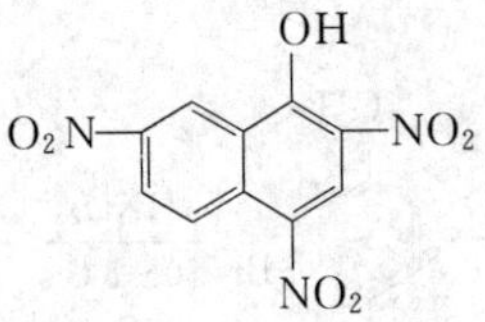

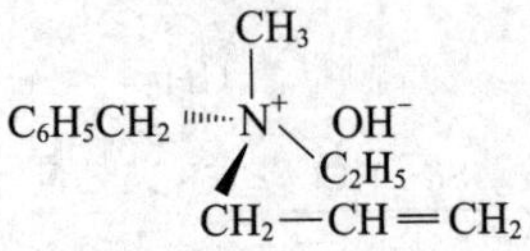

（5）$(CH_3CH_2CH_2)_4N^+ Cl^-$　　（6）$C_6H_5-N{=}N-NH-C_6H_5$

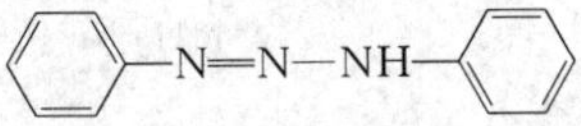

（7）$CH_3CH(Ph)CH_2NH_2$　　（8）$(CH_3)_2N-C_6H_4-N{=}N-C_6H_4-SO_3H$

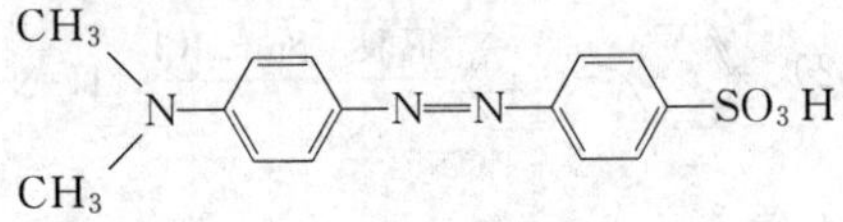

4. 用化学方法区别下列化合物

（1）$C_6H_5-CH_2CH_2NO_2$　　$C_6H_5-C(CH_3)_2-NO_2$　　$HO-C_6H_4-NHCH_2CH_3$

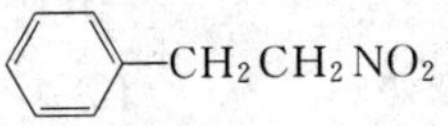

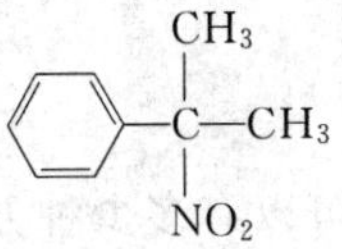

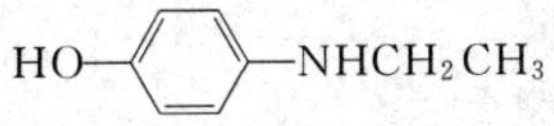

（2）乙醇、乙醛、乙酸和乙胺

（3）邻甲基苯胺　N-甲基苯胺　N,N-二甲基苯胺

（4）β-苯基丙胺　N-甲基-2-苯基乙胺　N,N-二甲基苄胺

解：（1）$FeCl_3$，$NaOH/H_2O$　　（2）碘仿反应，银镜反应，Na_2CO_3

（3）Hinsberg 试验　　（4）Hinsberg 试验

5. 用化学方法分离下列化合物

（1）苯酚、苯胺和苯甲酸　　（2）正己醇、正己胺和正己醛

（3）2-己酮、己腈和 2-己胺

解：

（1）加 $NaHCO_3/H_2O$，苯甲酸溶解，分出水层，酸化，分离出苯甲酸；加 $NaOH/H_2O$，苯酚溶解，分出水层，通 CO_2，分离出苯酚；加 H_2SO_4，分离出水层，加 $NaOH/H_2O$，分离出苯胺。

（2）加 H_2SO_4，分离出水层，加 $NaOH/H_2O$，分离出正己胺；加饱和 $NaHSO_3/H_2O$，分出晶体，加 HCl/H_2O，分离出正己醛。

（3）加饱和 $NaHSO_3/H_2O$，分出晶体，加 HCl/H_2O，分离出 2-己酮；加 H_2SO_4，分离出水层，加 $NaOH/H_2O$，分离出 2-己胺。

7. 完成下列反应式

(1) [甲苯] $\xrightarrow[\text{分离}]{A}$ [对硝基甲苯: CH_3, NO_2] $\xrightarrow{Fe+HCl} B \xrightarrow{(CH_3CO)_2O} C \xrightarrow{HNO_3+H_2SO_4} D \xrightarrow{^-OH/H_2O}$

$E \xrightarrow{NaNO_2} F \xrightarrow{G}$ [间硝基甲苯: CH_3, NO_2]

(2) [2-甲基四氢吡咯: N-H, CH_3] $\xrightarrow[\text{②}Ag_2O,H_2O]{\text{①足量}CH_3I} A \xrightarrow{\triangle} B \xrightarrow[\text{②}Ag_2O,H_2O]{\text{①足量}CH_3I} C \xrightarrow{\triangle} D$

(3) $CH_3CH_2CN \xrightarrow[\text{②}H^+]{\text{①}^-OH/H_2O} A \xrightarrow{SOCl_2} B \xrightarrow{(CH_3CH_2CH_2)_2NH} C \xrightarrow{LiAlH_4} D$

(4) [邻苯二甲酰亚胺钾: N^-K^+] $\xrightarrow{BrCH(COOC_2H_5)_2} A \xrightarrow[EtONa]{C_6H_5CH_2Cl} B \xrightarrow[\text{②}H^+;\text{③}\triangle]{\text{①}H_2O,^-OH} C$

(5) O_2N-[苯环]-Cl (2,4-二氯) $\xrightarrow[CH_3OH]{CH_3ONa}$

(6) [苯胺: NH_2] + [顺丁烯二酸酐] $\xrightarrow{\text{乙醚}}$

(7) HO_3S-[苯环]-NH_2 $\xrightarrow[0\sim5^\circ]{NaNO_2/H_2SO_4} A \xrightarrow[pH=9]{HO\text{-}C_6H_4\text{-}C_6H_4\text{-}NO_2} B$

(8) $CH_2{=}CH_2 \xrightarrow{Br_2} A \xrightarrow{2NaCN} B \xrightarrow[\text{②}\triangle]{\text{①}H_2O} C \xrightarrow{1NH_3} D \xrightarrow[NaOH]{Br_2} E$

解题思路：（1）硝化；还原硝基；氨基乙酰化；硝化；酰胺水解；重氮化；去氨基。（2）彻底甲基化；Hofmann 消除；彻底甲基化；Hofmann 消除。（3）腈水解成酸；生成酰氯；生成 N,N-二丙基丙酰胺；还原成叔胺。（4）两步亲核取代生成 [邻苯二甲酰亚胺基]N—$C(COOC_2H_5)_2$ ($CH_2C_6H_5$)；水解脱羧。（5）甲氧基取代硝基对位的氯原子。（6）氨基被酰化。（7）氨基的重氮化；在羟基的邻位被偶联。（8）亲电加成；氰解；氰基水解成二酸；受热成酐；生成单酰胺；Hofmann 降解成 β-氨基丙酸。

解：（1）A：HNO_3，H_2SO_4　B：[对甲苯胺: CH_3, NH_2]　C：[CH_3, $NHCOCH_3$]　D：[CH_3, NO_2, $NHCOCH_3$]

E：[CH_3, NO_2, NH_2]　F：[CH_3, NO_2, $N_2^+Cl^-$]　G：H_3PO_2/H_2O

（2）　A：OH^- CH_3 N^+ CH_3 CH_3　　B：N CH_2 CH_3 CH_3　　C：N^+ CH_2OH^- CH_3 CH_3 CH_3　　D：

（3）　A：CH_3CH_2COOH　　B：CH_3CH_2COCl

　　　C：$CH_3CH_2CON(CH_2CH_2CH_3)_2$　　D：$N(CH_2CH_2CH_3)_3$

（4）A：O C $NCH(COOC_2H_5)_2$ C O　　B：O C CH_2 $NC(COOC_2H_5)_2$ C O　　C：CH_2 $NH_2CHCOOH$

（5）O_2N—⟨⟩—OCH_3 Cl　　（6）O N O

（7）A：HO_3S—⟨⟩—$N_2^+HSO_4^-$　　B：HO N=N—⟨⟩—SO_3H —⟨⟩—NO_2

（8）A：$BrCH_2—CH_2Br$　　B：$NCCH_2—CH_2CN$

　　C：$HOOCCH_2CH_2COOH$　　D：$NH_2\overset{O}{\overset{\|}{C}}CH_2CH_2COOH$

　　E：$NH_2CH_2CH_2COOH$

8. 完成下列转变

（1）CH_3O—⟨⟩ ⟶ CH_3O—⟨⟩—NH_2

（2）⟨⟩—CH_3 ⟶ ⟨⟩—$CH_2N^+(CH_3)_3I^-$

（3）⟨⟩—CH_3 ⟶ ⟨⟩—$CH_2CH_2NH_2$

（4）乙烯⟶1,4-丁二胺

（5）O_2N—⟨⟩—CH_3 ⟶ O_2N—⟨⟩—NH_2

（6）丙烯⟶甲基丁二酸

（7）丙烯⟶ $CH_2=\overset{Cl}{\overset{|}{C}}—CH_2N^+(CH_3)_3Cl^-$

解：（1）CH_3O—⟨⟩ $\xrightarrow{HNO_3,H_2SO_4}$ CH_3O—⟨⟩—NO_2 $\xrightarrow{Fe/HCl}$ CH_3O—⟨⟩—NH_2

（2）⟨⟩—CH_3 $\xrightarrow{NBS}$ ⟨⟩—CH_2Br $\xrightarrow{NH_3}$ ⟨⟩—CH_2NH_2 $\xrightarrow{CH_3I(过量)}$ ⟨⟩—$CH_2N^+(CH_3)_3I^-$

（3）⟨⟩—CH_3 $\xrightarrow{NBS}$ ⟨⟩—CH_2Br $\xrightarrow{NaCN}$ ⟨⟩—CH_2CN $\xrightarrow{[H]}$ ⟨⟩—$CH_2CH_2NH_2$

（4）$CH_2=CH_2$ $\xrightarrow{Br_2}$ $BrCH_2CH_2Br$ $\xrightarrow{NaCN}$ $NCCH_2CH_2CN$ $\xrightarrow{[H]}$ $NH_2CH_2CH_2CH_2CH_2NH_2$

(5) $O_2N-C_6H_4-CH_3 \xrightarrow[H^+]{KMnO_4} O_2N-C_6H_4-COOH \xrightarrow{SOCl_2} O_2N-C_6H_4-COCl$

$\xrightarrow{NH_3} O_2N-C_6H_4-CONH_2 \xrightarrow{Br_2/NaOH} O_2N-C_6H_4-NH_2$

(6) $CH_3CH=CH_2 + HC\equiv CH \xrightarrow{h\nu}$ 3-甲基环丁烯 $\xrightarrow[H^+]{KMnO_4} HOOCCH(CH_3)CH_2COOH$

(7) $CH_3CH=CH_2 \xrightarrow{Cl_2} CH_3CHCl-CH_2Cl \xrightarrow[\triangle]{NaNH_2} CH_3C\equiv CH \xrightarrow{1HCl} CH_3CCl=CH_2$

$\xrightarrow[500℃]{Cl_2} ClCH_2CCl=CH_2 \xrightarrow{NH_3} NH_2CH_2CCl=CH_2 \xrightarrow{CH_3Cl(过量)} Cl^-\ (CH_3)_3N^+\ CH_2CCl=CH_2$

9. 以苯和甲苯为原料合成下列化合物

(1) A. 邻硝基苯胺（NH_2, NO_2） B. 间硝基苯胺（NH_2, NO_2） (2) 2-硝基-4-氨基甲苯（CH_3, NO_2, NH_2） (3) 2-硝基-4-羟基苯甲酸（$COOH$, NO_2, OH）

(4) 间硝基苯酚（OH, NO_2） (5) $CH_3-C_6H_4-NHCH_2-C_6H_5$

(6) $C_6H_5-NHSO_2-C_6H_4-NO_2$（间位） (7) $HOOC-C_6H_4-N=N-C_6H_4-N(CH_3)_2$

(8) 1,3,5-三溴苯（Br, Br, Br） (9) 3,5-二溴硝基苯（NO_2, Br, Br） (10) 间溴碘苯（Br, I）

解：(1) $C_6H_6 \xrightarrow[H_2SO_4]{HNO_3} C_6H_5NO_2 \xrightarrow[\triangle]{Fe/HCl} C_6H_5NH_2 \xrightarrow{浓\ H_2SO_4} C_6H_5N^+H_3\ HSO_4^-$

$\xrightarrow{浓\ HNO_3}$ 间-$O_2N-C_6H_4-N^+H_3\ HSO_4^- \xrightarrow[H_2O,\triangle]{NaOH}$ 间-$O_2N-C_6H_4-NH_2$

$C_6H_6 \xrightarrow[H_2SO_4]{HNO_3} C_6H_5NO_2 \xrightarrow[\triangle]{Fe/HCl} C_6H_5NH_2 \xrightarrow{(CH_3CO)_2O} C_6H_5NHCOCH_3 \xrightarrow[\triangle]{H_2SO_4}$ 对-$HO_3S-C_6H_4-NHCOCH_3$

$\xrightarrow[H_2SO_4]{HNO_3}$ 2-硝基-4-磺酸基乙酰苯胺（$NHCOCH_3$, NO_2, SO_3H） $\xrightarrow[H_2O,\triangle]{NaOH}$ 邻-$O_2N-C_6H_4-NH_2$

(2) 甲苯 $\xrightarrow[H_2SO_4]{HNO_3}$ 对硝基甲苯 $\xrightarrow[H_2SO_4,95℃]{HNO_3(发烟)}$ 2,4-二硝基甲苯 $\xrightarrow[\triangle]{NaSH/C_2H_5OH}$ 4-氨基-2-硝基甲苯

(3) 甲苯 $\xrightarrow[H_2SO_4]{HNO_3}$ 对硝基甲苯 $\xrightarrow[H_2SO_4,95℃]{HNO_3(发烟)}$ 2,4-二硝基甲苯 $\xrightarrow[\triangle]{NaSH/C_2H_5OH}$ 4-氨基-2-硝基甲苯 $\xrightarrow{(CH_3CO)_2O}$

4-$NHCOCH_3$-2-NO_2-甲苯 $\xrightarrow{KMnO_4}$ 4-$NHCOCH_3$-2-NO_2-苯甲酸 $\xrightarrow{NaOH/H_2O}$ 4-NH_2-2-NO_2-苯甲酸 $\xrightarrow{NaNO_2/HCl}$

4-$N_2^+Cl^-$-2-NO_2-苯甲酸 $\xrightarrow{H_2O}$ 4-OH-2-NO_2-苯甲酸

(4) 苯 $\xrightarrow[H_2SO_4]{HNO_3}$ 硝基苯 $\xrightarrow[H_2SO_4,95℃]{HNO_3(发烟)}$ 间二硝基苯 $\xrightarrow[\triangle]{NaSH/C_2H_5OH}$ 间硝基苯胺 $\xrightarrow{NaNO_2/HCl}$

间硝基重氮苯盐酸盐（$N_2^+Cl^-$） $\xrightarrow{H_2O}$ 间硝基苯酚（OH，NO_2）

(5) CH_3—C_6H_5 $\xrightarrow[H_2SO_4]{HNO_3}$ CH_3—C_6H_4—NO_2 $\xrightarrow{Fe/HCl}$ CH_3—C_6H_4—NH_2

C_6H_5—CH_3 $\xrightarrow{Cl_2,h\nu}$ C_6H_5—CH_2Cl

（两者）$\longrightarrow$ CH_3—C_6H_4—$NHCH_2$—C_6H_5

(6) 苯 $\xrightarrow[H_2SO_4]{HNO_3}$ C_6H_5—NO_2 $\xrightarrow{浓\ H_2SO_4,\triangle}$ 间硝基苯磺酸（NO_2，SO_3H） $\xrightarrow{SOCl_2}$ 间硝基苯磺酰氯（NO_2，SO_2Cl）

C_6H_5—NO_2 $\xrightarrow{Fe/HCl}$ C_6H_5—NH_2

（两者）$\longrightarrow$ C_6H_5—NH—SO_2—C_6H_4—NO_2（间位）

(7) 苯 $\xrightarrow[H_2SO_4]{HNO_3}$ C_6H_5—NO_2 $\xrightarrow{Fe/HCl}$ C_6H_5—NH_2 $\xrightarrow{CH_3I}$ C_6H_5—$N(CH_3)_2$

CH_3—C_6H_5 $\xrightarrow[H_2SO_4]{HNO_3}$ CH_3—C_6H_4—NO_2 $\xrightarrow{KMnO_4,H^+}$ HOOC—C_6H_4—NO_2

$\xrightarrow{Fe/HCl}$ HOOC—C_6H_4—NH_2

$\xrightarrow{NaNO_2/HCl}$ HOOC—C₆H₄—$N_2^+Cl^-$

C₆H₅—$N(CH_3)_2$

$\longrightarrow$ HOOC—C₆H₄—N=N—C₆H₄—$N(CH_3)_2$

（8）C₆H₆ $\xrightarrow[H_2SO_4]{HNO_3}$ C₆H₅—NO_2 $\xrightarrow{Fe/HCl}$ C₆H₅—NH_2 $\xrightarrow{Br_2}$ 2,4,6-三溴苯胺（NH_2，Br，Br，Br）

$\xrightarrow{NaNO_2/HCl}$ $\xrightarrow[H_2O]{H_3PO_2}$ 1,3,5-三溴苯（Br，Br，Br）

（9）C₆H₆ $\xrightarrow[H_2SO_4]{HNO_3}$ C₆H₅—NO_2 $\xrightarrow{Fe/HCl}$ C₆H₅—NH_2 $\xrightarrow{(CH_3CO)_2O}$ C₆H₅—$NHCOCH_3$ $\xrightarrow[H_2SO_4]{HNO_3}$

p-NO_2—C₆H₄—$NHCOCH_3$ $\xrightarrow{NaOH,H_2O}$ p-NO_2—C₆H₄—NH_2 $\xrightarrow{Br_2,H_2O}$ 2,6-二溴-4-硝基苯胺（NH_2，Br，Br，NO_2）$\xrightarrow{NaNO_2/HCl}$ $\xrightarrow[H_2O]{H_3PO_2}$ 3,5-二溴硝基苯（Br，Br，NO_2）

（10）C₆H₆ $\xrightarrow[H_2SO_4]{HNO_3}$ C₆H₅—NO_2 $\xrightarrow[FeBr_3,\triangle]{Br_2}$ m-Br—C₆H₄—NO_2 $\xrightarrow{Fe/HCl}$ m-Br—C₆H₄—NH_2 $\xrightarrow{NaNO_2/HCl}$

m-Br—C₆H₄—$N_2^+Cl^-$ $\xrightarrow[\triangle]{KI}$ m-Br—C₆H₄—I

10. 以苯和萘为原料合成下列化合物

（1）1-(N=N—C₆H₄—SO_3H)-2-萘酚（N=N—C₆H₄—SO_3H，OH）

（2）$(CH_3)_2N$—C₁₀H₆—N=N—C₁₀H₆—SO_3H

（3）m-Br—C₆H₄—N=N—C₁₀H₆—OH

（4）$(CH_3)_2N$—C₆H₄—N=N—C₆H₄—SO_3H

解（1）萘 $\xrightarrow[165℃]{H_2SO_4}$ 2-萘磺酸（SO_3H）$\xrightarrow[300℃]{NaOH}$ 2-萘酚钠（ONa）$\xrightarrow{稀 H_2SO_4}$ 2-萘酚（OH）

CH_3—C₆H₅ $\xrightarrow{KMnO_4,H^+}$ C₆H₅—COOH $\xrightarrow{SOCl_2}$ C₆H₅—COCl $\xrightarrow{NH_3}$ C₆H₅—$CONH_2$

$\xrightarrow{Br_2/NaOH}$ C₆H₅—NH_2 $\xrightarrow{浓 H_2SO_4,\triangle}$ HO_3S—C₆H₄—NH_2 $\xrightarrow{NaNO_2/HCl}$ HO_3S—C₆H₄—$N_2^+Cl^-$

2-萘酚（OH）$\xrightarrow{HO_3S—C_6H_4—N_2^+Cl^-}$ 1-(N=N—C₆H₄—SO_3H)-2-萘酚（N=N—C₆H₄—SO_3H，OH）

(2) $\xrightarrow[H_2SO_4]{HNO_3}$ NO_2 $\xrightarrow{Fe/HCl}$ NH_2 $\xrightarrow{CH_3I}$ $N(CH_3)_2$

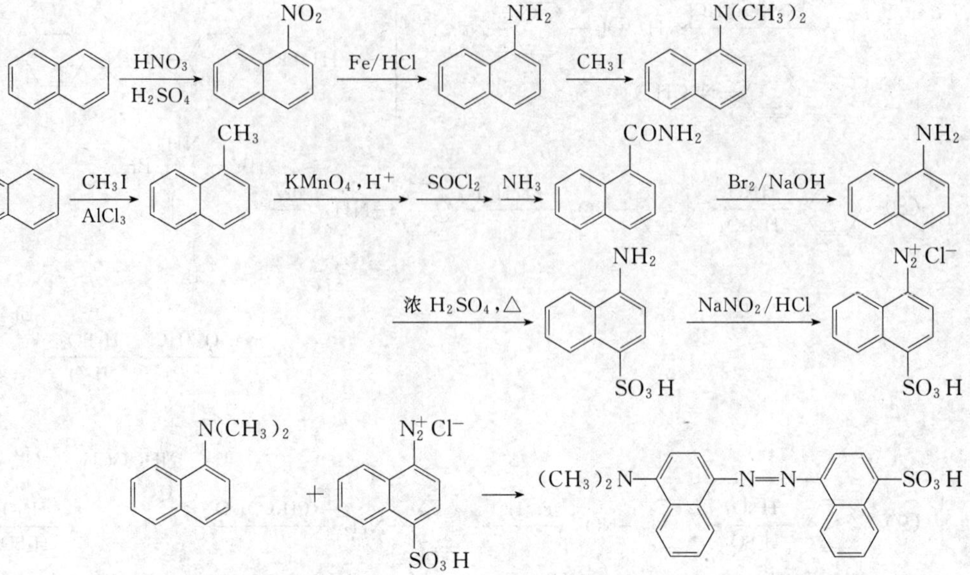

$\xrightarrow[AlCl_3]{CH_3I}$ CH_3 $\xrightarrow{KMnO_4, H^+}$ $\xrightarrow{SOCl_2}$ $\xrightarrow{NH_3}$ $CONH_2$ $\xrightarrow{Br_2/NaOH}$ NH_2

$\xrightarrow{浓\ H_2SO_4, \triangle}$ NH_2, SO_3H $\xrightarrow{NaNO_2/HCl}$ $N_2^+Cl^-$, SO_3H

$N(CH_3)_2$ + $N_2^+Cl^-$, SO_3H $\longrightarrow$ $(CH_3)_2N$—N=N—SO_3H

(3) $\xrightarrow[60℃]{H_2SO_4}$ SO_3H $\xrightarrow[300℃]{NaOH}$ ONa $\xrightarrow{稀\ H_2SO_4}$ OH

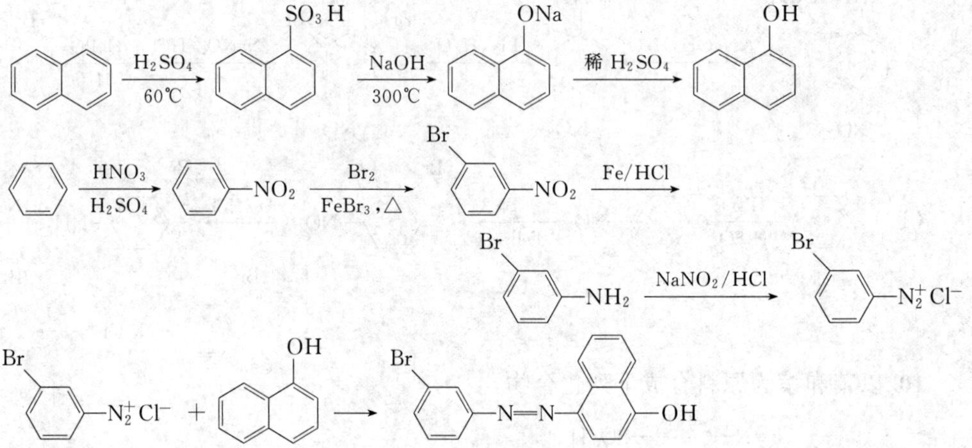

$\xrightarrow[H_2SO_4]{HNO_3}$ NO_2 $\xrightarrow[FeBr_3, \triangle]{Br_2}$ Br, NO_2 $\xrightarrow{Fe/HCl}$

Br, NH_2 $\xrightarrow{NaNO_2/HCl}$ Br, $N_2^+Cl^-$

Br, $N_2^+Cl^-$ + OH $\longrightarrow$ Br, N=N, OH

(4) $\xrightarrow[H_2SO_4]{HNO_3}$ NO_2 $\xrightarrow{Fe/HCl}$ NH_2 $\xrightarrow{CH_3I}$ $N(CH_3)_2$

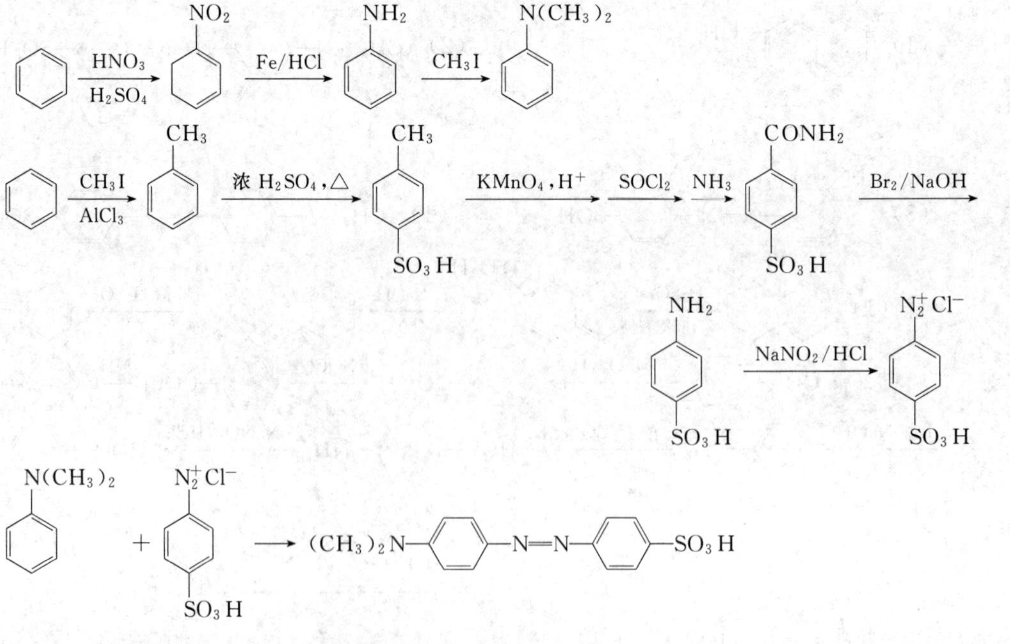

$\xrightarrow[AlCl_3]{CH_3I}$ CH_3 $\xrightarrow{浓\ H_2SO_4, \triangle}$ CH_3, SO_3H $\xrightarrow{KMnO_4, H^+}$ $\xrightarrow{SOCl_2}$ $\xrightarrow{NH_3}$ $CONH_2$, SO_3H $\xrightarrow{Br_2/NaOH}$

NH_2, SO_3H $\xrightarrow{NaNO_2/HCl}$ $N_2^+Cl^-$, SO_3H

$N(CH_3)_2$ + $N_2^+Cl^-$, SO_3H $\longrightarrow$ $(CH_3)_2N$—N=N—SO_3H

11. 试提出下列化合物的立体专一性转变方法

（1）（*R*）-2-辛醇转变成（*S*）-2-辛胺

（2）（*R*）-2-辛醇转变成（*R*）-2-辛胺

（3）$(R)\text{-}C_6H_5CH_2\overset{CH_3}{\overset{|}{C}}HCHOOH \longrightarrow (R)\text{-}C_6H_5CH_2\overset{CH_3}{\overset{|}{C}}HNH_2$

解：（1）$C_6H_{13}\text{—}C(CH_3)(H)\text{—}OH \ (R) \xrightarrow{PBr_3} Br\text{—}C(CH_3)(H)\text{—}C_6H_{13} \ (S)$

$$\text{邻苯二甲酸酐} \xrightarrow[\triangle]{NH_3} \text{邻苯二甲酰亚胺 (NH)} \xrightarrow{KOH} \text{邻苯二甲酰亚胺 } N^-K^+ \xrightarrow{Br\text{—}C(CH_3)(H)\text{—}C_6H_{13}}$$

$$\text{邻苯二甲酰亚胺 N—}C(CH_3)(H)\text{—}C_6H_{13} \xrightarrow{H_2O/OH^-} H_2N\text{—}C(CH_3)(H)\text{—}C_6H_{13} \ (S)$$

（2）$C_6H_{13}\text{—}C(CH_3)(H)\text{—}OH \ (R) \xrightarrow{SOCl_2} C_6H_{13}\text{—}C(CH_3)(H)\text{—}Cl \ (R)$

$$\text{邻苯二甲酸酐} \xrightarrow[\triangle]{NH_3} \text{邻苯二甲酰亚胺 (NH)} \xrightarrow{KOH} \text{邻苯二甲酰亚胺 } N^-K^+ \xrightarrow{C_6H_{13}\text{—}C(CH_3)(H)\text{—}Cl}$$

$$\text{邻苯二甲酰亚胺 N—}C(H)(CH_3)\text{—}C_6H_{13} \xrightarrow{H_2O/OH^-} H_2N\text{—}C(H)(CH_3)\text{—}C_6H_{13} \ (R)$$

（3）$(R)\text{-}C_6H_5CH_2\overset{CH_3}{\overset{|}{C}}HCOOH \xrightarrow{SOCl_2} (R)\text{-}C_6H_5CH_2\overset{CH_3}{\overset{|}{C}}HCOCl \xrightarrow{NH_3}$

$$(R)\text{-}C_6H_5CH_2\overset{CH_3}{\overset{|}{C}}HCONH_2 \xrightarrow{Br_2/NaOH} (R)\text{-}C_6H_5CH_2\overset{CH_3}{\overset{|}{C}}HNH_2$$

12. 能通过下列转变得到目标产物吗？为什么？

（1）$CH_3NH\text{—}C_6H_4\text{—}\overset{O}{\overset{\|}{C}}CH_3 \xrightarrow[\text{②}H_3^+O]{\text{①}CH_3MgBr} CH_3NH\text{—}C_6H_4\text{—}C(CH_3)_2\text{—}OH$

（2）$O_2N\text{—}C_6H_4\text{—}CH(OCH_3)_2 \xrightarrow{SnCl_2/\text{浓 }HCl} H_2N\text{—}C_6H_4\text{—}CH(OCH_3)_2 \xrightarrow{C_6H_5Cl}$

$$C_6H_5NH\text{—}C_6H_4\text{—}CH(OCH_3)_2 \xrightarrow[\triangle]{HCl/H_2O} C_6H_5NH\text{—}C_6H_4\text{—}CHO$$

(3) 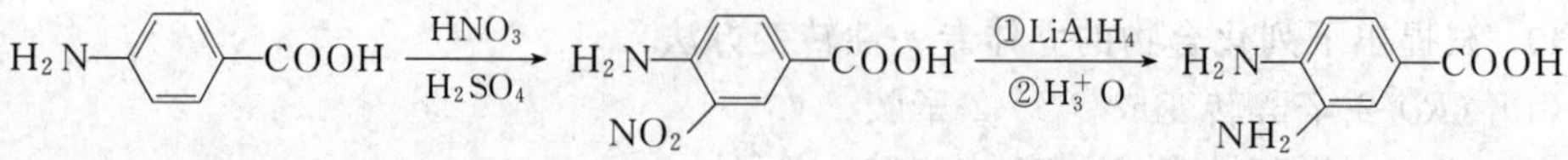 $H_2N-C_6H_4-COOH \xrightarrow[H_2SO_4]{HNO_3}$ $H_2N-C_6H_3(NO_2)-COOH$ $\xrightarrow[②H_3^+O]{①LiAlH_4}$ $H_2N-C_6H_3(NH_2)-COOH$

(4) $(C_6H_5)_2CBrCH_3 \xrightarrow{NH_3} (C_6H_5)_2C(CH_3)NH_2 + HBr$

解：（1）不能。格氏试剂会与氮上的氢反应。

（2）不能。第二步所用氯苯是卤苯型卤代芳烃，反应活性低。

（3）不能。第一步中苯环上的氨基易被氧化；第二步中的羧基也会被还原。

（4）不能。叔卤代烷在碱性条件下更易发生消除反应。

25.5 思考题

25-1 选择题

（1）芳香硝基化合物分子中可被芳环上的硝基活化的反应是（　　）。

A. 邻对位的亲电取代　　B. 间位的亲电取代

C. 邻对位的亲核取代　　D. 间位的亲核取代

（2）不溶于 $NaOH/H_2O$ 的化合物是（　　）。

A. CH_3NO_2　　B. 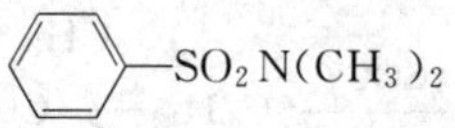 $C_6H_5-SO_2N(CH_3)_2$

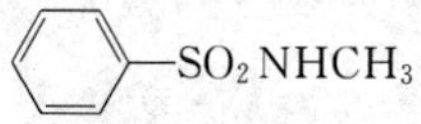

C. $C_6H_5-SO_2NHCH_3$　　D. $CH_3-C_6H_4-OH$

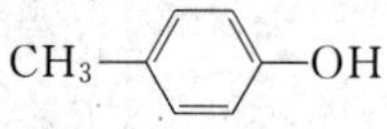

（3）$CH_3-C_6H_4-N{=}N-C_6H_3(NH_2)-NH_2$ 正确的名称是（　　）。

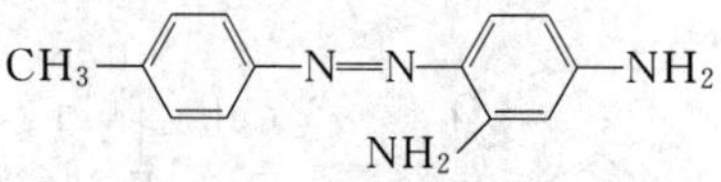

A. 甲基-二氨基偶氮苯　B. 4-甲基-2,4-二氨基偶氮苯　C. 4-甲基-2′,4′-二氨基偶氮苯

（4）能与重氮盐发生偶联反应的化合物是（　　）。

A. 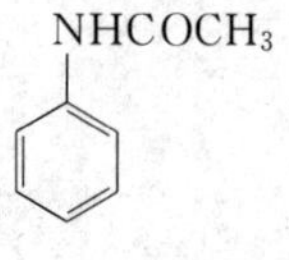 $C_6H_5NHCOCH_3$　　B. $C_6H_5\overset{+}{N}(CH_3)_3$　　C. 邻甲氧基苯甲酸（OCH₃、COOH）　　D. 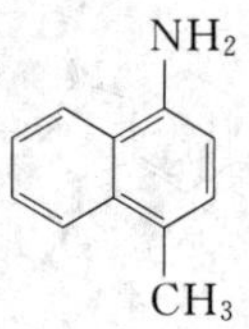 4-甲基-1-萘胺（NH_2、CH_3）

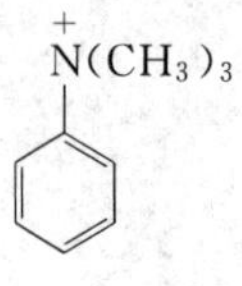

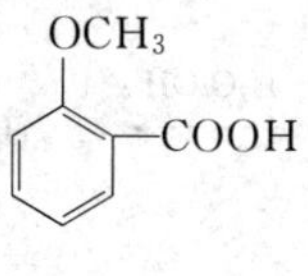

25-2 如何利用对氨基苯磺酸的偶极离子结构解释下列现象：A. 熔点较高；B. 易溶于水和不溶于有机溶剂；C. 溶于 NaOH 水溶液；D. 不溶于 HCl 水溶液。

25-3 $CH_3CH(\overset{+}{N}(CH_3)_3)CH_2CH_3$（费歇尔投影式：上 H；$CH_3$—C—H；$(CH_3)_3\overset{+}{N}$—C—H；下 CH_3）$\xrightarrow[\triangle]{Ag_2O/H_2O}$

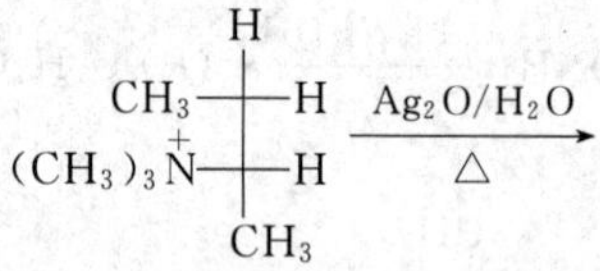

写出该反应生成产物的立体化学过程。

25-4 以甲苯为起始原料，经过含氮的中间产物，你能合成多少种二取代产物？写出合理的合成路线。

25-5 简答：下列两对化合物中哪个碱性更强，为什么？（A）*N*,*N*-二甲基苯胺和 2,6-二甲基-*N*,*N*-二甲基苯胺；（B）3,4,5-三硝基苯胺和 3,5-二硝基-4-氰基苯胺。

25-6 画出分离非水溶性混合物甲苯、*N*,*N*-二甲苯胺、氯苯、对甲苯酚和苯甲酸的流程图。

25-7 随着人类社会生产力发展及环境气候改变，各种有害细菌生长繁殖迅猛，给工农业生产及人们的健康带来了极大的危害。新洁尔灭是一种季铵盐，化学名十二烷基二甲基苄基溴化铵，其穿透力强、作用快、无刺激性，杀菌时可改变菌体细胞壁的通透性，使细菌丧失摄取营养物质的能力，从而抑制菌体的代谢及许多酶系统的活力，对藻类、真菌、异养菌等均有较好的杀灭效果。试写出下面制备新洁尔灭的反应机理，你还能设计其他的合成路线吗？

$$CH_3(CH_2)_{11}NH_2 + 2HCHO + 2HCOOH \xrightarrow{\triangle} (CH_3)_2NC_{12}H_{25} \qquad (1)$$

$$(CH_3)_2NC_{12}H_{25} + PhCH_2Br \xrightarrow{\triangle} PhCH_2\overset{+}{N}(CH_3)_2C_{12}H_{25}Br^- \qquad (2)$$

自我检测题

25-1 选择题

（1）在碱性条件下，C_6H_5COCl 与 $C_6H_5CH_2NH_2$ 反应，主要产物可能为（　　）。

A. C_6H_5—CO—C_6H_4—CH_2NH_2（对位）　　B. C_6H_5—$CONHCH_2$—C_6H_5

C. C_6H_5—CO—C_6H_4—CH_2NH_2（间位）

（2）在下面季铵碱的热消除中，最易消去的 β-H 是（　　）。

（2,6-二取代哌啶季铵结构：N 上带两个 CH_3，环上 2 位为 CH_3（b），6 位为 CH_2CH_3（a），环上 c、d 位置标注）

A. a　　B. b　　C. c　　D. d

（3）$(CH_3)_3C$—Cl 与 NH_3 反应，最可能的产物是（　　）。

A. $(CH_3)_3C$—NH_2　　B. $(CH_3)_3C$—NH—$C(CH_3)_3$　　C. CH_2═$C(CH_3)_2$

（4）下列转化的最佳反应条件为（　　）。

$$CH_3CH_2\overset{O}{\overset{\|}{C}}NH_2 \longrightarrow CH_3CH_2NH_2$$

A. 催化氢化　　B. 过量碘甲烷，碳酸钾

C. 溴水，氢氧化钠溶液　　D. 氢化铝锂，乙醚

25-2 排序

（1）按碱性由大到小排序：____。

A. $CH_3CH_2CONH_2$　　B. $CH_3NHC_2H_5$

C. $CH_3NHC_6H_5$　　D. $NH_2C_6H_5$

（2）与氯化重氮苯发生偶联反应的活性由强到弱排序：____。

A. 苯胺　　B. 乙酰苯胺

C. 对甲氧基苯胺　　D. 对氨基苯磺酸

（3）与 NaOH 反应的活性由强到弱排序：____。

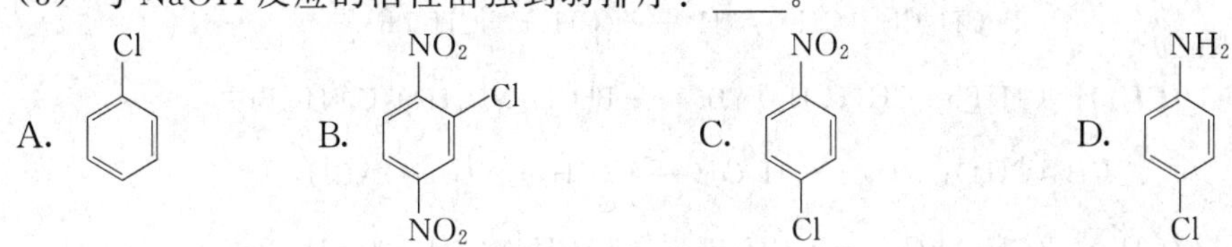

25-3 为下列多步合成A～F选择合理的反应条件。

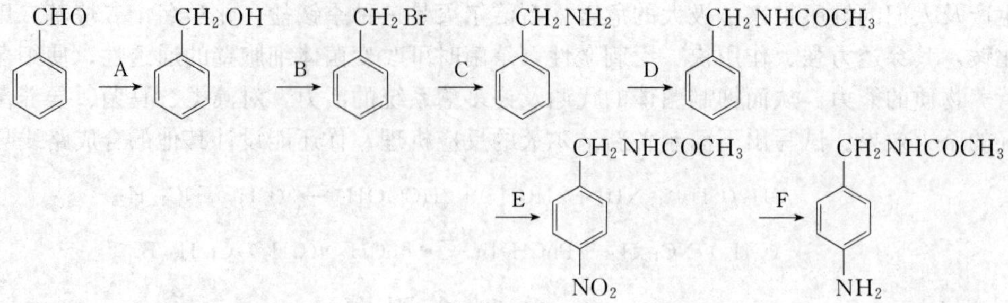

$$C_6H_5CHO \xrightarrow{A} C_6H_5CH_2OH \xrightarrow{B} C_6H_5CH_2Br \xrightarrow{C} C_6H_5CH_2NH_2 \xrightarrow{D} C_6H_5CH_2NHCOCH_3 \xrightarrow{E} p\text{-}O_2N\text{-}C_6H_4CH_2NHCOCH_3 \xrightarrow{F} p\text{-}H_2N\text{-}C_6H_4CH_2NHCOCH_3$$

25-4 写出下列反应的反应历程

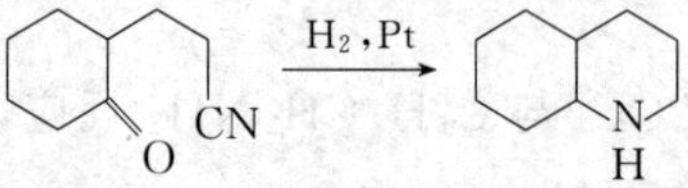

$$\text{2-(2-氰乙基)环己酮 (CN, O)} \xrightarrow{H_2, Pt} \text{十氢喹啉 (N-H)}$$

25-5 从硝基苯出发，你能合成多少种二取代产物？写出反应路线。

25-6 对氨基苯酚具有解热镇痛作用，但因其毒性大，不宜应用于临床。但将其氨基乙酰化后得到的对羟基乙酰苯胺，即临床用于解热镇痛的药物扑热息痛，不仅毒性降低，而且增加了脂溶性，改善了药物的吸收，增强了疗效。提供至少三种以苯为原料制备扑热息痛的方法。

思考题参考答案

25-1 选择题

（1）C （2）B （3）C （4）D

25-2 从形成内盐偶极分子的特点考虑。

25-3 季铵盐热消除的立体化学特征是离去基团处于反式共平面，先找出反应物中能使两个离去基团处于反式共平面的相对稳定构象，即可确定产物构型。

25-4 略

25-5 （A）2,6-二甲基-*N*,*N*-二甲基苯胺碱性更强；（B）3,4,5-三硝基苯胺碱性更强。从空间效应和电子效应综合起来考虑，对苯胺分子共轭体系有何影响，从而影响碱性的强弱。

25-6 略

25-7 反应机理：

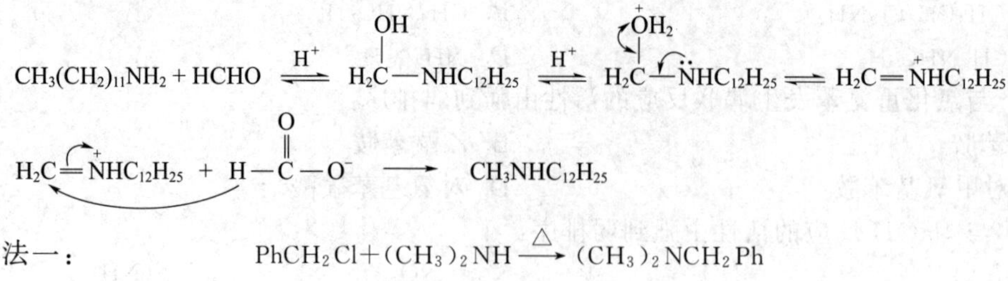

$$CH_3(CH_2)_{11}NH_2 + HCHO \underset{}{\overset{H^+}{\rightleftharpoons}} H_2C(OH){-}NHC_{12}H_{25} \overset{H^+}{\rightleftharpoons} H_2C(\overset{+}{O}H_2){-}\ddot{N}HC_{12}H_{25} \rightleftharpoons H_2C{=}\overset{+}{N}HC_{12}H_{25}$$

$$H_2C{=}\overset{+}{N}HC_{12}H_{25} + H{-}\overset{O}{\overset{\|}{C}}{-}O^- \longrightarrow CH_3NHC_{12}H_{25}$$

方法一：

$$PhCH_2Cl + (CH_3)_2NH \xrightarrow{\triangle} (CH_3)_2NCH_2Ph \quad (1)$$

$$(CH_3)_2NCH_2Ph + CH_3(CH_2)_{11}Br \xrightarrow{\triangle} PhCH_2\overset{+}{N}(CH_3)_2C_{12}H_{25}Br^- \quad (2)$$

方法二：

$$CH_3(CH_2)_{11}NH_2 + 2CH_3OH \xrightarrow{\triangle} (CH_3)_2N(CH_2)_{11}CH_3 \quad (1)$$

$$(CH_3)_2N(CH_2)_{11}CH_3 + PhCH_2Br \xrightarrow{\triangle} PhCH_2\overset{+}{N}(CH_3)_2C_{12}H_{25}Br^- \quad (2)$$

自我检测题参考答案

25-1 选择题

（1）B　（2）B　（3）C　（4）C

25-2

（1）B>C>D>A　（2）C>A>D>B　（3）B>C>A>D

25-3 A. $NaBH_4$　B. HBr，H^+　C. NH_3　D. $(CH_3CO)_2O$

E. HNO_3，H_2SO_4　F. Sn，HCl

25-4 反应经过了腈的还原，羰基与胺的加成消除，亚胺的还原。

25-5 略

25-6

法一：苯 $\xrightarrow{H_2SO_4}$ $C_6H_5SO_3H$ $\xrightarrow[300℃]{NaOH}$ $C_6H_5SO_3Na$ $\xrightarrow{稀\ H_2SO_4}$ C_6H_5OH $\xrightarrow{NaOH}$ C_6H_5ONa $\xrightarrow{CH_3Br}$ $C_6H_5OCH_3$ $\xrightarrow{H_2SO_4/HNO_3}$ $p\text{-}CH_3OC_6H_4NO_2$ $\xrightarrow{HI}$ $p\text{-}HOC_6H_4NO_2$ $\xrightarrow{Fe/HCl}$ $p\text{-}HOC_6H_4NH_2$ $\xrightarrow{CH_3COOH}$ $p\text{-}HOC_6H_4NHCOCH_3$

法二：苯 $\xrightarrow{H_2SO_4/HNO_3}$ $C_6H_5NO_2$ $\xrightarrow{Fe/HCl}$ $C_6H_5NH_2$ $\xrightarrow{CH_3COOH}$ $C_6H_5NHCOCH_3$ $\xrightarrow{H_2SO_4/HNO_3}$ $p\text{-}O_2NC_6H_4NHCOCH_3$ $\xrightarrow{Fe/HCl}$ $\xrightarrow{NaNO_2/HCl}$ $p\text{-}CH_3CONHC_6H_4N_2^+Cl^-$ $\xrightarrow[\triangle]{H_2SO_4}$ $p\text{-}HOC_6H_4NHCOCH_3$

法三：苯 $\xrightarrow{H_2SO_4/HNO_3}$ $C_6H_5NO_2$ $\xrightarrow{Fe/HCl}$ $C_6H_5NH_2$ $\xrightarrow{NaNO_2/HCl}$ $C_6H_5N_2^+Cl^-$ $\xrightarrow[\triangle]{H_2SO_4}$ C_6H_5OH $\xrightarrow{NaOH}$ $\xrightarrow{CH_3Br}$ $C_6H_5OCH_3$ $\xrightarrow{H_2SO_4/HNO_3}$ $p\text{-}CH_3OC_6H_4NO_2$ $\xrightarrow{HI}$ $p\text{-}HOC_6H_4NO_2$ $\xrightarrow{Fe/HCl}$ $p\text{-}HOC_6H_4NH_2$ $\xrightarrow{CH_3COOH}$ $p\text{-}HOC_6H_4NHCOCH_3$

第 26 章　杂环化合物

26.1　基本要求

了解各类杂环化合物的分类及命名；了解生物碱等一些常见杂环化合物的基本结构及概念。理解各类杂环化合物的芳香性及其强弱的判断。掌握简单五元、六元杂环化合物的基本结构和化学性质以及含氮杂环化合物的碱性。

重点、难点： 五元和六元杂环化合物的结构、芳香性及其取代反应。

26.2　内容概要

26.2.1　五元杂环化合物

(1) 分子结构　呋喃、吡咯和噻吩分子都是五原子六电子闭合共轭体系。由于 π 电子数都是 6，所以呋喃、吡咯和噻吩都具有芳香性。O、N、S 电负性的不同使分子中 p-π 共轭的程度不同，所以呋喃、吡咯、噻吩的芳香性都不如苯，芳香性大小顺序为：苯＞噻吩＞吡咯＞呋喃。

(2) 化学性质

① 亲电取代　呋喃、吡咯和噻吩比苯更容易发生亲电取代反应，活性顺序为：吡咯＞呋喃＞噻吩。取代基主要进入杂原子的 α 位。

② 催化氢化　呋喃、吡咯和噻吩可在催化剂作用下加氢还原成脂肪杂环化合物。

③ 双烯合成反应　呋喃具有共轭二烯烃的性质，可发生双烯合成反应。

④ 吡咯的弱酸弱碱性　吡咯的碱性比苯胺弱，可与强碱发生酸碱反应。

26.2.2　六元杂环化合物

(1) 分子结构　吡啶分子是六原子六电子闭合共轭体系，具有芳香性。由于氮原子的电负性较大，所以吡啶环的电子云密度较小，亲电取代比苯困难。同时因为氮原子上的孤电子对不参与 p-π 共轭，所以吡啶的碱性比苯胺强。

(2) 化学性质

① 亲电取代　吡啶环上的亲电取代反应比苯更困难，取代基主要进入 β 位。

② 亲核取代　吡啶可发生亲核取代反应，取代基主要进入 α 位。

③ 吡啶的弱碱性　吡啶的碱性比一般的脂肪叔胺弱，比苯胺强。

④ 氧化与还原　吡啶环不易被氧化，环上侧链可被氧化成羧基；吡啶比苯更容易被还原。

26.2.3　稠杂环化合物

喹啉和异喹啉都是苯环和吡啶环稠合的化合物。喹啉的碱性比吡啶弱，异喹啉的碱性比吡啶强。喹啉和异喹啉的亲电取代反应发生在苯环上（5 位或 8 位），亲核取代反应发生在吡啶环上（2 位和 4 位）。苯环易被氧化，吡啶环易被还原。

26.3 同步例题

例 1. 完成下列反应。

（1）H_3CO-(2-甲氧基-5-甲基呋喃)-CH_3 $\xrightarrow{H_2SO_4}$

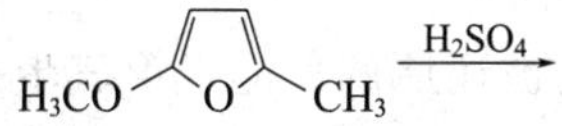

（2）3-甲基噻吩（H_3C，S）$\xrightarrow{H_2SO_4/HNO_3}$

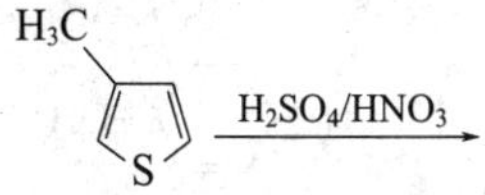

解：（1）该反应是呋喃环上的磺化反应。由于两个 α 位均已被占据，所以，磺基只能进入 β 位。同时，应考虑到甲基与甲氧基定位效应的强弱。所以，产物为：HO_3S，H_3CO，O，CH_3

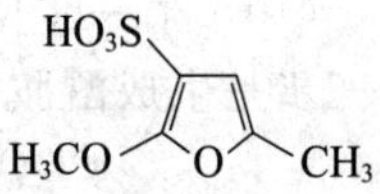

（2）该反应是噻吩环上的硝化反应，硝基进入 α 位。同时，甲基为邻对位定位基，所以，硝基应进入甲基的 α 位，产物为：H_3C，O_2N，S

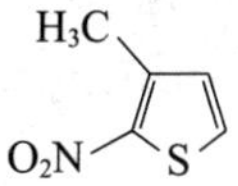

例 2. 合成。

呋喃 ⟶ O_2N-(呋喃环)-乙基

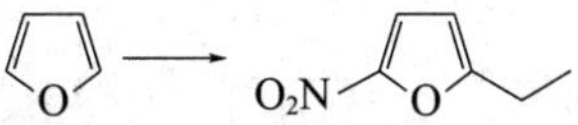

解：硝基可以通过呋喃环上的硝化反应得到；乙基可以通过羰基的还原得到。同时，在还原羰基时应考虑到呋喃环及硝基均可被还原；在进行硝化反应时应考虑到醇可被氧化。所以，合成路线为

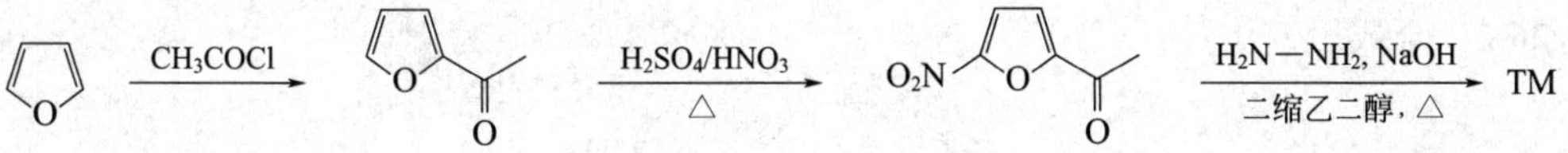

呋喃 $\xrightarrow{CH_3COCl}$ 2-乙酰基呋喃 $\xrightarrow[\triangle]{H_2SO_4/HNO_3}$ O_2N-(5-硝基-2-乙酰基呋喃) $\xrightarrow[\text{二缩乙二醇}, \triangle]{H_2N-NH_2,\ NaOH}$ TM

26.4 习题选解

3. 完成下列反应。

（1）H_3C-(2-甲基噻吩，S) $\xrightarrow{H_2SO_4/HNO_3}$

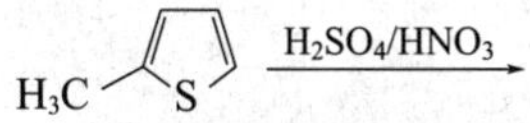

（2）呋喃 $\xrightarrow[H^+]{CH_2=C(CH_3)_2}$

（6）呋喃 + $EtOOC-CH=CH-COOEt$（EtOOC—CH ‖ EtOOC—CH）⟶

（9）吡啶 $\xrightarrow{\text{混酸}}$ A $\xrightarrow{Zn/HCl}$ B $\xrightarrow{NaNO_2/HCl}$ C $\xrightarrow[\text{稀 NaOH}]{PhOH}$ D

（10）3-甲基吡啶（CH_3，N）$\xrightarrow{KMnO_4}$ A $\xrightarrow{SOCl_2}$ B $\xrightarrow{NH_3}$ C $\xrightarrow{Br_2/NaOH}$ D

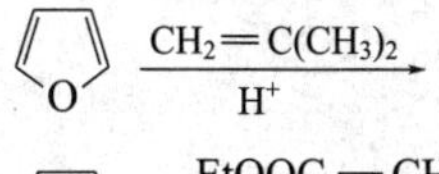

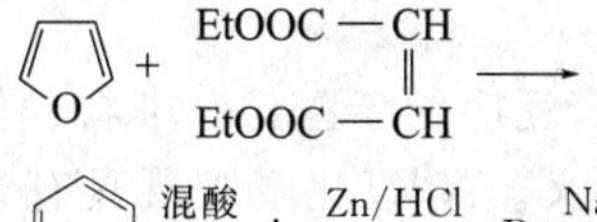

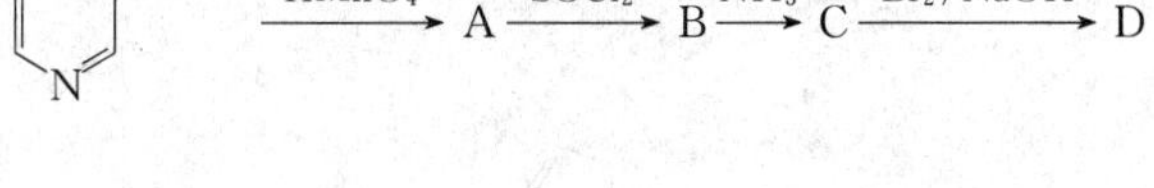

解：

（1）该反应是噻吩环上 α 位的硝化反应，产物为：H_3C，S，NO_2

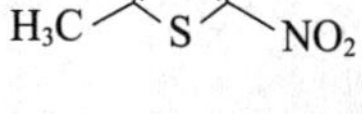

（2）该反应是呋喃环上 α 位的烷基化反应，产物为：$(CH_3)_3C$–[2,5-位取代呋喃]–$C(CH_3)_3$

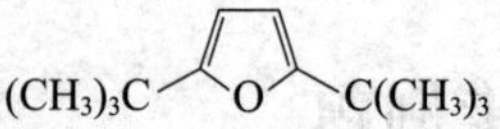

（6）该反应是噻吩的双烯合成反应，产物为：[氧桥双环结构，带 COOEt、COOEt]

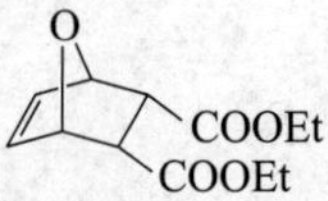

（9）第一步是吡啶环上 β 位的硝化反应，第二步是硝基被还原的反应，第三步是重氮化反应，第四步是偶联反应。

A：3-硝基吡啶（NO_2） B：3-氨基吡啶（NH_2） C：3-吡啶重氮盐（$\overset{+}{N_2}Cl^-$） D：3-吡啶基–N=N–C₆H₄–OH

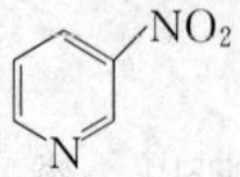

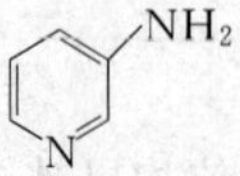

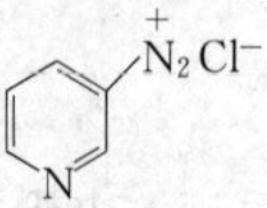

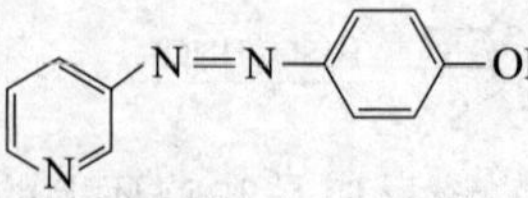

（10）第一步反应是吡啶侧链的氧化反应，第二步是羧羟基被卤素取代生成酰氯的反应，第三步是生成酰胺的反应，第四步是酰胺在次溴酸钠碱溶液中的霍夫曼降解反应。

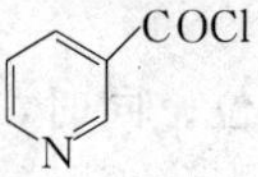

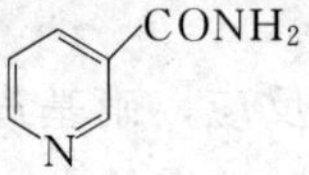

A：3-吡啶甲酸（COOH） B：3-吡啶甲酰氯（COCl） C：3-吡啶甲酰胺（$CONH_2$） D：3-氨基吡啶（NH_2）

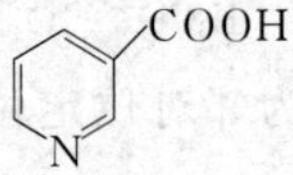

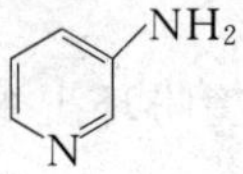

4. 区别下列各组化合物。

（2）萘、喹啉和8-羟基喹啉

提示 8-羟基喹啉具有苯酚的结构，可用 $FeCl_3$ 鉴别；与萘相比，喹啉的碱性较强，可用强酸鉴别。

26.5 思考题

26-1 鉴别呋喃与四氢呋喃

26-2 合成

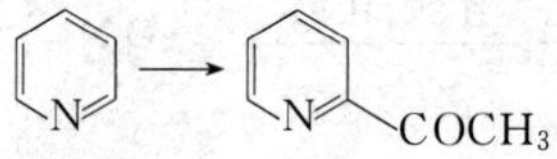

吡啶 ⟶ 2-吡啶基–$COCH_3$

26-3 比较水溶性大小：（1）吡咯与吡啶；（2）吡啶与羟基吡啶。

26-4 比较碱性强弱

咪唑（N–H） 与 嘧啶

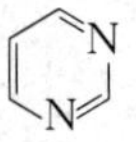

26-5 比较酸性强弱

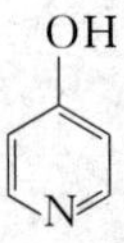

4-羟基吡啶（OH） 与 3-羟基吡啶（OH）

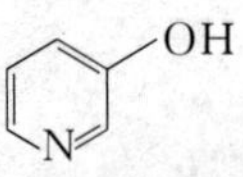

26-6 吡啶氮氧化物是一类重要的有机化工中间体，广泛应用于医药、染料、催化等诸多化工领域，所以对这类化合物的研究有着重要的理论意义。*N*-氧化吡啶既具有亲电性又具有亲核性，且其亲电性和亲核性均强于吡啶，请解释原因。

自我检测题

26-1 完成下列反应。

（1）PhCOCl＋ 3-氨基吡啶（NH_2） ⟶

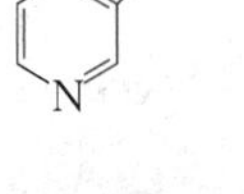

（2）2-苯基噻吩 $\xrightarrow{H_2SO_4/HNO_3}$

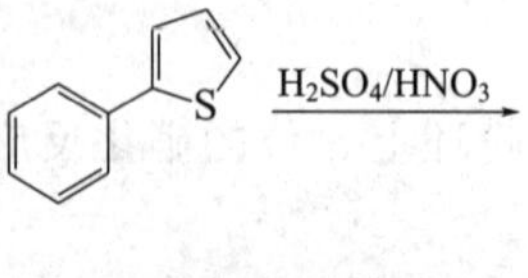

（3）4-甲基吡啶（CH_3） $\xrightarrow[\text{② 糠醛（呋喃-2-CHO）　③ } H_3O^+]{\text{① } CH_3Li}$　　（4）2-甲氧基呋喃（OCH_3） $\xrightarrow{Br_2}$

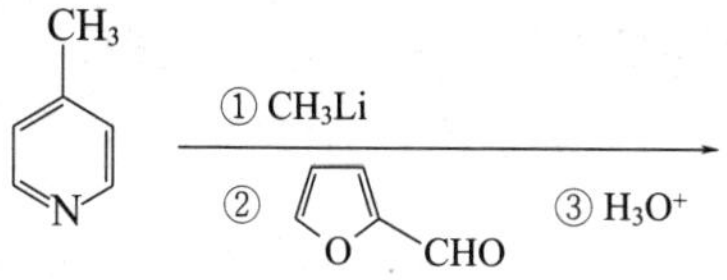

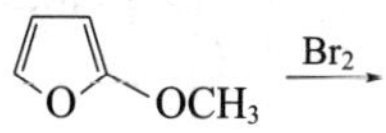

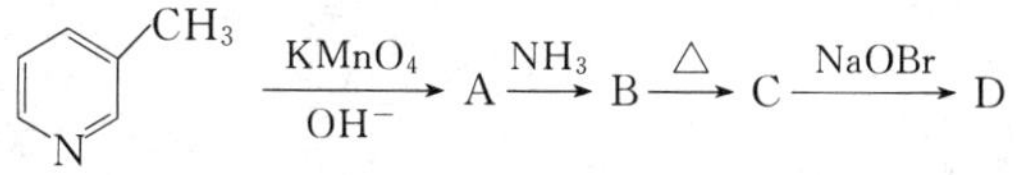

（5）3-甲基吡啶（CH_3） $\xrightarrow[OH^-]{KMnO_4}$ A $\xrightarrow{NH_3}$ B $\xrightarrow{\triangle}$ C $\xrightarrow{NaOBr}$ D

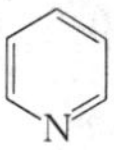

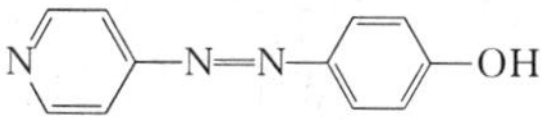

（6）呋喃 + 马来酸酐 ⟶

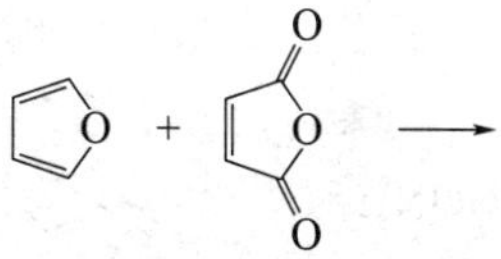

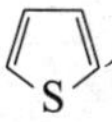

26-2　判断以下物质的稳定性并加以解释。

A. $CH_3\overset{+}{N}H_2$　　B. $Ph\overset{+}{N}H_3$　　C. 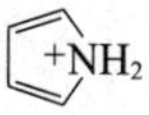 吡咯鎓（$\overset{+}{N}H_2$）　　D. 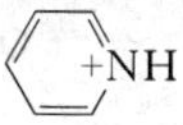 吡啶鎓（$\overset{+}{N}H$）

26-3　合成。

（1）由吡啶合成 4-吡啶基—N═N—对羟基苯基（—OH）

（2）由噻吩合成 2-噻吩基—C(CH_3)$_2$—OH

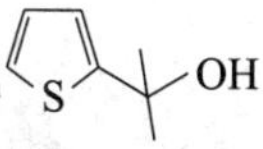

（3）如何由吡啶得到 2-苯基吡啶（Ph），至少写出两种不同方法。

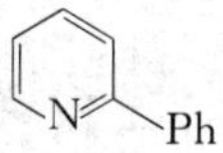

思考题参考答案

26-1　呋喃能够作为双烯体参与 D-A 反应，四氢呋喃不能。

26-2

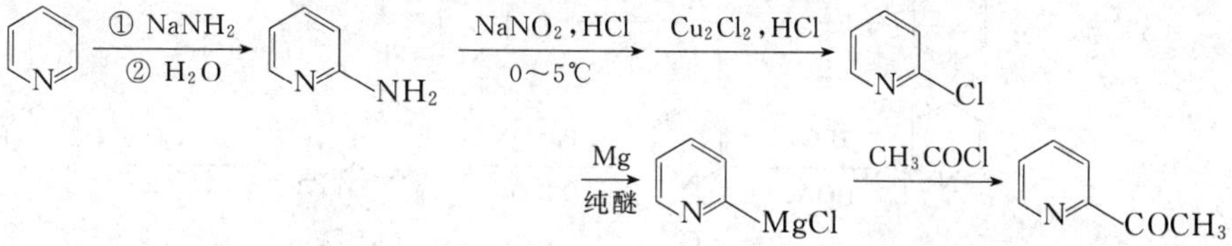

吡啶 $\xrightarrow[\text{② } H_2O]{\text{① } NaNH_2}$ 2-氨基吡啶（NH_2） $\xrightarrow[0\sim5℃]{NaNO_2, HCl}$ $\xrightarrow{Cu_2Cl_2, HCl}$ 2-氯吡啶（Cl）

$\xrightarrow[\text{纯醚}]{Mg}$ 2-吡啶基氯化镁（MgCl） $\xrightarrow{CH_3COCl}$ 2-乙酰基吡啶（$COCH_3$）

26-3

（1）吡啶水溶性更大，因其分子中氮原子上的未共用电子对不参与形成共轭体系，与水分子的分子间氢键更强。

（2）吡啶水溶性更大，因羟基吡啶分子间的羟基与氮原子能够形成分子间氢键，会阻碍与水分子的分子间氢键。

26-4　后者更强，因其分子中两个氮原子均有一对未共用电子不参与形成共轭体系。而前者分子中有一个氮原子的未共用电子对会参与形成共轭体系。

26-5　前者更强，因其共轭碱能构成完整共轭体系。

26-6　*N*-氧化吡啶具有和苯氧负离子类似的结构，其邻对位电子密度大，易发生亲电取代反应。另外 *N*-氧化吡啶环又保留了吡啶的结构特点，氧负离子使环上的正电荷密度增大，易发生亲核取代（从 *N*-氧化吡啶具有两种不同形式的共振式也可解释）。

自我检测题参考答案

26-1

（1）NHCOPh N

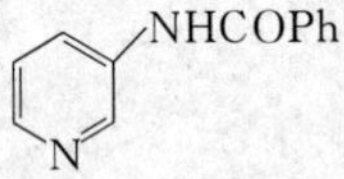

（2）NO_2 S

（3）O OH N

（4）Br O OCH_3

（5）A：COOH N　B：$COONH_4$ N　C：$CONH_2$ N　D：NH_2 N

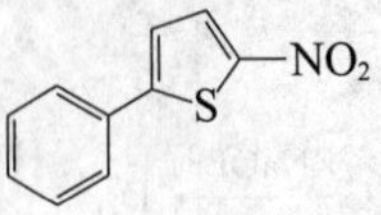

（6）O C O O C O

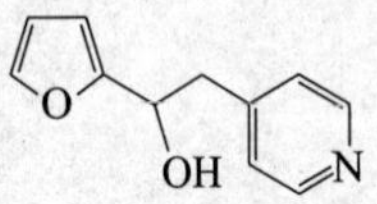

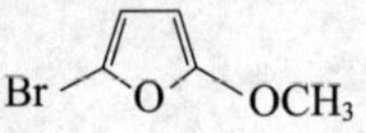

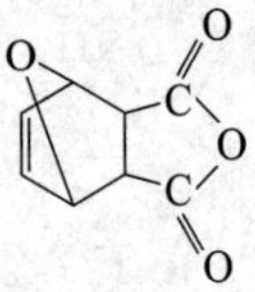

26-2　A＞D＞B＞C

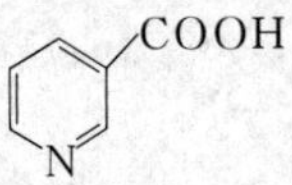

26-3

（1）N → N↓O → NO_2 N↓O → NO_2 N → NH_2 N → $\overset{+}{N_2}$ N → TM

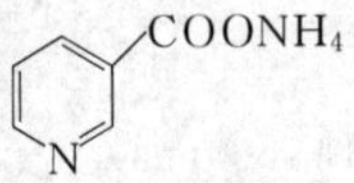

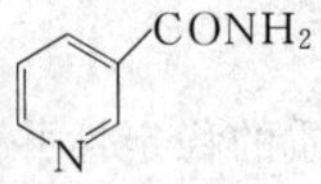

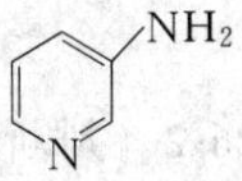

（2）O → O Br → O MgBr → TM

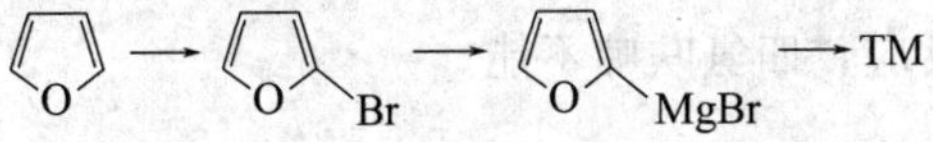

（3）法一：N $\xrightarrow{PhLi}$ $\xrightarrow[\triangle]{O_2或PhNO_2}$ N Ph

法二：N $\xrightarrow[HOAc]{H_2O_2}$ $\overset{\oplus}{N}$ $O^{\ominus}$ $\xrightarrow[②H_2O]{①PhMgX}$ N H Ph OH $\xrightarrow{Ac_2O}$ N Ph

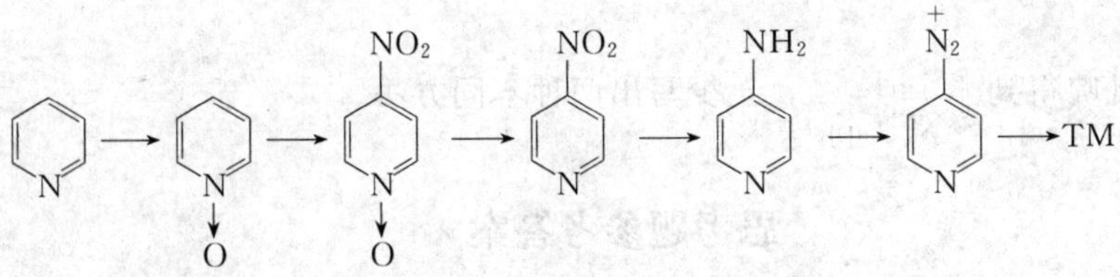

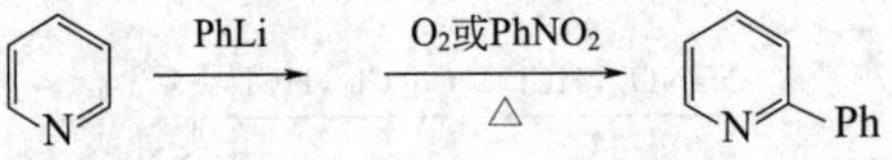

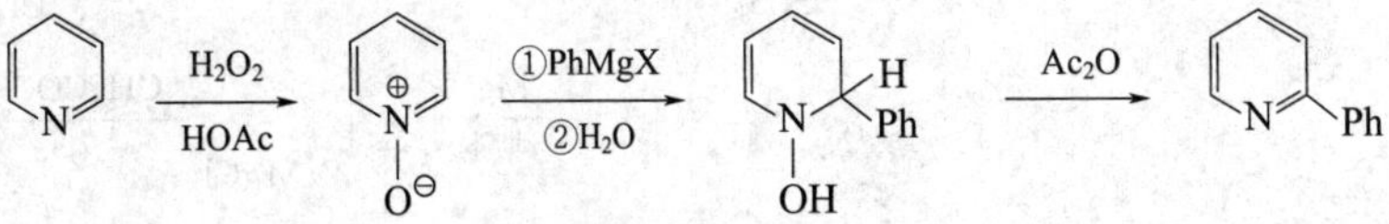

第 27 章　糖　　类

27.1　基本要求

了解糖的定义，糖的分类。掌握单糖的结构，学会用 Fischer 式、Haworth 式和椅式构象表示单糖的结构，掌握单糖的化学性质。熟悉低聚糖和多糖的结构特点，还原性和非还原性的概念，多糖的生理功能等。

重点： 单糖的结构与化学性质。

难点： 用 Fischer 式、Haworth 式和椅式构象表示单糖的结构。

27.2　内容概要

(1) 单糖的结构

① 葡萄糖　具有 4 个手性碳原子的己醛糖。

Fischer 投影式：

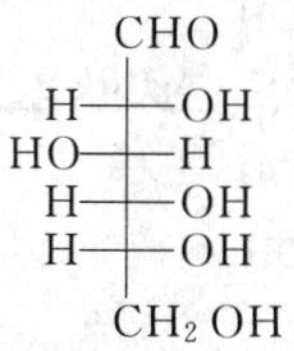

CHO
H—OH
HO—H
H—OH
H—OH
CH_2OH　(D)-(+)-葡萄糖

Haworth 式：

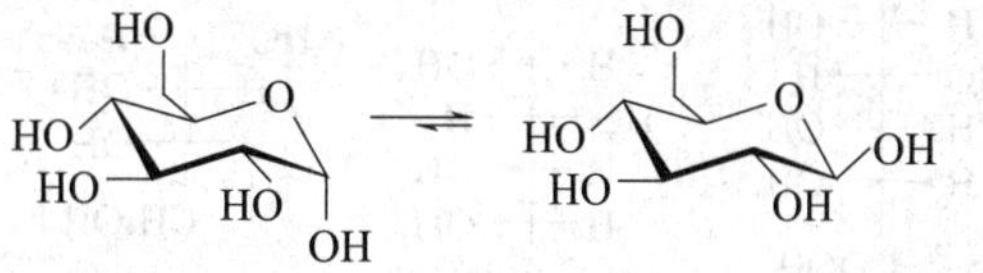

α-D-吡喃葡萄糖　36%　⇌　β-D-吡喃葡萄糖　64%

② 果糖　具有 3 个手性碳原子的己酮糖。

Fischer 投影式：

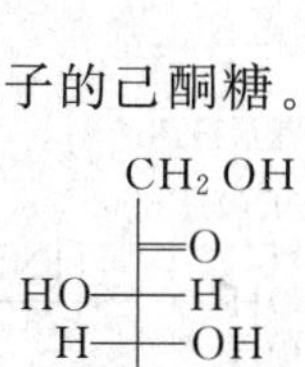

CH_2OH
=O
HO—H
H—OH
H—OH
CH_2OH　(D)-(−)-果糖

Haworth 式：可形成六元环的吡喃型和五元环的呋喃型结构。

(2) 单糖的化学性质

① 成苷反应　环状单糖的半缩醛羟基与醇反应形成糖苷。形成糖苷后，α-型和 β-型结构不能互相转变，即没有变旋现象。

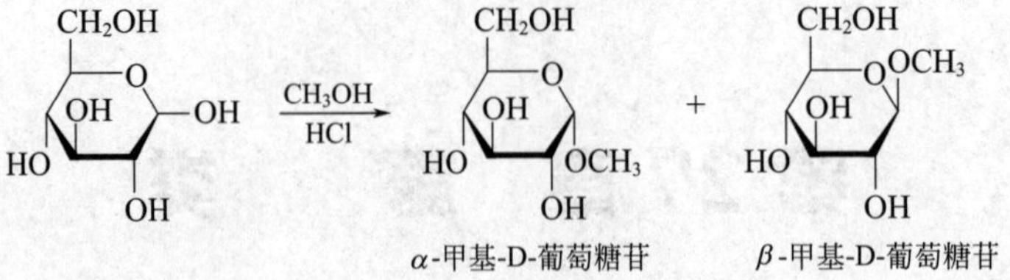

$$\text{D-葡萄糖（吡喃型）}\xrightarrow[HCl]{CH_3OH}\alpha\text{-甲基-D-葡萄糖苷}+\beta\text{-甲基-D-葡萄糖苷}$$

α-甲基-D-葡萄糖苷　　β-甲基-D-葡萄糖苷

② 成酯反应　糖分子中所有羟基均可与酸或酸酐生成酯。

③ 还原反应　醛酮羰基被 $NaBH_4$、$Na+C_2H_5OH$、H_2/Ni 还原生成糖醇。

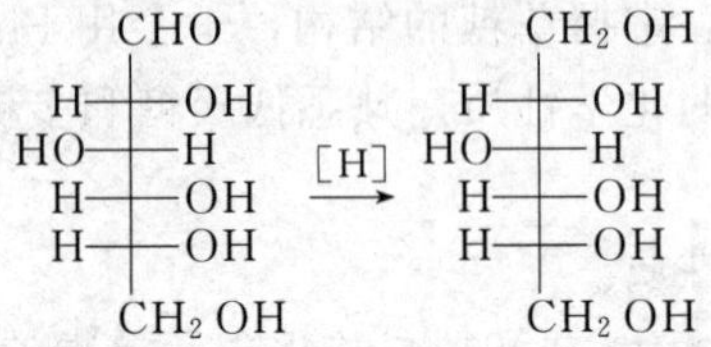

CHO, H—OH, HO—H, H—OH, H—OH, CH_2OH $\xrightarrow{[H]}$ CH_2OH, H—OH, HO—H, H—OH, H—OH, CH_2OH

④ 氧化反应　单糖与不同的氧化剂可以在不同部位发生氧化。

a. 与托伦试剂、斐林试剂反应　区别还原糖和非还原糖。

b. 与 Br_2 反应　区别醛糖和酮糖。

c. 与 HNO_3 反应　生成糖二酸。

d. 与 HIO_4 反应　确定糖的结构。

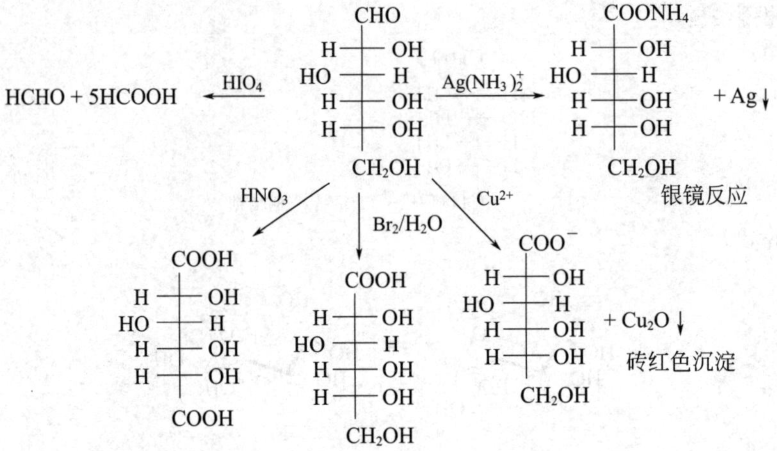

$HCHO+5HCOOH \xleftarrow{HIO_4}$ D-葡萄糖（CHO, H—OH, HO—H, H—OH, H—OH, CH_2OH）$\xrightarrow{Ag(NH_3)_2^+}$ $COONH_4$, H—OH, HO—H, H—OH, H—OH, CH_2OH $+Ag\downarrow$

银镜反应

$\xrightarrow{HNO_3}$ COOH, H—OH, HO—H, H—OH, H—OH, COOH

$\xrightarrow{Br_2/H_2O}$ COOH, H—OH, HO—H, H—OH, H—OH, CH_2OH

$\xrightarrow{Cu^{2+}}$ COO^-, H—OH, HO—H, H—OH, H—OH, CH_2OH $+Cu_2O\downarrow$

砖红色沉淀

⑤ 成脎反应　确定糖的构型。

糖的 C_1、C_2 可分别与苯肼反应生成糖脎。

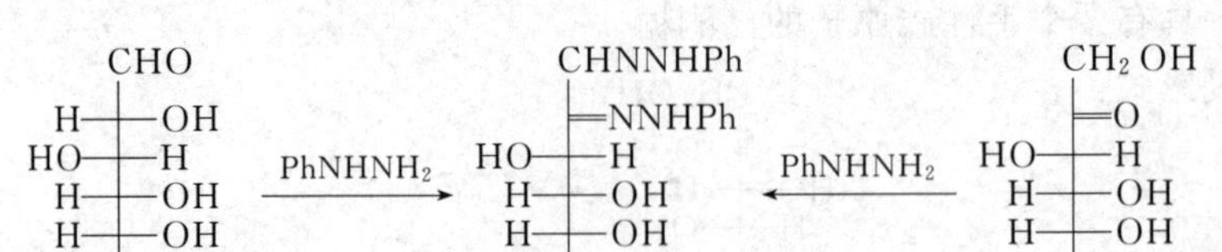

CHO, H—OH, HO—H, H—OH, H—OH, CH_2OH $\xrightarrow{PhNHNH_2}$ CHNNHPh, =NNHPh, HO—H, H—OH, H—OH, CH_2OH $\xleftarrow{PhNHNH_2}$ CH_2OH, =O, HO—H, H—OH, H—OH, CH_2OH

D-(＋)-葡萄糖　　糖脎　　D-(－)-果糖

27.3　同步例题

例 1. 写出下列糖的 Fischer 投影式的开链形式。

（1） 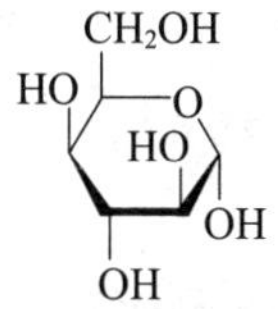　　（2）

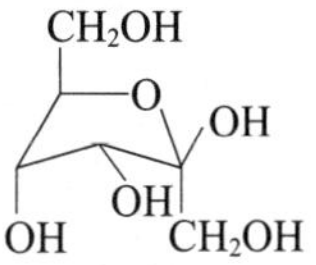

解题思路：从环状半缩醛的形成着手分析。

解：

（1）

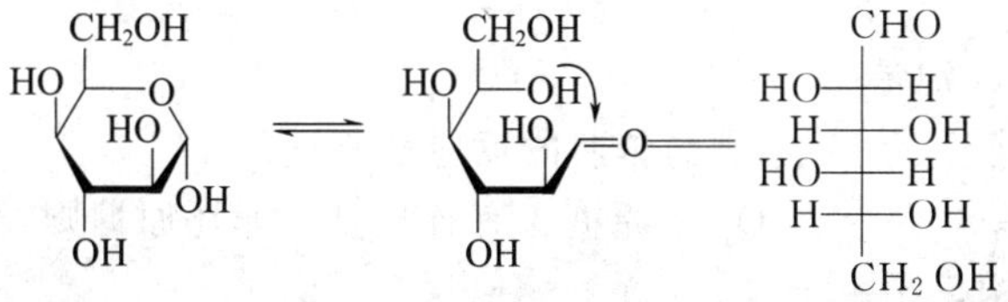

（2）

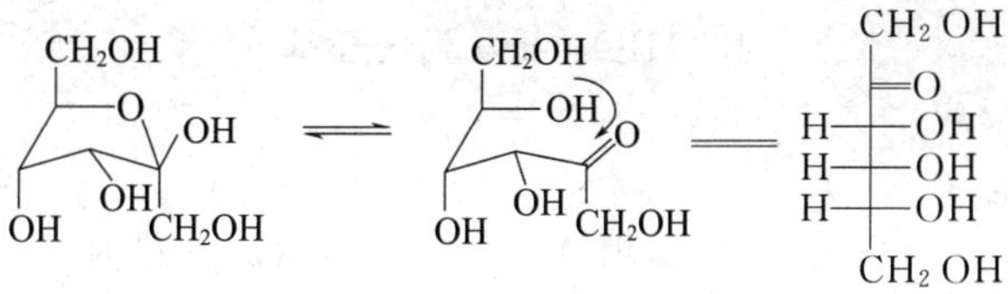

例 2. 以下是古洛糖的环状结构，它是吡喃型还是呋喃型？是 α-型还是 β-型？是 D-型糖还是 L-型糖？

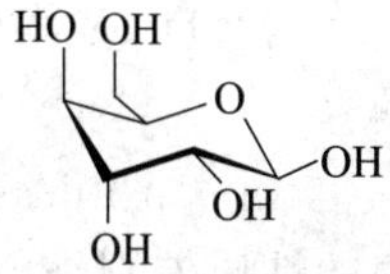

解题思路：由题中的环状结构可知其为 β-吡喃型。要判断是 D-型或 L-型，可以将其改写成 Fischer 投影式。

解：

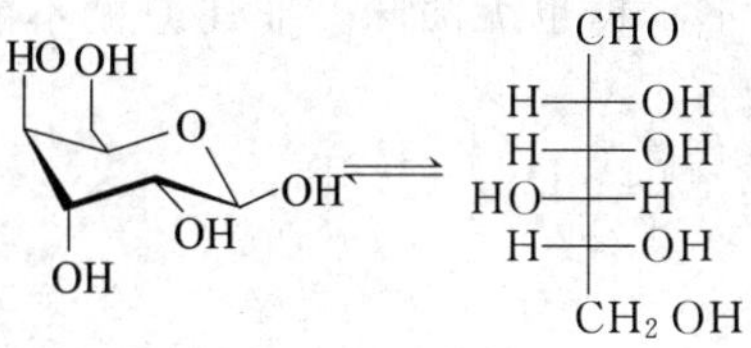

即为 D-型

例 3. 醛糖的分子链延伸可以通过以下方法进行。

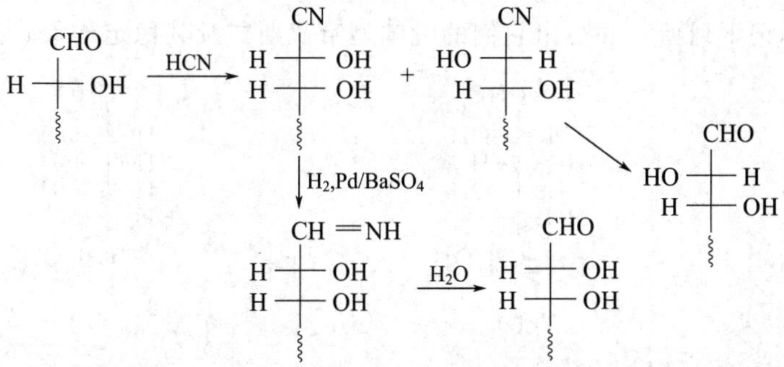

一个 D-丁醛糖 A 通过分子链延伸得到两个 D-戊醛糖 B 和 C。经 HNO_3 氧化后，B 得到没有光活性的产物 D，C 得到有光活性的产物 E，试推测 A、B、C、D、E 的结构。

解题思路：由题可知醛糖分子链延伸会生成一对差向异构体，即 B 和 C，B 氧化后应生成内消旋的糖二酸 D，由于 A 是 D-型，则 D 分子中三个手性碳上的羟基应在同一侧，因此，E 只是 C_2 的羟基与 D 位置相反。

解：

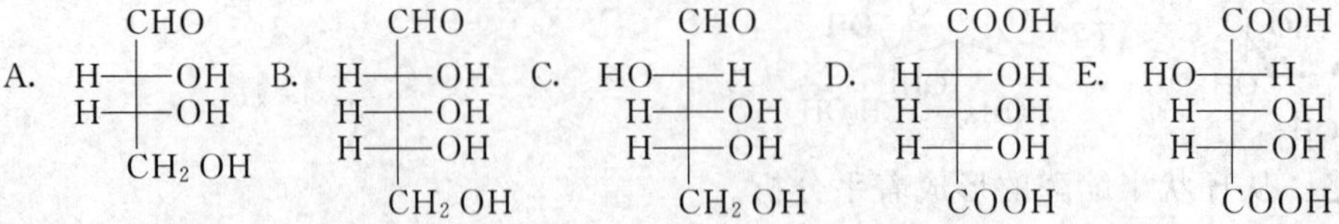

A. CHO; H—OH; H—OH; CH_2OH
B. CHO; H—OH; H—OH; H—OH; CH_2OH
C. CHO; HO—H; H—OH; H—OH; CH_2OH
D. COOH; H—OH; H—OH; H—OH; COOH
E. COOH; HO—H; H—OH; H—OH; COOH

例 4. 选择题

(1) 还原糖和非还原糖的主要区别是（　　）。

A. 一个是单糖，另一个是二糖　　B. 与苯肼的反应性不同

C. 一个有醛基，另一个有酮基　　D. 还原糖含有苷羟基，非还原糖则没有

(2) HIO_4 可用于确定糖的结构，是由于（　　）。

A. HIO_4 可以氧化羟基　　B. HIO_4 可以氧化醛基

C. HIO_4 可定量地与邻二醇反应

(3) 下列化合物是己酮糖的是（　　）。

A. 果糖　　B. 葡萄糖　　C. 核糖　　D. 麦芽糖

(4) 糖是具有下列特点的化合物（　　）。

A. 通式为 $C_m(H_2O)_n$　　B. 有甜味

C. 可与托伦试剂反应　　D. 多羟基醛酮及缩合物

(5) 常用下列哪种试剂检验葡萄糖（　　）。

A. Br_2，NaOH　　B. 斐林试剂　　C. Lucas 试剂　　D. 2,4-二硝基苯肼

解题思路：(1) 还原糖与非还原糖的性质差别是由结构的差别引起的，即还原糖不管是单糖还是二糖，分子中至少有一个半缩醛羟基即苷羟基。(2) 由于 HIO_4 可以定量地与邻位醇反应，可以测定糖分子具有多少个邻位羟基，从而推测出其结构。(4) 现在已经发现不是所有的糖都具有通式 $C_m(H_2O)_n$，不少糖也无甜味，非还原糖不能与托伦试剂反应，但所有的糖都是多羟基醛酮及其缩合物。

解：(1) D　(2) C　(3) A　(4) D　(5) B

27.4　习题选解

1. 用 D/L 标记下列糖，并写出它们的吡喃型哈武斯式及其稳定构象式。

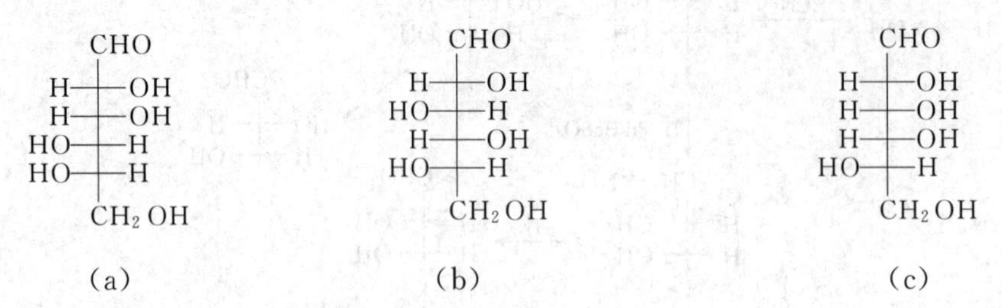

解：(a)、(b)、(c) 均为 L-型。

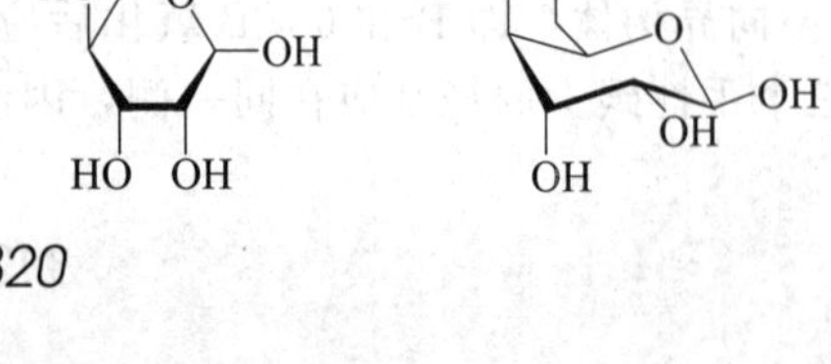

(a)

(b)

(c)

2. 用简便的化学方法鉴别下列各组化合物。

(1) 甲基-D-吡喃葡萄糖苷和6-O-甲基-D-吡喃葡萄糖；

(2) D-葡萄糖和己六醇；

(3) D-葡萄糖和D-葡萄糖酸；

(4) 麦芽糖和蔗糖。

解题思路： 均可用银镜反应区别。

3. 下列糖哪些是还原糖？哪些是非还原糖？

(1) 甲基-β-D-葡萄糖苷　(2) 淀粉　(3) 蔗糖

(4) 纤维素　(5) 麦芽糖　(6) 甲基-α-D-呋喃果糖苷

解： (5) 为还原糖，(1)、(3)、(6) 为非还原糖。

(2) α-1,4-苷键，(4) β-1,4-苷键。

4. 写出L-苏阿糖与下列试剂反应的反应式。

(1) HCN　(2) 苯肼（$PhNHNH_2$）　(3) Br_2/H_2O

(4) HNO_3　(5) HIO_4　(6) H_2/Ni

解：

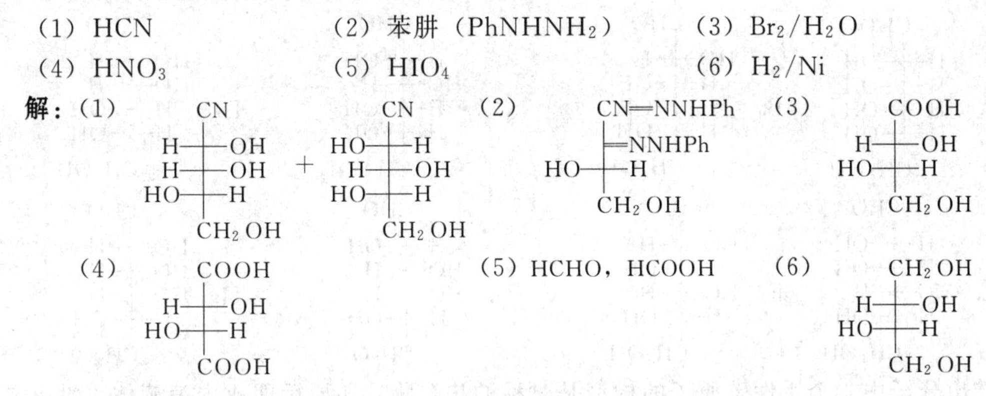

27.5　思考题

27-1　龙胆二糖是一种还原糖，用稀酸水解后只生成D-葡萄糖。如果龙胆二糖含有一个1,6′-β-糖苷键，龙胆二糖的结构是怎样的？

27-2　8种D-己醛糖中哪些能与$NaBH_4$反应生成没有光活性的糖醇？

自我检测题

27-1　画出D-核酮糖的β-型五元环结构。

27-2　画出β-D-塔罗糖的吡喃型结构，并给出它与下列试剂反应的产物。

(1) $NaBH_4$ (2) HNO_3 (3) $AgNO_3$，$NH_3 \cdot H_2O$ (4) C_2H_5OH，H^+ (5) $(CH_3CO)_2O$

27-3　两个D-丁醛糖A和B，被HNO_3氧化后均得到醛糖二酸，A的氧化产物没有旋光性，B 的则有旋光性，试推测 A、B 的结构。

27-4 选择题

(1) 区别蔗糖和麦芽糖常用的试剂为（　　）。

A. Br_2，H_2O　　B. $Ag(NH_3)_2^+$　　C. HNO_3　　D. $KMnO_4$

(2) 与乳糖分子式相同的是（　　）。

A. 葡萄糖　　B. 麦芽糖　　C. 果糖　　D. 半乳糖

思考题参考答案

27-1 龙胆二糖是还原糖→至少含一个苷羟基；

水解→葡萄糖→是由葡萄糖组成的二糖；

含有一个 1,6′-β-糖苷键→一分子葡萄糖的 β-苷羟基与另一分子的 6-羟基成键。所以龙胆二糖的结构为：

27-2 8 种 D-己醛糖分别为：

A. CHO; H—OH; H—OH; H—OH; H—OH; CH_2OH

B. CHO; HO—H; H—OH; H—OH; H—OH; CH_2OH

C. CHO; H—OH; HO—H; H—OH; H—OH; CH_2OH

D. CHO; HO—H; HO—H; H—OH; H—OH; CH_2OH

E. CHO; H—OH; H—OH; HO—H; H—OH; CH_2OH

F. CHO; HO—H; H—OH; HO—H; H—OH; CH_2OH

G. CHO; H—OH; HO—H; HO—H; H—OH; CH_2OH

H. CHO; HO—H; HO—H; HO—H; H—OH; CH_2OH

从中选出分子中 4 个手性碳原子的构型是对称的化合物，还原后即成内消旋体，没有光活性，这样的化合物即为 A 和 G。

自我检测题参考答案

27-1

27-2

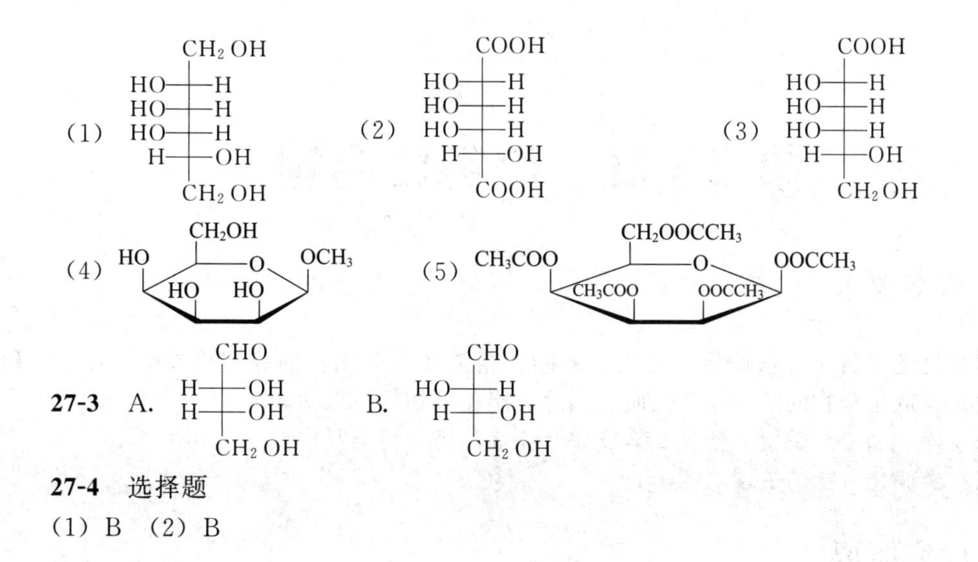

27-3 A. B.

27-4 选择题

（1）B （2）B

第 28 章 类脂化合物

28.1 基本要求

了解常见的类脂化合物如蜡、油脂、磷脂、萜类及甾族化合物等。掌握蜡、油脂、磷脂、萜类及甾族化合物的结构及其性质。熟悉类脂化合物的生理功能。

重点： 蜡、油脂、磷脂、萜类及甾族化合物等的结构特点及性质。

难点： 类脂化合物的生理功能。

28.2 内容概要

28.2.1 蜡

自然界中存在的蜡是长链羧酸的长链醇酯，它存在于动物的皮肤和鸟的羽毛以及许多植物的果实和叶子上，形成疏水和绝缘外层。蜡在工业上用来制造蜡纸、防水剂、润滑剂等，如蜂蜡是液体或很软的固体，可用作润滑剂；巴西棕榈蜡硬，可用作地板蜡和汽车蜡。

$$CH_3(CH_2)_n\overset{O}{\overset{\|}{C}}O(CH_2)_mCH_3$$

$n=24,26;m=29,31$

蜂蜡

$$CH_3(CH_2)_{14}\overset{O}{\overset{\|}{C}}O(CH_2)_{15}CH_3$$

棕榈酸十六酯

（鲸蜡）

28.2.2 油脂

油脂是高级脂肪酸的甘油酯。通常将室温下为固体或半固体的称为脂，室温下为液体的称为油，油脂和蛋白质、碳水化合物一样，都是营养中不可缺少的成分。甘油为三元醇，可以同三分子脂肪酸生成甘油三羧酸酯。由甘油与同一种脂肪酸生成的称为甘油同酸酯，由甘油与两种或三种脂肪酸生成的称为甘油混酸酯。天然油脂主要为甘油混酸酯。

$$\begin{array}{l} CH_2OCO(CH_2)_{14}CH_3 \\ | \\ CHOCO(CH_2)_{14}CH_3 \\ | \\ CH_2OCO(CH_2)_{14}CH_3 \end{array}$$

甘油三软脂酸酯

$$\begin{array}{l} \alpha CH_2OCO(CH_2)_{14}CH_3 \\ \quad | \\ \beta CHOCO(CH_2)_{16}CH_3 \\ \quad | \\ \alpha' CH_2OCO(CH_2)_7CH{=}CH(CH_2)_7CH_3 \end{array}$$

甘油-α-软脂酸-β-硬脂酸-α'-油酸酯

28.2.3 磷脂

磷脂是由甘油与羧酸和磷酸形成的羧酸甘油磷酸酯。最重要的卵磷脂是细胞膜的重要成分。

$$\begin{array}{l} \qquad\qquad CH_2OCOR \\ R'COO-\!\!\!\!+\!\!\!\!-H \qquad \overset{O}{\|} \\ \qquad\qquad CH_2O-P-OCH_2CH_2N^+(CH_3)_3 \\ \qquad\qquad\qquad\quad | \\ \qquad\qquad\qquad\quad O^- \end{array}$$

α-卵磷脂

磷脂分子一端为疏水的长碳链，另一端为亲水的极性基团，在两个水相之间可以形成类脂双层。

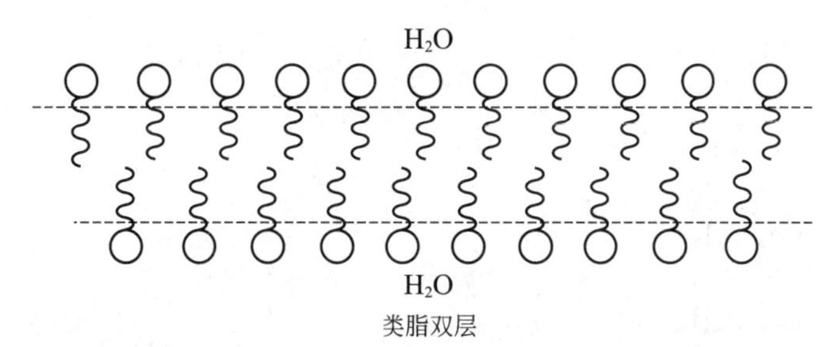

类脂双层

非极性物质可以透过双层内部从一个水相迁移到另一个水相，而极性物质（如 K^+、Na^+、Ca^{2+} 等），则不能透过双层。这个特点使它们成为细胞膜的理想组成成分，可形成控制分子传输进出细胞的屏障。

28.2.4　萜类

萜是由异戊二烯单元首尾相连而组成的，具有（C_5H_{10}）$_n$（$n=1,2\cdots$）的组成。几乎所有的植物中都含有萜类化合物，在动物和真菌中也含有萜类化合物，特别在香精油、松节油中。由于萜类化合物具有香气和对哺乳动物的低毒性，因此是主要的香料和食用香料。

含有 2 个异戊二烯单位的称单萜，含有 4 个异戊二烯单元的称二萜，含有 3 个异戊二烯单元的称倍半萜。

28.2.5　甾族化合物

甾族化合物广泛存在于动植物组织内，并在动植物生命活动中起着重要作用。甾族化合物的分子中都含有氢化程度不同的 1,2-环戊烷并全氢菲母核，并且一般含有三个支链，如右图所示。

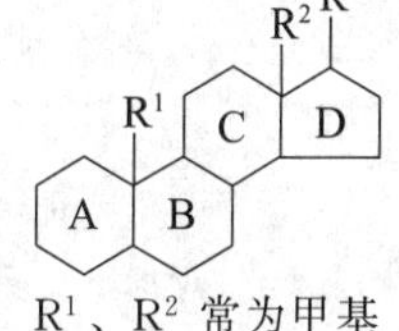

R^1、R^2 常为甲基

甾族化合物中含有的四个环，它们两两之间都可以在顺位或反位相稠合，且当环上有取代基时，还可以产生新的不对称碳原子，因此，甾族化合物的立体化学十分复杂。根据甾族化合物的存在和化学结构可以分为：甾醇、甾族激素、胆汁酸、甾族生物碱等。

胆甾醇存在于人及动物的血液中，而集中在脊髓及脑中，人体内发现的胆结石几乎全由胆甾醇所形成，胆甾醇也存在于植物中。

28.3　思考题

28-1　在巧克力、冰淇淋等许多高脂肪含量的食品中，以及医药或化妆品中，常用卵磷脂来防止发生油和水分层的现象，这是根据卵磷脂的什么特性？

28-2　写出薄荷醇的三个异构体的椅式构型（不必写出对映体）。

28-3　一高级脂肪酸甘油酯，有旋光活性。将其皂化后再酸化，得到软脂酸及油酸，其摩尔比为 2∶1。写出此甘油酯的结构式。

思考题参考答案

28-1　卵磷脂结构中既含有亲水基，又含有疏水基，可以将水与油两者较好地相容在一起。

28-2

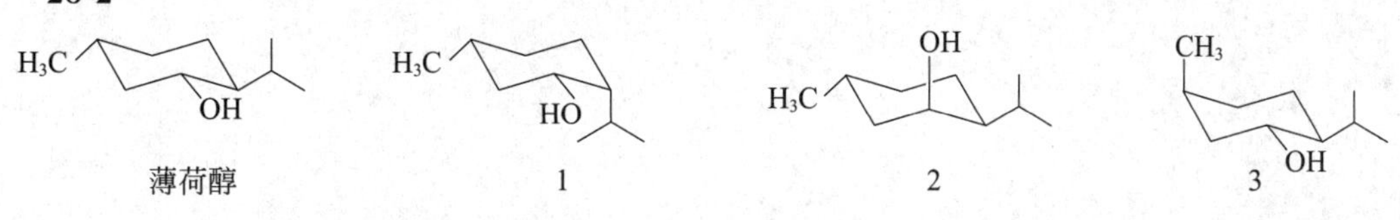

28-3

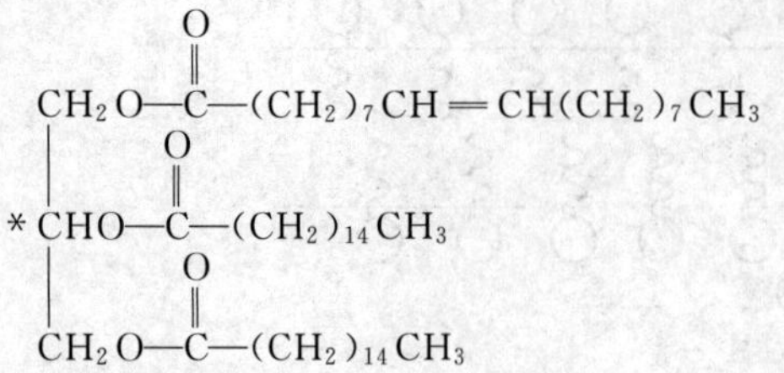

$$
\begin{array}{l}
\qquad\qquad\quad O \\
\qquad\qquad\quad \| \\
CH_2O-C-(CH_2)_7CH=CH(CH_2)_7CH_3 \\
\ | \qquad\qquad O \\
\ | \qquad\qquad \| \\
{*}CHO-C-(CH_2)_{14}CH_3 \\
\ | \qquad\qquad O \\
\ | \qquad\qquad \| \\
CH_2O-C-(CH_2)_{14}CH_3
\end{array}
$$

第 29 章　蛋白质和核酸

29.1　基本要求

了解多肽（蛋白质）和核酸的组成与结构；了解蛋白质和核酸对生物体的作用；熟悉多肽（蛋白质）结构的测定方法；掌握多肽的命名和一般合成方法。

重点：多肽的命名；多肽的测定与合成方法；核酸的基本结构单元；蛋白质和核酸的结构。

难点：多肽的测定与合成方法。

29.2　内容概要

29.2.1　多肽

(1) 多肽的结构及命名　除甘氨酸（氨基乙酸）以外的所有 α-氨基酸都是手性分子，并且几乎所有天然氨基酸的 α-碳原子都是 S 构型，其空间结构与 L-甘油醛类似，所以天然 S-氨基酸又称做 L-氨基酸。

氨基酸分子间的氨基和羧基脱水形成的酰胺键称为肽键，多肽是多个 α-氨基酸分子通过肽键连接所形成的大分子。

肽链中，带游离氨基的氨基酸单位称为 N 端，带游离羧基的氨基酸单位称为 C 端，书写结构时，常把 N 端写在左边，把 C 端写在右边。多肽命名是以 C 端的氨基酸为母体，自 N 端氨基酸开始，依次按肽链次序把其他氨基酸名称写在母体氨基酸前面，并把其他氨基酸中的“酸”字改为“酰”字。

(2) 多肽的结构的测定　多肽结构的测定除了确定组成多肽的氨基酸种类外还必须确定氨基酸的连接次序。

① 酶部分水解　每种酶只能选择性地水解相应的肽键，生成结构更简单的肽链的较短肽和氨基酸。通过采用多种不同酶水解多肽，得到多种结构简单的肽和氨基酸，然后通过比对可以确定多肽结构。

② 端基分析

a. 酶解法　羧肽酶水解多肽，水解只发生在 C 端，而氨肽酶水解多肽，水解只发生在 N 端，水解后得到一分子游离氨基酸和一分子少一个氨基酸的肽。确定游离氨基酸种类后继续酶解，就可以依次确定多肽的氨基酸连接次序。

b. 化学法　利用特效试剂与多肽的游离氨基或羧基反应，然后将产物水解，根据水解产物的性质确定多肽结构。这种方法已应用于氨基酸自动分析仪上。

(3) 多肽的合成

① 传统合成方法　氨基酸分子中既含有氨基又含有羧基，要想得到特定的肽键，必须将不参与形成所需肽键的氨基或羧基保护起来。

氨基的保护常采用氯甲酸苄基酯与氨基酸反应生成受苄氧羰基（常称为 Z 基）保护的氨基酸。Z 基可在温和的条件下氢解而脱保护。叔丁氧羰基（Boc）也是常用的氨基保护基团，保护时利用双叔丁氧基双碳酸酐（Boc 酐）与欲保护的氨基酸反应。Boc 基在酸性条件下很易离去而脱保护。

羧基的保护常采用成酯的方法，甲基、乙基和苄基酯是最常用的保护基。甲基、乙基和苄基酯都可以采用在酸性水溶液中水解的方法脱保护，苄基酯还可通过中性条件下氢解的方法脱保护。

羧基和氨基生成酰基较难，通常将保护好氨基的氨基酸制成酰卤或酸酐，再和保护了羧基的氨基酸反应，可以制得二肽。制得的二肽去除羧基保护基团并再一次制成酰卤或酸酐后和保护了羧基的氨基酸反应可以制得三肽。以此类推，可以用这种方法制备所需多肽。这种合成方法适用于制备氨基酸单元较少的多肽，要制备氨基酸单元较多的多肽，最好先分析目标产物结构，然后将其视为数个肽单元的连接，分别制备出这些肽单元，最后依次反应、连接起来得到目标产物，采用这种方法可以得到较高的产率。

② 固相合成　将保护氨基酸连接在不溶性固相载体上，然后按需要逐一和保护氨基酸反应。由于生成的肽结合于不溶性固相载体，每次反应后洗去杂质就可以进行下一个氨基酸单元的连接。

29.2.2　蛋白质

(1) 蛋白质的分类、组成和作用　蛋白质是许多氨基酸分子通过肽键连接而成的高分子化合物，是一切生物组织的基础物质，在生命现象和生命过程中起着决定性作用。

蛋白质按形状、溶解性可分为溶于水、酸、碱或盐溶液的球蛋白质；细长形的不溶于水的纤维蛋白。

按组成成分不同可分为单纯蛋白质和结合蛋白质（由蛋白质和非氨基酸的辅基结合而成）。

(2) 蛋白质的结构

① 一级结构　蛋白质分子中氨基酸的种类、数目、排列顺序构成了蛋白质的最基本结构，称为一级结构或初级结构。

② 二级结构　二级结构指多肽链在空间的折叠方式。

③ 三级结构　多肽链上的某些基团间可以通过相互作用力使蛋白质在二级结构的基础上进一步卷曲折叠，以一定形态的精密结构存在，从而构成蛋白质的三级结构。

④ 四级结构　许多蛋白质由若干具有三级结构的蛋白质或多肽（称为亚基）组成，亚基间按一定方式缔合起来就构成蛋白质的四级结构。

(3) 蛋白质的性质

① 两性和等电点　与氨基酸类似，蛋白质也是两性物质，可以和强酸或强碱反应生成盐，分别以正离子和负离子的形式存在。调解蛋白质溶液的 pH 值到一定数值时，蛋白质的静电荷数为零，在电场中不移动，此时溶液的 pH 值就是该蛋白质的等电点。不同的蛋白质具有不同的等电点。

② 胶体性质　由于蛋白质分子中含有极性基团，具有高度的水溶性，是一种稳定的亲水胶体。

③ 显色反应　蛋白质分子中含有不同的氨基酸，可以和不同试剂发生特殊的显色反应。

④ 变性　蛋白质在不良外界条件（受热、光照、化学试剂等）作用下，分子内部结构发生变化，进而性质改变，溶解度降低，甚至凝固，这种现象称为蛋白质的变性。

29.2.3　核酸

(1) 核酸的组成　核酸主要以核蛋白的形式存在。核蛋白是结合蛋白，核酸作为辅基与蛋白质结合在一起。

核酸的结构单元为核苷酸，核苷酸由核苷的羟基和磷酸酯化而来。核苷水解可以得到核糖以及2-脱氧核糖这两种戊糖和嘌呤碱以及嘧啶碱这两种杂环碱。根据水解得到的戊糖不同，核酸分为核糖核酸（RNA）和脱氧核糖核酸（DNA）两大类。嘌呤碱有腺嘌呤和鸟嘌呤两种，嘧啶碱有尿嘧啶、胞嘧啶和胸腺嘧啶三种。

RNA 含有腺嘌呤、鸟嘌呤、尿嘧啶和胞嘧啶。DNA 含有腺嘌呤、鸟嘌呤、胞嘧啶和胸腺嘧啶。因此 RNA 和 DNA 都含有四种核苷。

(2) 核酸的结构

① 一级结构　核酸中，前一个核苷酸通过其分子中的磷酸与下一个核苷酸中戊糖的羟基形成膦酸酯键而将核苷酸连接起来。

含不同碱基的核苷酸在核酸中的排列顺序为核酸的一级结构。

② 二级结构　核酸在空间的折叠方式称为核酸的二级结构。其中 DNA 具有双螺旋的二级结构，而 RNA 有的具有不完全的双螺旋结构，有的仅仅是单链螺旋盘绕。

29.3　同步例题

例 1. 合成六肽 GAVLIF 采用以下哪种方法较好？

(1) 按 GAVLIF 的顺序合成二肽、三肽，直至六肽。

(2) 先合成出三肽 GAV 和 LIF，然后将其连接起来。

解题思路：在选择合成路线时，路线的长短非常重要。因为反应步骤增加不仅会使反应产率降低，实际生产中还可能会因此多建车间。因此，要尽量避免“一条线”似的路线，尽可能采用“汇聚式”路线。

例如本题中，假定每生成一个肽键的产率都为 90%，则按照方法（1）会经历 5 步，总产率为 59%。而按照方法（2），则经历 3 步反应（生成 GAV 和 LIF 均为 2 步，连接 GAV 和 LIF 为第 3 步），最终产率为 73%。

解：(2) 较好。

例 2. 牛奶、鸡蛋富有营养，含有丰富的蛋白质和核酸的说法是否正确？

解题思路：核酸（DNA 和 RNA）是生物体内的遗传物质，分别存在于细胞核和细胞质中。牛奶、鸡蛋中所含有的细胞数量很少，因此核酸含量很低。

解：错误。

29.4　习题选解

1. 一个氨基酸的衍生物（$C_5H_{10}O_3N_2$）与 NaOH 水溶液共热放出氨，并生成 n-$C_3H_5(NH_2)(COOH)_2$ 的钠盐。若把 A 进行 Hofmann 酰胺降解反应，则生成 α,γ-二氨基丁酸。试推测 A 可能的结构式，并写出有关反应式。

解题思路：碱性水解后碳原子数目不变，生成同碳二羧酸和氨，可以推断 A 为 α-碳含有—$CONH_2$的氨基酸；再根据 A 进行 Hofmann 酰胺降解反应，生成 α,γ-二氨基丁酸，可以推断 A 分子中原有—NH_2位于 γ-位。

解：A 为 $H_2NCH_2CH_2\underset{\displaystyle CONH_2}{\underset{|}{C}}HCOOH$

2. 用苯、不超过三个碳原子的化合物、丙二酸二乙酯及必要的试剂合成下列各化合物。

（1）亮氨酸　　（2）异亮氨酸　　（3）苯丙氨酸　　（4）酪氨酸

解题思路： 丙二酸二乙酯的钠盐对卤代烃进行取代反应后再依次经碱性水解、酸化、加热脱羧可得取代乙酸。羧酸经 α-卤代后氨解可得 α-氨基酸。

解：

（1）

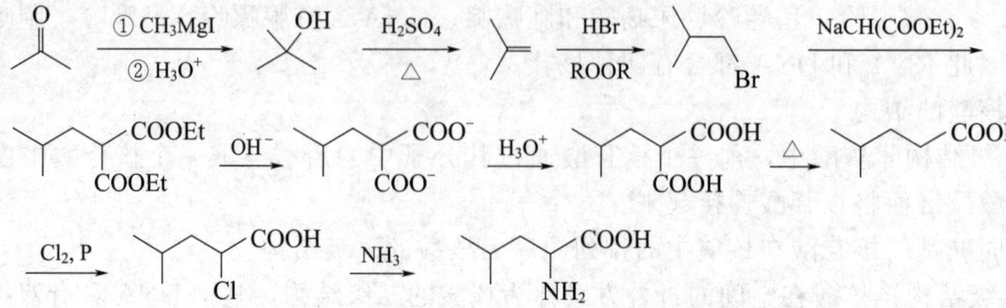

$$CH_3COCH_3 \xrightarrow[\text{② } H_3O^+]{\text{① } CH_3MgI} (CH_3)_3COH \xrightarrow[\triangle]{H_2SO_4} (CH_3)_2C{=}CH_2 \xrightarrow[ROOR]{HBr} (CH_3)_2CHCH_2Br \xrightarrow{NaCH(COOEt)_2}$$

$$(CH_3)_2CHCH_2CH(COOEt)_2 \xrightarrow{OH^-} (CH_3)_2CHCH_2CH(COO^-)_2 \xrightarrow{H_3O^+} (CH_3)_2CHCH_2CH(COOH)_2 \xrightarrow{\triangle} (CH_3)_2CHCH_2CH_2COOH$$

$$\xrightarrow{Cl_2,\ P} (CH_3)_2CHCH_2CHClCOOH \xrightarrow{NH_3} (CH_3)_2CHCH_2CH(NH_2)COOH$$

（2）

$$CH_3CH_2CHO \xrightarrow[\text{② } H_3O^+]{\text{① } CH_3MgI} CH_3CH_2CH(OH)CH_3 \xrightarrow{SOCl_2} CH_3CH_2CHClCH_3 \xrightarrow{NaCH(COOEt)_2} CH_3CH_2CH(CH_3)CH(COOEt)_2$$

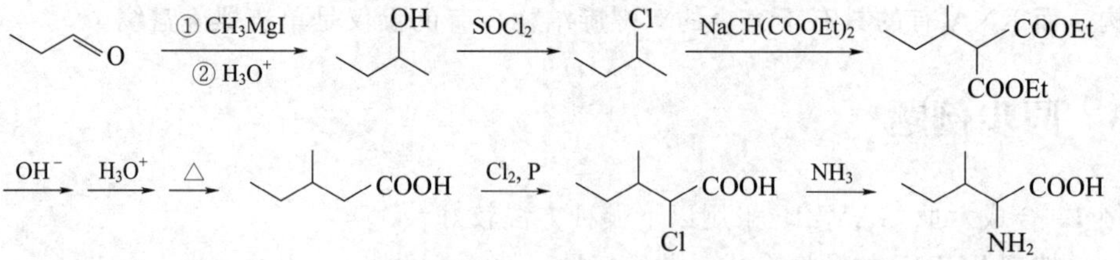

$$\xrightarrow{OH^-} \xrightarrow{H_3O^+} \xrightarrow{\triangle} CH_3CH_2CH(CH_3)CH_2COOH \xrightarrow{Cl_2,\ P} CH_3CH_2CH(CH_3)CHClCOOH \xrightarrow{NH_3} CH_3CH_2CH(CH_3)CH(NH_2)COOH$$

（3）

$$C_6H_6 \xrightarrow{HCHO,\ HCl,\ ZnCl_2} C_6H_5{-}CH_2Cl \xrightarrow{NaCH(COOEt)_2} C_6H_5{-}CH_2CH(COOEt)_2$$

$$\xrightarrow{OH^-} \xrightarrow{H_3O^+} \xrightarrow{\triangle} C_6H_5{-}CH_2CH_2COOH \xrightarrow{Cl_2,\ P} C_6H_5{-}CH_2CHClCOOH$$

$$\xrightarrow{NH_3} C_6H_5{-}CH_2CH(NH_2)COOH$$

（4）

$$C_6H_6 \xrightarrow{HCHO,\ HCl,\ ZnCl_2} C_6H_5{-}CH_2Cl \xrightarrow{\text{混酸}} O_2N{-}C_6H_4{-}CH_2Cl \xrightarrow{NaCH(COOEt)_2}$$

$$O_2N{-}C_6H_4{-}CH_2CH(COOEt)_2 \xrightarrow{OH^-} \xrightarrow{H_3O^+} \xrightarrow{\triangle} O_2N{-}C_6H_4{-}CH_2CH_2COOH$$

$$\xrightarrow{Sn,\ HCl} H_2N{-}C_6H_4{-}CH_2CH_2COOH \xrightarrow{NaNO_2,\ H_2SO_4} HO{-}C_6H_4{-}CH_2CH_2COOH$$

$$\xrightarrow{Cl_2,\ P} HO{-}C_6H_4{-}CH_2CHClCOOH \xrightarrow{NH_3} HO{-}C_6H_4{-}CH_2CH(NH_2)COOH$$

（式中 C_6H_4 为对位取代苯环）

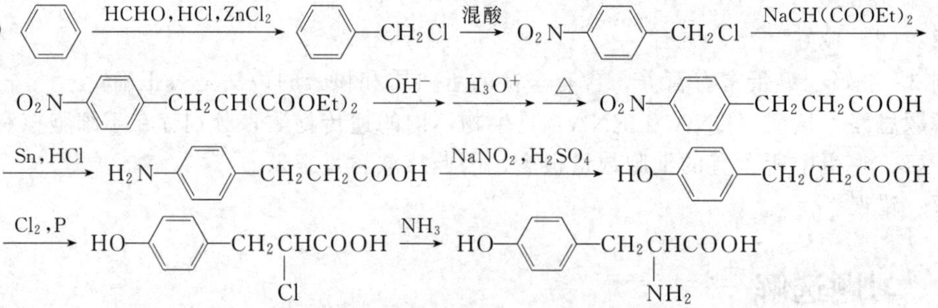

3. 请写出常作为调味剂的谷氨酸一钠盐的结构式。

解题思路： 谷氨酸（2-氨基戊二酸）分子中有 2 个羧基，氨基的吸电子诱导效应可以使羧基酸性增强，尤其是第一位的羧基。

解： 谷氨酸一钠盐的结构式为

$$HOOCCH_2CH_2CH(NH_2)COONa$$

4. 指出 DNA 和 RNA 在结构上的主要不同之处。

解： 在一级结构中，虽然组成 DNA 和 RNA 的核苷都有四种，但核苷的种类不同，DNA 具有双螺旋二级结构，而 RNA 有的具有不完全的双螺旋结构，有的仅仅是单链。

29.5 思考题

采用 Br_2/PBr_3 分别对乙酸、丙酸进行一溴代，溴代产物与过量氨反应后提纯得到甘氨酸和丙氨酸。服用这两种氨基酸后，哪一种合成产物的生物利用率高？

自我检测题

29-1 以丙氨酸、苯丙氨酸和其他必要的试剂合成丙氨酰苯丙氨酸。

29-2 一个未知十肽完全水解得到甘氨酸、丙氨酸、亮氨酸、异亮氨酸、苯丙氨酸、酪氨酸、谷氨酸、精氨酸、赖氨酸和丝氨酸。末端残基分析结果显示N端基是丙氨酸，C端基是异亮氨酸。

这个十肽用胰凝乳蛋白酶培育得到两个三肽A、B和一个四肽C。氨基酸分析结果显示肽A包含甘氨酸、谷氨酸和酪氨酸；肽B包含丙氨酸、苯丙氨酸和赖氨酸；肽C包含亮氨酸、异亮氨酸和精氨酸。端基分析结果显示肽A的N端基是谷氨酸，C端基是酪氨酸；肽B的N端基是丙氨酸，C端基是苯丙氨酸；肽C的N端基是精氨酸，C端基是异亮氨酸。

这个十肽用胰蛋白酶培育得到一个二肽D、一个五肽E和一个三肽F。F的端基分析结果显示其N端基是丝氨酸，C端基是异亮氨酸，推导出这个十肽及碎片A～F的结构。

思考题参考答案

解题思路：

生物体内所含有的氨基酸除甘氨酸（氨基乙酸）外都是手性分子，并且几乎所有天然氨基酸都是L-氨基酸，人体也只能吸收、利用甘氨酸以及L-氨基酸，无法对D-氨基酸加以吸收和利用。

本题中合成的甘氨酸和生物体内存在的甘氨酸没有结构上的差别。而合成的丙氨酸则为外消旋体，含有等量的L-丙氨酸和D-丙氨酸。

解： 甘氨酸的生物利用率高。

自我检测题参考答案

29-1 解题思路： 多肽合成中必须考虑对氨基酸的保护，N端保护氨基，C端保护羧基，并且需要对羧基加以活化。本题可以采用Z基保护丙氨酸后与乙氧基酰氯反应，生成混酐而使丙氨酸的羧基活化，然后与苄醇保护苯丙氨酸反应得到保护的二肽，最后在钯碳催化下氢解得到产物。

29-2 解题思路：

(1) 根据氨基酸分析结果及端基分析，可以确定三肽A为谷氨酰甘氨酰酪氨酸；三肽B为丙氨酰赖氨酰苯丙氨酸。

(2) 推断出四肽C为精氨酰**酰**酰异亮氨酸。

(3) 根据对该十肽的端基分析，可以确认肽A～肽C在十肽中的排列顺序为：B-A-C。

(4) 根据对三肽F的端基分析，可以推断三肽F为丝氨酰**酰异亮氨酸。

(5) 根据该十肽的氨基酸总类以及(2)和(4)的推断可以确认三肽F为丝氨酰亮氨酰异亮氨酸；四肽C为精氨酰丝氨酰亮氨酰异亮氨酸。

（6）根据各碎片结构及（3）的推断，确定该十肽为丙氨酰赖氨酰苯丙氨酰谷氨酰甘氨酰酪氨酰精氨酰丝氨酰亮氨酰异亮氨酸。

（7）由于胰蛋白酶使多肽在碱性氨基酸赖氨酸和精氨酸的酰基位置断链，再结合该十肽结构可以推断二肽 D 为丙氨酰赖氨酸；五肽 E 为苯丙氨酰谷氨酰甘氨酰酪氨酰精氨酸。

第 30 章 金属有机化合物

30.1 基本要求

了解金属有机化合物的定义、特点及化学表示方法；熟悉过渡金属有机化学的结构及化学反应性能；掌握过渡金属羰基化合物，不饱和烃配合物，夹心型配合物等几种类型的金属有机化合物的结构、成键特点和制备方法；了解有机过渡金属化合物的均相催化反应和活化机理。

重点： 有效原子序规则（EAN）；金属-乙烯络合物的结构

难点： 金属-乙烯络合物的结构；夹心化合物二茂铁的结构。

30.2 内容概要

30.2.1 有机金属化学基础知识

(1) 概述 金属有机化学是一门常被称为“有机分子与无机分子一起跳舞”的学科，是当代化学的前沿领域之一。金属有机化合物是指金属原子与有机基团中碳原子直接键合而成的化合物，即含有“金属—碳”键。金属有机化合物在医药、工农业生产及科学研究方面应用广泛。金属有机化学涉及金属有机化合物的合成、结构、理论和应用。自 1829 年合成 Zeise 盐至今在催化剂和药物工业上有巨大价值。分类是根据 M—C 的键型和配位键型来划分的。

(2) 结构理论

① 有效原子序规则（EAN） 配合物中心金属周围的总电子数等于下一个惰性气体原子的有效原子序。

② 18 电子规则 大多数稳定的过渡金属有机物具有 18 电子层结构，但也有不少例外，如 Rh、Pd、Ir 和 Pt 的配合物 16 电子也能稳定。

③ 配位电子的计算

a. 配位点（η^n） n＝含有共轭 π 键的有机配体实际配位价电子数。如环戊二烯负离子可以是 η^1-C_5H_5，η^3-C_5H_5，η^5-C_5H_5。

b. 配位电子的计算 按端基配位，桥连配位，M—M 键分别计算。

30.2.2 过渡金属羰基化合物

(1) 成键特征

① M—CO 键 $\begin{cases} \sigma\text{-}\pi \text{ 键} \quad \left(M \underset{\text{反馈}\pi\text{键}}{\overset{\sigma}{\rightleftarrows}} C\right) \\ \text{桥连 } \mu_3\text{-CO} \quad \text{例如 } (\mu_2\text{-CO}) \end{cases}$

（μ_2-CO 结构：O=C 桥连于 M—M 上）， （μ_3-CO 结构：O=C 桥连于三个 M 上）

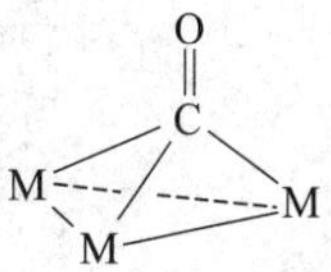

② CO 配合物表征常用 IR：端基 ν_{CO} = 2140～1850cm^{-1}；桥连，反馈 π 键协同 $\nu_{CO}\downarrow$；CO 种类数＝吸收峰数。

(2) 单核金属羰基配合物的性质

① 取代　如下：

$$M(CO)_n + mL(RC{\equiv}CR',\ R_2C{=}CR'_2,\ \text{苯},\ PR_3,\ AsR_3) \longrightarrow M(CO)_{n-m}L_m + mCO$$

② 碱解和还原

a. 碱解

$$Fe(CO)_5 \xrightarrow{4OH^-} [Fe(OH)_4]^{2-} + CO_3^{2-} + 2H_2O$$

$$Fe(CO)_5 \xrightarrow{3OH^-} [HFe(CO)_4]^- + CO_3^{2-} + H_2O$$

b. 还原

$$Fe(CO)_5 + 2Na(Hg) \longrightarrow Na_2^{2+}[Fe(CO)_4]^{2-} + CO$$

$$\xrightarrow{H_2O} NaHFe(CO)_4 + NaOH$$

$$2Ni(CO)_4 + 2Na \longrightarrow Na_2[Ni_2(CO)_6] + 2CO$$

$$\xrightarrow{2NH_3} H_2Ni_2(CO)_6 + 2NaNH_2$$

$$Os(CO)_5 + H_2 \longrightarrow H_2Os(CO)_4 + CO$$

③ 偶联

$$2\,CH_2{=}CHCH_2X + Ni(CO)_4 \longrightarrow CH_2{=}CHCH_2CH_2CH{=}CH_2 + NiX_2 + 4CO$$

(3) 单核金属羰基配合物的合成

① 由金属　$M + nCO \longrightarrow M(CO)_n$

② 由金属盐　$MZ + nCO + M'(\text{或 } H_2) \longrightarrow M(CO)_n + M'Z(\text{或 } HZ)$

③ 歧化　$2NiCN + 4CO \longrightarrow Ni(CN)_2 + Ni(CO)_4$

④ 光解　$2M(CO)_5 \xrightarrow[CH_3COOH]{h\nu} M_2(CO)_9 + CO$　(M＝Fe，Os)

⑤ 碱解

$$6Fe(CO)_5 + 2(C_2O_5)_3N + 2H_2O \xrightarrow[80℃]{} 2[(C_2O_5)_3NH]^+[Fe_3(CO)_{11}H]^- + 7CO + CO_3^{2-}$$

30.2.3 σ-烃基过渡金属配合物

(1) σ-烃基配合物稳定性　全σ-烃基配合不稳定，如果有下面因素则稳定。

① 有π-配体。

② 烃基无β-H。

(2) σ-烃基配合物

① σ-烃配合物的性质

$$RML \xrightarrow{L'^-(\text{取代})} R^- + LML'$$

$$RML \xrightarrow{CO(\text{插入})} (RCO)ML$$

② σ-烃基配合物的合成

$$HML_n \xrightarrow[\text{插入}]{RC\equiv CH} (RCH{=}CH)ML_{n-1}$$

$$HML_n \xrightarrow[\text{插入}]{RCH=CH_2} (RCH_2{-}CH_2)ML_{n-1}$$

$$ML_n \xrightarrow[\text{取代}]{M'R_m} R_mML_{n-m} + M'L_m$$

$$ML_n\ (ML_n)^- \xrightarrow[\text{加成}]{RX} RXML_n$$

$$ML_n\ (ML_n)^- \xrightarrow[\text{加成}]{RX} RML_n + X^-$$

30.2.4 π-不饱和烃基过渡金属配合物

(1) 成键方式　π-配体＝烯、炔、芳烃、非苯芳烃

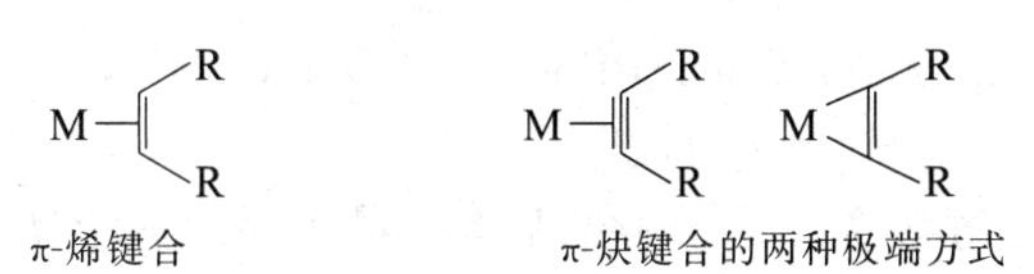

π-烯键合　　　　π-炔键合的两种极端方式

(2) π-不饱和烃基过渡金属配合物合成　例如，单烯烃配合物——Zeise 盐。

$$\left.\begin{array}{l}KML_n\\ M(CO)_n\end{array}\right\}\xrightarrow{\pi\text{-配体}}\begin{cases}K[ML_{n-m}(\pi\text{-配体})_m]\\ M(CO)_{n-m}(\pi\text{-配体})_m\end{cases}$$

30.2.5　π-离域芳环配合物

(1) 茂夹心配合物

① 结构　两环平行

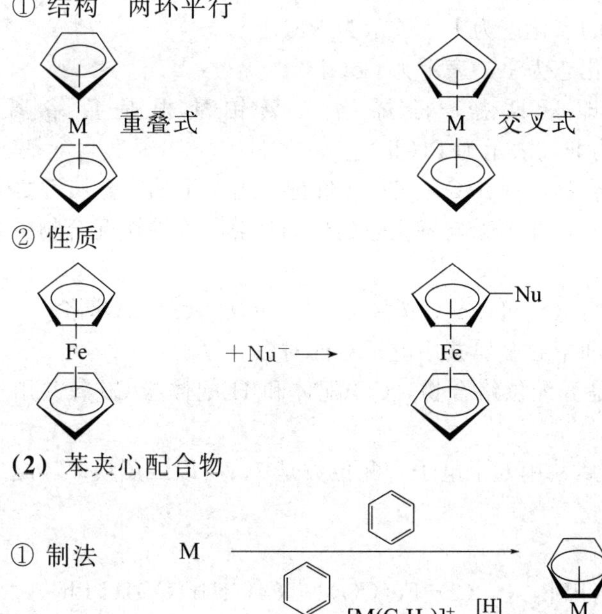

② 性质

(2) 苯夹心配合物

① 制法

$$M\xrightarrow{C_6H_6}M(C_6H_6)_2$$

$$MX_n\begin{cases}\xrightarrow[Al]{C_6H_6}[M(C_6H_6)]^+\xrightarrow{[H]}M(C_6H_6)_2\\ \xrightarrow{C_6H_5MgX}M(C_6H_6)_2\end{cases}$$

② 性质

$$M(Ar)_2\begin{cases}\xrightarrow{BF_3}[M(Ar)_2]^+BF_4^-\\ \xrightarrow{M(CO)_n}MAr(CO)_{n-3}\text{ 或 }[M(Ar)_2]^+[M(CO)_m]^-\end{cases}$$

30.2.6　配位催化

(1) 定义　催化剂能使反应物配位而活化，从而易起某一特定反应的催化过程。

(2) 活化机理　反应物单体分子与催化剂活性中心配位，然后在配合物的内界进行反应。

(3) 均相催化反应　氢化催化剂：金属氢化物单氢型 L_nMH，双氢型 L_nMH_2。

历程：$L_nM(S)\longrightarrow L_nM(S)(H)—H\xrightarrow[\text{慢}]{H_2C=CH_2}L_nM(S)(H)—CH_2CH_3\xrightarrow{\text{快}}L_nM(S)+CH_3CH_3$

30.3　同步例题

例 1. 命名下列金属有机化合物，写出中心金属原子的氧化态。

(1) $Ir(CO)Cl(PPh_3)_2$ (2) $RhCl(PPh_3)_3$ (3) $HCo(CO)_4$ (4) $K[Pt(C_2H_4)Cl_3]$
(5) $Co_2(CO)_8$

解题思路：氧化态是过渡金属化学中最基本、最重要的一个概念。其定义为配合物的配体以它们正常的电子构型离去时，中心金属原子所带的电荷数。氧化态用罗马数字表示，并有正负之分，而正号可以省略。例如，$FeCl_2$，中心金属原子 Fe 的氧化态为Ⅱ，表示为 Fe(Ⅱ)。以 σ 键与金属结合的配体如 H、R、X 等，它们以正常的电子构型离去时分别为 H^-、R^-、X^-，一个这样的配体，金属的氧化态为Ⅰ；提供电子对的中性配体如 CO、$>C=C<$、苯和 PR_3 等，对金属的氧化态值没有影响；正、负络离子，金属的氧化态相应增加或减少。

解：(1) 二(三苯膦)羰基氯化铱，金属铱的氧化态为Ⅰ，表示为 Ir(Ⅰ)。

(2) 三(三苯膦)氯化铑，金属铑的氧化态为Ⅰ，表示为 Rh(Ⅰ)。

(3) 四羰基氢化钴，金属钴的氧化态为Ⅰ，表示为 Co(Ⅰ)。

(4) 乙烯络三氯铂酸钾，即蔡斯盐，乙烯络三氯铂酸根是负络离子，$[Pt(C_2H_4)Cl_3]^-$，金属铂的氧化态为Ⅱ，表示为 Pt(Ⅱ)。

(5) 八羰基二钴，这是个双核络合物，存在 Co—Co 共价键。由于金属—金属键之间电子平均分配在两个相同原子之间，因此，并不影响氧化态数值的计算。在这个配合物中金属钴的氧化态为 0，表示为 Co(0)。

例 2. 写出中心金属原子的配位数：(1) $HCo(CO)_4$ (2) 二茂铁 (3) 二苯铬

解：配位数是指在络合物中配体和中心金属共用电子对的对数。

(1) 四羰基氢化钴 $HCo(CO)_4$ 是五配位络合物，CO 配体和 H 配体与 Co 各共用一对电子。

(2) 苯和环戊二烯基（Cp）与金属共用 6 个电子，配位数是 3，所以二茂铁即环戊二烯基铁和（3）二苯铬都是 6 配位络合物。

例 3. 指出下列配合物立体构型：

(1) $Ni(CO)_4$ (2) $Ir(CO)Cl(PPh_3)_2$ (3) $Fe(CO)_5$ (4) $HIr(CO)(PPh_3)_3$
(5) $(CO)_5ReEt$ (6) $CH_3Mn(CO)_5$

解题思路：四配位络合物具有四面体和平面四边形两种常见构型。具有 d^{10} 电子构型的配合物为四面体构型，中心金属五个 d 轨道全充满，一个空的 s 轨道和三个空的 p 轨道，采取 sp^3 杂化，形成四个 sp^3 杂化轨道，接受四个配体的四对电子，如 $Ni(CO)_4$。具有 d^8 电子构型的配合物，中心金属采取 dsp^2 杂化，形成的四个 dsp^2 杂化轨道为平面四边形，如二(三苯膦) 羰基氯化铱 $Ir(CO)Cl(PPh_3)_2$，铱的氧化态为Ⅰ，d^8 电子构型，该配合物为平面四边形构型。

五配位络合物可能的构型为三角双锥形和正方锥形，但前者更常见。如 $Fe(CO)_5$、$HIr(CO)(PPh_3)_3$ 等具有 d^8 电子构型的五配位配合物都是三角双锥形。

在过渡金属络合物中占多数的是六配位络合物，它们具有正八面体构型，通常金属是 d^6 电子构型。如 $(CO)_5ReEt$、$CH_3Mn(CO)_5$ 等。

解：(1) 四面体构型；(2) 平面四边形；(3) 和 (4) 三角双锥型；(5) 和 (6) 正八面体构型。

例 4. 制备环戊二烯基-羰基化合物，写出它们的结构式。

(1) $Fe_2(\eta^5\text{-}C_5H_5)_2(CO)_4$；(2) $(\eta^5\text{-}C_5H_5)V(CO)_4$

解：(1) $2Fe(CO)_5 + 2C_5H_6(\text{二聚体}) \longrightarrow Fe_2(\eta^5\text{-}C_5H_5)_2(CO)_4 + 6CO + H_2$

(2) $V(\eta^5\text{-}C_5H_5)_2 + 4CO + H^+ \longrightarrow (\eta^5\text{-}C_5H_5)V(CO)_4 + C_5H_6$

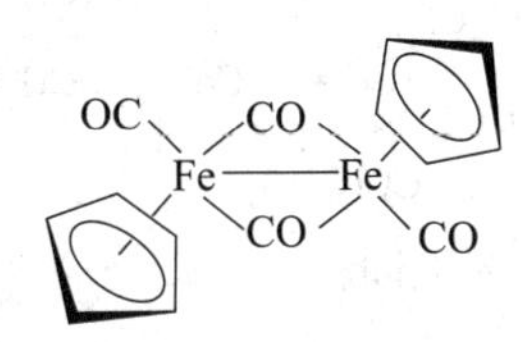

$Fe_2(\eta^5\text{-}C_5H_5)_2(\mu\text{-}CO)_2(CO)_2$

OC V CO
OC CO

$(\eta^5\text{-}C_5H_5)V(CO)_4$ （四腿钢琴凳结构）

30.4 习题选解

1. 计算下列配合物的价电子数，指出哪些符合 18 电子规则。

(1) $V(CO)_6$　　(2) $W(CO)_6$

(3) $RhH(CO)_4$　　(4) $CpTa(CO)_4$

(5) $Cp_2Ru_2(CO)_4$　　(6) $[(C_2H_4)PtCl_3]^-$

解：(3)(4)(5)符合 18 电子规则；(1)(2)总电子数等于 17；(6)总电子数等于 16。

2. 完成下列反应式

(1) $Co+CO+H_2 \longrightarrow ?$　　(2) $Fe(CO)_5+Na \longrightarrow ?$

(3) $Mn(CO)_5Br+Mn(CO)_5^- \longrightarrow ?$　　(4) $Fe(CO)_4^{2-}+H_3O^+ \longrightarrow ?$

(5) $Na^+[(\eta^5\text{-}C_5H_5)W(CO)_3]^-+CH_3CH_2I \longrightarrow ?$

(6) $[CpFe(CO)_2]_2 \xrightarrow[CHCl_3]{HCl} ?$　　(7) 环戊二烯 $+W(CO)_6 \longrightarrow ?$

解：(1) $H_2Co_2(CO)_8$　　(2) $Na_2^{2+}[Fe_2(CO)_4]^{2-}+CO$

(3) $Mn_2(CO)_{10}+Br^-$　　(4) $H_2Fe(CO)_4+OH^-$

(5) $[(\eta^5\text{-}C_5H_5)W(CO)_3](C_2H_5)+NaI$　　(6) $CpFe(CO)_2Cl$

(7) $[CpW(CO)_3]_2+6\ CO$

3. 画出下列配合物的结构

(1) $(\eta^1\text{-}C_5H_5)_2Hg$　　(2) $(\eta^3\text{-}C_3H_5)(\eta^5\text{-}C_5H_5)Mo(CO)_2$

(3) $(\eta^3\text{-}C_5H_5)_2ReH$　　(4) $(\eta^3\text{-}C_3H_5)(\eta^5\text{-}C_5H_5)W(CO)_2$

(5) $Fe_3(\mu_2\text{-}CO)_2(CO)_{10}$　　(6) $[(\mu_2\text{-}H)\ Fe_3(\mu_2\text{-}CO)(CO)_{10}]^-$

(7) $Co_2(\mu_2\text{-}CO)_2(CO)_6$　　(8) $Pt_2(\mu_2\text{-}Cl)_2Cl_2[(CH_3)_3CC{\equiv}CC(CH_3)_3]_2$

解：(1) H Hg H

(2)

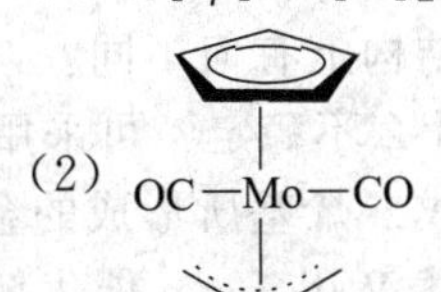

(3)

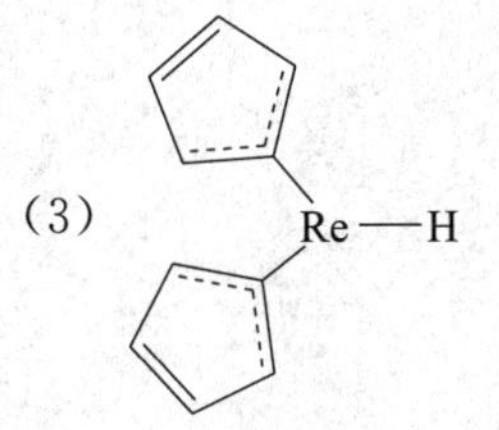

(4) OC—W—CO

(5) OC CO OC CO Fe (OC)$_3$Fe—CO—Fe(CO)$_3$ CO

(6) OC CO OC CO Fe (OC)$_3$Fe H Fe(CO)$_3$ CO

（7） 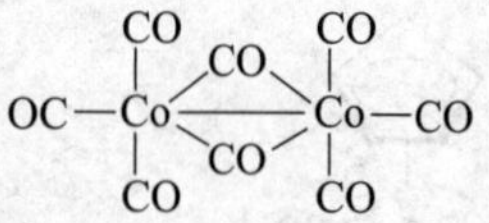 [structure: $Co_2(CO)_8$, OC—Co(CO)(CO)(μ-CO)₂Co(CO)(CO)—CO]　（8） [structure: Cl, Cl, Co—Co, Cl, Cl, $(H_3C)_3CC\equiv CC(CH_3)_3$, $CC(CH_3)_3\equiv CC(CH_3)_3$]

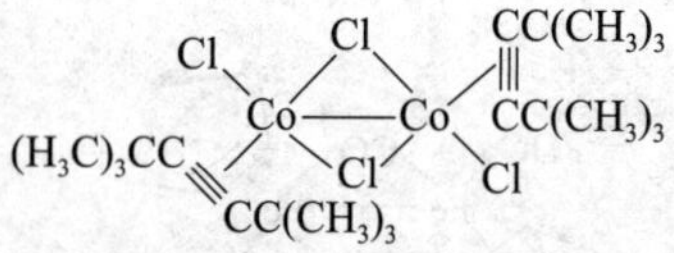

4. 解释下列反应结果，并说明产物的结构为什么不同。

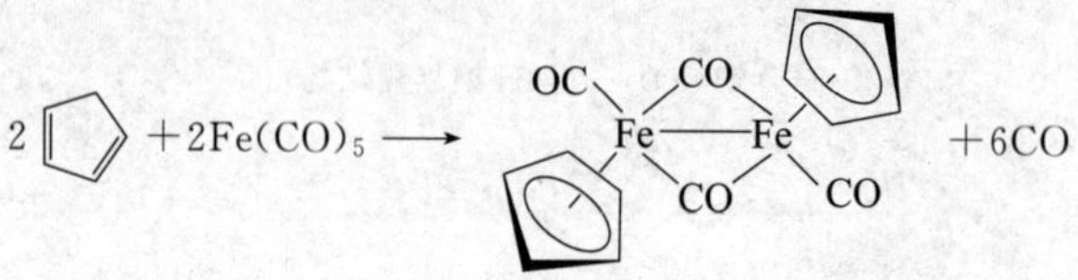

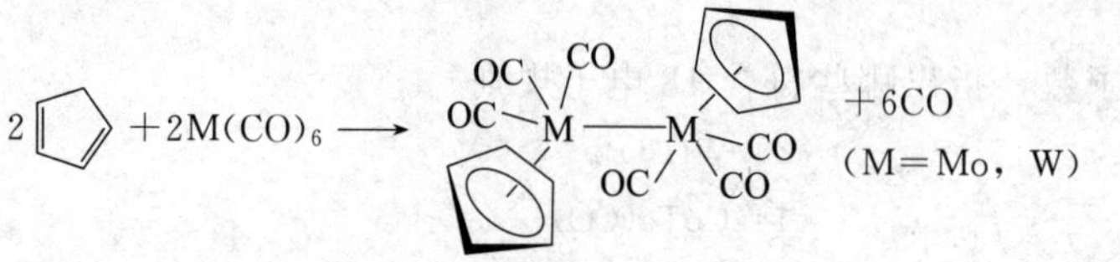

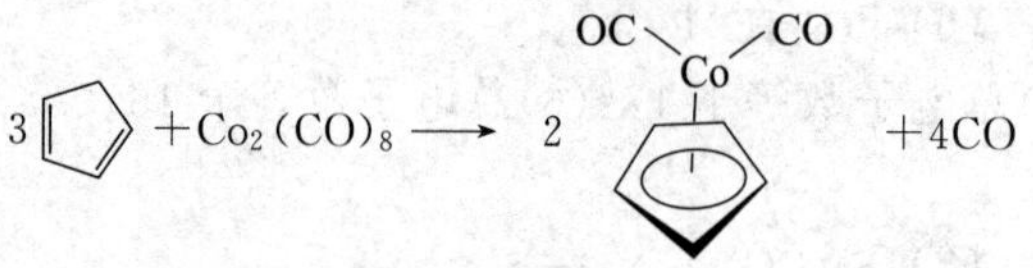

$2\,C_5H_6 + 2Fe(CO)_5 \longrightarrow [CpFe(CO)(\mu\text{-}CO)]_2 + 6CO$

$2\,C_5H_6 + 2M(CO)_6 \longrightarrow [CpM(CO)_3]_2 + 6CO$ （M＝Mo，W）

$3\,C_5H_6 + Co_2(CO)_8 \longrightarrow 2\,CpCo(CO)_2 + 4CO$

解： 均符合 18 电子规则。

5. 试解释下列现象：

（1） Cp_2Fe 比 Cp_2Co 稳定；

（2） $Mn(CO)_5$ 以二聚体的形式存在，$Mn(CO)_5H$ 却以非聚体的形式存在。

解：（1） Cp_2Fe 总电子数等于 18；Cp_2Co 总电子数等于 19。

（2） 二聚体 $Mn_2(CO)_{10}$ 中　　Mn＝7＋1 个电子

5CO＝10 个电子

18 个电子

同样 $Mn(CO)_5H$ 中总电子数等于 18。

30.5 思考题

30-1 18 电子规则和 EAN 规则有何异同？18 电子规则有何用途？举例说明。

30-2 σ-型和 π-型配合物在结构上有何不同？

30-3 σ-型全烃基配合物为什么不稳定？可采用哪些方法提高它们的稳定性？

30-4 单烯、共轭二烯和环戊二烯基所形成的金属有机物有哪些类型？

30-5 什么是配位催化？简述 Wilkinson 催化剂的催化特点。

30-6 为什么夹心化合物二茂铁非常稳定？

自我检测题

30-1 计算题

（1） 指出下列化合物中心金属的氧化态和价电子总数。

① $CpCo(CO)_3$　② $(CO)_2W{=}CPh_2$　③ $(CO)_4Co{-}C(O){-}CH_3$　④ $(CO)_3I_2Co{-}C(O){-}CH_3$

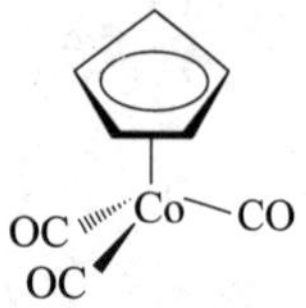

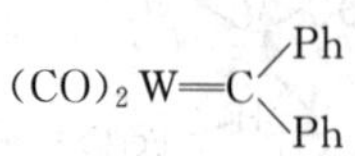

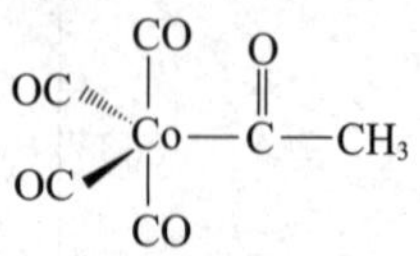

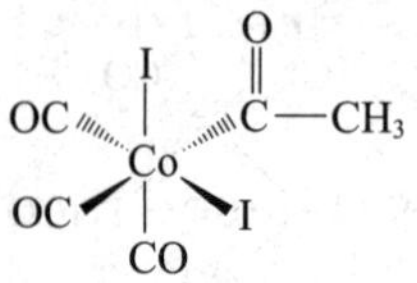

（2）计算下列化合物中心金属的价电子总数。

① $[Fe(CN)_6]^{3-}$ ② $[IrClH(CO)(PPh_3)_2CH{=}CH_2]^+$

③ $Cr(CO)_3(C_6H_5CH_3)$ ④ $ZrCl(CH_3)(C_5H_5)_2$

⑤ $Co(CO)_3(\pi\text{-}CH_2CH{=}CHCH_3)$ ⑥ $W(CO)_5[(C_6H_5)_2C{=}C(C_6H_5)_2]$

30-2 填空题

请写出：（1）二茂锡 $Sn(C_5H_5)_2$ 的结构为______________。

（2）炔烃（$PhC{\equiv}CPh$）配合物 $(Ph_3P)_2Pt(PhC{\equiv}CPh)$ 的结构为______________。

（3）$(\eta^5\text{-}C_5H_5)_2Co_2(\mu\text{-}CO)_2$ 中 Co 和 Co 的化学键为______________。

30-3 完成下列反应

（1）$Mg+CH_3I$(乙醚溶剂)$\longrightarrow$? （2）$3\ C_6H_5MgCl+PCl_3\longrightarrow$?

（3）$3CH_3MgBr+BF_3$(二丁醚溶剂)$\longrightarrow$? （4）$Al_2(CH_3)_6+2\ BF_3\longrightarrow$?

（5）$Li_4Me_4+SiCl_4\longrightarrow$? （6）活泼金属与卤代烷反应 $Li+CH_3Cl\longrightarrow$?

30-4 合成

（1）合成 $Fe(\eta^5\text{-}C_5H_5)_2$ （2）$Ga(CH_3)_3$ 的制备和应用

30-5 写出 1-丁烯在 Wilkinson 催化剂作用下合成戊醛的反应机理，并写出每步反应的名称。

思考题参考答案

30-1 EAN(有效原子序) 规则：配合物中心金属周围的总电子数等于下一个惰性气体原子的有效原子序。

18 电子规则：大多数稳定的过渡金属有机物，遵守惰性气体电子结构的 18 外层电子规则，即中心金属原子与配体结合时，需要填满 $(n-1)d$，ns，np 这三层轨道。

例 $(\eta^5\text{-}C_5H_5)_2Fe$

$$\begin{array}{r} Fe=3\text{ 对电子} \\ \underline{\eta^5\text{-}C_5H_5=6\text{ 对电子}} \\ 9\text{ 对电子或 }18\text{ 电子} \end{array}$$

30-2 σ-配合物——有机配体的配位碳原子以端式 σ 电子与金属配位。

π-配合物——有机配体以 π 电子与金属配位。

30-3 分别由于热力学和动力学因素，以动力学为主，因 β-消去和 β-迁移副反应。

阻止方法①烃基无 β-H；②引入 π-配体，阻碍 β-H 迁移。

30-4 烯烃配位
- 离子型
- 共价型
  - 侧基 σ 配位（σ 配位键和反馈 π 配键协同作用）
  - 大 π 键共轭配位

30-5 催化剂能使反应物配位而活化，因而易起某一特定反应的催化过程。Wilkinson 催化剂被称为双氢催化剂，特点是在催化循环的某一步存在含有两个邻氢配体的配合物。

30-6 二茂铁是由两个环戊二烯游离基夹一个铁原子而形成的一种化合物，$(C_5H_5)_2Fe$ 常以交错式二茂铁研究其结构。

环戊二烯的五个 p_z 轨道可组合成三个成键轨道（ψ^1、ψ^2、ψ^3）和两个反键轨道（ψ^4、ψ^5），其中 ψ^2、ψ^3 互相简并，又因为金属的 $3d^54s^1$ 共六个非键轨道能量较低，铁原子 8 个价电子加上两个茂基共10个电子，总共18个价电子，刚好填满这9个能量较低的轨道，故二茂铁是非常稳定的。

自我检测题参考答案

30-1 （1）① +1，20　② +2，18　③ +1，18　④ +3，18

（2）① 5+2=17(强氧化剂)　② 8+1+1+2+4+2=18

③ 6+6+6=18　④ 2+1+1+12=16

⑤ 9+6+3=18　⑥ 6+10+2=18

30-2 填空题

（1）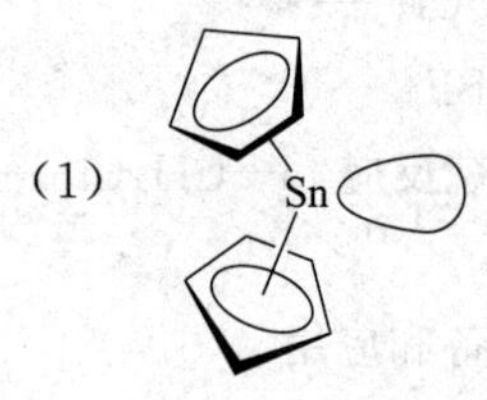

含茂基的弯曲夹心（Bent-Sandwich）化合物

（2）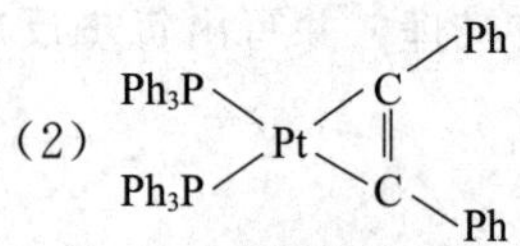

（3）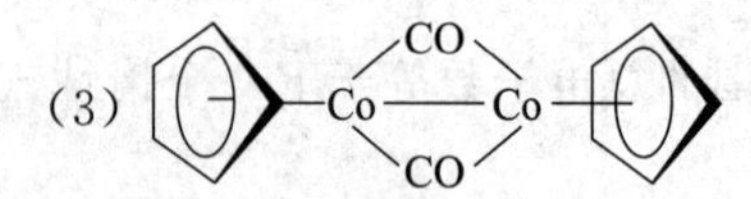

30-3 完成下列反应

（1）$Mg+CH_3I$(乙醚溶剂)$\longrightarrow CH_3MgI$　(格氏试剂)

（2）$3C_6H_5MgCl+PCl_3 \longrightarrow P(C_6H_5)_3+3MgCl_2$

（3）$3CH_3MgBr+BF_3$(二丁醚溶剂)$\longrightarrow (CH_3)_3B+3MgBrF$

（4）$Al_2(CH_3)_6+2BF_3 \longrightarrow 2(CH_3)_3B+2AlF_3$

（5）$Li_4Me_4+SiCl_4 \longrightarrow SiMe_4+4\ LiCl$　(HSAB)

（6）活泼金属与卤代烷反应 $4Li+4CH_3Cl \longrightarrow Li_4(CH_3)_4+4LiCl$

30-4 合成

（1）合成方法

① $2C_5H_6$(二聚体)$+2Na(THF) \longrightarrow 2C_5H_5^-+2Na^++H_2$

$FeCl_2+2NaC_5H_5$(THF，苯)$\longrightarrow Fe(\eta^5\text{-}C_5H_5)_2+2NaCl$

② $2C_5H_6+FeCl_2\cdot 4H_2O(DMF)+2KOH(s) \longrightarrow Fe(\eta^5\text{-}C_5H_5)_2+2KCl+6H_2O$

③ $2C_5H_6+FeCl_2+2HNEt_2 \longrightarrow Fe(\eta^5\text{-}C_5H_5)_2+2(H_2NEt_2)Cl$

（2）合成方法

$GaCl_3+3CH_3MgCl \longrightarrow Ga(CH_3)_3+3MgCl_2$

或 $GaCl_3+Li_4(CH_3)_4 \longrightarrow Ga(CH_3)_3+Li_4Cl_3(CH_3)$

应用：$Ga(CH_3)_3+NH_3 \longrightarrow GaN+3CH_4$

30-5 Rh-P体系催化1-丁烯的氢甲酰化成戊醛的反应机理：

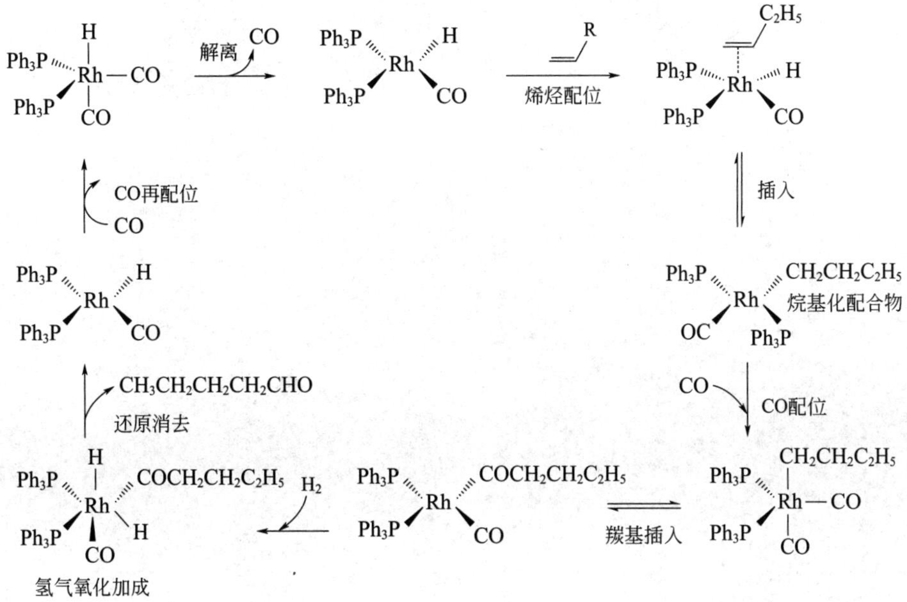

$HRh(CO)_2(PPh_3)_2$ —解离，−CO→ $HRh(CO)(PPh_3)_2$ —烯烃配位（$CH_2{=}CHR$）→ $HRh(CO)(PPh_3)_2(CH_2{=}CHC_2H_5)$

⇌ 插入

$Rh(CH_2CH_2C_2H_5)(CO)(PPh_3)_2$ 烷基化配合物

↓ CO配位（+CO）

$Rh(CH_2CH_2C_2H_5)(CO)_2(PPh_3)_2$

⇌ 羰基插入

$Rh(COCH_2CH_2C_2H_5)(CO)(PPh_3)_2$ —H_2→ $H_2Rh(COCH_2CH_2C_2H_5)(CO)(PPh_3)_2$

氢气氧化加成

↑ 还原消去 → $CH_3CH_2CH_2CH_2CHO$

$HRh(CO)(PPh_3)_2$

↑ CO再配位（+CO）

第二部分

综合测试

1-4 章综合测试（一）

一、是非题（每小题 1 分，共 10 分）

1. 对氢原子来说，其原子轨道能级顺序为 1s＜2s＝2p＜3s＝3p＝3d。（　　）

2. 原子序数为 37 的元素，其原子中价电子的四个量子数应为 5，0，0，＋1/2（或－1/2）。（　　）

3. 通常元素的电负性越大，其非金属性越强，金属性越弱。（　　）

4. 以电子概率密度表示的空间图像即为原子轨道，波函数的空间图像即为电子云。（　　）

5. 在周期系第三周期中，Si、P、S、Cl 的原子半径依次减小。因此，Si^{4-}、P^{3-}、S^{2-}、Cl^{-} 的离子半径也依次减小。（　　）

6. 弱极性分子之间的分子间力均以色散力为主。（　　）

7. 金属晶体中存在可以自由运动的电子，所以金属键是一种非定域键。（　　）

8. 在理想气体分子之间也存在着范德华力，只不过吸引力较小而已。（　　）

9. 已知反应 $2A(g)+B(g) \rightleftharpoons C(g)$ 的 $\Delta_r H_m^{\ominus}>0$，达到平衡后升高温度，则正反应速率的增加大于逆反应速率的增加，所以上述平衡向右移动。（　　）

10. 从过饱和溶液中析出晶体的过程，$\Delta S<0$。（　　）

二、选择题（每小题 2 分，共 50 分）

1. 提出一切微观粒子都具有波粒二象性的科学家是（　　）。

A. 汤姆逊　　B. 德布罗意　　C. 玻尔　　D. 海森堡

2. 下列电子的各套量子数，可能存在的是（　　）。

A. (3,2,2)　　B. (3,0,1)　　C. (2,－1,0)　　D. (2,0,－2)

3. 用量子数描述的下列亚层中，可以容纳电子数最多的是（　　）。

A. $n=2$，$l=1$　　B. $n=3$，$l=2$　　C. $n=4$，$l=3$　　D. $n=5$，$l=0$

4. 对于四个量子数，下列叙述中正确的是（　　）。

A. 磁量子数 $m=0$ 的轨道都是球形的

B. 角量子数 l 可以取从 0 到 n 的正整数

C. 决定多电子原子中电子能量的是主量子数

D. 自旋量子数 m_s 与原子轨道无关

5. 下列各组元素中，第一电离能依次减小的是（　　）。

A. H，Li，Na，K　　B. Na，Mg，Al，Si

C. I，Br，Cl，F　　D. F，O，N，C

6. 对下列各种类型的正离子来说，在讨论离子极化作用时，应考虑正离子变形性的是（　　）。

A. 正离子的半径较小　　B. 正离子的电荷较高

C. 具有 8 电子构型的正离子　　D. 具有 18 电子构型的正离子

7. 乙炔碳碳三键上的两个π键是由（　　）形成的。

A. sp 杂化轨道　　B. sp^2 杂化轨道　　C. sp^3 杂化轨道　　D. p 轨道

8. 根据价层电子对互斥理论，PCl_5的空间构型为（　　）。

A. 三角双锥　　B. 三角锥　　C. 四角锥　　D. 八面体

9. 下列说法正确的是（　　）。

A. 极性分子中都是极性共价键

B. 非极性分子中必然没有极性共价键

C. 分子中键的极性越强，分子的极性也越强

D. 分子的极性还与分子的空间构型有关

10. 配合物［$PtCl_2(NH_3)_2$］中，配位原子为（　　）。

A. Cl^-，NH_3　　B. Cl，NH_3　　C. Cl^-，N　　D. Cl，N

11. 下列分子或离子中，不是直线形的是（　　）。

A. SO_2　　B. CS_2　　C. $BeCl_2$　　D. I_3^-

12. 下列分子中，共价成分最大的是（　　）。

A. AlF_3　　B. $FeCl_3$　　C. $FeCl_2$　　D. $SnCl_4$

13. N_2分子中能级最低的空轨道是（　　）。

A. σ_{2p}　　B. π_{2p}　　C. π_{2p}^*　　D. σ_{2p}^*

14. 石墨中碳原子层之间的作用力是（　　）。

A. 共价键　　B. 配位键　　C. 自由电子的作用　　D. 范德华力

15. 下列离子中，变形性最大的是（　　）。

A. O^{2-}　　B. S^{2-}　　C. F^-　　D. Cl^-

16. 在$COCl_2$分子中，中心原子C采取sp^2杂化，该分子中σ键和π键的数目为（　　）。

A. 3，0　　B. 3，1　　C. 4，0　　D. 4，1

17. CH_3Cl和CCl_4之间存在的分子间力的类型有（　　）。

A. 色散力　　B. 诱导力

C. 色散力、诱导力　　D. 色散力、诱导力、取向力

18. 原子晶体晶格结点上微粒间的作用力是（　　）。

A. 离子键　　B. 共价键　　C. 金属键　　D. 氢键

19. 下列说法中，正确的是（　　）。

A. 相同原子间的双键键能是单键键能的两倍

B. 原子形成共价键的数目等于基态原子的未成对电子数

C. 杂化轨道是由同一原子中能量相近、对称性匹配的原子轨道线性组合而成的

D. 分子轨道是由同一原子中能量相近、对称性匹配的原子轨道线性组合而成的

20. 下列哪个反应的标准摩尔焓变可以表示为CO_2的标准摩尔生成焓（　　）。

A. $C(s)+1/2O_2(g)=\!=\!=CO(g)$　　B. $CO(g)+1/2O_2(g)=\!=\!=CO_2(g)$

C. $C(s)+O_2(g)=\!=\!=CO_2(g)$　　D. $2C(s)+2O_2(g)=\!=\!=2CO_2(g)$

21. H_2和O_2在绝热钢筒中反应生成水，则下列状态函数中，增加为零的是（　　）。

A. ΔU　　B. ΔH　　C. ΔS　　D. ΔG

22. 已知某温度下，下列反应$MnO_2(s)+CO(g)\longrightarrow MnO(s)+CO_2(g)$；$Mn_3O_4(s)+CO(g)\longrightarrow 3MnO(s)+CO_2(g)$；$3Mn_2O_3(s)+CO(g)\longrightarrow 2Mn_3O_4(s)+CO_2(g)$的标准摩尔焓变分别为：$-151kJ\cdot mol^{-1}$、$-54kJ\cdot mol^{-1}$、$-142kJ\cdot mol^{-1}$，则反应$2MnO_2(s)+CO(g)\longrightarrow Mn_2O_3(s)+CO_2(g)$的标准摩尔焓变为（　　）。

A. $-218.7kJ\cdot mol^{-1}$　　B. $-145.2kJ\cdot mol^{-1}$

C. $-264.8\text{kJ}\cdot\text{mol}^{-1}$　　　　　　　　　D. $-312.5\text{kJ}\cdot\text{mol}^{-1}$

23. 已知 $\Delta_f G_m^{\ominus}(NO)=86.57\text{kJ}\cdot\text{mol}^{-1}$，$\Delta_f G_m^{\ominus}(NO_2)=51.30\text{kJ}\cdot\text{mol}^{-1}$。对于标准状态下，反应：

(1) $N_2+O_2 \longrightarrow 2NO$；(2) $2NO+O_2 \longrightarrow 2NO_2$ 能否自发进行，有下列各种判断，其中正确的是（　　）。

A. 反应（1）不能自发进行，反应（2）能自发进行

B. 反应（1）能自发进行，反应（2）不能自发进行

C. 都能自发进行

D. 都不能自发进行

24. 反应 $2CO(g)+O_2(g) \rightleftharpoons 2CO_2(g)$（$\Delta_r H_m<0$），在一定条件处于平衡状态。下列叙述中正确的是（　　）。

A. 使体积增大，减小压力，平衡向右移动

B. 压缩体积，增大压力，平衡向右移动

C. 升高温度，正反应速率增大，逆反应速率减小

D. 加入催化剂，只增大正反应速率

25. 反应 $a\text{A}+b\text{B} \longrightarrow c\text{C}+d\text{D}$ 的速率方程式可表示为（　　）。

A. $v=k[c(\text{A})]^a[c(\text{B})]^b$　　　　　　　　B. $v=k[c(\text{A})]^x[c(\text{B})]^y$

C. $v=k[c(\text{C})]^c[c(\text{D})]^d$　　　　　　　　D. $v=k[c(\text{A})]^c[c(\text{B})]^d$

三、填空题（每空 1 分，共 10 分）

1. 写出 F_2 的分子轨道排布式________________，其键级为________。

2. NH_3 对 Co^{2+} 是一种弱场配体，则配合物 $[Co(NH_3)_6]Cl_2$ 中心离子的 d 电子在分裂后的 d 轨道中的电子排布式是________。

3. 配合物 $H[AuCl_4]$ 应命名为________。

4. 已知在 1123K 时，反应 $C(s)+CO_2(g) \rightleftharpoons 2CO(g)$，$K_1^{\ominus}=1.3\times10^{14}$；$CO(g)+Cl_2(g) \rightleftharpoons COCl_2(g)$，$K_2^{\ominus}=6.0\times10^{-3}$，则反应 $2COCl_2(g) \rightleftharpoons C(s)+CO_2(g)+2Cl_2(g)$ 的 $K^{\ominus}=$________。

5. $CuCl_2$、SiO_2、NH_3、PH_3 熔点由高到低的顺序是________。

6. 已知某副族元素的原子 A，其核外电子最后填入 3d 亚层，最高氧化数为 +4，则 A 的核外电子排布式为________，位于元素周期表中的____周期，____区____族。

四、计算题（共 30 分）

1. 求下述反应在 298.15K 时的 $\Delta_r H_m^{\ominus}$、$\Delta_r S_m^{\ominus}$ 和 $\Delta_r G_m^{\ominus}$，并用这些数据分析利用该反应净化汽车尾气中 NO 和 CO 的可能性。

	$CO(g)$	$+NO(g) \longrightarrow$	$CO_2(g)$	$+1/2N_2(g)$
$\Delta_f H_m^{\ominus}/\text{kJ}\cdot\text{mol}^{-1}$ (298.15K)	-110.5	91.3	-393.5	0
$S_m^{\ominus}/\text{J}\cdot\text{K}^{-1}\cdot\text{mol}^{-1}$ (298.15K)	197.7	210.8	213.7	191.6

2. 乙烷按下式进行脱氢反应，$C_2H_6(g) \rightleftharpoons C_2H_4(g)+H_2(g)$，在 1000K，100kPa 下的平衡转化率为 $\alpha=0.688$。①求 1000K 的 $K^{\ominus}$；②1000K 时，将乙烷引入真空刚性容器中，乙烷的起始压力为 200kPa，求平衡时乙烷的摩尔分数。

3. 对于反应 $C_2H_5Cl(g) = C_2H_4(g)+HCl(g)$，700K 时的速率常数 $k_1=5.9\times10^{-5}$

s^{-1}，800K时的速率常数 $k_2=1.2\times10^{-2}s^{-1}$，求该反应的活化能以及该反应的 k-T 关系式。

参考答案

一、是非题

1. 对　2. 对　3. 对　4. 错　5. 对　6. 对　7. 对　8. 错　9. 对　10. 对

二、选择题

1. B　2. A　3. C　4. D　5. A　6. D　7. D　8. A　9. D　10. D
11. A　12. D　13. C　14. D　15. B　16. B　17. C　18. B　19. C　20. C
21. A　22. A　23. A　24. B　25. B

三、填空题

1. $[KK](\sigma_{2s})^2(\sigma_{2s}^*)^2(\sigma_{2p})^2(\pi_{2_{py}})^2(\pi_{2_{pz}})^2(\pi_{2_{py}}^*)^2(\pi_{2_{pz}}^*)^2$

（或 $(\sigma_{1s})^2(\sigma_{1s}^*)^2(\sigma_{2s})^2(\sigma_{2s}^*)^2(\sigma_{2p})^2(\pi_{2_{py}})^2(\pi_{2_{pz}})^2(\pi_{2_{py}}^*)^2(\pi_{2_{pz}}^*)^2$）　1

2. $d_\varepsilon^5 d_\gamma^2$　3. 四氯合金(Ⅲ)酸　4. 2.1×10^{-10}

5. $SiO_2>CuCl_2>NH_3>PH_3$

6. $1s^2 2s^2 2p^6 3s^2 3p^6 3d^2 4s^2$（或 $[Ar]3d^2 4s^2$）　第四　d　ⅣB

四、计算题

1. 解：$\Delta_r H_m^\ominus=-393.5-(-110.5)-91.3=-374.3(kJ\cdot mol^{-1})$

$\Delta_r S_m^\ominus=213.7+1/2\times191.6-197.7-210.8=-99\ (J\cdot K^{-1}\cdot mol^{-1})$

$\Delta_r G_m^\ominus=\Delta_r H_m^\ominus-T\times\Delta_r S_m^\ominus=-344.8(kJ\cdot mol^{-1})$

因 $\Delta_r G_m^\ominus<0$，所以用该反应净化汽车尾气中的NO和CO是可行的。

2. 解：①设初始时引入1mol乙烷

$$C_2H_6(g)\rightleftharpoons C_2H_4(g)+H_2(g)$$

初始	1	0	0	$\sum n_B=1mol$
平衡	$1-\alpha$	α	α	$\sum n_B=(1+\alpha)mol$

$$K^\ominus=\frac{\left(\frac{\alpha}{1+\alpha}\frac{p}{p^\ominus}\right)^2}{\left(\frac{1-\alpha}{1+\alpha}\frac{p}{p^\ominus}\right)}=\frac{\alpha^2}{(1-\alpha)(1+\alpha)}\cdot\frac{p}{p^\ominus}$$

$$p=100kPa,\ K^\ominus=\frac{\alpha^2}{(1-\alpha)(1+\alpha)}$$

将 $\alpha=0.688$ 代入，得 $K^\ominus=0.899$

② 当 T、V 恒定时，$p\propto n$

$$C_2H_6(g)\rightleftharpoons C_2H_4(g)+H_2(g)$$

初始分压	200kPa	0	0	
平衡分压	$200kPa-\Delta p$	Δp	Δp	$\sum p_B=200kPa+\Delta p$

$$K^\ominus=(\Delta p/p^\ominus)^2/[(200kPa-\Delta p)/p^\ominus]=0.899$$

$$\Delta p=96.5kPa$$

$$y_{乙烷}=(200kPa-\Delta p)/\sum p_B=103.5/296.5=0.35$$

3. 解：将已知数据代入阿仑尼乌斯公式 $\ln\frac{k_2}{k_1}=\frac{E_a}{R}\left(\frac{1}{T_1}-\frac{1}{T_2}\right)$，得

$$\ln\frac{1.2\times10^{-2}}{5.9\times10^{-5}}=\frac{E_a}{8.314}\left(\frac{1}{700}-\frac{1}{800}\right)$$

求得 $E_a=2.47\times10^5\,\mathrm{J\cdot mol^{-1}}=247\mathrm{kJ\cdot mol^{-1}}$

k-T 关系式解法 1：将求得的 E_a 和 700K 时的 k_1 代入阿仑尼乌斯公式，$\ln\frac{k}{[k]}=\frac{-E_a}{RT}+\ln\frac{A}{[k]}$

$$\ln(5.9\times10^{-5})=-\frac{2.47\times10^5}{8.314\times700}+\ln(A/\mathrm{s^{-1}})$$

得 $\ln(A/\mathrm{s^{-1}})=32.7$

该反应的 k-T 关系式：$\ln k=-\frac{2.97\times10^4}{T}+32.7$

k-T 关系式解法 2：将求得的 E_a 和 800K 时的 k 代入阿仑尼乌斯公式，$k=A\mathrm{e}^{\frac{-E_a}{RT}}$

$$1.2\times10^{-2}=A\mathrm{e}^{\frac{-2.47\times10^5}{8.314\times800}}$$

得 $A=1.6\times10^{14}\,\mathrm{s^{-1}}$

该反应的 k-T 关系式：$k=1.6\times10^{14}\times\mathrm{e}^{\frac{-2.97\times10^4}{T}}$

1-4 章综合测试（二）

一、是非题（每小题 1 分，共 10 分）

1. 电子的波动性是大量电子运动表现出的统计结果，其统计规律可用概率密度表示。（　　）

2. 氢原子核外只有一个电子，因此其核外只有一条 1s 轨道，没有 2s、2p 轨道。（　　）

3. 鲍林近似能级图表明了原子能级随原子序数而发生的变化。（　　）

4. 由于水分子间存在氢键，所以水的沸点比同族元素氢化物的沸点高。（　　）

5. 通常像 Ag^+、Cd^{2+}、Hg^{2+} 等 18 电子构型的阳离子，其极化力较大，极化率也较大。因此，当它们与变形性较强的阴离子构成晶体时，常有明显的极化作用，而使键型、晶型发生改变。（　　）

6. 在常温常压下，原子晶体物质的聚集状态只可能是固体。（　　）

7. 非极性分子中可以存在极性键。（　　）

8. 一个配体中含有两个或两个以上可提供孤电子对的原子，这种配体即为多齿配体。（　　）

9. 系统状态确定，系统的 U、H、T、Q、W 就有确定的值。（　　）

10. 在一定温度下，反应物的浓度改变会影响该化学反应的平衡常数。（　　）

二、选择题（每小题 2 分，共 50 分）

1. 原子半径最接近下列哪个数据（　　）。

A. 1μm　　B. 1nm　　C. 1pm　　D. 1fm

2. 量子力学的一个轨道（　　）。

A. 与玻尔理论中的原子轨道等同

B. 指 n 具有一定数值时的一个波函数

C. 指 n，l 具有一定数值时的一个波函数

D. 指 n，l，m 具有一定数值时的一个波函数

3. 在多电子原子中，各电子具有下列量子数，其中能量最高的电子是（　　）。

A. (2,1,−1)　　B. (2,0,0)　　C. (3,1,1)　　D. (3,2,−1)

4. 钻穿效应使屏蔽效应（　　）。

A. 增强　　B. 减弱

C. 无影响　　D. 增强了外层电子的屏蔽作用

5. 下列元素的电负性大小次序中正确的是（　　）。

A. S<N<O<F　　B. S<O<N<F

C. Na<Ca<Mg<K　　D. Hg<Cd<Zn

6. 当基态原子的第六电子层只有 2 个电子，则原子的第五电子层的电子数为（　　）。

A. 肯定为 8 个电子　　B. 肯定为 18 个电子

C. 肯定为 8～18 个电子　　D. 肯定为 8～32 个电子

7. 已知某元素 +2 价离子的外层电子排布是 $3s^2 3p^6 3d^4$，则该元素的价电子构型和族数是（　　）。

A. $3d^4 4s^2$ ⅥB　B. $3d^5 4s^1$ ⅥB　C. $3d^6 4s^2$ Ⅷ　D. $3d^6 4s^1$ Ⅷ

8. 根据原子轨道重叠部分的对称性，共价键可分为（　）。

A. σ键和π键　B. σ键、π键和配位键

C. σ键、σ*键、π键、π*键　D. 极性键和非极性键

9. 已知 BCl_3 的空间构型为平面三角形，键角120°，则中心原子的杂化类型为（　）。

A. sp　B. sp^2　C. sp^3　D. dsp^2

10. AB_m 分子中，A原子采取 sp^3d^2 杂化，$m=4$，则 AB_m 分子的空间几何构型是（　）。

A. 四面体　B. 八面体　C. 四方锥　D. 平面正方形

11. 用价层电子对互斥理论推测，$SiCl_4$、NH_4^+ 和 BF_4^- 的几何构型应该是（　）。

A. 相同，都是四面体形　B. $SiCl_4$ 和 NH_4^+ 相同，BF_4^- 不同

C. NH_4^+ 和 BF_4^- 相同，$SiCl_4$ 不同　D. 三者都不同

12. 下列叙述中，不能表示π键特点的是（　）。

A. 原子轨道以平行方式重叠，重叠部分通过垂直键轴的平面

B. 轨道重叠程度比σ键大

C. 键的强度通常比σ键小

D. 通常具有C═C的分子较活泼

13. 金属Na的3s能带为（　）。

A. 满带　B. 导带　C. 空带　D. 禁带

14. 石墨晶体中，碳原子间的相互作用有（　）。

A. 共价键，分子间力　B. 离子键，分子间力

C. 离子键，非定域大π键，分子间力　D. 共价键，非定域大π键，分子间力

15. 下列物质的分子间不存在取向力的是（　）。

A. $CHCl_3$　B. SO_2　C. CS_2　D. HCl

16. 比较下列物质熔点，其中正确的是（　）。

A. $I_2>Si$　B. $HCl>HI$　C. $ZnCl_2>CaCl_2$　D. $MgO>BaO$

17. 在配合物 $[ZnCl_2(en)]$ 中，形成体的配位数和氧化数分别是（　）。

A. 3，0　B. 3，+2　C. 4，+2　D. 4，0

18. 已知下列配合物磁矩的测定值，按价键理论判断属于外轨型配合物的是（　）。

A. $[Fe(H_2O)_6]^{2+}$，5.3B.M.　B. $[Co(NH_3)_6]^{3+}$，0B.M.

C. $[Fe(CN)_6]^{3-}$，1.7B.M.　D. $[Mn(CN)_6]^{4-}$，1.8B.M.

19. 具有 d^5 电子构型的过渡金属离子形成八面体配合物时，在弱场和强场配体作用下，晶体场稳定化能应（　）。

A. 都是0Dq　B. 分别为0Dq和 $-20Dq+2P$

C. 均为 $-20Dq$　D. 分别为 $-20Dq$ 和0Dq

20. 下列条件下，真实气体与理想气体之间的偏差最小的是（　）。

A. 高温、高压　B. 高温、低压　C. 低温、低压　D. 低温、高压

21. 下列说法中，正确的是（　）。

A. 放热反应均是自发反应

B. $\Delta_r S_m$ 为正的反应均是自发反应

C. 反应前后物质的量增加的反应，$\Delta_r S_m$ 为正值

D. 如 $\Delta_r H_m$ 与 $\Delta_r S_m$ 均为正值，当温度上升时，$\Delta_r G_m$ 将降低

22. 已知 $Ag_2O(s)$ 的标准摩尔生成焓等于 $-30kJ \cdot mol^{-1}$，$Ag_2O(s)$ 的标准熵等于 $122J \cdot K^{-1} \cdot mol^{-1}$，则 $Ag_2O(s)$ 的标准摩尔生成吉布斯函数为（　　）。

A. $-96kJ \cdot mol^{-1}$　　B. $96kJ \cdot mol^{-1}$　　C. $36kJ \cdot mol^{-1}$　　D. 无法得知

23. 在绝热系统中，若系统对环境做功，则系统的温度将（　　）。

A. 升高　　B. 降低　　C. 保持恒定　　D. 先降低后升高

24. 某反应的速率方程式是 $v = k[c(A)]^x [c(B)]^y$，当 $c(A)$ 减少 50% 时，v 降低至原来的 1/4，当 $c(B)$ 增加到 2 倍时，v 增加到 1.41 倍，则 x、y 分别为（　　）。

A. 0.5，1　　B. 2，0.7　　C. 2，0.5　　D. 2，2

25. $NH_4OAc(aq)$ 系统中存在如下的平衡，这四个反应的标准平衡常数之间的关系是（　　）。

$$NH_3 + H_2O \rightleftharpoons NH_4^+ + OH^- \qquad K_1^\ominus$$

$$HOAc + H_2O \rightleftharpoons OAc^- + H_3O^+ \qquad K_2^\ominus$$

$$NH_4^+ + OAc^- \rightleftharpoons HOAc + NH_3 \qquad K_3^\ominus$$

$$2H_2O \rightleftharpoons H_3O^+ + OH^- \qquad K_4^\ominus$$

A. $K_3^\ominus = K_1^\ominus \cdot K_2^\ominus \cdot K_4^\ominus$　　B. $K_4^\ominus = K_1^\ominus \cdot K_2^\ominus \cdot K_3^\ominus$

C. $K_3^\ominus \cdot K_2^\ominus = K_1^\ominus \cdot K_4^\ominus$　　D. $K_3^\ominus \cdot K_4^\ominus = K_1^\ominus \cdot K_2^\ominus$

三、填空题（每空 1 分，共 12 分）

1. 用原子实表示 26 号元素 Fe 的核外电子排布式是________________，其最高能级组上电子的排布方式为____________。

2. 某元素的原子最外层只有两个 $l=0$ 的电子，该元素在周期表中必定不属于______区元素。

3. 写出 C_2 的分子轨道排布式________________，其磁性为______。

4. 由______偶极引起的分子间作用力称为色散力。

5. 根据价层电子对互斥理论，ICl_4^- 的中心原子的价层电子对数为______，成键电子对数为______，ICl_4^- 的几何构型为____________。

6. NaCl、AgCl、$BaCl_2$ 三种分子，键的离子性程度由高到低的顺序是________。

7. 配合物 $K[PtCl_3(NH_3)]$ 应命名为____________。

8. 在一密闭刚性容器中，充有各组分互不发生反应的混合气体，总压为 p，组分 i 的分压为 p_i。当在温度不变的情况下，向容器中再充入惰性气体，使总压增大为 $2p$，则此时组分 i 的分压为______。

四、简答题（非标准答案试题，共 5 分）

"两耳不闻窗外事，一心只读圣贤书"和"风声雨声读书声，声声入耳；家事国事天下事，事事关心。"这两种情况从化学的角度来看，阐述的是什么系统，你认为哪种更适合当代大学生呢？为什么？

五、计算题（共 23 分）

1. 已知反应：$(NH_2)_2CO(s) + H_2O(l) \rightleftharpoons CO_2(g) + 2NH_3(g)$ 中，有关物质在 298.15K 时的热力学数据如下：

	$(NH_2)_2CO$	H_2O	CO_2	NH_3
$\Delta_f H_m^\ominus / kJ \cdot mol^{-1}$	−333.2	−285.8	−393.5	−46.1
$S_m^\ominus / J \cdot K^{-1} \cdot mol^{-1}$	104.6	69.9	213.7	192.3

① 计算该反应在 298.15K 时的 $\Delta_r H_m^{\ominus}$、$\Delta_r S_m^{\ominus}$、$\Delta_r G_m^{\ominus}$ 和标准平衡常数 $K^{\ominus}$；

② 计算该反应在 400K 时的 $\Delta_r G_m^{\ominus}$，说明此反应在 400K 热力学标态下自发进行的方向；

③ 若体系内的气体由 $y_{N_2}=0.80$，$y_{CO_2}=0.10$，$y_{NH_3}=0.10$ 组成，在 298.15K 及 100kPa 压力下，计算说明此时反应自发进行的方向。

2. 将 NO 和 O_2 注入一个保持在 673K 的刚性容器中，在反应发生以前，它们的分压分别为 $p(NO)=101kPa$，$p(O_2)=122kPa$，当反应 $2NO(g)+O_2(g) \rightleftharpoons 2NO_2(g)$ 达平衡时，$p(NO_2)=79.2kPa$，计算：①该反应在 673K 时 $K^{\ominus}$ 和 $\Delta_r G_m^{\ominus}$ 的值；②平衡时 NO(g) 的转化率。

参考答案

一、是非题

1. 对　2. 错　3. 错　4. 对　5. 对　6. 对　7. 对　8. 错　9. 错　10. 错

二、选择题

1. B　2. D　3. D　4. B　5. A　6. C　7. B　8. A　9. B　10. D
11. A　12. B　13. B　14. D　15. C　16. D　17. C　18. A　19. B　20. B
21. D　22. D　23. B　24. C　25. B

三、填空题

1. $[Ar]3d^6 4s^2$　$3d^6 4s^2$　2. p

3. $[KK](\sigma_{2s})^2(\sigma_{2s}^*)^2(\pi_{2_{py}})^2(\pi_{2_{pz}})^2$ 或 $(\sigma_{1s})^2(\sigma_{1s}^*)^2(\sigma_{2s})^2(\sigma_{2s}^*)^2(\pi_{2_{py}})^2(\pi_{2_{pz}})^2$　反磁性

4. 瞬时　5. 6　4　平面正方形　6. $NaCl > BaCl_2 > AgCl$

7. 三氯•氨合铂(Ⅱ)酸钾　8. p_i

四、解题思路

可以分别看作隔离系统和封闭系统（或敞开系统）。只要言之有理即可给分。

五、计算题

1. 解：$(NH_2)_2CO(s)+H_2O(l) \rightleftharpoons CO_2(g)+2NH_3(g)$

① $\Delta_r H_m^{\ominus}=[2\times(-46.1)+(-393.5)-(-285.8)-(-333.2)]$
$=133.3(kJ\cdot mol^{-1})$

$\Delta_r S_m^{\ominus}=2\times192.3+213.7-69.9-104.6$
$=423.8(J\cdot mol^{-1}\cdot K^{-1})$

$\Delta_r G_m^{\ominus}=\Delta_r H_m^{\ominus}-T\Delta_r S_m^{\ominus}$
$=133.3-298.15\times10^{-3}\times423.8=6.9(kJ\cdot mol^{-1})$

$\Delta_r G_m^{\ominus}=-RT\ln K^{\ominus}$

$$\ln K^{\ominus}=\frac{-6.9\times10^3 J\cdot mol^{-1}}{8.314J\cdot mol^{-1}\cdot K^{-1}\times298.15K}$$

$K^{\ominus}=6.2\times10^{-2}$

② $\Delta_r G_m^{\ominus}=\Delta_r H_m^{\ominus}-T\Delta_r S_m^{\ominus}$
$=133.3-400\times10^{-3}\times423.8$
$=-36.2(kJ\cdot mol^{-1})$

$\Delta_r G_m^\ominus < 0$，反应正向自发进行

③ $J_p = [p(CO_2)/p^\ominus][p(NH_3)/p^\ominus]^2$

$= [0.1p^\ominus/p^\ominus][0.1p^\ominus/p^\ominus]^2$

$= 0.001$

$J_p < K^\ominus$，反应正向自发进行

2. 解：① $2NO + O_2 \rightleftharpoons 2NO_2$

	2NO	+ O₂	2NO₂
初始分压/kPa	101	122	
平衡分压/kPa	$101-79.2$ $=21.8$	$122-\frac{1}{2}\times 79.2$ $=82.4$	79.2

$$K^\ominus = \frac{(p_{NO_2}/p^\ominus)^2}{(p_{NO}/p^\ominus)^2(p_{O_2}/p^\ominus)} = \frac{(79.2/100)^2}{(21.8/100)^2\times(82.4/100)} = 16.0$$

$$\Delta_r G_m^\ominus = -RT\ln K^\ominus = -15.5\text{kJ}\cdot\text{mol}^{-1}$$

② NO 的转化率 $\alpha = \frac{79.2}{101}\times 100\% = 78.4\%$

5-9 章综合测试（一）

一、选择题（每小题 2 分，共 30 分）

1. 对于 Zn^{2+}/Zn 电对，增大 Zn^{2+} 的浓度，则其标准电极电势将（　　）。

A. 增大　　B. 减小　　C. 不变　　D. 无法判断

2. 已知 $E^{\ominus}$：$Cr_2O_7^{2-} \underline{+1.36} Cr^{3+} \underline{-0.41} Cr^{2+} \underline{-0.86} Cr$，则发生歧化反应的是（　　）。

A. 都不能　　B. $Cr_2O_7^{2-}$　　C. Cr^{3+}　　D. Cr^{2+}

3. 下列电对中 $E^{\ominus}$ 值最大的是（　　）。

A. $E^{\ominus}(Ag^+/Ag)$　　B. $E^{\ominus}[Ag(NH_3)_2^+/Ag]$

C. $E^{\ominus}(AgBr/Ag)$　　D. $E^{\ominus}(AgI/Ag)$

4. 已知 X_2、Y_2、Z_2、W_2 四种物质的氧化能力为：$W_2 > Z_2 > X_2 > Y_2$，下列氧化还原反应能发生的是（　　）。

A. $2W^- + Z_2 = 2Z^- + W_2$　　B. $2X^- + Y_2 = 2Y^- + X_2$

C. $2Y^- + W_2 = 2W^- + Y_2$　　D. $2Z^- + X_2 = 2X^- + Z_2$

5. 已知 $Fe^{3+} + e^- = Fe^{2+}$，$E^{\ominus} = 0.771V$，若 Fe^{3+}/Fe^{2+} 电极电势 $E = 0.75V$，则溶液中（　　）。

A. $c(Fe^{3+}) < 1$　　B. $c(Fe^{2+}) < 1$

C. $c(Fe^{2+})/c(Fe^{3+}) < 1$　　D. $c(Fe^{3+})/c(Fe^{2+}) < 1$

6. 弱酸或弱碱的解离常数 K_a、K_b 只与溶液温度有关，与其浓度无关（　　）。

A. 对　　B. 错　　C. 无法确定

7. 根据酸碱质子理论，$HC_2O_4^-$ 属于（　　）。

A. 弱酸　　B. 弱碱　　C. 共轭酸碱　　D. 两性物质

8. $0.1mol \cdot L^{-1}$ NaH_2PO_4 溶液的 pH 约为（　　）。已知 H_3PO_4 的 pK_{a1}、pK_{a2} 和 pK_{a3} 分别为 2.16、7.21 和 12.32。

A. 2.16　　B. 4.68　　C. 7.21　　D. 9.76

9. $0.1mol \cdot L^{-1}$ 某弱酸溶液中有 6.8% 的弱酸解离，则该弱酸的酸常数为（　　）。

A. 2.05×10^{-4}　　B. 4.62×10^{-4}　　C. 4.96×10^{-4}　　D. 8.15×10^{-4}

10. 已知草酸的 K_{a1} 和 K_{a2} 分别为 5.6×10^{-2} 和 1.6×10^{-4}，在 pH 为 1 的草酸溶液中，主要的型体为（　　）。

A. $H_2C_2O_4$　　B. $HC_2O_4^-$　　C. $C_2O_4^{2-}$　　D. 无法确定

11. 下列几种说法正确的是（　　）。

A. 酸效应系数愈大，配合物的稳定性愈大　　B. pH 值愈大，EDTA 的配位能力越强

C. 酸效应系数愈大，滴定突跃越大　　D. EDTA 的配位能力与溶液的酸度无关

12. 下列说法错误的是（　　）。

A. 加入适当配位剂，可使金属难溶物溶解度增大

B. 在 Fe^{3+} 溶液中加入 NaF，Fe^{3+} 的氧化性降低

C. $K_{稳}$ 大的配合物稳定性不一定大于 $K_{稳}$ 小的配合物

D. Fe^{3+}与SCN^-配位生成$[Fe(SCN)_n]^{3-n}$

13. 在0.10mol·L^{-1}的$[Ag(NH_3)_2]Cl$溶液中，各种组分浓度大小的关系是（　　）。

A. $c(NH_3)>c(Cl^-)>c([Ag(NH_3)_2]^+)>c(Ag^+)$

B. $c(Cl^-)>c([Ag(NH_3)_2]^+)>c(Ag^+)>c(NH_3)$

C. $c(Cl^-)>c([Ag(NH_3)_2]^+)>c(NH_3)>c(Ag^+)$

D. $c(NH_3)>c(Cl^-)>c(Ag^+)>c([Ag(NH_3)_2]^+)$

14. 下列物质在氨水中溶解度最大的是（　　）。

A. AgCl　　B. AgBr　　C. AgI　　D. Ag_2S

15. 由五人分别测定某水泥熟料中的SO_3含量。试样称取量为2.2g，获得的五份报告如下，其中合理的是（　　）。

A. 2.0852%　　B. 2.085%　　C. 2.09%　　D. 2.1%

二、是非题（每小题1分，共15分）

1. 在氧化还原反应中，非金属单质一定是还原剂。（　　）

2. 使用金属指示剂时应注意金属指示剂的适用pH范围。（　　）

3. 强酸滴定弱碱时，弱碱K_b越小，则突跃范围越大。（　　）

4. 氧化还原电对中，其氧化态的氧化能力越强，则其还原态的还原能力越弱。（　　）

5. 已知：$NO_3^- + 3e^- + 4H^+ \rightleftharpoons NO + 2H_2O$，$E^\ominus=0.96V$，随着溶液pH值的增大，$E$将变小。（　　）

6. 在氧化还原反应中，所有元素的化合价都发生变化。（　　）

7. 终点误差是由操作者终点判断失误或操作不熟练而引起的。（　　）

8. 氧化剂和还原剂不可能是同一种物质。（　　）

9. 碘量法中滴定剂都是I_2标准溶液。（　　）

10. 在5.0mL 0.10mol·L^{-1} $AgNO_3$溶液中，加入等体积等浓度的NaCl溶液，生成AgCl沉淀。只要加入1.0mL 0.10mol·L^{-1} $NH_3·H_2O$溶液，AgCl就因生成$[Ag(NH_3)_2]^+$而全部溶解。（　　）

11. 某溶液含有多种离子可与同一沉淀剂生成沉淀，K_{sp}小者，一定首先析出沉淀。（　　）

12. CaF_2在稀HNO_3中的溶解度比在纯水中的溶解度大。（　　）

13. 难溶电解质的溶解度只是温度的函数。（　　）

14. 酸碱质子理论定义的酸一定属于酸碱电子理论定义的酸。（　　）

15. 路易斯碱一定是质子碱。（　　）

三、填空题（每空1分，共15分）

1. 已知HCOOH的K_a是1.8×10^{-4}，则pH值为5.00的0.100mol·L^{-1} HCOOH溶液中$HCOO^-$的分布系数为________，平衡浓度为____________________。

2. 电池反应$Pb(s)+2HI(c^\ominus) \rightleftharpoons PbI_2(s)+H_2(p^\ominus)$，$E^\ominus(Pb^{2+}/Pb)=-0.126V$，$PbI_2$的$K_{sp}=7.1\times10^{-9}$，则$E^\ominus(PbI_2/Pb)=$____________V，上述反应进行的方向为________。

3. 已知某温度时，水的离子积为3.5×10^{-15}，此中性水溶液中氢离子的浓度为________。

4. $NaHCO_3$在水溶液中的质子条件为____________________。

5. 电池反应：$Cu(s)+Cl_2(g) \rightleftharpoons Cu^{2+}(aq)+2Cl^-(aq)$，正极电对是________；当增

大 Cu 的质量，原电池的电动势＿＿＿＿＿＿；当增大 Cl_2(g) 压力，原电池的电动势变＿＿＿＿；当增大 Cu^{2+}(aq) 浓度，原电池的电动势变＿＿＿＿。

6. 电对 H^+/H_2，其电极电势随溶液的 pH 值增大而＿＿＿＿（增大；减小或不变）；电对 O_2/OH^-，其电极电势随溶液的 pH 值增大而＿＿＿＿（增大；减小或不变）。

7. Ag^+、HCl、BF_3、$SiCl_4$、H_2O 中属于路易斯酸但不是质子酸的有＿＿＿＿＿＿。

8. EDTA 与金属的配位反应中，对金属离子产生影响的副反应主要是＿＿＿＿＿＿效应和＿＿＿＿＿＿效应。

四、计算题（共 36 分）

1. 现有 $0.2mol \cdot L^{-1}$ HCl 溶液与 $0.2mol \cdot L^{-1}$ 氨水，计算下列各种情况下混合溶液的 pH。已知 $K_b(NH_3 \cdot H_2O)=1.8\times10^{-5}$。

（1）两种溶液等体积混合；

（2）两种溶液按 1∶2 的体积混合。

2. 已知某温度下 $CaCO_3$ 的溶度积为 2.9×10^{-9}，求 $CaCO_3$ 的溶解度：

（1）在纯水中（不考虑 CO_3^{2-} 的水解）；

（2）在 $0.10mol \cdot L^{-1}$ Na_2CO_3 溶液中（不考虑 CO_3^{2-} 的水解）。

3. 在 pH＝10 的缓冲溶液中，欲使 $0.100mol \cdot L^{-1}$ 的 Al^{3+} 溶液不生成 $Al(OH)_3$ 沉淀，问加入的 NaF 浓度至少要多大？忽略体积效应，已知 $Al(OH)_3$ 的 $K_{sp}=1.30\times10^{-33}$，$[AlF_6]^{3-}$ 的 $K_稳=6.90\times10^{19}$。

4. 已知 298K 时 $E^\ominus(Pb^{2+}/Pb)=-0.126V$，$K_{sp}(PbI_2)=1.1\times10^{-8}$，将足量的铅粒放入 $2.0mol \cdot L^{-1}$ 的 HI 溶液中，使其发生反应：$Pb(s)+2H^+(aq)+2I^-(aq) \rightleftharpoons PbI_2(s)+H_2(g)$。

计算：（1）$E^\ominus(PbI_2/Pb)$；（2）与上述反应相关的原电池的标准电动势 $E^\ominus$；（3）298K 时该反应的标准平衡常数 $K^\ominus$；（4）平衡时，I^-、Pb^{2+} 的浓度及溶液的 pH 值。

五、简答题（4 分）

为保护环境，工业废水必须经过处理，达标后才能进行排放。若一种工业废水中含有 Hg^{2+} 和 Cr^{6+}，要满足排放要求，请写出你认为可能的处理方法和实施步骤。

参考答案

一、选择题

1. C　2. A　3. A　4. C　5. D　6. A　7. D　8. B　9. C　10. A
11. B　12. D　13. C　14. A　15. D

二、是非题

1. ×　2. √　3. ×　4. √　5. √　6. ×　7. ×　8. ×　9. ×　10. ×
11. ×　12. √　13. ×　14. √　15. ×

三、填空题

1. 0.95；$0.095mol \cdot L^{-1}$　2. -0.367；向右　3. $5.9\times10^{-8}mol \cdot L^{-1}$

4. $[H^+]+[H_2CO_3]=[OH^-]+[CO_3^{2-}]$　5. Cl_2/Cl^-；不变；大；小

6. 减小；减小　7. Ag^+、BF_3、$SiCl_4$　8. 水解（羟基配位）；辅助配位

四、计算题

1. 解：（1）反应达平衡时，溶液为 $0.1mol \cdot L^{-1}$ 的 NH_4Cl 溶液，为一元弱酸。

已知 $K_b(NH_3)=1.8\times10^{-5}$，则 NH_4^+ 的 $K_a(NH_4^+)=K_w/K_b(NH_3)=5.56\times10^{-10}$。

因 $cK_a(NH_4^+)>10K_w$，$c/K_a(NH_4^+)>105$，所以，可以用最简式计算氢离子浓度：

$$[H^+]=\sqrt{cK_{a,NH_4^+}}=\sqrt{0.1\times5.56\times10^{-10}}=7.46\times10^{-6}(mol\cdot L^{-1})$$

$$pH=5.13$$

(2) 反应达平衡时，溶液为由剩余的 NH_3 和反应生成的 NH_4Cl 组成的缓冲体系，且 NH_3 和 NH_4Cl 物质的量相等，所以

$$[H^+]=K_{a,NH_4^+}\frac{c_{NH_4^+}}{c_{NH_3}}=K_{a,NH_4^+}\frac{n_{NH_4^+}}{n_{NH_3}}=K_{a,NH_4^+}=5.56\times10^{-10}(mol\cdot L^{-1})$$

或 $$[OH^-]=K_{b,NH_3}\frac{c_{NH_3}}{c_{NH_4^+}}=K_{b,NH_3}\frac{n_{NH_3}}{n_{NH_4^+}}=K_{b,NH_3}=1.8\times10^{-5}(mol\cdot L^{-1})$$

$$pH=9.25$$

2. 解：(1) 设 $CaCO_3$ 在纯水中的溶解度为 s $mol\cdot L^{-1}$

$$CaCO_3(s)\rightleftharpoons Ca^{2+}+CO_3^{2-}$$

平衡时　　s　　s

$$K_{sp}=[Ca^{2+}][CO_3^{2-}]=s^2=2.9\times10^{-9}$$

$$s=\sqrt{K_{sp}}=\sqrt{2.9\times10^{-9}}=5.4\times10^{-5}(mol\cdot L^{-1})$$

(2) 设 $CaCO_3$ 在 $0.1mol\cdot L^{-1}$ Na_2CO_3 溶液中的溶解度为 s_1 $mol\cdot L^{-1}$

$$CaCO_3(s)\rightleftharpoons Ca^{2+}+CO_3^{2-}$$

平衡时　　s_1　　$s_1+0.10$

K_{sp} 很小，且存在同离子效应，则 $0.10+s\approx0.10$

$$K_{sp}=[Ca^{2+}][CO_3^{2-}]=s_1\times(0.1+s_1)=2.9\times10^{-9}$$

得 $s_1=2.9\times10^{-8}(mol\cdot L^{-1})$

3. 解：

法一：

pH=10 的缓冲溶液中，$[OH^-]=10^{-4}mol\cdot L^{-1}$，若不产生 $Al(OH)_3$ 沉淀，溶液中最高 Al^{3+} 浓度为：

$$[Al^{3+}]=\frac{K_{sp,Al(OH)_3}}{[OH^-]^3}=\frac{1.30\times10^{-33}}{(10^{-4})^3}=1.30\times10^{-21}\ (mol\cdot L^{-1})$$

设平衡时体系中 F^- 浓度为 x $mol\cdot L^{-1}$

$$Al^{3+}\quad+\quad6F^-\quad=\!=\!=\quad[AlF_6]^{3-}$$

平衡时　　1.30×10^{-21}　　x　　$0.100-1.30\times10^{-21}\approx0.100$

$$K_{稳,[AlF_6]^{3-}}=\frac{[AlF_6^{3-}]}{[Al^{3+}][F^-]^6}$$

$$6.90\times10^{19}=\frac{0.100}{1.30\times10^{-21}\times x^6}$$

$$x=1.02$$

所需 NaF 最低浓度为 $1.02+6\times0.100=1.62(mol\cdot L^{-1})$。

法二：

pH=10 的缓冲溶液中，$[OH^-]=10^{-4}mol\cdot L^{-1}$，若不产生 $Al(OH)_3$ 沉淀，溶液中最

高 Al^{3+} 浓度为：

$$[Al^{3+}]=\frac{K_{sp,Al(OH)_3}}{[OH^-]^3}$$

$$=\frac{1.30\times10^{-33}}{(10^{-4})^3}=1.30\times10^{-21}(mol\cdot L^{-1})$$

近似认为 Al^{3+} 几乎全转化为 $[AlF_6]^{3-}$，其他型体忽略，则

$$[Al^{3+}]=c_0\delta_0=c_0\frac{1}{\beta_6[F^-]^6}=c_0\frac{1}{K_{稳,[AlF_6]^{3-}}[F^-]^6}$$

$$[F^-]=\sqrt[6]{\frac{c_0}{K_{稳,[AlF_6]^{3-}}[Al^{3+}]}}=\sqrt[6]{\frac{0.100}{6.90\times10^{19}\times1.30\times10^{-21}}}=1.02(mol\cdot L^{-1})$$

所需 NaF 最低浓度为 $1.02+6\times0.100=1.62(mol\cdot L^{-1})$。

4. 解：(1) $Pb+2H^++2I^-\rightleftharpoons PbI_2+H_2$

$$E^\ominus(PbI_2/Pb)=E^\ominus(Pb^{2+}/Pb)+\frac{0.0592V}{2}\lg K_{sp}(PbI_2)$$

$$=-0.126V+\frac{0.0592V}{2}\lg1.1\times10^{-8}$$

$$=-0.36V$$

(2) $E^\ominus_{MF}=E^\ominus(H^+/H_2)-E^\ominus(PbI_2/Pb)=0.36V$

(3) $E^\ominus_{MF}=\frac{0.0592V}{2}\lg K^\ominus$

$\lg K^\ominus=\frac{2\times0.36}{0.0592}$，即 $K^\ominus=1.5\times10^{12}$

(4)平衡时，设 $c(H^+)=c(I^-)=x\ mol\cdot L^{-1}$，已知标准条件下 $p(H_2)=100kPa$

由平衡常数表达式得：

$$\frac{1}{x^4}=1.5\times10^{12}$$

$$x=9.0\times10^{-4}$$

$$c(H^+)=c(I^-)=9.0\times10^{-4}mol\cdot L^{-1}\qquad pH=3.05$$

$$c(Pb^{2+})=\frac{1.1\times10^{-8}}{(9.0\times10^{-4})^2}=1.4\times10^{-2}(mol\cdot L^{-1})$$

五、简答题

解题思路：可从化学沉淀法，氧化还原法，吸附法，电解法，膜分离法等中进行选择。

5-9 章综合测试（二）

一、选择题（每小题 2 分，共 40 分）

1. 已知难溶强电解质 MB_2 的溶解度为 7.7×10^{-6} mol·L^{-1}，则 $K_{sp}(MB_2)=$(　　)。

A. 4.5×10^{-16}　　B. 9.1×10^{-16}　　C. 1.8×10^{-15}　　D. 5.9×10^{-17}

2. 化学分析中进行仪器校正和空白试验是为了（　　）。

A. 减免系统误差　　B. 校验实验方法　　C. 减免偶然误差　　D. 遵守操作规程

3. 下列数据中三位有效数字的是（　　）。

A. 0.32　　B. 980

C. $K_{a1}=1.05\times10^{-4}$　　D. $pK_a=8.00$

4. 在难溶电解质饱和溶液中加入不含相同离子的强电解质，则其溶解度略有增大，这种作用称为（　　）。

A. 同离子效应　　B. 酸效应　　C. 盐效应　　D. 水解效应

5. 将 10^{-5} mol·L^{-1} 硝酸银溶液加入到含有等浓度 Cl^- 和 I^- 的溶液中（浓度均为 10^{-5} mol·L^{-1}），可能发现的现象是（　　）。

A. AgCl 和 AgI 等量沉淀　　B. AgI 更多

C. AgCl 更多　　D. AgI 比 AgCl 略多一些

6. 治理水中 $Cr_2O_7^{2-}$ 的污染，常先加入试剂使之变为 Cr^{3+}，该试剂为（　　）。

A. NaOH　　B. $FeCl_3$　　C. $AlCl_3$　　D. Na_2SO_3 和 H_2SO_4

7. 下列各电对中氧化型物质的氧化能力随 H^+ 浓度增加而增强的是（　　）。

A. Cl_2/Cl^-　　B. Fe^{3+}/Fe^{2+}　　C. AgCl/Ag　　D. BrO_3^-/Br^-

8. 用重量分析法，根据称量形式 Fe_2O_3 测定试样中 Fe_3O_4 含量，其换算因数 F 为（　　）。

A. $\frac{3M_{Fe_3O_4}}{2M_{Fe_2O_3}}$　　B. $\frac{2M_{Fe_3O_4}}{3M_{Fe_2O_3}}$　　C. $\frac{3M_{Fe_2O_3}}{2M_{Fe_3O_4}}$　　D. $\frac{2M_{Fe_2O_3}}{3M_{Fe_3O_4}}$

9. 用重量法测定 Ca^{2+} 时，应选用的沉淀剂是（　　）。

A. H_2SO_4　　B. Na_2CO_3　　C. $(NH_4)_2C_2O_4$　　D. Na_3PO_4

10. 一元弱酸弱碱盐的水解常数 $K_h=$(　　)。

A. K_b　　B. K_a　　C. K_W/K_a　　D. $K_W/(K_a\cdot K_b)$

11. 已知 $K_a(HOAc)=1.75\times10^{-5}$，用 HOAc 和 NaOAc 配制 pH＝5.00 的缓冲溶液时，$c(HOAc)/c(NaOAc)=$(　　)。

A. 1.75　　B. 3.6　　C. 0.57　　D. 0.36

12. 已知磷酸的 pK_{a1}、pK_{a2} 和 pK_{a3} 分别为 2.16、7.21 和 12.32。在 pH 为 2 的磷酸溶液中，主要的型体为（　　）。

A. H_3PO_4　　B. $H_2PO_4^-$　　C. HPO_4^{2-}　　D. PO_4^{3-}

13. 下列电池反应为：

(1) $\frac{1}{2}Cu(s)+\frac{1}{2}Cl_2(g) \rightleftharpoons Cl^- + \frac{1}{2}Cu^{2+}$，(2) $Cu(s)+Cl_2(g) \rightleftharpoons 2Cl^- + Cu^{2+}$，如果在相同的条件下，它们的电动势分别为 E_1、E_2，则 E_1/E_2 值等于（　　）。

A. 1　　B. 0.5　　C. 2　　D. 0.25

14. 在$AgNO_3$溶液中加入卤素离子，形成AgX沉淀，此时Ag(I)的氧化能力将(　　)。

A. 增大　　B. 不变　　C. 减小　　D. 无法确定

15. 原电池：(−)Pt|H_2(g,100kPa)| HCl(aq) ┊┊ $CuSO_4$(aq)|Cu(+)的电动势大小与下列物理量无关的是(　　)。

A. 温度　　B. HCl浓度　　C. $CuSO_4$浓度　　D. Cu电极的面积

16. 下列有关分步沉淀的叙述，正确的是(　　)。

A. 溶解度小的物质先沉淀

B. 浓度幂的乘积先达到标准溶度积常数的先沉淀

C. 溶解度大的物质先沉淀

D. 被沉淀离子浓度大的先沉淀

17. 在已经产生了AgCl沉淀的溶液中，能使沉淀溶解的方法是(　　)。

A. 加盐酸　　B. 加硝酸银溶液　　C. 加氨水　　D. 加氯化钠溶液

18. 溶液中含有Cl^-、Br^-、CrO_4^{2-}三种离子，其浓度均为$0.010mol \cdot L^{-1}$，向该溶液中逐滴加入$AgNO_3$溶液，最先和最后沉淀的分别是(　　)。

A. AgBr和Ag_2CrO_4　　B. Ag_2CrO_4和AgCl

C. AgBr和AgCl　　D. 一起沉淀

19. 下列叙述中正确的是(　　)。

A. 含有多种离子的溶液中，溶度积小的沉淀一定先沉淀

B. 溶度积大的沉淀一定会转化成溶度积小的沉淀

C. 某离子沉淀完全是指其完全变成了沉淀

D. 当溶液中难溶电解质的离子积小于溶度积($J<K_{sp}$)时，该难溶电解质就会溶解

20. 可以用直接法配制的标准溶液是(　　)。

A. $Na_2S_2O_3$　　B. $NaNO_3$　　C. $K_2Cr_2O_7$　　D. $KMnO_4$

二、是非题(每小题1分，共10分)

1. 所有配合物生成反应都是非氧化还原反应，生成配合物后电对的电极电势不变。(　　)

2. CaF_2在较稀的NaF溶液中溶解度比在纯水中的溶解度大。(　　)

3. H^+、Ag^+、BF_3、Fe^{2+}、RCH_2^+、$SiCl_4$均为路易斯酸。(　　)

4. 某电对的标准电极电势大，其参与氧化还原反应时一定作为氧化剂。(　　)

5. 比较两种沉淀化合物的K_{sp}和s，K_{sp}大的s也一定大。(　　)

6. $4KMnO_4+4H_2O_2+6H_2SO_4 = 4MnSO_4+2K_2SO_4+7O_2+10H_2O$该方程已配平。(　　)

7. Al^{3+}与EDTA(乙二胺四乙酸二钠)溶液反应生成配离子，可使溶液的pH值变小。(　　)

8. (−)Pt|$Fe^{2+}(c_1)$，$Fe^{3+}(c_2)$ ┊┊ $Ce^{4+}(c_3)$，$Ce^{3+}(c_4)$|Pt(+)的电池反应：$Fe^{3+}+Ce^{3+} \rightleftharpoons Fe^{2+}+Ce^{4+}$。(　　)

9. 配合物的逐级稳定常数分别为K_1、K_2、K_3，则累积稳定常数$\beta_3=K_1+K_2+K_3$。(　　)

10. 三元酸H_3A，$pK_{a1}=2.00$，$pK_{a2}=7.00$，$pK_{a3}=12.00$，则其共轭碱A^{3-}的pK_{b1}的值为12。(　　)

三、填空题（每空 1 分，共 16 分）

1. 如将反应 $Zn + CdSO_4 \rightleftharpoons ZnSO_4 + Cd$ 设计构成原电池，其中负极半反应是________________，正极半反应是________________，电池的电动势 E_{MF} 与电极电势的关系是________________，放电时被氧化的物质是________________。

2. 下面几种标准溶液：

① NaOH 标准溶液　② $KMnO_4$ 标准溶液　③ EDTA 标准溶液

④ $Na_2C_2O_4$ 标准溶液　⑤ $Na_2S_2O_3$ 标准溶液　⑥ Zn 标准溶液

能用直接法配制的有________。

3. $[Cd(NH_3)_4]^{2+}$、$[Cd(CN)_4]^{2-}$ 和 $[Cd(H_2O)_4]^{2+}$ 的稳定性依次降低的顺序是________。

4. NH_4Cl 溶液的 pH ________ 7，Na_3PO_4 溶液的 pH ________ 7。(大于，小于或等于)

5. 298.15K 时，电池反应：$2Al + 3Ni^{2+} \rightleftharpoons 2Al^{3+} + 3Ni$ 的 $E^{\ominus} = 1.41V$，则 $\Delta_r G_m^{\ominus} =$ ________ $kJ \cdot mol^{-1}$，$K^{\ominus} =$________。

6. HOAc 与 NH_3 的中和反应__________（能/不能）用于直接滴定，这是因为______________。

7. EDTA 与金属离子的配位滴定中需要使用适当的缓冲溶液控制反应体系的酸度，其原因主要有______________、______________、______________，减小共存组分的干扰等。

8. Na_2CO_3 在水溶液中的质子条件为______________。

四、计算题（共 34 分）

1. (1) 已知 25℃时，$[CuY]^{2-}$ 的 $K_{稳} = 10^{23.4}$，$E^{\ominus}(Cu^{2+}/Cu) = 0.340V$。试计算 $E^{\ominus}([CuY]^{2-}/Cu)$。(2) 将上述 2 种电极组成原电池，写出原电池符号，计算该氧化还原反应的平衡常数。

2. 已知室温下 H_2CO_3 饱和溶液的浓度为 $0.034mol \cdot L^{-1}$，求此溶液的 pH 及 CO_3^{2-} 的平衡浓度。

3. 373K 时，AgCl 在水中的溶解度为 2.1mg/100g 水，试计算：

(1) 373K 时，AgCl 在纯水中的溶解度；

(2) AgCl 的溶度积；

(3) AgCl 在 $0.01mol \cdot L^{-1}$ NaCl 溶液中的溶解度。

4. 用 $2.0 \times 10^{-3} mol \cdot L^{-1}$ HCl 溶液滴定 20.00mL $2.0 \times 10^{-3} mol \cdot L^{-1}$ $Ba(OH)_2$，求滴定的 pH 突跃范围。

5. 若在 1L 水中溶解 0.10mol $Zn(OH)_2$，需要加入 NaOH 多少 g?

已知 $K^{\ominus}_{sp,Zn(OH)_2} = 3 \times 10^{-17}$，$K^{\ominus}_{稳,[Zn(OH)_4]^{2-}} = 4.6 \times 10^{17}$，$M_{NaOH} = 40g \cdot mol^{-1}$。

参考答案

一、选择题

1. C　2. A　3. C　4. C　5. B　6. D　7. D　8. B　9. C　10. D

11. C　12. A　13. A　14. C　15. D　16. B　17. C　18. A　19. D　20. C

二、是非题

1. × 2. × 3. √ 4. × 5. × 6. × 7. √ 8. × 9. × 10. ×

三、填空题

1. $Zn^{2+}+2e^- \rightleftharpoons Zn$；$Cd^{2+}+2e^- \rightleftharpoons Cd$；$E_{MF}=E(Cd^{2+}/Cd)-E(Zn^{2+}/Zn)$；Zn

2. ④⑥ 3. $[Cd(CN)_4]^{2-}>[Cd(NH_3)_4]^{2+}>[Cd(H_2O)_4]^{2+}$ 4. 小于；大于

5. -816.39；1.08×10^{143} 6. 不能；反应平衡常数小，反应不完全，达不到99.9%

7. 抑制金属离子水解；控制EDTA酸效应；保证金属指示剂正常显色

8. $[H^+]+2[H_2CO_3]+[HCO_3^-]=[OH^-]$

四、计算题

1. 解：(1) $K_{稳}=\dfrac{[CuY^{2-}]}{[Cu^{2+}][Y^{4-}]}=10^{23.4}$ 即 $[Cu^{2+}]=\dfrac{[CuY^{2-}]}{K_{稳}[Y^{4-}]}$

$$E(Cu^{2+}/Cu)=E^{\ominus}(Cu^{2+}/Cu)+\frac{0.0592V}{2}\lg[Cu^{2+}]$$

$$=0.340V-0.0296V\lg K_{稳}+0.0296V\lg\frac{[CuY^{2-}]}{[Y^{4-}]}$$

当$[CuY^{2-}]=[Y^{4-}]=1mol\cdot L^{-1}$时，即为所求：

$$E^{\ominus}([CuY]^{2-}/Cu)=E^{\ominus}(Cu^{2+}/Cu)-0.0296V\lg K_{稳}$$

$$=0.340V-0.0296V\lg10^{23.4}$$

$$=0.340V-0.693V=-0.353V$$

(2) 上述两种电极组成原电池，电池符号：

$$(-)Cu|Y^{4-}(c_1),[CuY]^{2-}(c_2)\parallel Cu^{2+}(c_3)|Cu(+)$$

$$E_{MF}^{\ominus}=E^{\ominus}(Cu^{2+}/Cu)-E^{\ominus}([CuY]^{2-}/Cu)=0.693V$$

$$E_{MF}^{\ominus}=(0.0592V/z)\lg K^{\ominus}$$

$$\lg K^{\ominus}=zE_{MF}^{\ominus}/0.0592V=2\times0.693/0.0592=23.4$$

$$K^{\ominus}=2.58\times10^{23}$$

2. 解：查表得 H_2CO_3 的 $K_{a1}=4.5\times10^{-7}$，$K_{a2}=4.7\times10^{-11}$，因 $cK_{a1}>10K_w$，$c/K_{a1}>105$，可用最简式计算氢离子浓度：

$$[H^+]=\sqrt{cK_{a1}}=\sqrt{0.034\times4.5\times10^{-7}}=1.24\times10^{-4}(mol\cdot L^{-1})$$

$$pH=3.91$$

验证：$2K_{a2}/[H^+]=7.58\times10^{-7}\ll1$，第二级解离可忽略。

由 $K_{a1}K_{a2}=\dfrac{[H^+]^2[CO_3^{2-}]}{[H_2CO_3]}$，得：

$$[CO_3^{2-}]=\frac{K_{a1}K_{a2}[H_2CO_3]}{[H^+]^2}=\frac{K_{a1}K_{a2}[H_2CO_3]}{cK_{a1}}\approx K_{a2}=4.7\times10^{-11}(mol\cdot L^{-1})$$

3. 解：(1) 已知 AgCl 的摩尔质量为 $143.32g\cdot mol^{-1}$，

则 AgCl 在水中的溶解度 $s=\dfrac{2.1\times10}{143.32}=0.146(mmol\cdot L^{-1})=1.46\times10^{-4}(mol\cdot L^{-1})$

(2) AgCl 的溶度积常数 $K_{sp}=s^2=2.13\times10^{-8}$

(3) 设 AgCl 在 $0.01mol\cdot L^{-1}$ NaCl 溶液中的溶解度为 s_1，则

$$K_{sp}=[Ag^+][Cl^-]=s_1\times(0.01+s_1)=2.13\times10^{-8}$$

$$s_1=2.13\times10^{-6}(mol\cdot L^{-1})$$

4. 解：$2HCl+Ba(OH)_2 \longequal BaCl_2+2H_2O$

化学计量点前 0.1%时，消耗 HCl 溶液的体积为 39.96mL，此时溶液中 OH^- 的浓度为：

$$[OH^-]=\frac{2\times2.0\times10^{-3}\times0.02}{20.00+39.96}=1.3\times10^{-6}(mol\cdot L^{-1})$$

$$pH=14-(-lg[OH^-])=14+lg(1.3\times10^{-6})=8.12$$

化学计量点后 0.1%时，消耗 HCl 溶液的体积为 40.04mL，此时溶液中 H^+ 的浓度为：

$$[H^+]=\frac{2.0\times10^{-3}\times0.04}{20.00+40.04}=1.3\times10^{-6}(mol\cdot L^{-1})$$

$$pH=-lg([H^+])=-lg(1.3\times10^{-6})=5.88$$

滴定的突跃 pH 范围为 5.88～8.12

5. 解：设刚完全溶解后溶液中 OH^- 浓度为 x $mol\cdot L^{-1}$

$$Zn(OH)_2 \longequal Zn^{2+}+2OH^- \qquad K_{sp}^{\ominus}$$

$$Zn^{2+}+4OH^- \longequal [Zn(OH)_4]^{2-} \qquad K_{稳}^{\ominus}$$

总反应：$Zn(OH)_2+2OH^- \longequal [Zn(OH)_4]^{2-} \qquad K_{稳}^{\ominus}\cdot K_{sp,Zn(OH)_2}^{\ominus}$

平衡时：　　x　　　　0.10

$$K_{稳}^{\ominus}\cdot K_{sp,Zn(OH)_2}^{\ominus}=\frac{[Zn(OH)_4^{2-}]}{[OH^-]^2}=3\times10^{-17}\times4.6\times10^{17}$$

$$\frac{0.10}{x^2}=13.8$$

$$x=8.51\times10^{-2}$$

需要加入 NaOH 质量 $=(8.51\times10^{-2}+2\times0.10)\times40$

$=11.4(g)$

10-14 章综合测试（一）

一、是非题（每小题 1 分，共 14 分）

1. 我国的矿产资源极为丰富，钨，锌，锑，钛，锂，硼和稀土元素的储量均居世界首位。（　　）

2. 铜与浓 HNO_3 反应生成 NO_2，铜与稀 HNO_3 反应生成 NO，所以稀 HNO_3 的氧化性比浓 HNO_3 强。（　　）

3. 碱金属氢氧化物碱性强弱的次序为：$LiOH < NaOH < KOH < RbOH < CsOH$。（　　）

4. 碱性介质中可用 H_2O_2 鉴定 Cr^{3+} 是利用了 H_2O_2 碱性介质中具还原性的性质。（　　）

5. 硼烷中有氢桥键、硼桥键等多中心少电子键，所以硼烷的化学性质要比烷烃活泼。（　　）

6. 由鲍林规则可知，由于 H_3BO_3 无非羟基氧，应为三元弱酸。（　　）

7. $\Delta_r G_m^{\ominus}$-T 图（艾林汉姆图）中，Ca、Mg、Al 与氧气的反应曲线在图的下方，因而这三种金属常作为还原剂制备其他金属单质。（　　）

8. 磷酸分子中，P 原子采用 sp^3 杂化，P 原子与非羟基氧原子之间形成了 1 条 σ 配位键，2 条 $\pi_{p\text{-}d}$ 配位键。（　　）

9. 由 HF、HCl、HBr 到 HI 的还原性依次减弱。（　　）

10. 对角线规则只是从有关元素及其化合物的许多性质中总结出的经验规则，可利用离子极化观点加以简单说明。（　　）

11. 过渡元素的许多水合离子和配合物呈现颜色，其原因多是发生 d-d 跃迁而造成的。（　　）

12. TiO_2 为两性氧化物，但酸碱性都很弱，是很好的白色颜料但有毒，是一种重要的化工原料。（　　）

13. $K_2Cr_2O_7$ 是一种同多酸盐。（　　）

14. 由于镧系收缩的影响，Co 和 Ni 性质接近。（　　）

二、选择题（每小题 2 分，共 60 分）

1. 下列各种酸中，酸性最弱的是（　　）。

A. H_3AsO_3　　B. H_3AsO_4　　C. $HClO_3$　　D. H_3PO_4

2. 下列叙述中错误的是（　　）。

A. $S_2O_3^{2-}$ 显示还原性，在氧化反应中总是被氧化成 SO_4^{2-}

B. $S_2O_3^{2-}$ 的构型与 SO_4^{2-} 相似

C. 在照相术中，AgBr 是被 $Na_2S_2O_3$ 溶解生成相应的配合物

D. 在容量法测定碘时，常使用 $Na_2S_2O_3$ 作标准溶液

3. 因惰性电子对效应，下列说法不正确的为（　　）。

A. 氧化性 As(Ⅴ)<Sb(Ⅴ)<Bi(Ⅴ)，酸性介质条件下 $NaBiO_3$ 可鉴定 Mn^{2+}

B. 还原性 $Pb^{2+} < Sn^{2+}$，利用 Sn^{2+} 的还原性可鉴定 Hg^{2+}

C. 稳定性 $Tl^{3+} < Tl^{+}$

D. Bi(Ⅲ) 有显著的还原性，可被 H_2O_2 氧化为 Bi(Ⅴ)

4. 下列氧化物的酸碱性强弱正确的是（　　）。

A. 酸性：$PbO_2>SnO_2$　　B. 碱性：$SnO_2>PbO_2$

C. 酸性：$Bi_2O_3>Sb_2O_3$　　D. 碱性：$Bi_2O_3>Sb_2O_3$

5. Zn 和稀硝酸反应生成的气体是（　　）。

A. 二氧化氮　　B. 一氧化二氮　　C. 一氧化氮　　D. 四氧化二氮

6. 下列含氧酸中，不是一元酸的是（　　）。

A. H_3PO_3　　B. H_3PO_2　　C. H_3BO_3　　D. $HClO_3$

7. 下列对氧族元素性质的叙述中正确的是（　　）。

A. 氧族元素与其他元素化合时，均可呈现+2，+4，+6 或−1，−2 等氧化值

B. 氧族元素的原子半径从氧到钋依次减小

C. 氧族元素的电负性从氧到钋依次减小

D. 氧族元素都是非金属元素

8. 下列含氧酸酸性强弱的比较中，正确的是（　　）。

A. $H_2SO_4>HClO_4$　　B. $HClO>HBrO$　　C. $HClO>HClO_3$　　D. $H_2SO_3>H_2SO_4$

9. 下列硫化物中，易溶于水的是（　　）。

A. CuS　　B. Ag_2S　　C. Na_2S　　D. Hg_2S

10. 下列离子易被空气中的 O_2 氧化的是（　　）。

A. Pb^{2+}　　B. Cr^{3+}　　C. Ni^{2+}　　D. Sn^{2+}

11. 下列说法正确的是（　　）。

A. 硼砂珠试验是指金属氧化物与熔化的硼砂反应生成不同颜色的偏硼酸盐

B. SiC 熔点高，硬度大，俗称刚玉

C. “氧面具”的主要成分是 KO_2，其颜色为橙黄色

D. “铅丹”是 Pb_2O_3

12. 下列说法不正确的是（　　）。

A. 红磷无毒

B. 灰锑为分子晶体，较稳定

C. “锡疫”是当温度低于 225K 时白锡迅速变成灰锡

D. 石墨烯被认为是富勒烯、碳纳米管的母体

13. 下列氧化物中，属于过氧化物的是（　　）。

A. MnO　　B. MnO_2　　C. BaO_2　　D. PbO_2

14. 环境保护中的一项内容是保护臭氧层，臭氧层最主要的功能是（　　）。

A. 有杀菌作用　　B. 强氧化作用

C. 消除 NO_x、CO 等气体污染　　D. 吸收太阳往地球发射的紫外线

15. 下列化学式所示物质不存在的是（　　）。

A. BH_3　　B. B_4H_{10}　　C. SiH_4　　D. $NaBH_4$

16. 钾、铷、铯在过量的氧气中燃烧的主要产物是（　　）。

A. 正常氧化物　　B. 过氧化物　　C. 臭氧化物　　D. 超氧化物

17. 浓 H_2SO_4 与 Zn 反应的产物中不可能有的物质是（　　）。

A. SO_2　　B. H_2S　　C. S　　D. H_2

18. 下列金属中，熔点最高的是（　　）。

A. Cr　　B. W　　C. Mo　　D. Ni

19. 下列各组物质溶解度大小比较错误的是（　　）。

A. $AgNO_3 > AgNO_2$　　B. $CuCl_2 > CuCl$

C. $HgCl_2 < Hg_2Cl_2$　　D. $AgF > AgCl$

20. 下列氢氧化物最易脱水的是（　　）。

A. $Cr(OH)_3$　　B. $AgOH$　　C. $Cd(OH)_2$　　D. $Cu(OH)_2$

21. 下列氢氧化物中，属于典型两性氢氧化物的是（　　）。

A. $Fe(OH)_3$　　B. $Co(OH)_2$　　C. $Cd(OH)_2$　　D. $Cr(OH)_3$

22. 下列物质不能溶于氨水中的是（　　）。

A. $CuCl_2$　　B. CuS　　C. $Cu(OH)_2$　　D. $Cu_2[Fe(CN)_6]$

23. 已知某配合物的组成为 $CoCl_3 \cdot 5NH_3 \cdot H_2O$。其水溶液显弱酸性，加入强碱并加热至沸腾有氨放出，同时产生 Co_2O_3 沉淀；加 $AgNO_3$ 于该化合物溶液中，有 AgCl 沉淀生成，过滤后再加 $AgNO_3$ 溶液于滤液中无变化，但加热至沸腾有 AgCl 沉淀生成，且其质量为第一次沉淀量的二分之一，则该配合物的化学式最可能为（　　）。

A. $[CoCl_2(NH_3)_4]Cl \cdot NH_3 \cdot H_2O$　　B. $[Co(NH_3)_5(H_2O)]Cl_3$

C. $[CoCl_2(NH_3)_3(H_2O)]Cl \cdot 2NH_3$　　D. $[CoCl(NH_3)_5]Cl_2 \cdot H_2O$

24. 为处理洒落在地上的汞，可采用的试剂为（　　）。

A. HNO_3　　B. Na_2S　　C. S 粉　　D. NaOH

25. 下列物质受热分解时，各元素的氧化值都发生变化的是（　　）。

A. $KMnO_4$　　B. $AgNO_3$　　C. NH_4HCO_3　　D. $Cu(NO_3)_2$

26. 下列配合物在水溶液中能被空气中的 O_2 氧化的是（　　）。

A. $[Cu(NH_3)_4]^{2+}$　　B. $[Co(NH_3)_6]^{2+}$　　C. $[Ni(NH_3)_6]^{2+}$　　D. $[Zn(NH_3)_4]^{2+}$

27. 下列各组物质中，能共存的是（　　）。

A. FeO_4^{2-}、Fe^{2+}、H^+　　B. FeO_4^{2-}、Mn^{2+}、H^+

C. MnO_4^-、Cr^{3+}、H^+　　D. FeO_4^{2-}、MnO_4^{2-}、OH^-

28. 下列溶液中加入过量的 NaOH，溶液颜色发生变化，但却没有沉淀生成的是（　　）。

A. $K_2Cr_2O_7$　　B. $Hg(NO_3)_2$　　C. $AgNO_3$　　D. $NiSO_4$

29. 下列各组氧化物或氧化物的水合物中，酸性排列次序错误的是（　　）。

A. $Cr(OH)_3 < H_2CrO_4 < H_2Cr_2O_7$　　B. $Bi(OH)_3 < Sb(OH)_3 < H_3AsO_3$

C. $HgO < CdO < ZnO$　　D. $H_2SO_3 < H_2S_2O_7 < H_2SO_4$

30. 下列各配合物中，不存在金属-金属键的是（　　）。

A. Hg_2Cl_2　　B. Al_2Cl_6　　C. $K_2Re_2Cl_8$　　D. $Co_2(CO)_8$

三、填空题（每空 1 分，共 18 分）

1. As_2O_3、Sb_2O_3、Bi_2O_3 的还原性由强至弱的顺序为________________。

2. 在高卤酸中，________的氧化性最强，________的酸性最强。

3. 在 ClO_3^-、BrO_3^-、IO_3^- 中，氧化性最弱的是________；碘________（填“能”或“不能”）从氯酸盐和溴酸盐中取代氯和溴。

4. 马氏试砷法主要利用了 AsH_3____________的化学性质。

5. 鲍林规则表明，含氧酸的酸性随分子中非羟基氧的数目增多而____________；R—O—H 规则中，氧化物的水合物碱性随中心离子的“离子势”增大而________。

6. 应用 Wade 规则推测 $B_5H_5^{2-}$ 的结构类型，计算得到 $b=$________，是____________结构。

7. 升汞和甘汞都属于____________键型化合物。

8. 将 Co^{3+}、Fe^{2+} 和 Ni^{2+} 分别放入 H_2SO_4 和 H_2O_2 的混合溶液中，生成的产物中其金属元素氧化值没发生变化的金属离子是____________。

9. 重铬酸盐和过氧化氢在酸性条件下发生氧化还原反应，在反应过程中，Cr(Ⅵ)形成深蓝色的____________。

10. 黄血盐可用于鉴定____________。

11. 在酸性溶液中，$FeCl_3$ 与 Br_2 ____________（填“能”或“不能”）共存。

12. 锰的氧化物的酸性随氧化值的增大而逐渐________。

13. 用 $NaBiO_3$ 来鉴定 Mn^{2+} 时，若 Mn^{2+} 加多了，得到的溶液不是紫红色而是红棕色浑浊的溶液，写出反应方程式____，____。

四、简答题（共 8 分）

1. 配合物提取法是一种重要的单质提取法，如传统的氰化法提金。用稀 NaCN 溶液处理金矿粉，通入空气使矿粉溶解，将残渣分离后，再用 Zn 将 Au 从其氰化物溶液中置换出来。请写出这个过程中的两个主要反应方程式并配平。

2. 画出乙硼烷的结构示意图，并指出其结构中的键的类型及数量。

3. 某报道“车载水可以实时制取氢气，车辆只需加水即可行驶”的消息引发热议，据介绍，其原理为水中加入铝合金粉末制取氢气。请分别写出铝粉与酸、碱溶液反应制氢的离子反应方程式并简要分析其技术应用的难点可能在什么地方？据查，铝每吨价格在 14000 元左右，“水氢车”加 300 公斤水，就能跑 300 公里。

参考答案

一、是非题

1. 对　2. 错　3. 对　4. 错　5. 对　6. 错　7. 对　8. 对　9. 错　10. 对
11. 对　12. 错　13. 对　14. 错

二、选择题

1. A　2. A　3. D　4. D　5. B　6. A　7. C　8. B　9. C　10. D
11. C　12. B　13. C　14. D　15. A　16. D　17. D　18. B　19. C　20. B
21. D　22. B　23. D　24. C　25. B　26. B　27. D　28. A　29. D
30. B：Al_2Cl_6 是通过桥键相连的双聚分子

三、填空题

1. As_2O_3、Sb_2O_3、Bi_2O_3　2. $HBrO_4$　$HClO_4$　3. IO_3^-　能
4. 热稳定性差　5. 增大　减小　6. 6（或者 $n+1$）　闭式六面体即三角双锥
7. 共价　8. Ni^{2+}　9. CrO_5 或过氧化铬　10. Fe^{3+} 或 Cu^{2+}　11. 能　12. 增强
13. $2Mn^{2+} + 5NaBiO_3 + 14H^+ \longrightarrow 2MnO_4^- + 5Bi^{3+} + 5Na^+ + 7H_2O$
$3Mn^{2+} + 2MnO_4^- + 2H_2O \longrightarrow 5MnO_2\downarrow + 4H^+$

四、简答题

1. 答：$4Au + 8CN^- + O_2 + 2H_2O \longrightarrow 4[Au(CN)_2]^- + 4OH^-$
$2[Au(CN)_2]^- + Zn \longrightarrow 2Au\downarrow + [Zn(CN)_4]^{2-}$

2. 答：乙硼烷的结构示意图如下

$H_2B(\mu-H)_2BH_2$ 结构式（图），其结构中含有 2 个 3c-2e 键（氢桥键，B—H—B），4 个 σ_{B-H} 键。

3. 答案示例：

酸性溶液：$2Al+6H^{+} \longrightarrow 2Al^{3+}+3H_2$

碱性溶液：$2Al+2OH^{-}+6H_2O \longrightarrow 2[Al(OH)_4]^{-}+3H_2$ 或 $2Al+2OH^{-}+2H_2O \longrightarrow 2AlO_2^{-}+3H_2$

其技术应用的难点可以从经济角度，或者 $Al(OH)_3$ 溶解等角度分析。

10-14 章综合测试（二）

一、是非题（每小题 1 分，共 14 分）

1. HNO_2、H_2SeO_3既能作氧化剂又能作还原剂。（　　）

2. 在潮湿的空气中，过氧化钠吸收 CO_2放出 O_2，在这个反应中，过氧化钠既是氧化剂又是还原剂。（　　）

3. 根据 R—O—H 规则，氯的含氧酸中随氯的氧化数增加，其氧化性增强。（　　）

4. CaH_2便于携带，与水反应分解放出 H_2，故野外常用它来制取氢气。（　　）

5. 硅胶是一种多孔性物质，表面积很大，所以具有很强的吸附能力，是很好的干燥剂、吸附剂及催化剂载体。（　　）

6. 若硼烷形成的多面体结构中有一个顶点无骨架原子时，就是网式结构。（　　）

7. 硫代硫酸钠的俗名是大苏打，碳酸氢钠的俗名是小苏打。（　　）

8. 砷、锑、铋的+3 氧化态的氢氧化物的还原性依次增强。（　　）

9. $H_4P_2O_7$的酸性比 H_3PO_4强。（　　）

10. H_3BO_3是一元弱酸，它是 Lewis 酸而非质子酸。（　　）

11. 亚硫酸的还原性强于其氧化性。（　　）

12. $NaBiO_3$和 PbO_2均为强氧化剂，能将 Mn^{2+}氧化为 MnO_4^-，是惰性电子对效应的体现。（　　）

13. 中心离子电子构型为 d^0或 d^{10}的配离子大多是无色的。（　　）

14. Ni_2O_3溶在浓盐酸中产生 Cl_2。（　　）

二、选择题（每小题 2 分，共 60 分）

1. 制备金属单质时，常用的还原剂是（　　）。

A. CO 和 C　　B. CO 和 S　　C. C 和 S　　D. CO 和 H_2S

2. 下列关于物质酸性排序错误的为（　　）。

A. $As_2O_5 > As_2O_3$　　B. $H_3AsO_4 < H_3PO_4$

C. $H_2CrO_4 > H_2Cr_2O_7$　　D. $HMnO_4 > H_2CrO_4$

3. 关于硝酸及其盐性质的描述正确的为（　　）。

A. 硝酸热稳定性高难以分解

B. 硝酸盐的热分解产物均有 O_2

C. 硝酸具有显著氧化性，与单质反应时自身均被还原为 NO_2

D. Cr 溶于浓 HNO_3

4. 下列分子均含有 $\pi_{p\text{-}d}$配位键的为（　　）。

A. HNO_3、H_2CO_3、H_3PO_4　　B. $HClO_4$、H_2SO_4、H_3PO_4

C. H_2CO_3、H_3PO_4、H_2SO_4　　D. H_3BO_3、H_3PO_4、H_2CO_3

5. 下列物质氧化性最弱的是（　　）。

A. HClO　　B. $HClO_4$　　C. H_3PO_4　　D. H_3AsO_4

6. 溶液中加入稀酸后既有气体放出又有沉淀生成的是（　　）。

A. K_2SO_3　　B. K_2SO_4　　C. $K_2S_2O_3$　　D. K_2S

7. 下列关于多酸的叙述不正确的是（　　）。

A. 多酸可以看作含有两个或更多酸酐的酸

B. 多酸的酸性都比相应的原酸弱

C. 同多酸的组成中除氢、氧之外，只有一种元素

D. 杂多酸的组成中除氢、氧之外，还有不止一种元素

8. 欲干燥 H_2S 气体，在下列干燥剂中应选用（　　）。

A. 浓 H_2SO_4　　B. KOH　　C. CaO　　D. P_2O_5

9. 在最简单的硼氢化物 B_2H_6 中，连接两个 B 原子的化学键是（　　）。

A. 氢桥键　　B. 氢键　　C. 配位键　　D. 共价键

10. 下列化合物中含有过氧键（—O—O—）的是（　　）。

A. $K_2Cr_2O_7$　　B. $K_2S_2O_8$　　C. $Na_4P_2O_7$　　D. $Na_2S_2O_3$

11. 下列不属于贵金属的是（　　）。

A. Ag　　B. Au　　C. Cu　　D. Pd

12. 分子结构和中心原子杂化类型都与 O_3 相同的是（　　）。

A. SO_3　　B. SO_2　　C. CO_2　　D. ClO_2

13. 下列物质在水中的溶解度最小的是（　　）。

A. LiI　　B. NaI　　C. KI　　D. CsI

14. Zn 与浓硝酸反应的产物是（　　）。

A. NO_2　　B. NO　　C. N_2O　　D. NH_4NO_3

15. 下列氯的含氧酸盐在碱性溶液中不能歧化的是（　　）。

A. 次氯酸盐　　B. 亚氯酸盐　　C. 氯酸盐　　D. 高氯酸盐

16. 下列金属中，硬度最大的是（　　）。

A. W　　B. Cr　　C. Mo　　D. Ni

17. 某盐呈白色在暗处无气味，但光照时变黑，该盐可能是（　　）。

A. $BaCl_2$　　B. Na_2SO_4　　C. AgCl　　D. Ag_2S

18. 下列氢氧化物中，颜色为绿色的是（　　）。

A. $Fe(OH)_2$　　B. $Mn(OH)_2$　　C. $Ni(OH)_2$　　D. $Co(OH)_2$

19. 下列哪组试剂都能溶解金属金生成配位化合物（　　）。

A. $SC(NH_2)_2$，$Na_2S_2O_3$，王水　　B. 王水，NaCN，氨水

C. $SC(NH_2)_2$，$Na_2S_2O_3$，氨水　　D. 王水，氨水，双氧水

20. 有一种硝酸盐为白色固体，溶于水后分别与稀 HCl、稀 H_2SO_4 和过量 $NH_3·H_2O$ 反应都能生成白色沉淀，则该硝酸盐中的阳离子是（　　）。

A. Ag^+　　B. Ba^{2+}　　C. Hg^{2+}　　D. Pb^{2+}

21. 下列离子中，与过量氨水或过量 NaOH 溶液反应都不生成沉淀的是（　　）。

A. Ni^{2+}　　B. Hg^{2+}　　C. Zn^{2+}　　D. Co^{2+}

22. 下列配合物稳定性排序正确的是（　　）。

A. $[Ag(NH_3)_2]^+ > [Ag(CN)_2]^-$　　B. $[Co(NH_3)_6]^{2+} > [Co(NH_3)_6]^{3+}$

C. $[Cd(CN)_4]^{2-} > [Cd(NH_3)_4]^{2+}$　　D. $[Cd(H_2O)_4]^{2+} > [Cd(CN)_4]^{2-}$

23. 在含有稀盐酸的下列离子的溶液中分别通入 H_2S，能生成硫化物沉淀的是（　　）。

A. Cu^{2+}　　B. Al^{3+}　　C. Cr^{3+}　　D. Fe^{3+}

24. 下列各组离子中的所有离子都能将 I^- 氧化的是（　　）。

A. Hg^{2+}、Ni^{2+}、Fe^{2+}　B. Ag^{+}、Sn^{2+}、FeO_4^{2-}

C. Co^{2+}、$Cr_2O_7^{2-}$、Sb^{3+}　D. MnO_4^{-}、Cu^{2+}、Fe^{3+}

25. 下列氢氧化物中，氧化性最强的是（　　）。

A. $Fe(OH)_3$　B. $Co(OH)_3$　C. $Ni(OH)_3$　D. $Mn(OH)_2$

26. 下列配合物中，易被空气中的氧氧化的是（　　）。

A. $[Ag(NH_3)_2]^{+}$　B. $[Cu(NH_3)_4]^{2+}$　C. $[Cd(NH_3)_4]^{2+}$　D. $[Cu(NH_3)_2]^{+}$

27. 下列各组溶液中，各种离子能在溶液中大量共存的是（　　）。

A. SO_4^{2-}、$S_2O_3^{2-}$、Na^{+}、H^{+}　B. Cu^{2+}、NH_4^{+}、Cl^{-}、NO_3^{-}

C. Fe^{3+}、Cl^{-}、K^{+}、NCS^{-}　D. Cr^{3+}、Cl^{-}、Na^{+}、OH^{-}

28. 在某混合溶液中加入过量氨水，得到沉淀和无色溶液；再在所得沉淀中加入过量 NaOH 溶液，沉淀完全溶解得到无色溶液。原溶液中所含离子是（　　）。

A. Ag^{+}、Cu^{2+}、Zn^{2+}　B. Ag^{+}、Al^{3+}、Zn^{2+}

C. Ag^{+}、Fe^{3+}、Zn^{2+}　D. Al^{3+}、Cu^{2+}、Zn^{2+}

29. 用于检验 NH_4^{+} 或 NH_3 的试剂是（　　）。

A. $[PbI_4]^{2-}$ 的酸性溶液　B. $[HgI_4]^{2-}$ 的 KOH 溶液

C. $[AgI_2]^{-}$ 的碱性溶液　D. $[CuI_2]^{-}$ 的酸性溶液

30. 下列试剂能与 $AgNO_3$ 溶液反应生成淡黄色沉淀的是（　　）。

A. HBr　B. H_2S　C. K_2CrO_4　D. $K_2Cr_2O_7$

三、填空题（每空 1 分，共 18 分）

1. As_2O_5、Sb_2O_5、Bi_2O_5 的氧化性由强至弱顺序为____________。

2. 砷、锑、铋 +3 氧化态的氧化物的水合物都显____________，并按 $H_3AsO_3 \longrightarrow Sb(OH)_3 \longrightarrow Bi(OH)_3$ 顺序酸性依次________，碱性依次________。

3. 次卤酸都不稳定，具有强________（填“氧化”或“还原”）性。

4. 根据鲍林规则，含氧酸的分子内脱水或分子间脱水，将导致酸性________。

5. 硫化物均有________（填“氧化性”或“还原性”），尤其在碱性介质中这种性质更强。

6. C 的同素异形体中石墨碳为________晶体，富勒烯为________晶体。

7. 写出下列物质的化学式：铬酸________；赤血盐________。

8. 写出铂溶解在王水中的反应方程式____________。

9. $[Hg(NH_3)_4]^{2-}$、$[Hg(CN)_4]^{2-}$、$[Hg(H_2O)_4]^{2-}$ 的稳定性大小顺序是________。

10. 下列电对的电极电势的大小关系是 $E_a^{\ominus}(MnO_4^{-}/Mn^{2+})$________ $E_b^{\ominus}(MnO_4^{-}/MnO_4^{2-})$。

11. 锰的氢氧化物的酸性随氧化值的增大而________。

12. 锌族元素比相应的铜族元素活泼，并按 Zn、Cd、Hg 的顺序________。

13. ds 区金属元素氟化物的溶解度往往比其他同族卤化物的溶解度________（填“大”或“小”）。

14. 写出高锰酸钾与亚硫酸钾在碱性介质中反应的离子方程式____________。

四、简答题（共 8 分）

1. 稀土是元素周期表中镧系元素加上钪（Sc）和钇（Y），共 17 种元素的总称。请解释在自然界中稀土元素为什么经常出现在一起，并且难以分离。

2. 燃煤中含硫产生大量 SO_2 是造成酸雨的主要原因，威尔曼-洛德脱硫法利用亚硫酸钠吸收二氧化硫生成亚硫酸氢钠，亚硫酸氢钠和空气中的氧气反应，生成硫酸钠。试写出亚硫酸氢钠和空气中的氧气反应生成硫酸钠的离子方程式，该反应利用了亚硫酸盐的什么性质？

3.（非标准答案试题）

在抗击新型冠状病毒肺炎疫情中，你觉得哪些化学知识或者本专业知识能应用于其中呢？请简述理由。

参考答案

一、是非题

1. 对 2. 对 3. 错 4. 对 5. 对 6. 错 7. 对 8. 错 9. 对 10. 对
11. 对 12. 对 13. 对 14. 对

二、选择题

1. A 2. C 3. B 4. B 5. C 6. C 7. B 8. D 9. A 10. B
11. C 12. B 13. D 14. A 15. D 16. B 17. C 18. C 19. A 20. C
21. C 22. C 23. A 24. D 25. C 26. D 27. B 28. B 29. B 30. A

三、填空题

1. Bi_2O_5、Sb_2O_5、As_2O_5 2. 两性 减弱 增强 3. 氧化

4. 增强 5. 还原性 6. 混合型 分子 7. H_2CrO_4 $K_3[Fe(CN)_6]$

8. $3Pt+4HNO_3+18HCl \longrightarrow 3H_2[PtCl_6]+4NO\uparrow+8H_2O$

9. $[Hg(CN)_4]^{2-}>[Hg(NH_3)_4]^{2-}>[Hg(H_2O)_4]^{2-}$

10. > 11. 增强 12. 递减 13. 大

14. $2MnO_4^-+SO_3^{2-}+2OH^- \longrightarrow 2MnO_4^{2-}+SO_4^{2-}+H_2O$

四、简答题

1. 答：稀土元素因为半径接近，原子结构相似，所以性质相似，在自然界常常共生，难以分离。

2. 答：$2HSO_3^-+O_2 = 2SO_4^{2-}+2H^+$

该反应利用了亚硫酸盐的还原性。

3. 答案示例：84 消毒液的主要成分是次氯酸钠，喷洒在空气中能够起到消毒的效果，不过次氯酸钠原液气味具有很浓烈的刺激性，容易腐蚀人体皮肤，因此使用之前一定要佩戴好防护工具，比如橡胶手套。不能直接使用 84 消毒液的原液进行消毒，需要将其配成 1∶200 的水溶液，浓度太高并不会对消毒效果产生多大影响，反而会污染环境。在进行配制时先向盆中倒入约 5mL 的 84 消毒液，再倒入约 1L 的自来水，使用玻璃棒等物品进行搅拌让其混合均匀，最后装入喷壶内即可对需要消毒的位置进行喷洒，注意开窗通风。未使用完的 84 消毒液保存时一定要密封好，否则容易挥发失效，而且可能会危害我们的健康。

15-26 章综合测试（一）

一、写出下列化合物的名称或结构（9、10 小题每题 2 分，其余各题每题 1 分，共 12 分）

1.

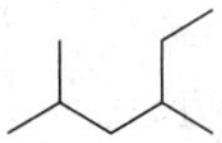

2.

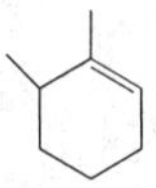

3. 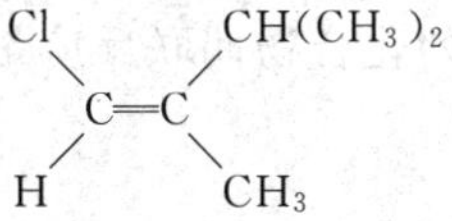 Cl　　　$CH(CH_3)_2$
$C{=}C$
H　　　CH_3

4. 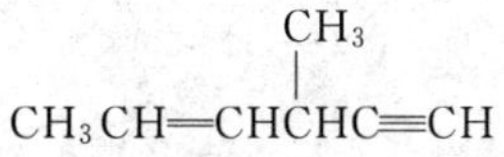 $CH_3CH{=}CHCH(CH_3)C{\equiv}CH$

5.

6. 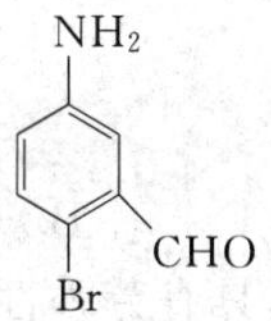 NH_2　CHO　Br

7. $[(CH_2{=}CH)_3N^+C_6H_5]Cl^-$

8. 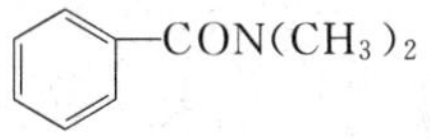 $-CON(CH_3)_2$

9. 写出顺-1-叔丁基-4-甲基环己烷的稳定构象（2 分）

10. 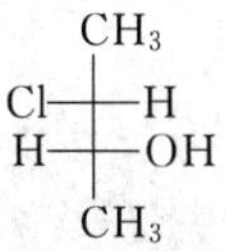 CH_3
Cl—H
H—OH
CH_3
（2 分）（　　　　　　）

二、完成下列反应式（每题 1 分，共 20 分）

1. 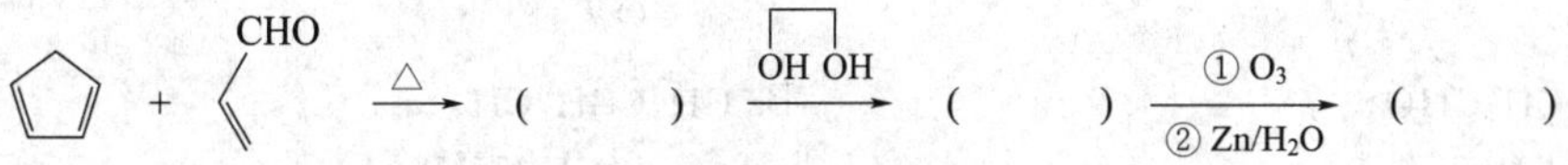 ＋ CHO $\xrightarrow{\triangle}$（　　）$\xrightarrow{\text{OH OH}}$（　　）$\xrightarrow[\text{② Zn/H}_2\text{O}]{\text{① O}_3}$（　　）

2. $CH_3CH(CH_3)—CH(OH)—CH_3 \xrightarrow{(\quad)} CH_3CH(CH_3)—CH(Cl)—CH_3$

3. $CH_3C(CH_3)_2CHO + HCHO \xrightarrow{\text{浓 NaOH}, \triangle}$（　　　）＋（　　　）

4. $CH_3CH(OH)—C(OH)(CH_3)_2 \xrightarrow{HIO_4}$（ 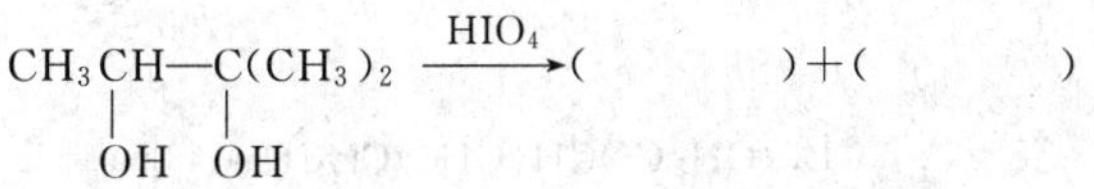　　　）＋（　　　）

5. 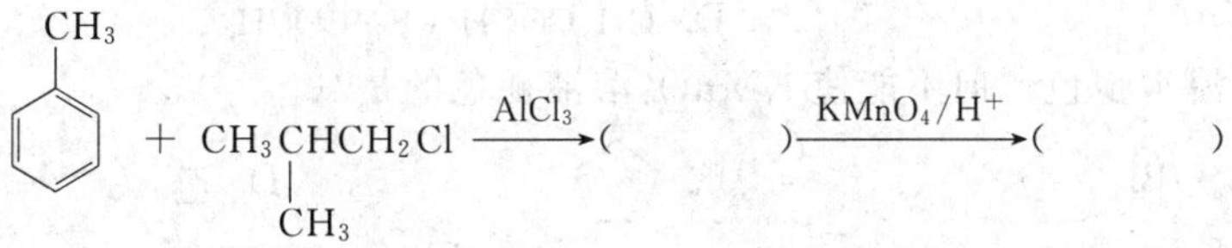 CH_3 ＋ $CH_3CH(CH_3)CH_2Cl \xrightarrow{AlCl_3}$（　　　）$\xrightarrow{KMnO_4/H^+}$（　　　）

6. 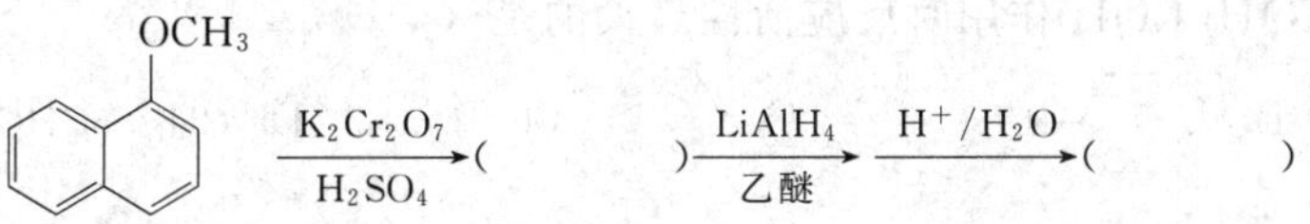 OCH_3 $\xrightarrow[H_2SO_4]{K_2Cr_2O_7}$（　　　）$\xrightarrow[\text{乙醚}]{LiAlH_4}\xrightarrow{H^+/H_2O}$（　　　）

7. COCl $\xrightarrow[\text{硫、喹啉}, \triangle]{H_2, Pd\text{-}BaSO_4}$（　　　）$\xrightarrow{NH_2OH}$（　　　）

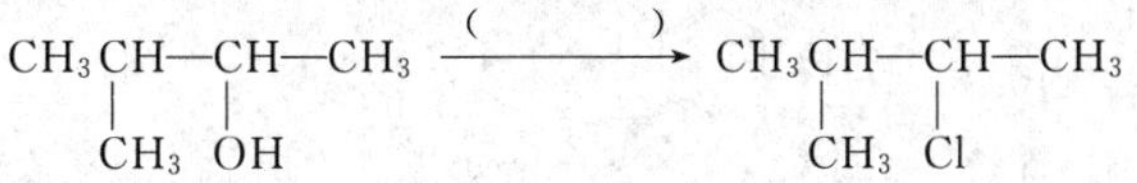

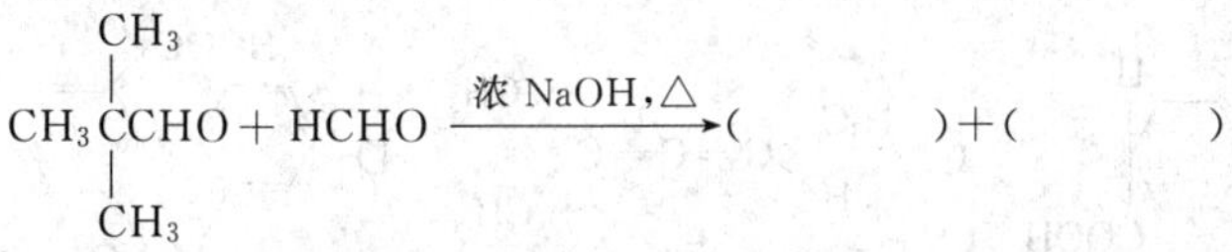

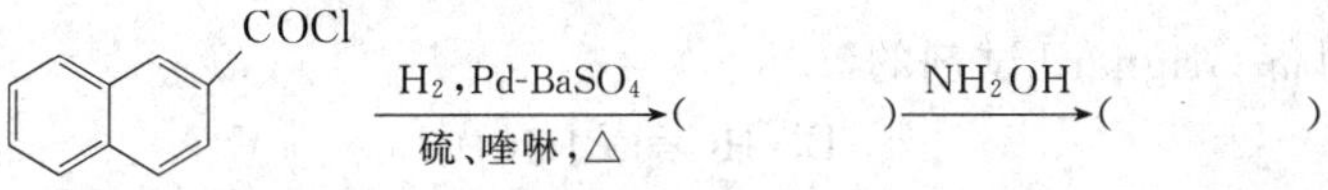

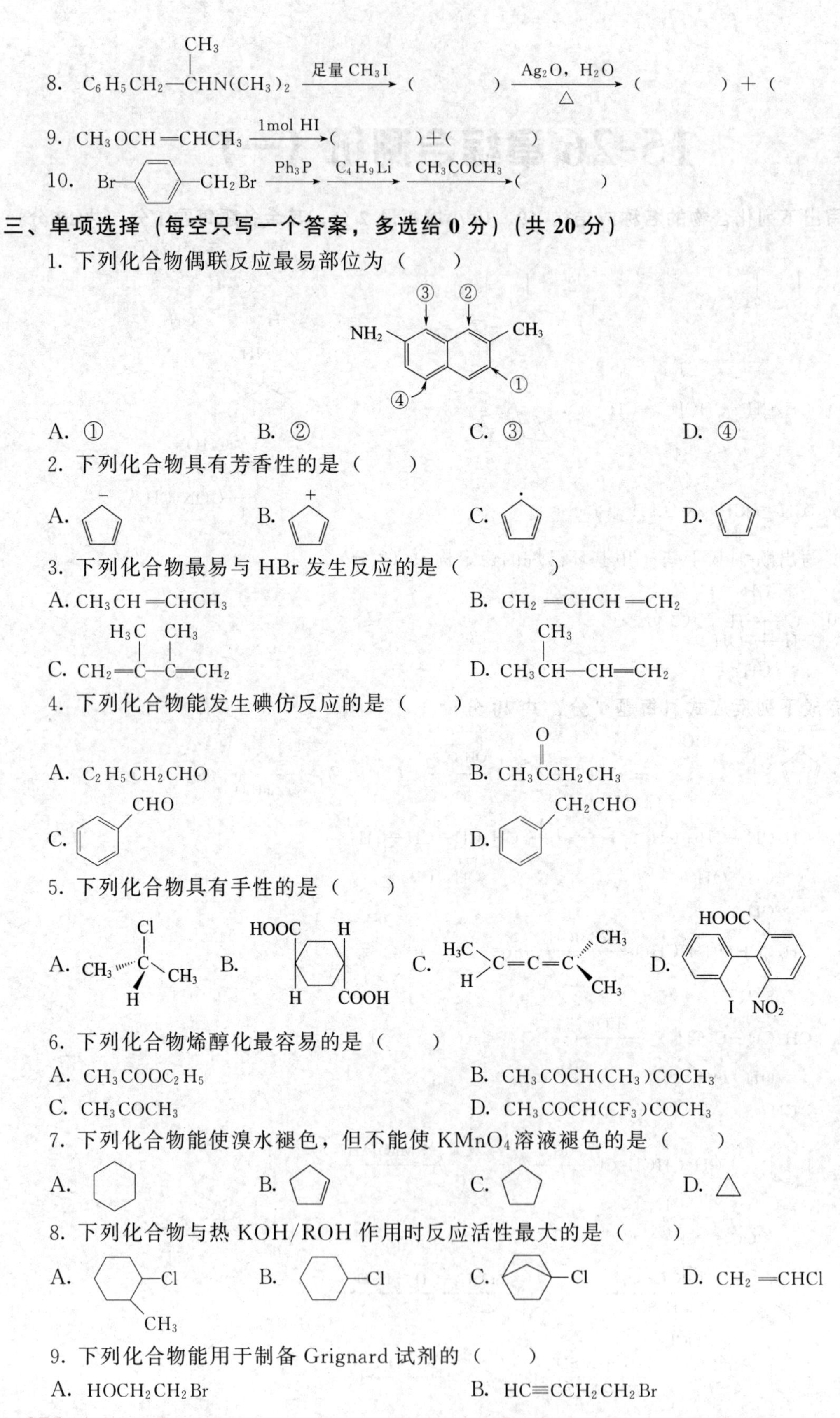

8. $C_6H_5CH_2—CH(CH_3)N(CH_3)_2$ $\xrightarrow{足量\ CH_3I}$ (　　) $\xrightarrow[\triangle]{Ag_2O,\ H_2O}$ (　　) + (　　)

（结构：$C_6H_5CH_2—\underset{}{CH}N(CH_3)_2$，CH 上连有 CH_3）

9. $CH_3OCH═CHCH_3$ $\xrightarrow{1mol\ HI}$ (　　) + (　　)

10. Br—C_6H_4—CH_2Br $\xrightarrow{Ph_3P}$ $\xrightarrow{C_4H_9Li}$ $\xrightarrow{CH_3COCH_3}$ (　　)

三、单项选择（每空只写一个答案，多选给 0 分）（共 20 分）

1. 下列化合物偶联反应最易部位为（　　）

（萘环结构，含 NH_2、CH_3，标有部位 ①②③④）

A. ①　　B. ②　　C. ③　　D. ④

2. 下列化合物具有芳香性的是（　　）

A. 环戊二烯负离子　　B. 环戊二烯正离子　　C. 环戊二烯自由基　　D. 环戊二烯

3. 下列化合物最易与 HBr 发生反应的是（　　）

A. $CH_3CH═CHCH_3$　　B. $CH_2═CHCH═CH_2$

C. $CH_2═C(CH_3)—C(CH_3)═CH_2$　　D. $CH_3CH(CH_3)—CH═CH_2$

4. 下列化合物能发生碘仿反应的是（　　）

A. $C_2H_5CH_2CHO$　　B. $CH_3COCH_2CH_3$

C. C_6H_5CHO　　D. $C_6H_5CH_2CHO$

5. 下列化合物具有手性的是（　　）

A. $CH_3CHClCH_3$（楔形式，C 上连 Cl、H、两个 CH_3）　　B. HOOC、H 与 H、COOH 桥连的双环化合物　　C. $(H_3C)(H)C═C═C(CH_3)_2$　　D. 含 HOOC、I、NO_2 的联苯化合物

6. 下列化合物烯醇化最容易的是（　　）

A. $CH_3COOC_2H_5$　　B. $CH_3COCH(CH_3)COCH_3$

C. CH_3COCH_3　　D. $CH_3COCH(CF_3)COCH_3$

7. 下列化合物能使溴水褪色，但不能使 $KMnO_4$ 溶液褪色的是（　　）

A. 环己烷　　B. 环戊烯　　C. 环戊烷　　D. 环丙烷

8. 下列化合物与热 KOH/ROH 作用时反应活性最大的是（　　）

A. 2-甲基氯代环己烷（—Cl，CH_3）　　B. 氯代环己烷（—Cl）　　C. 桥头氯代双环化合物（—Cl）　　D. $CH_2═CHCl$

9. 下列化合物能用于制备 Grignard 试剂的（　　）

A. $HOCH_2CH_2Br$　　B. $HC≡CCH_2CH_2Br$

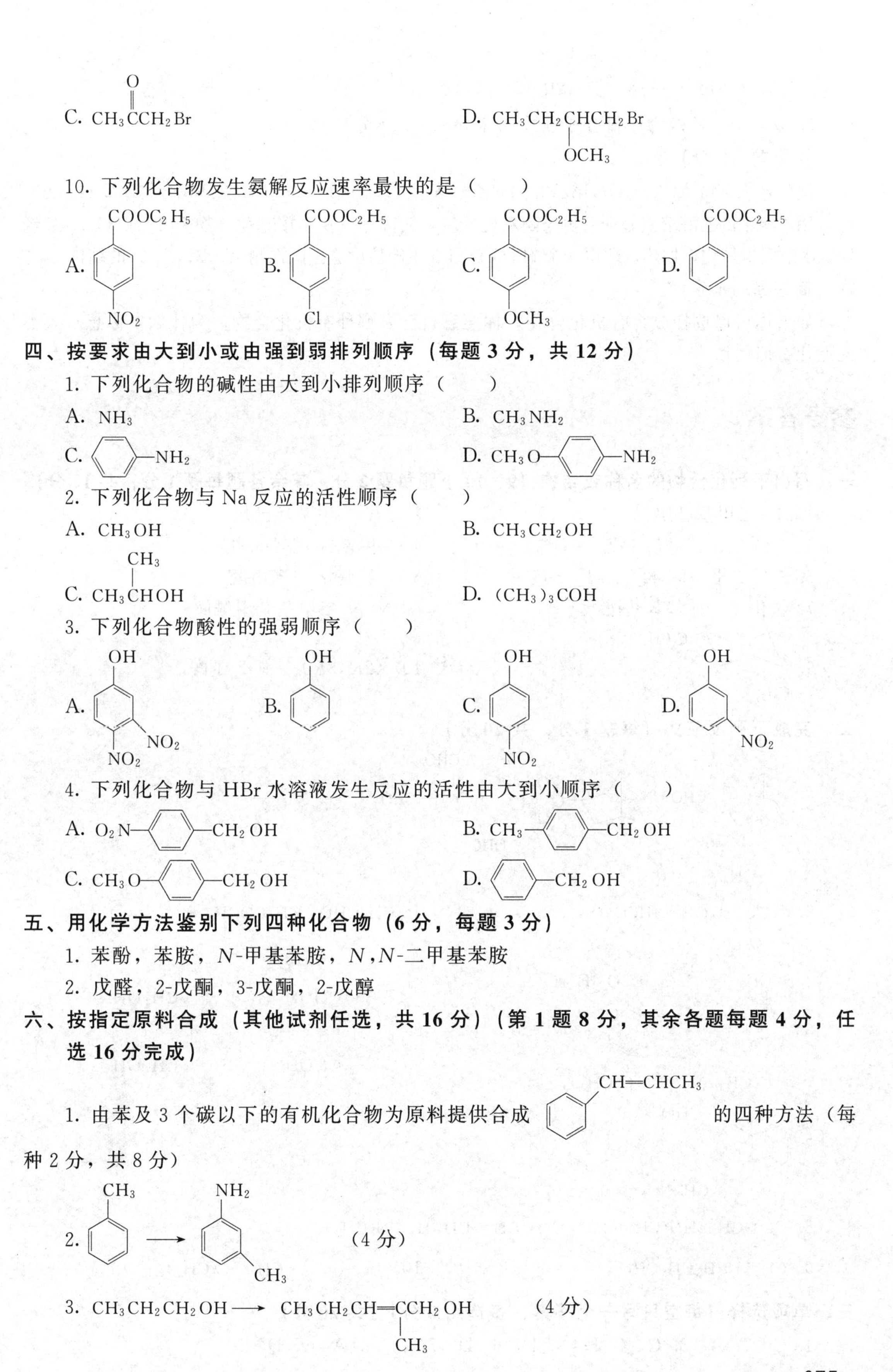

C. $CH_3C(=O)CH_2Br$　　D. $CH_3CH_2CH(OCH_3)CH_2Br$

10. 下列化合物发生氨解反应速率最快的是（　　）

A. 对硝基苯甲酸乙酯（$COOC_2H_5$，NO_2）　B. 对氯苯甲酸乙酯（$COOC_2H_5$，Cl）　C. 对甲氧基苯甲酸乙酯（$COOC_2H_5$，OCH_3）　D. 苯甲酸乙酯（$COOC_2H_5$）

四、按要求由大到小或由强到弱排列顺序（每题 3 分，共 12 分）

1. 下列化合物的碱性由大到小排列顺序（　　）

A. NH_3　　B. CH_3NH_2

C. $C_6H_5-NH_2$　　D. $CH_3O-C_6H_4-NH_2$

2. 下列化合物与 Na 反应的活性顺序（　　）

A. CH_3OH　　B. CH_3CH_2OH

C. $CH_3CH(CH_3)OH$　　D. $(CH_3)_3COH$

3. 下列化合物酸性的强弱顺序（　　）

A. 2,4-二硝基苯酚（OH，NO_2，NO_2）　B. 苯酚（OH）　C. 对硝基苯酚（OH，NO_2）　D. 间硝基苯酚（OH，NO_2）

4. 下列化合物与 HBr 水溶液发生反应的活性由大到小顺序（　　）

A. $O_2N-C_6H_4-CH_2OH$　　B. $CH_3-C_6H_4-CH_2OH$

C. $CH_3O-C_6H_4-CH_2OH$　　D. $C_6H_5-CH_2OH$

五、用化学方法鉴别下列四种化合物（6 分，每题 3 分）

1. 苯酚，苯胺，*N*-甲基苯胺，*N*,*N*-二甲基苯胺

2. 戊醛，2-戊酮，3-戊酮，2-戊醇

六、按指定原料合成（其他试剂任选，共 16 分）（第 1 题 8 分，其余各题每题 4 分，任选 16 分完成）

1. 由苯及 3 个碳以下的有机化合物为原料提供合成 $C_6H_5-CH{=}CHCH_3$ 的四种方法（每种 2 分，共 8 分）

2. 甲苯（CH_3）$\longrightarrow$ 间甲基苯胺（NH_2，CH_3）　　（4 分）

3. $CH_3CH_2CH_2OH \longrightarrow CH_3CH_2CH{=}C(CH_3)CH_2OH$　　（4 分）

4.  ▷—COOH ⟶ ▷—NH_2 （4 分）

5. 以丙烯、乙炔为原料合成顺式-4-辛烯 （4 分）

七、推导题（8 分）

某酯类化合物 A（$C_4H_8O_2$）用乙醇钠的乙酸溶液处理，得到一个 β-二羰基化合物B（$C_6H_{10}O_3$）。将 B 用乙醇钠的乙醇溶液处理后再与碘乙烷反应，又得另一 β-二羰基化合物 C（$C_8H_{14}O_3$）。C 经稀碱水解后再酸化，加热，即得一个酮 D。D 可发生碘仿反应。试推测 A、B、C、D 的结构。

八、简答题（6 分）

如果你可以选择成为有机化合物，你愿意自己是哪种有机化合物，为什么？你想对人类说点什么悄悄话。

参考答案

一、写出下列化合物的名称或结构（9、10 小题每题 2 分，其余各题每题 1 分，共 12 分）

1. 2,4-二甲基己烷
2. 1,6-二甲基环己烯
3. （*Z*）-2,3-二甲基-1-氯-1-丁烯
4. 3-甲基-4-己烯-1-炔
5. 7,7-二甲基双环[2.2.1]-2-庚烯
6. 5-氨基-2-溴苯甲醛
7. 氯化三乙烯基苯基铵
8. *N*,*N*-二甲基苯甲酰胺
9. 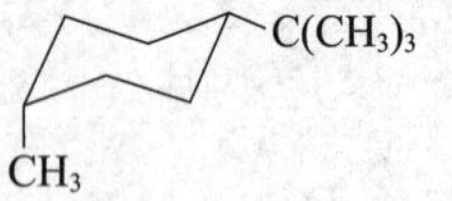 （环己烷椅式构象，取代基：$C(CH_3)_3$，CH_3）
10. （2*R*,3*R*）-3-氯-2-丁醇

二、完成下列反应式（每题 1 分，共 20 分）

1. 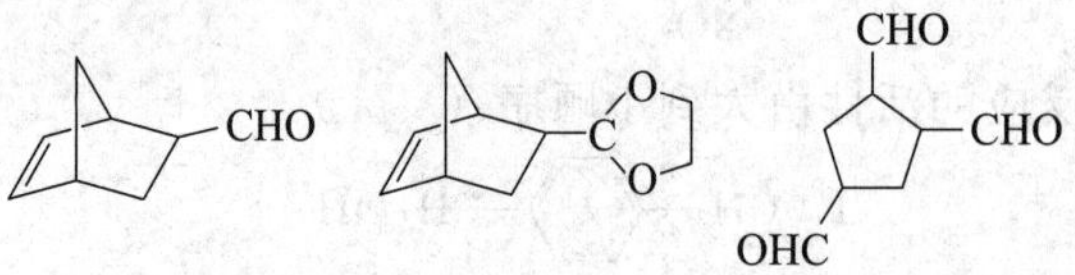 （双环[2.2.1]庚烯-CHO）　（双环[2.2.1]庚烯-1,3-二氧戊环）　（环戊烷三甲醛：CHO，CHO，OHC）
2. $SOCl_2$
3. $CH_3C(CH_3)_2CH_2OH$　HCOONa
4. CH_3CHO　CH_3COCH_3
5. 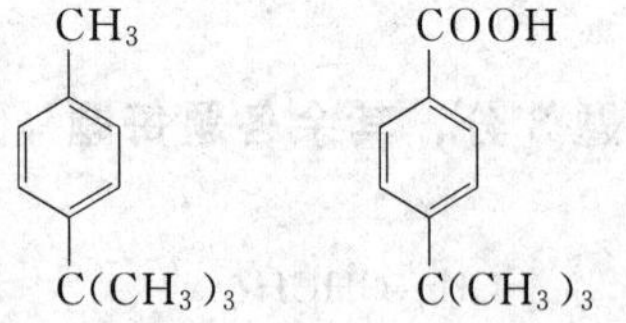 （苯环：CH_3，$C(CH_3)_3$）　（苯环：COOH，$C(CH_3)_3$）
6. 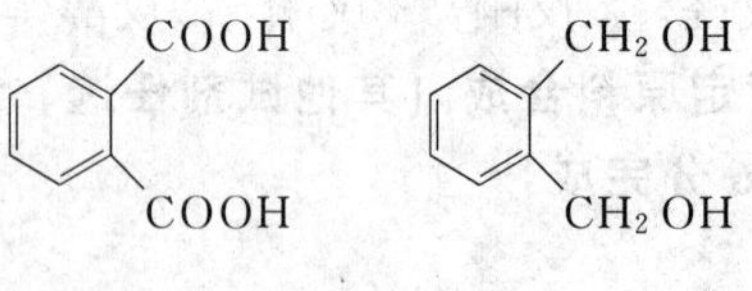 （邻苯二甲酸：COOH，COOH）　（邻苯二甲醇：CH_2OH，CH_2OH）
7. 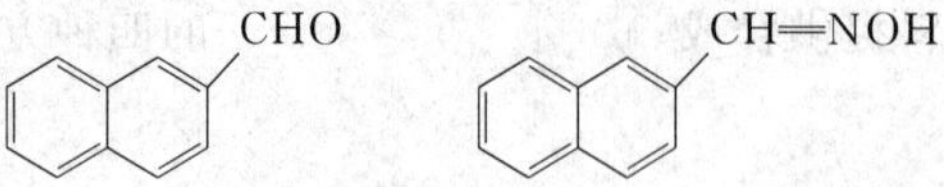 （2-萘甲醛：CHO）　（萘-CH=NOH）
8. $C_6H_5CH_2CH(CH_3)\overset{+}{N}(CH_3)_3I^-$　$C_6H_5CH=CHCH_3$　$N(CH_3)_3$
9. CH_3I　CH_3CH_2CHO
10. 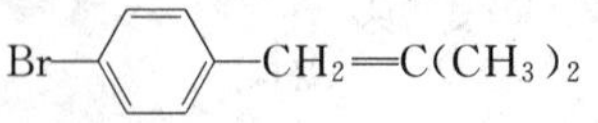 Br—C_6H_4—$CH_2=C(CH_3)_2$

三、单项选择（每空只写一个答案，多选给 0 分）（共 20 分）

1. C　2. A　3. C　4. B　5. D　6. D　7. D　8. A　9. D　10. A

四、按要求由大到小或由强到弱排列顺序（每题 3 分，共 12 分）

1. B>A>D>C　2. A>B>C>D　3. A>C>D>B　4. C>B>D>A

五、用化学方法鉴别下列四种化合物（6 分，每题 3 分）

1. 苯酚，苯胺，*N*-甲基苯胺，*N*,*N*-二甲基苯胺

A C_6H_5—OH
B C_6H_5—NH_2
C C_6H_5—$NHCH_3$
D C_6H_5—$N(CH_3)_2$

A、B、C、D $\xrightarrow{FeCl_3}$ 显色反应 A；无现象 B、C、D

无现象 B、C、D $\xrightarrow{\text{对甲苯磺酰氯}}$ 结晶↓ B、C；不反应 D

结晶↓ B、C $\xrightarrow{NaOH/H_2O}$ 结晶溶解B；结晶不溶↓C

2. 戊醛，2-戊酮，3-戊酮，2-戊醇

A $CH_3CH_2CH_2CH_2CHO$
B $CH_3COCH_2CH_2CH_3$
C $CH_3CH_2COCH_2CH_3$
D $CH_3CH(OH)CH_2CH_2CH_3$

A、B、C、D $\xrightarrow{Ag(NH_3)_2OH}$ 银镜↓ A；无现象 B、C、D

无现象 B、C、D $\xrightarrow{I_2/NaOH}$ 沉淀 B、D；无现象 C

沉淀 B、D $\xrightarrow{\text{2, 4-二硝基苯肼}}$ 沉淀B；无现象D

六、按指定原料合成（其他试剂任选，共 16 分）（第 1 题 8 分，其余各题每题 4 分，任选 16 分完成）

1.

(1) $C_6H_6 \xrightarrow[CH_3I]{AlCl_3} C_6H_5CH_3 \xrightarrow{NBS} \xrightarrow{H_2O/OH^-} \xrightarrow{PCC} C_6H_5CHO \xrightarrow[H^+]{CH_3CH_2MgBr} C_6H_5CH(OH)CH_2CH_3 \xrightarrow{\triangle} C_6H_5CH{=}CHCH_3$

(2) $C_6H_6 \xrightarrow[CH_3I]{AlCl_3} C_6H_5CH_3 \xrightarrow{NBS} \xrightarrow{Mg} C_6H_5CH_2MgBr \xrightarrow{CH_3CHO} C_6H_5CH_2CH(OH)CH_3 \xrightarrow{\triangle} C_6H_5CH{=}CHCH_3$

(3) $C_6H_6 \xrightarrow[Br_2]{AlCl_3} \xrightarrow{Mg} C_6H_5MgBr \xrightarrow[H^+]{CH_3CH_2CHO} C_6H_5CH(OH)CH_2CH_3 \xrightarrow{\triangle} C_6H_5CH{=}CHCH_3$

(4) $PPh_3 \xrightarrow{CH_3CH_2Br} (C_6H_5)_3\overset{+}{P}CH_2CH_3\overset{-}{Br} \xrightarrow[\text{醚}]{CH_3CH_2CH_2CH_2Li} (C_6H_5)_3\overset{+-}{P}CHCH_3$

$C_6H_6 \xrightarrow[CH_3I]{AlCl_3} C_6H_5CH_3 \xrightarrow{NBS} \xrightarrow{H_2O/OH^-} \xrightarrow{PCC} C_6H_5CHO \xrightarrow{(C_6H_5)_3\overset{+-}{P}CHCH_3} C_6H_5CH{=}CHCH_3$

2. 甲苯 $\xrightarrow[H_2SO_4]{HNO_3}$ 对硝基甲苯（CH_3, NO_2） $\xrightarrow{Fe/HCl}$ $\xrightarrow{CH_3COOCOCH_3}$ 对甲基乙酰苯胺（CH_3, $NHCOCH_3$） $\xrightarrow[H_2SO_4]{HNO_3}$ （CH_3, NO_2, $NHCOCH_3$）

$\xrightarrow{H_2O/OH^-}$ $\xrightarrow{NaNO_2/HCl}$ $\xrightarrow{H_3PO_2/H_2O}$ $\xrightarrow{Fe/HCl}$ 间甲苯胺（NH_2, CH_3）

3. $CH_3CH_2CH_2OH \xrightarrow{PCC} CH_3CH_2CHO \xrightarrow{稀\ NaOH} CH_3CH_2CH(OH)CH(CH_3)CHO \xrightarrow{\triangle} CH_3CH_2CH{=}C(CH_3)CHO$

$\xrightarrow{LiAlH_4} CH_3CH_2CH{=}C(CH_3)CH_2OH$

4. 环丙基$-COOH \xrightarrow{SOCl_2}$ 环丙基$-COCl \xrightarrow{NH_3}$ 环丙基$-CONH_2 \xrightarrow{Br_2/OH^-}$ 环丙基$-NH_2$

5. $CH_2{=}CHCH_3 \xrightarrow[-O-O-]{HBr} CH_2(Br)-CH_2CH_3$

$HC{\equiv}CH \xrightarrow{Na} NaC{\equiv}CNa$

两者 $\longrightarrow CH_3CH_2CH_2C{\equiv}CCH_2CH_2CH_3$

$\xrightarrow[Lindlar催化剂]{H_2}$ $CH_3CH_2CH_2(H)C{=}C(H)CH_2CH_2CH_3$（顺式）

七、推导题(8 分)

A. $CH_3COC_2H_5$　　B. $CH_3COCH_2COOC_2H_5$

C. $CH_3COCH(CH_2CH_3)COOC_2H_5$　　D. $CH_3COCH_2CH_2CH_3$

八、简答题（6 分）

略。

15-26 章综合测试（二）

一、写出下列化合物的系统名称或构造式（立体异构体必须标明构型）（1-7 每题 1 分，8-11 每题 2 分，共 15 分）

1. 2,5-二甲基-3-乙基己烷

2. 2-溴-4-硝基苯酚

3. （结构式：C_2H_5、CH_3、Br、乙炔基）

4. $C_2H_5NHCH_2CH_2NH_2$

5. （结构式）

6. （结构式）

7. $H_2C{=}CHOCH{=}CH_2$

8. H_3C—CH=C(—CH=CH—CH_3)—$C(CH_3)_3$

9. （Newman 投影式：C_2H_5、H、CH_3、HO、CH_3、Cl）

10. 写出（结构式：CH_3、OH、$C(CH_3)_3$）最稳定的椅型构象

11. 写出（$2R$,$3S$）-2,3-丁二醇的 Fischer 投影式

二、完成下列反应式（写出括号内的产物或试剂）（每空 1 分，共 15 分）

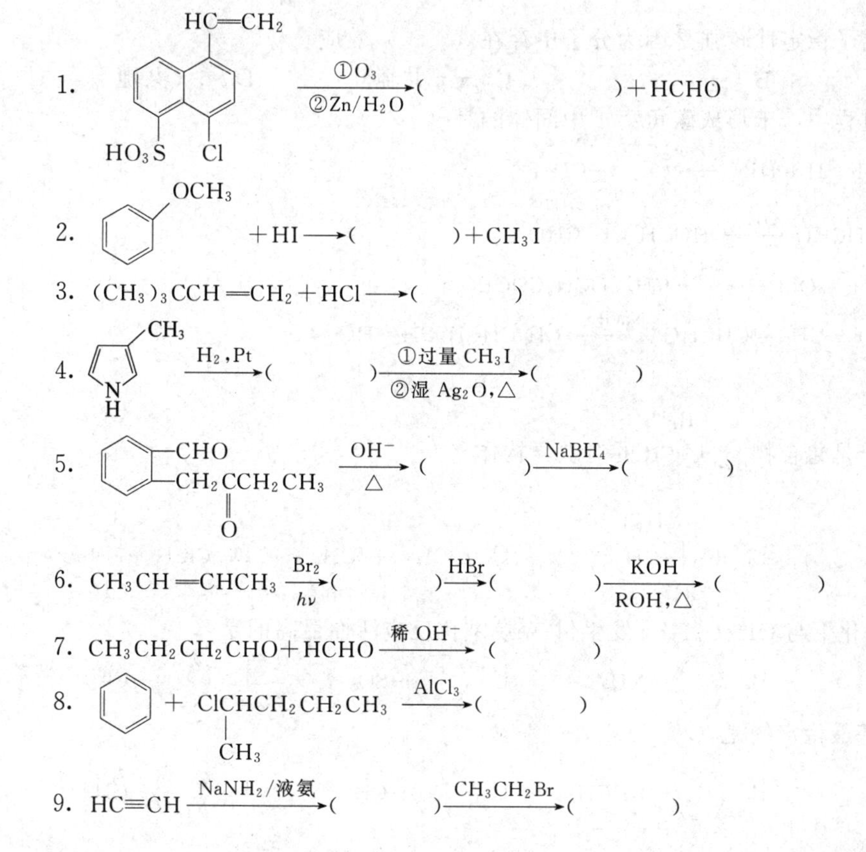

10. $H_3C-\underset{HO}{\overset{H_3C}{C}}-\underset{OH}{\overset{CH_3}{C}}-CH_3 \xrightarrow{H^+}$ (　　)

三、单项选择（每空 2 分，共 20 分）

1. 下列反应属于亲电加成反应机理的是（　　）。

A. 甲苯与 NBS 反应　　B. 甲苯与 Br_2/Fe 的取代

C. 乙炔与 CH_3COOH 加成　　D. 丙烯与 HBr 加成

2. 下列化合物不具有芳香性的是（　　）。

A. 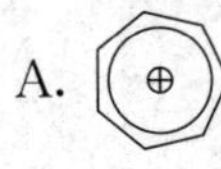　B. 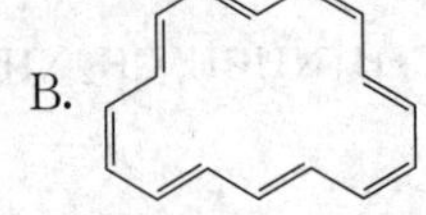　C. 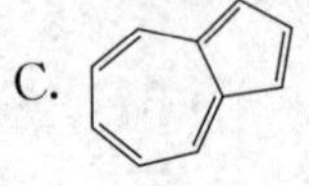　D. 环戊二烯负离子（⊖）

3. 以下试剂的亲核性由强到弱的顺序为（　　）。

a $O_2N-C_6H_4-O^-$　b $C_2H_5O^-$　c $C_6H_5-O^-$　d $C_2H_5S^-$

A. abcd　B. bcad　C. dbca　D. dcba

4. 下列化合物中没有旋光性的是（　　）。

A. 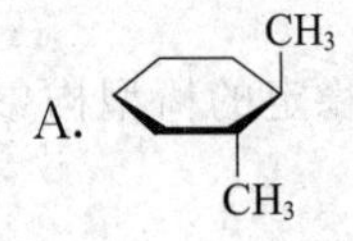　B. 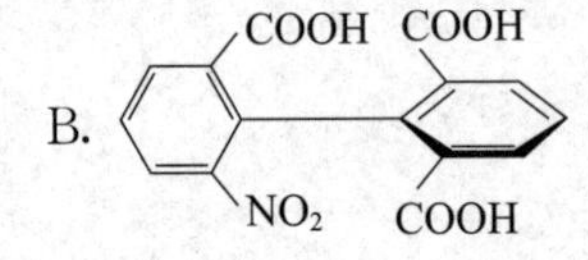

C. 螺[3.3]庚烷（两端各带取代基）　D. $CH_3(H)C=C=C(H)CH_3$

5. 苄基碳正离子稳定性较强是因为分子中存在（　　）效应。

A. +I　B. −I　C. π-π 共轭　D. p-π 共轭

6. 下列反应过程中，未形成碳负离子中间体的是（　　）。

A. $C_6H_5-CH_2OH+HBr \longrightarrow C_6H_5-CH_2Br$

B. $CH_3CHO+HCHO \xrightarrow{OH^-} HOCH_2CH_2CHO$

C. $CH_3COOEt+NaOEt \longrightarrow \xrightarrow{H^+} CH_3COCH_2COOEt$

D. $CH_3CH_2NO_2+CH_2=CHCHO \xrightarrow{NaOEt} CH_3\underset{NO_2}{CH}CH_2CH_2CHO$

7. 以下哪一个是化合物 $Br(H)C(CH_2Cl)CH_3$ 的对映异构体（　　）。

A. 上 CH_2Cl，左 H，右 CH_3，下 Br　B. 上 CH_2Cl，左 Br，右 CH_3，下 H　C. 上 Br，左 $ClCH_2$，右 CH_3，下 H　D. 上 H，左 $ClCH_2$，右 Br，下 CH_3

8. 在 $AlCl_3$ 催化下与 CH_3CH_2Br 发生付-克烷基化反应活性最高的是（　　）。

A. $C_6H_5-CH_3$　B. $C_6H_5-NH_2$　C. $C_6H_5-SO_3H$　D. C_6H_5-Cl

9. 下列自由基最稳定的是（　　）。

A. 环己基自由基　B. $C_6H_5-\dot{C}HCH_3$　C. 环己基$-\dot{C}H_2$　D. $C_6H_5-\dot{C}H_2$

10. 下列卤代烃与 $AgNO_3$-乙醇溶液反应最快的是（　　）。

A. $Br-C_6H_4-CH_3$（对位）　B. $C_6H_5-CH_2Br$　C. $C_6H_5-CH(Br)CH_3$　D. $C_6H_5-CH_2CH_2Br$

四、将下列化合物按要求由大到小排序（每题 3 分，共 15 分）

1. 下列离子的亲核性大小顺序（　　）

A. $C_2H_5O^-$　B. CH_3COO^-　C. ^-OH　D. $C_6H_5O^-$

2. 排列下列卤代烃在 KOH/乙醇中脱去 HX 的活性顺序（　　）

A. $C_6H_5-CH_2CH(Br)CH_3$　B. $C_6H_5-CH(Br)-CH(CH_3)_2$

C. $C_6H_5-CH_2CH_2CH_2Br$　D. $Br-C_6H_4-CH_2CH_2CH_3$（对位）

3. 比较下列化合物的酸性大小（　　）

A. 环己醇（$C_6H_{11}OH$）　B. 苯酚（C_6H_5OH）　C. 对甲基苯酚（p-$CH_3C_6H_4OH$）　D. 对硝基苯酚（p-$NO_2C_6H_4OH$）

4. 按碳正离子稳定性顺序大小排列（　　）

A. $(CH_3)_3\overset{+}{C}$　B. $Br_3C\overset{+}{C}HCH_3$　C. $BrCH_2\overset{+}{C}HCH_3$　D. $CH_3\overset{+}{C}HCH_3$

5. 按碱性强弱次序排列下列各组化合物。（　　）

A. 乙胺　B. 乙酰胺　C. 乙酰苯胺　D. *N*-甲基乙酰胺

五、用化学方法鉴别下列化合物（每题 3 分，共 9 分）

1. $CH_3CH_2CH_3$，△，$CH_3CH{=}CH_2$

2. 2-戊酮，3-戊酮，2-戊醇

3. 氯乙烯，氯乙烷，烯丙基氯，苄基氯

六、用指定原料（无机试剂、催化剂、4 个碳原子以下的有机试剂任选）合成下列化合物（任选两题，每题 5 分，共 10 分）

1. 由环己醇合成 2,3-二溴环己醇

2. $HC{\equiv}CH \longrightarrow H_2C{=}CHCCH_3$（$\overset{O}{\parallel}$ 羰基在 C 上：$H_2C{=}CH-CO-CH_3$）

3. $CH_3COCH_2COOC_2H_5$ 在 $NaOC_2H_5$ 作用下生成 环戊基$-COCH_3$

七、推导题（10 分）

化合物 A（$C_9H_{12}O$）有旋光性，在浓硫酸存在下 A 转变成 B（C_9H_{10}）。B 可以催化加入一分子的氢，B 能使溴水褪色，B 与酸性 $KMnO_4$ 加热可生成一种苯二甲酸 C。C 发生溴代只生成一种产物 D。试推测 A、B、C、D 的结构，并写出相关反应式。

八、简答题（6 分）

在日常生活中找出一个有机化合物，结合其用途推断其结构和物理化学性质。

参考答案

一、写出下列化合物的系统名称或构造式（立体异构体必须标明构型）（共 15 分）

1. 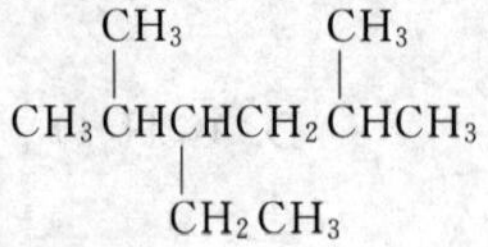 $CH_3CH(CH_3)CH(CH_2CH_3)CH_2CH(CH_3)CH_3$　　2. OH　Br　NO_2

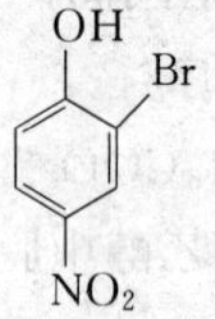

3. (*R*)-3-甲基-3-溴-1-戊炔　　4. *N*-乙基乙二胺

5. 螺[3,4]辛烷　　6. 5-甲基-1,3-环戊二烯

7. 二乙烯基醚　　8. (*E*,*Z*)-3-叔丁基-2,4-己二烯

9. (2*R*,3*R*)-3-甲基-2-氯-3-戊醇

10. 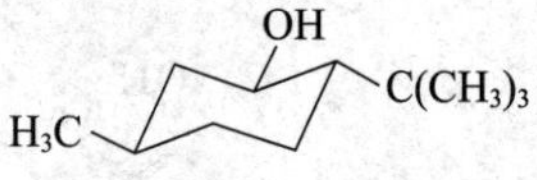 OH　$C(CH_3)_3$　H_3C　　11. 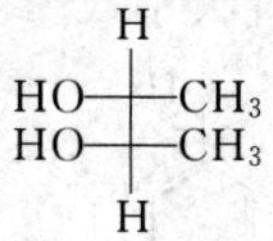 H　HO—　—CH_3　HO—　—CH_3　H

二、完成下列反应式（每空 1 分，共 15 分）

1. 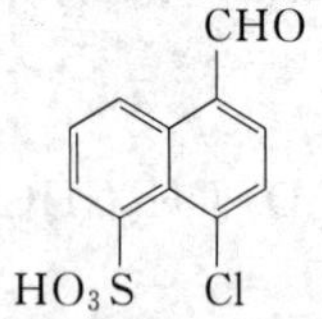 CHO　HO_3S　Cl　　2. 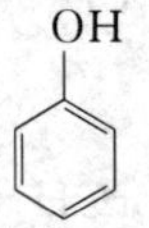 OH　　3. 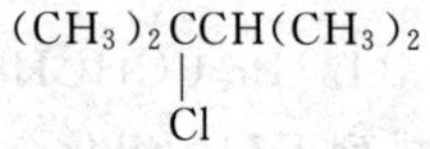 $(CH_3)_2CClCH(CH_3)_2$

4. 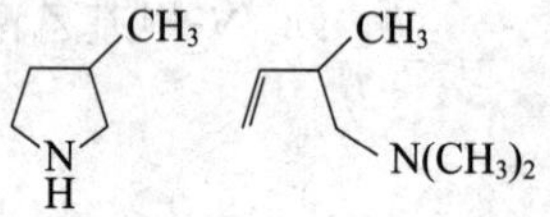 CH_3　N　H　　CH_3　$N(CH_3)_2$　　5. 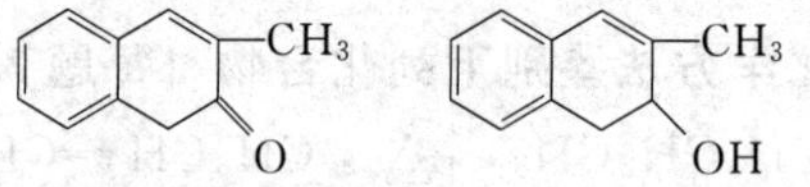 CH_3　O　　CH_3　OH

6. $CH_3CH{=}CHCH_2Br$　$CH_3CHBr\text{-}CH_2CH_2Br$　$CH_2{=}CHCH{=}CH_2$

7. 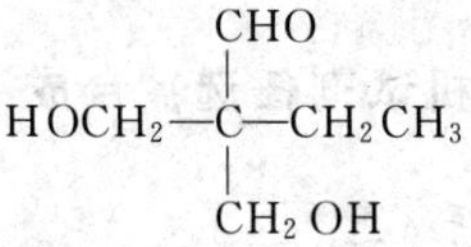 $HOCH_2—C(CHO)(CH_2OH)—CH_2CH_3$　　8. 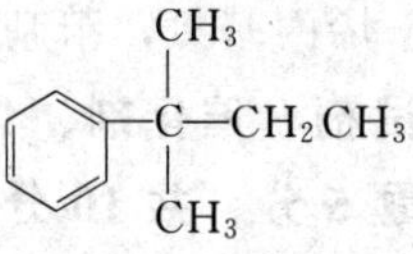 $C_6H_5—C(CH_3)_2—CH_2CH_3$

9. $HC{\equiv}CNa$　$HC{\equiv}CCH_2CH_3$　　10. 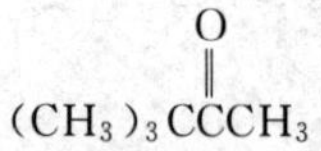 $(CH_3)_3CCOCH_3$

三、单项选择（每空 2 分，共 20 分）

1. D　2. B　3. C　4. B　5. D　6. A　7. B　8. A　9. B　10. C

四、将下列化合物按要求由大到小排序（每题 3 分，共 15 分）

1. A>C>D>B　2. B>A>C>D　3. D>B>C>A

4. A>D>C>B　5. A>D>B>C

五、用化学方法鉴别下列化合物（每题 3 分，共 9 分）

1.  $CH_3CH_2CH_3$　△　$CH_3CH{=}CH_2$　$\xrightarrow{Br_2}$　无反应　褪色　褪色　$\xrightarrow{KMnO_4/H^+}$　无反应　褪色

2.

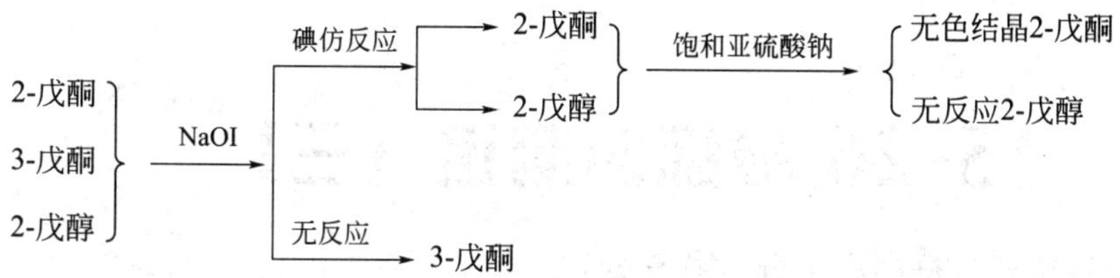

2-戊酮、3-戊酮、2-戊醇 $\xrightarrow{NaOI}$ 碘仿反应 → 2-戊酮、2-戊醇 $\xrightarrow{饱和亚硫酸钠}$ {无色结晶2-戊酮；无反应2-戊醇}；无反应 → 3-戊酮

3. 先用溴水分为褪色（氯乙烯，烯丙基氯）和不褪色（氯乙烷，苄基氯）两组，再用硝酸银的醇溶液分别鉴别这两组（其中烯丙基氯和苄基氯会立即出现沉淀）。

六、用指定原料（无机试剂、催化剂、4个碳原子以下的有机试剂任选）合成下列化合物（任选两题，每题5分，共10分）

1. 环己醇 $\xrightarrow{H_3PO_4}$ 环己烯 $\xrightarrow{NBS}$ 3-溴环己烯 $\xrightarrow[H_2O]{NaOH}$ 环己-2-烯-1-醇 $\xrightarrow{Br_2}$ 2,3-二溴环己醇

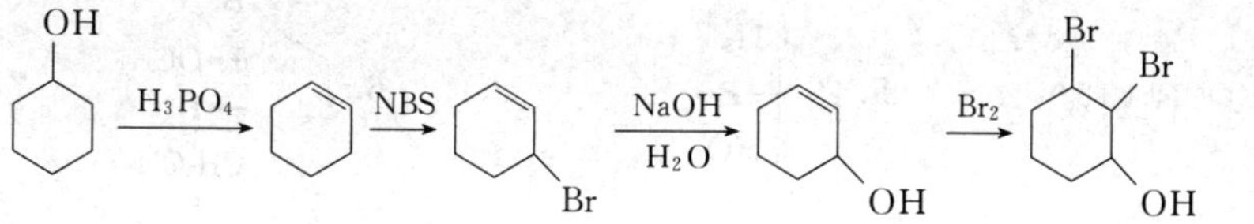

2. $HC{\equiv}CH \xrightarrow[CuCl_2/NH_4Cl]{HC{\equiv}CH} H_2C{=}CHC{\equiv}CH \xrightarrow[HgSO_4]{H_2O} H_2C{=}CHC(OH){=}CH_2 \xrightarrow{重排} H_2C{=}CHC(=O)CH_3$

3. $CH_3COCH_2COOC_2H_5 \xrightarrow{NaOC_2H_5} \xrightarrow{ClCH_2CH_2CH_2CH_2Cl} ClCH_2CH_2CH_2CH_2CH(COCH_3)COOC_2H_5$

$\xrightarrow{NaOC_2H_5}$ 1-乙酰基环戊烷甲酸乙酯 $\xrightarrow[②H^+]{①稀碱} \xrightarrow{\triangle}$ 环戊基甲基酮（$C_5H_9COCH_3$）

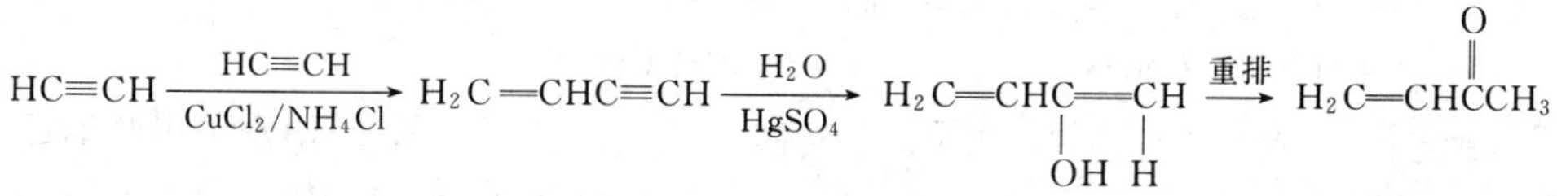

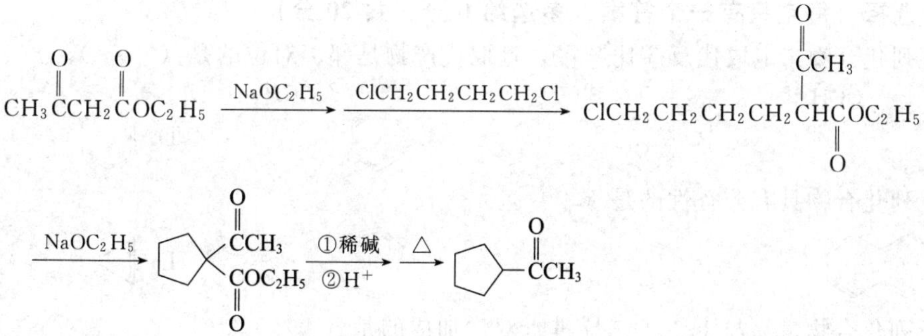

七、推导题（10分）

A. 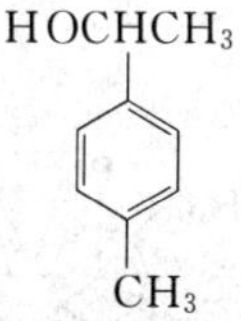 p-$CH_3C_6H_4CH(OH)CH_3$（HOCHCH$_3$ 与 CH$_3$ 对位取代苯）

B. 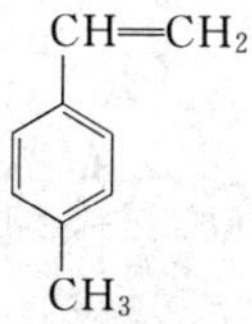 p-$CH_3C_6H_4CH{=}CH_2$

C. 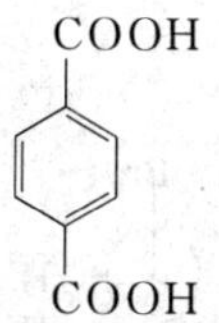 p-$HOOCC_6H_4COOH$

D. 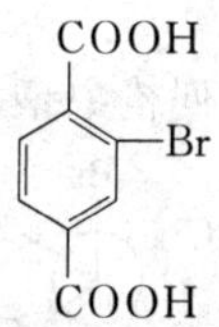 2-溴对苯二甲酸（COOH、COOH 对位，Br 邻位于 COOH）

反应式：A 脱水生成 B；B 催化加氢；B 使溴水褪色；B 氧化成 C；C 溴代。

八、简答题（6分）

略。

15-26 章综合测试（三）

一、命名或写出结构式（每小题 1 分，共 9 分）

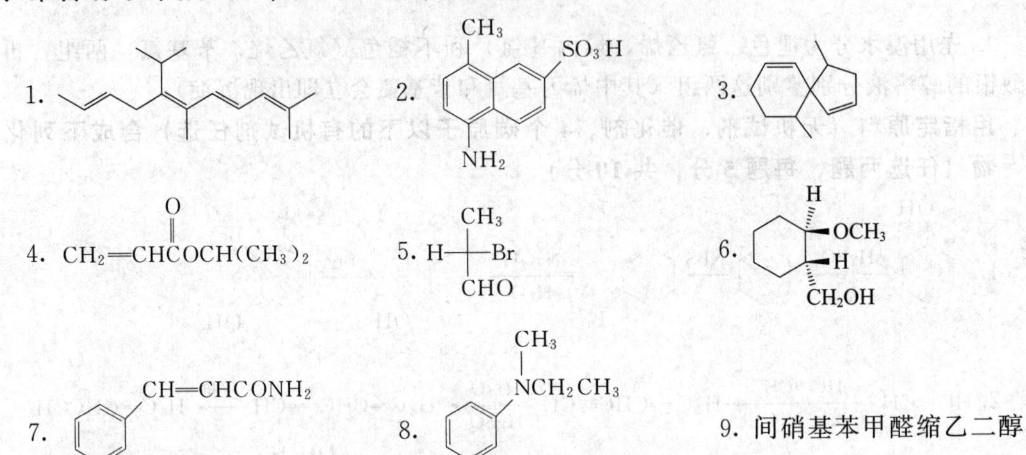

9. 间硝基苯甲醛缩乙二醇

二、单项选择（每空只有一个答案，多选给 0 分，共 20 分）

1. 下列化合物亲电取代反应比苯慢，且取代产物是邻、对位的是（　　）。

A. 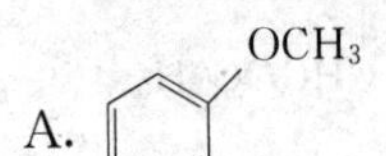

B. Br　C. COCH3　D. CF_3

2. 下列化合物具有芳香性的是（　　）。

A.　B. +　C.　D. +

3. 下列化合物最易与 1,3-丁二烯进行双烯加成的是（　　）。

A.　B. OCH_3　C. COOCH3　D. O

4. 下列构象最稳定的是（　　）。

A. Br, H_3C, Br, H, CH_3, H　B. Br, Br, H, H, CH_3, H_3C　C. Br, H_3C, H, H, CH_3, Br　D. Br, H_3C, Br, H, CH_3, H

5. 与溴甲烷反应，活性最强的是（　　）。

A. O^-, Cl　B. O^-, NO_2　C. S^-, CH_3　D. O^-, OCH_3

6. 下列氯代烃与 $AgNO_3$/醇反应最快的是（　　）。

A. $(CH_3)_3CBr$　　B. $CH_3CH═CHCHBrCH_3$

C. $(CH_3)_3CCH_2Br$　　D. $CH_3CH═CBrCH_3$

7. 能被斐林试剂（铜氨溶液）氧化的化合物是（　　）。

A. CH_3CH_2OH B. CH_3COCH_3

C. $CH_3CH{=}CHCHO$ D. CF_3CHO

8. 下列化合物碱性水解，反应活性最强的是（　　）。

A. 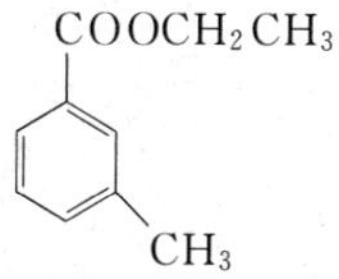 $COOCH_2CH_3$, CH_3 B. 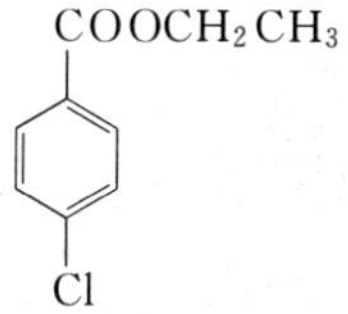 $COOCH_2CH_3$, Cl C. 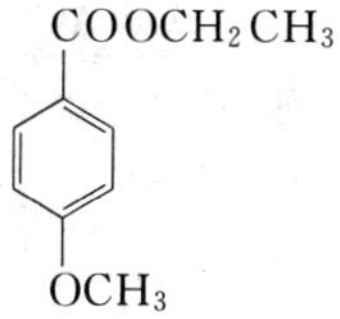 $COOCH_2CH_3$, OCH_3 D. 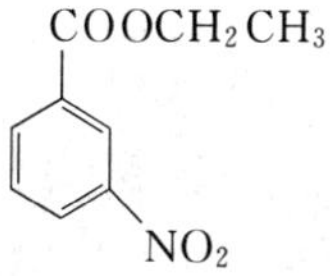 $COOCH_2CH_3$, NO_2

9. 下列化合物酸性最强的是（　　）。

A. 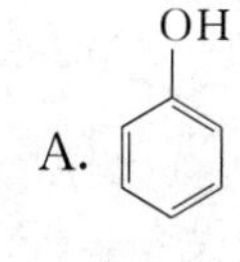

B. 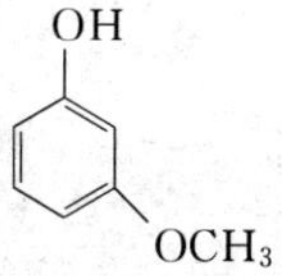 OH, OCH_3 C. 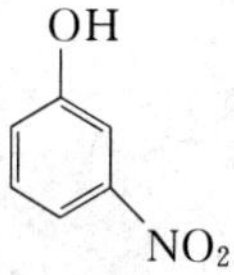 OH, NO_2 D. 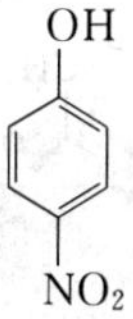 OH, NO_2

10. 下列化合物中不能发生氯仿反应的是（　　）。

A. 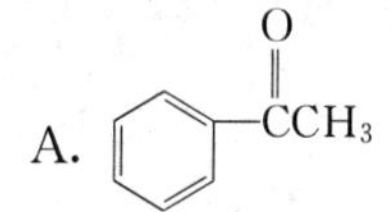

B. CH_3CH_2OH C. CH_2ClCHO D. 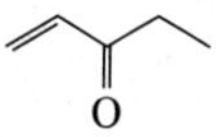 O

三、按照指定性能排序（每题 3 分，共 15 分）

1. 与 HCl 加成反应活性由大到小顺序（　　）。

A. $CH_2{=}CHCH_2CH{=}CH_2$ B. $CH_2{=}CHCH{=}C(CH_3)_2$

C. $CH_3CH{=}CHCH{=}CH_2$ D. $CH_2{=}CHCH{=}CH_2$

2. 按氢化热从高到低顺序（　　）。

A. 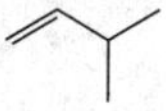 B. 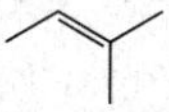 C. 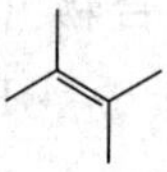 D.

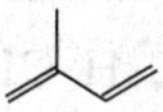

3. 碱性由强到弱顺序是（　　）。

A. 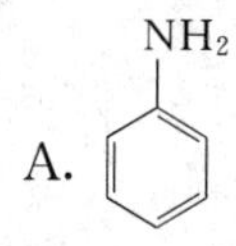

B. 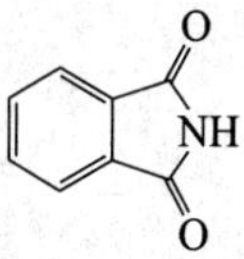 O, NH, O

C. 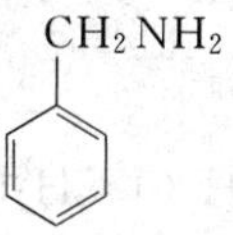 CH_2NH_2 D. 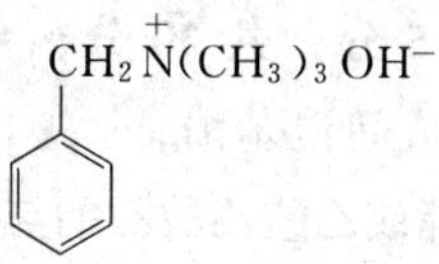 $CH_2\overset{+}{N}(CH_3)_3OH^-$

4. 与苯胺发生偶联反应，活性强弱顺序是（　　）。

A. 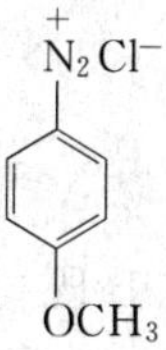 $\overset{+}{N_2}Cl^-$, OCH_3 B. 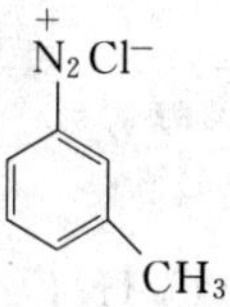 $\overset{+}{N_2}Cl^-$, CH_3 C. 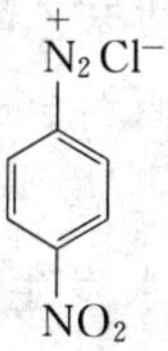 $\overset{+}{N_2}Cl^-$, NO_2 D. 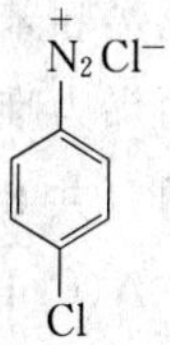 $\overset{+}{N_2}Cl^-$, Cl

5. 下列化合物发生亲核加成反应的活性顺序是（　　）。

A. 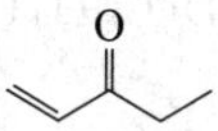 O B. 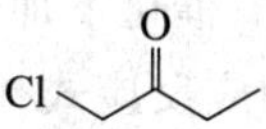 Cl, O C. 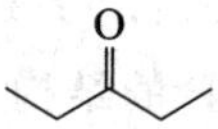 O D. 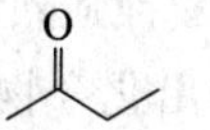 O

四、完成反应（写出主要中间产物、反应物或反应条件）（每空 1 分，16 分）

1. $C_6H_5CH_2CH_2CH(CH_3)CH_2Cl \xrightarrow{\text{无水 } AlCl_3} A \xrightarrow[h\nu]{NBS} B$

2. 环己烯 $\xrightarrow[H_2O]{Br_2} A+B$

3. 2-甲基-1,3-丁二烯 + $CH_2=CHCOCH_3 \xrightarrow{\triangle} A \xrightarrow[\text{② } H_2O_2, OH^-]{\text{① } B_2H_6} B$

4. $CH_3CH_2C(CH_3)(H)Br \xrightarrow{NaI/\text{丙酮}} A$

5. $(CH_3)_2CHCH_2OH \xrightarrow{SOCl_2} A \xrightarrow[\text{干醚}]{Mg} B \xrightarrow[\text{干醚}]{HCHO} \xrightarrow{H^+} C$

$\xrightarrow{D} (CH_3)_2CHCH_2CHO \xrightarrow{Ph_3P=CHCH_3} E$

6. $C_6H_5-\underset{H}{C}H-CHCH_3$（环氧，O） $\xrightarrow{NH_3} A$；$\xrightarrow[\triangle]{\text{过量}HI} B$

7. 2-乙基哌啶（N—H，CH_2CH_3） $\xrightarrow{\text{过量 } CH_3I} A \xrightarrow[\text{②}\triangle]{\text{①湿 } Ag_2O} B$

五、用化学方法鉴别下列各组化合物（每小题 4 分，共 12 分）

1. A. C_6H_5CHO　　B. $C_6H_5COCH_3$
   C. $C_6H_5CH_2CHO$　　D. $C_6H_5C\equiv CH$
2. A. C_6H_5OH　　B. $C_6H_5OCH_3$
   C. $(CH_3)_2CHOH$　　D. $CH_2=CHCH_2OH$
3. A. 邻甲基苯胺　　B. *N*-甲基苯胺
   C. 对羟基苯甲酸　　D. 苯甲酸

六、合成题（每小题 5 分，共 20 分；合成过程中无机试剂任选）

1. 以苯为原料合成间溴苯酚；
2. 以丙二酸二乙酯或乙酰乙酸乙酯与 4 碳以下有机化合物为原料合成 $CH_3COCH_2CH_2CH_2COOH$；
3. 以乙烯和苯为有机原料合成苯乙酮；
4. 以丙烯为唯一的有机起始原料合成 2-甲基-3-戊醇。

七、推导题（共 8 分）

化合物 A（$C_9H_7ClO_2$）可与水发生反应生成 B（$C_9H_8O_3$）【反应 1】。B 既可以溶于 $NaHCO_3$ 溶液也能与 2,4-二硝基苯肼反应生成黄色固体衍生物，也能与斐林试剂反应。B 经酸性高锰酸钾强烈氧化生成 C（$C_8H_6O_4$），C 在 P_2O_5 催化下加热脱水生成 D（$C_8H_4O_3$）【反应 2】。推出化合物 A、B、C、D 的结构，并写出相应反应式。

参考答案

一、命名或写出结构式（每小题 1 分，共 9 分）

1. (4*E*,6*Z*,9*E*)-2,6-二甲基-7-异丙基-2,4,6,9-十一碳四烯
2. 8-甲基-5-氨基-2-萘磺酸
3. 4,10-二甲基螺[4,5]癸-1,6-二烯
4. 丙烯酸异丙（醇）酯
5. (*S*)-2-溴丙醛
6. (1*S*,2*R*)-2-甲氧基环己基甲醇
7. 3-苯基-丙烯酰胺
8. *N*-甲基-*N*-乙基-苯胺（甲基乙基苯基胺）
9. 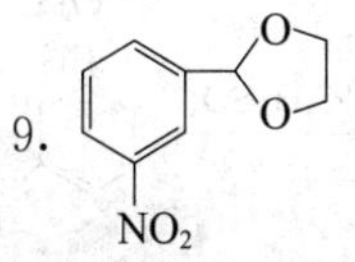

二、单项选择（每空只有一个答案，多选给 0 分，共 20 分）

1. B 2. D 3. C 4. C 5. C 6. B 7. D 8. D 9. D 10. D

三、按照指定性能排序（每题 3 分，共 15 分）

1. B＞C＞D＞A 2. D＞A＞B＞C 3. D＞C＞A＞B
4. C＞D＞B＞A 5. B＞D＞C＞A

四、完成反应（每空 1 分，16 分）

1. A. 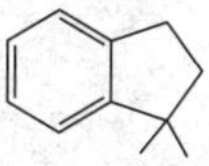 B. 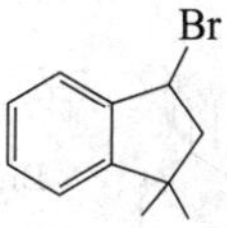 Br

2. A. 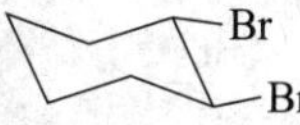 Br Br B.  Br OH

3. A. 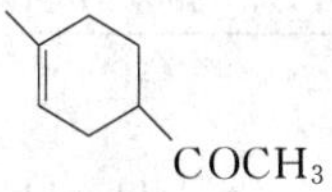 $COCH_3$ B. 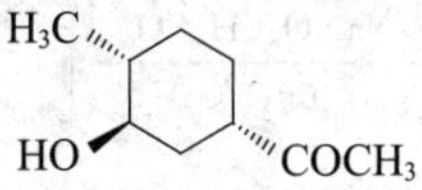 H_3C HO $COCH_3$ （或 CH_3 H_3COC OH）

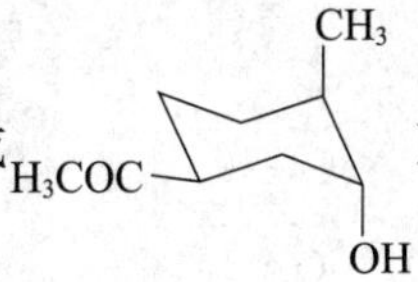

4. 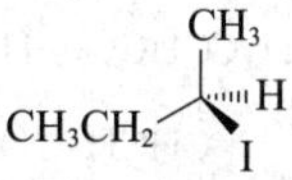 CH_3 H CH_3CH_2 I

5. A. 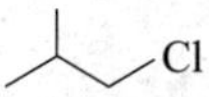 Cl B. 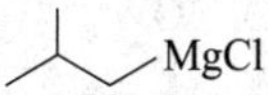 MgCl
C. 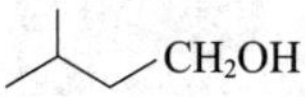 CH_2OH D. PCC E.

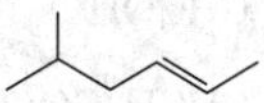

6. A. 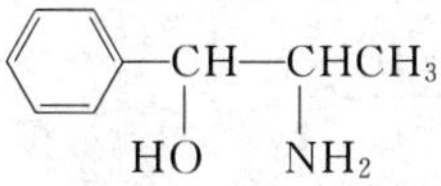 CH—CHCH$_3$ HO NH_2 B. 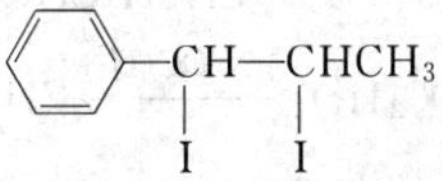 CH—CHCH$_3$ I I

7. A. 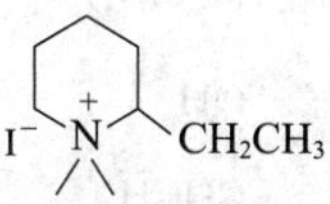 I^- $\overset{+}{N}$ CH_2CH_3 B. 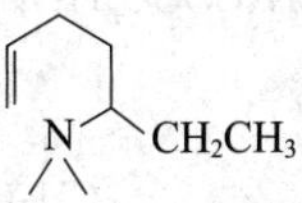 N CH_2CH_3

五、用化学方法鉴别下列各组化合物（每小题 4 分，共 12 分）

本题为非标准答案试题，鉴别方法多样，此处仅给出参考方法。

1. A、C 均可与银氨溶液反应，仅 C 可与斐林试剂反应；B 可与羰基试剂反应。
2. A、B、D 均可使溴水褪色，且 A 有白色沉淀生成；D 可使高锰酸钾褪色。

3. A、B 均可与亚硝酸反应，且 A 有气体生成而 B 有黄色油状物生成；C 有显色反应，并可使高锰酸钾褪色。

六、合成题（每小题 5 分，共 20 分）

本题为非标准答案试题，合成方法各异，以下合成路线仅供参考。

1. 法一：苯 $\xrightarrow[H_2SO_4,95℃]{HNO_3(发烟)}$ 间二硝基苯 $\xrightarrow[C_2H_5OH,\triangle]{NaHS}$ 间硝基苯胺 $\xrightarrow[0\sim5℃]{NaNO_2/H_2SO_4}$ 间硝基苯重氮硫酸氢盐（$N_2^+HSO_4^-$）

$\xrightarrow[\triangle]{40\%\sim50\%\ H_2SO_4}$ 间硝基苯酚 $\xrightarrow[C_2H_5OH]{NaHS}$ 间氨基苯酚 $\xrightarrow[0\sim5℃]{NaNO_2/HBr}$ 间羟基苯重氮溴化物（$N_2^+Br^-$）

$\xrightarrow[\triangle]{Cu_2Br_2/HBr}$ 间溴苯酚

法二：苯 $\xrightarrow[\triangle]{浓\ H_2SO_4}$ 苯磺酸（SO_3H） $\xrightarrow[Fe,\triangle]{Br_2}$ 间溴苯磺酸 $\xrightarrow{NaOH}$ 间溴苯磺酸钠（SO_3Na） $\xrightarrow[300℃]{NaOH}$ 间溴苯酚

法三：苯 $\xrightarrow[浓\ H_2SO_4]{浓\ HNO_3}$ 硝基苯 $\xrightarrow[Fe,\triangle]{Br_2}$ 间溴硝基苯 $\xrightarrow[C_2H_5OH,\triangle]{NaHS}$ 间溴硝基苯

$\xrightarrow[0\sim5℃]{NaNO_2/H_2SO_4}$ 间溴苯重氮硫酸氢盐（$N_2^+HSO_4^-$） $\xrightarrow[\triangle]{40\%\sim50\%\ H_2SO_4}$ 间溴苯酚

2. 法一：$CH_3\overset{O}{\overset{\|}{C}}CH_2\overset{O}{\overset{\|}{C}}OC_2H_5 \xrightarrow{NaOC_2H_5} CH_3\overset{O}{\overset{\|}{C}}\overset{-}{C}H\overset{O}{\overset{\|}{C}}OC_2H_5 \xrightarrow{ClCH_2CH_2COOC_2H_5} CH_3\overset{O}{\overset{\|}{C}}\underset{CHCH_2COOC_2H_5}{\underset{|}{C}H}\overset{O}{\overset{\|}{C}}OC_2H_5$

$\xrightarrow[②H_3O^+]{①稀\ NaOH} CH_3\overset{O}{\overset{\|}{C}}\underset{CHCH_2COOH}{\underset{|}{C}H}\overset{O}{\overset{\|}{C}}OH \xrightarrow{\triangle} CH_3\overset{O}{\overset{\|}{C}}CH_2CH_2CH_2COOH$

法二：$CH_2(COOC_2H_5)_2 \xrightarrow{NaOC_2H_5} \overset{-}{C}H(COOC_2H_5)_2 \xrightarrow{ClCH_2CH_2COCH_3}$

$CH_3COCH_2CH_2CH(COOC_2H_5)_2 \xrightarrow[②H_3O^+]{①稀\ NaOH} \xrightarrow{\triangle} CH_3COCH_2CH_2CH_2COOH$

3. 法一：苯 $\xrightarrow[HF]{CH_2=CH_2}$ 乙苯（CH_2CH_3） $\xrightarrow{NBS}$ $C_6H_5\underset{}{\overset{Br}{\overset{|}{C}}}HCH_3$ $\xrightarrow[NaOH]{H_2O}$ $C_6H_5\overset{OH}{\overset{|}{C}}HCH_3$ $\xrightarrow{PCC}$ $C_6H_5\overset{O}{\overset{\|}{C}}CH_3$

法二：苯 $\xrightarrow[Fe]{Br_2}$ 溴苯 $\xrightarrow[DHF]{Mg}$ 苯基溴化镁（MgBr）

$$CH_2{=}CH_2 \xrightarrow[H^+,\triangle]{H_2O} CH_3CH_2OH \xrightarrow{PCC} CH_3CHO$$

$$\text{MgBr} \xrightarrow[DHF]{CH_3CHO} \xrightarrow{H_3O^+} \overset{OH}{\overset{|}{CHCH_3}} \xrightarrow{PCC} \overset{O}{\overset{\|}{CCH_3}}$$

4. 法一：$3CH_3CH{=}CH_2 \xrightarrow{BH_3} (CH_3CH_2CH_2)_3B \xrightarrow{H_2O_2/OH^-} CH_3CH_2CHO \xrightarrow[5℃]{稀\ NaOH}$

$$CH_3CH_2\overset{OH}{\overset{|}{C}}H\underset{CH_3}{\underset{|}{C}}HCHO \xrightarrow[浓\ HCl]{Zn/Hg} CH_3CH_2\overset{OH}{\overset{|}{C}}H\underset{CH_3}{\underset{|}{C}}HCH_3$$

法二：$3CH_3CH{=}CH_2 \xrightarrow{BH_3} (CH_3CH_2CH_2)_3B \xrightarrow{H_2O_2/OH^-} CH_3CH_2CHO$

$$CH_3CH{=}CH_2 \xrightarrow{HBr} (CH_3)_2CHBr \xrightarrow[干醚]{Mg} (CH_3)_2CHMgBr$$

$$\xrightarrow[干醚]{CH_3CH_2CHO} CH_3CH_2\overset{OMgBr}{\overset{|}{C}}H\underset{CH_3}{\underset{|}{C}}HCH_3 \xrightarrow{H_3O^+} CH_3CH_2\overset{OH}{\overset{|}{C}}H\underset{CH_3}{\underset{|}{C}}HCH_3$$

七、推导题（共 8 分）

A. —COCl, —CH_2CHO　B. —CO_2H, —CH_2CHO　C. —CO_2H, —CO_2H　D. O, O, O

反应 1：—COCl, —CH_2CHO $\xrightarrow{H_2O}$ —CO_2H, —CH_2CHO

反应 2：—COOH, —COOH $\xrightarrow[\triangle]{P_2O_5}$ O, O, O

15-26 章综合测试（四）

一、写出下列化合物的名称或结构（每题 1 分，共 10 分）

1. 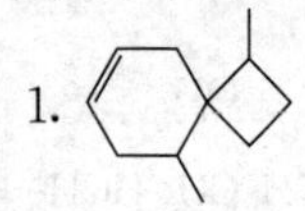

2.

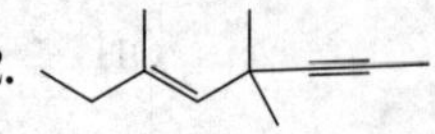

3.

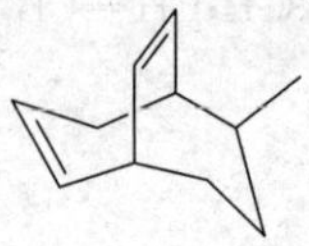

4. 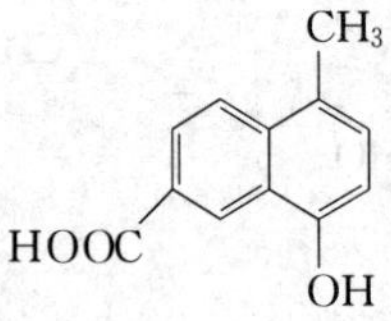 CH_3，HOOC，OH

5. 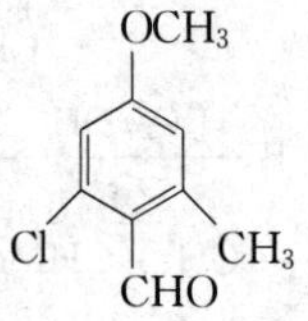 OCH_3，Cl，CH_3，CHO

6. 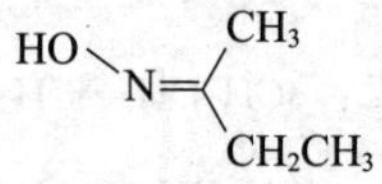 HO—N=C(CH_3)(CH_2CH_3)

7. 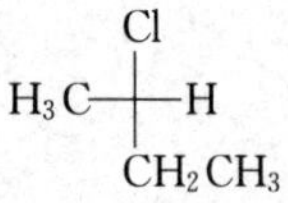 Cl，H_3C—C—H，CH_2CH_3

8. $(CH_3)_2NCH_2CH=CHCHO$

9. 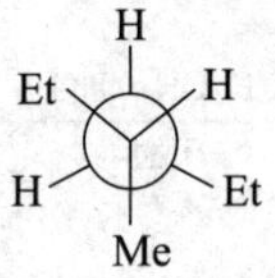 H，Et，H，H，Et，Me

10. 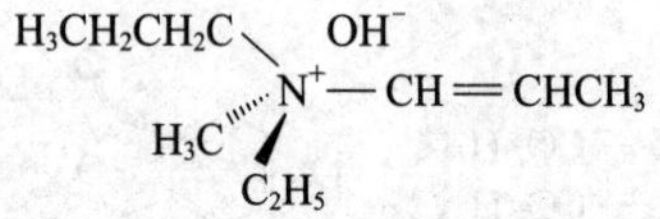 $H_3CH_2CH_2C$，OH^-，N^+—CH=CHCH_3，H_3C，C_2H_5

二、单项选择题（每题 2 分，共 20 分；错选、漏选或多选不得分）

1. 下列化合物与 HBr 加成活性最强的是（　　）。

A. 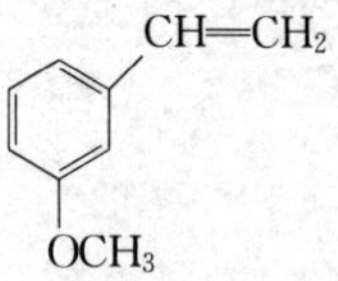 CH=CH₂，OCH_3　B. 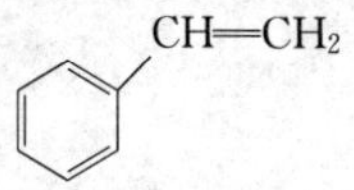 CH=CH₂　C. 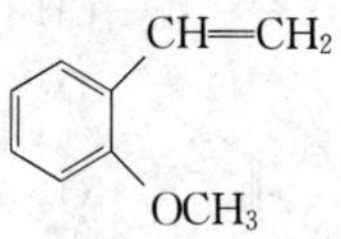 CH=CH₂，OCH_3　D. 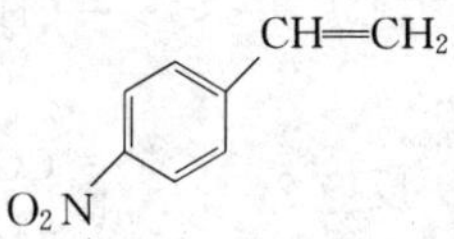 CH=CH₂，O_2N

2. 下列反应为碳正离子历程的是（　　）。

A. $CH_3CH=CH_2 \xrightarrow{CF_3CO_3H}$　B. $CH_3CH=CH_2 \xrightarrow[ROOR]{HBr}$

C. $CH_3C\equiv CH \xrightarrow[Cu_2Cl_2/HCl]{HCN}$　D. $CH_3CH=CH_2 \xrightarrow[ROOR]{HI}$

3. 下列化合物最易与丙烯醛进行双烯加成的是（　　）。

A. 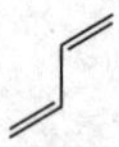　B. 　C. 　D.

4. 下列卤代烃可以与乙炔钠反应生成高级炔烃的是（　　）。

A. 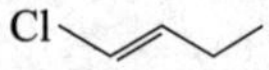 Cl　B. 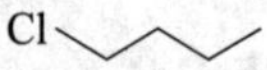 Cl　C. 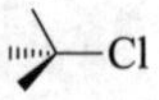 Cl

5. 下列化合物中与 I_2/碱溶液反应最容易的是（　　）。

A. 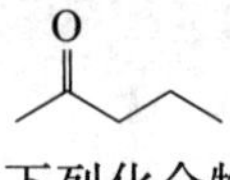 O　B. 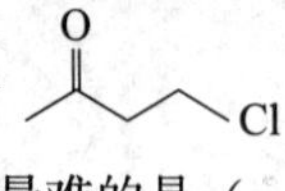 O，Cl　C. 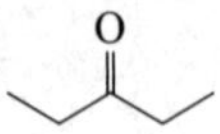 O　D. 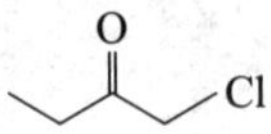 O，Cl

6. 下列化合物醇解反应最难的是（　　）。

A. 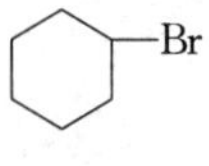 Br　B. 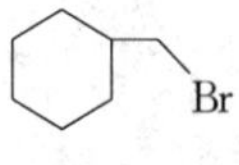 Br　C. 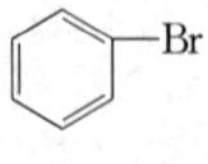 Br　D. 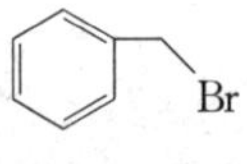 Br

7. 在 H_3CO—⟨⟩—CO_2H 中，—OCH_3 对酸性的影响是（　　）。

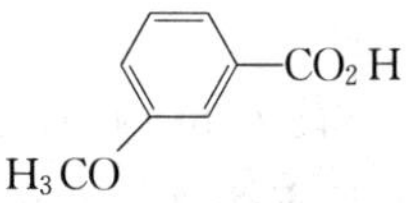

A. 诱导效应　　B. 共轭效应

C. 诱导效应和共轭效应都有　　D. 诱导效应和共轭效应都无

8. 下列化合物碱性水解反应活性最强的是（　　）。

A. 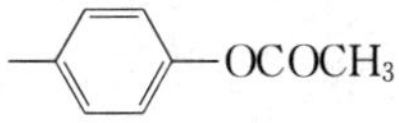 CH_3—⟨⟩—$OCOCH_3$　　B. 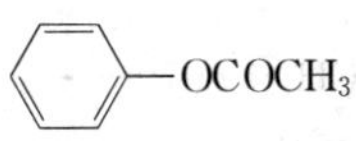 ⟨⟩—$OCOCH_3$

C. 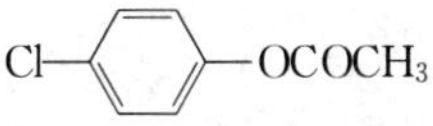 Cl—⟨⟩—$OCOCH_3$　　D. 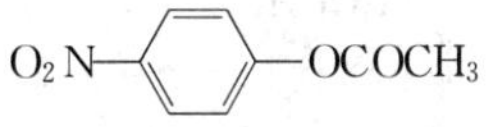 O_2N—⟨⟩—$OCOCH_3$

9. 下列反应主要得到构型翻转产物的是（　　）。

A. $(CH_3)_3CBr+NaOEt/EtOH$　　B. $CH_3CH_2Br+AgNO_3/EtOH$

C. $CH_3CH_2Br+NaI/CH_3COCH_3$　　D. $(CH_3)_3CCH_2OH+HI$

10. 下列化合物发生偶联反应活性最强的是（　　）。

A. 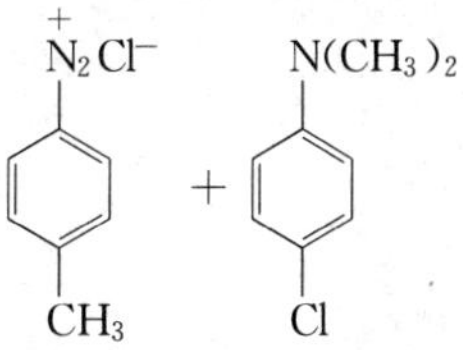 $\overset{+}{N_2}Cl^-$ / CH_3 + $N(CH_3)_2$ / Cl

B. 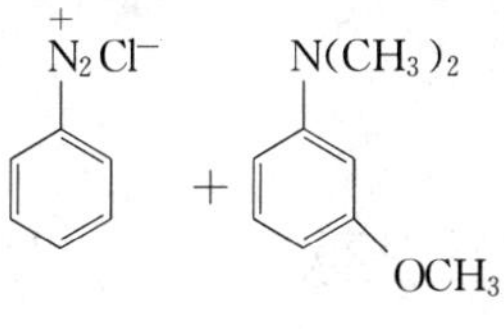 $\overset{+}{N_2}Cl^-$ + $N(CH_3)_2$ / OCH_3

C. 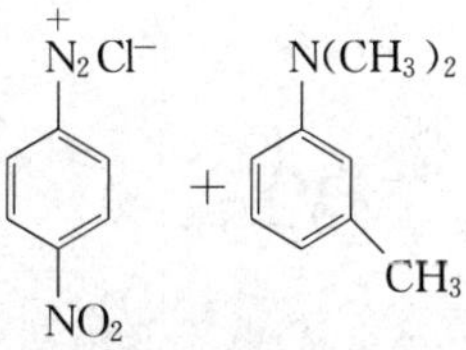 $\overset{+}{N_2}Cl^-$ / NO_2 + $N(CH_3)_2$ / CH_3

D. 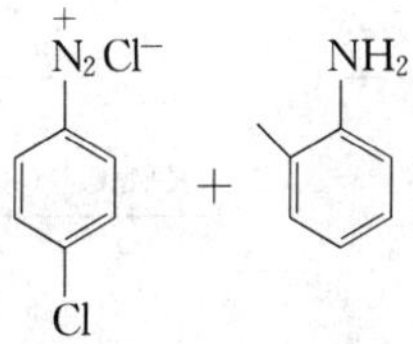 $\overset{+}{N_2}Cl^-$ / Cl + NH_2

三、按照指定性能排序（每题 3 分，共 15 分）

1. 按硝化反应活性由强至弱的顺序排列（　　）。

A. 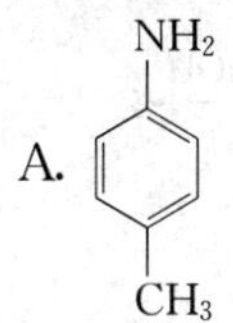

B. 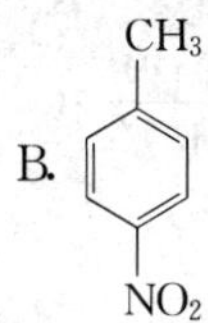

C. 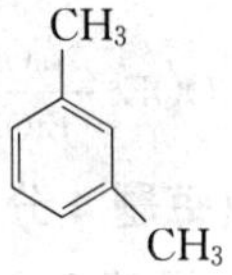 CH_3 / CH_3

D.  CH_3 / CH_3

2. 亲电取代反应的活性顺序（　　）。

A. 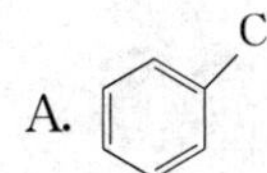

B. 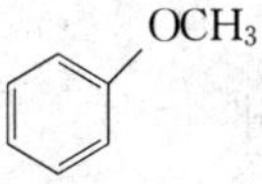 OCH_3

C. 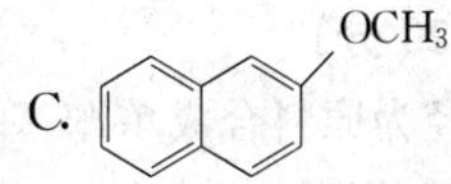

D. 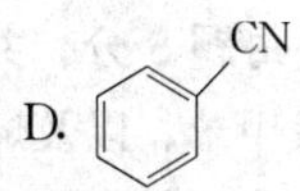

3. 将下列化合物按碱性由强至弱的顺序排列（　　）。

A. 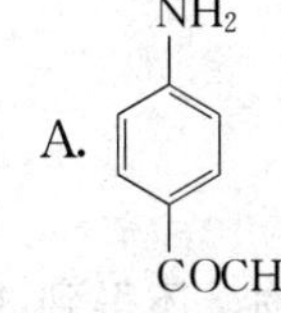

B. 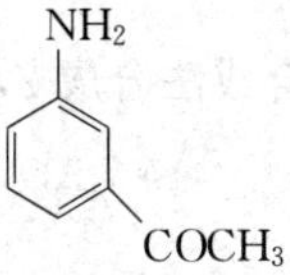 NH_2 / $COCH_3$

C. 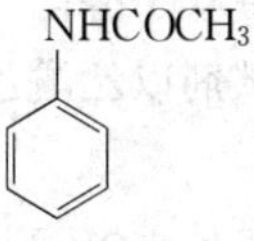 $NHCOCH_3$

D. 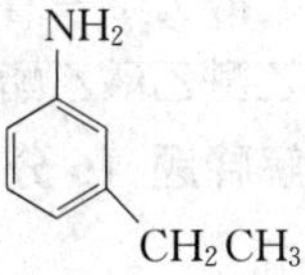 NH_2 / CH_2CH_3

4. 将下列化合物按与硝酸银/乙醇反应活性由强至弱排列（　　）。

A. 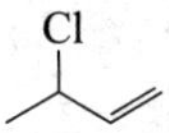 Cl　　B. 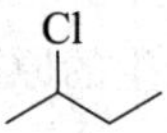 Cl　　C. 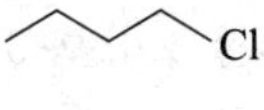 Cl　　D.  Cl

5. 将下列化合物按亲核加成反应活性由强至弱的顺序排列（　　）。

A. PhCHO　　B. HCHO　　C. $PhCOC_2H_5$　　D. $CH_3COC_2H_5$

四、完成反应（写出括号处主要有机产物、中间产物、反应物或反应条件）（每空 1 分，共 21 分）

1. $\xrightarrow[500℃]{Cl_2}$（　　）

2. $CH_3CH{=}CHCH{=}CHOCH_3 + HBr \longrightarrow$（　　）

3. ＋ $COCH_3$ / H_3COC $\xrightarrow{\triangle}$（　　）$\xrightarrow[②H_2O_2,\ OH^-]{①B_2H_6}$（　　）

4. NO_2 CH_3 ＋ Cl / O $\xrightarrow{AlCl_3}$（　　）$\xrightarrow[浓\ HCl]{Zn/Hg}$（　　）$\xrightarrow{HF}$（　　）

5. OH $\xrightarrow{HBr/H_2SO_4}$（　　）＋（　　）

6. HO H H_3C CH_3 C_2H_5 H $\xrightarrow{SOCl_2/吡啶}$（　　）$\xrightarrow{E2\ 消除}$（　　）

7. $CH_3CH_2COCl + NH_3 \longrightarrow$（　　）$\xrightarrow{Br_2/OH^-}$（　　）

8. Ph OH $\xrightarrow[\triangle]{H_2SO_4}$（　　）$\xrightarrow{KMnO_4/OH^-}$（　　）$\xrightarrow[\triangle]{H_2SO_4}$（　　）

9. OCH_3 $CH_2CH_2OCH_3$ $\xrightarrow[\triangle]{过量\ HI}$（　　）＋（　　）

10. $CH_2{=}CHCHO + CH_3COCH_2COOEt \xrightarrow[EtOH]{NaOEt}$（　　）$\xrightarrow[②H^+,\triangle]{①稀\ OH^-}$（　　）$\xrightarrow[\triangle]{稀\ NaOH}$（　　）

五、用化学方法鉴别下列化合物（每题 4 分，共 8 分）

1. 1-戊醇、2-戊醇、3-戊醇及 2-甲基-2-丁醇
2. 苯酚、苯甲醇、苯胺、*N*-甲基苯胺

六、合成题（每题 5 分，共 20 分）

1. 以苯或甲苯，以及烯烃为原料合成 1-苯基-2-丁酮
2. 以甲苯为原料合成 3-溴苯酚
3. 以乙醇为唯一有机原料制备叔丁醇
4. 以乙酰乙酸乙酯和必要的试剂以乙酰乙酸乙酯合成法合成 2,4-己二酮

七、机理解释题（6 分）

在 3-甲基-2-苯基-3-丁烯-2-醇[Ph OH]与氯化氢加成时，除了得到加成产物，还得到 3-甲基-3-苯基-2-丁酮[O Ph]，试解释 3-甲基-3-苯基-2-丁酮产生的原因。

参考答案

一、写出下列化合物的名称或结构（每题 1 分，共 10 分）

1. 1,9-二甲基螺[3,5]6-壬烯　　2.（*E*）-4,4,6-三甲基-5-辛烯-2-炔

3. 6-甲基双环[3,3,2]2,9-葵二烯　　4. 5-甲基-8-羟基-2-萘甲酸

5. 2-甲基-4-甲氧基-6-氯苯甲醛　　6.（*E*）-2 丁酮肟

7.（*S*）-2-氯丁烷　　8. 4-二甲氨基-2-丁烯醛

9.（*R*）-3-甲基己烷　　10.（*S*）-甲基乙基丙基丙烯基氢氧化铵

二、单项选择题（每题 2 分，共 20 分；错选、漏选或多选不得分）

1. C　2. D　3. B　4. B　5. D　6. C　7. A　8. D　9. C　10. C

三、按照指定性能排序（每题 3 分，共 15 分）

1. C>D>B>A　2. C>B>A>D　3. D>B>A>C　4. A>B>C>D　5. B>A>D>C

四、完成反应（写出括号处主要有机产物、中间产物、反应物或反应条件）（每空 1 分，共 21 分）

1. 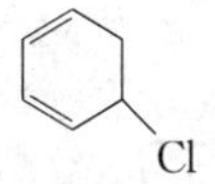 Cl

2. $CH_3CH_2CHCH{=}CHOCH_3$（CH 上连 Br）

3. $COCH_3$　$COCH_3$　　H_3C　HO　$COCH_3$　$COCH_3$

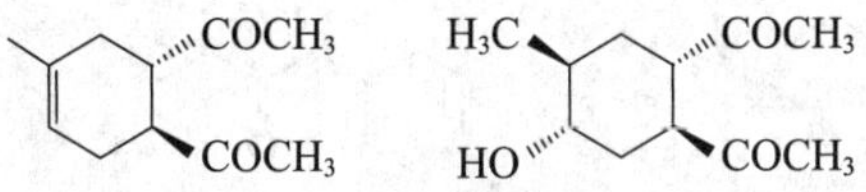

4. 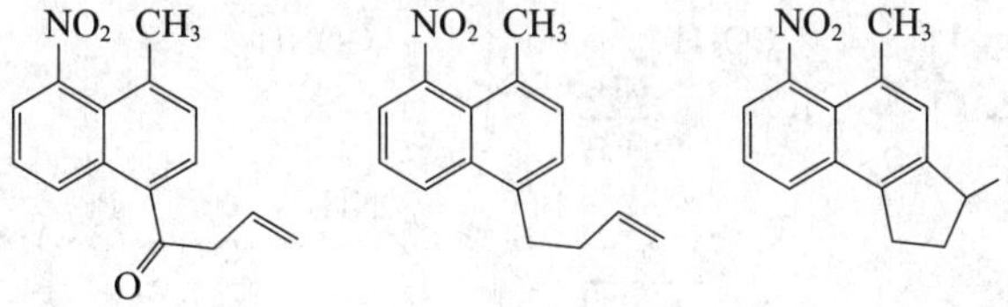 NO_2　CH_3　O　　NO_2　CH_3　　NO_2　CH_3

5. 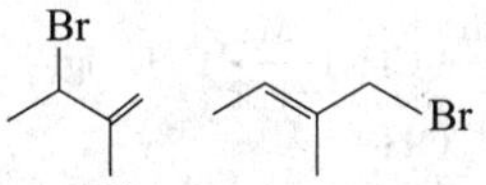 Br　　Br

6. 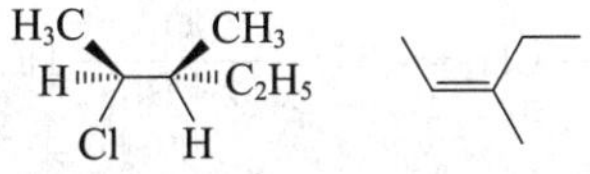 H_3C　H　Cl　CH_3　C_2H_5　H

7. $CH_3CH_2CONH_2$　　$CH_3CH_2CH_2NH_2$

8. 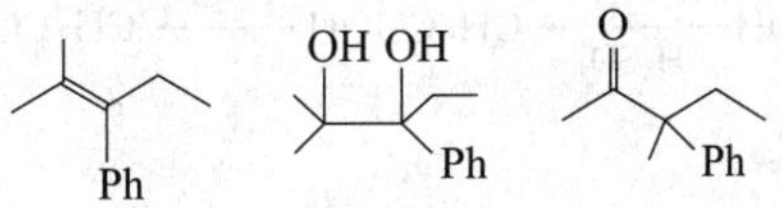 Ph　　OH OH　Ph　　O　Ph

9. 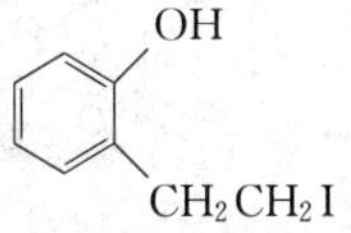 OH　CH_2CH_2I　　CH_3I

10. $CH_3COCHCOOEt$（CH 上连 CH_2CH_2CHO）　　$CH_3COCH_2CH_2CH_2CHO$　　O

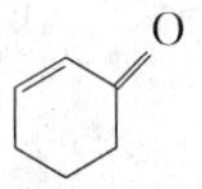

五、用化学方法鉴别下列四种化合物（每题 4 分，共 8 分）

1. 1-戊醇、2-戊醇、3-戊醇及 2-甲基-2-丁醇

A（2-戊醇）、B（1-戊醇）、C（3-戊醇）、D（2-甲基-2-丁醇）$\xrightarrow{I_2/OH^-}$ 黄色沉淀A；无沉淀 B、C、D $\xrightarrow{\text{卢卡斯试剂}}$ 加热后浑浊B；几分钟后浑浊C；立即浑浊D

2. 苯酚、苯甲醇、苯胺、N-甲基苯胺

A（苯酚，OH）、B（苯甲醇，OH）、C（苯胺，NH_2）、D（N-甲基苯胺，NH）$\xrightarrow{\text{溴水}}$ 白色沉淀 A、C $\xrightarrow{NaOH}$ 不溶A；溶解C。无沉淀 B、D $\xrightarrow{NaOH}$ 不溶B；溶解D

六、合成题（每题 5 分，共 20 分）

1. 甲苯 $\xrightarrow[\text{光照}]{NBS}$ 苄基溴（Br）$\xrightarrow[\text{纯醚}]{Mg}$ 苄基溴化镁（MgBr）

丙烯 $\xrightarrow[2.\ H_2O_2]{1.\ B_2H_6}$ HO（正丙醇）$\xrightarrow{PCC}$ O（丙醛）

二者反应得 1-苯基-2-丁醇（OH）$\xrightarrow{PCC}$ 1-苯基-2-丁酮（O）

2. 甲苯 $\xrightarrow[H^+]{KMnO_4}$ 苯甲酸（CO_2H）$\xrightarrow[Fe]{Br_2}$ 间溴苯甲酸（Br，CO_2H）$\xrightarrow[\text{强热}]{NH_3}$ 间溴苯甲酰胺（Br，$CONH_2$）$\xrightarrow[OH^-]{Br_2}$ 间溴苯胺（Br，NH_2）$\xrightarrow[H_2SO_4]{HNO_2}$ 间溴苯酚（Br，OH）

3. $CH_3CH_2OH \xrightarrow[\triangle]{H_2SO_4} CH_2{=}CH_2 \xrightarrow[\text{②}Zn/H_2O]{\text{①}O_3} HCHO \xrightarrow[Pt]{H_2} CH_3OH \xrightarrow{HI} CH_3I \xrightarrow[\text{纯醚}]{Mg} CH_3MgI$

$CH_3CH_2OH \xrightarrow[H_2SO_4]{K_2Cr_2O_7} CH_3COOH \xrightarrow{SOCl_2} CH_3COCl \xrightarrow[\text{②}H^+]{\text{①}2CH_3MgI} CH_3C(OH)(CH_3)CH_3$

4. 乙酰乙酸乙酯（O，O，OEt）$\xrightarrow{EtONa}$ 碳负离子（O，O，OEt，−）$\xrightarrow{CH_3CH_2COCl}$ 2-丙酰基乙酰乙酸乙酯（O，O，OEt，O）$\xrightarrow{OH^-}$ 羧酸盐（O，O，O^-，O）$\xrightarrow{H^+}$ 羧酸（O，O，OH，O）$\xrightarrow{\triangle}$ 2,4-己二酮（O，O）

七、机理解释题（6 分）

Ph、OH 烯丙醇 $\xrightarrow{H^+}$ 碳正离子（Ph，OH，+）$\xrightarrow{\text{苯基迁移}}$ 碳正离子（OH，+，Ph）$\longleftrightarrow$ 质子化羰基（$^+$OH，Ph）$\xrightarrow{-H^+}$ 酮（O，Ph）

参 考 文 献

［1］ 四川大学主编. 鲁厚芳等修订. 近代化学基础（上、下）. 第三版. 北京：高等教育出版社，2014.

［2］ 四川大学主编. 王世华等修订. 近代化学基础（上、下）. 第二版. 北京：高等教育出版社，2006.

［3］ 四川大学工科基础化学教学中心编. 近代化学基础（上、下）. 北京：高等教育出版社，2002.

［4］ 华东理工大学分析化学教研组，成都科技大学分析化学教研组编，分析化学. 第四版. 北京：高等教育出版社，1995.

［5］ 卫永祉等编著. 物理化学复习引导. 北京：科学出版社，1999.

［6］ 高华寿主编. 化学平衡与滴定分析. 北京：高等教育出版社，1996.

［7］ 李月熙等主编，工科大学化学习题集. 重庆：重庆大学出版社，1995.

［8］ 武汉大学主编. 分析化学. 第三版. 北京：高等教育出版社，1995.

［9］ 慕慧主编. 基础化学学习指导. 北京：科学出版社，2002.

［10］ Ralph A Burns. Fundamentals of Chemistry，4th edition. 影印版. 北京：高等教育出版社，2004.

［11］ Ralph H Petrucci，William S Harwood，F Geoffrey Herring. General Chemistry. 8th edition. 影印版. 北京：高等教育出版社，2006.

［12］ David E Goldberg. Chemistry. 影印版. 北京：高等教育出版社，2000.

［13］ 张祖德等编. 无机化学——要点·例题·习题.合肥：中国科学技术大学出版社，2001.

［14］ 王志林等编著. 无机化学学习指导. 北京：科学出版社，2002.

［15］ 朱文祥. 中级无机化学. 北京：高等教育出版社，2004.

［16］ 大连理工大学无机化学教研室. 无机化学. 第五版. 北京：高等教育出版社，2006.

［17］ 天津大学物理化学教研室编. 王正烈等修订. 物理化学. 第四版. 北京：高等教育出版社，2001.

［18］ 张仕勇. 无机及分析化学. 杭州：浙江大学出版社，2000.

［19］ 金若水等. 现代化学原理. 北京：高等教育出版社，2003.

［20］ 朱裕贞等. 现代基础化学. 第三版. 北京：化学工业出版社，2011.

［21］ 邢其毅等. 基础有机化学（上、下）. 第三版. 北京：高等教育出版社，2005.

［22］ 高鸿宾等. 有机化学. 第四版. 北京：高等教育出版社，2005.

［23］ 徐寿昌. 有机化学. 第二版. 北京：高等教育出版社，1993.

［24］ 胡宏纹. 有机化学. 第三版. 北京：高等教育出版社，2006.

［25］ [美]Wade L G. 有机化学. 第五版. 万有志等译. 北京：化学工业出版社，2006.

［26］ Wade L G. Organic Chemistry，The fifth edition. 影印版. 北京：高等教育出版社，2004.

［27］ [美]K Peter Uollhardt 等著. 戴立信等译. 有机化学：结构与功能. 第 8 版. 北京：化学工业出版社，2020.

［28］ 庞金鑫. 有机化学习题精解. 第三版. 成都：西南交通大学出版社，2007.

［29］ 李天全. 有机合成化学基础. 北京：高等教育出版社，1992.

［30］ 裴伟伟. 基础有机化学习题解析. 北京：高等教育出版社，2006.

［31］ 姜文凤等. 有机化学学习指导. 大连：大连理工大学出版社，2002.

［32］ 冯金城等，有机化学学习及解题指导. 北京：科学出版社，1999.

［33］ 王永梅等. 有机化学提要、例题和习题. 天津：天津大学出版社，1999.

［34］ 刘群. 有机化学习题精解. 北京：科学出版社，2001.

［35］ [美]H 迈斯利克等著. 有机化学习题精解. 余远斌等译. 北京：科学出版社，2002.

［36］ 张丽荣等. 无机化学习题解答. 第二版. 北京：高等教育出版社，2010.

［37］ 宋天佑. 无机化学习题解析. 北京：高等教育出版社，2007.

［38］ 大连理工大学无机化学教研室. 无机化学学习指导. 大连：大连理工大学出版社，2010.

[39] 汪秋安. 有机化学考研复习指南. 北京：化学工业出版社，2014.
[40] 张昭等. 有机化学总结、复习与提高. 第二版. 北京：化学工业出版社，2014.
[41] 吉卯祉等. 有机化学习题及参考答案. 第二版. 北京：科学出版社，2013.
[42] 王俊儒等. 有机化学学习指导——解读、解析、解答和测试. 北京：高等教育出版社，2013.
[43] 冯骏材. 有机化学. 北京：科学出版社，2012.
[44] 王兴明等. 基础有机化学. 北京：科学出版社，2012.